# MÉTRÉ ET ATTACHEMENTS

## TOME V. — MAÇONNERIE (4ᵉ PARTIE).

TOURS. — IMPRIMERIE DESLIS PÈRE, R. ET P. DESLIS, 6, RUE GAMBETTA.

# COURS DE CONSTRUCTION

Publié sous la direction de

**G. OSLET** ✳, PROFESSEUR A L'ÉCOLE CENTRALE DES ARTS ET MANUFACTURES

## *DIX-HUITIÈME PARTIE*

# MÉTRÉ ET ATTACHEMENTS

DE

# TERRASSE, MAÇONNERIE, CARRELAGE

## CIMENTS ET ÉGOUTS

(Supplément au *TRAITÉ DE FONDATIONS, MORTIERS, MAÇONNERIES*)

### TOME V. — MAÇONNERIE (4ᵉ Partie)

(RÉPARATIONS (*fin*). — CARRELAGES. — CIMENT. — CIMENT ARMÉ)

PAR

## C. PIEL

Métreur spécialiste, Attacheur

**DESSINS DE L'AUTEUR**

PARIS

**LIBRAIRIE ENCYCLOPÉDIQUE DE LA CONSTRUCTION**

**PAUL MUNIER, ÉDITEUR**

25, RUE DE GRENELLE, 25

# COURS DE CONSTRUCTION

Publié sous la direction de

**G. OSLET** ✳, PROFESSEUR A L'ÉCOLE CENTRALE DES ARTS ET MANUFACTURES

---

*DIX-HUITIÈME PARTIE*

---

# MÉTRÉ ET ATTACHEMENTS

DE

# TERRASSE, MAÇONNERIE, CARRELAGE

## CIMENTS ET ÉGOUTS

(Supplément au *TRAITÉ DE FONDATIONS, MORTIERS, MAÇONNERIES*)

### TOME V. — MAÇONNERIE (4ᵉ Partie)

(RÉPARATIONS *(fin)*. — CARRELAGES. — CIMENT. — CIMENT ARMÉ)

PAR

## C. PIEL

Métreur spécialiste, Attacheur

---

### DESSINS DE L'AUTEUR

## PARIS

### LIBRAIRIE ENCYCLOPÉDIQUE DE LA CONSTRUCTION

## PAUL MUNIER, ÉDITEUR

25, RUE DE GRENELLE, 25

---

# MÉTRÉ ET ATTACHEMENTS

DE

## TERRASSE, MAÇONNERIES, CARRELAGES
## CIMENTS ET ÉGOUTS, CONSOLIDATIONS SOUTERRAINES
## PAVAGE, GRANIT, ASPHALTE, MARBRERIE

---

# CHAPITRE III

### MAÇONNERIE (*suite*).

*RÉPARATIONS DE SOUCHES DE CHEMINÉES, SURÉLÉVATION,*
*REPRISE EN SOUS-ŒUVRE,*
*ÉCHAFAUDS DE GARANTIE AU-DESSUS DE CONSTRUCTIONS,*
*CARRELAGES, MOSAÏQUES, CÉRAMIQUES ;*
*DIVERS, CIMENT ARMÉ, DEVIS, MITOYENNETÉ.*

**Travaux hors combles.**

**Réparations de souches de cheminées.**

Avant de procéder aux réparations de souches de cheminées, il est bon d'examiner le mode de construction de ces divers conduits de fumée.

Les anciennes constructions étaient faites en *languettes pigeonnées en plâtre avec languettes de refends idem ;* à leur sortie sur le toit, elles étaient prolongées en languettes de face et de refend avec un bandeau de couronnement saillant simple en plâtre.

*Cette partie de mur au-dessus de la toiture constitue la souche de cheminée.*

Elle peut être adossée à un mur mitoyen ou à un dosseret.

Toute construction de conduits de fumée non adossés est appelée *souche isolée.*

Les souches peuvent être prolongées :

1° En boisseaux ou *en wagons* dans l'épaisseur des murs.

2° En brique avec enduit en plâtre ;

3° En brique apparente ;

4° En pierre ;

5° En brique avec dosserets en pierre.

Nous avons indiqué précédemment les divers règlements et arrêtés du Préfet de la Seine relatifs à ces constructions, il suffit de s'y reporter.

## ORDRE DE SERVICE N° 1

**Cabinet de Monsieur**          **Architecte**

**A M.**          **Entrepreneur de Maçonnerie**

**Dans la propriété X....**

**A Paris, Boulevard........, n°**

### Réparations de souches de cheminées.

1° Souche en pigeonnage.

Déposer avec soin les mitrons et montant de tuyau en tôle et rangement; faire les démolitions de bandeau, languettes pigeonnées et reconstructions; les enduits intérieurs seront faits avec angles arrondis et gorges; à l'extérieur ravalement de la souche en plâtre au sas.

Sur la toiture il sera fait toutes les garanties nécessaires. Planchers de service, garde-fous, bâchages, échafaudages, etc., ainsi que les échafaudages d'accès aux combles.

Le service sera fait par la grande cour avec échafaudage établi spécialement pour ce travail.

Les châssis vitrés de la toiture et châssis à tabatière seront protégés par des planchers. Les mitrons et montant de tuyau seront posés avec fermeture préalable de souche.

Pour éviter la chute des gravois dans les conduits de fumée, les tuyaux seront tamponnés dans la partie inférieure de la souche pendant les démolitions et reconstructions.

| | | |
|---|---|---|
| 1° Souche isolée pigeonnée en plâtre, formée de 2 tuyaux avec languettes de faces et languette séparative en plâtre (fig. 1). | | N° 707 Série Fumisterie. Série 1911. |
| Dépose, décrottage et rangement d'un mitron................ | 0f,20 | |
| Dépose d'un montant de tuyau jusqu'à 2m,00 de hauteur sans descente................................................ | 0f,35 | N° 707 Fumisterie. |
| Descellement du tuyau.......................................... | 0f,31 | N° 937 Fumisterie. |
| Démolition de souche en plâtre pigeonné faces 2 fois 0m,94 hors-œuvre............ 1m,88 | | |
| Costières de faces et languette séparative. 3 fois 0,20 dans œuvre................ 0m,60 | | |
| Ensemble........................ 2m,48 | | |
| × 0,67 hauteur réduite.................... 1.66 | | |
| × 0,06............................................ | 0.100 | N° 609 Maçonnerie. |
| Excédent de démolition de bandeau pigeonné. 2 fois 1,02 hors œuvre................ 2m,04 | | |
| Dans œuvre 2 fois 0m,36................ 0m,72 | | |
| Ensemble........................ 2m,76 | | |
| × 0,12 hauteur.................... 0.33 | | |
| × 0,04............................................ | 0.013 | |
| Ensemble........................ 0.113 | | |
| à 3f,80 le mètre cube........................................ | 0f,43 | N° 688. |
| NOTA : Lorsque les souches ne sont pas démolies, les hachements de bandeau ne se comptent pas au mètre cube................ | | Observation. |
| Démolition des fermetures de conduits en excédent sur le prix de démolition, languette comptée précédemment (dans la partie haute seulement) 2 chaque 0f,15................................ | 0f,30 | |
| Tamponnages préalables des conduits de fumée et détamponnages 2 à 0f,50 l'un.......................................... | 1f,00 | Observation |
| *Ces tamponnages se font généralement avec des sacs.* | | |
| **A reporter**................................................ | **2f,59** | |

Report............................................. 2ᶠ,59

Reconstruction de la souche pigeonnée en plâtre de 0,06 d'épaisseur.

Faces hors œuvre 2 fois 0ᵐ,94 ............  1ᵐ,88
Dans œuvre 2 fois 0,20.................  0ᵐ,40
Languette séparative....................  0ᵐ,20
    Ensemble......................  2ᵐ,48
✕ 0,67 hauteur réduite.......................... 1.66
aux 85/00 (n° 912, Maçonnerie)..................... 1.41
Plus-value de languette de 0ᵐ,08 au lieu de 0ᵐ,06.
Surface ........................................ 1.66
à 0,14 légers.................................. 0.23
Plus-value d'enduit au sas côté extérieur.
2 fois 0ᵐ,94........................  1ᵐ,88
2 fois 0ᵐ,36........................  0ᵐ,72
    Ensemble .....................  2ᵐ,60

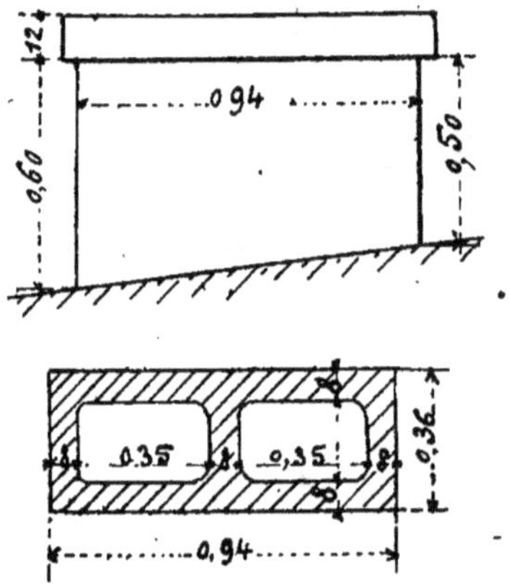

Fig. 1. — Souche pigeonnée en plâtre.

✕ 0ᵐ,55 hauteur réduite......................... 1.43
à 0,04 de légers................................ 0.06
(nᵒˢ 863-857, Série Maçonnerie).
Les arêtes sur les languettes pigeonnées sont comprises
dans l'évaluation des languettes.
Reprendre les arêtes verticales sur ravalement des faces
en plâtre au sas.
Hauteur moyenne prise sous le bandeau.
4 fois 0ᵐ,55 hauteur réduite.............  2ᵐ,20
à 0,05 des légers ouvrages........................ 0.11
Plus-value d'enduit en plâtre de 0ᵐ,35 de largeur et au-
dessous de 0,35 de largeur sur costières et languette milieu
4 fois 0,20 = 0ᵐ,80
4 fois 0,35 = 1ᵐ,40
    Ensemble  2ᵐ,20
✕ 0ᵐ,07 hauteur.......................... 1ᵐ,47
à 0,08 légers.................................. 0.12
(n° 859 — n° 857).
    A reporter................................. 1.93   2ᶠ,59

Obs. 938 Maçonnerie.

N° 936 Maçonnerie.

Reports...........................................  1.93    2ᶠ,59
Plus-value d'angles arrondis en gorge à l'intérieur des
conduits en pigeonnage 2 conduits.
  8 fois 0ᵐ,67 hauteur réduite.................  5ᵐ,36
A 0,03 courant de légers ouvrages (N° 1024 Maçonnerie).  0.16    »
Plus-value de raccordement dans la partie inférieure des
conduits avec soin.
  Chaque 0,20 ...................................  0.40    »
Bandeau saillant simple en plâtre avec larmier (de
0ᵐ,12 de hauteur) hors œuvre.
  2 fois 1ᵐ,02............................  2ᵐ,04
Dans œuvre
  2 fois 0ᵐ,36............................  0ᵐ,72

        Ensemble..,............................  2ᵐ,76
A 0ᵐ,30 de légers (N° 943)........................  0.83
Arêtes verticales du bandeau.
  4 fois 0,12 hauteur....................  0ᵐ,48
A 0,05 de légers.................................  0.02     Obs. 976 Maçonnerie.
La plus-value d'angle traîné entre 2 règles n'est jamais
applicable aux bandeaux, appuis ou larmiers...........  »      »     Obs. 975    id.
Les arêtes verticales seront seulement comptées.......  »      »     Obs. 976    id.
Lardis de clous fournis 2ᵐ,76 à 0,025 de légers.........  0.07   »     N° 955  Maçonnerie.
A la partie haute, des conduits de fumée, à l'intérieur
fermeture de souche en tous sens avec angles arrondis et
goussets intérieurs. ·
  Chaque 0,25 de légers..............................  0.50
*La pose d'un mitron ne comprend pas la fermeture de la
souche*..............................................  »      »     Nᵒˢ 804 à 808 Fumisterie
Pose d'un mitron de 0,19 de diamètre.
  Vaut...........................................  »      0ᶠ,95    N° 1144 Maçonnerie.
Pose d'un montant de tuyau sur combles avec fourni-
ture de fil de fer et attaches, non compris solins........  »      1ᶠ,05    N° 933 Fumisterie.
Scellement de tuyau compris solins et garnissages.....  »      1ᶠ,25    N° 936 Fumisterie.
NOTA. — Lorsque la pose de tuyaux sur combles com-
prendra moins de 5 montants, dans le même bâtiment, il
sera ajouté une plus-value fixe sur l'ensemble, y compris
le déplacement de 2ᶠ,30........................  »      »     N° 939    id.
Enduit en plâtre au sas du dessus de souche circulaire
avec renformis de 0,03.
  Longueur 1.02 × 0.44.....................  0ᵐ,45

A 0.51 légers ...................................  0.23

*Sous-détail.*

N° 863 *le mètre superficiel*.....................  0ᵐ,25
N° 869        »        ....................  0ᵐ,05
N° 877        »        ....................  0ᵐ,21

        Ensemble.....................  0ᵐ,51
Pour les travaux de réparations (légers ou autres) faits
sur combles.
  15 0/0 en plus produisent :                        »      »     Observation 812.
  En légers............................  4ᵐ,14
  Aux 15 0/0.....................................  0.62
  En argent............................  3ᶠ,10
  Aux 15 0/0.....................................  »      0ᶠ,47
Pourquoi n'avons-nous pas appliqué la plus-value de 15 0/0
sur tous les articles en argent ?

    *A reporter*...............................  4.76    6ᶠ,31

Reports..................................................  4.76    6ʳ,31

Tous les travaux de la page 2 et 4 Fumisterie comprennent cette plus-value.

Nous avons appliqué d'autre part la plus-value de 15 0/0 sur la pose du mitron.

Conformément à l'observation n° 812 cette plus-value ne peut être contestée.

En examinant d'ailleurs les prix de fumisterie et de maçonnerie, nous avons :

Mitron rond en terre cuite de 0ᵐ,19 de diamètre, de 0ᵐ,30 à 0ᵐ,33 de hauteur (pose comprenant les solins et les garnissages, ainsi que les bûchements des vieux solins, entailles partielles dans les plâtres, raccords et *plus-value pour travaux sur combles*).

Pose sans fermeture de souche, la pièce......  1ʳ,20    N° 806 Fumisterie.

Reportons-nous à la série de Maçonnerie.

Pose de mitron compris garnissage et solins intérieurs de 0ᵐ,19 de diamètre.

La pièce..................................  0ʳ,95    N° 1144 Maçonnerie.

Différence............................  0ʳ,25

Cette différence de 0ʳ,25 nous représente : 1° la plus-value de main-d'œuvre pour bûchements de vieux solins, entailles et plus-value sur combles, travail non compris à la Maçonnerie.........................................  »       »        Observation.

OBSERVATION. — La mesure d'un mitron se prend à *l'orifice inférieur*, suivant prix élémentaires n°ˢ 159 à 164 Maçonnerie.

Pour l'exécution des travaux de cette souche, *planchers de garantie* sur la toiture de chaque côté de la souche *faits horizontalement*.

2 fois 2ᵐ,00 × 1,00......................  4ᵐ,00

Chemin de service en garantie de la couverture avec tasseaux et planches pour accéder à cette souche.

Longueur 3ᵐ,50 × 0,80....................  2ᵐ,80

Ensemble..............................  6ᵐ,80

A 0,17 de légers..........................  1.16    N° 846 Maçonnerie.

Légers ouvrages en plâtre.................  5ᵐ,92
à 5ʳ,20 le mètre..........................  30ʳ,78

Conformément à l'ordre de service pour *garantir la couverture*, il a été fait *des planchers sur combles* qui ont servi au transport des matériaux, à la démolition de l'ancienne souche et à sa reconstruction. Dans le cas *de réparation de couverture*, l'entrepreneur de maçonnerie n'a pas de planchers de garantie et travaux préparatoires à exécuter, à moins de souches inaccessibles. Pour la souche que nous avons détaillée, vu le peu d'inclinaison de la toiture et le peu de hauteur de cette souche, l'entrepreneur n'avait pas d'échafaudage à faire sur combles. Mais il a établi des planchers de garantie, suivant un ordre ; *ce travail n'est pas compris dans les évaluations de 15 0/0 pour travaux sur combles* (obs. 812).    Maçonnerie.

Cette évaluation de 17 0/0 peut paraître excessive, pour des planchers établis sur tasseaux en maçonnerie sur combles. Ils comprennent aussi *la location du matériel*, le double transport, le

A reporter..................................................  37ʳ,09

*Report* ............................................. 37ᶠ,09

montage et la descente à 25 mètres de hauteur, la manipulation sur toiture et le coltinage pour la rentrée et la sortie.

L'observation n° 795 de la Série de Fumisterie est très explicite.

*Légers ouvrages en plâtre:*

*De combles:* Toutes les évaluations fixées à la maçonnerie seront augmentées de 15 0/0 (les *garde-fous, planchers de service,* etc., comptés en plus).         Obs. 795 Fumisterie.

Nous n'appliquerons pas de plus-value de 15 0/0 sur ces planchers de service, conformément à l'observation n° 847 de la Maçonnerie.

Nous avons donné précédemment les évaluations de légers ouvrages pour les échafaudages.

Les planchers de service sur combles à grande hauteur, échafauds n'ayant pas servi à la construction,

Valent en légers................................... 0,15        N° 841.

Plus-value sur combles 15 0/0 ..................... 0,02

Ensemble...................................... 0,17        N° 846.

Pour des planchers de garantie exécutés à peu de hauteur, l'évaluation de 0,17 de légers pourra être réduite de 1/3.

Soit 0,12 de légers par mètre superficiel à 5,20 le mètre.

Pour éviter la chute des hommes, des gravois et des matériaux, garde-fous de protection ordinaires de 0.90 de hauteur, formés d'échelles, voliges et cordages, y compris location, pose, dépose et double transport,

Linéaire 3ᵐ,00

A 1ᶠ,00 le mètre linéaire................................ 3ᶠ,00        N° 343 Couverture.

Dans le cas de garde-fou composé de planches et de cordages seulement, l'évaluation précédente pourra être réduite au 1/4.

$$\text{Soit}: \frac{1^f,00}{4} = 0^f,25 \text{ le mètre linéaire.}$$

En raccordement de la souche avec la toiture, il a été fait des solins en plâtre sur zinc. Ces solins se comptent au mètre linéaire sur partie neuve.

(N°ˢ 708 Couverture en zinc et 266 à 269 Couverture en ardoises et tuiles.)

Pour terminer le métré de cette souche, il nous reste à compter le balayage de combles.

Le mètre superficiel ............................... 0ᶠ,05        N° 293<br>Série Couverture ardoises.

Le balayage de brisis ou d'un accès difficile se paie le mètre superficiel................................ 0ᶠ,25        N° 295<br>Série Couverture ardoises.

Balayage de gouttière ou chéneau ordinaire. — Le mètre linéaire ................................... 0ᶠ,08        N° 294<br>Série Couverture ardoises.

Ce balayage ne s'applique pas, lorsque le balayage a été nécessité par des travaux importants de remaniage ou de recherche de tuiles ou ardoises dont les prix comprennent cette façon, mais alors, dans ce cas, l'enlèvement de gravois devra être payé à part.        Obs. 296<br>Couverture ardoises.

Nous faisons remarquer d'autre part, qu'en travaux de réparation le nettoyage est dû en plus-value (obs. 359 et obs. 814 Maçonnerie). Dans le cas où l'entrepreneur ne ferait pas le compte des nettoyages au mètre superficiel et au mètre linéaire, suivant ce qui a été dit précédemment, il fera reconnaître ces travaux en régie suivant le temps passé.

Il reste à compter la descente des gravois en travaux d'entretien et l'enlèvement aux décharges publiques.

Cette descente se fait à la poulie et vaut, compris chargement au seau et déchargement, le mètre cube ................. 3ᶠ,00        N° 707 Maçonnerie.

*A reporter*.................................... 40ᶠ,09

*Report*..............................................   40ᶠ,09

Les gravois doivent être reconnus par attachements, bons, etc., suivant ce que nous avons dit précédemment.

Dans le cas où les gravois n'auraient pas été reconnus, il faudrait se reporter à l'observation n° 766 de la Série.

    Ensemble..............................................   40ᶠ,02

N° 764 et suivants.

Argent

40ᶠ,02

**2ᵐᵉ Souche.** — Faire le hachement des enduits en plâtre de la souche construite en boisseaux et refaire les enduits en plâtre au sas dans la partie en contre-bas du bandeau seulement.

1ᵉʳ CAS. — Le *hachement* est fait sans dégarnissage des poteries; comment compterons-nous ces enduits (*fig.* 1)?

Nous aurons : hachement des enduits en plâtre :

2 fois 0,94 hors œuvre...................   1ᵐ,88

2 fois 0,36........................   0ᵐ,72

    Ensemble......................   2ᵐ,60

$\times$ 0,55 hauteur réduite.........................   1ᵐ,43

à 0,08 de légers.............................   0.11

Enduit en plâtre au sas :

Surface.............................   1ᵐ,43

à 0,25 de légers.............................   0.36

Pour abréger, nous aurions pu dire : enduit en plâtre au sas sur partie vieille avec hachement.

Surface.............................   1ᵐ,43

à 0,33 de légers......................   0.47

0.36 + 0.11......................   0.47

Arêtes en plâtre :

4 fois 0,55 de hauteur.........................   2ᵐ,20

à 0,05 de légers.............................   0.11

Pour les travaux de réparations faits sur combles, 15 0/0 en plus produisent :

$$\frac{0.58 \times 15}{100} =$$  ..............................   0.09

    Ensemble légers ..........................   0ᵐ,67

à 5ᶠ,20 le mètre...............................   3ᶠ,48

N° 864 Maçonnerie

Les planchers de garantie au pourtour de la cheminée, les chemins de service, solins, balayage, descente et enlèvement des gravois seraient décomptés suivant ce qui a été dit précédemment.

Pourquoi n'avons-nous pas appliqué le n° 932 de la Série ?

Recouvrement en plâtre de boisseaux ronds ou rectangulaires pour tuyaux adossés, y compris garnissage des angles de plus de 0.35 de largeur.

Lorsque les tuyaux ne sont pas hachés et dégarnis à fond, cette plus-value de 0,08 de légers n'est pas due.

    Ensemble..............................................   3ᶠ,48

Articles en argent.

3ᶠ,48

**2ᵐᵉ Souche.** — Faire le hachement des enduits en plâtre de la souche construite en boisseaux ; les joints seront dégarnis ainsi que les angles. — Refaire les enduits en plâtre au sas dans la partie en contre-bas du bandeau.

2ᵐᵉ CAS. — (*Figure n° 1.*)

Nous aurons hachement des enduits en plâtre sur poteries, dégarnissage à vif des joints et des angles.

2 fois 0,94 hors œuvre...................   1ᵐ,88

2 fois 0,36........................   0ᵐ,72

    Ensemble......................   2ᵐ,60

$\times$ 0,55 de hauteur réduite.........................   1,43

à 0,12 de légers.............................   0,17

    *A reporter*.......................   0,17   »

*Report*.................................................... 0,17

Recouvrement en plâtre de boisseaux y compris garnissage des angles.

Surface..................................... 1,43

à 0,33 de légers.................................... 0,47

Renformis de 0,02 sur poteries non réglementaires.

Surface....................................... 1,43

à 0,14 de légers.................................... 0,20

Arêtes en plâtre.

4 fois 0,55........................................ 2,20

à 0,05 de légers.................................... 0,11

Pour les travaux de réparations faits sur combles.

15 0/0 en plus produisent :

$$\frac{0,95 \times 15}{100} = \dots\dots\dots\dots\dots\dots\dots \quad 0,14$$

Ensemble légers ouvrages.......................... 1,09

à 5f,20 le mètre.................................... 5f,67

Les autres travaux préparatoires, balayages, et gravois seront comptés suivant le premier exemple.........................

Ensemble....................................... 5f,67



Pour maintenir la charge de plâtre et liaisonner les enduits, il est fait le lardis de clous dans les joints des poteries, le travail se compte au mètre superficiel et s'évalue le mètre superficiel.

Lardis de clous non fournis...................... 0,05

Lardis de clous à bateaux fournis................. 0,10

N° 915 Maçonnerie.

N° 916      id.

Ces évaluations sont augmentées de 15 0/0 pour travaux sur combles.

Dans les exemples que nous avons donnés précédemment, il est entendu que les balayages de combles, gouttières, chéneaux, ainsi que les solins comprennent les plus-values de travaux sur combles.

La plus-value de 15 0/0 ne s'applique pas sur ces travaux.

3me Cas. — Faire le hachement des enduits en plâtre de la souche construite en boisseaux; fournir et poser un grillage mécanique à 3 torsions galvanisé (mailles de 0,025 fil n° 8).

Il est inutile de recommencer le détail de cette souche.

Nous ajouterons ce grillage au mètre carré (page 473, Grillage Série 1911).

N° 145 de la Série, le mètre superficiel......... 0f,85

16 attaches au mètre superficiel,

à 0f,05 l'un n° 27.................................. 0f,80

Le mètre superficiel.......................... 1f,65

Plus-value de 15 0/0.......................... 0f,25

Le mètre superficiel.......................... 1f,90

3me Souche. — Cette souche construite en boisseaux avec mitre sur le dessus sera dérasée et reconstruite dans la hauteur de la dernière poterie en brique neuve de Vaugirard de 0,06 d'épaisseur et plâtre.

Pour détailler cette souche, nous aurons :

La dépose de la mitre avec rangement..................... 0f,35

N° 707 Fumisterie.

Le prix de 0f,35 comprend le décrottage et le rangement.

Dépose d'un montant de tuyau de 1m,00 de hauteur avec rangement sans descente....................... 0f,35

N° 707 Fumisterie.

Descellement du tuyau........................... 0f,31

N° 937      id.

*A reporter*.................................... 1f,01

*Report*.............................................  1$^f$,01

Le hachement de la souche, dégarnissage à vif des enduits en plâtre et des joints pour se rendre compte de l'état des poteries.

Surface précédente........................  1,43

à 0,12 légers.............................................  0,17

Excédent de hachement sur bandeau.

2 fois 1,02 = 204.

2 fois 0,36 = 072.

Ensemble.  $\overline{276} \times 012 = 033$

à 0,15 légers.............................................  0,05

Pour la pose de tuyaux, il faut compter 1 heure de maçon et aide pour 1 mètre linéaire. Pour la dépose, nous compterons 1/3 d'heure.

L'heure de maçon...................  1$^f$,25      N° 342 Maçonnerie.

»     d'aide...................  0 ,93      N° 345     id.

Ensemble...................  2$^f$,18

Soit...................  2$^f$,18 × 1/3 = 0$^f$,72

Nous aurons, dépose de poteries

2 fois 0$^m$,33...........................  0$^m$,66

A 0$^f$,72 le mètre.............................................  0$^f$,48

Le reste du travail sera compté suivant les exemples donnés précédemment.

Reconstruction de la partie haute de la souche en brique neuve de Vaugirard de 0$^m$,06 d'épaisseur et plâtre.

2 fois 0,94 hors œuvre..........  1$^m$,88

2 fois 0,22 dans œuvre..........  0 ,44

Languette-séparative...........  0 ,22

Ensemble...................  2$^m$,54

× 0,33 hauteur............................  0$^m$,84

A 4$^f$,00 le mètre.............................................  3$^f$,36      N° 524 col. 3.

Plus-value de raccordement dans la partie inférieure avec les anciens tuyaux.

2 fois 0,20 de légers...................  0$^m$,40

Enduits à l'intérieur en 4 sens compris gorges.

2 fois 0,33...................  0$^m$,66

A 0,40 de légers...................  0$^m$,26

Tuyau en pigeonnage ou en brique.

Plus-value pour enduit intérieur en 4 sens compris gorges, le mètre linéaire...........  0,40 de légers      N° 1025 Maçonnerie.

Plus-value pour angles arrondis en gorges sur un rayon de 0.06.

8 fois 0,33...................  2$^m$,64

A 0$^m$,03 de légers...................  0$^m$,08      N° 1024 Maçonnerie.

Pour terminer le métré de cette souche, nous compterons les enduits en plâtre au sas à l'extérieur.

Surface précédente...................  1$^m$,43

Dont sur partie neuve en brique.

2 fois 0$^m$,94...................  1$^m$,88

2 fois 0,36...................  0 ,72

Ensemble...................  2$^m$,60

× 0,21 hauteur............................  0$^m$,55

A 0,25 de légers ouvrages...................  0$^m$,14

Le reste...................  0$^m$,88

A 0,33 de légers...................  0$^m$,29

Renformis de 0,02 sur poteries non réglementaires.

*A reporter*...................  1$^m$,39   4$^f$,85

| | | | |
|---|---|---|---|
| *Reports*,...................................... | $1^m,39$ | $4^f,85$ | |
| Surface ...................................... | $0^m,88$ | | |
| à 0,14 de légers............................... | | 0 ,12 | » |
| Arêtes en plâtre 4 fois $0^m,55$.................... | $2^m,20$ | | |
| à 0,05 de légers............................... | | 0 ,11 | » |
| Bandeau saillant simple en plâtre de 0,12 de hauteur avec larmier. | | | |
| Hors œuvre, 2 fois $1^m,02$.................... | $2^m,04$ | | |
| Dans œuvre, 2 fois 0,36....................... | $0^m,72$ | | |
| Ensemble............................ | $2^m,76$ | | |
| à 0,30 de légers, n° 943, Maçonnerie................. | | 0 ,83 | » |
| Arêtes verticales du bandeau, 4 fois $0^m,12$...... | $0^m,48$ | | |
| à 0,05 de légers............................... | | 0 ,02 | »     Obs. n° 976. |
| A la partie haute des conduits, à l'intérieur fermeture de souche en tous sens avec angles arrondis et goussets intérieurs | | | |
| Chaque 0,25 de légers........................... | | 0 ,50 | » |
| Lardis de clous sur brique neuve | | | |
| 2 fois $1^m,02$.................... | $2^m,04$ | | |
| 2 fois $0^m,36$.................... | $0^m,72$ | | |
| Ensemble ........................... | $2^m,76$ | | |
| à 0,025 de légers............................... | | 0 ,07 | »     N° 955 Maçonnerie. |
| L'enduit en plâtre du dessus de souche circulaire avec renformis de 0,03. | | | |
| Longueur $1^m,02 \times 0^m,44$.................... | $0^m,45$ | | |
| à 0,51 de légers............................... | | 0 ,23 | » |
| Dans la surface du dessus il n'est pas déduit l'emplacement des tuyaux pour tenir compte de l'excédent de main-d'œuvre pour les pentes de dessus, les arêtes en tous sens sur le dessus et de la plus-value de petite dimension occasionnée par ces tuyaux. | | | |
| Pour les travaux de réparations faits sur combles. | | | |
| 15 0/0 en plus produisent en légers............. | $3^m,27$ | | |
| à 15 0/0..................................... | | 0 ,49 | » |
| En argent.................... | $3^f,84$ | | |
| à 15/00..................................... | | » | $0^f,58$ |
| Ensemble légers ouvrages.................... | $3^m,76$ | | |
| A $5^f,20$ le mètre............................... | | $19^f,55$ | |
| Pose de la mitre............................... | $0^f,80$ | | N° 1141 Maçonnerie. |
| Plus-value de pose sur comble 15 0/0............... | $0^f,12$ | | |
| Ensemble............................ | $0^f,92$ | $0^f,92$ | |
| Pose d'un montant de tuyau sur combles avec fourniture de fil de fer et attaches, non compris solins...................... | | $1^f,05$ | N° 933 Fumisterie. |
| Scellement de tuyau compris solins et garnissages........... | | $1^f,25$ | N° 936      id. |
| Les planchers de garantie au pourtour de la cheminée, chemins de service, solins, balayage, descente et enlèvement des gravois aux décharges publiques seraient décomptés suivant ce qui a été dit précédemment. | | | Argent |
| Ensemble...................................... | $28^f,20$ | $28^f,20$ | |

**4<sup>me</sup> Souche.**

Faire la démolition entière de cette souche, la reconstruire en brique neuve de Vaugirard de 0,11 épaisseur et ciment I; la languette séparative aura 0,11 d'épaisseur ainsi que les contibres.

Déposer les mitrons et les remplacer, la pose sera faite sur ciment, l'enduit du dessus sera en ciment I dressé en dos d'âne, le bandeau du dessus sera en brique apparente, les saillies seront enduites en ciment ;

A l'intérieur des conduits de fumée ravalement en plâtre avec gorges.

La partie en contrebas de la bouche sera enduite en plâtre au sas. Pour l'exécution de cette souche établir un échafaudage sur combles. Cet échafaudage et chemin de service seront faits en prolongement de l'échafaudage de la cour.

<h2 align="center">Métré.</h2>

(Nous avons donné précédemment le métré de démolition de souche ; nous n'y reviendrons pas.)

Construction de la souche de cheminée (*fig.* n° 2) en brique neuve de 0,11 d'épaisseur façon rive gauche 1re qualité, monté $0,06 \times 0,11 \times 0,22$ et hourdis de mortier n° 2 de ciment $\mathbf{I}$ et sable tamisé.

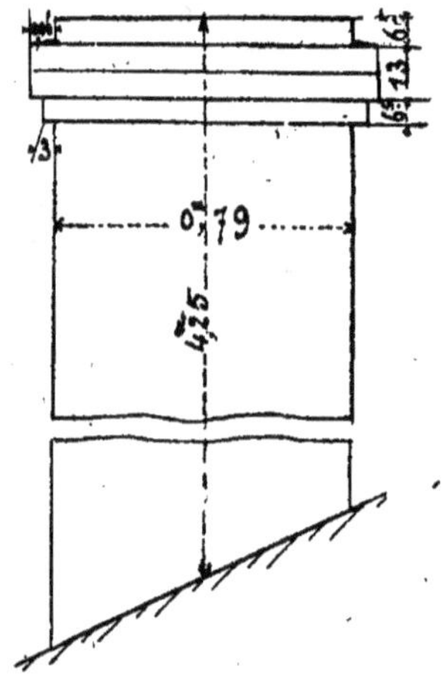


Fig. 2. — Souche en briques de 0,11 d'épaisseur.

| | | |
|---|---|---|
| 2 fois 0,79 | 1m,58 | |
| 2 fois 0,23 | 0 ,46 | |
| Ensemble | 2m,04 | |
| × 4m,25 de hauteur | | 8m,67 |
| Languette séparative | | |
| Largeur | 0m,23 | |
| × 4m,25 de hauteur | | 0 ,98 |
| Ensemble | | 9m,65 |
| À 7f,90 le mètre | | 76f,24 |
| Excédent de brique pour saillies de bandeau. | | |
| 2 fois 0m,91 | 1m,82 | |
| 2 fois 0m,45 | 0 ,90 | |
| Ensemble | 2m,72 | |
| × 0,13 hauteur | 0m,35 | |
| × 0,06 d'épaisseur | | 0m,021 |
| 1 champ sous le bandeau | | |
| 2 fois 0m,85 | 1m,70 | |
| 2 fois 0m,45 | 0 ,90 | |
| Ensemble | 1m,60 | |
| × 0,065 hauteur | 0,10 | |
| × 0,03 d'épaisseur | | 0m,003 |
| Ensemble | | 0m,024 |
| À 65f,45 le mètre cube | | 1f,58 |
| *A reporter* | | 77f,82 |

N°s 524 et 552.

N°s 446 et 470.

   *Report*.................................................  77ᶠ,82
Plus-value pour emploi de brique en saillie en décoration for-
mant bandeau (2 rangs).
  2 fois 0ᵐ,91....................  1ᵐ,82
  2 fois 0ᵐ,45....................  0 ,90
   Ensemble....................  2ᵐ,72
A 0ᶠ,78 le mètre.........................................  2ᶠ,12
Sous le bandeau, 1 rang de brique apparente en saillie
  2 fois 0ᵐ,85....................  1ᵐ,70
  2 fois 0ᵐ,45....................  0ᵐ,90
   Ensemble....................  2ᵐ,60
A 0ᶠ,57 le mètre.........................................  1ᶠ,48
*Sous-détail de ces évaluations.*
Reportons-nous à l'observation n° 1520 de la Série.
Taille de brique (au mètre superficiel).
Brique de Bourgogne............................  5ᶠ,50      »      **N° 1518.**
 »  Façon Bourgogne et autres.................  3ᶠ,80      »      **N° 1519.**
*Les évaluations comme celles de la pierre.*                            Obs. 1520.
Chaque face jusqu'à 0ᵐ,075 de largeur avec arêtes bien dressées
vaut en taille........................................  0ᵐ,075        **N° 1582.**
Les faces au-dessus de 0ᵐ,075 de largeur à taille unité.......         Obs. 1592.
L'observation n° 558, d'autre part, est formelle :
Les prix de travaux de décoration entraînant des dessins spé-
ciaux ou *saillies superposées* formant moulures seront à débattre.     Obs. 558.
 Pour obtenir des parements bien dressés, la brique ordinaire
n'étant pas régulière comme dimensions doit être choisie, et sa
pose en saillie nécessite une main-d'œuvre supplémentaire qui
peut être assimilée à la valeur du parement de taille de pierre.
 Nous aurons pour le bandeau apparent de brique en saillie.
1 champ de 0,13 de hauteur,
Vaut en taille de brique...................  0ᵐ,13
1 champ en sous-face de 0,03
Vaut en taille de brique...................  0 ,075
  Ensemble *Taille de brique*...........  0ᵐ,205
A 3ᶠ,80 le mètre.......................................  0ᶠ,78

Champ en contre-bas du bandeau.
Face verticale de 0ᵐ,065 vaut...............  0,075
Champ horizontal de 0ᵐ,03 vaut.............  0,075
  Ensemble *Taille de brique*............  0,15
A 3ᶠ,80 le mètre.......................................  0ᶠ,57
Dans les travaux de décoration nous ajouterons, dans la lon-
gueur des moulures, *la valeur des angles saillants ou rentrants,
ainsi que les amortissements.*
 Dans ces travaux en saillie, les joints doivent être réguliers
verticalement et horizontalement; nous compterons ainsi l'article
554 de la Série.
Bandeau linéaire réduit...................  2ᵐ,72
× 0,205.............................................  0ᵐ,56
Champ sous le bandeau
Linéaire réduit..........................  1ᵐ,60
× 0,15.............................................  0ᵐ,24
Champ au-dessus du bandeau
  2 fois 0,70....................  1ᵐ,58
  2 fois 0,45....................  0 ,90
   Ensemble................  2ᵐ,48 × 0,075   0ᵐ,19
    Ensemble............................  0ᵐ,00
A 1ᶠ,15 le mètre.......................................  1ᶠ,14      **N° 554.**
  *A reporter* ....................................  82ᶠ,56

*Report*............................................... 82$^f$,56

Jointoiement en ciment I sur brique neuve, les joints lissés au fer.

Surface............................................... 0$^m$,99

A 3$^f$,63 le mètre............................................... 3$^f$,59

*Sous-détail.*

Jointoiement en ciment I sur brique neuve, le mètre superficiel............................................... 3$^f$,45     N° 794

Plus-value pour joints lissés au fer sur brique, le mètre superficiel............................................... 0$^f$,58     N° 799.

Le mètre superficiel............................................... 4$^f$,03

Moins-value pour jointoiement sur brique de 0,11 d'épaisseur.

10 0/0 le mètre superficiel ............................................... 0$^f$,40     Observation n° 804.

Reste le mètre superficiel............................................... 3$^f$,63

Fermeture de souche pour chaque conduit 0$^m$,25 de légers et ensemble............................................... 0$^m$,50

En contrebas du bandeau enduit en plâtre au sas sur brique neuve.

2 fois 0,79.................... 1$^m$,58

2 fois 0,45.................... 0 ,90

Ensemble.................... 2$^m$,48

× 3$^m$,99 de hauteur.................... 9$^m$,90

A 0,25 de légers ouvrages............................................... 2$^m$,48     »     N° 863. Maçonnerie.

Arêtes en plâtre.

4 fois 3$^m$,99 hauteur.................... 15$^m$,96

A 0,05 de légers ouvrages ............................................... 0 ,80     »     N° 936.

Ensemble légers ouvrages.................... 3$^m$,78

A 5$^f$,20 le mètre............................................... »   19$^f$,66     N° 808.

L'enduit soigné en ciment I sur dessus de souche de 0,46 développé.

Longueur.................... 0$^m$,79

A 2$^f$,80 le mètre............................................... 2$^f$,21     N° 128. Série Ciment.

Renformis de 0$^m$,02.

Linéaire.................... 0$^m$,79

A 1$^f$,80 le mètre............................................... 1$^f$,42     N° 128.

*Sous-détail (n° 128, colonne 8).*

Chaque 0$^m$,01 de renformis.

Le mètre linéaire.................... 0$^f$,90

Et pour 0$^m$,02 produisent :

2 fois 0$^f$,90.................... 1$^f$,80

Plus-value de montage hors combles.

Linéaire.................... 0$^m$,79

A 0$^f$,45 le mètre............................................... 0$^f$,36     N° 127.   »

*Sous-détail.*

Montée ou descente par chaque étage de 3$^m$,00, le mètre linéaire............................................... 0$^f$,05

Et pour 27$^m$,00 produisent :

9 fois 0$^f$,05.................... 0$^f$,45

Plus-value d'enduit circulaire à simple courbure.

0,46 × 0$^m$,79.................... 0$^m$,36

A 0$^f$,05 le mètre............................................... 0$^f$,34     N° 110. Ciment.

Sur le dessus du bandeau.

*A reporter*............................................... 110$^f$,14

  *Report*..................................... 110$^f$,14

Champ en ciment 1 de 0$^m$,06 de largeur.
2 fois 0$^m$,91........................... 1$^m$,82
2 fois 0$^m$,45........................... 0 ,90

  Ensemble.................... 2$^m$,72
A 1$^f$,20 le mètre..................... 3$^f$,26 | N° 120. Série Ciment.
Plus-value d'enduit à 27$^m$,00 de hauteur.
Linéaire.................... 2$^m$,72
A 0$^f$,135 le mètre................... 0$^f$,37

*Sous-détail.*

Montée par chaque étage de 3$^m$,00
Le mètre linéaire (n° 144, Série Ciment)............ 0$^f$,015
Et pour 27$^m$,00 de hauteur produisent 9 fois 0$^f$,015.... 0$^f$,135

La fourniture de 2 mitrons ronds de 0$^m$,19.
A 1$^f$,10 l'un..................... 2$^f$,20 | N° 1144. Maçonnerie.
La pose.
2 à 0$^f$,95 l'un..................... 1$^f$,90 | N° 1144. »
Plus-value de pose sur ciment
2 à 0$^f$,38 l'un..................... 0$^f$,76

*Sous-détail.*

N° 372, Couverture.
Pose au ciment d'un mitron rond de 0$^m$,19......... 1$^f$,53
Pose au plâtre — — .......... 1$^f$,15

  Différence.................... 0$^f$,38

*Les prix de pose seule compris dans les numéros 1142 à 1159 Maçonnerie sont applicables pour des poses isolées ou en contiguïté dans le même établissement jusqu'à concurrence de six.*

*Au-dessus de cette quantité, les prix de pose seront diminués de 10 0/0.*

Solins en plâtre sur tuile de Bourgogne non descellée.
2 fois 0$^m$,79.................... 1$^m$,58
2 fois 0$^m$,50.................... 1 ,00

  Ensemble.................... 2$^m$,58
A 0$^f$,60 le mètre linéaire.................... 1$^f$,55 | N° 266. Couverture
Les enduits en plâtre à l'intérieur des conduits de fumée sur brique neuve avec gorges.
2 fois 4$^m$,25.................... 8$^m$,50
A 0,40 de légers ouvrages.................... 3$^m$,40  N° 1025
Angles arrondis en gorges.
8 fois 4$^m$,25.................... 34 ,00
A 0,03 de légers.................... 1 ,02  N° 1024
Pour accéder à cette souche chemin de service.
7$^m$,50 × 0,46.................... 3$^m$,45
A 0,17 de légers.................... 0 ,59
Echafaudage sur combles pour ravalement de cette souche.
2 fois 1$^m$,00.................... 2$^m$,00
2 fois 1,77.................... 3 ,54

  Ensemble.................... 5$^m$,54
× 3$^m$,95 de hauteur.................... 21$^m$,88
A 0,17 de légers.................... 3$^m$,72  N° 846
L'échafaudage fait à double rang d'échasses dans la cour pour accéder aux combles.

  *A reporter*.................... 8$^m$,73 120$^f$,18

| | | |
|---|---|---|
| *Reports* ........................... | 8ᵐ,73 | 120ᶠ,18 |
| Longueur 4ᵐ,00 × 23,00................. | 92ᵐ,00 | |
| Plus-value 1/3....................... | 30 ,67 | |
| Ensemble........................ | 122ᵐ,67 | |
| A 0,24 de légers..................... | 29ᵐ,44 | |
| Ensemble légers ouvrages.................. | 38ᵐ,17 | |
| A 5ᶠ,20 le mètre...................... | | 198ᶠ,48 |
| Ensemble......................... | | 318ᶠ,66 |



Les balayages des combles, gouttières, cour, etc., sont à compter en travaux d'entretien suivant ce que nous avons dit précédemment ainsi que la descente des gravois et l'enlèvement aux décharges publiques.

Pour terminer le métré de cette souche, nous compterons aussi la plus-value de 15 0/0 pour travaux faits sur combles; cette plus-value n'est pas applicable aux échafaudages, solins en plâtre sur tuiles et nettoyages.

### 5ᵘˢ Souche.

Démolir la souche hors combles, la reconstruire en brique neuve de Paris dite façon Bourgogne, rive gauche, 1ʳᵉ qualité, de 0,11 d'épaisseur et ciment I; la languette séparative aura 0,11 d'épaisseur ainsi que les costières. Déposer les mitrons et les remplacer. La nouvelle souche en brique apparente comprendra une décoration de bandeau, frise avec modillons.

Astragale avec partie basse en brique *idem*.

Le dessus de souche sera en ciment I soigné, les saillies seront enduites en ciment I soigné.

A l'intérieur des conduits de fumée, enduits en plâtre avec gorges. Solins en plâtre à l'extérieur au pourtour de la cheminée. Etablir un échafaudage sur combles, planchers et bâches de garantie, etc.

### Métré.

Les travaux de démolition, dépose, tamponnages de tuyaux et autres travaux préparatoires seront détaillés suivant les exemples précédents.

La démolition de brique sera comptée au mètre cube avec plus-value de 15 0/0.

Construction de la souche de cheminée (*fig.* 3 et 4) en brique neuve de 0,11 d'épaisseur de Paris, dite façon Bourgogne rive gauche, 1ʳᵉ qualité et hourdis en mortier nº 2 de ciment I et sable tamisé.



| | | |
|---|---|---|
| 2 fois 0ᵐ,80...................... | 1ᵐ,60 | |
| 3 fois 0ᵐ,23...................... | 0 ,69 | |
| Ensemble................. | 2ᵐ,29 | |
| × 3ᵐ,90 de hauteur (sous astragale)............... | | 8ᵐ,93 |

*Frise.*

| | | |
|---|---|---|
| Linéaire précédent.................. | 2ᵐ,29 | |
| × 0ᵐ,195 de hauteur................. | 0ᵐ,45 | |
| Déduire parties de modillons. | | |
| 8 fois 0ᵐ,12 × 0ᵐ,065 de hauteur........... | 0 ,06 | |
| Reste ................. | 0ᵐ,39 | 0ᵐ,39 |
| Ensemble...................... | | 0ᵐ,32 |
| à 7ᶠ,90 le mètre..................... | | 73ᶠ,63 |
| Nº 524 le mètre superficiel.............. | 7ᶠ,20 | |
| Nº 522 » »  .............. | 0ᶠ,70 | |
| Ensemble................ | 7ᶠ,90 | |

La construction de l'astragale en brique neuve de Paris dite

*A reporter*.................................... 73ᶠ,63

| | |
|---|---|
| *Report* ...................................................... | 73$^f$,63 |

façon Bourgogne rive gauche, 1$^{re}$ qualité et hourdis en mortier
n° 2 de ciment I et sable tamisé.

| | | |
|---|---|---|
| 2 fois 0$^m$,86...................... | 1$^m$,72 | |
| 2 fois 0$^m$,23...................... | 0 ,46 | |
| Ensemble .................... | 2$^m$,18 | |
| $\times$ 0$^m$,065 de hauteur........................ | | 0.14 |
| $\times$ 0$^m$,14 d'épaisseur ............................. | | 0.020 |

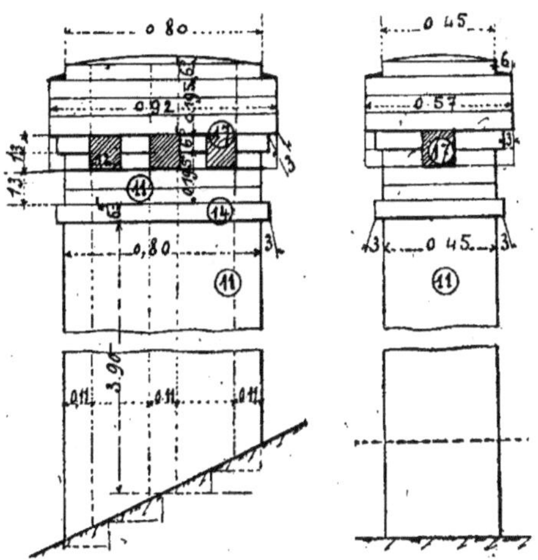

Fig. 3 et 4. — Souche en brique apparente.

Champ saillant en brique *idem*.
Au-dessus de la frise.

| | | |
|---|---|---|
| Linéaire ........................ | 2$^m$,18 | |
| Déduire partie de modillons. | | |
| 8 fois 0$^m$,12...................... | 0 ,96 | |
| Reste ........................ | 1$^m$,22 | |
| $\times$ 0$^m$,065 de hauteur........................ | | 0.08 |
| $\times$ 0$^m$,14 d'épaisseur........................ | | 0$^m$,011 |
| Modillons en brique *idem*. | | |
| 8 fois 0$^m$,12 $\times$ 0$^m$,13 de hauteur............ | 0.12 | |
| $\times$ 0$^m$,17 d'épaisseur........................ | | 0 ,020 |
| Bandeau de couronnement. | | |
| En brique *idem*. | | |
| 2 fois 0$^m$,92...................... | 1$^m$,84 | |
| 2 fois 0 ,23...................... | 0 ,46 | |
| Ensemble ............ | 2$^m$,30 | |
| $\times$ 0$^m$,195 de hauteur...................... | | 0.45 |
| $\times$ 0 ,17 d'épaisseur...................... | | 0 ,077 |
| Ensemble .......................... | | 0$^m$,128 |
| A 65$^f$,45 le mètre cube.................................... | | 8$^f$,38 |
| *A reporter* ........................................... | | 82$^f$,01 |

N$^{os}$ 448 et 470

|  |  |  |
|---|---|---|
| *Report*...................................................... | 82$^f$,01 | |
| Au-dessus du bandeau en brique neuve *idem* de 0.11 d'épaisseur et mortier n° 2 de ciment I et sable tamisé. | | |
| 2 fois 0$^m$,80....................... 1$^m$,60 | | |
| 3 fois 0 ,23....................... 0 ,69 | | |
| Ensemble............ 2$^m$,29 | | |
| $\times$ 0$^m$,065 de hauteur............................... 0$^m$,15 | | |
| à 7$^f$,90 le mètre...................................... | 1$^f$,19 | N$^{os}$ 524 et 552 |
| Reprendre la languette séparative de 0.11 d'épaisseur en brique *idem* et mortier *idem*. | | |
| Dans la hauteur de l'astragale, champ et bandeau. | | |
| Longueur 0$^m$,23 $\times$ 0$^m$,325 de hauteur.............. 0$^m$,07 | | |
| à 7$^f$,90 le mètre...................................... | 0$^f$,55 | |
| La fourniture et pose de 2 mitrons de 0.19 de diamètre. | | |
| à 2$^f$,05 l'un.......................................... | 4$^f$,10 | N° 1114 (col. 1 et 2) |
| Plus-value de pose sur ciment I | | |
| 2 à 0$^f$,38 l'un........................................ | 0$^f$,76 | |
| (Voir sous-détail, page 14.) | | |
| Fermeture de souche pour chaque conduit, 0.25 de légers ouvrages et ensemble............................... 0$^m$,50 | | |
| Plus-value de raccordement dans la partie inférieure des conduits avec soin. | | |
| Chaque 0,20 de légers ouvrages................... 0$^m$,40 | | |
| Enduit soigné en ciment I du dessus de souche de 0.46 développé. | | |
| Longueur................................. 0$^m$,80 | | |
| à 2$^f$,80 le mètre...................................... » | 2$^f$,24 | N° 128. Série Ciment. |
| Renformés de 0$^m$,02. | | |
| Linéaire................................. 0$^m$,80 | | |
| à 1$^f$,80 le mètre...................................... » | 1$^f$,44 | N° 128.      — |
| (Voir sous-détail, page 13). | | |
| Plus-value d'enduit circulaire à simple courbure. | | |
| Longueur 0.80 $\times$ 0.46..................... 0.37 | | |
| à 0$^f$,95 le mètre...................................... » | 0$^f$,35 | N° 110.      — |
| Plus-value de montage hors-combles. | | |
| Linéaire........................................ 0.80 | | |
| à 0$^f$,45 le mètre...................................... » | 0$^f$,36 | N° 127.      — |
| Sur le dessus du bandeau. | | |
| Champ en ciment I de 0$^m$,06 de largeur. | | |
| 2 fois 0$^m$,80....................... 1$^m$,60 | | |
| 2 fois 0 ,57....................... 1 ,14 | | |
| Ensemble............ 2$^m$,74 | | |
| à 1$^f$,20 le mètre...................................... » | 3$^f$,28 | N° 120.      — |
| Plus-value d'enduit à 27$^m$,00 de hauteur. | | |
| Linéaire............................. 2$^m$,74 | | |
| à 0$^f$,135 le mètre..................................... » | 0$^f$,37 | N° 144.      — |
| Arêtes en ciment 4 fois 0$^m$,06 = 0$^m$,24 à 0$^f$,50 le mètre. » | 0$^f$,12 | N° 167.      — |
| Plus-value pour emploi *de brique en saillie* en décoration formant bandeau (3 rangs). | | |
| 2 fois 0.92....................... 1.84 | | |
| 2 fois 0.45....................... 0.90 | | |
| Ensemble............ 2.74 | | |
| à 1$^f$,03 le mètre...................................... » | 2$^f$,82 | |
| 1 rang sous le bandeau. | | |
| *A reporter*.................................... 0$^m$,90 | 99$^f$,59 | |

Reports,............................................  0$^m$,90   99$^f$,59
Linéaire 2 fois 0.86 .......................  1$^m$,72
   2 fois 0.45 ...................  0 ,90
    Ensemble............  2$^m$,62
Déduire modillons.
8 fois 0.12........................  0$^m$,96
    Reste...................  1$^m$,66
à 0$^f$,57 le mètre ..................................  »   0$^f$,95
Plus-value de décoration de modillons en brique
avec tracé préalable.
8 à 0$^f$,30 l'un ...........................  »   2$^f$,40
Plus-value de brique en saillie en décoration (astragale)
2 fois 0$^m$,86....:..................  1$^m$,72
2 fois 0$^m$,45...................  0 ,90
    Ensemble............  2$^m$,62
à 0$^f$,85 le mètre.................................  »   2$^f$,23
Parement dressé à la règle pour brique devant rester
apparente, les joints verticaux et horizontaux parfaitement réguliers.
Champ en brique au-dessus du bandeau.
2 fois 0$^m$,80.......................  1$^m$,60
2 fois 0 ,45......................  0 ,90
   Ensemble...................  2$^m$,50
$\times$ 0$^m$,075......................................  0$^m$,19 (n° 1)
Bandeau de couronnement.
Face 2 fois 0$^m$,92...................  1$^m$,84
   2 fois 0 ,57..................  1 ,14
   Ensemble...................  2$^m$,98
$\times$ 0$^m$,195 de hauteur.....................  0$^m$,58 (n° 3)
Champ en brique sous le bandeau.
2 fois 0$^m$,86.......................  1$^m$,72
2 fois 0 ,51......................  1 ,02
   Ensemble...................  2$^m$,74
Déduire modillons.
8 fois 0$^m$,12........................  0 ,96
   Reste....................  1$^m$,78
$\times$ 0$^m$,0075............................  0$^m$,13 (n° 4)
Sous-face de bandeau (horizontale).
2 fois 0$^m$,92.......................  1$^m$,84
2 fois 0 ,51......................  1 ,02
   Ensemble...................  2$^m$,86
Déduire modillons,
8 fois 0$^m$,12........................  0 ,96
   Reste....................  1$^m$,90
$\times$ 0$^m$,075............................  0$^m$,14 (n° 5)
Frise
2 fois 0$^m$,80.......................  1$^m$,60
2 fois 0 ,45......................  0 ,90
   Ensemble...................  2$^m$,50
$\times$ 0$^m$,195 de hauteur..................  0 ,49
Déduire modillons.
8 fois 0$^m$,12 $\times$ 0$^m$,065.................  0 ,06
   Reste...................  0$^m$,43 = 0$^m$,43
   A reporter..........................  1$^m$,47   0$^m$,00   105$^f$,17

| | | | |
|---|---|---|---|
| *Reports*............................ | $1^m,47$ | $0^m,90$ | $105^f,17$ |

Modillons.
Faces 8 fois $0^m,12 \times 0^m,13$ de hauteur........ $0^m,12$
Côtés 16 fois $0^m,13$ de hauteur........ $2^m,08$
Sous-faces 8 fois $0^m,12$............. $0\ \ ,96$

Ensemble.................... $3^m,04$
$\times\ 0^m,075$............................ $0^m,23$
Astragale.
Face 2 fois $0^m,86$.................... $1^m,72$
  2 fois $0\ \ ,51$.............. $1\ \ ,02$

Ensemble..... ............ $2^m,74$
$\times\ 0^m,075$............................ $0^m,21$ (n° 6)
Dessus et dessous de l'astragale.
2 fois $0^m,86$..................... $1^m,72$
2 fois $0^m,80$..................... $1\ \ ,60$

Ensemble.................... $3^m,32$
$\times\ 0^m,075$............................ $0^m,25$ (n° 7)
En contrebas de l'astragale.
2 fois $0^m,80$..................... $1^m,60$
2 fois $0\ \ ,45$..................... $0\ \ ,90$

Ensemble.................... $2^m,50$
$\times\ 3^m,80$ de hauteur.................... $9^m,50$ (n° 2)

Ensemble...................... $11^m,78$
à $1^f,15$ le mètre............................  »  $13^f,55$    N° 554.
Jointoiement en mortier n° 4 de ciment I sur brique
neuve, les joints lissés au fer.
Au-dessus du bandeau.
Surface n° 1............................ $0^m,19$
Sous l'astragale.
Surface n° 2............................ $9\ \ ,50$

Ensemble............................ $9^m,69$
à $3^f,63$ le mètre............................  »  $35^f,17$
Suivant sous-détail (page 12).
Sur le reste de la souche, jointoiement en mortier
n° 4 de ciment I sur brique neuve, les joints lissés au
fer.
Bandeau de couronnement.
Surface n° 3............................ $0^m,58$
Champ en brique sous le bandeau.
Surface n° 4............................ $0.13$
Surface n° 5............................ $0.14$
Modillons.
8 fois $0^m,12 \times 0.13$ de hauteur............ $0.12$
Côtés 16 fois $0.13$ hauteur............. $2^m,08$
Sous-faces.
8 fois $0^m,12$..................... $0.96$

Ensemble............. $3.04$
$\times\ 0.075$............................ $0.23$
Astragale.
Surface n° 6............................ $0.21$
Surface n° 7............................ $0.25$

Ensemble.................... $1.66$
à $4^f,03$ le mètre............................  »  $6^f,69$

*A reporter*............................ $0^m,90$ $160^f,58$

*Reports*..................................... 0ᵐ,90   160ᶠ,58

Pourquoi cette différence de prix ? suivant l'observation de la série n° 804 les jointoiements faits sur des parements de cloisons de 0,11 d'épaisseur seront diminués de 10 0/0 ; il est évident que pour des parements de mur de plus de 0.11 d'épaisseur construit en briques boutisses et briques panneresses cette moins-value n'est pas applicable................................. »   »   *Observation.*

Solins en plâtre sur tuile de Bourgogne non descellée

2 fois 0.88............................. 1ᵐ,76

2 fois 0.45............................. 0 ,90

     Ensemble........................ 2ᵐ,66

à 0ᶠ,60 le mètre .................................... »   1ᶠ,60   N° 266. Couverture.

Les enduits en plâtre à l'intérieur des conduits de fumée sur brique neuve avec gorges.

2 fois 4ᵐ,485............................. 8ᵐ,97

à 0.40 de légers ouvrages......................... 3ᵐ,59   »   N° 1025.

Angles arrondis en gorges

8 fois 4ᵐ,485............................. 35ᵐ,88

à 0,03 de légers.................................. 1 ,08   »   N° 1024.

Observation. — Les numéros 1024 et 1025 de la série Maçonnerie se complètent.

Tuyau en pigeonnage ou en brique

Plus-values :

Pour angles arrondis en gorges sur un rayon de 0ᵐ,06 par angle en légers 0,03 (au mètre linéaire)........... »   »   N° 1024.

Pour enduits intérieurs en 4 sens compris gorges le mètre linéaire en légers.................... 0.40   »   »   N° 1025.

Que comprend l'article 1025 de la série ?

Suivant l'article n° 9 page 1221 de la Série, les tuyaux de cheminée ne peuvent dévier de la verticale de manière à former avec elle un angle de plus de 30 degrés ; néanmoins pour éviter des amas de suie il *est fait des enduits en plâtre en gorges* à la jonction des diverses inclinaisons ; ce sont ces gorges qui sont prévues à l'article 1025   »   »   *Observation.*

Echafaudage sur combles pour ravalement de cette souche.

2 fois 2ᵐ,00..................... 4ᵐ,00

2 fois 0 ,60..................... 1 ,20

     Ensemble................... 5ᵐ,20

× 4ᵐ,40 de hauteur....................... 22ᵐ,88

À 0.17 de légers............................. 3ᵐ,89

Les autres planchers de garantie et de service ainsi que les nettoyages, descente de gravois et enlèvements seront décomptés suivant ce qui a été dit précédemment.

Pour terminer le métré de cette souche sur rue.

Bâche de garantie en location pendant 8 jours.

De 4ᵐ,00 × 5ᵐ,00 ..................... 20ᵐ,00

à 0ᶠ,085 le mètre .............................. »   1ᶠ,70   N° 362. Obs. 369.

Montage, pose, dépose, descente et double transport

Surface........................ 20ᵐ,00

à 0ᶠ,17 le mètre ............................... »   3ᶠ,40   N° 367

Pour les travaux de réparations (légers ou autres) faits sur combles

15 0/0 en plus produisent :       *Observation 822.*

En légers ouvrages en plâtre ............... 5ᵐ,57

Aux 15 0/0................................. 0.84

En argent................................. 165ᶠ,68

Aux 15 0/0................................. »   24ᶠ,85

     *A reporter*............................. 10ᵐ,30   192ᶠ,13

*Reports*......................................... 10ᵐ,30  192ᶠ,13

Après les travaux de réparations de souches de cheminées hors combles, il est indispensable de faire *le
ramonage* des cheminées. Les ramonages sont généralement exécutés par l'entrepreneur de Fumisterie néanmoins, pour une réparation d'une souche à un conduit
par exemple l'entrepreneur de maçonnerie fait parfois
le nettoyage. Ces travaux sont prévus à la Série de Fumisterie.

Ramonage de cheminée, compris enlèvement des
suies, mais non compris les trous, percements et bouche-
ments en briques, tuiles ou plâtre, l'une....... 1ᶠ,00    N° 959. Fumisterie.

Pour moins de cinq cheminées il sera tenu compte à
l'entrepreneur pour déplacement exprès de.... 1ᶠ,80    N° 960.    »

Chaque branchement, la pièce............. 0ᶠ,55    N° 961.    »

OBSERVATION. — Nous avons compté précédemment
la dépose des montants de tuyaux en tôle...........    N° 707.    »

Cette dépose ne comprend pas le nettoyage des tuyaux.

Lorsque ce travail sera fait nous appliquerons le n° 826
Série Fumisterie.

Nettoyage d'un tuyau de combles jusqu'à 2ᵐ,00 de
hauteur, la pièce..................... 0ᶠ,95    N° 826.    »

Ensemble légers ouvrages en plâtre.......... 10ᵐ,30    N° 808. Maçonnerie.
                                                                    Argent
A 5ᶠ,20 le mètre................................. »    53ᶠ,56

Ensemble......................................... 245ᶠ,69    245ᶠ,69

Quant aux *visites de cheminées* pour en connaître la direction ou
rechercher la cause de fumée, elles ont été prévues à la Fumisterie.

Pour plusieurs cheminées, chaque (sans percement ni rebouchement de trou)............................. 1ᶠ,25    N° 1068. Fumisterie.

Pour une cheminée seulement, compris déplacement
spécial..................................... 2ᶠ,80    N° 1069

### 6ᵐᵉ Souche

Cette souche en pierre comprend une corniche frise et astragale ; toutes les moulures seront recoupées de cinq millimètres
avec passage au grès et jointoiement ; en contre-bas les faces
extérieures seront recoupées et ravalées.

Le dessus de la souche sera ravalé avec recoupement de 0ᵐ,01.
Les joints ne seront pas apparents.

### Métré.

Ravalement du dessus circulaire avec recoupement de 0ᵐ,015.
Longueur 1.04 × 0,69 développé.............. 0.72
Plus-value de surface courbe
33/00 ...................................... 0.24

Ensemble........................... 0.96    N° 1568. Maçonnerie

A 0.45 Taille n° 7.............................. 0ᵐ,43
Sous-détail de cette évaluation
Ragrément sur *mur apparent* avec passage au grès et
jointoiement et recoupement moyen de 1 à 9 millimètres
(soit cinq millimètres).

Le mètre superficiel...................... 0ᵐ,35
Il a été fait un recoupement de........ 0ᵐ,015    N° 1561
Déduire le recoupement dû dans l'éva-
luation du ravalement................. 0ᵐ,005

Reste en supplément pour recoupement    0ᵐ,01
Vaut en Taille n° 7........................ 0ᵐ,10

Le mètre superficiel...................... 0ᵐ,45    N° 1571

*A reporter* ........................... 0ᵐ,43    »    »

*Report* ..................................... 0$^m$,43    »   »

NOTA. — Les tuyaux de fumée ne sont pas déduits en compensation de la difficulté de ravalement par petites parties entre lesdits et pentes du dessus et contrepentes.

La taille et ravalement des anciennes moulures en pierre n° 7 avec recoupement moyen de cinq millimètres, passage au grès et jointoiement

     2 fois 0$^m$,92 réduit.............. 1$^m$,84

     2 fois 0$^m$,57 réduit.............. 1 ,14

4 Angles saillants

Chaque 0,15 (n° 1604)................ 0 ,60

     Ensemble..................... 3$^m$,58

$\times$ 0,875 de profil......................... 3$^m$,13

Aux 35/00........................... 1$^m$,10      N° 1620 Maçonnerie.

*Nous rappelons ici que les moulures sont mesurées selon leur longueur réelle prise au milieu de leur saillie.*      N° 1604.

Ravalement de la frise entre la corniche et l'astragale avec recoupement de deux millimètres

     2 fois 0$^m$,80.................. 1$^m$,60

     2 fois 0 ,45.................. 0 ,90

     Ensemble.................... 2$^m$,50

$\times$ 0,35 de hauteur...................... 0$^m$,88

A 0,35 de taille n° 7...................... 0$^m$,31      N° 1561.

La taille et ravalement des moulures de l'astragale avec recoupement de 5 millimètres

     2 fois 0$^m$,86.................. 1$^m$,72

     2 fois 0 ,51.................. 1 ,02

4 Angles saillants

Chaque 0,15 (n° 1604)................ 0 ,60

     Ensemble................... 3$^m$,34

$\times$ 0,375 profil......................... 1$^m$,25

Aux 35/00 de taille n° 7.................. 0$^m$,44

En contre-bas ragrément à vif sur murs vieux avec recoupement de 2 millimètres passage au grès et jointoiement.

     2 fois 0$^m$,80 .................. 1$^m$,60

     2 fois 0 ,45 .................. 0 ,90

     Ensemble.................... 2$^m$,50

$\times$ 3$^m$,80 de hauteur.................... 9$^m$,50

A 0,35 Taille n° 7.................... 3$^m$,33

     Ensemble Taille n° 7.................... 5$^m$,64

à 6$^f$,60 le mètre.......................... 37$^f$,03      N° 1527.

Par suite de recoupement de la face du bandeau et du dessus de bandeau.

Dépose de 2 mitrons et rangement

à 0$^f$,20 l'un........................... 0$^f$,40      N° 707 Fumisterie.

Pour leur repose les nouvelles feuillures dans la pierre.

Circulaires 2 fois 0,62 réduit............ 1$^m$,24

Plus-value 1/3....................... 0 ,41

     Ensemble .................... 1$^m$,65

$\times$ 0,15 courant de Taille n° 7.................... 0$^m$,25      N° 1589.

à 6$^f$,60 le mètre......................... 1$^f$,65      N° 1527.

La repose de 2 mitrons de 0,19 de diamètre

à 0$^f$,95 l'un .......................... 1$^f$,90      N° 1144.

Plus-value de travaux faits sur combles

15 0/0 des articles en argent produisent.............. 40$^f$,98

Aux 15 0/0............................. 6$^f$,15      Observation 812

     *A reporter*.......................... 47$^f$,13

*Report*..........................................................  47f,13

*Les solins au pourtour de la souche, échafaudages sur combles, balayage de combles, chargement, descente et enlèvements des gravois seront à compter en travaux d'entretien suivant ce que nous avons dit précédemment*

Ensemble..........................................................  47f,13        Argent

                                                                                  47f,13

2ᵐᵉ CAS. — Réparations d'une souche en pierre ; la saillie de bandeau sera recoupée de 0,10 épaisseur les moulures refaites en sable mortier coloré ton pierre.

Le reste de la souche sera ragréé avec jointoiement.

Pour la saillie-masse il sera fait une paillasse avec armature en fer.

### Métré.

Abatage de pierre de la saillie de bandeau en pierre n° 7.

     2 fois 0,92 réduit.................  1.84
     2 fois 0,57 réduit.................  1.14

        Ensemble.....................  2.98

$\times$ 0,22 de hauteur............................  0ᵐ,66
$\times$ 0,10 réduit.................................  0.066

A 5ᵐ,50 de Taille n° 7 par mètre................  0ᵐ,36                 N° 1530.
à 6f,60 le mètre..................................................  2f,38       N° 1527.

Les moulures en sable mortier coloré ton pierre.

     2 fois 0,92 réduit.................  1ᵐ,84
     2 fois 0,57 réduit.................  1 ,14

4 Angles saillants
Chaque 0,15 (n° 968).................  0 ,60

        Ensemble.....................  3ᵐ,58

$\times$ 0,55 profil....................................  1ᵐ,97

Les saillies masses de la paillasse, trous et scellements, pose de fers, attaches, etc., seront comptés suivant ce que nous avons dit précédemment.

Piquage de la pierre tendre dans la hauteur de la frise.

     2 fois 0,80.................  1ᵐ,60
     2 fois 0,45.................  0 ,90

        Ensemble.................  2ᵐ,50

$\times$ 0,35 de hauteur............................  0ᵐ,88
à 0f,55 le mètre..................................................  0f,48       N° 111 Série stuc.

Enduit en sable mortier de la frise

     2 fois 0,80.............  1ᵐ,60
     2 fois 0,45.............  0 ,90

        Ensemble.............  2ᵐ,50

$\times$ 0,35 de hauteur.........................  0ᵐ,88

A 0,33 légers sable mortier coloré.................  0ᵐ,29        »         N° 861
                                                                           Observation 1101
Arêtes verticales

     4 fois 0ᵐ,35.............  1ᵐ,40

A 0,05 de légers sable mortier.....................  0 ,07        »         N° 936.

        Ensemble...............................  2ᵐ,33

à 8f,00 le mètre superficiel.......................................  18f,64      N° 1099.

Recoupement de la saillie en pierre de l'astragale (partie effritée)

     2 fois 0.86.............  1.72
     2 fois 0.51.............  1.02

        Ensemble.............  2.74

*A reporter*.............  2.74        ..................  21f,50

|  |  |  |  |
|---|---|---|---|
| Reports............ 2ᵐ,74 ............... | 21ᶠ,50 |  |
| $\times$ 0,11 hauteur..................... 0ᵐ,30 |  |  |
| $\times$ 0,05 réduit.......................... 0.015 |  |  |
| A 5ᵐ,50 Taille nᵒ 7.......................... 0ᵐ,08 |  |  |
| à 6ᶠ,60 le mètre.......................... | 0ᶠ,53 | Nᵒ 1527. |
| Lardis de clous non fournis |  |  |
| Linéaire.................. 2.74 |  | Nᵒ 954. |
| $\times$ 0,015 courant de légers.............. 0ᵐ,04 |  | Nᵒ 808. |
| à 5ᶠ,20 le mètre.......................... | 0ᶠ,21 |  |
| Les moulures en sable mortier coloré ton pierre |  |  |
| 2 fois 0.86.............. 1.72 |  |  |
| 2 fois 0.51............. 1.02 |  |  |
| 4 Angles saillants |  |  |
| Chaque 0,15 (nᵒ 968)........... 0.60 |  |  |
| Ensemble............. 3.34 |  |  |
| $\times$ 0,25 profil.......................... 0ᵐ,835 |  |  |
| à 8ᶠ,00 le mètre.......................... | 6ᶠ,68 | Nᵒ 1099. |
| En contre-bas ragrément à vif avec recoupement de 1 milli- |  |  |
| mètre passage au grès et jointoiement. |  |  |
| 2 fois 0.80............. 1ᵐ,60 |  |  |
| 2 fois 0.45............. 0 ,90 |  |  |
| Ensemble............ 2ᵐ,50 |  |  |
| $\times$ 3ᵐ,80 de hauteur réduite................ 9ᵐ,50 |  |  |
| A 0,35 Taille nᵒ 7.................... 3ᵐ,33 |  |  |
| à 6ᶠ,60 le mètre.......................... | 21ᶠ,98 | Nᵒ 1527. |
| Les solins en ciment de Portland sur tuile mécanique non |  |  |
| descellée. |  |  |
| 2 fois 0ᵐ,88............. 1ᵐ,76 |  |  |
| 2 fois 0ᵐ,45............. 0ᵐ,90 |  |  |
| Ensemble............ 2ᵐ,66 |  | Nᵒ 268 |
| à 1ᶠ,45 le mètre.......................... | 3ᶠ,86 | (Couverture en tuiles) |
| Il est inutile de rappeler ici tous les autres travaux prépara- |  |  |
| toires : nettoyages, balayages, échafaudages, enlèvement de |  |  |
| gravois, etc. |  |  |
| Plus-value de travaux faits sur combles |  |  |
| 15 0/0 des articles en argent. |  |  |
| Produisent................................. 50ᶠ,90 |  |  |
| Aux 15 0/0................................. | 7ᶠ,64 | Argent |
| Ensemble.................................. | 62ᶠ,40 | 62ᶠ,40 |

**3ᵉ Cas.** — Réparation d'une souche en pierre, hors combles.
Déposer le bandeau mouluré en pierre pour réemploi. —
Démolir les languettes et faces de cheminées. Reconstruire les
languettes de faces en brique neuve blanche de Fresnes de choix
(moule 0,054 $\times$ 0,11 $\times$ 0,22) de 0,11 d'épaisseur et ciment 1
mortier nᵒ 2 et sable tamisé.
La languette de refend sera en brique neuve ordinaire de
Fresnes et mortier nᵒ 2 de ciment I et sable tamisé. — Reposer
le bandeau en pierre et faire le ravalement en pierre.

Métré.

|  |  |  |
|---|---|---|
| Dépose d'un montant de tuyau en tôle jusqu'à 2ᵐ,00 de |  |  |
| hauteur avec descente. |  |  |
| Vaut...................................... | 0ᶠ,55 | Nᵒ 707 Fumisterie. |
| Descellement de tuyau, vaut................. | 0ᶠ,31 | Nᵒ 937 Fumisterie. |
| Dépose d'un mitron........................ | 0ᶠ,20 | Nᵒ 707 Fumisterie. |
| A reporter............................ | 1ᶠ,06 |  |

*Report*...................................................... 1ᶠ,06

Dépose de couronnement en pierre avec soin pour être con-
servée.

  Longueur 1.04 × 0.69...................... 0.72

× 0.22 de hauteur................................... 0.158

  Frise et astragale

0.92 × 0.57........................ 0.52

× 0,46 hauteur...................................... 0.239

    Ensemble........................................ 0.397

à 9ᶠ,15 le mètre cube ...................................... 3ᶠ,63    Nᵒ 705 Maçonnerie.

  Plus-value de dépose de pierre moulurée

1/2 en plus........................... 1ᶠ,82    Obs. 707 Maçonnerie.

  Descente de pierre avec soin pour réemploi à 3ᵐ,80 de hauteur

  Cube.............................................. 0ᵐ,239

à 3ᶠ,275 le mètre .......................... 0ᶠ,78

  A 4ᵐ,26 de hauteur

  Cube.............................................. 0ᵐ,158

à 3ᶠ,45 le mètre .......................... 0ᶠ,55

  Plancher sur combles de garantie pour recevoir la pierre.

  Longueur 4ᵐ,00 × 1ᵐ,50.................... 6ᵐ,00

  A 0,17 courant de légers ouvrages................. 1ᵐ,02

  Les échafaudages sur comble pour réparations de
souche

    2 fois 3ᵐ,80............. 7ᵐ,60

    2 fois 0 ,50............. 1 ,00

    Ensemble............. 8ᵐ,60

× 4,00 hauteur compris garde corps......... 34ᵐ,40

  A 0,17 courant................................... 5ᵐ,85

    Ensemble........................................ 6ᵐ,87

à 5ᶠ,20 le mètre........................................... 35ᶠ,72    Nᵒ 808. / Observation.

  L'échafaudage a été établi sur le plancher de garantie.

  Démolition du reste de la souche par petites parties pour éviter
la chute des matériaux et gravois. Nous avons indiqué précédemment le métré de ces travaux ainsi que les travaux préparatoires, tamponnages, etc., etc.

  La nouvelle souche en brique neuve blanche de Fresnes (Seine-
et-Marne) marque $\frac{GL}{F}$ (Gastellier Frères) moule 0,054 × 0,11

× 0,22 de 0,11 d'épaisseur et mortier nᵒ 2 de Ciment I et sable
tamisé

  Faces..... 2 fois 0.80.................... 1ᵐ,60

  Dans œuvre 2 fois 0.23................... 0 ,46

    Ensemble...................... 2ᵐ,06

× 3ᵐ,80 de hauteur réduite...................... 7ᵐ,83

à 9ᶠ,85 le mètre ...................... 77ᶠ,13

  *Sous-détail du prix.*

  Brique de Fresnes blanche de 0,11 épaisseur nᵒ 509 le mètre
superficiel ................................. 9ᶠ,15      »    Nᵒ 509 col. 1.

  Plus-value sur le prix de brique pleine pour
emploi de mortier nᵒ 2 de Ciment I et sable tamisé

  Le mètre superficiel...................... 0ᶠ,70      »    Nᵒ 552 col. 9.

    Le mètre superficiel...................... 9ᶠ,85

  La languette de refend en brique neuve ordinaire de Fresnes
(moule 0,054 × 0,11 × 0,22) de 0,11 d'épaisseur et mortier de
ciment I

  Largeur 0,23 × 3ᵐ,80 de hauteur................. 0ᵐ,87

à 8ᶠ,50 le mètre ........................................... 7ᶠ,40

    *A reporter*........................................ 128ᶠ,09

Report ............................................................   128ᶠ,09

*Sous-détail du prix.*

Brique de Fresnes (Seine-et-Marne) ordinaire de 0,11 d'épaisseur

Le mètre superficiel........................   7ᶠ,80      Nᵒ 510 col. 1.

Plus-value pour emploi de mortier nᵒ 2 de ciment I et sable tamisé, le mètre superficiel.....   0ᶠ,70

Le mètre superficiel....................   8ᶠ,50

Pour se liaisonner avec les languettes de faces de 2 en 2 rangs la brique de parement sera posée en boutisses

Plus-value d'emploi de brique apparente

$0^m,23 \times 3^m,80$ ................   $0^m,87$

A 1/2 ................   $0^m,435$

à 1ᶠ,35 le mètre ............................................   0ᶠ,59

*Sous-détail du prix.*

Brique de Fresnes blanche de 0,11 d'épaisseur et mortier nᵒ 2 de ciment I et sable tamisé.

Le mètre superficiel.............................   9ᶠ,85

Brique ordinaire de Fresnes de 0,11 d'épaisseur et mortier nᵒ 2 de ciment I et sable tamisé.

Le mètre superficiel.............................   8ᶠ,50

Différence par mètre superficiel..............   1ᶠ,35

Pose de pierre moulurée

Frise et astragale

$0^m,92 \times 0^m,57$ ......................   $0^m,52$

$\times 0,46$ hauteur ............................   $0^m,239$

Au-dessus, couronnement

$1^m,04 \times 0^m,69$ .....................   $0^m,72$

$\times 0,22$ de hauteur ............................   0.158

Ensemble ......................   $0^m,397$

à 14ᶠ,50 le mètre cube................................   5ᶠ,76      Nᵒ 1473.

Plus-value pour fichage en mortier nᵒ 4 (sable tamisé et ciment I)

Cube................................   0.397

à 3ᶠ,50 le mètre ............................   1ᶠ,39      Nᵒ 1408 col. 9.

Montage de pierre sur un point isolé en difficulté (cette pierre ne reposant que sur des languettes).

Cube................................   $0^m,239$

à 3ᶠ,75 le mètre ............................   0ᶠ,90

Cube................................   $0^m,158$

à 3ᶠ,98 le mètre ............................   0ᶠ,63

Indemnité de montage de pierre à plus de $4^m,00$ de hauteur sur point isolé, vaut........................   9ᶠ,25      Nᵒ 1209.

Plus-value de pose de pierre moulurée par analogie à la dépose

1/2 en plus............ $\dfrac{5^f,76}{2} =$ .....................   2ᶠ,88

A l'extérieur parement dressé à la règle pour brique devant rester apparente avec joints creux en mortier nᵒ 4 circulaires au fond

2 fois 0.80 ........................   $1^m,60$

2 fois 0.45 ........................   0 ,90

Ensemble........................   $2^m,50$

$\times 3^m,80$ de hauteur................................   $9^m,50$

à 4ᶠ,05 le mètre superficiel ............................   38ᶠ,48      Nᵒ 555.

A reporter...........................................   187ᶠ,97

*Report* .................................................. 187f,97

Pour relier les morceaux de couronnement en pierre
2 entailles d'agrafes de 0,20 longueur
chaque 0,15 de Taille n° 7.................... 0m,30
4 trous d'agrafes chaque 0,05.................... 0 ,20

    Ensemble.................................... 0m,50

N° 1633 col. 1.
N° 1527.

à 6f,60 le mètre .................................... 3f,30

Scellement en ciment Portland
A 0/0 de légers.................... 0m,50

Sur le dessus 2 raccords unis en ciment métallique
à 0f,60 l'un .................................... 1f,20

N° 597.

Les descellements préalables d'agrafes scellées en
ciment à 1/2.................................... 0 ,25

Obs. 1009.

Plus-value de raccordement dans la partie inférieure
avec les anciens tuyaux
    2 fois 0,20 de légers.................... 0 ,40

Enduit en plâtre à l'intérieur en 4 sens avec gorges
    2 fois 3m,80 de hauteur.................... 7m,60
A 0,40 de légers.................... 3 ,04

N° 1025.

Plus-value pour angles arrondis en gorges sur un
rayon de 0,06
    8 fois 3m,80 de hauteur.................... 30m,40
A 0,03 de légers.................... 0 ,91

N° 1024.

Ravalement du dessus de souche en pierre avec recoupement de 0m,02
    Longueur 1m,04 × 0m,69 réduit........ 0m,72
Plus-value de surface courbe
    33 0/0.................... 0m,24

    Ensemble.................... 0m,96

A 0,50 Taille n° 7.................... 0m,48

*Sous-détail de cette évaluation.*

Ragrément à vif avec recoupement moyen de
5 millimètres
    Le mètre superficiel.................... 0.35

N° 1561.

Il a été fait un recoupement de. 0m,020
Déduire le recoupement dû dans
l'évaluation de ravalement....... 0 ,005

    Reste en supplément....... 0m,015

Vaut en Taille n° 7..... ............ 0.15

N° 1571.

    Le mètre superficiel............. 0.50

Taille et ravalement des anciennes moulures en
pierre n° 7 avec recoupement de 0m,015, passage
au grès et jointoiement.
    2 fois 0m,905.................... 1m,81
    2 fois 0m,555.................... 1 ,11
4 Angles saillants
Chaque 0,15 (n° 1064).................... 0 ,60

    Ensemble.................... 3m,52

× 0,875 de profil.................... 3m,08

Aux 75/00 de taille.................... 2.31

N° 1621.

Ravalement de la frise avec recoupement de
3 millimètres passage aux grès *idem*
    2 fois 0,80.................... 1m,60
    2 fois 0,45.................... 0 ,90

    Ensemble.................... 2m,50

*A reporter*.................... 2.79   5m,10   192f,47

```
          Reports...........................  2.79    5m,10    192f,47
×  0,35 de hauteur.....................  0.88
   A 0m,35 de Taille n° 7...........................  0.31              N° 1561.
   Ravalement des moulures de l'astragale avec
recoupement de 5 millimètres passage au grès et
jointoiement
      2 fois 0.86.................  1m,72
      2 fois 0.51.................  1 ,02
   4 Angles saillants
   Chaque 0,15 Taille (n° 1064).....  0 ,60
                                     ———————
      Ensemble.................  3m,34
×  0,375 de profil.....................  1.25
   A 0,35 de Taille.............................  0m,44              N° 1620.
                                                  ————
      Ensemble .....................           3m,54
                                               ════════
à 6f,60 le mètre...........................            23f,36        N° 1527.
                                                       ════════
      Ensemble légers ouvrages................  5m,10
                                               ════════
à 5f,20 le mètre...........................            26f,52    N° 808 Maçonnerie.
   Pour la repose du mitron et montant de tuyau en tôle feuil-
·lures circulaires dans la pierre n° 7
   Circulaires 2 fois 0m,64 réduit.........  1m,28
   Plus-value 1/3....................  0.43
                                       ———————
      Ensemble.................  1.71
×  0,15 courant de Taille n° 7...............  0m,26
à 6f,60 le mètre...........................            1f,72        N° 1527.
   Repose d'un mitron de 0,19 de diamètre vaut..............   0f,95        N° 1144.
   Pose d'un montant de tuyau en tôle jusqu'à 2m,00 de hauteur.  1f,60     N° 934  Fumisterie.
   Scellement de tuyau compris garnissage......... .........   1f,25     N° 936      id.
   Plus-value de travaux faits sur combles
   15 0/0 des articles en argent (les échafauds non compris) en
travaux de série fumisterie
   Produisent.............................  207f,74
   Aux 15 0/0.............................            31f,16
                                                     ════════
      Ensemble.............................          279f,03
                                                     ════════
   Les solins, travaux préparatoires nettoyages, bâches de garantie,          Argent
gravois à compter comme précédemment.................      »          279f,03
                                                                      ════════
```

<h2 align="center">Souche en pierre.</h2>

Déposer les 3 lanternes en terre cuite, supprimer le bandeau, frise et astragale en pierre.

En contre-bas dans la hauteur de la souche remplacer 3 morceaux en pierre n° 7 par incrustement.

Le bandeau, frise et astragale seront reconstruits en brique neuve de Paris dite façon de Bourgogne (moule 0.06 × 0.11 × 0.22) de 0.11 d'épaisseur et mortier n° 2 de ciment I; les languettes intérieures seront en briques de 0.11 d'épaisseur et mortier n° 2 de ciment I.

Les moulures de l'entablement, la frise et l'astragale seront en plâtre teinté ton pierre; le reste du ravalement extérieur de la souche sera fait avec recoupement sur vieille pierre.

A l'intérieur faire les enduits en plâtre et tous raccordements. Les 3 lanternes en terre cuite, seront remplacées par 3 montants en tôle.

L'un des montants de tuyaux recevra à sa partie supérieure un appareil mobile (gueule de loup).

Le 2me montant un appareil fixe (champignon).

Le 3me montant une lanterne en tôle.

Tous les tuyaux seront peints.

A la partie inférieure des cheminées en tôle (*montants de tuyaux*) il sera ménagé une trappe de ramonage.

## Métré.

Dépose, décrottage et rangement de 3 lanternes en terre cuite.
à 0ᶠ,20 l'une....................................................  0,ᶠ60   $\quad$ Nᵒ 707 Fumisterie.
Dépose de couronnement, en pierre et rangement sur les
combles.
$\qquad$ Longueur 1ᵐ,385 × 0.69.................. 0.96
× 0.22 de hauteur.............................. 0.211
$\qquad$ Frise et astragale.
$\qquad$ Longueur 1ᵐ,265 × 0.57................... 0.72
× 0.46 de hauteur.............................. 0.331
$\qquad\qquad$ Ensemble............................ 0.542
à 9ᶠ,15 le mètre cube............................  4ᶠ,96   $\quad$ Nᵒ 705 Maçonnerie

*La pierre est déposée en démolition, n'étant pas réemployée, pourquoi n'appliquons-nous pas le nᵒ 708 de la Série?*

Le nᵒ 708 s'applique lorsque la pierre est jetée sans les précautions nécessaires à sa conservation. Sur les combles, la pierre ne peut être jetée, mais descendue avec soin et rangée.

OBSERVATION. — Dans la dépose ou pose de pierre, les vides de tuyaux de fumée ne se déduisent pas pour tenir compte des difficultés, sujétions quelconques et risques de casse.

En contre-bas dans la hauteur de la souche le remplacement par incrutement de 3 morceaux isolés en banc franc de Villers-Adam avec fichage en mortier nᵒ 4 (sable tamisé) et chaux hydraulique c.

Nous avons donné dans le tome IV des exemples de pierre fournie et posée par incrustement il est inutile de recommencer ces sous-détails ; à l'intérieur des conduits nous compterons les entailles entre 3 côtés conservés avec angles arrondis ou les percements de tuyaux de fumée dans la hauteur de la pierre suivant ce que nous avons expliqué précédemment. A l'extérieur le ravalement sur pierre nᵒ 7, neuve ou vieille avec jointoiement, puis nous ajouterons le bardage, montage de pierre à grande hauteur, transport sur chemins en madriers sur combles, etc., etc., conformément aux exemples précédents.

*A tous les travaux exécutés sur combles* nous appliquerons la plus-value de 15 0/0 et ce suivant l'observation nᵒ 812 de la Série Maçonnerie.

Au-dessus, le bandeau frise et astragale en brique neuve de Paris dite façon Bourgogne de 0,11 d'épaisseur et mortier nᵒ 2 de ciment I

$\qquad$ Languettes extérieures ;
Hors-œuvre faces  2 fois 1ᵐ,145.............. 2ᵐ,29
Dans œuvre côtés  2 fois 0 ,23.............. 0 ,46
$\qquad$ Languettes de refend
$\qquad\qquad$ 2 fois 0ᵐ,23.............. 0 ,46
$\qquad\qquad$ Ensemble.......................... 3ᵐ,21
× 0,68 de hauteur................................. 2ᵐ,18
à 7ᶠ,90 le mètre................................  17ᶠ,22

*Sous-détail.* — Brique de Paris rive gauche 1ʳᵉ qualité de 0,11 d'épaisseur, le mètre superficiel..................... 7ᶠ,20   $\quad$ Nᵒ 524 col. 1.

Plus-value pour emploi dans le hourdis de mortier nᵒ 2 et sable tamisé de ciment I
$\qquad$ Le mètre superficiel............................ 0ᶠ,70   $\quad$ Nᵒ 552 col. 9.

$\qquad$ Le mètre superficiel............................ 7ᶠ,90

$\qquad$ A reporter.................................................  22ᶠ,78

*Report*.................................................... 22ᶠ,78

Parfois les saillies de moulures sont préparées en briques, elles sont comptées conformément aux exemples précédents.

Plus-value de raccordement dans la partie inférieure des conduits avec soin

3 Conduits, chaque 0,20 de légers ouvrages.......... 0.60

Enduit en plâtre au panier dessus de souche circulaire avec renformis de 0ᵐ,03

Longueur 1ᵐ,17 × 0,47 développé............ 0ᵐ,55

à 0,47 de légers ouvrages en plâtre.................... 0ᵐ,26

*Les tuyaux non déduits pour compenser les arêtes du dessus, pentes et difficultés entre les tuyaux.*

Les moulures de l'entablement en plâtre au sas teinté ton pierre

Hors-œuvre 2 fois 1ᵐ,41............ 2ᵐ,82

Dans œuvre 2 fois 0ᵐ,47............ 0ᵐ,94

4 Angles saillants

Chaque 0,15 n° 968....../............ 0ᵐ,60

    Ensemble.................... 4ᵐ,36

× 0,55 de profil..................... 2ᵐ,40

Plus-value pour emploi de plâtre teinté ton pierre 20 0/0.............................. 0ᵐ,48

    Ensemble.................... 2ᵐ,88 = 2ᵐ,88

Lardis de clous et rappointis pour saillies-masses

Linéaire (avant saillies-masses)............... 3ᵐ,28

× 0,08 courant de légers........................... 0ᵐ,26

Enduit en plâtre teinté ton pierre dans la hauteur de la frise

2 fois 1ᵐ,17............... 2ᵐ,34

2 fois 0ᵐ,47............... 0ᵐ,94

    Ensemble................ 3ᵐ,28

× 0,35 de hauteur.................... 1ᵐ,15

A 0,33 de légers ouvrages.................... 0ᵐ,28

Plus-value pour emploi de plâtre teinté ton pierre 20 0/0.................................. 0ᵐ,06

    Ensemble.................... 0ᵐ,34 = 0ᵐ,34

Arêtes verticales

4 fois 0,35.................. 1ᵐ,40

A 5 0/0 de légers ouvrages....................... 0ᵐ,07

Les moulures de l'astragale en plâtre au sas teinté ton pierre

Hors-œuvre 2 fois 1ᵐ,29....... 2ᵐ,58

Dans œuvre 2 fois 0ᵐ,47....... 0ᵐ,94

4 Angles saillants

Chaque 0,15 n° 968............ 0ᵐ,60

    Ensemble............ 4ᵐ,12

× 0,32 de profil..................... 1ᵐ,34

Plus-value pour emploi de plâtre teinté ton pierre 20 0/0.................... 0ᵐ,27

    Ensemble,................ 1ᵐ,61 = 1ᵐ,61

Lardis de clous et rappointis

Linéaire.................. 3ᵐ,28

A 0,05 de légers ouvrages........................... 0ᵐ,16

    *A reporter*.......................... 6ᵐ,18    22ᶠ,78

N° 861.

N° 936.

*Reports*............................................... 6ᵐ,18    22ᶠ,78

NOTA. — *Notre profil n'a que 0ᵐ,12 de saillie, la saillie-masse est comprise dans les évaluations de moulures.*

Ensemble, légers ouvrages................... 6ᵐ,18
à 5ᶠ,20 le mètre superficiel.......................................... 32ᶠ,14

Ensemble.......................................... 54ᶠ,92
Plus-value de travaux faits en réparations sur combles,
15 0/0 en plus............................................. 8ᶠ,24    | Argent

Ensemble.......................................... 63ᶠ,16    | 63ᶠ,16

Pour ne pas sortir de notre programme, nous donnerons ici pour les fournitures de tuyaux en tôle et appareils les numéros de Série relatifs à ces travaux.

Tôlerie (cours du 2 juillet 1910), voir le cours des matériaux publié par *l'Architecture*. En tôle noire. Prix moyen au kilogramme, compris déchet (sans pose), pour tuyau rivé (environ 10 rivets au mètre), carré, rectangulaire, ovale, conique, mitre et mitron à collerette, montant de tuyau de comble à rondelle, capote ordinaire, champignon et **T** (tôle anglaise et tôle douce), le kilogramme........................... 1ᶠ,02    | N° 1049 Fumisterie.

Plus-value sur les prix de tuyaux, ou coudes en tôle au kilogramme ; pour porte de ramonage à barrette en fer, compris évidement et gouttières :

De 0ᵐ,16 à 0ᵐ,20 carré, la pièce....................... 2ᶠ,40    | N° 1050 Fumisterie.
Au-dessus et pour chaque 0ᵐ,03 en plus, la pièce......... 0ᶠ,25    | N° 1051 _ id.

Plus-value pour emboîtures à joints hermétiques et juxtaposés, ou à manchons, sur tuyaux et coudes ronds ou carrés, le kilogramme..................................... 0ᶠ,20    | N° 1052 id.

Les prix de tôle au kilogramme seront modifiés s'il y a lieu, à partir du jour de la commande du travail, et appliqués suivant le cours des matériaux de construction, publié par *l'Architecture.*    | Observation 1053. Fumisterie.

Le champignon ainsi que le tuyau seront donc payés au poids, le kilogramme...................................... 1ᶠ,02    | N° 1049

Nous ajouterons la plus-value pour porte de ramonage (suivant dimensions)......................................... »    | Nᵒˢ 1050 et 1051.

Le montant de tuyau en tôle recevant la gueule-de-loup sera compté comme ci-dessus.

L'appareil mobile est prévu à la Fumisterie.

*Gueule-de-loup* en tôle noire, sans pose, le kilogramme....... 1ᶠ,95    | N° 788.

Lorsque les tuyaux en tôle et objets de toutes espèces en fer ou en tôle sont galvanisés, ces travaux sont prévus à la Fumisterie.

### Galvanisation.

De tôle de commerce non ouvrée, prix moyen le kilogr..... 0ᶠ,23

D'objets en fer ou en tôle de toutes espèces y compris la double manutention d'atelier, le replanage après galvanisation et le transport à pied-d'œuvre, le kilogr................... 0ᶠ,34

Le montant du tuyau en tôle recevant la lanterne en tôle sera compté suivant les numéros 1049 et suivants. Fumisterie.

La lanterne en tôle est prévue à la Fumisterie.

Lanterne en tôle noire, sans pose, le kilogr.............. 1ᶠ,65    | N° 790 Fumisterie.

Nous avons indiqué précédemment des exemples pour pose de montants de tuyaux sur combles.    | Nᵒˢ 933 et 934 Fumisterie.

Au-dessus de 2ᵐ,00 le prix de pose sera payé selon la difficulté de l'exécution.    | Obs. 935. Fumisterie.

Pour la pose, la hauteur d'un montant de tuyau en tôle avec champignon s'obtient en mesurant le tuyau y compris l'appareil.

Lorsque les bouts d'emboîtages des lanternes ou gueules-de-loup auront plus de 0ᵐ,25 de hauteur, l'excédent sera déduit du poids total, et compté au prix des tuyaux coniques.    | Observation 791

Lorsque l'appareil est mobile, le montant du tuyau de comble se compte à part dans les prix de pose et ne comprend pas l'appareil.

L'appareil se compte à la pièce.

La peinture à l'huile sur tuyaux extérieurs et sur combles est prévue à la Série de Fumisterie...........................  »  N°⁵ 881 et 882.

Pour maintenir les montants de tuyaux on adosse aux montants des tiges à scellement avec collier en forme de 1/2 lune. Ces travaux sont prévus à la Fumisterie, le kilogr............  0ᶠ,60  N° 724.
Observation.

La pose et scellement sont comptés à part................  »

## Réparation d'une souche de cheminée en brique apparente.

Démolir le bandeau en brique hourdée en ciment.

Démolir les languettes et faces de cheminées en brique. Reconstruire les languettes et le bandeau en brique neuve de Sannois et ciment I. Le bandeau ainsi que le reste de la souche seront en brique blanche et en brique rouge à 2 tons formant décoration.

Le dessus du bandeau sera enduit en ciment I.

Le parement sera fait à l'extérieur avec joints en creux formant refends et dégageant les arêtes de la brique.

A l'intérieur enduits en plâtre au panier avec angles arrondis.

### Métré.

Démolition du bandeau de couronnement en brique et ciment
Face 2 fois 0ᵐ,92................... 1ᵐ,84
　　　2 fois 0ᵐ,57................... 1 ,14

　　　Ensemble.................. 2ᵐ,98
× 0,195 de hauteur......................... 0ᵐ,58
× 0,19 d'épaisseur................................. 0ᵐ,110  »
En contre-bas
　2 fois 0ᵐ,80.................... 1ᵐ,60
　3 fois 0 ,23.................... 0 ,69

　　　Ensemble.................. 2ᵐ,29
× 3ᵐ,80 de hauteur...................... 8ᵐ,70
× 0 ,14 d'épaisseur................................. 1ᵐ,218  »

　　　Ensemble..................... 1ᵐ,328
à 5ᶠ,50 le mètre cube...................................  7ᶠ,30
*Sous-détail du prix*
Démolition de brique
Le mètre cube.......................................  4ᶠ,00  »  N° 674 col. 2.
Plus-value sur les prix de démolition pour mur en brique ordinaire hourdé en ciment, le mètre cube............  1ᶠ,50  »  N° 682.

　　　Ensemble.....................  5ᶠ,50  »
Reconstruction des languettes en brique neuve de Sannois de 0,11 d'épaisseur et mortier n° 2 de ciment I
　2 fois 0ᵐ,80.................... 1ᵐ,60
　3 fois 0ᵐ,23.................... 0ᵐ,69

　　　Ensemble.................. 2ᵐ,29
× 3ᵐ,80 de hauteur...................... 8ᵐ,70
à 9ᶠ,30 le mètre......................................  80ᶠ,91  N°⁵ 527-552.
Le bandeau en brique neuve de Sannois et mortier n° 2 de ciment I

　　　A reporter...................................  88ᶠ,21

|                                                                      |          |
| -------------------------------------------------------------------- | -------- |
| *Report* .....................................................  88ᶠ,21 |          |

Face 2 fois 0ᵐ,92.................  1ᵐ,84
. 2 fois 0ᵐ,57..................  1ᵐ,14

Ensemble...................  2ᵐ,98
× 0ᵐ,195 de hauteur......................  0ᵐ,58
× 0 ,19 d'épaisseur............................  0ᵐ,110
à 78ᶠ,95 le mètre cube.............................  8ᶠ,68     Nᵒˢ 451-470.

Plus-value pour emploi de brique en saillie en décoration formant bandeau (3 rangs).

2 fois 0ᵐ,92..................  1ᵐ,84
2 fois 0 ,45..................  0ᵐ,90

Ensemble...................  2ᵐ,74
à 1ᶠ,00 le mètre.............................  2ᶠ,74
(suivant sous-détail précédent).

Parement de brique apparente avec joints en creux formant refends et dégageant les arêtes de la brique :
Bandeau

2 fois 0ᵐ,92..................  1ᵐ,84
2 fois 0ᵐ,45..................  0ᵐ,90

Ensemble...................  2ᵐ,74
× 0ᵐ,265 développé............................  0ᵐ,73
En contre-bas

2 fois 0ᵐ,80.............. ....  1ᵐ,60
2 fois 0ᵐ,45..................  0ᵐ,90

Ensemble...................  2ᵐ,50
× 3ᵐ,80 de hauteur...........................  9ᵐ,50

Ensemble................................  10ᵐ,23
à 5ᶠ,45 le mètre...............................  55ᶠ,75     Nᵒ 555 col. 3.

Plus-value de parement de brique à 2 tons formant décoration en brique blanche alternée avec de la brique rouge
Surface.....................................  10ᵐ,23
à 0ᶠ,60 le mètre (évaluation)......................  6ᶠ,14

Dans les travaux de décoration de brique les prix de parements sont comptés suivant la main-d'œuvre supplémentaire employée à ces travaux.

Sur le dessus de la souche enduit ordinaire en ciment I de forme circulaire de 0ᵐ,045 d'épaisseur
Longueur.......................  0ᵐ,92
× 0ᵐ,57...............................  0ᵐ,52
à 4ᶠ,95 le mètre...............................  2ᶠ,57

*Sous-détail du prix.*
Enduit en mortier de ciment I sur brique neuve de 0ᵐ,025 d'épaisseur, le mètre superficiel..............  2ᶠ,65     »     Nᵒ 730 col. 1.
Plus-value d'enduit circulaire à simple courbure, le mètre superficiel...................................  0ᶠ,70     »     Nᵒ 737
Plus-value d'enduit en ciment de..........  0ᵐ,045 d'épaisseur.
Il est dû dans le prix des enduits une charge de 0ᵐ,02 à 0ᵐ,025 d'épaisseur.................  0ᵐ,025     »

Différence en plus.....................  0ᵐ,02     »
Chaque centimètre vaut.............  0ᶠ,80     »     Nᵒ 730
et pour 0ᵐ,02 produisent :
0ᶠ,80 × 2........................................  1ᶠ,60

Le mètre superficiel.........................  4ᶠ,95

*A reporter*.....................................  164ᶠ,09

| | | | |
|---|---|---|---|
| *Report*.................................................. $164^f,09$ | | | |
| Plus-value de raccordement dans la partie inférieure des conduits avec soin. | | | |
| Chaque 0.20 de légers ouvrages et pour 2 conduits produisent : | | | |
| $0.20 \times 2$.............................. $0^m,40$ | | | |
| Fermeture de souche pour chaque conduit en légers ouvrages................................. 0.25 | | | |
| Et pour 2 conduits produisent : | | | |
| $0.25 \times 2$.............................. 0.50 | | | |
| Les enduits en plâtre à l'intérieur des conduits de fumée sur brique neuve avec gorges. | | | |
| 2 fois $3^m,99$ de hauteur.................... $7^m,98$ | | | |
| à 0.40 de légers ouvrages....................... $3^m,19$ | » | N° 1025 |
| Angles arrondis en gorges sur un rayon de $0^m,06$. | | | |
| 8 fois $3^m,99$ de hauteur................ $31^m,92$ | | | |
| $\times$ 0.03 courant de légers ouvrages.............. $0^m,96$ | » | |
| Planchers de garantie sur combles. | | | |
| $3^m,50 \times 0^m,80$..................... $2^m,80$ | | | |
| à 0.17 de légers ouvrages...................... $0^m,48$ | » | N° 846 |
| Échafaudages sur combles. | | | |
| 2 fois $2^m,00$............... $4^m,00$ | | | |
| 2 fois $0^m,60$............... $1^m,20$ | | | |
| Ensemble ............ $5^m,20$ | | | |
| $\times$ $3^m,70$ de hauteur............... $19^m,24$ | | | |
| à 0.17 de légers ouvrages...................... $3^m,27$ | | | |
| Bâche de garantie pendant 8 jours de $5^m,00$ | | | |
| $\times$ $3^m,50$..................... $17^m,50$ | | | |
| à $0^f,085$ le mètre......................... $1^f,49$ | | | |
| Montage, pose, dépose, descente et double transport. | | | |
| Surface..................... $17^m,50$ | » | |
| à $0^f,17$ le mètre........................ $2^f,98$ | | | |
| Pour les travaux de réparations (légers ou autres) faits sur combles. | | | |
| 15 0/0 en plus produisent : | | | |
| En légers ouvrages................. 5.05 | | | |
| Aux 15 0/0........................... $0^m,76$ | | | |
| En argent................... $168^f,56$ | | | |
| Aux 15 0/0........................ » | $25^f,28$ | |
| Ensemble, légers ouvrages............. $9^m,56$ | | | |
| à $5^f,20$ le mètre........................ $49^f,71$ | | | |
| Les autres travaux préparatoires ainsi que les nettoyages et enlèvements de gravois sont à compter suivant ce qui a été dit précédemment............................. » | | N° 808 |
| | | Argent. |
| Ensemble......................... $243^f,55$ | $243^f,55$ | |

## Réparation d'une souche isolée en brique apparente avec dosserets en pierre.

Faire la démolition entière de cette souche, déposer les mitrons et les remplacer, la brique sera de Bourgogne de choix moule d'acier avec emploi de mortier n° 2, de mortier bâtard M. La pierre sera en banc franc de Villers-Adam, le couronnement en roche fine de Savonnières; toute la pierre sera fichée en mortier bâtard; les joints sur pierre seront apparents; la brique apparente aura un parement avec joints saillants. La pierre sera ravalée avec soin; les enduits à l'intérieur des conduits de fumée seront en plâtre avec angles arrondis.

### Métré.

Les travaux de démolition, dépose, tamponnages de tuyaux et autres travaux préparatoires seront détaillés suivant les exemples précédents.

La démolition de brique sera comptée au mètre cube avec plus-value de 15 0/0.

La dépose de pierre sera comptée au mètre cube *idem* avec le bardage et descente, à tous ces prix il sera appliqué une plus-value de 15 0/0 pour travaux sur combles.

Il est entendu que la plus-value de 15 0/0 comprend tous les travaux sur combles, sauf les échafaudages, planchers de garantie, balayages, solins au pourtour de cheminées, conformément aux exemples précédents.

Les dosserets de la cheminée en pierre neuve de Villers-Adam (banc franc) avec fichage en mortier n° 4, 1/2 chaux **c**, 1/2 ciment I et sable tamisé (*fig.* 5, 6, 7 et 8).

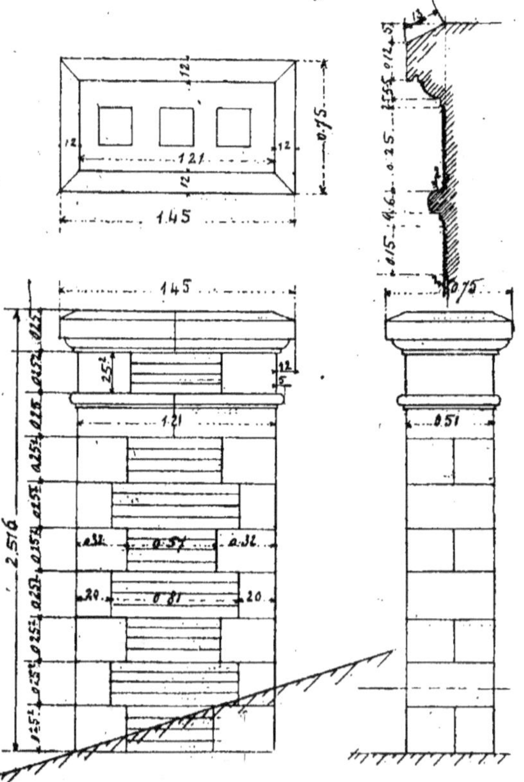

Fig. 5 à 8. — Souche de cheminée, vue en dessus, élévations et coupe sur le couronnement en pierre.

| | | | |
|---|---|---|---|
| 8 fois 0<sup>m</sup>,325 ⨉ 0<sup>m</sup>,252 hauteur........ | 0<sup>m</sup>,66 | | |
| ⨉ 0<sup>m</sup>,52 épaisseur............................. | | 0<sup>m</sup>,343 | N° 1 |
| 6 fois 0<sup>m</sup>,205 ⨉ 0<sup>m</sup>,252 hauteur........ | 0<sup>m</sup>,31 | | |
| ⨉ 0<sup>m</sup>,52 épaisseur............................. | | 0<sup>m</sup>,161 | N° 2 |
| A reporter............................. | | 0<sup>m</sup>,504 | |

*Report*............................... 0<sup>m</sup>,504

Astragale.

1<sup>m</sup>,32 $\times$ 0<sup>m</sup>,25 hauteur.............. 0<sup>m</sup>,33

$\times$ 0<sup>m</sup>,62 épaisseur......................... 0<sup>m</sup>,205

Au-dessus de l'astragale.

2 fois 0<sup>m</sup>,325 $\times$ 0<sup>m</sup>,252 hauteur...... 0<sup>m</sup>,16

$\times$ 0<sup>m</sup>,52 épaisseur..................... 0<sup>m</sup>,083    N° 3

Ensemble..................... 0<sup>m</sup>,792

A 132<sup>f</sup>,28 le mètre cube............................. 104<sup>f</sup>,76

*Sous-détail du prix.*

Banc franc de Villers-Adam, le mètre cube........ 130<sup>f</sup>,30    »     N° 1380

Plus-value pour fichage en mortier n° 4, 1/2 chaux **c,** 1/2 ciment I.

N° 1408, col. 3, le mètre cube.............. 0<sup>f</sup>,46

»    col. 9,        »       ........... 3<sup>f</sup>,50

Ensemble.................. 3<sup>f</sup>,96

Moyenne..... $\dfrac{3^f,96}{2} =$ ............. 1<sup>f</sup>,98       N° 1408

Le mètre cube........................... 132<sup>f</sup>,28

Le couronnement en roche fine de Savonnières avec fichage en mortier n° 4, 1/2 chaux **c,** 1/2 en ciment I et sable tamisé.

Longueur 1<sup>m</sup>,46 $\times$ 0<sup>m</sup>,255 hauteur $=$ 0<sup>m</sup>,37

$\times$ 0<sup>m</sup>,76................................... 0<sup>m</sup>,281

A 166<sup>f</sup>,48 le mètre cube................... 42<sup>f</sup>,86

*Sous-détail du prix.*

Roche fine de Savonnières, le mètre cube.......... 164<sup>f</sup>,50       N° 1368

Plus-value pour fichage au mortier bâtard n° 4 suivant sous-détail précédent..................... 1<sup>f</sup>,98       N° 1408

Le mètre cube........................ 166<sup>f</sup>,48

Bardage de pierre au chantier de l'entrepreneur.

Cube banc franc de Villers-Adam.................... 0<sup>m</sup>,792

Cube Savonnières.......................... 0<sup>m</sup>,281

Ensemble...................... 1<sup>m</sup>,073

A 7<sup>f</sup>,00 le mètre cube............................. 7<sup>f</sup>,51       N° 376

Montage de pierre à 24<sup>m</sup>,50 de hauteur réduite.

Cube ci-dessus.................... 1<sup>m</sup>,057

A 14<sup>f</sup>,10 le mètre cube............................. 14<sup>f</sup>,90

*Sous-détail du prix.*

Approche, brayage et débrayage, le mètre cube...... 1<sup>f</sup>,85    »     N° 1205

Montage à 24<sup>m</sup>,50 de hauteur.

A 0<sup>f</sup>,50 le mètre............................. 12<sup>f</sup>,25    »     N° 1208

Le mètre cube........................ 14<sup>f</sup>,10

Pour le montage, l'entreprise s'est servi de l'échafaudage existant dans la cour, il est entendu que cet échafaudage est supplémentaire conformément à ce que nous avons dit précédemment.

Plus-value de règlement de hauteur.

Cube précédent n° 1..................... 0<sup>m</sup>,343

*Idem*......... n° 2..................... 0<sup>m</sup>,161

*Idem*.......... n° 3..................... 0<sup>m</sup>,083

Ensemble..................... 0<sup>m</sup>,587

A 6<sup>f</sup>,16 le mètre cube............................. 3<sup>f</sup>,62

*A reporter*............................. 173<sup>f</sup>,65

*Report*...................................................... 173ᶠ,65

*Sous-détail du prix.*

Banc franc de Villers-Adam, déboursés, le mètre cube   70ᶠ,00

Bénéfice 10 0/0 ..................................... 7ᶠ,00

   Le mètre cube.................................. 77ᶠ,00

Plus-value $\dfrac{77^f,00 \times 8}{100} = 6^f,16$.........................

Taille de cette pierre.

| | | |
|---|---|---|
| 16 fois 0.325 ...................... | 5ᵐ,20 | |
| 12 fois 0.205 ...................... | 2 ,46 | |
| 4 fois 0.325 ...................... | 1 ,30 | |
|   Ensemble .................... | 7ᵐ,96 | |
| $\times$ 0ᵐ,252 de hauteur...................... | | 2ᵐ,02 |
| 2 fois 0ᵐ,52 $\times$ 2ᵐ,016.................... | | 2 ,10 |

Champs d'épaisseur.

| | | |
|---|---|---|
| 4 fois 2ᵐ,016...................... | 8ᵐ,06 | |
| Harpes 24 fois 0ᵐ,12................. | 2ᵐ,88 | |
|   Ensemble .................. | 10ᵐ,94 | |
| $\times$ 0ᵐ,075.......................... | | 0 ,82 |

L'assise d'astragale.

| | | |
|---|---|---|
| 2 fois 1ᵐ,32.................... | 2ᵐ,64 | |
| 2 fois 0ᵐ,62.................... | 1 ,24 | |
|   Ensemble.................. | 3ᵐ,88 | |
| $\times$ 0ᵐ,25 de hauteur.................. | | 0 ,97 |

Saillies de dessus de l'astragale.

| | | |
|---|---|---|
| 2 fois 1ᵐ,32 hors œuvre........... | 2ᵐ,64 | |
| 2 fois 0ᵐ,51 dans œuvre........... | 1 ,02 | |

Saillies de dessous.

| | | |
|---|---|---|
| 2 fois 1ᵐ,32 hors œuvre........... | 2 ,64 | |
| 2 fois 0ᵐ,51 dans œuvre .......... | 1 ,02 | |
|   Ensemble.................. | 7ᵐ,32 | |
| $\times$ 0ᵐ,075.......................... | | 0 ,55 |
|   Ensemble.................. | 6ᵐ,46 | |

A 0/0 de taille nº 7........................... 6ᵐ,46

Taille des parements sur Savonnières.

Dessus 1ᵐ,46 $\times$ 0ᵐ,76...................... 1ᵐ,11

Epaisseurs.

| | | |
|---|---|---|
| 2 fois 1ᵐ,46 .................... | 2ᵐ,92 | |
| 2 fois 0ᵐ,76.................... | 1 ,52 | |
|   Ensemble .................. | 4ᵐ,44 | |
| $\times$ 0ᵐ,26 de hauteur.................. | | 1 ,15 |

Saillies de dessous.

| | | |
|---|---|---|
| 2 fois 1ᵐ,46 hors œuvre........... | 2ᵐ,92 | |
| 2 fois 0ᵐ,52 dans œuvre .......... | 1 ,04 | |
|   Ensemble.................. | 3ᵐ,96 | |
| $\times$ 0ᵐ,12.......................... | | 0 ,48 |
|   Ensemble .................. | 2ᵐ,74 | |

A 0/0 de taille........................ 2ᵐ,74

Entre les dosserets la construction de la souche en brique neuve de Bourgogne de choix à arêtes vives, dite moule d'acier, de 0ᵐ,11 d'épaisseur avec hourdis de mortier nº 2 bâtard M.

   *A reporter*............................... 9ᵐ,20   173ᶠ,65

Nº 293

Observation 1394

Nº 1582

|  |  |  |
|---|---|---|

*Reports*............................................  9ᵐ,20   173ᶠ,65

10 fois 0ᵐ,57.................... 5ᵐ,70
6 fois 0ᵐ,81.................... 4ᵐ,86

Ensemble........................ 10ᵐ,56
× 0ᵐ,252 de hauteur.......................   2ᵐ,66
A 10ᶠ,69 le mètre superficiel......................   »   28ᶠ,44

*Sous-détail du prix.*

Brique de 0ᵐ,11 d'épaisseur de choix de Bourgogne
le mètre superficiel......................   10ᶠ,30                     N° 499, col. 1
Plus-value pour emploi dans le hourdis de mor-
tier n° 2 bâtard M, et sable tamisé, le mètre su-
perficiel......................   0ᶠ,39                     N° 552, col. 13

Le mètre superficiel................   10ᶠ,69

Les languettes intérieures de refend de 0ᵐ,11 d'épaisseur en brique neuve de Luzancy (moule 0.054 × 0.11
× 0.22) et mortier bâtard M n° 2.
2 fois 0.25.................... 0ᵐ,50
× 2ᵐ,016 de hauteur.................... 1ᵐ,08
A 8ᶠ,14 le mètre.................................   »   8ᶠ,79

*Sous-détail du prix.*

Brique de Luzancy de remplissage de 0.11 d'épaisseur
moule 0.054 × 0.11 × 0.22, le mètre superficiel   7ᶠ,75                     N° 516
Plus-value pour emploi dans le hourdis du
mortier n° 2 bâtard M...................... 0ᶠ,39

Le mètre superficiel................   8ᶠ,14

Plus-value pour parement apparent de maçonnerie de
brique se reliant au moyen de harpes avec des matériaux
d'autre nature, en élévation pour décoration soignée.

1° *Surface des harpes.*

12 fois 0.12 × 0ᵐ,252 de hauteur.......... 0ᵐ,36                     Observation 556

2° *Surface des parties avoisinantes.*                                     *Idem.*

Jusqu'à 0ᵐ,35 de largeur.
Longueur 16 fois 0ᵐ,57 × 0ᵐ,252 de hauteur   2ᵐ,29

Ensemble........................ 2ᵐ,65
A 2ᶠ,10 le mètre superficiel......................   »   5ᶠ,57                     N° 555
Plus-value pour emploi de brique de Bourgogne
1ᵉʳ choix et mortier bâtard n° 2 M en prolongement des
languettes de refend pour liaison tous les 2 rangs.
4 fois 1ᵐ,01 × 0ᵐ,25.................... 1ᵐ,01
A 2ᶠ,55 le mètre.................................   »   2ᶠ,58

*Sous-détail.*

Brique neuve de choix de Bourgogne de 0.11 d'épaisseur et mortier bâtard n° 2 M, le mètre superficiel   10ᶠ,69
Brique neuve de Luzancy de 0.11 d'épaisseur
(moule 0.054 × 0.11 × 0.22) et mortier bâtard n° 2,
le mètre superficiel...................... 8ᶠ,14

Différence par mètre superficiel............ 2ᶠ,55

Nous avons indiqué précédemment les évaluations de
trous de tuyaux de fumée avec parement circulaire en

*A reporter*............................................  9ᵐ,20   219ᶠ,03

| | | | |
|---|---|---|---|
| *Reports* ................................. | 9<sup>m</sup>,20 | 219<sup>f</sup>,03 | |

difficulté ou entailles pour tuyaux de fumée avec tailles
*idem*, ainsi que les feuillures circulaires sur le dessus
pour encastrement des mitrons, nous n'y reviendrons
pas.

Ravalement de la souche de cheminée.

Couronnement en Savonnières fine.

Ragréement du dessus avec recoupement de 0<sup>m</sup>,015
pour pente.

| | | | |
|---|---|---|---|
| 1.21 × 0.51 ..................... 0<sup>m</sup>,62 | | | |
| Aux 50/00.............................. | 0<sup>m</sup>,31 | » | N<sup>os</sup> 1561-1571 |

Bandeau de couronnement mouluré.

Taille et ravalement des moulures.

*Détail du développement du profil de ce bandeau*
(voir *fig.* 7).

| | | |
|---|---|---|
| Pente du dessus ..................... | 0<sup>m</sup>,13 | Observation 1617 |
| Face du bandeau ..................... | 0 ,12 | Observatiom 1617 |
| Mouchette du larmier................. | 0 ,075 | Observation 1611 |
| Circulaire du larmier................. | 0 ,15 | N° 1610 |
| Partie droite du larmier.............. | 0 ,075 | N° 1611 |
| Sous-face du bandeau................. | 0 ,075 | N° 1611 |
| Quart de rond........................ | 0 ,15 | N° 1610 |
| Face du champ....................... | 0 ,075 | N° 1611 |
| Sous-face de champ.................. | 0 ,075 | N° 1611 |
| Ensemble........................ | 0<sup>m</sup>,925 | |

| | |
|---|---|
| Longueur du bandeau, les mesures réelles prises au milieu de la saillie............................. | N° 1604 |

| | | |
|---|---|---|
| 2 fois 1<sup>m</sup>,33.................... | 2<sup>m</sup>,66 | |
| 2 fois 0<sup>m</sup>,63.................... | 1 ,26 | |
| 4 Angles saillants | | |
| Valent chacun 0.15 (art. 1604)........ | 0 ,60 | |
| Ensemble .................... | 4<sup>m</sup>,52 | |
| × 0<sup>m</sup>,925 de profil................. | 4<sup>m</sup>,18 | |
| Aux 135/00 (n° 1599)....................... | 5<sup>m</sup>,64 | |

Supplément d'épannelage dans la taille des moulures
pour recoupement de pierre de plus de 0<sup>m</sup>,04 (évaluation
due dans la taille de moulure).

| | | |
|---|---|---|
| 2 fois 1<sup>m</sup>,45 ................. | 2<sup>m</sup>,90 | Observation 1536 |
| 2 fois 0<sup>m</sup>,53 ................. | 1<sup>m</sup>,06 | |
| Ensemble............., | 3<sup>m</sup>,96 | |
| × 0<sup>m</sup>,08 de hauteur................. | 0<sup>m</sup>,32 | |
| × 0<sup>m</sup>,05 réduit en supplément............... | 0<sup>m</sup>,016 | |
| A 5<sup>m</sup>,50 de taille par mètre cube.................. | 0<sup>m</sup>,09 | N° 1530 |

Taille et ravalement sur banc franc de Villers-Adam.
Assise sous le bandeau.

| | | |
|---|---|---|
| 4 fois 0.32 ................. | 1<sup>m</sup>,28 | |
| 2 fois 0.51 ................. | 1 ,02 | |
| Saillies verticales. | | N° 1584 |
| 4 fois 0.075 ................. | 0 ,30 | |
| Ensemble............ | 2<sup>m</sup>,60 | |
| × 0<sup>m</sup>,252............................. | 0<sup>m</sup>,66 | |
| A 0.35 de taille ...................... | 0<sup>m</sup>,23 | N° 1561 |

Taille et ravalement de la moulure d'astragale en
banc franc *idem*.

| | | |
|---|---|---|
| *A reporter* ........................... | 15<sup>m</sup>,47 | 219<sup>f</sup>,03 |

*Reports*.................................. 15$^m$,47  219$^f$,03

Détail du développement du profil.

Moulure mixte :

Composée d'un champ de 0$^m$,02

Vaut n° 1611...................... 0$^m$,075

Baguette n° 1610................. 0 ,15

Ensemble................. 0$^m$,225 } 0$^m$,175

Déduire pour absence d'arête..... 0$^m$,05 }

Champ au-dessous...................... 0 ,075

Congé.............................. 0 ,15

Champ en contrebas vertical............ 0 ,15

Champ en sous-face................... 0 ,075

Ensemble ......................... 0 ,625

Observation 1613
N° 1611
N° 1610
Observation 1612

Longueur des moulures, les mesures prises au milieu de la saillie.

2 fois 1$^m$,26................... 2$^m$,52

2 fois 0$^m$,56................... 1 ,12

4 Angles saillants

Valent chacun 0.15 (art. 1604)... 0$^m$,60

Ensemble.............. 4$^m$,24

$\times$ 0.625 de profil........................... 2$^m$,66

Aux 135/00.................................. 3$^m$,59

N° 1599

Ravalement en contrebas de l'astragale.

12 fois 0$^m$,32.................. 3$^m$,84

2 fois 0$^m$,32.................. 0 ,64

12 fois 0$^m$,20.................. 2 ,40

Ensemble.............. 6$^m$,88

$\times$ 0.252 de hauteur........................ 1$^m$,73

Epaisseurs........ 1$^m$,764 hauteur

» ........ 1 ,512 »

Ensemble....... 3$^m$,726

$\times$ 0$^m$,51........................ 1$^m$,67

Saillies d'épaisseur.

Verticales

2 fois 1$^m$,764................. 3$^m$,528

2 fois 1$^m$,512................. 3 ,024

Saillies horizontales

22 fois 0.12................. 2 ,64

Ensemble,............. 9$^m$,192

$\times$ 0$^m$,075........................... 0$^m$,69

Ensemble ......................... 4$^m$,09

Aux 35/00 de taille................... 1$^m$,43

N° 1561

Ensemble taille n° 7................... 20$^m$,49

A 6$^f$,60 le mètre...................... 135$^f$,23

N° 1527

Joints apparents et réguliers en mortier n° 4 de chaux hydraulique c sur pierre neuve, les joints noirs en creux lissés au fer.

Joints sur parties moulurées.

Bandeau de couronnement.

2 fois 0$^m$,925 développement...................... 1$^m$,85

Astragale.

2 fois 0$^m$,625 développement...................... 1$^m$,25

Ensemble ......................... 3$^m$,10

A 0$^f$,375 le mètre................................. 1$^f$,16

*A reporter*.............................. 355$^f$,42

*Report* ....................................................... 355ᶠ,42

*Sous-détail du prix.*

Valeur des joints apparents et réguliers en mortier n° 4 de chaux hydraulique **c** sur parties neuves lisses (art. 805 col. 1), le mètre superficiel................. 0ᶠ,45

Plus-value pour joints tirés au crochet (analogie à l'article 953) en légers...................... 0ᵐ,03

Plus-value pour joints noircis............. 0ᵐ,01

Ensemble légers.................... 0ᵐ,04

A 5ᶠ,20 le mètre........................... 0ᶠ,20     N° 808

Plus-value à appliquer........................... 0ᶠ,25

Pour les joints moulurés cette plus-value sera augmentée de 1/2 par analogie à l'observation n° 599.

Joint lisse le mètre linéaire...................... 0ᶠ,25

Joint mouluré 1/2 en plus..................... 0ᶠ,125

Le mètre linéaire........................ 0ᶠ,375

*Joints sur parties lisses.*

Dessus de couronnement.

2 fois 0ᵐ,155............................. 0ᵐ,31

Assises sous le bandeau.

8 fois 0ᵐ,32................................ 2ᵐ,56

4 fois 0ᵐ,51................................ 2ᵐ,04

Sous l'astragale.

4 fois 0ᵐ,32................................ 1ᵐ,28

2 fois 0ᵐ,51................................ 1ᵐ,02

22 fois 0ᵐ,20............................... 4ᵐ,40

7 fois 0ᵐ,51................................ 3ᵐ,57

6 fois 0ᵐ,51................................ 3ᵐ,06

Retour de saillies.

28 fois 0ᵐ,075............................. 2ᵐ,10

Ensemble............................. 20ᵐ,34

A 0ᶠ,25 le mètre.............................. 5ᶠ,09

Parement dressé à la règle pour brique devant rester apparente avec frottis, joints saillants dits à l'anglaise.

10 fois 0ᵐ,57............................ 5ᵐ,70

6 fois 0ᵐ,81............................ 4ᵐ,86

Ensemble...................... 10ᵐ,56

× 0ᵐ,252 de hauteur............................ 2ᵐ,66

A 6ᶠ,60 le mètre superficiel................................. 17ᶠ,56     N° 555

Les morceaux de couronnement sont parfois reliés par des agrafes en cuivre; ces agrafes se comptent à la pièce, les entailles sont prévues pour l'encastrement aux 3/4 de la valeur fixée pour le trou.......................... »     Observation 1629

Ces agrafes sont retournées à l'équerre à leurs extrémités pour former scellements.

Les trous d'agrafes sont prévus à la Série en taille chaque.................................................. 0ᵐ,05     »     N° 1633

Dans le cas où ces trous auraient plus de 0ᵐ,05 de profondeur il faudrait se reporter à l'article 1634.

Les scellements et raccords sont comptés suivant leur valeur soit en sable mortier coloré, soit en ciment ou en ciment métallique, conformément aux exemples précédents.

Pour terminer nous compterons la fourniture et pose de 3 mitrons de 0.19 de diamètre à 2ᶠ,05 l'un.................. 6ᶠ,15     N° 1144
                                                                               Argent

Ensemble........................................ 384ᶠ,22     384ᶠ,22

Il est inutile de rappeler ici la plus-value de 15 0/0 pour travaux faits sur combles, les solins en plâtre au pourtour de la souché, les enduits à l'intérieur. Les échafaudages sur combles. Chemins de garantie. Garde-fous. Nettoyage de combles. Descente et enlèvement de gravois aux décharges publiques, etc. Tous ces travaux ont été suffisamment décrits pour ne plus y revenir.

Néanmoins dans ces travaux de réparations, en raison de difficultés dans les démolitions ou reconstructions, il est parfois nécessaire de mettre un gardien de rue pour éloigner les passants, il suffit de faire reconnaître ce travail par attachement écrit.

L'heure de gardien de rue est prévue....................... 0f,53 — N° 349

Il est évident que pour un travail peu important l'entreprise y placera un garçon maçon.

L'heure de garçon maçon.............................. 0f,93 — N° 345

Dans les travaux d'entretien, non seulement nous compterons les balayages et les nettoyages sur combles suivant les cas que nous avons expliqués précédemment mais aussi tous les autres nettoyages dans la propriété et à l'extérieur sur rue et ce en plus-value. — Obs. 359-814

Dans les travaux de réparations de souches, lorsqu'il y a découverture ou remplacement de poterie ou partie de cheminée en contrebas des combles, il est procédé à la découverture.

Ces travaux ont été prévus à la Série de Couverture.

Découverture de zinc, compris rangement.

Pour réemploi, le mètre superficiel....................... 0f,30 — N° 578 Couverture
Pour démolition, le mètre superficiel.................... 0f,15 — N° 579 »

Découverture de combles entiers ou de parties de combles, compris descente des gravois (le mètre superficiel).

| | | | | |
|---|---|---|---|---|
| En ardoises | 1° Les voliges non déclouées................ | | 0f,20 | N° 313 » |
| | 2° Les voliges arrachées.................... | | 0f,25 | N° 314 » |
| | 3° Les voliges déposées en conservation....... | | 0f,36 | N° 315 » |
| En tuiles plates | 1° Les lattes non déclouées | Grand moule.. | 0f,21 | N° 316 » |
| | | Petit moule... | 0f,35 | N° 317 » |
| | 2° Les lattes arrachées | Grand moule.. | 0f,23 | N° 318 » |
| | | Petit moule... | 0f,38 | N° 319 » |
| En tuiles métalliques | 1° Les liteaux non décloués | Grand moule.. | 0f,09 | N° 320 » |
| | | Petit moule... | 0f,16 | N° 321 » |
| | 2° Les liteaux arrachés | Grand moule.. | 0f,11 | N° 322 » |
| | | Petit moule... | 0f,20 | N° 323 » |
| | 3° Déposés en conservation | Grand moule.. | 0f,13 | N° 324 » |
| | | Petit moule... | 0f,23 | N° 325 » |

Pour rangement de matériaux propres à être réemployés :

Il sera alloué en sus des prix de découverture ci-dessus nos 313 à 325, savoir :

Par mille d'ardoises conservées entières............ ....... 10f,70 — N° 326 »
Par mille de tuiles plates............................. 5f,00 — N° 327 »
Par mille de tuiles mécaniques...................... 6f,25 — N° 328 »

Pour compléter nos travaux de réparations de souches, nous compterons les démolitions de bande de trémie dans l'épaisseur des chevrons et la réfection de la bande de trémie comprenant, le hourdis en plâtras et plâtre dans la hauteur des chevrons. — N° 608 Maçonnerie

*De 0.09 de hauteur.*

0m,08 de hauteur de chevron.
0 ,012 de volige.
___________________
0m,09 environ de hauteur. — Nos 893-894

Le lardis de clous et rappointis à compter en linéaire pour liaisonnement des plâtras et leur adhérence avec le bois, les hachements sur les anciens murs, etc.

Puis les enduits en plâtre au panier ou au sas dans les greniers ou combles sur bande de trémie et en raccordement.

Nous rappelons ici que le hourdis plein d'une bande de trémie entre solives en bois et poterie ou tuyau de fumée quelconque est à compter comme hourdis pour planchers en fer.

Bande de trémie de 0.09 de hauteur entre chevrons.

Nous aurons :

| | | |
|---|---|---|
| Hourdis de $0^m,08$ d'épaisseur, le mètre superficiel en légers.. | $0^m,55$ | N° 893 |
| Par chaque $0^m,01$ d'épaisseur en plus...................... | $0^m,045$ | N° 894 |
| Le mètre superficiel.................................. | $0^m,595$ | |

Il est évident que pour un hourdis plein entre solive en bois ou solive en fer formant bande de trémie de 0.15 de largeur par exemple et de 0.18 de hauteur nous emploierons la même quantité de plâtras, de plâtre et la main-d'œuvre sera la même dans les deux cas.

Si nous examinons les articles 891 à 898 de la Série relatifs aux hourdis de planchers en plâtre et plâtras fournis et hourdis de planchers en plâtre et plâtras non fournis,

Nous constatons les différences suivantes :

Dans l'un ou l'autre cas la main-d'œuvre et le plâtre employés ont la même valeur, ce n'est qu'une question de plâtras; or la valeur des plâtras pour plancher en bois de 0.12 d'épaisseur et plâtre ou pour plancher en fer de 0.08 épaisseur est la même, les numéros 895 et 897 de la Série nous le confirment d'ailleurs et cela est exact.

Les 2/3 de la surface du plancher en bois de 0.12 d'épaisseur représentent exactement la valeur du hourdis de 0.08 d'épaisseur pour tenir compte de l'emplacement de ces bois.

$$\frac{0.22 \times 2}{3} = 0.08.$$

Donc il faut autant de plâtras au mètre superficiel pour un plancher en fer de 0.08 d'épaisseur que pour un plancher en bois de 0.12 d'épaisseur.

| | | |
|---|---|---|
| Le hourdis du plancher en fer de 0.08 d'épaisseur en plâtre et plâtras fournis vaut donc le mètre superficiel en légers ouvrages....... | $0^m,60$ | |
| La Série a prévu................................. | $0^m,55$ | N° 893 |
| Différence en moins.................................. | $0^m,05$ | |

L'évaluation du hourdis de plancher en fer de 0.08 d'épaisseur ou en bois de 0.12 d'épaisseur peut être décomposée de la manière suivante :

| | |
|---|---|
| Plâtras en légers....................... | $0^m,10$ |
| Plâtre en légers........................ | $0^m,14$ |
| Main-d'œuvre........................... | $0^m,36$ |
| Le mètre superficiel.................... | $0^m,60$ |

Chaque centimètre d'épaisseur en plus ou en moins vaudra : en plâtre fourni et plâtras non fournis $\frac{0.10 + 0.14}{8} =$ .......... $0^m,03$

| | | |
|---|---|---|
| Main-d'œuvre supplémentaire...................... | $0^m,015$ | |
| Le mètre superficiel........................ | $0^m,045$ | N° 892 |

En plâtre fournis et plâtras non fournis

$$\frac{0.14}{8} = \quad 0^m,0175$$

| | |
|---|---|
| Main-d'œuvre supplémentaire............ | $0^m,015$ |
| Ensemble....................... | $0^m,0325$ |
| Ou........................................... $0^m,03$ | N°ˢ 896 et 898 |

L'évaluation du hourdis de plancher en fer de 0.08 d'épaisseur ou en bois de 0.12 d'épaisseur en plâtras non fournis se décomposera de la manière suivante.

| | | |
|---|---|---|
| Plâtre en légers ............................. | $0^m,14$ | |
| Main-d'œuvre (*y compris montage des plâtras*)................ | $0^m,36$ | |
| Le mètre superficiel............................ | $0^m,50$ | N°ˢ 895 et 897 |

## Consolidation d'une partie de façade.

### ORDRE DE SERVICE N° 2

Cabinet de Monsieur        Architecte

A M.        Entrepreneur de Maçonnerie

Dans la propriété X....

A Paris, Boulevard......... n°

Consolidation d'une partie de façade sur le boulevard.

Par suite de crevasses survenues dans la façade, étayer à l'intérieur les planchers et mettre à l'extérieur des étais et étrésillons côté boulevard dans la hauteur du rez-de-chaussée et du 1er étage avec trous et scellements en plâtre nécessaires.

En cave, à l'emplacement du trumeau en mauvais état, construction d'un puits de consolidation en sous-œuvre de la façade de 1m,30 de diamètre et de 8m,00 de profondeur. Ce puits sera blindé avec chons en sapin et cercles en fer. Les planches en sapin ainsi que les cercles en fer seront, par mesure de sécurité, abandonnés dans le puits.

Ce puits sera rempli en béton de cailloux et mortier n° 2 de ciment I. Faire le calage en sous-œuvre du mur de face avec soin.

En élévation, côté boulevard, remplacer les morceaux de pierre en mauvais état et exécuter avec soin le ravalement avec jointoiement en raccordement des parties de façade.

### Métré.

Les étaiements ayant été faits par l'entrepreneur de charpente, nous aurons à compter les scellements de couches en plâtras et plâtre avec solins en plâtre au pourtour, les divers trous et scellements à la demande du charpentier ; en dehors de ces travaux comptés au métré même avec toutes les plus-values, de caves à la lumière, etc., nous rappelons ici que la main-d'œuvre est très importante, il faudra compter en régie tous les travaux exécutés conjointement avec le charpentier et en attente des autres corps d'état.

*Fouille de puits.*

La fouille de puits en sous-œuvre de construction dans un terrain ordinaire, les terres déposées à l'orifice du puits.

La surface d'un puits de 1m,30 de diamètre est de :

     0m,65 × 0m,65 × 3m,1416............ 1m,32

1° jusqu'à 1m,80 de hauteur.

     Surface..................... 1m,32

× 1m,80 de hauteur........................ 2m,376   (n° 1)

A 2f,91 le mètre cube................................................ 6f,91      **N° 134**
                                              Série Consolidation

2° de 1m,80 à 5m,00 de profondeur.

     Surface..................... 1m,32

× 3m,20........................... 4m,224   (n° 2)

A 8f,47 le mètre cube................................................ 35f,78      **N° 140**   »

3° de 5m,00 à 8m,00 de hauteur.

     Surface..................... 1m,32

× 3m,00 de hauteur...................... 3m,960   (n° 3)

A 9f,44 le mètre cube................................................ 37f,38      **N° 141**

Plus value de fouille en sous-œuvre de construction.

     *A reporter*................................................. 80f,07

|  |  |  |  |
|---|---|---|---|
| *Report*.................................... | | 80f,07 | |
| Cube n° 1.............................. | 2m,376 | | |
| Moins segment | | | |
| 1m,20 × 0.30 × 2/3................... 0m,24 (n° 4) | | | |
| × 1.80 de hauteur............................ | 0 ,432 | | |
| Reste............................ | 1m,944 | | |
| A $\frac{2^f,91 \times 1}{3}$ = ................................... | | 1f,88 | Obs. 123 Consolidations |
| Cube n° 2.............................. | 4m,224 | | |
| Moins segment. | | | |
| Surface n° 4........................... 0.24 | | | |
| × 3m,20 de hauteur........................ | 0 ,768 | | |
| Reste............................ | 3m,456 | | |
| A $\frac{8^f,47 \times 1}{3}$ = ................................... | | 9f,75 | |
| Cube n° 3.............................. | 3m,960 | | |
| Moins segment. | | | |
| Surface n° 4........................... 0.24 | | | |
| × 3.00 de hauteur........................ | 0 ,720 | | |
| Reste............................ | 3m,240 | | |
| A $\frac{9^f,44 \times 1}{3}$ = ................................... | | 10f,21 | |

Nous rappelons ici que la fouille en sous-œuvre ne s'applique qu'à la terre fouillée directement sous la construction........ » Obs. 44 Terrasse

**N° 210**

Les chons en sapin posés dans les puits pour blindages se comptent au mètre superficiel............................ » Série Consolidations

Les chons laissés dans les fouilles par mesure de sécurité se comptent aussi au mètre superficiel........................ » N° 213 Consolidations

Les cercles en fer en location sont payés au poids.......... » N° 219 »

Les cercles en fer abandonnés par mesure de sécurité sont payés au poids.................................... » **N° 221**

Nous avons donné de ces exemples dans des cas précédents, ainsi que des gobetages en plâtre faits au fur et à mesure, il suffit de se reporter à ces travaux de consolidations.......... » Observation

Pour les bois d'étaiements plus importants il y a lieu de se reporter à la Série des Consolidations souterraines n°s 201 à 209. » **N°s 201 à 209**

Les terres provenant de ces fouilles ont été chargées en brouette, avec transport à 1 relais, chargement à la hotte, montage par l'escalier de cave et transport à 1 relais dans la cour.

|  |  |  |
|---|---|---|
| Cube n° 1.............................. | 2m,376 | |
| Cube n° 2.............................. | 4 ,224 | |
| Cube n° 3.............................. | 3 ,960 | |
| Ensemble........................ | 10m,560 | |
| A 5f,72 le mètre cube........................ | | 60f,40 |

*Sous-détail du prix.*

|  |  |  |
|---|---|---|
| Jet de pelle pour chargement en brouette, le mètre cube.................................... | 0f,55 | N° 56 col. 1 Terrasse |
| Transport à la brouette à 1 relais en cave, le mètre cube.................................... | 0f,66 | N° 74 col. 1 » |
| Chargement à la hotte, le mètre cube.............. | 1f,10 | N° 58 col. 1 » |
| Montage par l'escalier de cave à la hotte, le mètre cube.................................... | 2f,75 | N° 66 col. 1 » |
| Transport à 1 relais, le mètre cube............... | 0f,66 | N° 74 col. 1 » |
| Ensemble........................ | 5f,72 | |
| *A reporter* ................................ | 162f,31 | |

*Report*...................................................... 162f,31

Chargement en tombereau et enlèvement aux décharges publiques.

Cube............................................ 10m,560

A 6f,65 le mètre cube...................................... 70f,22

*Sous-détail du prix.*

Jet de pelle pour chargement en tombereau, le mètre cube............................................... 0f,65     Nº 57 Terrasse

Transport au tombereau aux décharges publiques, le mètre cube.......................................... 6f,00

Ensemble.................................... 6f,65     Nº 83 Terrasse

Tous ces travaux ayant été faits à la lumière en 1re cave, nous appliquerons l'observation nº 14 de la Série de Terrasse, accolade A............................................ 162f,31

A 12f,50 0/0 .................................... 20f,29

La plus-value de 12.50 0/0 s'applique aussi aux transport, chargement et montage en cave........................... »     Obs. 14 Terrasse

Cube............................................ 10m,560

A 5f,06 le mètre .................................. 53f,43

Plus-value de 12.50 0/0................................. 6f,68

*Sous-détail.*

Jet de pelle pour chargement en brouette, le mètre cube ............................................... 0f,55     Nº 56 col. 1 Terrasse

Transport à la brouette à 1 relais en cave, le mètre cube.............................................. 0f,66     Nº 74 col. 1    »

Chargement à la hotte, le mètre cube............... 1f,10     Nº 58 col. 1    »

Montage par l'escalier de cave à la hotte, le mètre cube.............................................. 2f,75     Nº 66 col. 1    »

Ensemble .................................. 5f,06

Remplissage du puits en béton de cailloux et mortier nº 2 de ciment I.

Cube nº 1 ........................... 2m,376

Cube nº 2............................. 4 ,224

Cube nº 3............................. 3 ,960

Ensemble .............................. 10m,560 (nº 5)

A 42f,45 le mètre cube ............................. 448f,27     Nº 378 col. 9

Plus-value pour béton exécuté en bâtiment déjà construit en 1re cave.

Cube............................................ 10m,560

A 1f,00 le mètre.................................... 10f,56     Nº 389 Maçonnerie

Les prix ci-dessus ne comprennent pas la difficulté de descente des matériaux dans le puits ainsi que la main-d'œuvre supplémentaire.

Plus-value de construction de béton en sous-œuvre de construction.

Cube nº 5............................. 10m,560

Déduire partie de segment côté cave.

Surface nº 4......................, 0m,24

× 8m,00 de hauteur................................. 1m,920

Reste ........................... 8m,640

A 3f,15 le mètre cube ................................. 27f,22

OBSERVATION. — La plus-value de sous-œuvre ne s'applique que

*A reporter*...................................... 745f,55

*Report*.......................................................  745f,55

sous la partie qui est sous l'épaisseur du mur et au droit de la
partie cachée côté boulevard.

*Sous-détail du prix.*

Plus-value de construction en béton en sous-œuvre, le mètre
cube....................................................  4f,65        »            Nº 1488
Déduire la valeur de la construction dans l'embarras
des étais ou étrésillons, le mètre cube...............  1 ,50        »            Nº 1485

Reste en différence, le mètre cube...........  3f,15

Démolition en reprise d'une partie de mur en meulière
Longueur 0m,90 × 0m,45 hauteur.......... 0m,405
× 0.60 épaisseur.................................  0m,243
A 5f,00 le mètre cube.................................  1f,22         Nº 676
Plus-value de démolition à la lumière..
5 0/0.................................................  0f,06      Observation 354
Le chargement en tombereau et enlèvement des gravois aux
décharges publiques y compris ceux provenant des étaiements
et débris divers.
1 voie de gravois cubant 1m,300 vaut.....................  8f,34

*Sous-détail du prix.*

Gravois enlevés aux décharges publiques compris chargement et
déchargement mesurés dans le tombereau, le mètre cube     6f,60
Lorsque le tombereau enlève plus d'un mètre cube
l'excédent est payé le même prix diminué de 12 0/0...      » .        »         Observation 767

$$\frac{6f,60 \times 12}{100} = 0f,79$$

soit........................... 6f,60 — 0f,79 = 5f,81
et pour 0m,300 produisent 5f,81 × 0m,300...........  1f,74

La voie de 1m,300.................................  8f,34

Montage de gravois en travaux d'entretien, cube.....  1m,300
A 3f,00 le mètre cube.................................  3f,90         Nº 702
Reprise du mur en meulière neuve en fondation et mortier nº 2
bâtard M cube ci-dessus...........................  0m,243
A 40f,95 le mètre cube.................................  9f,95
Plus-value de construction en reprise en sous-œuvre dans
l'embarras des étais.
Cube.............................................  0m,243
A 4f,65 le mètre cube.................................  1f,13         Nº 1488
Plus-value de travaux en meulière exécutés en 1re cave à la
lumière.
Cube.............................................  0m,243
A 2f,50 le mètre cube,.................................  0f,61         Nº 344
Suivant l'observation nº 354 dans les travaux au métré, il est
alloué une plus-value de 4 0/0 pour travaux exécutés à la
lumière et de 5 0/0 y compris la valeur de l'éclairage fourni
par l'entrepreneur; les prix de Série d'autre part comprennent
le montage ou la descente des matériaux et sont payés, suivant
les cas, soit en fondation ou en élévation; néanmoins pour une
reprise en sous-œuvre en cave avec descente des matériaux à
la lumière et travaux faits à la lumière avec transport dans la
cave il n'est pas exagéré de demander la plus-value de 2f,50
par mètre cube.

*A reporter*.................................................  770f,76

*Report*.................................................... 770ᶠ,76

Cette plus-value a été reconnue exacte pour des travaux
d'égout.....................................................            »            Nᵒ 344 Egouts

### En élévation sur la façade.

Dépose d'une partie de balcon en pierre nᵒ 4, la pierre refouillée 1/2 à la pioche 1/2 à la masse et au poinçon.

0.60 $\times$ 1.14 de largeur.............. 0ᵐ,68

$\times$ 0.20 de hauteur................................. 0ᵐ,136

A 7ᵐ,35 de taille nᵒ 4...................... 1ᵐ,00

A 14ᶠ,60 le mètre............................................ 14ᶠ,60          Nᵒ 1524

*Sous-détail de cette évaluation.*

Refouillement à la pioche, le mètre cube........... 6ᵐ,65          Nᵒ 1532
*Idem* à la masse et au poinçon, le mètre cube....... 8 ,05          Nᵒ 1533

Ensemble évaluation de taille par mètre cube.  14ᵐ,70

Moyenne $= \dfrac{14^m,70}{2} = 7^m,35$ de taille.

Lorsque les gravois ne sont pas reconnus on applique l'article ci-dessous :

Cube du refouillement............................. 0ᵐ,136
Foisonnement 40 0/0.............................. 0 ,054          »          Nᵒ 766

Ensemble................................... 0ᵐ,190

Après refouillement il est fait une taille de joints pour
recevoir la nouvelle assise.

Ces joints ont été taillés comme de véritables parements pour
obtenir à la pose, avec le nouveau morceau, des joints réguliers.

Nous demandons en plus-value l'art. 1539 de la Série.

2 fois 1.14............................. 2ᵐ,28
                                        0 ,60

Ensemble........................... 2ᵐ,88

$\times$ 0.20 hauteur................................. 0.58
A 0.30 de taille................................. 0.17          »          Nᵒ 1539
A 14ᶠ,60 le mètre............................................ 2ᶠ,48

Pour la liaison des morceaux taille de joints mâles et femelles
dans la pierre nᵒ 4.

4 fois 0.45........................... 1ᵐ,80
A 0.15 courant............................... 0.27
A 14ᶠ,60 le mètre............................................ 3ᶠ,94

Nous avons expliqué précédemment ce que l'on appelait
joints mâles et joints femelles.............................          »          Observation

La fourniture du morceau de balcon en Larrys-du-Bief nᵒ 4
sur ciment I.

Longueur.....   0ᵐ,70 $\times$ 1ᵐ,14 =  ........ 0ᵐ,80
$\times$ 0.20 de hauteur................................. 0ᵐ,160
A 181ᶠ,95 le mètre cube................................... 29ᶠ,11

*Sous-détail.*

Roche dure de Larrys-du-Bief.
Le mètre cube................................. 178ᶠ,45          »          Nᵒ 1313
Plus-value pour fichage en mortier nᵒ 4 (sable tamisé).
Le mètre cube................................. 3ᶠ,50          »          Nᵒ 1408 col. 9

Le mètre cube........................... 181ᶠ,95

Le morceau avait 0ᵐ,60 de largeur pourquoi le compter de
0ᵐ,70 de largeur ?

*A reporter*...................................... 820ᶠ,89

Report.......................................... 820<sup>f</sup>,89

*Report*.......................................... 820$^f$,89

Pour le liaisonnement du balcon il a été ajouté 0$^m$,05 de chaque côté formant joint mâle et femelle.

Morceau vu en façade.............................. 0$^m$,60

Joints mâles et femelles en arrière en joints.

2 fois 0$^m$,05................................... 0$^m$,10

Ensemble ...................................... 0$^m$,70

Approche, brayage pour montage et débrayage de cette pierre.

Cube........................................ 0$^m$,160

à 1$^f$,85 le mètre cube ...................... 0$^f$,30

Montage de cette pierre à 12$^m$,55 de hauteur.

Cube........................................ 0$^m$,160

à 6$^f$,275 le mètre cube......................... 1$^f$,00    N° 1206

Nous avons indiqué précédemment qu'une plus-value de montage était due pour morceaux de grandes dimensions et qu'il y avait lieu de compter l'échafaudage; nous n'y reviendrons pas.

Plus-value de pose de pierre en tiroir par incrustement. Nous avons détaillé ce travail, il est inutile d'y revenir.............    »

Pour terminer le métré de ce morceau de balcon nous compterons la taille des parements *vus* en tous sens; dessus, dessous, épaisseurs, puis le ravalement et le jointoiement suivant les exemples précédents.

Dans la hauteur du 1$^{er}$ étage (*fig.* 9 et 10).

Remplacement du claveau de droite de la baie ainsi que du sommier en pierre en banc franc de Méry avec fichage en mortier n° 4 de chaux hydraulique **c** et sable tamisé. Ravalement avec soin de la pierre en raccordement des anciennes moulures.

## Métré.

Après étaiement fait par le charpentier, cintrage de baie en pierre.

2 fois 2$^m$,15...................... 4$^m$,30

Voussure........................... 1$^m$,30

Ensemble .................. 5$^m$,60

$\times$ 0.50 épaisseur........................... 2$^m$,80

aux 115/00 pour plus-value de cintrage au 1$^{er}$ étage (observation 622)............................... 3$^m$,22

à 3$^f$,50 le mètre............................. 11$^f$,27    N° 620

Dépose du claveau de droite ainsi que du sommier en pierre n° 7, la pierre refouillée 1/2 à la pioche, 1/2 à la masse et au poinçon.

Longueur $\dfrac{0^m,86 + 0^m,82}{2} \times 0,55\,h^r$.... 0$^m$,46

$\times$ 0.40 épaisseur........................... 0$^m$,184

à 7$^m$,35 de taille n° 7 par mètre cube................... 1$^m$,35

à 6$^f$,60 le mètre.............................. 8$^f$,91    N°s 1532-1533    N° 1527

La taille de joints après refouillement pour recevoir la nouvelle assise.

2 fois 0$^m$,40.................... 0$^m$,80

1 fois 0$^m$,84 réduit................. 0$^m$,84

Ensemble................... 1$^m$,64

$\times$ 0$^m$,55 de hauteur..................... 0$^m$,90

à 0$^m$,30 de taille............................. 0.27    N° 1539

*A reporter*........................... 0.27    842$^f$,37

*Reports* ............................................ 0^m,27   842^f,37

### *Clavage de la Baie.*

Le claveau de droite en banc franc de Méry avec fichage en mortier n° 4 de chaux hydraulique **c** et sable tamisé.

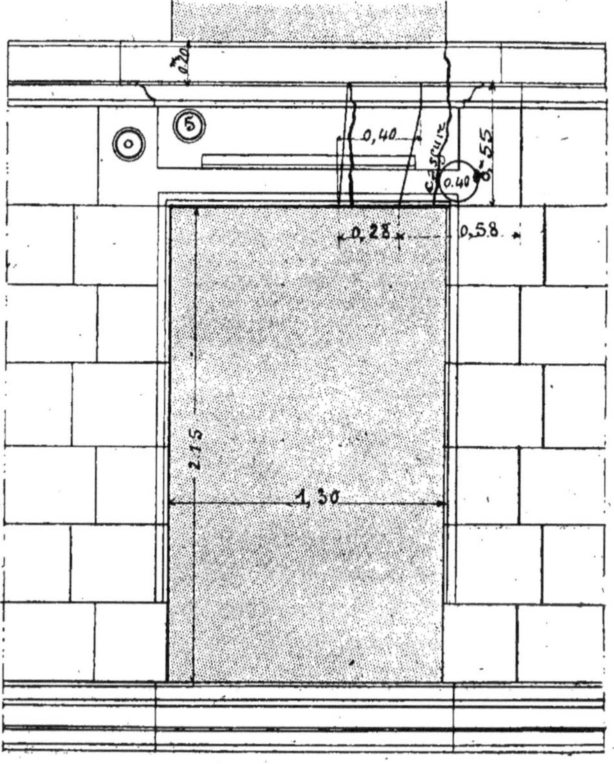


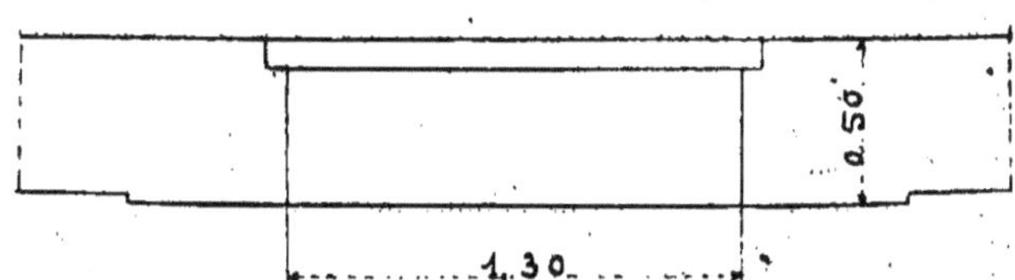


Fig. 9 et 10. — Consolidation d'une partie de façade en pierre au 1^er étage.
Remplacement de pierre. Cintrage. Étaiements.

Longueur 0^m,40 × 0^m,55 hauteur .... 0^m,22
× 0,40 d'épaisseur ........................ 0^m,088

A reporter ........................... 0^m,088   0^m,27   842^f,37

|  |  |  |  |
|---|---|---|---|
| *Reports*.............................. 0<sup>m</sup>,088 | 0<sup>m</sup>,27 | 842<sup>f</sup>,37 | |

Sommier.

      0<sup>m</sup>,58 × 0<sup>m</sup>,55 hauteur ....... 0<sup>m</sup>,32

× 0,40 d'épaisseur......................... 0<sup>m</sup>,128

     Ensemble..................... 0<sup>m</sup>,216

à 123<sup>f</sup>,36 le mètre cube.......................... »     26<sup>f</sup>,65

   Plus-value de pose de pierre dans l'embarras des étais en reprise par incrustement de morceaux isolés en pierre n° 7.

Cube.................................... 0<sup>m</sup>,216

à 16<sup>f</sup>,25 le mètre............................ »     3<sup>f</sup>,51     N° 1426

     *Sous-détail du prix.*

Banc franc de Méry le mètre cube.......... 122<sup>f</sup>,90    ⸱     N° 1332

Plus-value pour fichage en mortier n° 4 le mètre cube................................ 0<sup>f</sup>,46         N° 1408, col. 3

   Le mètre cube.......................... 123<sup>f</sup>,36

Plus-value de taille pour sommier portant douelle en pierre n° 7.

Cube du sommier..................... 0<sup>m</sup>,128

à 4<sup>f</sup>,95 le mètre cube...................... »     0<sup>f</sup>,57    N° 1435, col. 1

Plus-value de taille pour plate-bande en pierre n° 7.

Cube du claveau...................... 0<sup>m</sup>,088

à 13<sup>f</sup>,90 le mètre cube..................... »     1<sup>f</sup>,22    N° 1444, col. 1

OBSERVATION. — Nous avons compté la plus-value de pose de pierre dans l'embarras des étais en reprise par incrustement de morceaux isolés. Le claveau et le sommier sont contigus, mais dans ces travaux de reprises les morceaux sont remplacés successivement.

   Approche, brayage et débrayage de pierre pour montage de cette pierre ; cube.................. 0<sup>m</sup>,216

à 1<sup>f</sup>,85 le mètre cube....................... »     0<sup>f</sup>,40     N° 1205

Montage de pierre à 5<sup>m</sup>,65 de hauteur.

Cube.................................... 0<sup>m</sup>,216

à 2<sup>f</sup>,825 le mètre cube.................... »     0<sup>f</sup>,61     N° 1206

Taille de cette pierre

$$\frac{0^m,86 + 0^m,82}{2} = 0^m,84$$

× 0.55 de hauteur...................... 0<sup>m</sup>,46

Voussure 0<sup>m</sup>,51 × 0<sup>m</sup>,40 ................. 0<sup>m</sup>,20

Saillies 2 fois 0<sup>m</sup>,55 × 0<sup>m</sup>,075............. 0<sup>m</sup>,08

Sous-face 0<sup>m</sup>,35 × 0,075................. 0<sup>m</sup>,025

     Ensemble...................... 0<sup>m</sup>,765

A 0/0 de taille n° 7....................... 0.77     Obs. 1543 et N° 1545

Taille et ravalement de la moulure en banc franc de Méry, au-dessous du bandeau.

Sous-détail du Profil.

1 Champ vertical...................... 0<sup>m</sup>,075        N° 1611

1 Champ horizontal .................... 0 ,075        N° 1611

1 Quart de rond....................... 0 ,15        N° 1610

1 Champ vertical...................... 0 ,075        N° 1611

1 Champ horizontal .................... 0 ,075        N° 1611

    Ensemble profil développé........... 0<sup>m</sup>,45

     *A reporter*............................ 1<sup>m</sup>,04     875<sup>f</sup>,33

Reports........................................ 1ᵐ,04   875ᶠ,33
Longueur de la moulure mesurée au milieu de la
saillie............................ 0ᵐ,82
1 Retour....................:.. 0 ,075
1 Angle saillant................ 0 ,15                »        N° 1604
1 Angle rentrant................ 0 .15                »        N° 1604

        Ensemble.................. 1ᵐ,195
A 0.45 de taille n° 7..................... 0ᵐ,54
Aux 135/00 de taille n° 7..................... 0ᵐ,73   »        N° 1599
En raccordement de cette moulure.
    Moulure ancienne redressée sur vieux mur
avec recoupement moyen de 5 millimètres, passage au grès et jointoiement.
    Longueur de la moulure à gauche du cla-
vage............................... 1ᵐ,60
1 Retour...................... 0 ,075
1 Angle saillant............... 0 ,15                            N° 1604
1 Angle rentrant.............. 0 ,15                            N° 1604
A droite du sommier.............. 0 ,42

        Ensemble.................... 2ᵐ,395
A 0ᵐ,45 de taille n° 7..................... 1ᵐ,08
A 0ᵐ,35 de taille n° 7.......................... 0ᵐ,38   »        N° 1620
    Ravalement et passage au grès de la plate-bande de
la baie.
    Longueur........ 0ᵐ,55 × 0ᵐ,32 hauteur = 0ᵐ,18
Déduire moulure des oves.
    Longueur........ 0ᵐ36, × 0ᵐ,06 hauteur = 0 ,02

        Reste......................... 0ᵐ,16
Aux 35 0/00 de taille n° 7............................ 0ᵐ,06   »
Champ vertical.................... 0ᵐ,32
Champ horizontal à la suite des oves,
longueur.......................... 0ᵐ,19
1 Angle saillant.................. 0 ,15
1 Amortissement.................. 0 ,05

        Ensemble................... 0ᵐ,71
× 0ᵐ,075........................ 0ᵐ,05
Aux 135 0/0 de taille ...................... 0ᵐ,07   »
    Ces champs font partie de la mouluration, la pierre
a été recoupée pour les dégager, aucun article de Série
ne s'oppose à les compter ainsi :
    Moulure des oves.

                *Sous-détail du profil.*

1 Champ horizontal...................... 0ᵐ,075
Moulure d'oves.......................... 0 ,15
1 Champ vertical........................ 0 ,075
Sous-face.............................. 0 ,075

    Ensemble profil développé........... 0ᵐ,375

Longueur de la moulure............ 0ᵐ,36
1 Amortissement.................... 0 ,05                         N° 1605

    Ensemble................... 0ᵐ,44
× 0ᵐ,375 de taille...................... 0ᵐ,15
Aux 135 0/00 de taille n° 7........................ 0ᵐ,20
Taille, ragrément et passage au grès après recoupe-

    *A reporter*.................................... 2ᵐ,48   875ᶠ,33

|  | | |
|---|---|---|
| Reports...................................................... | 2ᵐ,48 | 875ᶠ,33 |
| ment de moulure de la jouée, vaut.................. | 0ᵐ,04 | » |

Taille et ragrément du champ entre la plate-bande
et le chambranle.

| | | | |
|---|---|---|---|
| Longueur 0ᵐ,55 $\times$ 0ᵐ,11 hauteur............ 0ᵐ,06 | | | |
| Aux 135/00 de taille.............................. | 0 ,08 | » | |

Sommier en prolongement de la plate-bande recoupé
de 0ᵐ,05 ; 0ᵐ,34 $\times$ 0ᵐ,47 de hauteur........... 0ᵐ,16

| | | | |
|---|---|---|---|
| à 0ᵐ,50 de taille............. ........... | 0 ,08 | » | N° 1571 |
| 1/2 taille après recoupement même surface.. 0ᵐ,16 | | | |
| A 0ᵐ,50 de taille................................ | 0 ,08 | » | |

Ravalement.

| | | | |
|---|---|---|---|
| Surface.............................. 0ᵐ,16 | | | |
| à 0ᵐ,35 de taille................................ | 0 ,06 | » | N° 1561 |

Ravalement de moulure sur pierre vieille avec recoupement de 5 millimètres, passage au grès et jointoiement :

| | | |
|---|---|---|
| Champ vertical..................... 0ᵐ,32 | | |
| Champ horizontal ................... 0 ,19 | | |
| 1 Angle saillant................... 0 ,15 | | N° 1604 |
| 1 Amortissement.................. 0 ,05 | | |

| | | | |
|---|---|---|---|
| Ensemble ................... 0ᵐ,71 | | | |
| $\times$ 0ᵐ,075.............................. 0ᵐ,05 | | | |
| aux 35 0/0 de taille............................ | 0 ,02 | » | N° 1620 |

Ravalement de la plate-bande avec recoupement de
0ᵐ,004 sur pierre vieille :

| | |
|---|---|
| Longueur........ 0ᵐ,83 $\times$ 0ᵐ,32 hauteur $=$ 0ᵐ,27 | |
| Déduire moulure des oves. | |
| Longueur........ 0ᵐ,64 $\times$ 0ᵐ,06 hauteur $=$ 0ᵐ,04 | |

| | | | |
|---|---|---|---|
| Reste........................... 0ᵐ,23 | | | |
| aux 35/00 de taille............................. | 0 ,08 | » | N° 1620 |

Moulure des oves sur pierre vieille avec recoupement
*idem.*

| | | |
|---|---|---|
| Longueur........................... 0ᵐ,64 | | |
| 1 Amortissement.................. 0 ,05 | | N° 1605 |

| | | | |
|---|---|---|---|
| Ensemble ................... 0ᵐ,69 | | | |
| $\times$ 0ᵐ,375 de taille........................ 0ᵐ,26 | | | |
| à 0ᵐ,35 de taille n° 7............................. | 0 ,09 | » | N° 1620 |
| Taille et ragrément de la moulure de la jouée, vaut.. | 0 ,04 | » | |

Ravalement du champ avec recoupement de 0ᵐ,003
entre la plate-bande et la moulure de chambranle.

| | | | |
|---|---|---|---|
| Longueur........ 0ᵐ,83 $\times$ 0ᵐ,11 hauteur $=$ 0ᵐ,09 | | | |
| à 0ᵐ,35 de taille................................ | 0 ,03 | » | N° 1620 |

Sommier en prolongement de plate-bande, ravalement avec recoupement de 3 millimètres.

| | | | |
|---|---|---|---|
| 0ᵐ,34 $\times$ 0ᵐ,47 hauteur................ 0ᵐ,16 | | | |
| à 0ᵐ,35 de taille................................ | 0 ,06 | » | N° 1561 |

Chambranle mouluré :

| | | |
|---|---|---|
| Horizontal, longueur................ 0ᵐ,51 | | |
| 1 Angle saillant................... 0 ,15 | | N° 1604 |
| Retour vertical................... 0 ,075 | | |

| | | | |
|---|---|---|---|
| Ensemble..................... 0ᵐ,735 | | | |
| $\times$ 0ᵐ,30 courant de profil.................... 0ᵐ,22 | | | |
| aux 135/00...................................... | 0ᵐ,30 | » | N° 1599 |

| | | |
|---|---|---|
| A *reporter*...................................... | 3ᵐ,44 | 875ᶠ,33 |

Reports............................................. $3^m,44$   $875^f,33$

*Détail du profil.*

Cavet................................................ $0^m,15$
Champ horizontal............................... $0\ ,075$
Champ vertical................................... $0\ ,075$

Ensemble.......................................... $0^m,30$

Ravalement de moulure sur pierre vieille avec recoupement de 5 millimètres, passage au grès et jointoiement.
2 fois $1^m,756$........................... $3^m,51$
2 amortissements chaque $0.05$........ $0\ ,10$        N° 1605

Ensemble..................... $3^m,61$
$\times 0.30$ courant de profil................... $1.08$

aux $35/00$ de taille.............................. $0.37$    »     N° 1620

Comment avons-nous obtenu cette hauteur de $1^m,756$?

La hauteur de la croisée est de............. $2^m,15$
Celle du chambranle mouluré .............. $0\ ,04$

Ensemble.......................................... $2^m,19$

Retranchons la hauteur de la $1^{re}$ assise   $0^m,359$
La partie de moulure comptée précé-
demment................................. $0\ ,075$

Ensemble........................... $0^m,434$   $0^m,434$

Reste........................................... $1^m,756$

Le ravalement de la voussure en pierre n° 7.
Longueur.............................. $0^m,51$
$\times 0^m,37$.................................... $0^m,19$
Déduire chambranle mouluré.
Longueur .......................... $0^m,51$
$\times 0.04$.................................... $0^m,02$

Reste........................... $0^m,17$
à $0^m,35$ de taille .................................. $0.06$    »     N° 1561

Sur le reste de la voussure brossage à sec et passage
au grès.
Longueur............................ $1^m,30$
Déduire partie neuve............... $0\ ,51$

Reste ..................... $0^m,79$
$\times 0^m,37$.................................... $0^m,29$
Moins chambranle mouluré.
Longueur............................ $0^m,79$
$\times 0^m,04$.................................... $0^m,03$

Reste........................... $0^m,26$
à $0^f,70$ le mètre superficiel .........................   »    $0^f,18$    N° 30
                                                        Série ravalement.

Ravalement du tableau de gauche avec recoupement
de deux millimètres, passage au grès et jointoiement.
Hauteur $2^m,15 \times 0^m,37$..................... $0^m,80$
Moins moulure de chambranle.
Hauteur $1^m,791 \times 0^m,04$..................... $0\ ,07$

Reste...................... $0^m,73$
aux $35/00$ de taille.............................. $0.26$    »     N° 1561

Sur le tableau de droite remplacement de l'assise inférieure eu banc franc de Méry avec fichage en mortier
n° 4 de chaux hydraulique et sable tamisé.

*A reporter*................................ $4^m,13$   $875^f,51$

      *Reports*..................................... 4ᵐ,13  875ᶠ,51
    Longueur 0ᵐ,465 × 0ᵐ,359 hauteur = 0.17
× 0ᵐ,355 d'épaisseur....................... 0ᵐ,060
à 123ᶠ,36 le mètre cube suivant sous-détail précédent... »   7ᶠ,40
    Plus-value de pose de pierre dans l'embarras des étais
en reprise par incrustement de morceau contigu en
pierre n° 7.
    Cube........................................ 0ᵐ,060
à 11ᶠ,40 le mètre cube........................ »   0ᶠ,68   N° 1418, col. 1
    Nous faisons remarquer que le morceau est isolé;
néanmoins il n'est pas encastré entre 4 côtés et un
fond; c'est pourquoi nous appliquons ici la plus-value
de morceau contigu.
    Approche, brayage et débrayage de pierre pour mon-
tage de cette pierre.
    Cube........................................ 0ᵐ,060
A 1ᶠ,85 le mètre cube........................ »   0ᶠ,11   N° 1205
Montage de pierre à 3ᵐ,50 de hauteur.
    Cube........................................ 0ᵐ,060
A 1ᶠ,75 le mètre cube........................ »   0ᶠ,11
Bardage de pierre du chantier de l'entrepreneur.
Cube du balcon........................... 0ᵐ,160
Cube du claveau.......................... 0 ,088
Cube du sommier.......................... 0 ,128
Cube de la 1ʳᵉ assise ..................... 0 ,060
    Ensemble.......................... 0ᵐ,436
A 7ᶠ,00 le mètre cube........................ »   3ᶠ,05   N° 376
    Plus-value de transport de pierre de moins de
1 mètre cube................................. »   2ᶠ,20   N° 377
    Nous rappelons ici que, pour montage de pierre sur
un point isolé, il est accordé une indemnité de montage,
il suffit de se reporter aux numéros 1207 à 1209 inclus.
    Les plus-values de montage de pierre indiquées à la
Série sont des indemnités accordées en plus-value des
prix de montage.
    Ces diverses plus-values ne se comptent pas au mètre
cube.
    Nous dirons :
Indemnité de montage de pierre d'un cube inférieur
à 2 mètres cubes ........... ................... »   9ᶠ,25   N° 1209
    *L'appareil de montage* est le même pour monter 0ᵐ,160
ou 0ᵐ,436 de pierre en plusieurs morceaux; c'est pourquoi il *est accordé une indemnité fixe* jusqu'à moins de
6 mètres cubes de.......................... 7ᶠ,10   N° 1207
Jusqu'à moins de 4 mètres cubes de.......... 8ᶠ,15   N° 1208
Jusqu'à moins de 2 mètres cubes de.......... 9ᶠ,25   N° 1209
    Pour l'encastrement de cette assise, refouillement
dans la pierre n° 7 à la masse et au poinçon.
    Longueur............... 0ᵐ,46
× 0ᵐ,359 de hauteur............. 0ᵐ,165
× 0ᵐ,35 d'épaisseur...................... 0ᵐ,058
A 8ᵐ,05 de taille par mètre cube ................. 0ᵐ,47   »   N° 1533
Plus-value de refouillement de pierre dans l'embarras
des étais.
    1/5........................................... 0ᵐ,09   »
    La taille de joints après refouillement pour recevoir
la nouvelle assise.
    *A reporter*.................................. 4ᵐ,69  808ᶠ,31

Reports ........................................... 4ᵐ,69    898ᶠ,31

        0ᵐ,35
        0 ,46

    Ensemble  0ᵐ,81 × 0ᵐ,359 de hauteur.    0ᵐ,29
Aux 30/00 de taille....................................    0ᵐ,09    »    Nᵒ 1539
La taille des parements de la 1ʳᵉ assise.
Longueur...    0ᵐ,465
Tableau.....    0ᵐ,355

    Ensemble 0ᵐ,820 × 0ᵐ,359 de hauteur.    0ᵐ,29
à 0/0 de taille....................................    0ᵐ,29    »    Nᵒ 1545
Champ saillant vertical.
Hauteur 0ᵐ,359 × 0ᵐ,075 ..................    0ᵐ,03
A 0/0 de taille .....................................    0ᵐ,03    »    Nᵒ 1545
Ravalement du tableau de droite, partie haute avec
recoupement de 0ᵐ,002.
Hauteur 1ᵐ,791 × 0ᵐ,37 ....................    0ᵐ,66
Moins moulure de chambranle.
Hauteur 1ᵐ,791 × 0ᵐ,04 ....................    0ᵐ,07
                                                          ――――
Reste............................................    0ᵐ,59
aux 35/00 de taille .......................\....    0ᵐ,21    »    Nᵒ 1561
Ravalement de l'assise inférieure en pierre nᵒ 7.
Surface précédente........................    0ᵐ,29
aux 35/00 de taille .................................    0ᵐ,10    »    Nᵒ 1561
Taille et ravalement d'une petite jouée en amortisse-
ment du chambranle.................................    0ᵐ,04    »
Ravalement de l'autre jouée ......................    0ᵐ,01    »
Ravalement du champ saillant sur l'assise inférieure
en pierre neuve.
Hauteur 0ᵐ,359 × 0ᵐ,075 ...................    0ᵐ,03
aux 35/00 de taille nᵒ 7.............................    0ᵐ,01    »
Pour ne pas remplacer le morceau de bandeau nous
ferons un joint en ciment métallique de 0ᵐ,025 de
largeur.

*Sous-détail du prix.*

Joint uni de 0ᵐ,01 de largeur sur 0ᵐ,02 d'épais-
seur ou de profondeur, le mètre linéaire......    0ᶠ,95
Chaque centimètre en plus jusqu'à 0ᵐ,03, le                   Nᵒ 593
mètre linéaire..................    0ᶠ,48
et pour 0ᵐ,015 produisent....................    0ᶠ,72          Nᵒ 594
                                                  ――――
Le mètre linéaire.......................    1ᶠ,67
Joint mouluré 1/2 en plus................    0ᶠ,835
                                                  ――――
Le mètre linéaire.......................    2ᶠ,505          Observation 595

Nous compterons le dessus comme joint uni et le
reste comme joint mouluré à 2ᶠ,505 le mètre linéaire..    »    »
Plus-value pour joints apparents et réguliers en
mortier nᵒ 4 de chaux de Beffes sur pierre neuve, les
joints noircis et tirés au fer au lieu de joints en plâtre
teinté prévu à la Série nᵒ 1561.
Les joints unis seront comptés le mètre
linéaire....................................    0ᶠ,25
Les joints moulurés 1/2 en plus ............    0ᶠ,375
Suivant sous-détail précédent.
Pour supporter le clavage il a été passé en sous-œuvre
un fer à I ailes ordinaires de 0ᵐ,12 de hauteur.

    *A reporter* ............................    5ᵐ,47    898ᶠ,31

|  | | |
|---|---|---|

*Reports* ............................................. 5$^m$,47   898$^f$,31

Pour l'encastrement du fer entaille entre 3 côtés de 0$^m$,14 $\times$ 0$^m$,08.

Longueur 1$^m$,30 $\times$ 0$^m$,30 de taille n° 7 = 0$^m$,39 aux 3/4. — 0$^m$,29   »   Observation 1587

2 trous d'abouts dans la pierre n° 7 dont 1 en revêtissement.

Chaque 0$^m$,225 de taille............................ 0$^m$,45   »   N° 1634

Scellement des abouts du linteau.

Chaque 0$^m$,225 de légers........... 0$^m$,45

A 1/2 ................................. 0$^m$,225   »   »   N° 1001

Scellement de ce linteau.

Longueur 1$^m$,30 $\times$ 0$^m$,22 courant = 0$^m$,29.

A 1/2 ................................. 0$^m$,145

Ensemble légers ouvrages ......... 0$^m$,37

A 5$^f$,20 le mètre............................... »   1$^f$,92   N° 808

La pose du fer à I de 0$^m$,12 ailes ordinaires.

Linéaire 1$^m$,60 pesant 9$^k$,200 le mètre......... 14$^k$,720

A 0$^f$,022 le kilogramme........................... »   0$^f$,32

Plus-value de pose en sous-œuvre.

Un poids de 14$^k$,720 à 0$^f$,064 le kilogramme.......... »   0$^f$,94   N° 101 Serrurerie

Sur le reste de la façade ravalement, sur mur vieux avec recoupement de 0$^m$,003 sur pierre n° 7.

A gauche du sommier.

Longueur 0$^m$,45 $\times$ 0$^m$,55 de hauteur........ 0$^m$,25

A la suite 0$^m$,79 $\times$ 2$^m$,15 de hauteur........ 1$^m$,70

Ensemble.................................. 1$^m$,95

Moins chambranle mouluré.

Hauteur 1$^m$,791 $\times$ 0$^m$,04...................... 0$^m$,07

Reste ................................. 1$^m$,88

aux 35/00 de taille............................. 0$^m$,66   »   N° 1561

Ravalement des champs d'épaisseur avec recoupement *idem*.

Hauteur...................................... 2$^m$,70

Champs horizontaux des harpes.

6 fois 0$^m$,12............................ 0$^m$,72

Ensemble ...................... 3$^m$,42

$\times$ 0.075............................... 0$^m$,26

aux 35/00 de taille............................. 0.09   »

A droite du sommier.

0$^m$,45 $\times$ 0$^m$,55, de hauteur............. 0.25

A la suite 0$^m$,79 $\times$ 2$^m$,15 de hauteur ......... 1.70

Ensemble ........................... 1.95

Moins chambranle mouluré.

Hauteur 1$^m$,791 $\times$ 0$^m$,04................. 0.07

Reste ........................... 1.88

Reprendre les champs d'épaisseurs.

Hauteur.......................... 2$^m$,15

Horizontaux.

6 fois 0$^m$,12......................... 0$^m$,72

Ensemble ...................... 2$^m$,87

$\times$ 0.075.............................. 0.21

Ensemble ...................... 2.09

Aux 35/00 de taille............................. 0.73   »

*A reporter* ............................. 7$^m$,69   901$^f$,49

*Reports*........................................................ 7<sup>m</sup>,69   901<sup>f</sup>,49

Les joints unis seront décomptés suivant ce qui a été dit précédemment.

Bandeau couronnant le rez-de-chaussée en Larrys du Bief.

Entre les piédroits de la baie enduit en ciment métallique sur partie unie de 0<sup>m</sup>,005.

Longueur 1<sup>m</sup>,30 × 0<sup>m</sup>,31 = 0<sup>m</sup>,40 à 12<sup>f</sup>,45 le mètre...    »     4<sup>f</sup>,98

Sous-détail du prix.

N° 585. Enduit en ciment métallique de 0<sup>m</sup>,001 d'épaisseur, le mètre superficiel..................... 3<sup>f</sup>,05

0<sup>m</sup>,004 en plus.

chaque 0<sup>m</sup>,004 vaut 2<sup>f</sup>,35 n° 586.............. 9<sup>f</sup>,40

Le mètre superficiel........................,... 12<sup>f</sup>,45

Sur la face, ravalement de la moulure vieille avec recoupement de 0.005 passage au grès et jointoiement

Longueur 1<sup>m</sup>,40 × 1.10 profil ............... 1.54

aux 35/00................................................ 0.54     »

Détail du profil.

| | |
|---|---:|
| Quart de rond............................ | 0<sup>m</sup>,15 |
| 1 Champ vertical......................... | 0 ,075 |
| Congé, moulure mixte (*art.* 1613).......... | 0 ,10 |
| Champ vertical........................... | 0 ,075 |
| Mouchette du larmier.................... | 0 ,075 |
| Congé du larmier. | |
| Moulure mixte........................... | 0 ,10 |
| Table horizontale du larmier.............. | 0 ,075 |
| Filet vertical............................. | 0 ,075 |
| Cavet.................................... | 0 ,15 |
| Champ horizontal........................ | 0 ,075 |
| Champ vertical.......................... | 0 ,075 |
| Champ horizontal........................ | 0 ,075 |

      Ensemble......................... 1<sup>m</sup>,10

Le dessus en pente ravalement avec recoupement de 0<sup>m</sup>,004.

Longueur 1<sup>m</sup>,40 × 0<sup>m</sup>,31.................. 0<sup>m</sup>,43

aux 35/00 de taille ............................. 0<sup>m</sup>,15

Les pentes sont comptées comme moulures jusqu'à 0<sup>m</sup>,20 de largeur inclus ; sur la face de la moulure, raccords en ciment métallique de moins de 0<sup>m</sup>,025 de surface.                       Observation 1617

2 raccords à 0<sup>f</sup>,90 l'un........................... 1<sup>f</sup>,80    N<sup>os</sup> 597-599

      Ensemble taille n° 7...................... 8<sup>m</sup>,38

A 6<sup>f</sup>,60 le mètre.................................. 55<sup>f</sup>,31    N° 1527

Pour terminer nous compterons l'échafaudage à double rang d'échasses, l'éclairage sur rue, le bâchage, le nettoyage en travaux d'entretien, les déboursés pour demandes de permission, le gardiennage s'il y a lieu, la descente ou montage des gravois, le chargement en tombereau et enlèvement aux décharges publiques.

                                               Argent

      Ensemble............................................ 963<sup>f</sup>,58    963<sup>f</sup>,58

## ORDRE DE SERVICE Nᵒ 3

Cabinet de Monsieur　　•　Architecte

A. M.　　　　　Entrepreneur de Maçonnerie

Dans la propriété X...

A Paris.

### Construction d'une partie de sous-sol pour installation d'une salle de Machines à l'emplacement d'un ancien terre-plein.

A l'emplacement de la nouvelle salle des machines, faire le dépavage de la grande cour avec transport de pavés et rangement dans la propriété.

La fouille du terre-plein sera exécutée par parties en réservant un talus près du mur séparatif, les terres chargées en brouette, transportées à relais et enlevées aux décharges publiques.

Le mur séparatif sera repris en sous-œuvre avec étaiement en 2 sens côté voisin et côté salle des machines.

Sous les chaudières et sous les murs, *béton armé* de 0ᵐ,30 de hauteur composé de :

Ciment Portland........................ 300 kilogr.  
Sable de rivière........................ 0ᵐ,400  } par mètre cube  
Gravillon.............................. 0ᵐ,800

Le contre-mur et les murs en fondation seront en meulière neuve et mortier M.

Le plancher haut du sous-sol sera hourdé en brique neuve pleine de Paris dite façon Bourgogne de 0ᵐ,06 × 0ᵐ,105 × 0ᵐ,22 ; rive gauche 1ʳᵉ qualité pour voûtains de 0ᵐ,105 d'épaisseur et mortier nᵒ 2 de ciment I. Les entrevous seront en plâtre au sas ainsi que les murs du sous-sol.

Dans la partie inférieure enduit étanche en ciment à prise lente avec saillie de 0ᵐ,015 et de 0ᵐ,60 de hauteur ; à la jonction du sol et des murs gorges en ciment ainsi que gorges verticales.

Les anciens murs seront dégradés de joints à vif.

Dans la hauteur du béton il sera encastré une armature composée de fers ronds de 0ᵐ,011 espacés tous les 0ᵐ,15 d'axe en axe et de fers ronds à cheval sur les précédents de 0ᵐ,008 espacés tous les 0ᵐ,15 d'axe en axe.

Cette armature sera relevée pour revêtements en fers ronds de 0ᵐ,008.

Les anciens murs seront dégradés à vif de joints ;

Le sol de la salle des machines sera en ciment I de 0ᵐ,03 d'épaisseur formant chape en ciment étanche.

Le sol au-dessus de la salle des chaudières sera en dallage en béton de gravillon et ciment I de 0ᵐ,12 d'épaisseur réduite avec joints pour imitation de pavés.

Faire les raccords de pavage en pavés méplats avec hourdis en mortier de ciment I et jointoiement à la Française, sous le pavage forme en sable de 0ᵐ,10 d'épaisseur.

Dans le sous-sol percement en reprise d'une porte dans le mur de refend en meulière et ciment ;

Les reprises de piédroits seront en meulière non fournie et mortier de ciment I.

Le hourdis du linteau sera en brique neuve dure et ciment I.

Les tableaux et voussures seront enduits en plâtre, dans la partie inférieure enduit en ciment I ; les arêtes arrondies. Côté couloir il sera scellé un bâti.

### Métré.

Dépavage de pavés posés en mortier de ciment avec décrottage, transport et rangement dans la propriété (suivant *fig.* 11 et 12)

9ᵐ,50 × 7ᵐ,05............................. 66.98

à 0ᶠ,84 le mètre................................................. 56ᶠ,26

A reporter................................................. 56ᶠ,26

Nᵒ 87  
Pavage Série 1913

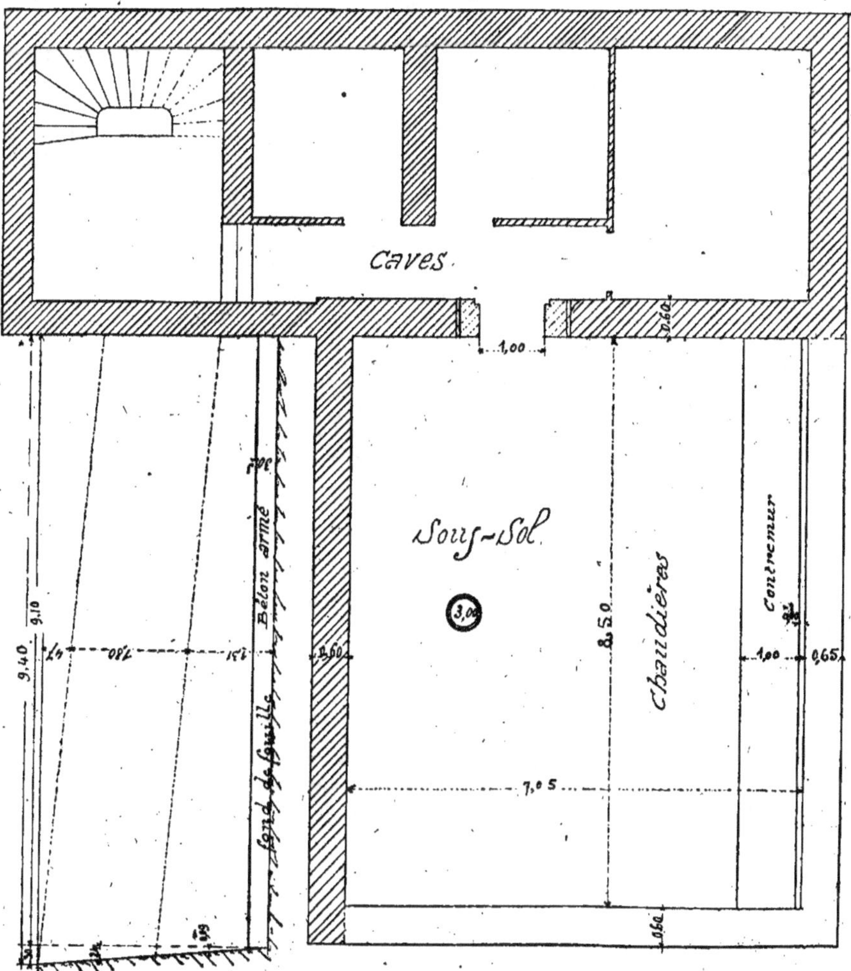



Fig. 11 et 12. — Installation d'une salle de machines en sous-sol. — Reprises en sous-œuvre; béton armé; armatures en fers.

Report.............................................. 56f,26

La fouille en déblai dans la terre avec jet de pelle pour chargement en wagonnets, transport sur la rue, chargement en tombereau et enlèvement aux décharges publiques.

Longueur compris talus

     9m,25 réduite × 7m,05............. 65m,21

× 3m,48 de hauteur................................. 226m,931

à 9f,05 le mètre cube.............................. 2053f,73

*Sous-détail du prix.*

Fouille compris nivellement des faces et des fonds en excavation ou déblai de 0m,20 de profondeur et au-dessus (de terre).

     *A reporter*.................................. 2109f,99

|  |  |  |
|---|---|---|
| *Report*............................................ | 2109ᶠ,99 |  |
| Le mètre cube.................................. | 0ᶠ,75 | Nᵒ 18 Terrasse |
| Jet de pelle pour chargement en wagonnets. |  |  |
| Le mètre cube.................................. | 0ᶠ,55 | Nᵒ 30 Terrasse |
| Transport en wagonnets sur la rue. |  | Nᵒ 41 Terrasse |
| Le mètre cube.................................. | 1ᶠ,20 | Observation 61 |
| Jet de pelle pour chargement en tombereau. |  |  |
| Le mètre cube.................................. | 0ᶠ,55 | Nᵒ 30 |
| Transport aux décharges publiques. |  |  |
| Le mètre cube.................................. | 6ᶠ,00 | Nᵒ 44 |
| Le mètré cube.................................. | 9ᶠ,05 |  |

Jet de pelle sur berge.
Longueur 9ᵐ,34 × 7ᵐ,05 = 65ᵐ,85.

|  |  |  |
|---|---|---|
| × 1ᵐ,80 de hauteur........................... | 118ᵐ,530 |  |
| à 0ᶠ,60 le mètre cube......................... | 71ᶠ,12 | Nᵒ 26 |

Jet de pelle sur banquette et jet de pelle sur berge.
Longueur 9ᵐ,19 × 7ᵐ,05 .................. 64ᵐ,79

|  |  |  |
|---|---|---|
| × 1ᵐ,31 de hauteur........................... | 84ᵐ,875 |  |
| à 1ᶠ,40 le mètre cube......................... | 118ᶠ,83 |  |

*Sous-détail.*

|  |  |  |
|---|---|---|
| Jet de pelle sur berge |  |  |
| Le mètre cube.................................. | 0ᶠ,75 | Nᵒ 26 |
| Jet de pelle sur banquette, le mètre cube.......... | 0ᶠ,65 | Nᵒ 27 |
| Le mètre cube.................................. | 1ᶠ,40 |  |

Nous avons compté l'enlèvement des terres aux décharges publiques de la partie de fouille en talus, les gravois provenant des démolitions, refouillements, hachements, serviront au remblai.

Plus-value de fouille dans l'embarras des étais.
Longueur 9ᵐ,25 réduite × 1ᵐ,50 = 13ᵐ,88.

|  |  |  |
|---|---|---|
| × 3,48 de hauteur............................. | 48ᵐ,302 |  |
| à 0ᵐ,19 le mètre cube.......................... | 9ᶠ,18 | Nᵒ 20 Terrasse |

Les étaiements ayant été faits par le charpentier, nous aurons à compter : les fouilles et scellements de pieds dans le sol, les tranchées dans la terre pour l'encastrement de bois de charpente et leurs scellements en plâtre, les gobetages en plâtre des terres, etc., etc., suivant les exemples qui ont été donnés précédemment. Sous le mur séparatif la fouille en déblai par petites parties dans l'embarras des étais avec jet de pelle pour chargement en tombereau et enlèvement.

Longueur réduite 9ᵐ,25 × 0ᵐ,65 = 6ᵐ,01.

|  |  |  |
|---|---|---|
| × 2ᵐ,98 de hauteur............................ | 17ᵐ,910 |  |
| à 1ᶠ,50 le mètre cube.......................... | 26ᶠ,87 |  |

*Sous-détail.*

|  |  |  |
|---|---|---|
| Fouille en déblai, le mètre cube .................. | 0ᶠ,75 | Nᵒ 18 |
| Plus-value pour fouille dans l'embarras des étais en sous-œuvre de construction, 1 fois en plus............. | 0ᶠ,75 | Nᵒ 22 |
| Le mètre cube.................................. | 1ᶠ,50 |  |

Dans le fond de fouille chargement en brouette, transport à un relais.
Longueur 6ᵐ,50 × 7ᵐ,05 = 45ᵐ,83.

|  |  |  |
|---|---|---|
| × 3ᵐ,48 de hauteur............................ | 159ᵐ,488 |  |
| à 1ᶠ,10 le mètre cube.......................... | 175ᶠ,44 |  |
| Jet de pelle pour chargement en brouette, le mètre cube. | 0ᶠ,50 | Nᵒ 29 |
| Transport à un relais, le mètre cube .............. | 0ᶠ,60 | Nᵒ 36 |
| Ensemble..................................... | 1ᶠ,10 |  |
| *A reporter*................................... | 2511ᶠ,43 |  |

*Report* .......................................... 2511f,43

Jet de pelle sur banquette.

Cube.............................. 159m,488

à 0f,65 le mètre cube ............................. 103f,67    **N° 27**

Jet de pelle sur berge.

Cube.............................. 159m,488

à 0f,60 le mètre cube .............................. 95f,69    **N° 26**
Observation

Les deux autres murs ont des fondations suffisantes.

Sous les murs et chaudières, construction d'un béton armé composé de 300 kilogrammes de ciment Portland, 0m,400 de sable de rivière et 0m,800 de gravillon par mètre cube.

Longueur 9m,115 $\times$ 7m,70................ 70m,19

$\times$ 0,30 épaisseur............................... 21m,057

à 67f,535 le mètre cube (prix moyen)...................... 1422f,08

*Sous-détail du prix.*

Dans ce cas particulier le treillis a été posé sur une couche de béton de 0,15 de hauteur.

La 1re partie se décomposera de la mànière suivante :

Béton de gravillon et mortier n° 3

Le mètre cube........................... 48f,30    N° 389 col. 9.
Série Maçonnerie

Retranchons 0m,200 de gravillon

à 12f,10 le mètre cube................... 2f,42    N° 10 Série Ciments

Reste................................. 45f,88

Ajoutons 0m,400 de sable de rivière à 9f,075 le mètre cube compris faux frais et bénéfice..... 3f,63    N° 329 Maçonnerie.

Le mètre cube........................... 49f,51

Transport supplémentaire de matériaux le mètre cube............................... 0f,60    N° 1630    id.

Le mètre cube........................... 50f,11

La 2e *partie* peut être considérée comme *béton armé*, le mètre cube...................... 84f,96    **N° 27**
Ciment armé

Nous aurons :

Prix moyen du mètre cube

$$\frac{84f,96 + 50f,11}{2} = 67f,535$$

Plus-value de construction en béton dans l'embarras des étais.

Partie attenant au mur séparatif.

Longueur 9m,115 $\times$ 1m,00.................... 9m,12

$\times$ 0m,30 épaisseur............................. 27m,36

à 1f,50 le mètre cube...................................... 41f,04    N° 1487 Maçonnerie

Plus-value de construction en sous-œuvre de l'ancien mur dans l'embarras des étais 9m,115 $\times$ 0m,65...... 5m,92

$\times$ 0m,30 épaisseur............................. 1m,776

à 4f,65 le mètre cube .................................... 8f,26′    N° 1490    id.

Lorsque les bétons sont posés dans des coffrages, les plus-values dans l'embarras des étais et en reprise ou en sous-œuvre, sont prévues au n° 68 de la Série Ciment armé.

Cette plus-value est justifiée en raison de la main-d'œuvre.    Observation

L'armature en fers ronds de 0m,011 (espacés tous les 0m,15).

61 fois 7m,70 ....................... 469m,76

Pesant 0k,882, le mètre ..................... 412k,275

Au-dessus en fer rond de 0m,008 avec ligatures.

52 fois 9m,10 ....................... 473m,20

Pesant 0k,392 le mètre ......................... 185k,494

Ensemble.............................. 507k,769

*A reporter* ............................ 507k,769   4182f,17

|  | | |
|---|---|---|
| *Reports* ........................................ 597ᵏ,769 | 4182ᶠ,17 | |

Exeédent pour recouvrement.

1/10........................................ 59ᵏ,777

Ensemble........................................ 657ᵏ,546

à 56ᶠ,53 les 100 kilogrammes ................................ 371ᶠ,71  N° 47 Ciment armé

Lorsque les fers sont posés dans des coffrages et dans l'embarras des étais, il faut se reporter à la plus-value n° 68, Série Ciment armé et n° 47........................................ »  Observation

*Observation.* — Nous avons fait une estimation pour obtenir le poids ci-dessus, il est entendu que dans le cas où il y aurait plus ou moins de recouvrement de fers, le poids serait augmenté ou diminué en conséquence.

Construction des murs en deux sens en meulière neuve et mortier M.

Sous le mur séparatif.

Longueur 9ᵐ,25 réduite $\times$ 2ᵐ,68 hauteur $=$ 24ᵐ,79
$\times$ 0ᵐ,65 épaisseur........................................ 16ᵐ,114

à 40ᶠ,95 le mètre cube........................................ 659ᶠ,86  N° 1124

Ce mur est construit à deux parements ................  Observation

Plus-value de construction dans l'embarras des étais.
Cube........................................ 16ᵐ,114

à 1ᶠ,50 le mètre cube........................................ 24ᶠ,17  N° 1487

Plus-value de construction en reprise par petites parties en sous-œuvre de l'ancien mur.
Cube........................................ 16ᵐ,114

à 3ᶠ,15 le mètre cube........................................ 50ᶠ,76

Le mur en retour perpendiculaire au mur séparatif en meulière neuve et mortier M.

Longueur 7ᵐ,05 $\times$ 3ᵐ,18 de hauteur $=$ 22ᵐ,42
$\times$ 0ᵐ,60 d'épaisseur........................................ 13ᵐ,452

Arrachements dans les vieux murs.

3 fois 0ᵐ,20 $\times$ 0ᵐ,65 $=$ 0ᵐ,39
$\times$ 0ᵐ,40........................................ 0ᵐ,156

4 fois 0ᵐ,20 $\times$ 0ᵐ,60 $=$ 0ᵐ,48
$\times$ 0ᵐ,40........................................ 0ᵐ,192

Ensemble........................................ 13ᵐ,800

à 40ᶠ,95 le mètre cube........................................ 565ᶠ,11

Plus-value de construction en reprise par arrachement :
Cube........................................ 0ᵐ,156
*Idem* ........................................ 0 ,192

Ensemble ........................................ 0ᵐ,348

à 2ᶠ,35 le mètre cube........................................ 0ᶠ,82  N° 1489

Plus-value de construction dans l'embarras des étais :
Cube........................................ 0ᵐ,156

à 1ᶠ,50 le mètre cube........................................ 0ᶠ,23  N° 1487

Pour liaison des harpes, refouillement 1/2 à la pioche, 1/2 à la masse et au poinçon dans les murs en meulière.
Cube ci-dessus ........................................ 0ᵐ,348

à 22ᶠ,50 le mètre cube........................................ 7ᶠ,83

*Sous-détail du prix.*

Refouillement (au mètre cube) non compris la sortie des gravois :

à la masse et au poinçon dans la meulière ............ 27ᶠ,00  N° 1511

à la pioche dans la meulière ........................ 18ᶠ,00

Ensemble ........................................ 45ᶠ,00

*A reporter*........................................ 5862ᶠ,66

Report.................................................... 5862$^f$,66

Prix moyen : $\dfrac{45^f,00}{2} = 22^f,50$.

Transport supplémentaire de matériaux.
Cube meulière................................... 16$^m$,114
Idem........................................... 13 ,800

          Ensemble ............................... 29$^m$,914
à 0$^f$,60 le mètre cube................................    17$^f$,95      N° 1639

Sur les anciens murs en meulière dégradation des joints.
Longueur   8$^m$,50 $\times$ 0$^m$,60   Hauteur    5$^m$,10
     —      7$^m$,05 $\times$ 3$^m$,58      —      25 ,24
     —      8$^m$,50 $\times$ 3$^m$,58      —      30 ,43

          Ensemble..................... 60 ,77
Moins porte 1$^m$,50 réduit $\times$ 2$^m$,30 h$^r$    3 ,45

          Reste ................... 57$^m$,32
à 0$^f$,80 le mètre.......................................    45$^f$,86      N° 173 Ciments

Sur murs l'armature en fers ronds de 0$^m$,008 espacés tous les 0$^m$,15 avec ligatures.
222 fois 0$^m$,70 développé........... 155$^m$,40
pesant 0$^k$,392 le mètre...................... 60$^k$,917
à 56$^f$,53 les 100 kilogrammes............................    34$^f$,44      N° 47 Ciment armé

Dans l'ancien mur 14 trous d'abouts de solives dans la meulière de 0$^m$,25 profondeur et scellements en plâtre.
Chaque 0,25 $\times$ 0,015 = 0,375..................... 5$^m$,25      N° 995

Le plancher haut du sous-sol en fer, hourdé en brique neuve pleine de Paris, dite façon Bourgogne de 0$^m$,06 $\times$ 0$^m$,105 $\times$ 0$^m$,22 rive gauche 1$^{re}$ qualité pour voûtains de 0$^m$,11 d'épaisseur et mortier n° 2 de ciment I
Longueur 8$^m$,60 réduit $\times$ 7$^m$,05............. 60$^m$,63
Aux 103/00 pour développement........... 62$^m$,45
à 8$^f$,55 le mètre......................................    533$^f$,95

Pour des voûtains ayant plus ou moins de flèche il faudra ajouter ou retrancher pour l'excédent de développement.      Observation.

Sous-détail du prix.

Brique neuve pleine de 0$^m$,105 d'épaisseur rive gauche 1$^{re}$ qualité pour voûtains.
Le mètre superficiel..................... 7$^f$,85      N° 527 col. 2   Maçonnerie
Plus-value pour emploi de mortier n° 2 de ciment I pour brique de 0$^m$,11 d'épaisseur.
Le mètre superficiel..................... 0$^f$,70      N° 555 col. 2   Maçonnerie

Le mètre superficiel..................... 8$^f$,55

Cintrage de voûtains entre solives en fer.
Surface précédente..................... 62$^m$,45
à 0$^f$,90 le mètre.............................. »    »    56$^f$,21      N° 620 Maçonnerie
Solins en ciment I sur voûtains, sur fer.
28 fois 7$^m$,05..................... 197$^m$,40
à 0$^m$,10 légers.............................. 19$^m$,74

Tranchées biaises sur meulière pour former sommiers devant recevoir les retombées de voûtains
2 fois 7$^m$,05 $\times$ 0$^m$,10 courant de légers........ 1$^m$,41
Le sol de la salle des machines formant chape étanche en ciment de Portland de 0$^m$,03 d'épaisseur.

       A reporter.................................. 26$^m$,40   6551$^f$,07

Reports........................................  26$^m$,40   6551$^f$,07
Longueur 8$^m$,50 $\times$ 7$^m$,05 .....................  59$^m$,93
Seuil de porte
    1$^m$,00 $\times$ 0$^m$,60 ................  .0$^m$,60

Ensemble................  60$^m$,53
à 6$^f$,82 le mètre....................................  »   412$^f$,81

Sous-détail.

Chape unie ou bouchardée en mortier composé de
1.200 kilogrammes de ciment A pour un mètre cube
de sable de rivière tamisé sur maçonnerie neuve de
0$^m$,03 d'épaisseur.
  Le mètre superficiel.....................  5$^f$,50       N° 46 Série Ciments
  Excédent pour enduit étanche...........  0$^f$,70
  Plus-value pour chaque étage de descente.
  Le mètre superficiel....................  0$^f$,30       N° 48 Série Ciments

    Ensemble..................  6$^f$,50
  Plus-value de travaux exécutés à la lu-
mière 5 0/0.............................  0$^f$,32       Obs. 358 Maçonnerie

  Le mètre superficiel....................  6$^f$,82

Sous-détail de la plus-value pour emploi de ciment
étanche, enduit en ciment étanche sur béton.
  Le mètre superficiel....................  5$^f$,45       N° 101 Ciments
0$^m$,005 d'épaisseur en plus de 0$^m$,025.
  Le mètre superficiel....................  0$^f$,925      N° 106    id.

  Le mètre superficiel....................  6$^f$,375
Enduit en ciment de Portland,
Le mètre superficiel.........  4$^f$,85                     N° 101    id.
0$^m$,005 d'épaisseur en plus de 0$^m$,025.
Le mètre superficiel...........  0$^f$,775

Le mètre superficiel.........  5$^f$,625   5$^f$,625

Différence par mètre superficiel..........  0$^f$,75

Les gorges en ciment jusqu'à 0$^m$,05 de rayon
  2 fois 8$^m$,50.....................  17$^m$,00
  1 fois 6$^m$,05.....................  6$^m$,05
  1 fois 6$^m$,05.............  6$^m$,05
  Moins porte...................  1$^m$,00

  Reste.............  5$^m$,05   5$^m$,05
Tableaux 2 fois 0$^m$,55.....................  1$^m$,10

  Ensemble.....................  29$^m$,20
à 0$^f$,55 le mètre.............................  »   16$^f$,06

Sous-détail.

Solins ou gorges jusqu'à 0$^m$,05 de rayon.
  Le mètre linéaire.....................  0$^f$,52       N° 185    id.
  Plus-value de travaux exécutés à la lu-
mière 5 0/0.............................  0$^f$,026

  Le mètre linéaire.....................  0$^f$,546
  ou....................................  0$^f$,55

Les gorges verticales
  4 fois 0$^m$,60.....................  2$^m$,40
à 0$^f$,55 le mètre.............................  »   1$^f$,32

  A reporter........................  26$^m$,40   6981$^f$,26

*Reports* ..................................... 26<sup>m</sup>,40   6981<sup>f</sup>,26

Sur mur enduit étanche en ciment à prise lente A avec saillie de 0<sup>m</sup>,015 formant socle de 0<sup>m</sup>,60 de hauteur

    2 fois 8<sup>m</sup>,50.................. 17<sup>m</sup>,00
    1 fois 6<sup>m</sup>,05................. 6<sup>m</sup>,05
    1 fois 5<sup>m</sup>,05 ............... 5<sup>m</sup>,05

    Ensemble ............... 28<sup>m</sup>,10

à 7<sup>f</sup>,84 le mètre..................................    »    220<sup>f</sup>,30

*Sous-détail du prix.*

Enduit en ciment étanche formant socle sur meulière neuve sans saillie sur 0<sup>m</sup>,60 de largeur exécuté au rez-de-chaussée.

    Le mètre linéaire .......................... 5<sup>f</sup>,25

Plus-value pour saillie de 0<sup>m</sup>,015.

    Le mètre linéaire........................... 0<sup>f</sup>,78

Renformis de 0<sup>m</sup>,01.

    Le mètre linéaire......................... 1<sup>f</sup>,30

Plus-value pour descente pour enduit de 0<sup>m</sup>,015 à 0<sup>m</sup>,025 soit pour 0<sup>m</sup>,02 réduit.

    Le mètre linéaire........................ 0<sup>f</sup>,08
    0<sup>m</sup>,015 en plus produisent ................. 0<sup>f</sup>,06

    Le mètre linéaire ........................ 7<sup>f</sup>,47
    Plus-value de travaux exécutés à la lumière 5 0/0.   0<sup>f</sup>,37

    Le mètre linéaire........................... 7<sup>f</sup>,84

Dans la largeur des tableaux enduit en ciment étanche formant socle sur meulière neuve sans saillie de 0<sup>m</sup>,55 de largeur.

    2 fois 0<sup>m</sup>,60 de hauteur.................. 1<sup>m</sup>,20

à 5<sup>f</sup>,32 le mètre.................................    »    6<sup>f</sup>,38

*Sous-détail du prix.*

Enduit en ciment étanche sur meulière neuve sans saillie sur 0<sup>m</sup>,55 de largeur exécuté au rez-de-chaussée.

    Le mètre linéaire ....................... 5<sup>f</sup>,00
    Plus-value pour descente ................. 0<sup>f</sup>,07

    Le mètre linéaire ............. ............ 5<sup>f</sup>,07
    Plus-value de travaux exécutés à la lumière 5 0/0.   0<sup>f</sup>,25

    Le mètre superficiel....................... 5<sup>f</sup>,32

Plus-value sur les prix d'enduits pour arêtes arrondies.

    2 fois 0<sup>m</sup>,60 de hauteur ................ 1<sup>m</sup>,20

à 0<sup>f</sup>,66 le mètre..................................    »    0<sup>f</sup>,79

*Sous-détail du prix.*

Plus-value sur les prix d'enduits :
Arête arrondie.

    Le mètre linéaire......................... 0<sup>f</sup>,63
    Plus-value de travaux exécutés à la lumière 5 0/0.   0<sup>f</sup>,03

    Le mètre linéaire ....................... 0<sup>f</sup>,66

*Observations.* — Nous n'avons pas fait le détail du contre-mur en meulière, il suffit de rappeler ici l'extrait du Décret portant règlement pour les appareils à vapeur à terre du 9 octobre 1907. Page 1311 de la Série 1913.

Sur les murs du sous-sol au-dessus du socle enduit en plâtre au sas sur meulière.

    *A reporter* ............................... 26<sup>m</sup>,40   7208<sup>f</sup>,73

---

**N° 155**
Série Ciments col. 3

N° 155 col. 6

N° 155 col. 8

N° 155 col. 9

Obs. 358 Maçonnerie

**N° 154**
Série Ciments col. 3
N° 154 col. 9

Obs. 358 Maçonnerie

N° 168 Série Ciments

Observation

| | | | |
|---|---|---|---|
| *Reports*............................................ | | 26ᵐ,40 | 7208ᶠ,73 |
| 2 fois 8ᵐ,50 × 2ᵐ,40 de hauteur............ 40ᵐ,80 | | | |
| 2 fois 6ᵐ,05 × 2ᵐ,40 de hauteur.... 29ᵐ,04 | | | |
| Moins porte 1ᵐ,00 × 1ᵐ,70......... 1ᵐ,70 | | | |
| Reste............... 27ᵐ,34 27ᵐ,34 | | | |
| Ensemble ........................ 68ᵐ,14 | | | |
| à 0ᵐ,33 de légers........................... 22ᵐ,49 | » | » | Nᵒˢ 858 et 863 |
| Arêtes arrondies en plâtre. | | | |
| 2 fois 1ᵐ,70 × 0ᵐ,06 courant de léger....... 0ᵐ,20 | » | » | Nᵒ 933 |
| Les gorges verticales au calibre. | | | |
| 4 fois 2ᵐ,40 de hauteur............ 9ᵐ,60 | | | |
| 4 amortissements chaque 0ᵐ,05 .... 0ᵐ,20 | | | |
| Ensemble............... 9ᵐ,80 | | | |
| × 0,15 courant de légers ouvrages........... 1ᵐ,47 | | | |
| Excédent d'enduit en plâtre sur meulière | | | |
| entre les entrevous. | | | |
| 2 fois 8ᵐ,50 × 0,05 × 2/3......... 0ᵐ,56 | | | |
| à 0ᵐ,33 de légers........................... 0ᵐ,18 | » | » | Nᵒˢ 858 et 863 |
| Sur entrevous enduit en plâtre au sas. | | | |
| Surface précédente................. 62ᵐ,45 | | | |
| aux 60/00 de légers....................... 37ᵐ,47 | » | » | Nᵒ 876 |
| Ensemble légers ouvrages........... 61ᵐ,81 | | | |
| Plus-value de travaux exécutés à la lumière | | | |
| en 1ʳᵉ cave. | | | |
| 1/8 en plus................................ 7ᵐ,73 | | | |
| Ensemble légers.................... 69ᵐ,54 | 69ᵐ,54 | » | Nᵒ 325 Série Égouts |
| Coupement de rives d'enduits en plâtre. | | | |
| Linéaire................... 29ᵐ,20 | | | |
| à 0ᶠ,21 le mètre compris plus-value de travaux à la | | | |
| lumière..................................... | | 6ᶠ,13 | |
| La Série 1913 a complété heureusement la plus-value de travaux de légers ouvrages exécutés en caves en accordant 1/8 pour ces travaux et 1/4 pour ceux exécutés sous galerie ou : | | | |
| $100 \times \frac{1}{8} = 12{,}50$ ou 12,50 0/0.................... | » | » | Nᵒ 325 |
| $100 \times \frac{1}{4} = 25$ 0/0......................... | » | » | Nᵒ 324 |
| Avant construction du hourdis de plancher, le chargement en brouette des gravois, transport à 1 relais, jet de pelle sur banquette et jet de pelle sur berge, remblai attenant au mur et pilonnage au fur et à mesure de la construction. | | | |
| Longueur 7ᵐ,05 × 3ᵐ,05 de hauteur........ 21ᵐ,50 | | | |
| × 0,18 réduit............................. 3ᵐ,870 | | | |
| à 3ᶠ,12 le mètre cube.................... | » | 12ᶠ,07 | |
| *Sous-détail du prix.* | | | |
| Jet de pelle pour chargement en brouette de gravois, le mètre cube.................... 0ᶠ,50 | » | » | Nᵒ 29 Terrasse |
| Transport à la brouette à 1 relais, le mètre cube. 0ᶠ,60 | » | » | Nᵒ 36 id. |
| Jet de pelle sur banquette de gravois, le mètre cube.................... 0ᶠ,65 | » | » | Nᵒ 27 id. |
| Jet de pelle sur berge de gravois, le mètre cube. 0ᶠ,60 | » | » | Nᵒ 26 |
| Remblai de gravois avec reprise de gravois. 0ᶠ,55 | » | » | Nᵒ 48 |
| Pilonnage, le mètre cube.................... 0ᶠ,22 | » | » | Nᵒ 45 |
| Ensemble ..................... 3ᶠ,12 | » | » | |
| *A reporter*........................... | | 95ᵐ,94 | 7226ᶠ,93 |

*Reports*...................................... 95ᵐ,94   7226ᶠ,93

à 5ᶠ,20 le mètre....................................   498ᶠ,89   Nº 803. Maçonnerie

Nous compterions de la même manière la plus-value de transport de briques, légers ouvrages, ciments, etc.   »

Le dallage au-dessus de la salle des chaudières en ciment bouchardé, composé d'un béton maigre de 0ᵐ,096 (200 kilogrammes de ciment pour 1ᵐ,000 de gravillon et d'un enduit plastique de 0ᵐ,024 en mortier de ciment dit Portland (1.200 kilogrammes par mètre cube de sable de rivière tamisé).

Longueur 9ᵐ,10 × 7ᵐ,05................. 64ᵐ,16

à 10ᶠ,65 le mètre....................................   683ᶠ,30   Nº 55 Série. Ciments

Joints pour imitation de pavés.

Surface précédente.......... ........... 64ᵐ,16

à 0ᵐ,80 le mètre....................................   51ᶠ,33   Nº 92

Coupement de rive en ciment.

Longueur.............................. 7ᵐ,05

à 0ᶠ,45 le mètre....................................   3ᶠ,17   Nº 172

En raccordement avec le dallage en ciment, le pavage en pavés méplats de 0ᵐ,19 au panneau avec hourdis en mortier de ciment Portland.

Surface de dépavage............................. 66ᵐ,98

Déduire surface de dallage en ciment............ = 64ᵐ,16

Reste.................................. 2ᵐ,82

à 4ᶠ,21 le mètre....................................   11ᶠ,87

*Sous-détail du prix.* — Pavage en pavés remaniés de l'Yvette de 0ᵐ,19 au panneau, posés avec sable de rivière dans les joints.

Le mètre superficiel.............................. 2ᶠ,39   Nº 69. Pavage (col. 2)

Plus-value pour hourdis et joints en mortier, composé de 3 parties de sable de rivière et d'une partie de ciment de Portland.

Le mètre superficiel.............................. 1ᶠ,82   Nº 69. Pavage (col. 6)

Le mètre superficiel....................... 4ᶠ,21

Plus-value de petite surface de pavé remanié.

Surface ................................. 20ᵐ,00

Déduire ....,............................. 2ᵐ,82

Différence en moins...................... 17ᵐ,18

à 0ᶠ,20 le mètre .................................   3ᶠ,44   Nº 75

Plus-value pour pavés méplats, les pavés posés en losange.

Surface................................. 2ᵐ,82

à 0ᶠ,53 le mètre....................................   1ᶠ,49   Nº 77

Plus-value pour coupe biaise en pavé remanié suivant pan coupé.

Linéaire = 1ᵐ,50 à 0ᶠ,70 le mètre.....................   1ᶠ,05   Nº 78

Forme en sable de rivière de 0ᵐ,10 d'épaisseur, réduit à 0,08 par tassement.

Surface................................. 2ᵐ,82

à 1ᶠ,01 le mètre....................................   2ᶠ,85

Jointoiement à la Française, sur pavés méplats, les joints coulés en mortier fin de ciment de Portland de Boulogne sur 0ᵐ,03 de profondeur; puis remplis en ciment pur, *idem* sur 0ᵐ,02 de profondeur et tirés au fer.

Surface................................. 2ᵐ,82

à 3ᶠ,32 le mètre superficiel ....................... 9ᶠ,36   Nº 82. Pavage

Sur le reste de la surface, dégarnissage de joints de pavage en mortier de chaux.

Longueur 9ᵐ,50 × 1ᵐ,00 réduit................. 9ᵐ,50

à 0ᶠ,60 le mètre superficiel........................   5ᶠ,70   Nº 84.   »

*A reporter* ............................... 8499ᶠ,38

|  |  |  |  |
|---|---|---|---|
| *Report*.......................................... | | 8499ᶠ,38 | |

Dans le reste de la surface, la pose de 20 pavés.

Chaque 0ᵐ,07 de surface........................ 1ᵐ,40      Obs. 113. *idem.*

à 9ᶠ,07 le mètre (suivant sous-détail précédent)............. 12ᶠ,70

Dans le sous-sol, percement en reprise d'une porte dans le mur de refend en meulière et ciment.

Pour la pose de linteaux en fer, entaille entre 3 côtés dans la meulière, à la masse et au poinçon de 0ᵐ,20 de hauteur × 0ᵐ,10 de largeur.

2 fois 1ᵐ,50 × 0ᵐ,30 courant....... 0ᵐ,90

Aux 150 0/00............................. 1.35

à 1/2 légers ouvrages............................. 0ᵐ,68  »

*Sous-détail de cette évaluation.*

Si nous nous reportons à la série 1913, n° 676, nous voyons que les démolitions ont été classées suivant la dureté des matériaux et les démolitions au mètre cube ont été évaluées le même prix pour la meulière, la brique et le béton.      N° 676. col. 3

Nous avons dit précédemment que ce travail en brique était estimé de la manière suivante :

Entaille brute de 0ᵐ,20 × 0ᵐ10

Le mètre linéaire. 0ᵐ,20+0ᵐ,10+0ᵐ,10=0ᵐ,40

Aux 3/4............................. 0ᵐ,30      Obs. 1522-1588-1589

et pour 3ᵐ,00 produisent............................. 0ᵐ,90

La différence est donc d'environ 1/3 en plus $\dfrac{0^m,68}{3}$ .. 0ᵐ,22

2 percements de trous de boulons dans la meulière.

Chaque : 0.40 légers = 0ᵐ,80 aux 150/00 = 1ᵐ,20 à 1/2. 0ᵐ,60  »

La pose du filet en fer à $\bot$ ordinaire sera comptée avec la fourniture............................. » 

Le calage au-dessus du fer en petite meulière et mortier de ciment I

2 fois 1ᵐ,50 × 0,15 courant de légers ouvrages... 0ᵐ,45  »

Calage *idem* des extrémités.

4 fois 0,10 courant de légers..................... 0ᵐ,40  »

Fourni un linteau à deux lames I de 0,12 de 1ᵐ,50 assemblé avec boulons.

Pesant ensemble........................ 28ᵏ,700

à 0ᶠ,44 le kilogramme............................. »    12ᶠ,63    N° 101. Serrurerie

Plus-value de pose en sous-œuvre en difficulté.

Même poids........................ 28ᵏ,700

à 0ᶠ,09 le kilogramme............................. »    2ᶠ,58    N° 104.  »

Pose de 2 boulons réunissant les lames du filet avec vissage et serrage,

à 0ᶠ,40 l'un............................. »    0ᶠ,80

Démolition pour percement du mur en meulière avec hourdis en ciment.

Longueur, 1,44 × 2,33 hauteur...... 3ᵐ,36

× 0,60 épaisseur..................... 2ᵐ,016

à 7ᶠ,00 le mètre cube............................. »    14ᶠ,11

*Sous-détail du prix.* — Démolition pour percement du mur en meulière sans montage ni sortie des gravois.

Le mètre cube............................. 5ᶠ,00    N° 678. Maçonnerie

Plus-value sur les prix de démolition pour mur en meulière avec hourdis en ciment, le mètre cube............................. 2ᶠ,00

Le mètre cube............................. 7ᶠ,00    N° 685.  »

*A reporter*............................. 2ᵐ,13    8542ᶠ,20

*Reports*...............................................    2ᵐ,13   8542ᶠ,20

La construction des jambages en meulière non fournie et mortier de ciment I.

2 fois 2ᵐ,33 hauteur........    4ᵐ,66

× 0,20............................    0ᵐ,93

× 0,60 épaisseur...............................    0ᵐ,558

à 28ᶠ,10 le mètre cube............................    »    15ᶠ,68    Nᵒ 1120. col. 4

Plus-value de construction en reprise par arrachement.

Cube.............................    0ᵐ,558

à 2ᶠ,35 le mètre............................    »    1ᶠ,31    Nᵒ 1489

Décrottage de meulière.

Cube.............................    0ᵐ,558

à 5ᶠ,60 le mètre cube............................    »    3ᶠ,12    Nᵒ 672

Plus-value de décrottage de meulière hourdée en
mortier de ciment.

30 0/0. Observation nᵒ 674............................    »    0ᶠ,94

Démolition de meulière à la masse et au poinçon entre
les 2 lames du filet

1ᵐ,03 × 0ᵐ,50............................    0ᵐ,515

× 0ᵐ,12 épaisseur............................    0ᵐ,061

à 12ᶠ,00 le mètre cube............................    »    0ᶠ,73

*Sous-détail du prix.* — Démolition de mur en meulière pour percement, sans descente, ni montage, ni
sortie des graviers, le mètre cube............    4ᶠ,00    Nᵒ 676

Plus-value sur les prix de démolition de mur
en meulière hourdée en ciment, le mètre cube.    2ᶠ,00    Nᵒ 685

Le mètre cube............................    6ᶠ,00

Plus-value de démolition faite entièrement au
poinçon............................    6ᶠ,00    Observation 687

Le mètre cube............................    12ᶠ,00

Le hourdis du filet en brique neuve de Bourgogne
ordinaire brune (moule 0ᵐ,054 × 0ᵐ,105 × 0ᵐ,21) et
mortier de ciment I.

1,03 × 0,53............    0,55

× 0,12 hauteur............................    0ᵐ,066

à 92ᶠ,05 le mètre cube............................    »    6ᶠ,08

*Sous-détail du prix.* — Nᵒ 420, col. 3, le mètre
cube............................    85ᶠ,75

Nᵒ 475, col. 9, le mètre cube............    6ᶠ,30

Le mètre cube............................    92ᶠ,05

Cintrage du linteau.

1,03 × 0,15 légers............................    0ᵐ,15    »    Observation 496

Pour la pose du bâti entailles brutes dans la meulière
de 0ᵐ,07 × 0ᵐ,08.

Montants.

2 fois 2ᵐ,33............    4ᵐ,66

× 0,15 développé............    0ᵐ,70

aux 150/00............................    1ᵐ,05

à 1/2............................    0ᵐ,53    »

Feuillure en plâtre.

2 fois 2ᵐ,33............................    4ᵐ,66

Traverse............................    1ᵐ,13

Ensemble............................    5ᵐ,79

× 0,10 courant de légers ouvrages............................    0ᵐ,58    »    Nᵒ 948

*A reporter*............................    3ᵐ,39   8570ᶠ,06

*Reports* ...........................................  3$^m$,39   8570$^f$,06

L'évaluation de 0$^m$,10 courant pour feuillure en plâtre est à réduire de 2/5 dans le cas où il n'y aurait qu'un garnissage en plâtre et calfeutrement entre le bâti et le mur.

Soit par mètre linéaire 0$^m$,10 $\times \frac{3}{5} =$ 0$^m$,06.                 »                Observation

Pour le bâti, 7 trous de pattes de 0$^m$,10 de profondeur dans la meulière et scellement en ciment de Portland.
Chaque 0$^m$,20 de légers ouvrages ...................  1$^m$,40   »

*Sous-détail.* — Trou compris scellement en plâtre sans raccord : jusqu'à 0$^m$,32 de côté et par centimètre de profondeur.
En meulière ..................... 0$^m$,015 de légers.                                     N° 995. Maçonnerie
et pour 0$^m$,10 de profondeur produisent .1.....  0$^m$,15
Dans cette évaluation le scellement en plâtre est compté pour ..................... 0$^m$,05
Pour un scellement en ciment $\mathbf{I}$ nous ajou-                                    Observation 264
terons.....'.........................  0$^m$,05                                      Série Ciments

Ensemble......................... **0$^m$,20**

Dans le cas de scellement en ciment romain, l'évaluation serait faite de la manière suivante :
Trou compris scellement en plâtre sans raccord : jusqu'à 0$^m$,32 de côté et par centimètre de profondeur.
En meulière ..................... 0$^m$,015 de légers.
et pour 0$^m$,10 produisent ..................  0$^m$,15
Plus-value pour scellement en ciment romain, 1/2 en plus du scellement en plâtre ou $\frac{0^m,05}{2}$ .. 0$^m$,025

Trou de 0$^m$,10 de profondeur en meulière scellé en ciment romain.....................  **0$^m$,175**

2 trous et scellement de pieds avec patins en plâtre.
Chaque 0$^m$,10 de légers ouvrages ...................  0$^m$,20   »
Enduit en plâtre au sas compris crépi et gobetage sur meulière neuve.
Tableaux de porte.
2 fois 1$^m$,70 $\times$ 0$^m$,535 .....................  1$^m$,82
à 0$^m$,33 de légers.......................  0$^m$,60   »                   N°$^s$ 858-863
Voussure de porte sur brique.
1$^m$,00 $\times$ 0$^m$,535 .....................  0$^m$,535
à 0$^m$,50 de légers ouvrages....................  0$^m$,27   »                   N° 860
Renformis de 0$^m$,02 en voussure.
Surface.....................  0$^m$,535
à 0$^m$,14 de légers.......................  0$^m$,07   »                   N° 872
Arête arrondie en plâtre.
Longueur 1$^m$,00 à 0$^m$,06 courant de légers.......  0$^m$,06   »                   N° 933
Au-dessus de la porte, renformis de 0$^m$,02 sur le linteau.
1$^m$,50 $\times$ 0$^m$,12 .....................  0$^m$,18
à 0$^m$,14 de légers.......................  0$^m$,03   »                   N° 872
*Côté de la cave*, les raccords de rocaillage en joints sur meulière neuve avec dégradation des joints et mortier de ciment $\mathbf{I}$.
2 fois 2$^m$,33 $\times$ 0$^m$,25..................  1$^m$,165
à 3$^f$,05 le mètre.......................  »   3$^f$,55                   N° 1519. Maçonnerie

*A reporter*.......................  6$^m$,02   8573$^f$,61

| | | |
|---|---|---|
| *Reports* ............................................. 6ᵐ,02  8573ᶠ,64 | | |
| Sur le filet et dessus de porte enduit en plâtre au sas. | | |
|    Longueur 1ᵐ,50 × 0ᵐ,22 ............... 0ᵐ,33 | | |
| à 0ᵐ,33 ............................................... 0ᵐ,10 » | N° 856 |
|    Renformis de 0ᵐ,02. | | |
|    Surface ................................. 0ᵐ,33 | | |
| à 0ᵐ,14 ............................................... 0ᵐ,05 » | N° 872 |
|    Plus-value d'enduit sur meulière. | | |
|    1ᵐ,50 × 0ᵐ,10 ......................... 0ᵐ,15 | | |
| à 0ᵐ,08 légers ........................................ 0ᵐ,01 » | N° 863. Maçonnerie |
|    Coupement de rives d'enduit en plâtre. | | |
|       Longueur ................... 1ᵐ,50 | | |
|       2 fois 0ᵐ,22 ............... 0ᵐ,44 | | |
|       Ensemble ................... 1ᵐ,94 | | |
| à 0ᶠ,20 le mètre ................................... » 0ᶠ,39 | N° 71. Ciments |

*Plus-value de travaux exécutés en 1ʳᵉ cave à la lumière :*

En nous reportant à la série des égouts, nous avons :

| | | |
|---|---|---|
| Démolition de meulière en 1ʳᵉ cave. | | |
| Plus-value 12ᶠ,50 0/0 sur 14ᶠ,11 .................... » 1ᶠ,76 | Obs. N° 183. Égouts |
| Plus-value de construction de mur en meulière en cave, y compris éclairage. | | |
|    Cube ................................ 2ᵐ,016 | | |
| à 2ᶠ,50 le mètre cube ............................... » 5ᶠ,04 | N° 343. Égouts |
| Démolition de meulière à la masse et au poinçon en 1ʳᵉ cave. | | |
|    12ᶠ,50 0/0 sur 0ᶠ,73 ............................... » 0ᶠ,09 | Obs. N° 183. Égouts |
| Construction de mur en brique en 1ʳᵉ cave. | | |
| Cube, 0ᵐ,066 à 2ᶠ,75 le mètre cube en plus-value.... » 0ᶠ,18 | |
| Plus-value de rocaillage en 1ʳᵉ cave. | | |
|    Surface ............................. 1ᵐ,165 | | |
| à 0ᶠ,305 le mètre ................................. » 0ᶠ,35 | Obs. N° 425. Égouts |
| Plus-value de travaux de légers ouvrages exécutés en 1ʳᵉ cave, y compris éclairage, 12,50 des articles en légers ouvrages. | | |
|    6ᵐ,18 × 12,50 0/0 ......................... 0ᵐ,77 » | Obs. N° 325. Égouts |
|       Ensemble légers ouvrages en plâtre .......... 6ᵐ,95 | | |
| à 5ᶠ,20 le mètre ................................... 36ᶠ,14 | |

Pour terminer, nous compterons le nettoyage en travaux d'entretien des caves, cour, passage, etc., suivant temps passé, reconnu par attachement.

| | | |
|---|---|---|
| 25 heures de garçon maçon à 0ᶠ,93 l'une ................... 23ᶠ,25 | | |
| Le chargement en tombereau et enlèvement des gravois et décombres aux décharges publiques (gravois provenant de hachements, entailles, percements, démolitions, trous et divers), suivant bons : | | |
| 5 voies à 1 cheval cubant chaque ............ 1ᵐ,300 | | |
| à 8ᶠ,34 l'une (suivant sous-détail précédent) ................ 41ᶠ,70 | N° 759. Obs. 762 |
| 2 voies à 2 chevaux, cubant chaque ........... 2ᵐ,500 | | |
| à 16ᶠ,10 l'une (suivant sous-détail précédent) ................ 32ᶠ,20 | |
| 1 camionnée de gravois ............................. 3ᶠ,50 | N° 765 |
| Chargement des gravois, montage et sortie, cube ........................... 12ᵐ,000 | | |
| à 3ᶠ,00 le mètre cube ............................. 36ᶠ,00 | N° 704. Argent |
|       Ensemble ............................. 8764ᶠ,21  8764ᶠ,21 | | |

## ORDRE DE SERVICE nº 4

Démolition d'un mur séparatif entre deux propriétés. Les matériaux en mauvais état provenant des démolitions ainsi que les terres et gravois seront enlevés aux décharges publiques.

Côté voisin faire les étaiements et scellements de couches.

La basse fondation sur une hauteur de 0ᵐ,50 sera en béton de cailloux et mortier de ciment I. Le mur au-dessus dans la hauteur de soutènement sera en meulière neuve et mortier 1/2 chaux **c**, 1/2 ciment I. Le contre-mur sera en moellon non fourni et mortier 1/2 chaux **c**, 1/2 ciment I. Au-dessus, dans la hauteur de clôture côté de notre propriété le mur sera en meulière neuve et mortier 1/2 chaux **c**, 1/2 ciment I. La partie haute sera en moellon neuf smillé et mortier bâtard 2/3 chaux **c**, 1/3 ciment I. Les parements de mur dans la hauteur de clôture seront rocaillés de joints en petite meulière et mortier de ciment. Au-dessus le parement de moellon sera jointoyé en chaux **c**. Côté voisin faire tous les raccords d'enduits; raccords de hourdis, sols, etc.

1º Établir le compte de la dépense de la démolition et reconstruction du mur séparatif, y compris les raccords et ravalements à toute hauteur.

2º Établir le compte de mitoyenneté. Tout le service sera fait par notre propriété.

*Paris, le*

L'architecte soussigné

### Mode du travail.

Avant de procéder à la démolition du mur séparatif, nous ferons des sondages pour nous rendre compte de l'état des solives de la propriété voisine et de leurs portées; nous sonderons aussi les filets, poutres et points d'appui de cette construction. Ces travaux préparatoires seront comptés en régie suivant attachements écrits ainsi que la marchandise employée à ces travaux. Pour les étaiements nous ferons les décarrelages, démolitions de formes, afin de faire reposer les couches sur les solives du plancher.

Les plafonds seront hachés jusqu'aux solives et les couches appliquées sur les portes.

Côté voisin en attente de la construction nous ferons une clôture provisoire.

Lorsque les étaiements seront terminés, nous ferons la démolition du mur séparatif.

### Métré.

A l'emplacement de crevasses en plafond, sondage du plancher, dégarnissage des extrémités de solives pour reconnaître leur état et leurs portées et bouchements en plâtre.

| | | |
|---|---|---|
| Temps passé au 1ᵉʳ et au 2ᵉ étages, 4 heures de maçon et aide à 2ᶠ,18 l'une.................................................... | 8ᶠ,72 | Nᵒˢ 346 et 349 |
| Hachement des filets, poutres, points d'appui. | | |
| Temps passé, 3 heures de maçon et aide à 2ᶠ,18 l'une........ | 6ᶠ,54 | *idem.* |
| Rebouchement de trous après sondage. | | |
| 2 heures de maçon et aide à 2ᶠ,18 l'une.................... | 4ᶠ,36 | *idem.* |
| Plâtre employé, | | |
| 3 sacs à 0ᶠ61 l'un........................................ | 1ᶠ,83 | Nº 1485 |

Étaiement du plancher haut du rez-de-chaussée en bois de sapin neuf loué, compris pose et dépose (avec montage).

Couches basses.
  2 fois 4ᵐ,80 × 0ᵐ,10 × 0ᵐ,23.............. 0ᵐ,221
Couches hautes.
  2 fois 4ᵐ,85 × 0ᵐ,08 × 0ᵐ,23.............. 0ᵐ,179
Étais, 4 fois 2ᵐ,70 × 0ᵐ,12 × 0ᵐ,15.......... 0ᵐ,194
    Ensemble ........................... 0ˢᵗ,594

| | | |
|---|---|---|
| à 52ᶠ,50 le stère................................................ | 31ᶠ,19 | Nº 276. Charpente |
| *A reporter* .................................................... | 52ᶠ,64 | |

  *Report*.............................................................. 52ᶠ,64

  Par suite d'inaccessibilité des voitures dans la cour.

  Coltinage de bois de charpente jusqu'à 100ᵐ,00 de distance, compris chargement et déchargement (les bois mis en dépôt et repris), 0ᵐ,594 à 2ᶠ,75 le stère......................... 1ᶠ,63 Nᵒ 505. Charpente

  Coltinage à l'intérieur, 0,594 à 2ᶠ,50............................ 1ᶠ,49 Nᵒ 347. »

  Étaiement de poutre.

  Couche basse.

    1ᵐ,50 × 0ᵐ,10 × 0ᵐ,23.................... 0ᵐ,035

  Étai, 2ᵐ,80 × 0ᵐ,15 × 0ᵐ,18.................... 0ᵐ,068

  Pour le filet à la suite, travail semblable au précédent.................................... 0ᵐ,103

    Ensemble.......................... 0ˢᵗ,206

  à 57ᶠ,75 le stère (compris coltinage)..................... 11ᶠ,90

  suivant sous-détail précédent

  Scellement en plâtre des couches avec solins en plâtre en tous sens.

    2 fois 4ᵐ,80.................... 9ᵐ,60

    2 fois 4ᵐ,85.................... 9 ,70

               1 ,50

    1 autre couche semblable............ 1 ,50

    Ensemble........................ 22ᵐ,30

  × 0ᵐ,20 courant de légers ouvrages................ 4ᵐ,46

  Étaiement du plancher haut du 1ᵉʳ étage en bois de sapin neuf loué, *idem*.

  Couches basses.

    2 fois 4ᵐ,90.................... 9ᵐ,80

  × 0ᵐ,10 × 0ᵐ,43.................... 0ᵐ,225

  Couches hautes.

    2 fois 4ᵐ,86.................... 9ᵐ,72

  × 0ᵐ,08 × 0ᵐ,23.................... 0 ,179

  Étais.

    4 fois 2ᵐ,65 × 0ᵐ,12 × 0ᵐ,15......... 0 ,191

    Ensemble.......................... 0ˢᵗ,595

  à 57ᶠ,75 le stère, compris montage et coltinage à l'intérieur de la propriété (suivant sous-détail précédent)... » 34ᶠ,36

  Étaiement de la poutre.

  Couche basse 1ᵐ,80 × 0ᵐ,10 × 0ᵐ,23...... 0ᵐ,041

  Étai 2ᵐ,75 × 0ᵐ,15 × 0ᵐ,18............. 0 ,074

  Pour le filet semblable au précédent produit. 0 ,115

    Ensemble.......................... 0ˢᵗ,230

  à 57ᶠ,75 le stère, compris montage et coltinage à l'intérieur de la propriété (suivant sous-détail précédent)... » 13ᶠ,28

  Scellements en plâtre des couches avec solins en plâtre en tous sens.

    2 fois 4ᵐ,90.................... 9ᵐ,80

    2 fois 4ᵐ,86.................... 9 ,72

    2 fois 1ᵐ,80.................... 3 ,60

    Ensemble........................ 23ᵐ,12

  à 0ᵐ,20 courant de légers.................... 4ᵐ,62

  Décarrelage préalable avec transport et rangement.

  Plancher bas du rez-de-chaussée.

    10ᵐ,00 × 1ᵐ,50.................... 15ᵐ,00

  à 0ᶠ,10 le mètre superficiel...................... » 1ᶠ,50 Nᵒ 83. Carrelage

  Transport hors de la pièce.

  Surface .................... 15ᵐ,00

  à 0ᶠ,06 le mètre superficiel.................... » 0ᶠ,90 Nᵒ 84. »

    *A reporter*............................... 9ᵐ,08 117ᶠ,70

Reports........................................... 9ᵐ,08  117ᶠ,70

Plus-value de décarrelage scellé en ciment.
Surface ................................ 15ᵐ,00      »
à 0ᶠ,18 le mètre.......................................      »      2ᶠ,70      Nᵒ 86. Carrelage

Démolition de forme en mauvais état.
Surface précédente................ 15ᵐ,00
× 0ᵐ,10 d'épaisseur ...................... 1ᵐ,500      »
à 2ᶠ,05 le mètre cube.............................      »      3ᶠ,08      Nᵒ 46.      »

A la demande des charpentiers, temps passé conjointement suivant attachement écrit.
5 heures de maçon et aide, à 2ᶠ,18 l'une ............      »      10ᶠ,90      Nᵒˢ 346 et 349.

Après dépose du parquet du 1ᵉʳ étage par le menuisier, descellements de lambourdes.
    10ᵐ,00 × 1ᵐ,50 ............... 15ᵐ,00
× 0ᵐ,06...... 0ᵐ,900
à 3ᶠ,80 le mètre cube .............................      »      3ᶠ,42

Nᵒ 694
Nᵒ 690

Après démolition, nettoyage en travaux d'entretien
2 heures de maçon et aide, à 2ᶠ,18 l'une...............      »      4ᶠ,36      Nᵒˢ 346 et 349

La barrière provisoire côté voisin a été faite par le menuisier, nous ne compterons que les trous et scellements.

Pour la barrière dans la hauteur du rez-de-chaussée.
6 trous d'abouts de traverses dans le moellon et scellement en plâtre de 0ᵐ,12 de profondeur.
Chaque 0ᵐ,12 de légers.................... 0ᵐ,72      »

5 trous et scellements en plafond.
Chaque 0ᵐ,06 de légers ouvrages ..... ............ 0ᵐ,30      »

5 de pieds avec pâtins en plâtre.
Chaque 0ᵐ,10 de légers ouvrages.................... 0ᵐ,50      »

Pour le plancher haut du 1ᵉʳ étage.
5 trous en plafond et scellement en plâtre.
Chaque 0ᵐ,06 de légers ouvrages .................... 0ᵐ,30      »
5 de pieds de 0ᵐ,05 de légers ouvrages ............. 0ᵐ,25      »

6 d'abouts de traverses dans le moellon et scellements en plâtre de 0ᵐ,12 de profondeur.
Chaque 0ᵐ,12 légers..................... 0ᵐ,72      »

Après travaux terminés :
12 descellements d'abouts de traverses et bouchements en plâtre de 0ᵐ,12 de profondeur, chaque 0ᵐ,06 de légers ouvrages...................... 0ᵐ,72      »
10 descellements de têtes et bouchements en plâtre, chaque 0ᵐ,03 de légers ouvrages.................... 0ᵐ,30      »
10 descellements de pieds et bouchements en plâtre, chaque 0ᵐ,025 de légers ouvrages................... 0ᵐ,25      »

10 raccords en plafond en plâtre au sas.
Chaque 0ᵐ,05 de légers ouvrages ................... 0ᵐ,50      »

12 raccords en plâtre sur murs.
Chaque 0ᵐ,03 de légers ouvrages.................... 0ᵐ,36      »

A la demande du menuisier, temps passé conjointement suivant attachement, 3 heures de maçon et aide,
à 2ᶠ,18 l'un........................................      »      6ᶠ,54

Après pose de la barrière, nettoyage du côté voisin en travaux d'enduits, 1 heure à chaque étage, suivant attachement, soit 2 heures de maçon et aide à 2ᶠ,18 l'une..      »      4ᶠ,36

Location de bâches de garantie en attente de la reconstruction pendant 25 jours.
    4 fois 6ᵐ,00 × 5ᵐ,00................ 120ᵐ,00
à 0ᶠ,27 le mètre...................................      »      32ᶠ,40

    A reporter .................................  14ᵐ,00  185ᶠ,46

*Reports* ...................................... 14$^m$,00    185$^f$,46

*Sous-détail du prix.*

$$\frac{0^f,32 \times 25}{30} = 0^f,266 \text{ ou } 0^f,27.$$

Montage, pose, dépose, descente et double transport.

Surface ............................ 120$^m$,00

à 0$^f$,17 le mètre ............................    »    20$^f$,40

Pendant l'exécution des travaux, dépose et repose suivant les besoins.

2 fois 6$^m$,00 $\times$ 5$^m$,00 ................ 60$^m$,00

4 autres fois semblables ............ 240 ,00

Ensemble ........................ 300$^m$,00

à 0$^f$,02 le mètre ................................    »    6$^f$,00

*A reporter* ........................... 14$^m$,00    211$^f$,86

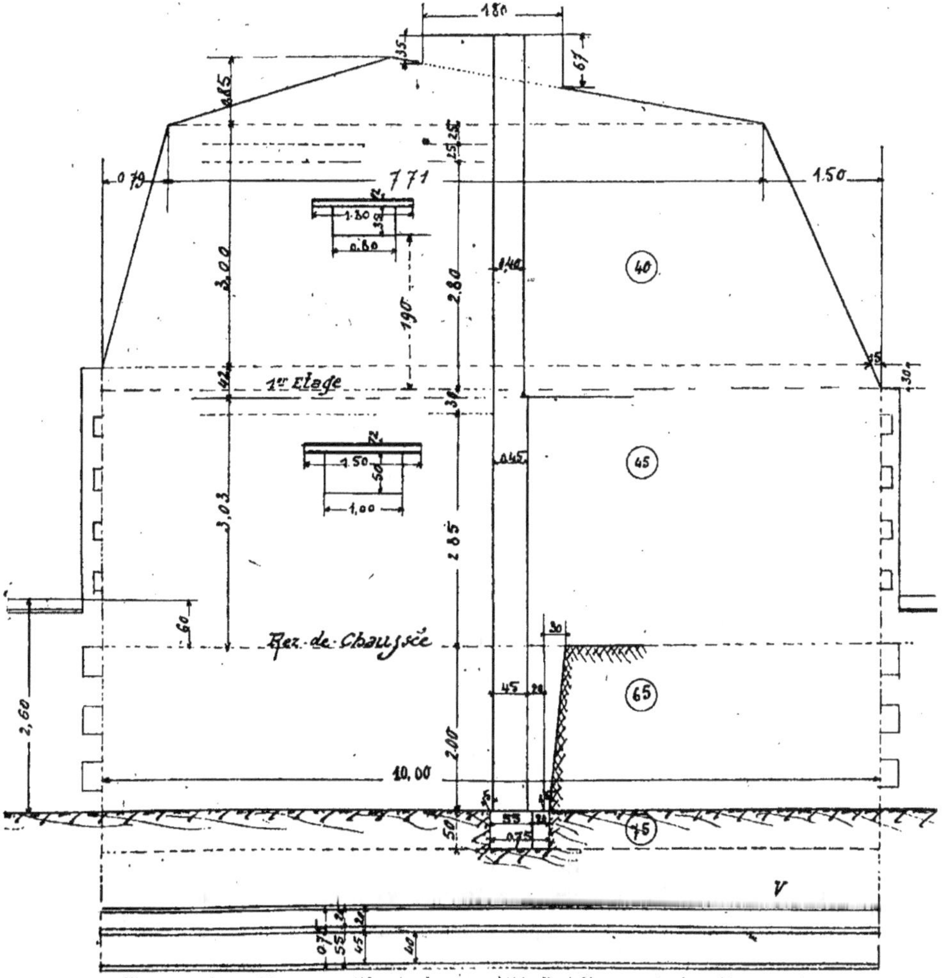

Fig. 13 et 14. — Mur séparatif entre les propriétés P et V; compte de mitoyenneté.

*Reports* .................................... $14^m,00$  $211^f,86$

Détail de l'attachement (*fig.* 13 et 14).

Avant démolition de mur côté de notre propriété.

1 batterie d'étais en bois loués placée en A, maintenant la partie haute du mur, composée de 3 contrefiches, reliées par des moises et avec couche basse, semelles et couches hautes, le tout en chêne.

1 semelle de $2^m,60 \times 0^m,40$ ........  $1^m,04$

$\times 0^m,15$ .................................  $0^m,156$

Couche basse.

Longueur $2^m,50 \times 0^m,35$ ..........  $0^m,875$

$\times 0^m,17$ ................................  $\underline{0\ ,149}$

    Ensemble ........................  $0^{st},305$

à $51^f,00$ le stère (n° 146, col. 1, charpente) ..........  »  $15^f,56$

Couches hautes.

Longueur ........  $0^m,56$

1 autre ..........  $0\ ,52$

1 autre ..........  $\underline{0\ ,53}$

    Ensemble ..  $1^m,61 \times 0^m,17 = 0^m,27 \times 0^m,24$

$= 0^{st},065$ à $59^f,00$ le stère (n° 146, col. 2, charpente) .  »  $3^f,84$

1re contrefiche.

  $7^m,55 \times 0^m,25$ ................  $1^m,89$

$\times 0^m,25$ ................................  $0^m,473$

2° contrefiche.

  $6^m,05 \times 0^m,20$ ................  $1^m,21$

$\times 0^m,20$ ................................  $0\ ,242$

3° contrefiche.

  $5^m,00 \times 0^m,18$ ................  $0^m,90$

$\times 0^m,20$ ................................  $0\ ,180$

Moises.

2 fois $1^m,80$ .......  $3\ ,60$

2 fois $1^m,75$ .......  $\underline{3\ ,50}$

    Ensemble ..  $\overline{7^m,10} \times 0^m,08 = 0^m,57$

$\times 0^m,23$ ................................  $\underline{0\ ,131}$

    Ensemble ........................  $1^{st},026$

à $58^f,00$ le stère (n° 150, col. 1) ................  »  $59^f,51$

*Observation* 38. — Il ne sera jamais payé de montage pour étais, contrefiches et poteaux reposant sur le sol du rez-de-chaussée.

L'observation précédente n'est pas applicable aux poteaux d'échafaudage ..............................  »     Obs. 39. Charpente

1 autre batterie semblable, produit en argent .......  »  $78^f,91$

Coltinage à l'intérieur de la propriété.

  Stère ............................  1.026

à $2^f,50$ le stère ........................  »  $2^f,57$     N° 347. Charpente

NOTA. — Cette plus-value comprend le coltinage à l'entrée et celui de la sortie. Elle ne sera jamais payée sur les bois fournis. ..............  »  »     Obs. 348. Charpente

*Étaiements en location.* — Les prix comprennent la valeur des cales et détentes, ainsi que la fourniture des clous et rappointis. ..............  »  »     Obs. 54. Charpente

Néanmoins dans les chevalements, lorsqu'il y a besoin de mettre des coins, cales et semelles en fer, ils sont payés au prix des chevalements. ..............  »  »     Obs. 504. Charpente

Pendant les travaux de terrassements il a été fait des

    *A reporter* ................................  $14^m,00$  $372^f,25$

Charpente

*Reports* ...................................... 14$^m$,00    372$^f$,25

étaiements; il suffit de nous reporter à l'observation n° 67 de la série Terrasse.

*Étaiements.* — Pour la fourniture d'étaiements faits avec le matériel du terrassier, on appliquera les prix afférents à la série Égouts; ceux faits par le charpentier, seront réglés d'après les prix de la charpente.

»    »    Obs. 67. Terrasse

Nous avons décrit précédemment ces travaux, nous nous n'y reviendrons pas.

Pour terminer la question des étaiements, rappelons qu'il nous reste à compter les trous, entailles dans le mur et scellements en plâtre avec descellements, reprises et raccords, etc.; les échafaudages faits spécialement pour la construction des échafauds et leurs scellements.

Les trous dans le sol pour couches, ainsi que les massifs et scellements en plâtre des semelles. Les travaux d'étaiements nécessitent beaucoup de main-d'œuvre; aussi, en raison de la perte de temps en attente des autres corps d'état, il est produit des attachements écrits relatant ces suppléments de main-d'œuvre.

Reprenons notre métré.

Démolition de mur en moellon:

Partie haute, mur dossier de souche,

Longueur,

$$1^m,80 \times \frac{0^m,35 + 0^m,67}{2} = 0^m,92 \ (c).$$

En contrebas:

Partie triangulaire,

.Longueur,

$$7^m,71 \times \frac{0^m,85}{2} = \ldots\ldots 3^m,28 \ (b)$$

Au-dessous :

Longueur,

$$10^m,00 \times 3^m,00 = 30^m,00$$

Déduire :

0$^m$,79 à gauche.

1$^m$,50 à droite.

$$2^m,29 \times \frac{3^m,00}{2} = 3^m,435$$

Jour de souffrance,

0$^m$,80 $\times$ 0$^m$,35 h$^r$.  0$^m$,28

Ensemble. 3$^m$,715   3$^m$,715

Reste........... 26$^m$,285  26$^m$,285 (a)

En contrebas :

Longueur,

10$^m$,00 $\times$ 0$^m$,42 ..... $=$  4$^m$,20

Déduire :

$$\frac{0^m,30 \times 0^m,15}{2} = \ldots\ldots 0^m,02$$

Reste.... ...... 4$^m$,18   4$^m$,18

Ensemble............. 34$^m$,665

$\times$ 0$^m$,40 épaisseur....................... 13$^m$,866

Au-dessous :

*A reporter* ...................... 13$^m$,866  14$^m$,00  372$^f$,25

Reports............................ 13ᵐ,866   14ᵐ,00   372ᶠ,25

Longueur,
10ᵐ,00 × 3ᵐ,03 hauteur........ 30ᵐ,30
Moins jour de souffrance,
1ᵐ,00 × 0ᵐ,50 hauteur......... 0ᵐ,50
                                  ─────
      Reste ............... 29ᵐ,80
× 0ᵐ,45 épaisseur..................... 13ᵐ,410
Partie basse :
Longueur, 10ᵐ,00 × 2ᵐ,00 hauteur.  20ᵐ,00
× 0ᵐ,65 épaisseur..................... 13ᵐ,000
                                       ───────
      Ensemble ......................... 40ᵐ,276
à 3ᶠ,00 le mètre cube.....................   »   120ᶠ,82     Nº 676 col. 2.
Plus-value de démolition dans l'embarras des étais.
Cube moellon........................... 40ᵐ,276               Nº 681-680
à 1ᶠ,00 le mètre cube.....................   »    40ᶠ,28      Maçonnerie
La fouille en déblai avec jet sur berge, sol cour, chargement en brouette, transport à 1 relais et mis en dépôt.
Longueur, 9ᵐ,60 × 2ᵐ,00 hauteur.  19ᵐ,20
× $\dfrac{0^m,05 + 0^m,30}{2}$ = ..................... 3ᵐ,360
à 2ᶠ,45 le mètre cube.....................   »     8ᶠ,23      Terrasse
                                                             Nᵒˢ 18-26-29-36
Plus-value de fouille dans l'embarras des étais.
Cube................................ 3ᵐ.360
à $\dfrac{0^f,75}{4}$ le mètre cube.....................   »     0ᶠ,63      Nº 20. Terrasse

En raison des étaiements, la fouille était inaccessible,
ce qui a motivé la manipulation des terres ; lorsque la
fouille est accessible, il n'est alloué que le jet de pelle
pour chargement en tombereau.                                Obs. 59. Terrasse
En contrebas, fouille en rigoles d'anciennes maçon-
neries avec jet sur berge.
Longueur, 10ᵐ,00 × 0ᵐ,50 hauteur.  5ᵐ,00
× 0ᵐ,75 épaisseur ................ .... 3ᵐ,750
à 4ᶠ,20 le mètre cube............................   »   15ᶠ,75     Nº 19. Terrasse
Plus-value dans l'embarras des étais, 1/4.........   »    3ᶠ,94     Nº 20. Terrasse

### Reconstruction du mur.

La basse fondation en béton de cailloux et mortier
nº 2 de ciment I
Longueur, 10ᵐ,00 × 0ᵐ,50 hauteur.  5ᵐ,00
× 0ᵐ,75 épaisseur..................... 3ᵐ,750
à 42ᶠ,45 le mètre cube....................   »   159ᶠ,19     Nº 382 col. 9.
Au-dessus, en meulière neuve et mortier bâtard M.
Longueur, 10ᵐ,00 × 2ᵐ,00 hauteur.  20ᵐ,00
Excédents pour arrachements dans
le mur de clôture à droite et à gauche.
6 fois 0ᵐ,25 × 0ᵐ,35 hauteur... 0ᵐ,525
                                 ──────
      Ensemble ............... 20ᵐ,525
× 0ᵐ,45 épaisseur..................... 9ᵐ,236
à 40ᶠ,95 le mètre cube....................   »   378ᶠ,21     Nº 1124. col. 3
Plus-value de construction dans l'embarras des étais.
Cube béton........................... 3ᵐ,750
Cube meulière........................ 9ᵐ,236
                                       ───────
      Ensemble........................ 12ᵐ,986
à 1ᶠ,50 le mètre cube....................         19ᶠ,48     Nº 1487

A reporter.............................  14ᵐ,00   1118ᶠ,78

|  |  |  |
|---|---|---|

*Reports* .................................... $14^{m},00$  $1118^{f},78$

Pour les harpes dans l'ancien mur, refouillement à la pioche dans le moellon tendre.

  6 fois $0^{m},25 \times 0^{m},35$ .......... $0^{m},525$

$\times 0^{m},65$ d'épaisseur........................ $0^{m},341$

à $9^{f},90$ le mètre cube.............................  »  $3^{f},38$    N° 1513

Plus-value de construction en reprise par arrache-ment.

  Cube des harpes ..................... $0^{m},341$

à $2^{f},35$ le mètre cube.............................  »  $0^{f},80$    N° 1489

Le contre-mur en moellon non fourni et mortier 1/2 chaux **c**, 1/2 ciment I.

  Longueur $10^{m},00 \times 2^{m},00$ haut. $= 20^{m},00$

$\times 0^{m},20$.............................. $4^{m},000$

à $25^{f},90$ le mètre cube.............................  »  $103^{f},60$

*Sous-détail du prix.*

Moellon non fourni et mortier M, le mètre cube........................ $21^{f},60$    N° 1174

 Décrottage de moellon, le mètre cube. $2,80$    N° 673

 Plus-value dans l'embarras des étais, le mètre cube...................... $1,50$    N° 1487

  Le mètre cube ............. $\overline{25,90}$

*Observation.* — Les prix de moellon indiqués à la Série, n° 1173, sont hourdés en mortier bâtard L.

Les prix de moellon hourdés en mortier bâtard **M** doivent être pris au n° 1174.

Nous faisons remarquer que le mur mitoyen a été construit à 2 parements conformément au Code civil n° 674.

On ne doit pas incorporer les contre-murs aux murs mitoyens ; le mur mitoyen devant être intact, quels que soient les ouvrages qu'il convient aux deux voisins d'y adosser. Si l'on voulait qu'il y eût quelque liaison, on pourrait en construisant le mur mitoyen, laisser passer quelques boutisses, de telle sorte qu'en démolissant, le contre-mur, le mur n'en soit nullement affecté.

Après construction du mur de soutènement, remblai de terre avec jet de pelle pour chargement en brouette, transport à 1 relais et pilonnage.

  Cube du déblai...................... $3^{m},360$

à $1^{f},87$ le mètre cube.............................  »  $6^{f},28$

*Sous-détail du prix.* — Remblai de terre ou gravois avec reprise de terre et jet pour remblai, le mètre cube................................ $0^{f},55$    N° 48. Terrasse

Jet de pelle pour chargement en brouette, le mètre cube ........................... $0^{f},50$    N° 20.   *id.*

 Transport à 1 relais, le mètre cube......... $0^{f},60$    N° 36.   *id.*

 Pilonnage en rigoles, le mètre cube....... $0^{f},22$    N° 45.   *id.*

  Ensemble ..................... $\overline{1^{f},87}$

Le chargement en brouette des gravois provenant des démolitions et refouillements et transport à 1 relais.

Cube des démolitions :

Moellon........................... $40^{m},276$

Anciennes maçonneries en rigoles........ $3^{m},750$

  Ensemble...................... $\overline{44^{m},026}$

  *A reporter* ..................... $44^{m},026$   $14^{m},00$   $1232^{f},84$

|  |  |  |  |
|---|---|---|---|
| *Reports*....................... | 44$^m$,026 | 14$^m$,00 | 1232$^f$,84 |
| Déduire moellon réemployé ............. | 4$^m$,000 | | |

| | |
|---|---|
| Reste........................ | 40$^m$,026 |
| Foisonnement 40 0/0 .................... | 16$^m$,010 |

Observation N° 761<br>Maçonnerie

| | |
|---|---|
| Ensemble ....................... | 56$^m$,036 |
| Gravois divers................... | 1$^m$,500 |

| | | |
|---|---|---|
| Ensemble ....................... | 57$^m$,536 | |
| à 6$^f$,20 le mètre cube........................... | » | 356$^f$,72 |

*Sous-détail du prix.* — Gravois enlevés aux décharges publiques, compris chargement et déchargement, le

| | |
|---|---|
| mètre cube.............................. | 6$^f$,60 |
| Réduction de 6 0/0.................... | 0$^f$,396 |

N° 759<br>Observation 763

| | |
|---|---|
| Reste, le mètre cube .............. | 6$^f$,204 |

Au-dessus, maçonnerie en moellon neuf smillé et mortier bâtard, 2/3 chaux hydraulique **c**, 1/3 ciment I.
Longueur, 10$^m$,00 × 3$^m$,03 hauteur = 30$^m$,30
à déduire jour de souffrance,

| | | |
|---|---|---|
| 1$^m$,00 × 0$^m$,50 ...............: = | 0$^m$,50 | |
| Reste ................... | 29$^m$,80 | |
| × 0$^m$,45 épaisseur...................... | | 13$^m$,410 |

Reprendre harpes de liaisonnement dans les anciens murs.

| | | |
|---|---|---|
| 8 fois 0$^m$,25 hauteur × 0$^m$,15 .·. = | 0$^m$,30 | |
| × 0$^m$,45 épaisseur...................... | | 0$^m$,135 |

Au-dessus, en moellon neuf smillé et mortier 2/3 chaux **c**, 1/3 ciment I.
Longueur, 10$^m$,00 × 0$^m$,42 .   4$^m$,20

$$\text{Déduire } 0^m,30 \times \frac{0^m,15}{2} = .\quad 0^m,02$$

| | | |
|---|---|---|
| Reste ............ | 4$^m$,18 | 4$^m$,18 |
| Au-dessus, surface (*a*) .......... | 26$^m$,295 | |
| —       surface (*b*) .......... | 3$^m$,28 | |
| —       surface (*c*) .......... | 0$^m$,92 | |

| | | |
|---|---|---|
| Ensemble ............... | 34$^m$,675 | |
| × 0$^m$,40 d'épaisseur...................... | | 13$^m$,870 |

| | | |
|---|---|---|
| Ensemble........................ | 27$^m$,415 | |
| à 39$^f$,10 le mètre cube...................... | » | 846$^f$,93 |

*Sous-détail du prix.* — Moellon neuf en élévation, 2/3 chaux **c**, 1/3 ciment I.

N° 1164, col. 5, 2 fois 37$^f$,00 = 74$^f$,00 2 mètres cubes.
N° 1170, col. 5, 1 fois ........ 43$^f$,30 1 mètre cube.

Ensemble........... 117$^f$,30

$$\text{Moyenne} = \frac{117^f,30}{3} = ..... \quad 39^f,10 \text{ le mètre cube.}$$

Pour les arrachements dans l'ancien mur, refouillement à la pioche dans le moellon tendre.

| | | |
|---|---|---|
| 8 fois 0$^m$,25 × 0$^m$,15............ | 0$^m$,30 | |
| × 0$^m$,45...................... | | 0$^m$,135 |
| à 9$^f$,90 le mètre cube........................... | » | 1$^f$,34 |

N° 1513

Plus-value de construction en reprise par arrachement.

| | | |
|---|---|---|
| Cube des harpes ...................... | 0$^m$,135 | |
| à 2$^f$,35 le mètre cube........................ | » | 0$^f$,32 |

N° 1489

| | | |
|---|---|---|
| *A reporter* ............................ | 14$^m$,00 | 2438$^f$,15 |

| | | | |
|---|---|---|---|
| *Reports*........................................... | 14<sup>m</sup>,00 | 2438<sup>f</sup>,15 | |

Plus-value de construction dans l'embarras des étais.
Cube................................................  27<sup>m</sup>,415
à 1<sup>f</sup>,50 le mètre cube.................................  »   41<sup>f</sup>,12    N° 1487

Plus-value de hourdis de linteaux des jours de souffrance en brique neuve de Paris, dite façon Bourgogne
rive gauche 1<sup>re</sup> qualité, et mortier 1/3 ciment I,
2/3 chaux **c**

$$1.30 \times 0.12 = 0.16 \times 0.33 \text{ épaisseur} = 0.053$$
$$1.50 \times 0.12 = 0.18 \times 0.38 \quad - \quad = 0.068$$

Ensemble............................  0.121
à 24<sup>f</sup>,70 le mètre cube.............................  »   2<sup>f</sup>,99

*Sous-détail du prix :*

Brique pleine hourdée en plâtre :
De Paris, dite façon Bourgogne de 0<sup>m</sup>,06 × 0<sup>m</sup>,105
×0<sup>m</sup>,22 rive gauche, 1<sup>re</sup> qualité pour hourdis de linteau.
Le mètre cube.........................  61<sup>f</sup>,25    N° 450
                                                        Série année 1913
                                                           Maçonnerie

Plus-value pour emploi dans le hourdis de
mortier n° 2 et sable tamisé :

$$1/3 \text{ ciment I } \frac{6^f,30 \times 1}{3} = \quad \dots \quad 2^f,10$$    N° 475, col. 9

2/3 chaux hydraulique de Beffes (**c**).

$$2/3 \text{ chaux } \mathbf{c} \; \frac{0^f,67 \times 2}{3} = \quad \dots \quad 0^f,45$$

Le mètre cube.........................  63<sup>f</sup>,80
A déduire le prix du moellon compté précé-
demment, le mètre cube....................  39<sup>f</sup>,10

Reste en différence, le mètre cube....  24<sup>f</sup>,70

Cintrage de linteaux :
Longueur......................  0<sup>m</sup>,80
—  ......................  1<sup>m</sup>,00

Ensemble....................  1<sup>m</sup>,80
× 0<sup>m</sup>,15 courant de légers ouvrages ................  0<sup>m</sup>,27   »    Observation 496
Pour la construction de ce mur, il a été fait un écha-
faudage à double rang d'échasses côté de notre propriété.

*Plus-value d'échafaudage*

Longueur 11<sup>m</sup>,00 × 8<sup>m</sup>,95 de hauteur......  98<sup>m</sup>,45
Plus-value pour double rang d'échasses, 1/3.  32<sup>m</sup>,82    Observation 847

Ensemble......................  131<sup>m</sup>,27
A 0<sup>m</sup>,085 de légers ................  11<sup>m</sup>,16   »    N° 838
Si nous nous reportons à l'observation n° 361, ainsi
qu'à l'observation n° 1176, nous voyons que les prix de
construction comprennent en outre du transport à pied-
d'œuvre, du déchargement et du montage des matériaux, tous les échafaudages nécessaires et l'enlèvement
des gravois. Pourquoi comptons-nous cet échafaudage?
Nous avons ici un cas particulier ; la construction a
été faite ainsi que le service par notre propriété, nous
n'avons pu nous servir pour la construction du mur,
des planchers intermédiaires du voisin, l'échafaud de
fond pour mur isolé est donc à compter en plus-value
(suivant le n° d'ordre 838 de la Série 1913).

*A reporter* ...............................  25<sup>m</sup>,43   2482<sup>f</sup>,26

*Reports*..................................................  25$^m$,43   2482$^f$,26

Il est de plus à compter à double rang d'échasses pour éviter des raccords dans le mur côté de notre propriété, ce mur étant apparent dans toute sa hauteur.

*Sous-détail de la hauteur de l'échafaudage*

La hauteur de l'échafaudage s'obtient de la manière suivante :

Partie inférieure jusqu'au sol du rez-de-chaussée du voisin.....................................  2$^m$,00

Au-dessus dans la hauteur du rez-de-chaussée jusqu'au-dessus des solives du voisin.........  3$^m$,03

Dans la hauteur du 1$^{er}$ étage................  3$^m$,42

Au-dessus...................................  1$^m$,10

Hauteur totale..........................  9$^m$,55

Déduire la hauteur au-dessus du dernier plancher d'échafaud ...........................  1$^m$,50

Reste.......................................  8$^m$,05

Excédent de hauteur d'échafaud pour le garde-corps..........................................  0$^m$,90

Ensemble...............................  8$^m$,95

*Ravalements*

En épaisseur de mur enduit en plâtre au panier sur moellon.

Dessus de mur, partie horizontale.

Longueur...........................  1$^m$,80

Retours verticaux..................  0$^m$,35
                                  0$^m$,67

Ensemble......................  2$^m$,82

$\times$ 0$^m$,42 épaisseur.........................  1$^m$,18

à 0$^m$,21 de légers ouvrages............................  0$^m$,26   »   N° 852

Plus-value d'enduit de petite dimension :

0$^m$,35 $\times$ 0$^m$,42......................  0$^m$,15

à 0$^m$,08 de légers ouvrages.........................  0$^m$,04   »   N$^{os}$ 853 et 852

Les enduits en plâtre au panier sur murs rampants.

A gauche.........................  3$^m$,00

Brisis..............................  3$^m$,10

A droite...........................  0$^m$,425

Rampant à la suite...............  2$^m$,65

Brisis.............................  3$^m$,65

Ensemble...................  12$^m$,825

$\times$ 0$^m$,42 épaisseur........................  5$^m$,39

à 0$^m$,21 de légers ouvrages.........................  1$^m$,13   »   N° 852

Enduits en plâtre des dessus de mur avec hachement, 2 fois 0$^m$,25 $\times$ 0$^m$,42......................  0$^m$,21

à 0$^m$,37 de légers.........................  0$^m$,08   »   N° 855

Arêtes en plâtre, 2 fois 0$^m$,25........  0$^m$,50

à 0$^m$,05 de légers............................  0$^m$,03   »   N° 932

*Parement smillé* sur moellon franc neuf fourni, partie haute, mur dossier de souche.

Longueur 1$^m$,80 $\times \dfrac{0^m,35 + 0^m,67}{2} =$ .......  0$^m$,92

En contrebas partie triangulaire.

*A reporter*...............................  0$^m$,92   26$^m$,04   2482$^f$,26

Reports .....................................  $0^m,92$   $26^m,94$   $2482^f,26$

Longueur $\dfrac{7^m,71 \times 0^m,85}{2} = $ ...............  $3^m,28$

Au-dessous trapèze.

Longueur $\dfrac{7^m,71 + 10^m,00}{2} = $ ......  $8^m,855$

$\times 3^m,00$ de hauteur ....................  $26^m,57$
En contrebas : longueur $10^m,00 \times 3^m,03$ ....  $30^m,30$
Arrachements : 8 fois $0^m,25 \times 0^m,15$ .......  $0^m,30$
                                               ———————
Ensemble ..........................  $61^m,37$
Moins jours de souffrance.
Linteaux ...................  $1^m,30$
                             $1^m,50$
                             ———————
Ensemble ............  $2^m,80$
$\times 0^m,12$ hauteur ..................  $0^m,34$
Vides des jours de souffrance.
$0^m,80 \times 0^m,35$ hauteur ...........  $0^m,28$
$1^m,00 \times 0^m,50$ hauteur ...........  $0^m,50$
                                          ———————
Ensemble ...................  $1^m,12 = 1^m,12$

Reste ..........................  $60^m,25$
Reprendre tableaux de châssis.
$1^{er}$ étage 2 fois $0^m,35$ hauteur .......  $0^m,70$
Rez-de-chaussée 2 fois $0^m,50$ hauteur .  $1^m,00$
                                           ———————
Ensemble ...................  $1^m,70$
$\times 0^m,20$ de largeur ........................  $0^m,34$
                                               ———————
Ensemble ...........................  $60^m,59\,(d)$
à $1^f,80$ le mètre superficiel ........................  »  $109^f,06$   N° 1226 col. 2
Plus-value sur le parement de moellon pour angle
avec retour de $0^m,20$ de largeur pour dosserets de baies.
Linéaire des tableaux ....................  $1^m,70$
à $0^f,75$ le mètre linéaire ...........................  »  $1^f,28$   N° 1234
Sur le dessus des murs il a été fait un retour de $0^m,05$
afin d'obtenir sur le parement de face une arête régu-
lière.
A gauche en talus ................  $3^m,00$
Brisis .........................  $3^m,10$
A droite.......................  $0^m,425$
Rampant.......................  $2^m,65$
Brisis.........................  $3^m,65$
                                ———————
Ensemble ..................  $12^m,825$
à 0/0 1/10 pour talus........................  $14^m,11$        Observation 1235
Parties verticales........................  $0^m,35$
                                            $0^m,67$
Horizontale...............................  $1^m,80$
                                            ———————
Ensemble .......................  $16^m,93$
à $0^f,45$ le mètre linéaire...........................  »  $7^f,62$   N° 1233
Sur les filets parement de brique apparente
Longueur......................  $0^m,80$
—             ..................  $1^m,00$
                                ———————
Ensemble..................  $1^m,80$
$\times 0^m,20$.................................  $0^m,30$
à $1^f,15$ le mètre...........................  »  $0^f,42$   N° 557
                                                ———————
A reporter ...........................  $26^m,94$   $2600^f,64$

| | | | |
|---|---|---|---|
| *Reports* | 26m,94 | 2600f,64 | |
| Jointoiement en ciment I sur brique neuve, les joints lissés au fer. | | | |
| Surface précédente........ 0m,36 | | | |
| à 4f,03 le mètre superficiel........ | » | 1f,45 | |
| *Sous-détail du prix.* — Jointoiement en mortier n° 4, compris la dégradation préalable et le garnissage des joints en ciment I. | | | |
| Le mètre superficiel........ 3f,45 | | | N° 789 |
| Plus-value sur le prix de jointoiement pour joints lissés au fer. | | | |
| Le mètre superficiel........ 0f,58 | | | |
| Le mètre superficiel........ 4f,03 | | | N° 794 |
| Plus-value de jointoiement sur parement smillé de moellon, en mortier n° 4, de chaux **c**. | | | |
| Surface *d*........ 60m,59 | | | |
| à 0f,95 le mètre superficiel........ | » | 57f,56 | N° 1240 |
| Sur le dessus des appuis, béton en ciment armé de 0m,06 d'épaisseur. | | | |
| 0.80 | | | |
| 1.00 | | | |
| Ensemble 1.80 × 0.25.. = 0.45 } 0.46 | | | |
| 4 fois 0.05 × 0.04........ 0.01 } | | | |
| × 0.06 d'épaisseur........ 0.028 | | | |
| à 87f,69 le mètre cube........ | » | 2f,46 | N° 31 Série Béton de ciment |
| Armature des appuis en fers ronds de 0m,005, pesant ensemble........ 1k,500 | | | |
| à 56f,53 les 100 kilogrammes, compris ligatures........ | » | 0f,85 | N° 47 |
| Les prix des aciers et fers sont établis suivant le cours, au 15 juillet 1912, le prix de base est celui des fers et aciers de 1re classe, publié au cours des matériaux édité par la Société Centrale des Architectes. Au cas d'augmentation ou de diminution, le prix ci-dessus sera modifié en l'augmentant ou en le diminuant de 1.33 par franc d'augmentation ou de diminution. | | | Observation 49 Série Béton de ciment |
| Coffrage horizontal : | | | |
| Longueur 2m,20 × 0m,08........ 0m,18 | | | |
| Sous-face 2m,00 × 0m,05........ 0m,10 | | | |
| Ensemble........ 0m,28 | | | |
| à 7f,30 le mètre........ | » | 2f,04 | N° 37 Série Béton de ciment |
| Les enduits en ciment I, soignés, sur béton. | | | |
| Dessus des appuis de 0m,25 de largeur. | | | |
| Longueur........ 0m,80 | | | |
| 1m,00 | | | |
| Ensemble........ 1m,80 à 1f,85 le mètre. | » | 3f,33 | N° 123 Série Ciments (col. 1) |
| Dessus de 0m,06. | | | |
| 4 fois 0m,05........ 0m,20 | | | |
| à 1f,25 le mètre........ | » | 0f,25 | N° 120 id. |
| Sous-face de 0m,06. | | | |
| Longueur........ 2m,00 | | | |
| à 1f,25 le mètre........ | » | 2f,50 | N° 120 id. |
| Enduit en ciment I de la face de 0m,08 de hauteur. | | | |
| 4 fois 0m,05........ 0m,20 | | | |
| 2m,00 | | | |
| Ensemble........ 2m,20 | | | |
| *A reporter*........ 2m,20 ........ | 26m,94 | 2671f,08 | |

|  |  | | |  |
|---|---|---|---|---|
| *Reports*............ | 2<sup>m</sup>,20 | 26<sup>m</sup>,94 | 2671<sup>f</sup>,08 |  |
| à 1<sup>f</sup>,25 le mètre.............................. | | » | 2<sup>f</sup>,75 | N° 120 |
| Arêtes verticales arrondies. | | | | |
| 4 fois 0<sup>m</sup>,08 de hauteur.... | 0<sup>m</sup>,32 | | | |
| Dessus et dessous. | | | | |
| 2 fois 2<sup>m</sup>,20................ | 4<sup>m</sup>,40 | | | |
| Ensemble.......... | 4<sup>m</sup>,72 | | | |
| à 0<sup>f</sup>,63 le mètre.............................. | | » | 2<sup>f</sup>,97 | N° 168 Ciments |
| Plus-value d'enduit exécuté à plus de 6<sup>m</sup>,00 de hauteur. | | | | |
| 0<sup>m</sup>80 à 0<sup>f</sup>,07.............................. | | » | 0<sup>f</sup>,06 | N° 124 Série Ciments |
| 2 fois 0<sup>m</sup>,05 à 0<sup>f</sup>,03.................... | | » | 0<sup>f</sup>,01 | N° 120 |
| 0<sup>m</sup>,90 à 0<sup>f</sup>,03.......................... | | » | 0<sup>f</sup>,03 | N° 120 |
| De 0<sup>m</sup>,08 de hauteur. | | | | |
| 2 fois 0<sup>m</sup>,05.............. | 0<sup>m</sup>,40 | | | N° 120 |
| | 0<sup>m</sup>,90 | | | |
| Ensemble.......... | 1<sup>m</sup>,00 | | | |
| à 0<sup>f</sup>,03 le mètre.............................. | | » | 0<sup>f</sup>,03 | |
| Plus-value d'enduit exécuté à plus de 3<sup>m</sup>,00 de hauteur. | | | | |
| 1<sup>m</sup>,00 à 0<sup>f</sup>,035 le mètre................. | | » | 0<sup>f</sup>,04 | N° 124 Ciments |
| 2 fois 0<sup>m</sup>,05 à 0<sup>f</sup>,015 le mètre............ | | » | 0<sup>f</sup>,01 | N° 120   id. |
| 1<sup>m</sup>,10 à 0<sup>f</sup>,015 le mètre................. | | » | 0<sup>f</sup>,02 | N° 120   id. |
| De 0<sup>m</sup>,08 de hauteur. | | | | |
| 2 fois 0<sup>m</sup>,05.............. | 0<sup>m</sup>,10 | | | |
| | 1<sup>m</sup>,10 | | | |
| Ensemble.......... | 1<sup>m</sup>,20 | | | |
| à 0<sup>f</sup>,015 le mètre....... .................. | | » | 0<sup>f</sup>,02 | N° 120   id. |
| En sous-face larmier. | | | | |
| Longueur.............. | 1<sup>m</sup>,90 | | | |
| Retours 4 fois 0<sup>m</sup>,025 ...... | 0<sup>m</sup>,10 | | | |
| Ensemble.......... | 2<sup>m</sup>,00 | | | |
| à 0<sup>f</sup>,52 le mètre.............................. | | » | 1<sup>f</sup>,04 | Série Ciments |
| Rocaillage en mortier n° 4 avec ciment I. Parement bien fait en joints en meulière concassée. | | | | |
| Longueur 10<sup>m</sup>,00 × 2<sup>m</sup>,00.. | 20<sup>m</sup>,00 | | | |
| à 3<sup>f</sup>,05 le mètre.............................. | | » | 61<sup>f</sup>,00 | |
| Les champs d'encadrement en ciment I de 0<sup>m</sup>,05 au pourtour des jours de souffrance sur moellon neuf. | | | | |
| 1 fois 1<sup>m</sup>,30.............. | 1<sup>m</sup>,30 | | | |
| 2 fois 0<sup>m</sup>,22.............. | 0<sup>m</sup>,44 | | | |
| 2 fois 0<sup>m</sup>,41.............. | 0<sup>m</sup>,82 | | | |
| 1 fois 0<sup>m</sup>,80.............. | 0<sup>m</sup>,80 | | | |
| 2 fois 0<sup>m</sup>,25.............. | 0<sup>m</sup>,50 | | | |
| 1 fois 1<sup>m</sup>,50.............. | 1<sup>m</sup>,50 | | | |
| 2 fois 0<sup>m</sup>,22........... ... | 0<sup>m</sup>,44 | | | |
| 2 fois 0<sup>m</sup>,56.............. | 1<sup>m</sup>,12 | | | |
| 1 fois.................. | 1<sup>m</sup>,00 | | | |
| 2 fois 0<sup>m</sup>,25 .............. | 0<sup>m</sup>,50 | | | |
| Ensemble.............. | 8<sup>m</sup>,42 | | | Série Ciments |
| à 1<sup>f</sup>,50 le mètre.............................. | | » | 12<sup>f</sup>,63 | N° 120, col. 2 |
| En retour champs de 0<sup>m</sup>,02 et arêtes vives en ciment. | | | | |
| Linéaire ................................. | 8<sup>m</sup>,42 | | | |
| à 1<sup>f</sup>,57 le mètre.............................. | | » | 13<sup>f</sup>,22 | |
| *A reporter*.............................. | | 26<sup>m</sup>,94 | 2764<sup>f</sup>,91 | |

*Reports*.................................................... 26<sup>m</sup>,94 2764<sup>f</sup>,91

Plus-value d'enduit en ciment I, pour montée des matériaux.

Linéaire de champs de 0<sup>m</sup>,05.............. 8<sup>m</sup>,42

à 0<sup>f</sup>,02 le mètre, prix moyen........................ »  0<sup>f</sup>,17

Champs d'épaisseur :

8<sup>m</sup>,42 à 0<sup>f</sup>,02 le mètre, prix moyen.................. »  0<sup>f</sup>,17

Les raccords de chaperon en plâtre au sas, à droite et à gauche avec hachement et renformis de 0<sup>m</sup>,02.

        0<sup>m</sup>,75

        0<sup>m</sup>,50

Ensemble 1<sup>m</sup>,25 × 0<sup>m</sup>,30....  0<sup>m</sup>,375

1 côté semblable.................  0<sup>m</sup>,375

Ensemble.................  0<sup>m</sup>,750

à 0<sup>m</sup>,55 légers..................................... 0<sup>m</sup>,41      N° 857

Arêtes en plâtre.

3 fois 1<sup>m</sup>,25..................... 3<sup>m</sup>,75

à 0<sup>m</sup>,05 de légers ouvrages........ 0<sup>m</sup>,19      N° 932

*Sous-détail de l'évaluation ci-dessus.* — Enduit en plâtre au sas, compris crépi et gobetage de 0<sup>m</sup>,01 sur moellon vieux au-dessous de 0<sup>m</sup>,35 de largeur.

Le mètre superficiel..................... 0<sup>m</sup>,41

Enduit renformis de 0<sup>m</sup>,02 d'épaisseur, chaque centimètre 0<sup>m</sup>,07 de légers et pour 2 centimètres produisent........................... 0<sup>m</sup>,14      N° 872

Ensemble........................... 0<sup>m</sup>,55

Dans le reste du mur de clôture, relancis de 3 meulières neuves avec hourdis et pose sur ciment.

à 1<sup>f</sup>,45 l'une............................... »  4<sup>f</sup>,35    N<sup>os</sup> 1135-1136
                                               col. 1

4 meulières non fournies et hourdis en mortier et pose sur ciment I.

à 1<sup>f</sup>,15 l'une............................... »  4<sup>f</sup>,60

5 autres raccords de chaperon.

Chaque 0<sup>m</sup>,10 de légers..................... 0<sup>m</sup>,50

Les faces de mur chaperon en plâtre avec larmier.

2 fois 1<sup>m</sup>,25............................. 2<sup>m</sup>,50

à 0<sup>m</sup>,30 légers............................. 0<sup>m</sup>,75    N<sup>os</sup> 938-939

En contrebas du chaperon, relancis de 3 moellons neufs et chaux **c**.

à 1<sup>f</sup>,00 l'un......................... 3<sup>f</sup>,00      N° 1199

2 autres moellons non fournis et hourdis en ciment.

à 0<sup>f</sup>,85 l'un.......................... 1<sup>f</sup>,70    N<sup>os</sup> 1199-1200
                                            col. 2

4 moellons neufs et ciment I.

à 1<sup>f</sup>,25 le mètre.......................... 5<sup>f</sup>,00    N<sup>os</sup> 1199-1200
                                            col. 1

*Côté voisin.*

Enduit en plâtre au sas sur mur en moellon.

Longueur 10<sup>m</sup>,00 × 2<sup>m</sup>,85............. 28<sup>m</sup>,50

Moins jour de souffrance.

1<sup>m</sup>,00 × 0<sup>m</sup>,44 ...................... 0<sup>m</sup>,44

Reste...................... 28<sup>m</sup>,06

à 0<sup>m</sup>,25 légers............................. 7<sup>m</sup>,02  »

Les enduits en plâtre des ébrasements de châssis sur moellon neuf.

2 fois 0<sup>m</sup>,44 hauteur.............. 0<sup>m</sup>,88

× 0<sup>m</sup>,20......................... 0<sup>m</sup>,18

à 0<sup>m</sup>,33 légers............................. 0<sup>m</sup>,06  »

*A reporter*.................................. 35<sup>m</sup>,87 2783<sup>f</sup>,90

|  |  |  |
|---|---|---|
| *Reports* ................................................ | 35ᵐ,87 | 2783ᶠ,90 |

Bavette avec renformis de 0ᵐ,02.

1ᵐ,10 $\times$ 0ᵐ,25.................... 0ᵐ,275

à 0ᵐ,47 légers.............................................. 0ᵐ,13 »

Voussure d'ébrasement avec renformis de 0ᵐ,02.

1ᵐ,10 $\times$ 0ᵐ,25.................... 0ᵐ,275

à 0ᵐ,72 légers.............................................. 0ᵐ,20 »

Renformis de 0ᵐ,02 sur l'aile du fer sur la face côté intérieur.

1ᵐ,50 $\times$ 0ᵐ,12.................... 0ᵐ,18

à 0ᵐ,14 légers.............................................. 0ᵐ,02 »

Arêtes en plâtre.

2 fois 1ᵐ,10................. 2ᵐ,20

2 fois 0ᵐ,44................. 0ᵐ,88

    Ensemble........... 3ᵐ,08

à 0ᵐ,05 de légers................................... 0ᵐ,15 »

Les autres enduits en plâtre dans la hauteur du 1ᵉʳ étage sur moellon neuf.

$$\frac{9^{m},50 + 7^{m},21}{2} \times 2^{m},85 \text{ hauteur} \dots \dots 23^{m},81$$

Moins jour de souffrance.

0ᵐ,80 $\times$ 0ᵐ,29 hauteur.................... 0ᵐ,23

    Reste................................ 23ᵐ,58

à 0ᵐ,25 de légers ouvrages........................... 5ᵐ,89 »

Enduits en plâtre des ébrasements de châssis sur moellon neuf.

2 fois 0ᵐ,29 $\times$ 0ᵐ,20 hauteur....... 0ᵐ,12

à 0ᵐ,33 de légers.............................................. 0ᵐ,04 »

Bavette avec renformis de 0ᵐ,02.

0ᵐ,90 $\times$ 0ᵐ,25.................... 0ᵐ,23

à 0ᵐ,47 légers.............................................. 0ᵐ,11 »

Voussure d'ébrasement avec renformis de 0ᵐ,02.

0ᵐ,90 $\times$ 0ᵐ,25.................... 0ᵐ,23

à 0ᵐ,72 légers.............................................. 0ᵐ,17 »

Renformis de 0ᵐ,02 sur l'aile du fer.

1ᵐ,30 $\times$ 0ᵐ,12.................... 0ᵐ,16

à 0ᵐ,14 de légers ouvrages........................... 0ᵐ,02 »

Arêtes en plâtre.

2 fois 0ᵐ,90................. 1ᵐ,80

2 fois 0ᵐ,29................. 0ᵐ,58

    Ensemble........... 2ᵐ,38

à 0ᵐ,05 de légers.............................................. 0ᵐ,12 »

    *A reporter* ................................ 42ᵐ,72 2783ᶠ,90

Nous rappelons ici que dans les parties non mitoyennes du mur séparatif il peut être pratiqué des jours ou fenêtres à fer maillé et verre dormant. Ces fenêtres doivent être garnies d'un treillis de fer dont les mailles auront un décimètre d'ouverture au plus et d'un châssis à verre dormant.

Le fer maillé peut être remplacé par de simples barreaux en fer garnis ou non d'un grillage, mais cette substitution doit être considérée comme une tolérance de la part du voisin et ne peut valoir contre lui pour la prescription.

Les fenêtres ou jours ne peuvent être établis qu'à 2ᵐ,60 au-dessus du plancher ou sol de la chambre qu'on veut éclairer si c'est à rez-de-chaussée, et à 1ᵐ,90 au-dessus du plancher pour les étages supérieurs.

L'article 676 du Code, en autorisant le percement de jours dans les parties non mitoyennes d'un mur séparatif, ne distingue pas si ces parties sont immédiatement au-dessus de la clôture ou résultant d'une surélévation ou d'une reconstruction. On doit avertir son voisin par une simple signification et rétablir les dommages qu'on pourrait lui causer en perçant les jours.

Le voisin peut toujours faire boucher ces jours en achetant la mitoyenneté du mur.

Les hauteurs d'enseuillement sont obligatoires pour les jours pratiqués dans les murs ne joignant pas immédiatement l'héritage d'autrui et construits à une distance moindre de 1ᵐ,90 de la ligne séparative.

Ces jours ne peuvent jamais, quelque longue qu'en soit l'existence, créer une servitude; le propriétaire voisin a toujours le droit, si c'est dans les campagnes, de construire un mur séparatif joignant immédiatement l'héritage sur lequel est élevé le mur ayant les jours, et si c'est dans les villes et faubourgs

d'exhausser le mur mitoyen séparatif.

S'il y avait un mur mitoyen au droit des dits jours et qu'il montât plus haut que ces jours, il n'y aurait plus de restriction pour la hauteur de l'enseuillement.

Il ne faut pas confondre les jours avec les vues. Des jours sont des ouvertures pratiquées dans des murs non mitoyens et distants de moins de 1ᵐ,90 de l'héritage d'autrui, ils servent seulement à éclairer l'intérieur si les murs touchent immédiatement l'héritage voisin.

Des vues sont des ouvertures pratiquées dans un mur mitoyen ou non, et qui en outre qu'elles servent à éclairer et aérer à l'intérieur, permettent encore de voir naturellement sur l'héritage d'autrui sans l'aide d'aucun exhaussement.

*Vues prohibées dans le mur mitoyen :*

Article 675. L'un des voisins ne peut, sans le consentement de l'autre, pratiquer dans le mur mitoyen aucune fenêtre ou ouverture en quelque manière que ce soit, même à verre dormant.

| | | | | |
|---|---|---|---|---|
| *Reports* .................................... | 42ᵐ,72 | 2783ᶠ,90 | | |
| Naissances en plâtre côté voisin sur murs de refend attenant au mur séparatif à rez-de-chaussée de 0ᵐ,22 de largeur. | | | | |
| Longueur 2ᵐ,90 à 0ᵐ,15 de légers ouvrages.......... | 0ᵐ,44 | » | | N° 979 |
| Sur l'autre refend, naissance en plâtre de 0ᵐ,32 de largeur. | | | | |
| Longueur 2ᵐ,90 à 0ᵐ,20 de légers................... | 0ᵐ,58 | » | | N° 980 |
| Dans la hauteur du 1ᵉʳ étage les autres naissances en plâtre de 0ᵐ,23 de largeur. | | | | |
| Longueur 2ᵐ,80 à 0ᵐ,15 de légers................... | 0ᵐ,42 | » | | N° 979 |
| De 0ᵐ,31 de largeur. | | | | |
| Longueur 2ᵐ,85 à 0ᵐ,20 de légers .................. | 0ᵐ,57 | » | | N° 980 |
| Démolition d'une partie de plancher en augets de plafond et enduit. | | | | |
| Plancher haut du 1ᵉʳ étage. | | | | |
| Longueur 7ᵐ,21 × 0ᵐ,95 = 6ᵐ,85 × 0ᵐ,05 .. 0ᵐ,343 | | | | N° 693 |
| Démolition d'aire en plâtre au-dessus. | | | | |
| Surface 7ᵐ,21 × 1ᵐ,32 = 9ᵐ,52 × 0ᵐ,05 .... 0ᵐ,476 | | | | |
| Ensemble........................... | 0ᵐ,819 | | | |
| à 3ᶠ,80 le mètre cube...................... | | » | 3ᶠ,11 | N° 690 |
| La fourniture du lattis armé. | | | | |
| Surface précédente...................... 6ᵐ,85 | | | | |
| à 1ᶠ,51 le mètre superficiel................. | | » | 10ᶠ,34 | |
| *Sous-détail du prix.* – Fourniture du lattis armé. | | | | |
| Déboursés, le mètre superficiel............ 1ᶠ,25 | | | | |
| *A reporter*....................... | 1ᶠ,25 | 44ᵐ,73 | 2797ᶠ,35 | |

*Reports*............................... 1f,25　　44m,73　2797f,35
Faux frais 10 0/0...................... 0f,125
　　Ensemble......................... 1f,375
10 0/0 bénéfice....................... 0f,1375
　　Le mètre superficiel............... 1f,5125
　　Soit............................... 1f,51

Pose, clouage, gobetage et enduit en plâtre du plafond.
Surface............................... 6m,85
à 0m,75 de légers ouvrages pour travaux en raccords...　　5m,14　　　»

OBSERVATION. — *Le lattis armé est employé de préférence dans les grandes surfaces.*

*Pour les petites surfaces de forme irrégulière son emploi nécessite une main-d'œuvre et un déchet plus ou moins importants.*

La suppression du cintrage ne compense pas la main-d'œuvre supplémentaire employée à la pose. Aussi nous estimons la pose, clouage, gobetage et enduit en plâtre de plafond de 0m,70 à 0m,75 de légers par mètre superficiel.

Au-dessus du plancher, aire en plâtre de 0m,03 d'épaisseur sur bardeaux neufs.
Surface............................... 9m,52
à 0m,50 de légers............................　　4m,76　　　»　　　N° 811

Dans le reste de la pièce, les autres naissances en plâtre en plafond de 0m,32 de largeur.
Longueur 1m,75 à 0m,30 de légers................　　0m,53　　　»

N° 980. — Naissance de 0m,31 à 0m,35 de largeur, le mètre linéaire............................... 0m,20
Sur plafond 1/2 en plus................... 0m,10　　　　　　　Observation 982

　　Le mètre linéaire de légers ouvrages .. 0m,30
1 autre naissance en plafond de 0m,25.
Longueur 2m,15 à 0m,225 de légers................　　0m,48　　　»　　　Nos 979 et 982
1 autre naissance de 0m,15 de largeur.
Longueur 2m,10 à 0m,12 de légers................　　0m,25　　　»　　　Nos 978 et 982
1 Crevasse en plafond de 0m,10 de largeur.
Linéaire 1m,80 à 0m,08 de légers ouvrages..........　　0m,14　　　»　　　N° 942

Au sol du 1er étage, descellements en plâtre des lambourdes.
Longueur 10m,00 × 0m,75 = 7m,50　　　　　　　　　　　N° 694
× 0m,06............................... 0m,450
à 3f,80 le mètre cube.........................　　»　　1f,71　　N° 690

Démolition du hourdis plein de plancher en fer.
Longueur 10m,00 × 0m,70 = 7m,00　　　　　　　　　　　N° 700
× 0m,15............................... 1m,050
à 3f,80 le mètre cube .......................　　»　　3f,99　　N° 690

Le hourdis de plancher en fer en plâtras non fournis et plâtre de 0m,10 réduit d'épaisseur.
Surface............................... 7m,00
à 0m,56 légers..............................　　3m,02　　　»　　　Nos 892 et 893

Scellement en plâtre des lambourdes sur petits murs avec solin droit de chaque côté et chaînes en travers;
Surface ............................... 7m,50
à 0m,42 légers..............................　　3m,15　　　»　　　N° 904

L'évaluation de 0m,42 de légers s'applique pour le scellement de 2m,25 linéaires de lambourdes par mètre

　　*A reporter*............................... 63m,10　2803f,05

*Reports*..................................................... 63ᵐ,10   2803ᶠ,05

superficiel; une plus grande quantité de lambourdes donnera lieu à une plus-value proportionnelle.

Calfeutrement du parquet.

$$10^m,00$$
$$2 \text{ fois } 0^m,50 = 1^m,00 \Big\} \ 11^m,00$$

à 0ᵐ,05 de légers ouvrages......................... 0ᵐ,55   »   N° 984

Au rez-de-chaussée, enduit en plâtre de plafond.

Surface 7ᵐ,00 à 0ᵐ,50 de légers.................. 3ᵐ,50   »   N° 860

Hors combles, les enduits en plâtre au panier sur moellon neuf.

$$\text{Longueur } 1^m,80 \times \frac{0^m,67 + 0^m,35}{2} = 0^m,92$$

à 0ᵐ,21 de légers ouvrages................... 0ᵐ,19   N° 852

Arêtes en plâtre.

Verticales 1 fois 0ᵐ,35............... 0ᵐ,35

1 fois 0ᵐ,67......................... 0ᵐ,67

Horizontale........................ 1ᵐ,80

Ensemble .................... 2ᵐ,82

0ᵐ,05 de légers ouvrages..................... 0ᵐ,14   »   »   N° 932

Ensemble........................... 0ᵐ,33

Plus-value sur comble 15 0/0 en plus........ 0ᵐ,05   Observation 807

Ensemble........................... 0ᵐ,38   0ᵐ,38

1ᵉʳ *Étage*. — En épaisseur de mur, 12 trous d'abouts de barreaux et scellements en plâtre, chaque 0ᵐ,09 de légers ouvrages compris revêtissements............. 1ᵐ,08   »   N° 1051

12 Raccords en plâtre chaque 0ᵐ,03 de légers....... 0ᵐ,36   »

Pour le bâti dormant, feuillure en plâtre.

2 fois 0ᵐ,90......................... 1ᵐ,80

2 fois 0ᵐ,29......................... 0ᵐ,58

Ensemble.................... 2ᵐ,38

Aux 10/00 de légers ouvrages..................... 0ᵐ,24   N° 948

Calfeutrement en mortier côté intérieur du bâti dormant.

2 fois 0ᵐ,39......................... 0ᵐ,78

2 fois 0ᵐ,90......................... 1ᵐ,80

Ensemble.................... 2ᵐ,58

à 0ᵐ,06 courant de légers ouvrages................. 0ᵐ,15   »   N° 987

A l'extérieur, calfeutrement en plâtre.

2 fois 0ᵐ,80......................... 1ᵐ,60

2 fois 0ᵐ,29......................... 0ᵐ,58

Ensemble.................... 2ᵐ,18

aux 5/00 de légers ouvrages ..................... 0ᵐ,11   N° 984

OBSERVATION. — Lorsque les feuillures n'ont pas été ménagées dans la construction, les entailles formant feuillures sont aussi à compter; si les feuillures ont été ménagées il y a un renformis en plâtre à *compter sur les embrasures.*

Renformis de 0ᵐ,02 sur ébrasements.

2 fois 0ᵐ,29 hauteur × 0ᵐ,20............... 0ᵐ,12

à 0ᵐ,14 de légers............................. 0ᵐ,02   N° 872

Pour le bâti dormant du châssis 5 trous de pattes dans le moellon de 0ᵐ,10 de profondeur et scellements en plâtre chaque 0ᵐ,10 de légers................... 0ᵐ,50   »

*A reporter*........................... 69ᵐ,99   2803ᶠ,05

*Reports*...................................... 69<sup>m</sup>,99   2803<sup>f</sup>,05

5 Raccords après scellements chaque 0<sup>m</sup>,03 de légers ouvrages.............................................. 0<sup>m</sup>,15      »

Les raccords en plâtre sont nécessaires lorsque les menuiseries sont posées après enduits en plâtre terminés.

*Rez-de-chaussée.* — En épaisseur du mur 16 trous d'abouts de barreaux et scellements en plâtre chaque 0<sup>m</sup>,09 de légers ouvrages compris revêtissements...... 1<sup>m</sup>,44      »

16 Raccords après scellements en plâtre, chaque 0<sup>m</sup>,03 de légers.............................................. 0<sup>m</sup>,48      »

Pour le bâti dormant feuillure en plâtre.

2 fois 0<sup>m</sup>,49 hauteur.................. 0<sup>m</sup>,98
2 fois 1<sup>m</sup>,10...................... 2<sup>m</sup>,20

Ensemble..................... 3<sup>m</sup>,18

Aux 10/00 de légers............................ 0<sup>m</sup>,32      »      N° 948

Calfeutrement en mortier côté intérieur du bâti dormant.

2 fois 0<sup>m</sup>,59.................... 1<sup>m</sup>,18
2 fois 1<sup>m</sup>,10.................... 2<sup>m</sup>,20

Ensemble.................... 3<sup>m</sup>,38

Aux 5/00 de légers............................ 0<sup>m</sup>,17      »      N° 984

A l'extérieur, calfeutrement en plâtre au sas.

2 fois 1<sup>m</sup>,00.................... 2<sup>m</sup>,00
2 fois 0<sup>m</sup>,44.................... 0<sup>m</sup>,88

Ensemble.................... 2<sup>m</sup>,88

Aux 5/00 de légers ouvrages...................... 0<sup>m</sup>,14      »      N° 984

Le sol du rez-de-chaussée en carreaux d'Auneuil rouges et blancs carrés de 0<sup>m</sup>,14 sur ciment et forme en sable de 0<sup>m</sup>,05 d'épaisseur.

10<sup>m</sup>,00 × 1<sup>m</sup>,50 .................. 15<sup>m</sup>,00

à 9<sup>f</sup>,93 le mètre....................................      »      148<sup>f</sup>,95      N° 59, col. 2 Carrelage

*Sous-détail du prix.* — Le mètre superficiel.. 7<sup>f</sup>,90

Plus-value pour emplir dans le scellement des carreaux de ciment de Vassy ; le mètre superficiel.................................... 1<sup>f</sup>,30      N° 74 Carrelage

Plus-value pour forme en sable de 0<sup>m</sup>,05 après tassement au lieu de forme en plâtre, le mètre superficiel ............................ 0<sup>f</sup>,73      N° 75 Carrelage

Le mètre superficiel................. 9<sup>f</sup>,93

Pour les travaux de réparation de surface minime qui n'auraient pas employé la journée d'un ouvrier il est accordé une plus-value de temps pour dérangement de l'ouvrier....................................      »      »      Obs. 114. Carrelage

Ensemble légers ouvrages.................. 72<sup>m</sup>,69

à 5<sup>f</sup>,20 le mètre.............................      377<sup>f</sup>,99      N° 803. Maçonnerie

Pour terminer nous compterons les nettoyages des deux propriétés pour travaux d'entretien :      Obs. 303 Maçonnerie

Côté de notre propriété, 3 heures de garçon à 0<sup>f</sup>,93 l'une      2<sup>f</sup>,73      N° 349

Côté voisin, 5 heures de garçon à 0<sup>f</sup>,93 l'une      4<sup>f</sup>,65      N° 349

Précédemment page 79 le prix de fouille en rigoles 4<sup>f</sup>,20 ne comprend pas le jet sur berge.

Soit 3<sup>m</sup>,50 à 0<sup>f</sup>,60 le mètre cube............................      2<sup>f</sup>,25

Par suite d'inaccessibilité côté voisin le service a été fait par notre propriété, il en est résulté une main-d'œuvre supplémen-

*A reporter*..........................................      3339<sup>f</sup>,62

Report............................................. 3339ᶠ,62

taire pour le montage des matériaux et du matériel ; la plus-value peut être évaluée à 10 0/0 en raison des diverses sújétions
(sauf sur la construction du mur produit en argent)..........    39ᶠ,68          Argent.

Ensemble ..............................................    3379ᶠ,30        3379ᶠ,30

OBSERVATION. — Dans des travaux de ravalements en plâtre d'une courette tous les matériaux et le matériel ont été montés par la cour, trans-
portés sur les combles, puis descendus dans la courette, nous avons
constaté pour ces travaux une main-d'œuvre évaluée au double de celle
en travaux ordinaires. Il est bon de faire reconnaître par des attache-
ments écrits ces différentes mains-d'œuvre, afin d'éviter des contestations        Observation
lors du règlement des mémoires.

Compte de mitoyenneté et de surcharge du mur séparatif entre les propriétés

de Monsieur P....., demeurant à..... et de Monsieur V....., demeurant à.....

### Année 1913

*Savoir :*

Démolition du mur en moellon dans la hauteur de clôture.
Longueur 10ᵐ,00 ⨯ 3ᵐ,20 de hauteur....... 32ᵐ,00
⨯ 0ᵐ,45 épaisseur............................... 14ᵐ,400
à 3ᶠ,00 le mètre cube............................................    43ᶠ,20          Nᵒ 676 col. 2
Plus-value de démolition dans l'embarras des étais.
Cube................................... 14ᵐ,400
à 1ᶠ,00 le mètre cube............................................    14ᶠ,40          Nᵒˢ 681-680
En contre-bas la fouille en rigoles d'anciennes maçonneries
avec jet sur berge.
Longueur 10ᵐ,00 ⨯ 0ᵐ,50 hauteur.......... 5ᵐ,00
⨯ 0ᵐ,55 épaisseur................................. 2ᵐ,750
à 4ᶠ,20 le mètre cube...........................................    11ᶠ,55       Nᵒ 19 Série Terrasse
Nous faisons remarquer que les prix de fouille en rigoles de
la Série 1913 ne comprennent pas le jet sur berge.
Jet sur berge, cube.............................. 2ᵐ,750
à 0ᶠ,60 le mètre cube...........................................    1ᶠ,65          Nᵒ 26        »
Plus-value dans l'embarras des étais, cube.......... 2ᵐ,750
à 1ᶠ,05 le mètre cube...........................................    2ᶠ,89          Nᵒ 20        »

### Reconstruction du mur.

La basse fondation en béton de cailloux et mortier nᵒ 2 de
ciment I.
Longueur 10ᵐ,00 ⨯ 0ᵐ,50 hauteur............. 5ᵐ,00
⨯ 0ᵐ,55 épaisseur................................. 2ᵐ,750
à 42ᶠ,45 le mètre cube..........................................    116ᶠ,74         Nᵒ 382 col. 9
Au-dessus en meulière neuve et mortier bâtard M.
Longueur 10ᵐ,00 ⨯ 2ᵐ,00 de hauteur...... 20ᵐ,00
Excédents pour arrachements dans le mur
de clôture à droite et à gauche.
6 fois 0ᵐ,25 ⨯ 0ᵐ,35 hauteur.............. 0ᵐ,525

Ensemble ........................ 20ᵐ,525
⨯ 0ᵐ,45 d'épaisseur................................ 9ᵐ,236
à 40ᶠ,95 le mètre cube..........................................    378ᶠ,21         Nᵒ 1124 col. 3
Plus-value de construction dans l'embarras des étais.

*A reporter.*...................................    568ᶠ,64

|  |  |  |
|---|---|---|
| *Report*.......................................................... | 568ᶠ,64 | |
| Cube béton.................................... 2ᵐ,750 | | |
| Cube meulière................................. 9ᵐ,236 | | |
| | | |
| Ensemble .................................... 11ᵐ,986 | | |
| à 1ᶠ,50 le mètre cube........................... | 17ᶠ,98 | Nᵒ 1487 |

Pour les harpes dans l'ancien mur, refouillement à la pioche dans le moellon tendre.

| | | |
|---|---|---|
| 6 fois 0ᵐ,25 × 0ᵐ,35...................... 0ᵐ,525 | | |
| × 0ᵐ,45 d'épaisseur............................ 0ᵐ,236 | | |
| à 9ᶠ,90 le mètre cube............................ | 2ᶠ,34 | Nᵒ 1513 |

Plus-value de construction en reprise par arrachement, cube des harpes.................................. 0ᵐ,236

| | | |
|---|---|---|
| à 2ᶠ,35 le mètre cube............................ | 0ᶠ,55 | Nᵒ 1489 |

Le chargement en brouette des gravois provenant des démolitions et refouillements et transport aux décharges publiques.

| | | |
|---|---|---|
| Cube des démolitions de moellon.................. 14ᵐ,400 | | |
| Arrachements pour harpes....................... 0ᵐ,236 | | |
| Anciennes maçonneries en rigoles................. 2ᵐ,750 | | |
| | | |
| Ensemble .................................... 17ᵐ,386 | | |
| Foisonnement 40 0/0............................ 6ᵐ,954 | | |
| | | |
| Ensemble .................................... 24ᵐ,340 | | |
| à 6ᶠ,20 le mètre cube........................... | 150ᶠ,91 | |

(Suivant sous-détail précédent).

Au-dessus, la construction du mur en moellon neuf et mortier bâtard, 2/3 chaux hydraulique c, 1/3 ciment I.

| | | |
|---|---|---|
| Longueur 10ᵐ,00 × 1ᵐ,20 hauteur.......... 12ᵐ,00 | | |
| × 0ᵐ,45 épaisseur ............................. 5ᵐ,400 | | |

Reprendre harpes de liaisonnement dans les anciens murs.

| | | |
|---|---|---|
| 2 fois 0ᵐ,25 hauteur × 0ᵐ,15............... 0ᵐ,075 | | |
| × 0ᵐ,45 épaisseur ............................ 0ᵐ,034 | | |
| | | |
| Ensemble .................................... 5ᵐ,434 | | |
| à 39ᶠ,10 le mètre cube.......................... | 212ᶠ,47 | |

(Suivant sous-détail précédent).

Pour les arrachements dans l'ancien mur, refouillement à la pioche dans le moellon tendre.

| | | |
|---|---|---|
| 2 fois 0ᵐ,25 × 0ᵐ,15...................... 0ᵐ,075 | | |
| × 0ᵐ,45 épaisseur ............................ 0ᵐ,034 | | |
| à 9ᶠ,90 le mètre cube........................... | 0ᶠ,34 | Nᵒ 1513 |

Plus-value de construction en reprise par arrachement.

| | | |
|---|---|---|
| Cube des harpes ............................. 0ᵐ,034 | | |
| à 2ᶠ,35 le mètre cube........................... | 0ᶠ,08 | Nᵒ 1489 |

Plus-value de construction dans l'embarras des étais.

| | | |
|---|---|---|
| Cube.................................... 5ᵐ,434 | | |
| à 1ᶠ,50 le mètre cube........................... | 8ᶠ,15 | Nᵒ 1487 |

L'échafaudage pour construction du mur isolé à double rang d'échasses.

| | | |
|---|---|---|
| Longueur 11ᵐ,00 × 8ᵐ,95................ 98ᵐ,45 | | |
| Plus-value pour double rang d'échasses 1/3. 32ᵐ,82 | | Observation 847 |
| | | |
| Ensemble ........................ 131ᵐ,27 | | |
| à 0ᵐ,085 de légers ouvrages................ 11ᵐ,16 | » | Nᵒ 838 |
| à 5ᶠ,20 le mètre ............................... | 58ᶠ,03 | Nᵒ 000 |
| | | |
| Ensemble................................... | 1019ᶠ,40 | |
| à 1/2 pour Monsieur P........................... | 509ᶠ,75 | |

Report ........................................................ 509f,75
Reprendre au compte de P.....
Parement smillé sur moellon franc neuf, fourni partie haute mur dossier de souche.

Longueur $1^m,80 \times \dfrac{0^m,35 + 0^m,67}{2}$ ................. $0^m,92$ »

En contrebas partie triangulaire.

Longueur $\dfrac{7^m,74 \times 0^m,85}{2}$ ................. $3^m,28$ »

Au-dessous trapèze.

Longueur $\dfrac{7^m,71 + 10^m,00}{2} = 8^m,855$

$\times 3^m,00$ de hauteur............................ $26^m,57$ »
En contrebas, longueur $10^m,00 \times 3^m,03$ ............ $30^m,30$ »
Arrachements :
   8 fois $0^m,25 \times 0^m,15$........................ $0^m,30$ »
        Ensemble................................ $61^m,37$ »
Moins jours de souffrance.
Linteaux ........................ $1^m,30$
    » ........................ $1^m,50$
        Ensemble................ $2^m,80$
$\times 0^m,12$ de hauteur................ $0^m,34$
   Vides des jours de souffrance
$0^m,80 \times 0^m,35$ hauteur................ $0^m,28$
$1^m,00 \times 0^m,50$ hauteur................ $0^m,50$
        Ensemble.:................ $1^m,12$ $1^m,12$ »
        Reste............................ $60^m,25$ »
Reprendre tableaux de châssis.
$1^{er}$ étage.
2 fois $0^m,35$ hauteur.................... $0^m,70$
Rez-de-chaussée.
2 fois $0^m,50$ hauteur.................... $1^m,00$
        Ensemble........................ $1^m,70$
$\times 0^m,20$ de largeur ........................ $0^m,34$
        Ensemble.................................... $60^m,59$
$1^f,80$ le mètre.................................... 109f,06    N° 1226 col. 2
Plus-value sur le parement de moellon pour angle avec retour de $0^m,20$ de longueur pour dosserets de baies.
Linéaire des tableaux ............................ $1^m,70$
$0^f,75$ le mètre.................................... 1f,28    N° 1234
Sur le dessus des murs retour de $0^m,05$.
A gauche en talus................ $3^m,00$
Brisis........................ $3^m,10$
A droite...................... $0^m,425$
Rampant...................... $2^m,65$
Brisis ...................... $3^m,65$
        Ensemble............ $12^m,825$
0/0 1/10 pour talus......................... $14^m,11$    Observation 1235
Parties verticales........................ $0^m,35$
                 $0^m,67$
Horizontale............................ $1^m,80$
        Ensemble ........................ $16^m,93$
à $0^f,45$ le mètre linéaire.......................... 7f,62    N° 1223
    A reporter ............................ 627f,71

Report..................................................... 627f,71

Sur les filets parement de brique apparente.

Longueur ........................ 0m,80

                                  1m,00

Ensemble ..................... 1m,80

× 0m,20................................... 0m,36

à 1f,15 le mètre.............................................. 0f,42 | N° 557

Jointoiement en ciment I sur brique neuve, les joints lissés au fer.

Surface précédente ........................ 0m,36

à 4f,03 le mètre superficiel................................ 1f,45 | Nos 789 et 794

Plus-value de jointoiement sur parement smillé de moellon, en mortier n° 4, de chaux c.

Surface........................ 60m,59

à 0f,95 le mètre............................................ 57f,56 | N° 1240

Rocaillage en mortier n° 4 avec ciment I.

Parement bien fait en joints en meulière concassée,

Longueur 10m,00 × 2m,00 hauteur......... 20m,00

à 3f,05 le mètre.............................................. 61f,00 | N° 1519

Les champs d'encadrement en ciment I de 0m,03 au pourtour des jours de souffrance sur moellon neuf.

1 fois 1m,30.................................... 1m,30

2 fois 0m,22.................................... 0m,44

2 fois 0m,41.................................... 0m,82

1 fois 0m,80.................................... 0m,80

2 fois 0m,25.................................... 0m,50

1 fois 1m,50.................................... 1m,50

2 fois 0m,22.................................... 0m,44    »

2 fois 0m,56.................................... 1m,12    »

1 fois 1m,00.................................... 1m,00    »

2 fois 0m,25.................................... 0m,50    »

Ensemble ........ .................... 8m,42    »

à 1f,50 le mètre........................................... 12f,63

En retour champs de 0,02 et arêtes vives en ciment.

Linéaire.................................. 8m,42

à 1f,57 le mètre........................................... 13f,22

Plus-value d'enduit en ciment I pour montée des matériaux.

Linéaire de champs de 0m,05 ................. 8m,42

à 0f,02 le mètre, prix moyen................................. 0f,17

Champs d'épaisseur.

Linéaire................................. 8m,42

à 0f,02 le mètre, prix moyen................................. 0f,17

Les appuis en ciment I suivant sous-détail précédent ........ 18f,36

Dans le reste du mur de cloison, relancis de 3 meulières neuves avec hourdis et pose sur ciment.

à 1f,45 l'un.............................................. 4f,35 | Nos 1135-1136 col. 1

5 autres raccords de chaperon, chaque 0m,10 de légers. 0m,50

Les faces de murs chaperon en plâtre avec larmier.

2 fois 1m,25.................................... 2m,50

à 0m,30 de légers......................................... 0m,75 | Nos 938 et 939

En contrebas du chaperon, relancis de 3 moellons neufs et chaux c

à 1f,00 l'un .............................................. »   3f,00 | N° 1199

2 autres moellons non fournis et hourdis en ciment

à 0f,85 l'un................................................ »   1f,70 | Nos 1199-1200 col. 2

4 moellons neufs et ciment I à 1f,25 le mètre........ »   5f,00 | »            »

Ensemble légers ouvrages ...................... 1m,25   »

A reporter................................... 1m,25   806f,74

|                                                                          |        |          |
|--------------------------------------------------------------------------|--------|----------|
| *Report* . . . . . . . . . . . . . . . . . . . . . . . . . . . . . . . . | 1^m,25 | 806^f,74 |
| à 5^f,20 le mètre . . . . . . . . . . . . . . . . . . . . . . . . .       |        | 6^f,50   |
| Nettoyage côté de notre propriété (suivant attachement) . . . . .        |        | 2^f,73   |
| Ensemble . . . . . . . . . . . . . . . . . . . .                         |        | 815^f,97 |
| Honoraires d'architecte 5 0/0 . . . . . . . . . . . . . . . . . .        |        | 40^f,80  |
| Ensemble . . . . . . . . . . . . . . . . . . . . . . . . . . . .         |        | 856^f,77 |

*Fait double à . . . . . . . . . . . . . . . , le . . . . . . . . . . . . .*

(Il est facile d'établir le compte de Monsieur V. . . . . . .)

*La partie de construction au-dessus de notre clôture 3^m,20 de hauteur est ce qu'on appelle la surcharge. Pourquoi n'avons-nous pas fait payer à Monsieur V..... cette surcharge ?*

Le mur ayant été démoli et reconstruit entièrement Monsieur V..... *ne doit pas de surcharge.*

2^e cas Monsieur V... surélève un mur existant il doit la surcharge à Monsieur P...

Cette surcharge est évaluée le 1/10 de la valeur du mur surélevé.

Dans le cas où Monsieur V..... aurait fait une surélévation, pour tenir compte de la charge et du dommage causé au mur inférieur, il devra payer 1/10 de la valeur de la surélévation du mur.

En effet si le mur a été construit entièrement, il ne supporte pas de surcharges car il a été établi en raison des charges à porter.

Nous avons d'autre part mis dans le compte de mitoyenneté côté de Monsieur P..., les parements smillés, jointoiements, rocaillages, etc. Il est évident que le propriétaire V... ne peut payer des parements smillés, jointoiements, etc. Le mur étant en mauvais état a été démoli d'un commun accord, le propriétaire voisin V... devra aussi tous les raccords de son côté, étaiements, etc.

Dans le cas où le mur de clôture aurait été suffisant pour P...; le voisin V... aurait payé entièrement la démolition et la reconstruction du mur séparatif, les étaiements, clôture provisoire et les raccords au droit de ce mur pour remettre les lieux exactement comme ils étaient avant le commencement des travaux ; mais s'il se trouve sur les murs des ornements et embellissements en dehors des usages ordinaires, il n'est tenu que dans la limite des usages.

Pour éviter les contestations entre voisins lors du règlement de compte de mitoyenneté, il est bon d'établir préalablement la convention suivante.

## Construction d'un mur séparatif.

Les soussignés P... propriétaire, demeurant à..., rue...: numéro..., et V... aussi propriétaire demeurant à...., rue..., numéro..., voulant séparer par un mur séparatif leurs propriétés contiguës situées à..., rue,.., numéros..., ont arrêté ce qui suit :

Par suite du surplomb du mur actuel (plus de la 1/2 de son épaisseur), il sera fait la démolition entière du mur et enlevé aux décharges publiques tous les matériaux gravois et terres provenant de cette démolition.

Le mur sera reconstruit de la manière suivante :

Les basses fondations auront 0^m,55 de largeur sur 0^m,50 de hauteur et seront en béton de cailloux et mortier n° 2 de ciment I, l'excédent de fondation sera construit comme il a été dit ci-dessus pour éviter la poussée des terres de 0^m,20 de largeur sur 0^m,50 de hauteur au-dessus dans la hauteur du mur de soutènement, le mur séparatif sera en meulière neuve et mortier bâtard M. Le contre-mur sera en moellon non fourni et mortier M. Au-dessus le mur séparatif sera en moellon neuf smillé côté de la propriété P... et mortier bâtard M. Les parements de mur dans la hauteur de clôture seront rocaillés de joints en petite meulière et mortier de ciment I. Au-dessus le parement de moellon sera jointoyé en chaux **c**. Les basses fondations sur 0^m,50 d'épaisseur en béton de cailloux ainsi que la construction du mur de soutènement sur une épaisseur de 0^m,45 en meulière et le reste du mur en moellon dans la hauteur de clôture sur 0^m,45 d'épaisseur soit 3^m,20 côté du sol P..... seront payés à frais communs...

Le contre-mur en béton et au-dessus en moellons seront au compte de Monsieur V...

Le reste du mur séparatif au-dessus de la clôture sera au compte de Monsieur V... Les parements, jointoiements, rocaillages côté de Monsieur P... seront au compte de Monsieur P... Tous les raccords d'enduits, hourdis, carrelages, etc., ainsi que les étaiements côté de Monsieur V... seront au compte de Monsieur V...

Les démolitions dans la hauteur de clôture sur 0ᵐ,45 d'épaisseur et 0ᵐ,55 en basse fondation seront payés à frais communs. La partie haute du mur sera payée entièrement par Monsieur V... Les gravois et terres provenant de démolitions seront enlevés aux décharges publiques, Monsieur P..... remboursera la partie correspondant aux démolitions lui incombant. Le vieux moellon réemployé par le propriétaire V... sera compté en moellon non fourni et payé par Monsieur V... Il ne sera pas tenu compte de la valeur de ce moellon. Les excédents de fouille et démolition pour le mur de soutènement de Monsieur V... seront au compte de ce dernier.

## ORDRE DE SERVICE N° 5

Surélévation d'un étage de la propriété voisine V. Établir un échafaudage de garantie formé d'échasses, boulins, madriers et planches (matériel de maçonnerie) pour protéger la construction existante; sur le plancher haut du deuxième étage plancher en madriers. Au-dessus de l'échafaudage, bâches de garantie maintenues avec des clous et cordages.

La partie hachurée, figure n° 15, sera construite en moellon neuf dur et mortier bâtard 1/2 chaux hydraulique **c,** 1/2 ciment de Portland, Demarle et Lonquéty I.

Le filet au-dessus du châssis sera hourdé en brique neuve de Paris dite façon Bourgogne (0ᵐ,06 × 0ᵐ,105 × 0ᵐ,22), rive gauche 1ʳᵉ qualité et mortier 1/2 chaux hydraulique **c,** 1/2 ciment I.

Les tuyaux adossés côté P seront en boisseaux Gourlier 0ᵐ20/0ᵐ20 réglementaires avec renformis en plâtre de 0ᵐ,02 sur le mur en moellon.

Faire tous les descellements nécessaires et travaux préparatoires à la demande des autres corps d'état.

La pointe de pignon sera dérasée, et il sera fait des arrachements dans la hauteur des brisis pour le liaisonnement.

Les tuyaux adossés ainsi que le mur seront ravalés en plâtre au sas en tous sens.

1° Faire le décompte de la dépense entière;

2° Le décompte de la mitoyenneté et de la surcharge.

## Métré.

La découverture et dépose de la charpente ont été faites par les autres corps d'état.

*Descellements de la charpente.*

1 descellement de faîtage en bois de 0ᵐ,25 de profondeur sans bouchement de trou, *en légers ouvrages* $\frac{0^m,25}{4}$ .............. 0ᵐ,06    »    N° 1060. Obs. 1004.

4 descellements de pannes et bouchements de trous de 0ᵐ,20 de profondeur, chaque 0ᵐ,10 de légers ouvrages ................................. 0ᵐ,40    »    N° 1084. Obs. 1003.

4 descellements d'abouts de sablières de 0ᵐ,15 de profondeur et bouchements chaque 0ᵐ,075 de légers ouvrages ................................. 0ᵐ,30    »    N° 1001. Obs. 1003

Descellement de la sablière et des solins en plâtre en 2 sens dans toute la longueur côté voisin, longueur 12ᵐ,80 à 0ᶠ,30 le mètre........................    »    3ᶠ,84

Pourquoi compter les descellements dans cette partie de pignon qui a été démolie?

Suivant l'observation n° 1008 « *les descellements ne seront pas comptés dans les démolitions* ».

Non seulement ces travaux sont préparatoires et nécessaires pour la dépose préalable des bois de charpente,

*A reporter*........................................ 0ᵐ,76    3ᶠ,84

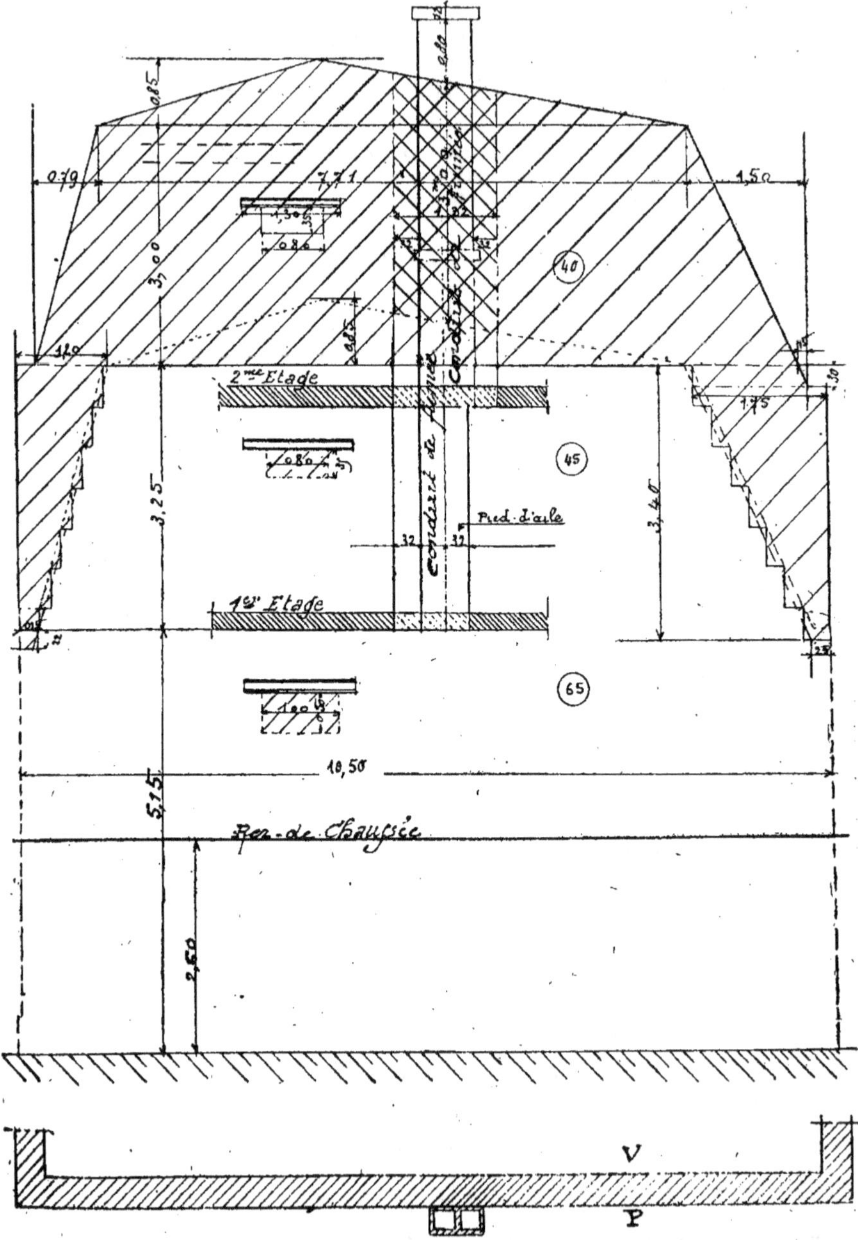


Fig. 15 et 16. — Mur séparatif entre les propriétés P et V. Compte de mitoyenneté.
Surélévation d'un étage.

*Reports*...................................... 0^m,76  3^f,84

mais ils sont faits aussi conjointement avec les autres corps d'état ; nous ferons reconnaître au fur et à mesure de leur dépose les travaux en régie pour perte de temps en plus-value sur les travaux comptés au métré.

Pendant la dépose des bois de charpente, temps passé conjointement avec les autres corps d'état, 2 heures de maçon et aide à 2^f,18 l'une .......................  »  4^f,36  N^os 346-349

L'observation 1008 de la Série est applicable dans les travaux de démolitions, n'ayant pas nécessité de *dépose avec soin pour réemploi.*

Toutes les fois qu'il est fait des descellements avant les démolitions, *ces descellements doivent être comptés* ainsi que les descellements au pourtour des bâtis.  Observation

Démolition de la pointe du pignon (suivant pointillé figure n° 15).

Hauteur $\dfrac{7^m,71 \times 0^m,85}{2}$ longueur $= 3^m,28$

$\times$ 0^m,40 épaisseur....................... 1^m,312

à 3^f,00 le mètre cube............................  »  3^f,94  N° 676

Descente des gravois en immeubles habités.
Cube.................................. 1^m,312
Foisonnement 40 0/0.................... 0^m,525  Observation 761

Ensemble........................... 1^m,837

à 3^f,00 le mètre cube............................  »  5^f,51  N° 704

*Lorsqu'il y a un réemploi de matériaux, ces matériaux sont à défalquer et il faut tenir compte du décrottage,* n^os 671 à 675 inclus.  Observation

Dans la hauteur des brisis, arrachements à la pioche dans le moellon franc.

A gauche.... 0^m,22 haut. $\times$ 0^m,25.... 0^m,06
Au-dessus... 3^m,25 haut. $\times$ 0^m,15 réd. 0^m,49
A droite .... 0^m,15 haut. $\times$ 0^m,25.... 0^m,04
Au-dessus... 3^m,25 haut. $\times$ 0^m,15 réd. 0^m,49

Ensemble................... 1^m,08

$\times$ 0^m,45 épaisseur........................ 0^m,486

à 12^f,60 le mètre cube...........................  »  6^f,12  N° 1512

Pourquoi appliquons-nous ici le numéro 1512 de la Série ? Nous n'avons pas fait de refouillements, mais des arrachements à la pioche au fur et à mesure de la construction du mur pour surélévation. Il est évident que ce n'est pas une démolition en reprise prévue, n^os 678 à 681, ce sont de véritables entailles non dressées entre 2 côtés pour liaison du mur avec l'ancienne construction. Ces piochements sont faits avec sujétion en immeubles habités et avec dérangements des ouvriers. Il y a là aussi un *travail préparatoire* pour ne pas arrêter la construction proprement dite du mur. La construction du mur en moellon neuf dur et mortier bâtard 1/2 chaux hydraulique, 1/2 ciment Portland, Démarle et Lonquély.

A gauche une partie de :

0^m,25 $\times$ 0^m,22 hauteur........ 0^m,06

Au-dessus $\dfrac{0^m,25 + 1^m,20}{2} = 0^m,725$

$\times$ 3^m,25 de hauteur.................. 2^m,36

*A reporter*.................... 2^m,42    0^m,76  23^f,77

| | | | |
|---|---|---|---|

Reports...................... $2^m,42$     $0^m,76$    $23^f,77$

A droite $\dfrac{0^m,25 + 1^m,75}{2} = 1^m,00$

$\times 3^m,10$ de hauteur................... $3^m,10$

Au-dessus $1^m,50 \times 0^m,30$........... $0^m,45$

Ensemble................... $5^m,97$

$\times 0^m,42$ épaisseur....................... $2^m,507$

à $42^f,70$ le mètre cube...........................     $107^f,05$

*Sous-détail du prix*, n° 1174, col. 5, le mètre

cube........................................ $40^f,20$        N° 1182

Plus-value pour moellon dur, le mètre cube.. $2^f,50$

Le mètre cube..................... $42^f,70$

Plus-value de construction en reprise par arrache-

ment.

Cube....................................... $2^m,507$

à $2^f,35$ le mètre cube......................... »    $5^f,89$      N° 1489

Plus-value de surélévation au-dessus de $4^m,00$ de hau-

teur.

Cube....................... $2^m,507$

à $2^f,00$ le mètre cube........................ »    $5^f,01$      N° 1488

Au-dessus en moellon neuf dur et mortier bâtard

1/2 chaux **c,** 1/2 ciment I.

Trapèze :

longueur $\dfrac{10^m,00 + 7^m,71}{2}$ Hauteur$\times 3^m,00$ . $26^m75,$

Partie triangulaire :

Hauteur $\dfrac{7^m,71 \times 0^m,85}{2}$ longueur $=$    $3^m,28$

Ensemble........................ $29^m,85$

Déduire jour de souffrance :

$0^m,83 \times 0^m,39$ hauteur............ $0^m,32$

Linteau en fer, $1^m,30 \times 0^m,12$....... $0^m,16$

Ensemble................... $0^m,48 = 0^m,48$

Reste ........................... $29^m,37$

$\times 0^m,37$ épaisseur........................ $10^m,868$

à $42^f,70$ le mètre cube........................... »    $464^f,02$

Plus-value de surélévation au-dessus de $4^m,00$ de hau-

teur.

Cube....................... $10^m,867$

à $2^f,00$ le mètre cube......................... »    $21^f,73$

Plus-value de faible épaisseur.

Cube....................... $10^m,867$

à $1^f,30$ le mètre cube........................ »    $14^f,13$

En nous reportant à la page 63 de la Série, nous avons :
Moellon ébousiné (au mètre cube).

*Épaisseur des murs* entre lignes en élévation à 2 parements.

Maximum................................ $0^m,80$

Minimum................................ $0^m,40$

Pour les murs au-dessous de $0^m,40$, il y a déchet de
matériaux et aussi un supplément de main-d'œuvre ; la
Série prévoit *un prix moyen* au mètre cube pour mur
ayant en élévation de $0^m,40$ à $0^m,80$ d'épaisseur, elle
n'entend pas par là supprimer la plus-value de mur de

A *reporter*........................... $0^m,76$    $641^f,60$

*Reports*..................................... 0<sup>m</sup>,76    641<sup>f</sup>,60

faible épaisseur, cette plus-value est justifiée et doit être
payée pour le moellon fourni, le mètre cube.... 1<sup>f</sup>,30
En moellon non fourni, le mètre cube........ 1<sup>f</sup>,05
Le hourdis du linteau du jour de souffrance en brique
neuve de Paris, dite façon Bourgogne, etc. (0,06 ✕
0,105 ✕ 0,22), rive gauche, 1<sup>re</sup> qualité et mortier
bâtard M.
Longueur 1<sup>m</sup>,30 ✕ 0,12 hauteur = 0,16.
✕ 0,33 épaisseur.............................. 0<sup>m</sup>,053
à 64<sup>f</sup>,75 le mètre cube......................... 3<sup>f</sup>,43
*Sous-détail du prix.* — Brique de Paris, dite façon de
Bourgogne, de 0<sup>m</sup>,060 ✕ 0<sup>m</sup>,105 ✕ 0<sup>m</sup>,22, rive gauche,
1<sup>re</sup> qualité, pour hourdis de filet.
Le mètre cube.......................... 61<sup>f</sup>,25                          N° 450
Plus-value pour emploi dans le hourdis de
mortier n° 2 et sable tamisé avec mortier bâtard M,
le mètre cube .................................. 3<sup>f</sup>,50
Le mètre cube...................... 64<sup>f</sup>,75

Nous n'avons pas sorti l'évaluation ci-dessus, car un
hourdis de linteau entre fer de 0,12 hauteur doit être
fait en brique de 0<sup>m</sup>,11 d'épaisseur.
Nous aurons :
$$1^m,30 \times 0^m,33 = 0^m,43$$
à 8<sup>f</sup>,24 le mètre superficiel......................... »        3<sup>f</sup>,54
*Sous-détail du prix.* — Brique pour filet de 0,11 d'épais-
seur, le mètre superficiel..................... 7<sup>f</sup>,85                    N° 527 col. 2
Plus-value pour emploi de mortier ci-dessus,
le mètre superficiel............................. 0<sup>f</sup>,39                    N° 555 col. 13
Le mètre superficiel.................. 8<sup>f</sup>,24
Plus-value de surélévation, surface.......... 0<sup>m</sup>,43
✕ 0,11 épaisseur......................... 0<sup>m</sup>,047
à 0/0, 1/10................................... 0<sup>m</sup>,052               Observation 1504
à 2<sup>f</sup>,00 le mètre cube............................. »        0<sup>f</sup>,10          N° 1488

*Le moellon du brisis ainsi que celui de la pointe du pi-*
*gnon n'ont pas été taillés, il est entendu que ce travail*
*doit être estimé en taille lorsqu'il est fait.*

Les enduits en plâtre des dessus de murs ont été faits
par l'entrepreneur de couverture.

Le propriétaire P, pour contraindre son voisin V à
boucher les jours de souffrance, a acquis la mitoyenneté
dans la hauteur du rez-de-chaussée et du 1<sup>er</sup> étage, suivant
le pointillé de la figure n° 15.

Pour la dépose du châssis du 1<sup>er</sup> étage, 5 descellements
de pattes et bouchements de 0<sup>m</sup>,10 de profondeur.
Chaque 0<sup>m</sup>,05 de légers ouvrages................... 0<sup>m</sup>,25
Descellements au pourtour du bâti.
2 fois 0<sup>m</sup>,39...................... 0<sup>m</sup>,78
2 fois 0<sup>m</sup>,90...................... 1<sup>m</sup>,80

Ensemble.................... 2<sup>m</sup>,58
✕ 0<sup>m</sup>,015 courant de légers ouvrages................. 0<sup>m</sup>,04
Dépose de châssis vitré, avec son dormant pour
réemploi, transport dans l'étage et rangement
0<sup>m</sup>,39 ✕ 0<sup>m</sup>,90......................... 0<sup>m</sup>,35
Plus-value 5/10 (obs. 702, Menuiserie)...... 0<sup>m</sup>,175

Ensemble ...................... 0<sup>m</sup>,525
*A reporter*.............................. 1<sup>m</sup>,05    645<sup>f</sup>,24

| | | |
|---|---:|---:|
| *Reports*........................................ | 1<sup>m</sup>,05 | 645<sup>f</sup>,24 |
| à 0<sup>f</sup>,34 le mètre superficiel..................... | » | 0<sup>f</sup>,18 |

N° 684. Menuiserie.

Dans le cas où nous aurions enlevé le châssis vitré, puis le bâti dormant, les descellements et décalfeutrements seraient semblables.

Nous aurions :

Dépose de châssis vitré.

0<sup>m</sup>,29 × 0<sup>m</sup>,80..................... 0<sup>m</sup>,23

En nous reportant à l'observation n° 701, Menuiserie.

*Petites Parties.* — Toute superficie de dépose, repose, ajustement et équarrissage au-dessous de 0<sup>m</sup>,30 sera comptée pour...................... 0<sup>m</sup>,30

Aux 150/00 pour vitraux................... 0<sup>m</sup>,45

à 0<sup>f</sup>,34 le mètre superficiel.................. 0<sup>f</sup>,15       N° 684. Menuiserie.

Dépose du bâti dormant non déchevillé, ni repéré.

2 fois 0<sup>m</sup>,90..................... 1<sup>m</sup>,80

2 fois 0<sup>m</sup>,39..................... 0<sup>m</sup>,78

Ensemble.................... 2<sup>m</sup>,58

à 0<sup>f</sup>,13 le mètre linéaire................... 0<sup>f</sup>,34       N° 765. Menuiserie

Ensemble.......................... 0<sup>f</sup>,49

Différence 0<sup>f</sup>,49 — 0<sup>f</sup>,18.............. 0<sup>f</sup>,31

Avant reprise et bouchement, hachement en plâtre des tableaux avec dégradation à vif pour liaison, ainsi que des feuillures.

Linéaire voussure....................... 0<sup>m</sup>,80

Appui............................... 0<sup>m</sup>,80

Tableaux 2 fois 0<sup>m</sup>,35................... 0<sup>m</sup>,70

Ensemble.......................... 2<sup>m</sup>,30

× 0<sup>m</sup>,05 courant de légers vu renformis et difficulté d'exécution...................................... 0<sup>m</sup>,12       »

Pour dépose des barreaux, 12 descellements et bouchements chaque 0<sup>m</sup>,045 de légers................. 0<sup>m</sup>,54       »

N° 1051
———
2

*La dépose des barreaux a été faite par le serrurier, nous avons donné précédemment des exemples de dépose de fer.*

Bouchement du jour de souffrance en moellon neuf et mortier bâtard M.

0<sup>m</sup>,83 × 0<sup>m</sup>,39..................... 0<sup>m</sup>,32

× 0<sup>m</sup>,37 épaisseur..................... 0<sup>m</sup>,118

à 42<sup>f</sup>,70 le mètre cube............................ »       5<sup>f</sup>,04

Plus-value de surélévation au-dessus de 4<sup>m</sup>,00 de hauteur.

Cube............................ 0<sup>m</sup>,118

à 2<sup>f</sup>,00 le mètre cube.......................... »       0<sup>f</sup>,24       N° 1488

Plus-value de faible épaisseur.

Cube............................ 0<sup>m</sup>,118

à 1<sup>f</sup>,30 le mètre cube.......................... »       0<sup>f</sup>,15

Plus-value de jonction de la nouvelle construction avec l'ancienne.

2 fois 0<sup>m</sup>,83..................... 1<sup>m</sup>,66

2 fois 0<sup>m</sup>,39..................... 0<sup>m</sup>,78

Ensemble..................... 2<sup>m</sup>,44

à 0<sup>f</sup>,05 de légers ouvrages....................... 0<sup>m</sup>,12       »

*A reporter*........................... 1<sup>m</sup>,83       650<sup>f</sup>,85

|  |  |  |  |
|---|---|---|---|
| *Reports*................................... | $1^m,83$ | $650^f,85$ | |
| *Les parties de construction appliquées sans arrachement au droit d'anciennes constructions, telles que bouchements de baies ou autres, ne seront pas comptées comme faites en reprise ; on allouera seulement une plus-value de $0^m,05$ de légers par mètre courant de développement de la jonction de la nouvelle construction avec l'ancienne.* | » | » | Observation 1491 |
| Il est entendu que, même *dans un bouchement de baie,* s'il est demandé des arrachements, *ils doivent être comptés avec les plus-values de reprises.* | » | » | Observation |
| Nous ferions de même la dépose et le bouchement du jour de souffrance du rez-de-chaussée ; il est inutile de recommencer ce détail. | | | |
| Par suite de surélévation du mur séparatif, dérasement de la souche adossée. | | | |
| Dépose de la mitre avec rangement................. | » | $0^f,35$ | N° 532 Fumisterie |
| Le prix de $0^f,35$ comprend le décrottage et rangement. | | | |
| Dépose d'un montant de tuyau avec descente....... | » | $0^f,55$ | N° 532 Fumisterie |
| Descellement du tuyau.......................... | » | $0^f,32$ | N° 536 Fumisterie |
| Tamponnages préalables des 2 conduits de fumée et détamponnages. | | | |
| 2 à $0^f,50$ l'un.......................... | » | $1^f,00$ | |

Hachement des enduits en plâtre de la souche hors combles et dégarnissage à vif des joints

       2 fois $0^m,68$.........   $1^m,36$
       2 fois $0^m,34$.........   $0^m,68$

      Ensemble....... $\overline{2^m,04} \times 0^m,75^{hr}$ réd..   $1,53$

|  |  |
|---|---|
| à $0^m,12$ de légers................................ | $0^m,18$ |

Hachement du bandeau en plâtre en 4 sens

       2 fois $0^m,76$......................   $1^m,52$
       2 fois $0^m,34$......................   $0^m,68$
                             $\overline{2^m,20}$

|  |  |  |
|---|---|---|
| $\times 0,03$ courant de légers......................... | $0^m,07$ | |
| Démolition des fermetures de conduits 2 chaque $0^f,15$. | » | $0^f,30$ |

Hachement des enduits en plâtre de la souche jusqu'à la partie dérasée de mur séparatif.

      Largeur......................   $0^m,68$
      Côté 2 fois 0,34....................   $0^m,68$
                               $\overline{1^m,36}$

|  |  |  |
|---|---|---|
| $\times 0^m,60$ de hauteur............   $0^m,82$ | | |
| à $0,12$ de légers.............................. | $0^m,10$ | |

Dépose de conduits de fumée en boisseaux,

      2 fois $1^m,47$..............   $2^m,94$

|  |  |  |
|---|---|---|
| à $0^f,72$ le mètre............................. | » | $2^f,12$ |

      La dépose vaut le 1/3 des prix de pose ou $\dfrac{2^f,18}{3}$ ... $0^f,72$

Les nouveaux conduits de fumée en boisseaux Goulier réglementaires de $0^m,20 \times 0^m,20$.

      Linéaire 2 fois $4^m,52$........   $9^m,04$

|  |  |  |
|---|---|---|
| à $8^f,60$ le mètre............................. | » | $77^f,74$ |

Plus-value de raccordement dans la partie inférieure avec les anciens tuyaux.

|  |  |  |
|---|---|---|
| 2 fois $0^m,20$ de légers......................... | $0^m,40$ | » |

Pour maintenir les conduits de fumée, la pose de 2 ceintures, 4 trous d'abouts de 0,12 profondeur dans le moellon dur.

|  |  |  |
|---|---|---|
| *A reporter*............................. | $2^m,58$ | $733^f,23$ |

| | | | |
|---|---|---|---|
| *Reports* ................................ | 2<sup>m</sup>,58 | 733<sup>f</sup>,23 | |

Chaque 0<sup>m</sup>,12 de taille n° 7.................. 0,48
à 6<sup>f</sup>,60 le mètre................................ » 3<sup>f</sup>,16    N° 1529

Scellements en plâtre à 1/2...................... 0<sup>m</sup>,24 »

Le moellon employé dans la surélévation est du moellon dur, il est rationnel de compter les trous suivant dureté des matériaux......................... » »    Observation

La pose de 2 ceintures et mise de niveau, y compris montage, chaque 0<sup>m</sup>,08 de légers.................. 0<sup>m</sup>,16 »

*Le prix de 0<sup>f</sup>,02 le kilogramme ne serait pas suffisant.*

Derrière les conduits de fumée, renformis en plâtre de 0<sup>m</sup>,02 pour l'adossement au mur séparatif

    hauteur 3<sup>m</sup>,60 réduite × 0<sup>m</sup>,68............ 2<sup>m</sup>,45
à 0<sup>m</sup>,14 de légers ouvrages...................... 0<sup>m</sup>,34 »    N° 830

*Crépi renformis derrière tuyaux de cheminée, de chute et autres, par chaque centimètre d'épaisseur en légers ouvrages, le mètre superficiel....................* 0<sup>m</sup>,07

*La Série est très explicite.* — Boisseau Gourlier (au mètre linéaire) y compris le scellement du tuyau sur le mur auquel il est adossé, mais non compris le renformis de 0<sup>m</sup>,02 d'épaisseur qui ne sera payé que sur demande spéciale de l'architecte.................... » »    Page 36 de la Série

Il est d'usage de faire un chemisage en plâtre sur les conduits de fumée, même lorsqu'ils sont placés dans l'intérieur des coffres de cheminées................. » »    Observation

L'enduit d'un mur mitoyen doit passer derrière les tuyaux de chute d'aisances ; les tuyaux doivent être parfaitement hermétiques et isolés du parement du mur (art. 657 du Code )..

Pour terminer avec la question des tuyaux adossés à un mur séparatif, conformément au même article n° 657.

Celui qui adosse des tuyaux de cheminée, quelle que soit la nature de leur construction, contre un mur non mitoyen, doit rembourser à son voisin, propriétaire du mur, la moitié de sa valeur dans la largeur occupée par lesdits tuyaux, et en outre un pied d'aile 0<sup>m</sup>,32 au delà de chaque côté dans toute la hauteur (Voir *fig.* n° 15).

*Lorsque les tuyaux sont inclinés, on doit payer le mur aplomb de la plus grande saillie de l'aile.*

L'enduit en plâtre au sas du dessus de souche circulaire avec renformis de 0<sup>m</sup>,03.

De 0<sup>m</sup>,68 × 0<sup>m</sup>,38..................... 0<sup>m</sup>,26
à 0<sup>m</sup>,59 de légers ouvrages........................ 0<sup>m</sup>,15 »

*Sous-détail.*

N° 858 le mètre superficiel.................. 0<sup>m</sup>,25
N° 864      —      .................. 0<sup>m</sup>,05
N° 872      —      .................. 0<sup>m</sup>,21

    Le mètre superficiel.................. 0<sup>m</sup>,51

Bandeau saillant simple en plâtre avec larmier de 0<sup>m</sup>,12 de hauteur.

2 fois 0<sup>m</sup>,68............................. 1<sup>m</sup>,36
2 fois 0<sup>m</sup>,34............................. 0<sup>m</sup>,68

    Ensemble............................ 2<sup>m</sup>,04
0<sup>m</sup>,30 de légers............................. 0<sup>m</sup>,61 »    N° 939
Arêtes verticales du bandeau.

    *A reporter*................................ 4<sup>m</sup>,08 736<sup>f</sup>,39

*Reports*.................................   4ᵐ,08   736ᶠ,39

4 fois 0ᵐ,12 hauteur....................... 0ᵐ,48

à 0ᵐ,05 de légers.............................   0ᵐ,02   »

La plus-value d'angle entre 2 règles n'est jamais
applicable aux bandeaux, appuis ou larmiers.   »   »   Observation 971

Les arêtes verticales seront seulement comptées.   »   »   Observation 972

Façon de 2 fermetures, orifices circulaires faits à la
main, en plâtre au panier en plus-value, chaque 0ᵐ,15
de légers.....................................   0ᵐ,30   »

Pose de la mitre........................... 0ᶠ,80

Plus-value de pose sur combles, 15 0/0....... 0ᶠ,12

Ensemble........................... 0ᶠ,92   »   0ᶠ,92

Pose d'un montant de tuyau sur combles avec fourni-
ture de fil de fer et attaches, non compris solins......   »   1ᶠ,05   N° 768 Fumisterie

Scellement du tuyau compris garnissages et solins..   »   1ᶠ,30   N° 771

Recouvrement en plâtre au sas de boisseaux rectangulaires pour tuyaux adossés avec garnissage des angles.

Hors-combles.

2 fois 0ᵐ,68....................... 1ᵐ,36

✕ 0ᵐ,80 de hauteur réduite................. 1ᵐ,09

à 0ᵐ,33 légers.............................   0ᵐ,36   N° 928

Côtés 2 fois 0ᵐ,34 ✕ 0ᵐ,80 réduit............ 0ᵐ,54

à 0ᵐ,33 de légers.............................   0ᵐ,18   »

Plus-value d'enduit de moins de 0ᵐ,35 de largeur.

Surface................................... 0ᵐ,54

à 0ᵐ,08 de légers ouvrages.........................   0ᵐ,04   »   Nᵒˢ 856-858

Arêtes verticales en plâtre.

4 fois 0ᵐ,80............................. 3ᵐ,20

à 0ᵐ,05 de légers ouvrages.........................   0ᵐ,16   »   N° 932

En contrebas dans la hauteur des tuyaux adossés,
recouvrement en plâtre au sas de boisseaux rectangulaires avec garnissage des angles.

Dans la hauteur du 2ᵐᵉ étage.

Face 0ᵐ,68 ✕ 3ᵐ,85 de hauteur.............. 2ᵐ,62

à 0ᵐ,33 légers ouvrages.........................   0ᵐ,86   »   N° 928

Costières 2 fois 3ᵐ,85 hauteur réduite = 7ᵐ,70
✕ 0ᵐ,33 épaisseur..................... 2ᵐ,54

à 0ᵐ,33 légers ouvrages.........................   0ᵐ,84   »   N° 928

Plus-value d'enduit de moins de 0ᵐ,35 de largeur.

Surface................................... 2ᵐ,54

à 0ᵐ,08 de légers ouvrages.........................   0ᵐ,20   »

Arêtes droites en plâtre.

2 fois 3ᵐ,85 de hauteur................... 7ᵐ,70

à 0ᵐ,05 de légers ouvrages.........................   0ᵐ,39   »   N° 932

Plus-value pour arrangement et départ du conduit de
fumée.........................................   0ᵐ,20   »

Dans la hauteur du 1ᵉʳ étage recouvrement en plâtre
au sas de boisseaux rectangulaires avec garnissage des
angles.

Face................ 0ᵐ,34

Costière 2 fois 0ᵐ,33.. 0ᵐ,66

Ensemble...... 1ᵐ,00✕2ᵐ,60 de hautʳ   2ᵐ,60

à 0ᵐ,33 de légers...............................   0ᵐ,86   »

Plus-value de petite dimension moindre de 0ᵐ,35 de
largeur.

*A reporter*...........................   8ᵐ,49   739ᶠ,66

| | | | |
|---|---|---|---|
| *Reports*............................................... | 8<sup>m</sup>,49 | 739<sup>f</sup>,66 | |

Surface.............................................  2<sup>m</sup>,60
à 0<sup>m</sup>,08 de légers...................................  0<sup>m</sup>,21  »
Arêtes droites en plâtre, 2 fois 2<sup>m</sup>,60.......  5<sup>m</sup>,20
à 0<sup>m</sup>,05 de légers ouvrages.........................  0<sup>m</sup>,26  »  N° 932
Plus-value pour arrangement et départ du conduit de fumée en légers ouvrages......................  0<sup>m</sup>,20  »

Enduit en plâtre au sas du mur séparatif sur moellon neuf.

Partie haute.

Longueur $\dfrac{7^m,71 \times 0^m,85}{2}$ de hauteur........  3<sup>m</sup>,28

En contrebas.

Longueur $\dfrac{7^m,71 + 10^m,00}{2} \times 3^m,00$ de haut<sup>r</sup>.  26<sup>m</sup>,57

A gauche $\dfrac{1^m,20 + 0^m,25}{2} \times 3^m,25$ de haut<sup>r</sup>.  2<sup>m</sup>,36

0<sup>m</sup>,25 $\times$ 0<sup>m</sup>,22...................  0<sup>m</sup>,05
A droite  1<sup>m</sup>,50 $\times$ 0<sup>m</sup>,30 hauteur..........  0<sup>m</sup>,45
En contrebas.

$\dfrac{1^m,75 + 0^m,25}{2} \times 3^m,10$ de haut<sup>r</sup>.  3<sup>m</sup>,10

Ensemble ........................  35<sup>m</sup>,81
Moins jour de souffrance.
0<sup>m</sup>,80 $\times$ 0<sup>m</sup>,35 hauteur..........  0<sup>m</sup>,28
Tuyaux adossés.
Longueur 0<sup>m</sup>,68 $\times$ 3<sup>m</sup>,55 de hauteur  2<sup>m</sup>,41

Ensemble...................,  2<sup>m</sup>,69  2<sup>m</sup>,69

Reste .........................  33<sup>m</sup>,12
à 0<sup>m</sup>,25 de légers............................  8<sup>m</sup>,28  »  N° 858
Renformis de 0<sup>m</sup>,02 sur fers.
1<sup>m</sup>,30 $\times$ 0<sup>m</sup>,12 hauteur..............  0<sup>m</sup>,16
à 0<sup>m</sup>,14 de légers..............................  0<sup>m</sup>,02  »  N° 872
Enduit en plâtre au sas en épaisseur de mur.
A gauche 3<sup>m</sup>,25 de hauteur $\times$ 0<sup>m</sup>,45.......  1<sup>m</sup>,46
A droite  3<sup>m</sup>,10 de hauteur $\times$ 0<sup>m</sup>,45.......  1<sup>m</sup>,40

Ensemble.....................  2<sup>m</sup>,86
à 0<sup>m</sup>,25 de légers ...........................  0<sup>m</sup>,72  »  N° 858
Enduit en plâtre des dessus de mur.
2 fois 0<sup>m</sup>,25 $\times$ 0<sup>m</sup>,45...................  0<sup>m</sup>,225
à 0<sup>m</sup>,33 de légers ...........................  0<sup>m</sup>,07  »  N° 928
Les enduits en plâtre au sas du jour de souffrance sur moellon neuf.
Voussure avec renformis de 0<sup>m</sup>,02
Longueur 0<sup>m</sup>,80 $\times$ 0<sup>m</sup>,22...............  0<sup>m</sup>,18
à 0<sup>m</sup>,58 légers ...........................  0<sup>m</sup>,10
Tableaux 2 fois 0<sup>m</sup>,35 hauteur........  0<sup>m</sup>,70
$\times$ 0<sup>m</sup>,22.........................  0<sup>m</sup>,15
à 0<sup>m</sup>,33 légers ouvrages......................  0<sup>m</sup>,05  »  N° 928
Enduit de la bavette en pente avec renformis de 0<sup>m</sup>,02 réduit.
0<sup>m</sup>,80 $\times$ 0<sup>m</sup>,23...................  0<sup>m</sup>,18
à 0<sup>m</sup>,47 légers ouvrages ......................  0<sup>m</sup>,08  »  N<sup>os</sup> 928 et 872
Arêtes en plâtre au sas.

*A reporter*.............................  18<sup>m</sup>,48  739<sup>f</sup>,66

*Reports*...................................... 18$^m$,48   739$^f$,66

2 fois 0$^m$,80............................ ...... 1$^m$,60

2 fois 0$^m$,35................................ 0$^m$,70

Ensemble............................. 2$^m$,30

à 0$^m$,05 légers ouvrages ........................... 0$^m$,12   »        N° 932

Les enduits en plâtre au sas du vieux mur en moellon avec dégradation et regarnissage des joints en plâtre.

Longueur $\dfrac{7^m,71 + 10^m,00}{2} =$ ........ 8$^m$,86

$\times$ 3$^m$,25 de hauteur........................ 28$^m$,80

En contrebas sur meulière.

Longueur 10$^m$,50 $\times$ 5$^m$,15 hauteur $=$ ...... 54$^m$,08

Ensemble ........................ 82$^m$,88

Dont sur parties neuves en moellon ;

Jours de souffrance,

Largeur.... 0$^m$,80 $\times$ 0$^m$,35 hauteur $=$ 0$^m$,28

»            1$^m$,00 $\times$ 0$^m$,50 hauteur $=$ 0$^m$,50

Ensemble.................. 0$^m$,78   0$^m$,78   0$^m$,20   »

à 0$^m$,25 de légers ouvrages.................. »

Reste ........................... 82$^m$,10

Déduire les épaisseurs de planchers.

Longueur.................. 7$^m$,90

»          .................. 9$^m$,90

Ensemble............. 17$^m$,80

$\times$ 0$^m$,28.......................... 4$^m$,98

Filets en fer des jours de souffrance.

Longueur....... 1$^m$,30

»       ....... 1$^m$,50

Ensemble.... 2$^m$,80 $\times$ 0$^m$,12 h$^r$.  0$^m$,34

Emplacement des conduits de fumée.

Hauteur 2$^m$,69 $\times$ 0$^m$,34............. 0$^m$,91

Ensemble.................. 6$^m$,23   6$^m$,23

Reste ......................... 75$^m$,87

à 0$^m$,40 légers.............................. 30$^m$,35   »

*Sous-détail de cette évaluation.* — Enduit en plâtre au sas, compris crépi et gobetage de 0$^m$,01 à 0$^m$,02 d'épaisseur sur partie neuve au-dessus de 0$^m$,35 de largeur, le mètre superficiel en légers ouvrages.......... 0$^m$,25

Plus-value pour enduit sur vieux mur avec dégradation et regarnissage des joints en plâtre, le mètre superficiel en légers ouvrages ....... 0$^m$,15        N° 858

Le mètre superficiel.................. 0$^m$,40        N° 201 Série Stuc

Reprendre les enduits en plâtre sur filets avec renformis de 0$^m$,02 sur la face du mur.

Surface ci-dessus ........................ 0$^m$,34

à 0$^m$,39 de légers ouvrages........................... 0$^m$,13   »     N°s 858-872

Plus-value d'enduit sur meulière.

Surface précédente ...................... 54$^m$,08

Moins bouchement de jour de souffrance en moellon.

1$^m$,00 $\times$ 0$^m$,50 ............... 0$^m$,50

Filet 1$^m$,50 $\times$ 0$^m$,12 ............... 0$^m$,18

Ensemble.................. 0$^m$,68   0$^m$,68

Reste.......................... 53$^m$,40

à 0$^m$,08 de légers ouvrages ...................... 4$^m$,27   »        N° 863

*A reporter*............................... 53$^m$,55   730$^f$,66

|  |  |  |
|---|---|---|
| *Reports* .................................. | 53ᵐ,55 | 739ᶠ,66 |

Pendant les travaux de surélévation, construction d'un échafaudage à double rang d'échasses contre le mur de notre propriété

| Longueur 11ᵐ,00 × 11ᵐ,20 hauteur........ | 123ᵐ,20 |
| Plus-value pour double rang d'échasses 1/3 | 41ᵐ,07 |

Observation 847

| Ensemble........................ | 164ᵐ,27 |

à 0ᵐ,085 de légers.................................. 13ᵐ,96 »

La partie haute de l'échafaudage supportant la toiture de garantie.

| Longueur 11ᵐ,00 × 5ᵐ,20 hauteur.......... | 57ᵐ,20 |

à 0ᵐ,24 de légers.................................. 13ᵐ,72 »

Pourquoi cette différence d'évaluation dans la construction de l'échafaudage?

Le mur ayant été ravalé en plâtre au sas dans toute la hauteur du mur séparatif, nous avons appliqué la plus-value d'échafaudage pour ravalement.

Au-dessus l'échafaudage n'a servi qu'à supporter la toiture de garantie avec double transport de matériel; il est, de plus, composé d'arbalétriers en échasses, jambes de force, etc., qui compensent les planchers d'échafaudages non exécutés dans cette partie d'échafaudage.

N° 837

Pourquoi n'avons-nous pas appliqué le n° 841 de la Série?

Les numéros 837 à 840 de la Série sont des plus-values d'échafauds sur ceux prévus dans les évaluations de légers ouvrages.

| *A reporter*.................................. | 81ᵐ,23 | 739ᶠ,66 |

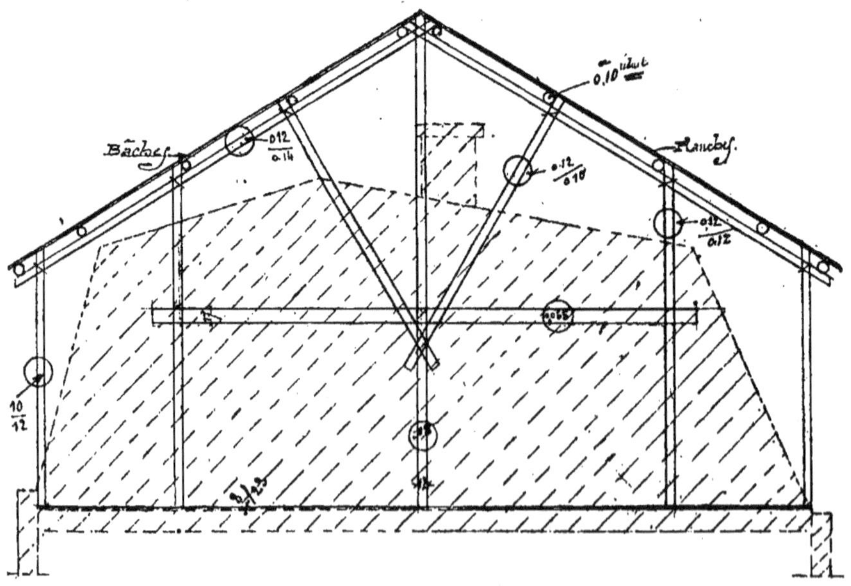

Fig. 17. — Construction d'un échafaudage pour l'établissement d'une toiture de garantie pendant les travaux de surélévation.

*Reports*...................................... 81$^m$,23    739$^f$,66

Cet échafaudage dans la partie haute n'ayant servi à aucun travail de maçonnerie proprement dite, le n° 833 ne peut être contesté.

Pour terminer avec cette partie haute d'échafaudage, nous allons compter l'excédent de location de matériel pour une durée de *2 mois* et *20 jours*.

Suivant le n° 833 de la Série, la valeur de l'échafaudage comprend une location de matériel pendant 3 mois.

Pour 5 mois et 20 jours nous compterons l'excédent de la manière suivante :

Pour 2 mois :

Surface........................ 57$^m$,20

à 0$^m$,10 de légers................................. 5$^m$,72    »      N° 834

20 jours en plus.

Surface........ 57$^m$,20 $\times$ 0$^m$,05 $\times \dfrac{20}{30} =$ ........ 1$^m$,90    »      N° 834

Nous rappelons ici que la plus-value de durée n'est jamais applicable dans les échafauds servant à la maçonnerie.

Observation 849

Pour terminer le métré des travaux exécutés de notre côté, nous compterons la plus-value de surélévation pour construction de tuyaux adossés à *plus de* 4$^m$,00 *de hauteur.*

Nous ferons le cube des conduits de fumée sans tenir compte de la sujétion dans le montage et nous appliquerons le prix de plus-value de surélévation.

N° 1488

**Construction d'un échafaudage pour l'établissement d'une toiture de garantie.**

L'échafaudage de garantie tout en sapin (matériel de maçonnerie) est composé de 4 fermes, comprenant : un poinçon en 0$^m$,12 $\times$ 0$^m$,15; 2 arbalétriers en 0$^m$,12 $\times$ 0$^m$,14; 2 contrefiches en 0$^m$,12 $\times$ 0$^m$,10; 2 montants en 0$^m$,12 $\times$ 0$^m$,12; 2 autres en 0$^m$,10 $\times$ 0$^m$,12. Sous les montants 1 semelle chêne 8/23 avec scellements en plâtre et solins de chaque côté; les moises supportant le plancher incliné ont 0$^m$,10 réduit; ces moises reçoivent les madriers espacés tous les 0$^m$,50 d'axe en axe; les poteaux verticaux, poinçon, contrefiches sont reliés par des moises en 0$^m$,065 $\times$ 0$^m$,17. Sur le plancher incliné sont fixées des bûches attachées avec des cordages et clouées.

Détail d'une ferme, suivant figure n° 17.

Semelle en chêne vieux loué avec montage jusqu'à 10$^m$,00 de hauteur.

Longueur (en 3 morceaux).

6$^m$,50 $\times$ 0$^m$,23 .................... 1$^m$,50

$\times$ 0$^m$,08............................... 0$^m$,120      N° 187

à 63$^f$,50 le stère................................. »    7$^f$,62    Col. 8. Charpente

Scellement en plâtre de la couche avec solins en tous sens.

Longueur 6$^m$,50 $\times$ 0$^m$,25 courant de légers compris démolition et enlèvement de gravois.................. 1$^m$,63

Le poinçon en sapin

*A reporter*.............................. 00$^m$,48    747$^f$,28

|  |  |  |
|---|---|---|
| *Reports*.................................... | 90$^m$,48 | 747$^f$,28 |

Hauteur 6$^m$,10 $\times$ 0$^m$,12 $\times$ 0$^m$,15............ 0$^m$,110
Montants intermédiaires
    2 fois 4$^m$,25 $\times$ 0$^m$,12 $\times$ 0$^m$,12............ 0$^m$,122
Montants extrèmes
    2 fois 3$^m$,25 $\times$ 0$^m$,10 $\times$ 0$^m$,12............ 0$^m$,078
Arbalétriers
    2 fois 6$^m$,35 $\times$ 0$^m$,12 $\times$ 0$^m$,14............ 0$^m$,213
Contrefiches
    2 fois 3$^m$,90 $\times$ 0$^m$,10 $\times$ 0$^m$,12............ 0$^m$,094
Moises
    2 fois 7$^m$,00 $\times$ 0$^m$,065 $\times$ 0$^m$,17.......... 0$^m$,155
    Ensemble...................... 0$^m$,772

à 55$^f$,50 le stère............................ » 42$^f$,85    N° 317, col. 8

3 autres fermes semblables produisent :
En argent 3 fois 42$^f$,85......................... » 128$^f$,55
En légers 3 fois 1$^m$,63.......................... 4$^m$,89 »

OBSERVATION. — Faisons la surface de la ferme détaillée ci-dessus.
Nous aurons :
Rectangle............. 10$^m$,00 $\times$ 3$^m$,25 = 32$^m$,50

Triangle au-dessus .... 10$^m$,00 $\times$ $\dfrac{2^m,90}{2}$ = 14$^m$,50

    Ensemble ...................... 47$^m$,00

Nous dirons 47$^m$,00 superficiels d'échafaudages, valent 58$^f$,95.

*Le mètre superficiel* vaudra :
$$\frac{58^f,95}{47^m,00} = 1^f,25 \text{ environ.}$$

Soit en légers.................... $\dfrac{1^f,25}{5^f,20} = 0^m,24$

Détaillons maintenant un mètre superficiel de toiture de garantie :
Nous aurons :
Moises 5 fois..... 1$^m$,00 $\times$ 0$^m$,10 $\times$ 0$^m$,10 = 0$^m$,050
La longueur de la toiture étant de 6$^m$,25 par mètre superficiel il y aura $\dfrac{0^m,050}{6^m,25}$ = 0$^m$,008

Les madriers étant espacés environ tous les 0$^m$,50 d'axe en axe.
Nous aurons par mètre superficiel :
2 fois 0$^m$,22 $\times$ 1$^m$,00 = 0$^m$,44
$\times$ 0$^m$,034..................... 0$^m$,01496
    Ensemble................. 0$^m$,0229
à 55$^f$,50 le stère......................... 1$^f$, 27

Soit en légers.................... $\dfrac{1^f,27}{5^f,20} = 0^m,24$

Pour terminer cette couverture de garantie nous compterons sur chaque versant compris recouvrements :

    2 bâches de 5$^m$,00 $\times$ 4$^m$,00....... 40$^m$,00
    1 bâche de 4$^m$,00 $\times$ 4$^m$,00....... 16$^m$,00
    2 bâches de 5$^m$,00 $\times$ 3$^m$,00....... 30$^m$,00
    1 bâche de 4$^m$,00 $\times$ 3$^m$,00....... 12$^m$,00
    Ensemble................. 98$^m$,00

*A reporter*.............................. 95$^m$,37   918$^f$,68

$Reports$ ............................................... 95$^m$,37  918$^f$,68

à 1$^f$,74 le mètre superficiel ........................... »  170$^f$,52

1 autre versant semblable ......................... »  170$^f$,52

Bâche au mètre superficiel en location, pose et dépose non comprise (par mois), le mètre superficiel 0$^f$,32.

$Pour les 3 premiers mois$, 3 fois 0$^f$,32 ......... 0$^f$,96      N° 366

3 mois suivants, 3 fois 0$^f$,26 ............... 0$^f$,78      N° 367

Le mètre superficiel ................ 1$^f$,74

Montage, pose, dépose, descente et double transport pour 2 versants.

2 fois 98$^m$,00 ......................... 196$^m$,00

à 0$^f$,17 le mètre superficiel ...................... »  33$^f$,32      N° 371

Plus-value sur combles.

15 0/0 en plus. ................................. »  5$^f$,00      Observation 807

Nous rappelons ici que pendant les travaux, les bâches sont déposées et reposées plusieurs fois suivant les besoins.

Ces travaux sont prévus n° 372 de la Série, le mètre superficiel ................................. 0$^f$,02      N° 372

Plus-value sur combles 15 0/0 .............. 0$^f$,003      Observation 807

Le mètre superficiel ................. 0$^f$,023

Pour tous ces changements il est remis des attachements écrits au fur et à mesure afin de faire reconnaître *soit en régie*, soit au mètre superficiel les diverses modifications.

Nous allons faire le décompte d'un mètre superficiel de bâche de garantie *pendant 6 mois*.

Nous avons surface proprement dite

6$^m$,35 $\times$ 13$^m$,00 .............. 82$^m$,55

82$^m$,55 valent ............. 208$^f$,84

Le mètre superficiel $\dfrac{208^f,84}{82^m,55}$ = ........ 2$^f$,53

*compris location, pose et dépose.*

*Les déposes dans le courant des travaux à compter en supplément.*

Ensemble. Légers ouvrages en plâtre ............... 95$^m$,37      N° 803

à 5$^f$,20 le mètre superficiel ........................... »  495$^f$,92      Argent

Ensemble ................................... 1793$^f$,96  1793$^f$,96

Nous avons donné précédemment des exemples de travaux de modifications il est inutile de reproduire les détails de hourdis de plancher, carrelages, scellements de lambourdes, enduits sur murs etc., etc., qui sont la conséquence des travaux de surélévation.

Comment établir le décompte de la mitoyenneté et de la surcharge?

Le mur séparatif étant mitoyen dans la hauteur de clôture 2$^m$,60, le propriétaire P paiera au voisin V la moitié de la valeur du mur en contrebas de la partie surélevée dans une hauteur de 3$^m$,25 + 2$^m$,55.

Il paiera aussi dans la partie au-dessus l'emplacement des tuyaux de fumée adossés plus un pied d'aile de chaque côté soit la moitié de la valeur du mur dans la largeur de 1$^m$,32.

Quant à l'estimation du mur séparatif, 2 cas se présentent; la partie haute est neuve le propriétaire P remboursera au propriétaire V la moitié de la valeur actuelle de construction, c'est-à-dire la moitié de ce que le propriétaire V *aura payé à l'emplacement de ces conduits.*

2° La partie inférieure est ancienne, comment sera-t-elle remboursée?

Supposons que le voisin V a payé lors de la construction de ce mur un prix de

30ᶠ,00 le mètre cube, que devra rembourser le propriétaire P ?

Suivant l'article 661 du Code, cette partie de mitoyenneté doit être payée suivant la valeur *au jour de l'estimation* et **non d'après ce qu'elle a coûté.**

Ce prix de 30ᶠ,00 le mètre cube n'est plus applicable ; le jour de l'acquisition il a été estimé le mètre cube 20ᶠ,00 ; le propriétaire P remboursera au propriétaire la 1/2 de la valeur de ce mur à raison de 20ᶠ,00 le mètre cube.

Dans le cas où le propriétaire P n'aurait pas payé de mitoyenneté dans la partie inférieure, le décompte serait fait de même. — Il aurait, de plus, à rembourser la valeur du terrain dans la 1/2 de l'emplacement du mur, dans le cas où ce terrain appartiendrait au propriétaire V, ainsi que les fouilles de toutes natures, béton de cailloux, etc.

Le propriétaire P paiera aussi pour la valeur entière les conduits de fumée adossés, souche, mitre, montants de tuyaux, ceintures en fer, pose, scellement, renformis derrière les tuyaux et tous recouvrements en plâtre faits de son côté. Il remboursera aussi la valeur de l'échafaudage extérieur fait de son côté, pour la construction des tuyaux de fumée et autres parties mitoyennes et ce pour 1/2.

Il nous reste la question des honoraires d'architecte pour le compte de mitoyenneté.

Le voisin V, pour obtenir le règlement de la valeur de mitoyenneté acquise par le propriétaire P, fera établir le mémoire. Nous avons dit précédemment qu'il était dû, en dehors de la *convention sur timbres*, 2 0/0 à l'architecte.

Le voisin P fera vérifier ce compte suivant ce que nous avons dit précédemment, il est dû 2 0/0 pour vérification.

Les deux propriétaires P et V auront donc à payer les mêmes honoraires. A moins de compte de mitoyenneté établi par expert, les frais sont donc les mêmes ; aussi, dans ce cas, il n'est pas tenu compte des honoraires d'architecte.

Si, par suite de désaccord entre les propriétaires P et V, le compte a été établi par expert, les honoraires d'expertise sont supportés par moitié.

Nous avons examiné ce que le propriétaire P devait à son voisin pour la construction et acquisition de la mitoyenneté ; à ce compte nous avons à défalquer *les droits de surcharges*. Suivant l'article 658 du code, le voisin V doit 1/10 de la valeur de la surélévation à P ; en un mot, établir le compte de toute la partie haute qui est hachurée et payer le 1/10 au voisin P.

Nous avons compté la plus-value de *surélévation de mur à plus de* 4ᵐ,00 *de hauteur.*

Nous n'avons pas l'intention de reproduire ici le décompte de la surélévation côté de Monsieur V, il est entendu que dans tous les travaux de surélévation la plus-value est aussi due.

## ORDRE DE SERVICE nᵒ 6

Construction d'une annexe pour usine en ciment armé.

Le dosage du béton sera composé :

| | |
|---|---|
| Gravillon................................. | 0ᵐ³,800 |
| Sable de rivière ......................... | 0ᵐ,400 |
| Ciment de portland artificiel .............. | 400ᵏ,000 |

La semelle de fondation aura 0,50 de largeur × 0,25 de hauteur.

Les 4 poteaux d'angles auront une section de 0,30 × 0,30 et 4ᵐ,50 de hauteur réduite.

Les poitrails au pourtour reliant les poteaux auront une section de 0,25 × 0,20.

Les deux poteaux intermédiaires auront une section de 0,20 × 0,15 et auront 4ᵐ,50 de hauteur. La poutre intermédiaire sous plancher aura 0,15 de hauteur × 0,20. Le plancher aura 0ᵐ,07 d'épaisseur.

Avant de faire le métré de l'annexe, examinons la Série des prix de Béton de ciment armé (édition 1913).

Page 241 ; Les prix élémentaires sont équivalents à ceux des autres Séries.

## MÉTRÉ ET ATTACHEMENTS.

### PRIX ÉLÉMENTAIRES

| HEURE — MATÉRIAUX | UNITÉS | DÉBOURSÉS | Nᵒˢ D'ORDRE | OBSERVATIONS |
|---|---|---|---|---|
| *Heure de jour* (été ou hiver). | | | | |
| De forgeron...................... | l'heure | 1ᶠ,00 | 1 | |
| De boiseur ou coffreur...................... | » | 1ᶠ,00 | 2 | |
| D'aide-boiseur, coffreur ou de bétonneur ou ferrailleur...................... | » | 0ᶠ,85 | 3 | |
| De garçon bétonneur, pilonneur ou ferrailleur. | » | 0ᶠ,75 | 4 | |
| De manœuvre...................... | » | 0ᶠ,70 | 5 | |
| Chaque ouvrier devra être muni des outils de sa profession...................... | » | Observ. | 6 | |
| *Matériaux* compris transport à pied-d'œuvre. | | | | |
| Gravillon lavé...................... | m. cube | 10ᶠ,00 | 7 | |
| Sable de rivière lavé...................... | » | 7ᶠ,50 | 8 | |
| —  tamisé...................... | » | 9ᶠ,50 | 9 | |
| Ciment de Portland artificiel...................... | 100 kgs | 7ᶠ,70 | 10 | |
| Bois de chêne pour béton armé ............ | le stère | 80ᶠ,00 | 11 | |
| Bois de sapin...................... | » | 71ᶠ,00 | 12 | |
| Planche de sapin...................... | m. lin. | 1ᶠ,25 | 13 | |
| Fers de toute nature suivant la classe et le cours au jour de la commande du travail.. | » | Observ. | 14 | |
| Si nous comparons ces prix aux autres Séries. Nous avons : | | | | |
| Heure de jour compris outillage *de forgeron*. Prix moyen...................... | l'heure | 1ᶠ,00 | Nᵒ 1 | Série Serrurerie, p. 401 |
| Heure de boiseur, ou coffreur, ou *charpentier*. | l'heure | 1ᶠ,00 | Nᵒ 1 | Série Charpente, p. 301 |
| Heure d'aide-boiseur, coffreur ou de bétonneur, ou ferrailleur, *ou limousin*... ........ | l'heure | 0ᶠ,85 | Nᵒ 9 | Maçonnerie |
| Quant aux prix des matériaux, ils correspondent avec raison à ceux de la Série de Ciment.... | » | » | » | Série Ciment, p. 202 |
| Le ciment de Portland...................... | 100 kgs | 7ᶠ,70 | Nᵒ 6 | Série Ciment |
| Bois de chêne pour béton armé ............ | le stère | 80ᶠ,00 | Nᵒ 10 | Charpente |
| Bois de sapin  — | » | 71ᶠ,00 | Nᵒ 15 | |
| Fers de toute nature suivant la classe et le cours au jour de la commande du travail.. | » | » | Nᵒ 82 | Serrurerie |
| Nous faisons remarquer qu'en cas de diminution ou d'augmentation, les prix des fers pour le ciment armé seront augmentés ou diminués de 1ᶠ,33 par franc d'augmentation ou de diminution au lieu de 1ᶠ,21 prévu à la Serrurerie...................... | » | » | Nᵒ 81 | Observation 49 |
| *Exemple :* | | | | |
| Supposons que le cours du fer augmente de 1ᶠ,00 pour 100 kilogrammes. | | | | |
| Nous aurons Serrurerie. | | | | |
| Déboursés supplémentaires les 100 kgs...... | » | 1ᶠ,00 | | |
| 10 0/0 faux frais...................... | » | 0ᶠ,10 | | |
| Ensemble...................... | » | 1ᶠ,10 | | |
| 10 0/0 bénéfice...................... | » | 0ᶠ,11 | | |
| Les 100 kilogrammes ............... | » | 1ᶠ,21 | | |
| Soit par kilogramme $\frac{1ᶠ,21}{100}$............... | » | 0ᶠ,0121 | | |
| *Nous aurons Ciment armé.* | | | | |
| Déboursés supplémentaires les 100 kgs...... | » | 1ᶠ,00 | | |
| 10 0/0 faux frais ...................... | » | 0ᶠ,10 | | Page 242 |
| Ensemble.... | » | 1ᶠ,10 | | |
| 10 0/0 du faux frais sur cet ensemble...... | » | 0ᶠ,11 | | |
| Ensemble...................... | » | 1ᶠ,21 | | |
| 10 0/0 bénéfice...................... | » | 0ᶠ,12 | | |
| Les 100 kilogrammes ............... | » | 1ᶠ,33 | | |
| Soit par kilogramme $\frac{1ᶠ,33}{100}$............... | » | 0ᶠ,0133 | | |

Dans le béton de ciment armé les prix de règlement établis pour travaux exécutés à Paris sont composés :

1° Des déboursés de fournitures ;

2° De 10 0/0 de faux frais sur les déboursés de fournitures ;

3° Des déboursés de main-d'œuvre augmentés de 5 0/0 d'assurance-accidents ;

4° De 15 0/0 de faux frais sur les déboursés de main-d'œuvre et d'assurance-accidents ;

5° De 10 0/0 sur l'ensemble des déboursés de fourniture d'assurance-accidents et faux frais de main-d'œuvre pour études et redevances de brevets ;

6° De 10/0 de bénéfice sur l'ensemble.

*Exemple.*

N° 32. Série Ciment armé.

Plus-value pour excédent de ciment par chaque 100 kilogrammes de ciment en plus dans le dosage du n° 26.

Le mètre cube.............................................  »  5ʳ,12  N° 32.

*Sous-détail.*

| | |
|---|---|
| Ciment de Portland artificiel les 100 kilos ......... | 7ʳ,70 |
| 10 0/0 faux frais sur les déboursés de fourniture $\dfrac{7^f,70}{10} =$ ................... | 0ʳ,77 |
| Ensemble................................ | 8ʳ,47 |
| 10 0/0 sur cet ensemble........................ | 0ʳ,847 |
| Ensemble................................ | 9ʳ,317 |
| 10 0/0 de bénéfice............................ | 0ʳ,931 |
| Les 100 kilogrammes....................... | 10ʳ,24 |

Soit pour 50 kilogrammes

$$\frac{10^f,24}{2} = \quad .......................... \quad » \quad 5^f,12 \quad \text{N° 32.}$$

## Observations générales.

1° Tous les prix qui vont suivre s'appliquent à des travaux faits par des entrepreneurs spéciaux et non par des entrepreneurs de maçonnerie ou autres et *exécutés avec des Matériaux de 1ʳᵉ qualité,* dans l'espèce indiquée et avec toute la perfection possible d'exécution ; ils comprennent le nettoyage et l'enlèvement de tous résidus provenant du travail exécuté ;

2° Les prix de la Série de Béton armé ne sont applicables qu'à des ouvrages construits *entièrement en place définitive,* qui devront faire l'objet de conventions et de prix spéciaux ;

3° Ils ont été calculés pour une unité de travail ;

4° Ils ne comprennent aucun intérêt d'argent pour délais de paiement.

| HEURE — MONTAGE | PRIX de RÈGLEMENT | Nᵒˢ D'ORDRE | OBSERVATIONS |
|---|---|---|---|
| *Heure de jour* (été ou hiver) applicable dans travaux exécutés en régie de : | | | |
| Forgeron................................... | 1ʳ,46 | 15 | |
| Boiseur ou coffreur....................... | 1ʳ,46 | 16 | |
| Aide-boiseur, coffreur ou de bétonneur ou ferrailleur... | 1ʳ,24 | 17 | |
| Garçon bétonneur, pilonneur ou ferrailleur............ | 1ʳ,10 | 18 | |
| Manœuvre ou garçon de relais............... | 1ʳ,02 | 19 | |
| Les prix des salaires varient avec la valeur de l'ouvrier. Les prix portés à la présente Série sont des prix moyens ayant servi de base pour l'établissement des sous-détails. | | | |

| HEURE — MONTAGE | PRIX de RÈGLEMENT | Nᵒˢ D'ORDRE | OBSERVATIONS |
|---|---|---|---|
| Aucun travail ne pourra être exécuté à l'heure que sur un ordre écrit et, dans ce cas, des attachements journaliers constateront le temps passé et les travaux auxquels il aura été employé. L'entrepreneur devra dresser ses attachements en double et les faire reconnaître en temps utile............... | observ. | 21 | |
| *Heure supplémentaire* | | | |
| Les heures supplémentaires jusqu'à deux heures après l'achèvement de la journée seront payées le même prix que les heures de jour........................... | observ. | 22 | |
| *Heure de nuit* (applicable aux travaux exécutés en régie) | | | |
| Les heures de nuit commenceront deux heures après l'achèvement de la journée et finiront à six heures du matin. — A défaut de conventions particulières, les heures de nuit seront payées le double des heures de jour....................................... | observ. | 23 | |
| *Travaux faits à la lumière* | | | |
| En outre des stipulations qui précèdent, il ne sera accordé pour les travaux faits à la lumière d'autre plus-value que celle relative aux déboursés pour fournitures d'éclairage............................. | observ. | 24 | |
| *Montage des matériaux* | | | |
| Les prix ci-dessous comprennent l'approche et le montage ou la descente de tous les matériaux............ | observ. | 25 | |
| *Béton* Dosage du béton | | | |
| Gravillon................................... 0ᵐ3,800 Sable de rivière............................ 0ᵐ3,400 Ciment de Portland artificiel.................. 300 kg. | observ. | 26 | |
| *Béton sur coffrage horizontal* d'une épaisseur minima de 0ᵐ,06 comprenant les poutres et nervures jusqu'à 0ᵐ,50 de hauteur sous hourdis, poitrails, hourdis de planchers ou plafonds, bruts après décoffrage, le volume des fers non déduit, le mètre cube.................... | 84ᶠ,96 | 27 | |
| *Béton dans des coffrages verticaux* comprenant toutes nervures ou poutres de plus de 0ᵐ,50 de hauteur sous hourdis et de même épaisseur qu'au nᵒ 27, le mètre cube. | 115ᶠ,52 | 28 | |
| *Béton pour piliers ou poteaux* au-dessus de 0ᵐ,40 à l'équerre, le mètre cube..................... | 100ᶠ,03 | 29 | |
| Plus-value pour potelets de moins de 0ᵐ,40 à l'équerre par chaque centimètre en moins à l'équerre, le mètre cube................................... | 3ᶠ,51 | 30 | |
| *Béton pour dalles inclinées* d'au moins 0ᵐ,06 d'épaisseur le mètre cube.............................. | 87ᶠ,69 | 31 | |
| Plus-value pour excédent par chaque 50 kilogrammes de ciment en plus dans le dosage du nᵒ 26, le mètre cube. | 5ᶠ,12 | 32 | |
| *Voiles pour sous-face de plancher*, plancher creux, cloisons de redressement, etc., de 0ᵐ,05 d'épaisseur le mètre superficiel ............................. | 5ᶠ,15 | 33 | |
| Moins-value pour chaque 0ᵐ,01 d'épaisseur en moins de 0ᵐ,05, le mètre superficiel...................... | 0ᶠ,45 | 34 | |
| *Menus travaux* de faible épaisseur autres que ceux précités, tels que niches, casiers, etc., de 0ᵐ,05 d'épaisseur, le mètre superficiel ...................... | 8ᶠ,04 | 35 | |
| Moins-value pour chaque 0ᵐ,01 d'épaisseur en moins de 0ᵐ,05, le mètre superficiel...................... | 0ᶠ,45 | 36 | |
| *Coffrage horizontal plat* | | | |
| Coffrage développé des poutres et poutrelles jusqu'à 0ᵐ,50 de hauteur sous hourdis, étais d'une hauteur allant jusqu'à 5 mètres, le mètre superficiel développé. | 7ᶠ,00 | 37 | |

| HEURE — MONTAGE | PRIX de RÈGLEMENT | Nos D'ORDRE | OBSERVATIONS |
|---|---|---|---|
| *Coffrage vertical plat* | | | |
| Coffrage développé des poteaux, cloisons, nervures ou poutres de plus de 0ᵐ,50 de hauteur sous hourdis. Etais d'une hauteur maxima de 5 mètres, le mètre superficiel développé…………………………………… | 9ʳ,02 | 38 | |
| *Coffrage pour dalles inclinées* | | | |
| Coffrage développé des dalles, limons, poutres et poutrelles jusqu'à 0ᵐ,50 de hauteur sous hourdis, étais d'une hauteur allant jusqu'à 5 mètres, le mètre superficiel développé…………………………… | 10ʳ,15 | 39 | |
| *Coffrage pour surface à simple courbure*, le mètre superficiel développé…………………………… | 9ʳ,50 | 40 | |
| *Coffrage pour surface à double courbure*, le mètre superficiel développé………………………… | 20ʳ,52 | 41 | |
| *Chanfreins, feuillures, gorges*, obtenus par le coffrage et au-dessous de 0ᵐ,12 développé, le mètre linéaire… | 0ʳ,41 | 42 | |
| *Indemnité* pour bois abandonnés dans espaces clos : | | | |
| Chêne, le stère…………………………… | 21ʳ,30 | 43 | |
| Sapin, — …………………………… | 18ʳ,90 | 44 | |
| Planches en sapin, le mètre linéaire…………… | 0ʳ,33 | 45 | |
| *Coffrages* avec étais de plus de 5 mètres de hauteur. La charpente de ce coffrage sera payée aux prix de la Série de *Charpente*……………………… | observ. | 46 | |
| *Aciers doux fers du commerce* | | | |
| Ronds, plats, carrés, profilés, mis en place, toutes ligatures, toutes plus-values de longueur et de forge comprises, toutes classes confondues, les 100 kgs……… | 56ʳ,33 | 47 | |
| *Démolitions et trous*. Le béton sera assimilé à la pierre n° 3, pour les travaux ayant nécessité l'emploi du poinçon et du ciseau à froid…………………… | observ. | 50 | |
| Les ouvrages démolis à la masse seront payés, y compris la coupe des fers à la pince spéciale, le mètre cube. | 13ʳ,15 | 51 | |
| *Coupe des fers à la scie à métaux* jusqu'à 5 millimètres de diamètre ou section correspondante, la pièce…… | 0ʳ,20 | 52 | |
| Au-dessus de 5 millimètres de diamètre par millimètre de diamètre en plus ou de section correspondante, la pièce…………………………… | 0ʳ,04 | 53 | |
| *Coupe de fers au burin* jusqu'à 5 millimètres de diamètre ou section correspondante, la pièce……………… | 0ʳ,31 | 54 | |
| Par millimètre de diamètre au-dessus de 5 millimètres ou de section correspondante, la pièce………… | 0ʳ,06 | 55 | |
| *Escaliers* | | | |
| Les dalles et leurs nervures seront payées suivant leur catégorie aux prix des nᵒˢ 27 à 49………………… | observ. | 56 | |
| *Marches d'escaliers droites* compris coffrage et ferraillage, brutes de décoffrage, la marche droite de 0ᵐ,30 de largeur, non compris astragale et 0ᵐ,15 de hauteur, le mètre linéaire……………………… | 4ʳ,73 | 57 | |
| Par centimètre en plus ou en moins de largeur, le mètre linéaire……………………………… | 0ʳ,09 | 58 | |
| Par centimètre en plus ou en moins de hauteur, le mètre linéaire……………………………… | 0ʳ,26 | 59 | |
| *Marches d'escaliers balancées* | | | |
| La largeur des marches sera comptée au milieu de leur longueur. Plus-value sur les prix précédents 57 à 59, le mètre linéaire………………………… | 1ʳ,35 | 60 | |
| *Marches d'escaliers cintrées* | | | |
| Plus-value sur les nᵒˢ 57 à 60, le mètre linéaire……… | 4ʳ,05 | 61 | |
| *Astragales* pour marches droites ou balancées, le mètre linéaire……………………………… | 1ʳ,02 | 62 | |
| *Astragales* pour marches cintrées, le mètre linéaire…… | 2ʳ,04 | 63 | |

| HEURE — MONTAGE | PRIX de RÈGLEMENT | Nᵒˢ D'ORDRE | OBSERVATIONS |
|---|---|---|---|
| *Soit le double* 2 fois $1^f,02 = 2^f,04$. | | | |
| *Limons* pour escaliers à la française compris tous coffrages, mais non le ferraillage, mesurés au-dessus de la dalle rampante d'une épaisseur minima de $0^m,06$, le mètre superficiel......................... | $28^f,05$ | 64 | |
| Plus-value pour chaque centimètre en plus de $0^m,06$ d'épaisseur, le mètre superficiel................. | $1^f,54$ | 65 | |
| Plus-value pour limon d'escaliers à marches balancées sur les nᵒˢ 64 et 65, le mètre superficiel .............. | $3^f,26$ | 66 | |
| Plus-value pour parties de limons à quartier tournant sur les nᵒˢ 64 et 65, le mètre superficiel.............. | $7^f,84$ | 67 | |
| *Plus-value* pour travaux exécutés dans l'embarras des étais et en reprise en sous-œuvre.................... | » | 68 | |

| Nᵒˢ | SUR LES ARTICLES SUIVANTS : | P.-V. POUR TRAVAUX EXÉCUTÉS | |
|---|---|---|---|
| | | Dans l'embarras des étais indépendamment des bois de coffrage. | Dans l'embarras des étais et en reprise en sous-œuvre. |
| 27 | Béton posé sur coffrage horizontal.. | $9^f,64$ | $19^f,28$ |
| 28 | — posé dans coffrages verticaux. | $17^f,53$ | $35^f,06$ |
| 29 | — pour piliers ou poteaux isolés. | $13^f,66$ | $27^f,32$ |
| 33 | Voiles pour sous-face de plancher.. | $0^f,72$ | $1^f,44$ |
| 37 | Coffrage horizontal................. | $1^f,19$ | $2^f,38$ |
| 38 | Coffrage vertical.................... | $1^f,90$ | $3^f,80$ |
| 40 | Coffrage pour surface à simple courbure........................... | $1^f,74$ | $3^f 48$ |
| 41 | Coffrage pour surface à double courbure........................... | $3^f,22$ | $6^f,44$ |
| 47 | Aciers doux fers du commerce...... | $6^f,81$ | $13^f,62$ |
| 51 | Démolition et trous................. | $3^f,29$ | $6^f,58$ |
| 52 | Coupe des fers à la scie à métaux.. | $0^f,05$ | $0^f,10$ |
| 54 | Coupe des fers au burin............ | $0^f,07$ | $0^f,14$ |

| *Observations générales* | | Nᵒˢ D'ORDRE | |
|---|---|---|---|
| Tous les prix de règlement ci-dessus s'appliquent à des travaux qui auront employé au moins la journée d'un ouvrier.................................. | observ. | 69 | |
| Pour les travaux minimes qui n'auraient pas employé la journée, il sera ajouté à l'ensemble du règlement pour le dérangement de l'ouvrier, une plus-value de temps à apprécier par l'architecte.................... | observ. | 70 | |
| Toutefois cette plus-value ne sera admise qu'autant que le fait aura été régulièrement constaté.............. | observ. | 71 | |
| Les fournitures ou ouvrages non compris dans la présente Série, s'ils se trouvent inscrits dans l'une quelconque des Séries éditées par la Société centrale et la Société des architectes diplômés par le gouvernement, seront payés aux prix portés dans lesdites Séries.... | observ. | 72 | |

## Métré.

Nous avons donné précédemment des exemples de *semelles en béton armé* ainsi que des fouilles en rigoles et enlèvement des terres aux décharges publiques.

La construction de nos poteaux en béton armé comprendra 2 parties:

1° Ceux au-dessus de $0^m,40$ à l'équerre;

2° Ceux au-dessous de $0^m,40$ à l'équerre.
Nous aurons :
Béton armé pour poteaux au-dessus de $0^m,40$ à l'équerre
4 fois $4^m,50 \times 0^m,30$................. $5^m,40$
$\times 0^m,30$.......................... $1^m,620$
à $100^f,03$ le mètre cube ......................   »   $162^f,05$   N° 29
Béton armé pour potelets au-dessous de $0^m,40$ à l'équerre
2 fois $4^m,50 \times 0^m,20$ .............. $1^m,80$
$\times 0^m,15$............................. $0^m,270$
à $103^f,54$ le mètre cube.:.......................   »   $27^f,96$

*Sous-détail du prix.*

*Béton pour piliers* ou poteaux au-dessus de $0^m,40$ à l'équerre, le mètre cube........................... $100^f,03$   N° 29
Plus-value pour potelets ayant $0^m,35$ à l'équerre   Béton de ciment armé
Le mètre cube........................... $3^f,51$   N° 30
Le mètre cube ........................... $103^f,54$   Béton de ciment armé

*Béton pour poitrails* entre poteaux ayant moins de $0^m,50$ de hauteur.
4 fois $5^m,75$ .............. $23^m,00$
2 fois $4^m,90$.............. $9^m,80$
Ensemble............. $32^m,80$
$\times 0^m,25$........................... $8^m,20$
$\times 0^m,20$........................... $1^m,640$
Poutre sous plancher reliant les potelets.
Longueur $5^m,10 \times 0^m,20 = 1^m,02$
$\times 0^m,15$......................... $0^m,153$
Ensemble........................ $1^m,793$
à $84^f,96$ le mètre cube.......................   »   $152^f,33$   N° 27
Coffrage horizontal des poitrails entre poteaux.   Béton de ciment armé
4 fois $5^m,75$.:.............. $23^m,00$
2 fois $4^m,90$.............. $9^m,80$
Ensemble............. $32^m,80$
$\times 0^m,70$ développé.................... $21^m,32$
à $7^f,30$ le mètre.........................   »   $155^f,64$   N° 37
Sous-détail du développement du coffrage horizontal plat.
Hauteur du poitrail.
2 fois $0^m,25$.................. $0^m,50$
Largeur du poitrail .............. $0^m,20$
Ensemble ................ $0^m,70$
NOTA. — Pour obtenir le développement des coffrages il faut mesurer les *surfaces réelles* après décoffrage.
Coffrage vertical plat des poteaux *et potelets*.   Observation.

*Détail d'un poteau.*

2 fois $0^m,30 \times 4^m,50$ de hauteur............ $2^m,70$
2 fois $0^m,30 \times 4^m,50$ de hauteur..... $2^m,70$
Déduire 2 fois $0^m,20 \times 0^m,25$........ $0^m,10$
Reste.................. $2^m,60$   $2^m,60$
Ensemble ................ $5^m,30$   $5^m,30$
3 autres poteaux semblables produisent
3 fois $5,30$.................... $15^m,90$
Coffrage vertical plat des potelets
2 fois $4^m,50 \times 0,15$..................... $1^m,35$
*A reporter* ........................ $22^m,55$   $497^f,98$

| | | |
|---|---|---|
| *Reports*...................................... | 22ᵐ,55 | 497ᶠ,98 |

4 fois 4ᵐ,50 ✕ 0.20 ............... 3ᵐ,60
2 fois 4ᵐ,50 ✕ 0.15 ............... 1ᵐ,35

Ensemble..................... 4ᵐ,95　4ᵐ,95

Déduire : •
4 fois 0ᵐ,25 ✕ 0.20 ............... 0ᵐ,20
2 fois 0ᵐ,20 ✕ 0.15 ............... 0ᵐ,06

Ensemble................... 0ᵐ,26　0ᵐ,26

Reste ..................... 4ᵐ,69　4ᵐ,69

Ensemble ..................... 27ᵐ,24
à 9ᶠ,02 le mètre......................... »　245ᶠ,70　　**Nº 38**　Béton de ciment armé.
Coffrage horizontal plat de poutre reliant les potelets
Longueur 5ᵐ,10 ✕ 0ᵐ,55 développé ................ 2ᵐ,81
à 7ᶠ,30 le mètre.... ................... »　20ᶠ,51　　**Nº 37**　Béton de ciment armé
Dans la hauteur des poteaux d'angles, chanfreins
4 fois 4ᵐ,50.................... 18ᵐ,00
à 0ᶠ,41 le mètre......................... »　7ᶠ,38　　**Nº 42**　Béton de ciment armé
Le plancher de 0ᵐ,07 d'épaisseur
Longueur 12ᵐ,05 ✕ 5ᵐ,50..................... 66ᵐ,275
Moins poteaux d'angles
4 fois 0.30 ✕ 0.30................. 0ᵐ,36
Potelets 2 fois 0.15 ✕ 0.20................. 0ᵐ,06
Poitrails
4 fois 5ᵐ,75..................... 23ᵐ,00
2 fois 4ᵐ,90..................... 9ᵐ,80

Ensemble ................... 32ᵐ,80
✕ 0.20........................... 6ᵐ,56

Ensemble....................... 6ᵐ,98　6ᵐ,98

Reste ..................... 59ᵐ,295

✕ 0ᵐ,07 d'épaisseur........................... 4ᵐ,151

à 84ᶠ,96 le mètre cube ........................ »　352ᶠ,67
Plus-value pour excédent de ciment dans le dosage
du béton.
Cube des poteaux......................... 1ᵐ,620
Cube des potelets......................... 0ᵐ,270
Cube des poitrails ........................ 1ᵐ,640
Cube de la poutre......................... 0ᵐ,153
Cube du plancher........................... 4ᵐ,151

Ensemble...................... 7ᵐ,834
à 10ᶠ,24 le mètre cube ..................... »　80ᶠ,22　　**Nº 32**　Béton de ciment armé

*Les parements enduits seront comptés séparément et payés comme les enduits*..................... »　»　　Observation.

Coffrage horizontal plat sous hourdis.
Surface du plancher..................... 61ᵐ,595
à 7ᶠ,30 le mètre......................... »　440ᶠ,64　　Nº 37

Pour terminer le métré de l'annexe en ciment armé nous compterons la carcasse en fers ronds des poteaux, poitrails, poutre, plancher, y compris les ligatures ou étriers, il est facile d'établir le poids.

Les fers doivent être mesurés y compris les recouvrements; si ces fers n'ont pas été pesés avant leur emploi il suffit de se reporter à la page 462 *bis* Serru-

Report.................................................. 1654<sup>f</sup>,10

rerie de la Série de la Société centrale des Architectes pour en faire le décompte.

*Poids par mètre courant des fers carrés et ronds de 1 à 250 millimètres.*

Exemple.

Fers ronds de 0<sup>m</sup>,030

le mètre courant..................................... 5<sup>k</sup>,5135

Fers ronds de 0<sup>m</sup>,009

le mètre courant..................................... 0<sup>k</sup>,4962

Fers carrés de cinq millimètres

le mètre courant..................................... 0<sup>k</sup>,195

Fers ronds de cinq millimètres

le mètre courant..................................... 0<sup>k</sup>,1532

A la page suivante de cette Série Serrurerie, nous avons des tableaux relatifs à la résistance des fers carrés et rectangulaires ainsi que des fers ronds.

Nous ne pouvons ici nous étendre dans ces calculs de résistance, il suffit de se reporter à l'ouvrage *Le Ciment armé dans la Construction* de A. Merciot, 20<sup>e</sup> partie de notre Cours de Construction.

Argent.

Ensemble................................. »    1654<sup>f</sup>,10    1654<sup>f</sup>,10

## ORDRE DE SERVICE N° 7

### Construction d'un Lavoir en Ciment armé (*fig.* 18 à 21).

Le lavoir aura 8<sup>m</sup>,10 × 4<sup>m</sup>,50.

Le dosage du béton armé sera composé :

Gravillon............................................. 0<sup>m</sup>,800

Sable de rivière...................................... 0<sup>m</sup>,400

Ciment de portland artificiel......................... 350<sup>k</sup>,000

Les basses fondations sous les piliers et sous les cloisons d'abouts du lavoir seront en béton de cailloux et mortier n° 3, 2/3 chaux hydraulique de Beffes, 1/3 ciment portland Demarle et Lonquéty.

Les piliers en brique neuve de Paris, dite façon Bourgogne de 0<sup>m</sup>,06 × 0<sup>m</sup>,105 × 0<sup>m</sup>,22 rive gauche 1<sup>re</sup> qualité et mortier bâtard à dosage égal ; aux deux faces des piliers il sera ménagé une gorge pour l'écoulement des eaux usagées du lavoir, la brique sera enduite en ciment portland (dosage 1200 kilogr. de ciment pour un mètre cube de sable de rivière) enduits dressés de 0<sup>m</sup>,015 d'épaisseur, les gorges verticales en ciment *idem*.

Les planches à laver en ciment armé ainsi que la construction supportant l'alimentation d'eau reliant ces deux planches seront en ciment armé du dosage indiqué ci-dessus. Dans les planches à laver il sera ménagé six trous pour l'écoulement des eaux usagées du lavoir avec bonde syphoïde en cuivre. A la jonction des parties verticales et horizontales il sera fait des gorges en ciment. Les cloisons d'abouts seront en ciment armé de 0,10 d'épaisseur totale compris enduits en ciment en tous sens.

L'ossature en aciers pour béton armé comprendra :

Dans chaque cloison extrême 3 fers ronds verticaux de 0<sup>m</sup>,020, en travers 6 fers ronds de 0<sup>m</sup>,009 reliés avec les fers verticaux par des ligatures.

La partie milieu du lavoir comprendra :

42 ceintures transversales en fer rond de 0<sup>m</sup>,009, 42 traverses intermédiaires en fer *idem*.

2 cours fers ronds de 0<sup>m</sup>,020 horizontaux.

Pour les planches à laver 42 ceintures transversales fers forgés ronds de 0<sup>m</sup>,009 6 cours fers de 7 millimètres, 2 cours fers de 0<sup>m</sup>,012, le tout relié par des ligatures. Faire tous les coffrages nécessaires.

Le sol du lavoir comprendra un dallage en béton de gravillon de 0,10 épaisseur totale.

Dans la partie sous le lavoir il y aura 0<sup>m</sup>,20 de hauteur *avec caniveaux en tous sens*.

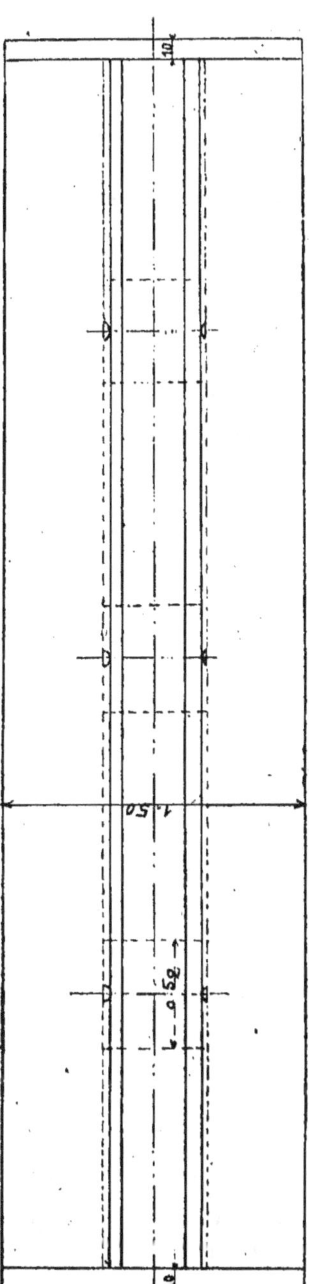

Fig. 18 et 19. — Lavoir en ciment armé. — Élévation, coupe et plan.

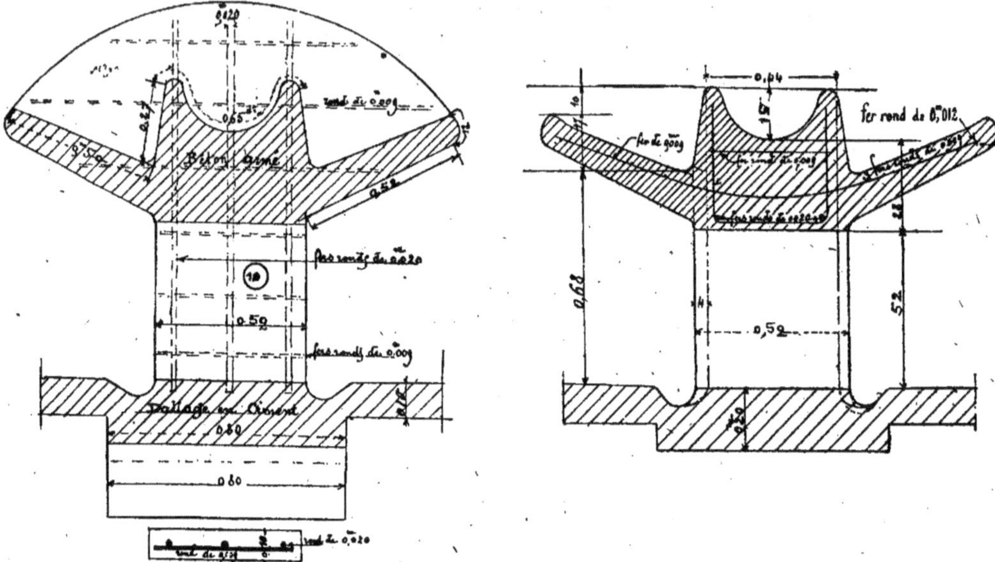

Fig. 20 et 21. — Lavoir en ciment armé. — Coupes transversales.

## Métré.

A l'emplacement des piliers en brique, la fouille en rigoles avec jet sur berge, chargement en brouette, transport à 1 relais, chargement en tombereau et enlèvement aux décharges publiques.

Sous les cloisons extrêmes.

2 fois 0ᵐ,80 × 0ᵐ,40..................... 0ᵐ,64

Piliers intermédiaires.

3 fois 0ᵐ,80 × 0ᵐ,80..................... 1ᵐ,92

Ensemble........................... 2ᵐ,56

× 0ᵐ,60 hauteur....................... 1ᵐ,536

à 9ᶠ,46 le mètre cube............................. 14ᶠ,53

*Sous-détail du prix : fouille en rigoles ou tranchées* jusqu'à 2ᵐ,00 de longueur au fond.

| | | |
|---|---|---|
| Le mètre cube..................... 1ᶠ,05 | | N° 19. Terrasse. |
| Plus-value 15 0/0..................... 0ᶠ,16 | | Obs. 265. Ciments. |
| Jet de pelle sur berge (jusqu'à 1ᵐ,80 de hauteur). | | |
| Le mètre cube..................... 0ᶠ,60 | | N° 26. Terrasse. |
| Jet de pelle pour chargement en brouette, le mètre cube..................... 0ᶠ,50 | | N° 29. Terrasse. |
| Transport à 1 relais, le mètre cube.............. 0ᶠ,60 | | N° 36. Terrasse. |
| Jet de pelle pour chargement en tombereau, le mètre cube..................... 0ᶠ,55 | | N° 30. Terrasse. |
| Transport aux décharges publiques, le mètre cube. 6ᶠ,00 | | N° 44. Terrasse. |
| Le mètre cube..................... 9ᶠ,46 | | |

Dans la partie milieu, *sous le lavoir :*

Repiquage de terre de 0ᵐ,20 avec jet de pelle pour chargement

A *reporter*............................................. 14ᶠ,53

*Report*...............................................  14ᶠ,53

en brouette, transport à 1 relais, chargement en tombereau et enlèvement aux décharges publiques.

  Longueur prise entre piliers
= 3ᵐ,00 × 0ᵐ,80.....................................  2ᵐ,40
à 2ᶠ,04 le mètre....................................................  4ᶠ,90

  *Sous-détail du prix* : repiquage ou déblai de terre de 0ᵐ,20 d'épaisseur.

  Jusqu'à 0ᵐ,05 d'épaisseur, le mètre superficiel...........................................  0ᶠ,16
0ᵐ,15 en plus ou 3 fois 0ᶠ,05 ...............  0ᶠ,15

  Le mètre superficiel.......................  0ᶠ,31
  Augmentation de 15 0/0 ..................  0ᶠ,05

  Le mètre superficiel.....................  0ᶠ,36      0ᶠ,36

  Jet de pelle pour chargement en brouette, le mètre
cube.............................................  0ᶠ,50
  Transport à 1 relais, le mètre cube.......  0ᶠ,60
  Chargement en tombereau, le mètre cube.  0ᶠ,55
  Enlèvement aux décharges publiques, le
mètre cube.......................................  6ᶠ,00

  Le mètre cube..........................  7ᶠ,65

et pour $\dfrac{1^m,00}{5} = 0^m,20$

$\dfrac{7^f,65}{5} =$ ..............................................  1ᶠ,53

Dressement et nivellement de sol à la pelle ordinaire avec pilonnage pour recevoir le dallage, le mètre superficiel......................................  0ᶠ,13
  Augmentation de 15 0/0......................  0ᶠ,02

  Le mètre superficiel.....................  2ᶠ,04

Dans le reste de la surface, repiquage de 0ᵐ,10 d'épaisseur avec jet de pelle pour chargement en brouette, transport à 1 relais, chargement en tombereau et enlèvement aux décharges publiques.

  Surface du lavoir :
    8ᵐ,10 × 4ᵐ,50.............................  36ᵐ,45
Déduire parties comptées précédemment sous les cloisons d'about.
    2 fois 0ᵐ,80 × 0ᵐ,40 ..................  0ᵐ,64
Piliers intermédiaires.
    3 fois 0ᵐ,80 × 0ᵐ,80..................  1ᵐ,92

    Ensemble..........................  2ᵐ,56      2ᵐ,56

    Reste..............................  33ᵐ,89

à 1ᶠ,155 le mètre.................................................  39ᶠ,14

*Sous-détail du prix* : repiquage ou déblai de terre de 0ᵐ,05 d'épaisseur.
  Le mètre superficiel....................  0ᶠ,16
0ᵐ,05 en plus............................  0ᶠ,05

  Le mètre superficiel....................  0ᶠ,21
  Augmentation de 15 0/0................  0ᶠ,03

  Le mètre superficiel....................  0ᶠ,24      0ᶠ,24

    *A reporter*............................  0ᵐ,24   58ᶠ,57

Nᵒ 80. Terrasse.
Nᵒ 81. Terrasse.

Obs. 265. Ciments.

Nᵒ 29. Terrasse.
Nᵒ 36. Terrasse.
Nᵒ 30. Terrasse.

Nᵒ 44. Terrasse.

Nᵒ 71. Terrasse.
Obs. 265. Ciments.

Nᵒ 80. Terrasse.
Nᵒ 81. Terrasse.

Obs. 265. Ciments

| | | |
|---|---|---|
| *Reports*.................................................... | 0<sup>m</sup>,24 | 58<sup>f</sup>,57 |

Jet de pelle pour chargement en brouette, le mètre cube................................................... 0<sup>f</sup>,50

Transport à 1 relais.
Le mètre cube....................... 0<sup>f</sup>,60

Chargement en tombereau.
Le mètre cube....................... 0<sup>f</sup>,55

Enlèvement aux décharges publiques, le mètre cube............................ 6<sup>f</sup>,00

     Ensemble ................. 7<sup>f</sup>,65

et pour $\dfrac{1^m,00}{10} = 0^m,10$.

$\dfrac{7^f,65}{10} =$ ............................................ 0<sup>f</sup>,765

Dressement et nivellement de sol ordinaire avec pilonnage pour recevoir le dallage.
Le mètre superficiel ................... 0<sup>f</sup>,13
Augmentation de 15 0/0............... 0<sup>f</sup>,02
Le mètre superficiel..................... 0<sup>f</sup>,15    0<sup>f</sup>,15

    Le mètre superficiel...................... 1<sup>f</sup>,155

Les basses fondations sous les cloisons d'abouts du lavoir et sous les piliers en béton de cailloux et mortier n° 3, 2/3 chaux hydraulique de Beffes, 1/3 ciment de Portland, Demarle et Lonquéty.
    2 fois 0<sup>m</sup>,40................ 0<sup>m</sup>,80
    3 fois 0<sup>m</sup>,80................ 2<sup>m</sup>,40
    Ensemble ............... 3<sup>m</sup>,20
× 0<sup>m</sup>,80............................. 2<sup>m</sup>,56
× 0<sup>m</sup>,50 de hauteur......................... 1<sup>m</sup>,280
à 35<sup>f</sup>,37 le mètre cube.................................... 45<sup>f</sup>,27

*Sous-détail du prix :* béton composé de 0<sup>m</sup>,800 de cailloux et 0<sup>m</sup>,500 de mortier n° 3.
2/3 chaux hydraulique **c.**

Le mètre cube, $\dfrac{28^f,30 \times 2}{3} =$ ................... 18<sup>f</sup>,87

1/3 ciment l.

Le mètre cube, $\dfrac{49^f,50 \times 1}{3} =$ ................... 16<sup>f</sup>,50

Le mètre cube............................... 35<sup>f</sup>,37

Chargement et transport à la brouette pour rentrée des matériaux.
Cube................................. 1<sup>m</sup>,280
à 0<sup>f</sup>,60 le mètre cube.................................... 0<sup>f</sup>,77

Les piliers en brique neuve de Paris, dit façon Bourgogne, de 0<sup>m</sup>,06 × 0<sup>m</sup>,105 × 0,22, rive gauche 1<sup>re</sup> qualité, et mortier bâtard, à dosage égal M.
    3 fois 0<sup>m</sup>,49 × 0<sup>m</sup>,62 hauteur.............. 0<sup>m</sup>,91
× 0<sup>m</sup>,49 d'épaisseur.......................... 0<sup>m</sup>,446
à 60<sup>f</sup>,50 le mètre cube.................................... 26<sup>f</sup>,98

*Sous-détail du prix :* brique pleine de Paris, dite façon Bourgogne, moule 0<sup>m</sup>,06 × 0<sup>m</sup>,105 × 0<sup>m</sup>,22, rive gauche 1<sup>re</sup> qualité, et mortier bâtard M
Le mètre cube.................................... 57<sup>f</sup>,00

    *A reporter*.................... 57<sup>f</sup>,00   131<sup>f</sup>,59

N° 29. Terrasse.

N° 36. Terrasse.

N° 30. Terrasse.

N° 44. Terrasse.

N° 71. Terrasse.
Obs. 265. Ciments.

N° 383, col. 3
Maçonnerie.

N° 383, col. 9
Maçonnerie.

N° 258. Ciments, et n° 1639. Maçonnerie.

N° 450

*Reports*..................................... 57$^f$,00    131$^f$,59

Plus-value pour emploi dans le hourdis de mortier n° 2 et sable tamisé avec mortier bâtard **M**.

Le mètre cube............................... 3$^f$,50

Le mètre cube............................... 60$^f$,50

     N° 475, col. 13

Après la construction des piliers, le coffrage des cloisons d'abouts du lavoir.

Coffrage *vertical*.

Détail d'une cloison (face extérieure).

Hauteur, 1$^m$,20 $\times$ 0$^m$,49 .................... 0$^m$,59

Parties triangulaires.

   2 fois 0$^m$,63 $\times \dfrac{0^m,52}{2} =$ .................... 0$^m$,33

Segments.

   2 fois 0$^m$,63 $\times$ 0$^m$,06 $\times \dfrac{2}{3} =$ .................. 0$^m$,05

Face intérieure, coffrage vertical sous le lavoir.

0$^m$,49 $\times$ 0$^m$,52 hauteur $=$ .................... 0$^m$,25

Au-dessus, 2 fois 0$^m$,69 $\times \dfrac{0^m,40}{2} =$ .............. 0$^m$,28

Segments, 2 fois 0$^m$,69 $\times \dfrac{2}{3} \times$ 0$^m$,07 $=$ .......... 0$^m$,06

$\dfrac{0^m,40 + 0^m,32}{2} \times$ 0$^m$,25 hauteur $=$ .............. 0$^m$,09

1/2 cercle de 0$^m$,30 diamètre .................... 0$^m$,04

     Ensemble ......................... 1$^m$,69

1 autre côté semblable ....................... 1$^m$,69

     Ensemble ......................... 3$^m$,38

à 9$^f$,02 le mètre........................... 30$^f$,49

     **N° 38**
     Béton de Ciment armé

Coffrage horizontal entre les piliers sous le lavoir.

   2 fois 1$^m$,165 $=$ ..................... 2$^m$,33

   2 fois 1$^m$,06 $=$ ..................... 2$^m$,12

     Ensemble..................... 4$^m$,45

$\times$ 0$^m$,49............................... 2$^m$,18

à 7$^f$,30 le mètre........................... 15$^f$,91

     **N° 37**
     Béton de Ciment armé

*Coffrage pour dalles inclinées (planches à laver).*

Longueur, 2 fois 5$^m$,92 $\times$ 0$^m$,59 développé.......... 6$^m$,99

à 10$^f$,15 le mètre superficiel................. 70$^f$,95

     **N° 39**
     Béton de Ciment armé

Coffrage de la partie milieu, parties biaises.

   2 fois 5$^m$,92 $\times$ 0$^m$,29 .................... 3$^m$,43

à 9$^f$,02 le mètre........................... 30$^f$,04

     **N° 38**
     Béton de Ciment armé

Coffrage pour surface à simple courbure dessus.

Longueur, 5$^m$,92 $\times$ 0$^m$,47 développé............. 2$^m$,78

à 9$^f$,50 le mètre........................... 27$^f$,41

     **N° 40**
     Béton de Ciment armé

*Béton pour dalles inclinées (planches à laver).*

   2 fois 5$^m$,92 $\times$ 0$^m$,54 ................. 6$^m$,39

$\times$ 0$^m$,09 réduit d'épaisseur.................. 0$^m$,575

à 92$^f$,81 le mètre cube....................... 53$^f$,36

     **N° 31**
     Béton de Ciment armé

*Sous-détail du prix :* béton pour dalles inclinées d'au moins 0$^m$,06 d'épaisseur; le mètre cube.................. 87$^f$,69

Plus-value pour excédent de ciment par chaque 50 kilogrammes de ciment en plus dans le dosage de l'observation 26, le mètre cube.................... 5$^f$,12

          92$^f$,81

     **N° 32**
     Béton de Ciment armé

     *A reporter*................................. 360$^f$,65

*Report* .................................................. 360ᶠ,65

*Béton sur coffrage horizontal.*

Partie milieu du lavoir.

Longueur, 5ᵐ,92 $\times$ 0ᵐ,49 ............... 2ᵐ,90

$\times$ 0ᵐ,18 hauteur .......................... 0ᵐ,522

Au-dessus, 5ᵐ,92 $\times$ 0ᵐ,44 réduit $=$ ........................ 2ᵐ,60

$\times$ 0ᵐ,44 hauteur ....................... 1ᵐ,144

Déduire 1/2 cercle

$$\frac{0^{m},15 \times 0^{m},15 \times 3^{m},1416}{2} = 0^{m},04$$

$\times$ 5ᵐ,92 .......................... 0ᵐ,237

Reste ............................. 0ᵐ,907 ` 0ᵐ,907

Ensemble ........................... 1ᵐ,429

à 90ᶠ,08 le mètre cube ............................... 128ᶠ,72

*Sous-détail : béton sur coffrage - horizontal* d'une épaisseur
minima de 0ᵐ,06, comprenant les poutres et nervures jusqu'à
0ᵐ,50 de hauteur, brut après décoffrage, le mètre
cube .......................... 84ᶠ,96

Plus-value pour excédent de ciment par chaque
50 kilogrammes de ciment en plus dans le dosage du
nº 26, le mètre cube ............................ 5ᶠ,12

Le mètre cube ............................ 90ᶠ,08

Les cloisons d'abouts du lavoir en ciment armé de 0ᵐ,07
d'épaisseur.

*Détail d'une :*

1ᵐ,20 $\times$ 0ᵐ,49 $=$ ..................... 0ᵐ,59

Parties triangulaires.

2 fois 0ᵐ,63 $\times \dfrac{0^{m},52}{2} =$ ............... 0ᵐ,33

Segments, 2 fois 0ᵐ,63 $\times$ 0ᵐ,06 $\times$ 2/3 $=$ . 0ᵐ,05

1 autre partie semblable ............... 0ᵐ,97

Ensemble ....................... 1ᵐ,94

$\times$ 0ᵐ,07 épaisseur ............................. 0ᵐ,136

à 120ᶠ,64 le mètre cube ............................... 16ᶠ,41

*Sous-détail du prix : béton dans des coffrages verticaux,* comprenant toutes nervures ou poutres de plus de 0ᵐ,50 de hauteur
sous hourdis et de même épaisseur qu'au nº 27.

Le mètre cube ............................ 115ᶠ,52

Plus-value pour excédent de ciment par chaque
50 kilogrammes de ciment en plus dans le dosage du
nº 26, le mètre cube ............................ 5ᶠ,12

Ensemble ............................ 120ᶠ,64

L'ossature en aciers doux ronds mise en place, toutes ligatures et plus-value de forge.

*Détail d'une cloison extrême en fers ronds de 0ᵐ,020 verticaux :*

3 fois 1ᵐ,15 de hauteur $=$ ............ 3ᵐ,45

pesant 2ᵏ,4504 le mètre courant ..................... 8ᵏ,454

*Horizontaux en fers ronds de 9 millimètres :*

3 fois ...... 0ᵐ,48 ............... 1ᵐ,44

1 fois ...... 1ᵐ,02 ............... 1ᵐ,02

1 fois ...... 1ᵐ,34 ............... 1ᵐ,34

1 fois ...... 0ᵐ,88 ............... 0ᵐ,88

Ensemble ....................... 4ᵐ,68

pesant 0ᵏ,4962 le mètre courant .................... 2ᵏ,322

*A reporter* ........................... 10ᵐ,776 505ᶠ,78

Nº 27
Béton de Ciment armé

Nº 32
Béton de Ciment armé

Nº 28
Béton de Ciment armé

Nº 32
Béton de Ciment armé

|  |  |  |  |
|---|---|---|---|
| *Reports*........................................ | 10$^k$,776 | 505$^f$,78 |  |
| 1 autre cloison semblable produit................ | 10$^k$,776 |  |  |

La partie milieu composée :
*de 42 ceintures en fer forgé de 9 millimètres,*
développant chaque = 1$^m$,15............. 48$^m$,30
42 fois 0$^m$,42........................ 17$^m$,64
42 fois 1$^m$,46 développé............... 61$^m$,32

Ensemble ...................... 127$^m$,26
pesant 0$^k$,4962 le mètre courant................... **63$^k$,148**

Les fers ronds placés dans la longueur du lavoir,
*Ceux de 0$^m$,020.*
2 cours, chaque 6$^m$,07 longueur = ....... 12$^m$,14
pesant 2$^k$,4504 le mètre courant..................... **29$^k$,748**

*Ceux de 0$^m$,007 (planches à laver).*
6 fois 6$^m$,07 longueur.................. 36$^m$,42
pesant 0$^k$,3002 le mètre courant.................... **10$^k$,933**

*Ceux de 0$^m$,012.*
2 fois 6$^m$,07........................ 12$^m$,14
pesant 0$^k$,8822 le mètre courant..................... **10$^k$,710**
Excédent pour ligatures et recouvrements de fer... **25$^k$,000**

Ensemble ............................. . **161$^k$,091**

à 56$^f$,53 les 100 kilogrammes ........................ **91$^f$,06**

En about de la cloison du lavoir, il a été ménagé un trou pour l'évacuation des eaux du lavoir ; ce vide ne se déduit pas du cube du béton.

Il n'y a pas lieu à déduction pour les trous ménagés dans les planches à laver pour l'évacuation des eaux usagées du lavoir.

Nous compterons une plus-value au mètre linéaire pour ces travaux, par analogie au n° 37 de la Série des Ciments et l'observation n° 36.
Soit 6 fois 0$^m$,25 = ............................. 1$^m$,50
à 2$^f$,55 le mètre linéaire................................. **3$^f$,83**

Pour tous ces travaux en béton armé :
Chargement et transport à la brouette des matériaux n'ayant pu être approvisionnés qu'à plus de 30$^m$,00 de distance du lieu où ils devaient être employés.
Cube....................................... 2$^m$,140
à 0$^f$,60 le mètre...................................... **1$^f$,28**

Les enduits en ciment à prise lente, mortier A, *pour enduits dressés à la règle.*
*Sur brique neuve* de 0$^m$,52 de hauteur.
Détail d'un pilier :
4 fois 0$^m$,52 de développement = .............. **2$^m$,08**
à 3$^f$,10 le mètre linéaire.............................. **6$^f$,45**

Plus-value sur les prix d'enduits pour arêtes droites,
4 fois 0$^m$,52 hauteur = ........................... **2$^m$,08**
Cueillies droites en sous-face, 2 fois 0$^m$,52.......... 1$^m$,04

Ensemble ........................... **3$^m$,12**
à 0$^f$,52 le mètre linéaire.............................. **1$^f$,62**

Les gorges d'écoulement en ciment *idem*, verticales,
2 fois 0$^m$,52.......................... 1$^m$,04
à 0$^f$,52 le mètre linéaire.............................. **0$^f$,54**

Arêtes droites verticales des gorges.
4 fois 0$^m$,52 = ............................... **2$^m$,08**
à 0$^f$,52 le mètre linéaire............................. **1$^f$,08**

*A reporter*........................................ **611$^f$,64**

N° 47
Béton de Ciment armé

Mémoire.

N° 258. Ciments.

N°120. col. 1. Ciments

N° 167. Ciments.

N° 185. Ciments.

*Report*...................................................  611f,64

2 autres piliers semblables produisent en argent :

2 fois 9f,69..............................................  19f,38

*Détail d'une cloison d'about :*

Les enduits en ciment à prise lente mortier A pour *enduits dressés à la règle* sur béton.

*Face extérieure de 0m,52 de largeur :*

Partie inférieure.

0m,57 hauteur à 3f,10 le mètre linéaire...................  1f,77   N° 129, col. 1. Ciments

Au-dessus trapèze.

$$\frac{1^m,50 + 0^m,52}{2} \times 0^m,23 \text{ hauteur}...........  0^m,23$$

Segment 2/3 × 1m,50 = 1.00

× 0.40 hauteur................................  0m,40

   , Ensemble...........................  0m,63

à 4f,85 le mètre superficiel.............................  3f,06   N° 101. Ciments.

*Face intérieure de 0m,52 hauteur :*

Longueur 0m,52 à 3f,10 le mètre linéaire.................  1f,61   N° 129, col. 1. Ciments

Au-dessus des planches à laver et de l'alimentation d'eau.

$$2 \text{ fois } 0^m,60 \times \frac{0^m,42}{2} \text{ hauteur}...............  0^m,25$$

0m,42 réduit × 0m,24 hauteur réduite.......  0m,10

1/2 cercle de 0m,30 diamètre..............  0m,04

   Ensemble...................  0m,39

à 4f,85 le mètre superficiel.............................  1f,89   N° 101. Ciments.

Les gorges en ciment à la jonction des planches à laver et des cloisons.

2 fois 0m,50.........................  1m,00

2 fois 0m,27.........................  0m,54

Circulaire 2 fois 0m,65 développé......  1m,30

Plus-value 1/3........................  0m,43

   Ensemble..................  3m,27

à 0f,52 le mètre.........................................  1f,70   N° 185

Une autre cloison d'about du lavoir semblable produit en argent.  10f,03

Les enduits soignés en ciment à prise lente A des parties circulaires abouts de lavoirs sur béton de ciment de 0m,10 de largeur.

Longueur développée, 2 fois 1m,90..................  3m,80

à 3f,23 le mètre.........................................  12f,27

*Sous-détail du prix d'un mètre linéaire :*

Champ sur le dessus de 0m,10 de largeur.

Le mètre linéaire.......................................  1f,45   N° 121, col. 1. Ciments.

Plus-value de circulaire.

Le mètre linéaire.......................................  0f,10   N° 110

Arêtes arrondies en plus-value sur les prix d'enduits.

2 fois 1m,00.........................  2m,00

Plus-value de circulaire.

1/3.................................  0m,67   N° 170

   Ensemble...........................  2m,67

à 0f,63 le mètre...........................  1f,68   N° 169

Le mètre linéaire.............................  3f,23

Les enduits en ciment sur béton des planches à laver de 0m,52, longueur dessous,

2 fois 5m,90.......................................  11m,80

à 4f,24 le mètre linéaire................................  50f,03

   *A reporter*.......................................  713f,38

|  |  |  |
|---|---|---|
| *Report* ........................................... | 713ᶠ,38 | |

*Sous-détail :*

Enduit en ciment dressé sur béton de gravillon de 0ᵐ,52 largeur.

Le mètre linéaire.................................. 3ᶠ,10 — Nᵒ 129, col. 1. Ciments.

Plus-value d'enduit sur plafond.

Le mètre superficiel...................... 2ᶠ,20 — Nᵒ 109, *id.*

et, pour 1ᵐ,00 × 0ᵐ,52 = 0ᵐ,52, produit

Le mètre linéaire....................... 1ᶠ,14

Ensemble .................................. 4ᶠ,24

NOTA. — Les longueurs des enduits doivent être prises à la jonction des planches à laver avec les parties verticales.

**Observation**

Les gorges en ciment en contre-bas.

2 fois 6ᵐ,10 longueur......................... 12ᵐ,20

à 0ᶠ,52 le mètre linéaire.......................... 6ᶠ,34 — Nᵒ 185

Champ en ciment en contre-bas de la gorge entre pilastres.

Longueur 4 fois 1ᵐ,14......................... 4ᵐ,56

— 4 fois 1ᵐ,03........................ 4ᵐ,12

Ensemble................................. 8ᵐ,68

à 1ᶠ,05 le mètre........................... 9ᶠ,11 — Nᵒ 119

Arêtes droites en ciment (en sous-face).

Linéaire des champs ci-dessus.................. 8ᵐ,68

à 0ᶠ,52 le mètre............................ 4ᶠ,51 — Nᵒ 167

Les arêtes droites ou arrondies en ciment, ainsi que les gorges en ciment, sont à compter en plus-value sur les prix d'enduits en ciment.

Nᵒ 167. Ciments

Enduits en ciment en dessous entre piliers de 0ᵐ,52 de largeur.

2 fois 1ᵐ,14........................................ 2ᵐ,28

2 fois 1ᵐ,03........................................ 2ᵐ,06

Ensemble................................. 4ᵐ,34

à 4ᶠ,24 le mètre............................. 18ᶠ,40

(suivant sous-détail précédent, compris plus-value d'enduit en plafond).

Enduits en ciment des épaisseurs de planches à laver (1 champ en ciment de 0ᵐ,10 de largeur et 2 arêtes arrondies).

Linéaire, 2 fois 5ᵐ,90....................... 11ᵐ,80

à 2ᶠ,71 le mètre............................. 31ᶠ,98 — Nᵒˢ 121 et 168

Les enduits en ciment des dessus de planches à laver de 0ᵐ,50 de largeur

2 fois 5ᵐ,90................................. 11ᵐ,80

à 3ᶠ,10 le mètre............................. 36ᶠ,58 — Nᵒ 129

Gorges du fond de 0ᵐ,12 de rayon

2 fois 5ᵐ,90................................. 11ᵐ,80

à 1ᶠ,30 le mètre............................. 15ᶠ,34 — Nᵒ 187

Enduit en ciment des faces obliques de 0ᵐ,27 de largeur sur béton.

2 fois 5ᵐ,90................................. 11ᵐ,80

à 2ᶠ,05 le mètre............................. 24ᶠ,19 — Nᵒ 124

Partie haute recevant l'alimentation, enduit en ciment de 0ᵐ,65 de développement.

Le mètre linéaire............................ 4ᶠ,85 — Nᵒ 101

Plus-value de gorges et arrondis sur le dessus.

2 fois 0ᶠ,52 le mètre........................ 1ᶠ,04 — Nᵒ 185

*A reporter* ............................... 5ᶠ,89  859ᶠ,83

| | | |
|---|---|---|
| *Reports*........................................ | 5f,89 | 859f,83 |

Plus-value d'enduit circulaire de 0,30 diamètre, linéaire 0m,47 développement,

à 1f,00 le mètre.................................... 0f,47                    N° 110

Le mètre linéaire................................. 6f,36

Linéaire........................................ 5m,90

à 6f,36 le mètre....................................                    37f,52

Les enduits en ciment des épaisseurs verticales de cloisons d'abouts du lavoir de 0m,10 de largeur.

4 fois 0m,52...................................... 2m,08

à 2f,49 le mètre....................................                    5f,18

*Sous-détail du prix :*

Enduit en ciment de 0m,10 de largeur.

Le mètre linéaire................................. 1f,45                    N° 121

2 arêtes arrondies, 2 fois 0f,52.................... 1f,04                    N° 167

Le mètre linéaire................................. 2f,49

Le dallage en ciment de Portland de 0m,10 d'épaisseur pour sol du lavoir (0m,08 de béton de gravillon et ciment de Portland et 0m,02 de chape).

De 8m,10 × 4m,50.............. 36m,45

A déduire partie milieu,

8m,10 × 0m,80................. 6m,48

Reste ......................... 29m,97

à 9f,10 le mètre.................... = 272f,73                    N° 55. Ciments.

Partie milieu de 0m,20 d'épaisseur,

8m,10 × 0m,80................. 6m,40

A déduire :

Piliers, 3 fois 0m,80 × 0m,80....... = 1m,92

Cloisons d'abouts, 2 fois 1m,50 × 0m,10 = 0m,30

Ensemble................. 2m,22     2m,22

Reste........................... 4m,18

à 13f,00 le mètre superficiel ...................... 54f,34                    N° 55

Les prix de Série nos 55 à 65 (Série Ciments) prévoient des dallages de 0m,08 à 0m,15 d'épaisseur.

Au-dessus de 0m,15 d'épaisseur,

surface........................... 4m,18

× 0m,05........................... 0m,209

à 53f,00 le mètre cube............................. 11f,08                    N° 66

Le dallage de 0m,20 d'épaisseur se décompose de la manière suivante :

Dallage de 0m,15 d'épaisseur.......... = 0m,15

au mètre superficiel ;

Béton de gravillon en excédent,

au mètre cube....................... 0m,05

Ensemble ......................... 0m,20

Ensemble ............................... 338f,15

Page 124, nous avons compté le repiquage de toute la surface pour 0m,10 de hauteur ; nous avons à défalquer celui de 0m,20 compté précédemment.

Surface, 3m,00 × 0m,80................. 2m,40

à 1f,155 le mètre.............................. 2f,77

Reste ........................... 335f,38     335f,38

*A reporter*........................................... 1237f,91

Report.................................................... 1237f,91

Les caniveaux en ciment de 0m,05 de profondeur au pourtour du lavoir.

Droits, 2 fois 6m,10.......................... 12m,20
Circulaires, 2 fois 0m,60 développement........... 1m,20

Ensemble .................................. 13m,40

à 1f,00 le mètre.................................................. 13f,40      Nº 41. Ciments.

Plus-value de circulaire.

2 fois 0m,60 développement.................... 1m,20

à $\dfrac{1^f,00 \times 1}{3} =$ ............................ 0f,40      Nº 45

Les arêtes arrondies en ciment sur la rive.

Même cours............................. 12m,20
Circulaires, 2 fois 0m,60..................... 1m,20
Plus-value 1/3............................ 0m,40      Observation 170

Ensemble .............................. 13m,80

à 0f,63 le mètre................................. 8f,69      Nº 168

Les bordures neuves en granit de 0m,18 de largeur sur 0m,25 d'épaisseur, avec dressement de l'encaissement, massif en moellons neufs de 0m,20 d'épaisseur sur 0m,25 de largeur, arase en mortier de chaux hydraulique et sable de rivière, pose et joints en ciment romain.

*Parties droites.*

2 fois 6m,94............................ 13m,88
2 fois 4m,10............................ 8m,20

Ensemble................................ 22m,08

à 15f,78 le mètre................................. 349f,42      Nº 39. Série Granit.

Bordures neuves circulaires de 0m,18 de largeur, semblables à précédentes, de moins de 3m,50 de rayon.

4 fois 0m,40 développement.................... 1m,60
à 24f,51 le mètre................................. 39f,22      Nº 45.    id.

Observation. — Les prix des bordures circulaires ci-dessus seront diminués de 3f,50 par mètre lorsque le rayon excédera 3m,50.      Nº 48.    id.

*Les déblais nécessaires à l'encaissement sont payés à part et suivant les prix portés à la Série de Terrasse.*      Observation 49

Ces fouilles en rigoles seront à compter suivant les exemples donnés précédemment.      Argent.

Ensemble.................................... 1.649f,04      1649f,04

## ORDRE DE SERVICE Nº 8

### Mur séparatif entre le vivier et la rivière.

*Construction du mur (fig. 22, 23 et 24).*

Le mur séparatif aura 7 mètres de longueur avec 2 retours circulaires de 2m,20 de développement.

Les basses fondations seront en béton de cailloux et mortier nº 4 de ciment I.

Au-dessus les murs seront construits à 2 parements, en moellon neuf de choix dur de roche (analogue au nº 6 de taille) par assises de hauteurs égales avec un côté en talus, le moellon smillé et jointoyé en mortier nº 4.

La construction du mur séparatif sera faite en mortier nº 4 ; sur une hauteur de 0m,70 le mur sera en moellon franc.

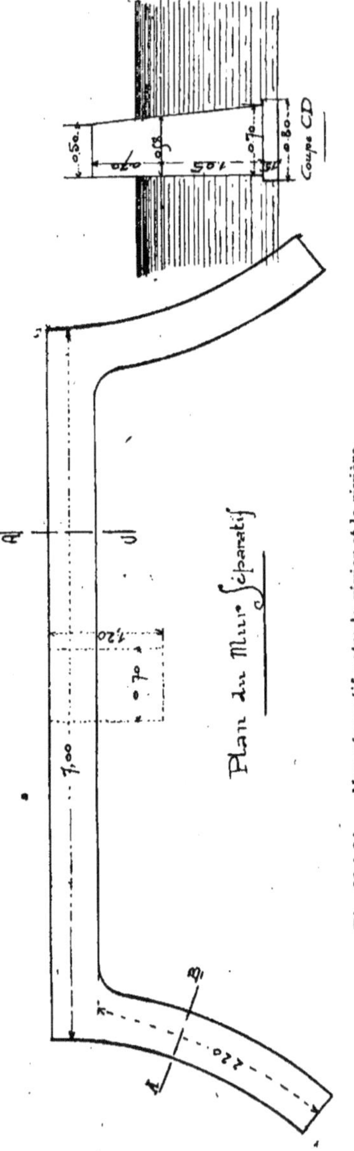


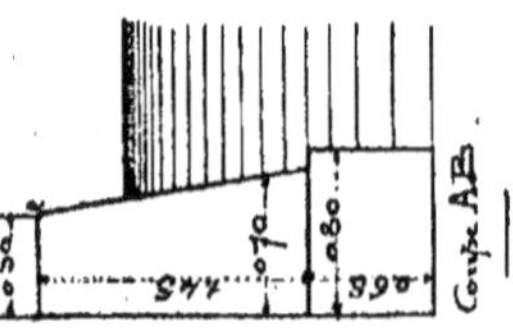


Fig. 22 à 24. — Mur séparatif entre le vivier et la rivière.

Les 2 retours seront construits en basses fondations en béton de cailloux et mortier n° 4 de ciment I.

Au-dessus côté du talus, le mur sera en moellon neuf de choix dur de roche analogue au n° 6 de taille, l'autre face côté des terres sera en moellon franc et mortier n° 4 de ciment I.

Il sera fait un jointoiement en ciment I côté des terres (côté de la rivière le moellon sera par assises de hauteurs égales avec parement smillé et jointoiement en ciment n° 4.

## Métré.

Pour l'exécution de ces travaux dans l'eau, il a été fait des travaux préparatoires avec emploi de pieux, palplanches, glaise, épuisements d'eau, location de pompe, etc., nous avons donné précédemment les détails de ces travaux, il est inutile d'y revenir.

La fouille en rigoles de terre glaise dans l'eau avec chargement des terres au seau, montage à $2^m,00$ de hauteur, transport à $5^m,00$, chargement en tombereau et transport à 600 mètres.

Longueur, $7^m,00 \times 0^m,80$.......... $5^m,60$
$\times 0^m,15$ hauteur...................... $0^m,840$
à $13^f,03$ le mètre cube................................... $10^f,95$

*Sous-détail du prix :*
Fouille en rigole de terre glaise.
Le mètre cube.............................. $2^f,10$     N° 19 Série Terrasse
Plus-value de fouille dans l'eau.
1/2 en plus................................. $1^f,05$     **N° 23**

Nota. — *Nous avons fait remarquer que les prix de fouilles en rigoles (n° 19 de la Terrasse) ne comprennent pas les jets sur berge; lorsque ce travail sera exécuté, nous ajouterons les prix prévus au n° 26 de la Terrasse.*
Jet de pelle pour chargement au seau.
Le mètre cube.............................. $1^f,50$     **N° 31**
Montage à $2^m,00$ de hauteur à la corde et au seau.

Le mètre cube $\dfrac{3^f,00 \times 2}{3} = $ ........... $2^f,00$     **N° 32**

Transport à un relais au seau.
Le mètre cube.............................. $1^f,05$     **N° 39**
Observation 37. — Le premier relais n'est pas divisible.
Chargement en tombereau de terre glaise.
Le mètre cube.............................. $0^f,90$     **N° 30**
Transport à 600 mètres.
Le mètre cube.............................. $2^f,95$     **Nᵒˢ 41-42-43**
Plus-value pour enlèvement de déblais mouillés.
50 0/0 en plus.............................. $1^f,48$     Observation 176 Série Consolidations souterraines.

Le mètre cube.............................. $13^f,03$

Les basses fondations en béton de cailloux et mortier n° 4 de ciment I.
Cube ci-dessus....................... $0^m,840$
à $60^f,85$ le mètre cube........................ $51^f,11$

*Sous-détail du prix :*
Béton composé de $0^m,800$ de cailloux et $0^m,500$ de mortier de ciment I.
Le mètre cube.............................. $42^f,45$     N° 382. Maçonnerie col. 9
Prenons la différence entre le mortier n° 4 de ciment I et le mortier n° 2 de ciment I.

    *A reporter*............................. $42^f,45$    $62^f,06$

| | | |
|---|---|---|
| *Reports*............................................ | 42f,45 | 62f,06 |

Mortier n° 4 de ciment I, le mètre cube = 90f,55    N° 1218 col. 4
Mortier n° 2 de ciment I, le mètre cube = 53f,75    N° 1218 col. 2

Différence par mètre cube................. 36f,80

et pour 0m,500 produisent

36f,80 × 0m,500............................. 18f,40

Le mètre cube................................. 60f,85

Plus-value de béton exécuté dans l'eau.
Cube.................................... 0m,840
à 1f,00 le mètre cube........................... 0f,84

Cette plus-value est accordée pour travaux *de pilonnage* par couche de 0m,20 dans l'eau.

Au-dessus, construction du mur à 2 parements en moellon neuf de choix dur de roche et mortier n° 4 de ciment I.

Longueur, 7m,00 × 1m,05 hauteur = 7m,35

$$\times \frac{0^m,70 + 0^m,58}{2} = \ldots\ldots\ldots\ldots\quad 4^m,704$$

à 49f,63 le mètre cube........................... 233f,46

*Sous-détail du prix :*
Moellon neuf et mortier n° 2 de ciment I en fondation.
Le mètre cube.................................. 39f,95    N° 1170
Plus-value pour moellon dur.
Le mètre cube.................................. 2f,50    N° 1182
La Série ayant prévu 0m,195 de mortier par mètre cube de moellon, nous aurons, pour différence de mortier, une plus-value de :
Le mètre cube 36f,80 × 0.195............... = 7f,18

Le mètre cube................................. 49f,63

Plus-value de moellon de choix pour maçonnerie parementée dur de roche, analogue au n° 6 de taille.
7m,00 × 1m,05 hauteur =.......... 7m,35
× 0m,25 épaisseur.................... 1m,838
1 autre parement semblable............... 1m,838

Ensemble...................... 3m,676

à 51f,77 le mètre cube............................. 190f,31
*Sous-détail du prix :*
*Plus-value de moellon de choix* pour maçonnerie parementée, fourni, posé, hourdé en mortier A n° 2, *non compris le parement*, dur de roche (au mètre cube).
Le mètre cube................................. 38f,15
*Plus-value de mortier n° 4.*
Faisons la différence entre le mortier n° 4 de ciment I et le mortier A n° 2.
Mortier n° 4 de ciment I.
Le mètre cube................................. 90f,55    N° 1218 col. 4
Mortier n° 2, A.
Le mètre cube................................. 20f,70    N° 1210 col. 2

Différence............................... 69f,85

Et pour 0m,195 produisent..................... 13f,62

Le mètre cube................................. 51f,77

*A reporter*................................. 486f,67

*Report*............................................................ 486$^f$,67

La construction du mur au-dessus en moellon neuf franc à
2 parements et mortier n° 4 de ciment I.

Longueur, 7$^m$,00 $\times$ 0$^m$,70 hauteur....... $=$　　4$^m$,90

$\times \dfrac{0^m,58 + 0^m,50}{2} =$............................. 2$^m$,646

à 47$^f$,13 le mètre cube ................................. 124$^f$,71

*Sous-détail du prix :*

Moellon neuf et mortier n° 2 de ciment I en fondation.

　Le mètre cube................................. 39$^f$,95　　　　N° 1170

Plus-value pour moellon hourdé en ciment mortier
n° 4.

　Le mètre cube................................. 7$^f$,18

　Le mètre cube................................. 47$^f$,13

*Plus-value de moellon franc de choix*, pour maçonnerie parementée, fourni, posé, hourdé en mortier A n° 2, *non compris
le parement.*

　Le mètre cube................................. 27$^f$,00　　　　N° 1193

*Plus-value de mortier n° 4.*

　Le mètre cube suivant sous-détail précédent....... 13$^f$,62

　Le mètre cube................................. 40$^f$,62

Longueur, 7$^m$,00 $\times$ 0$^m$,70 hauteur........　4$^m$,90

$\times$ 0$^m$,25 épaisseur............................. 1$^m$,225

1 autre semblable............................. 1$^m$,225

　Ensemble............................. 2$^m$,450

à 40$^f$,62 le mètre cube................................. 99$^f$,59

Plus-value d'appareil réglé.

Cube moellon dur de choix......................... 3$^m$,676

à 5$^f$,18 le mètre cube................................. 19$^f$,04　　Observation 1195

Cube moellon franc......................... 2$^m$,450

à 4$^f$,06 le mètre cube................................. 9$^f$,95　　Observation 1195

Parement smillé sur moellon neuf dur de choix.

1 fois 7$^m$,00 $\times$ 1$^m$,05 hauteur............... 7$^m$,35

1 autre face semblable................... 7$^m$,35

　Ensemble ........................ 14$^m$,70

à 2$^f$,75 le mètre superficiel................................. 40$^f$,43

*Sous-détail du prix :*

Parement smillé sur moellon neuf ordinaire, *en
œuvre de moellon dur de roche, fourni, compris déchet.*

　Le mètre superficiel................................. 2$^f$,55　　N° 1226 col. 1

Plus-value pour moellon de choix, pour déchet supplémentaire sur le n° 6......................... 0$^f$,20　　　　N° 1229

　Le mètre superficiel................................. 2$^f$,75

Plus-value pour assises de hauteurs égales, 1/4 en
plus.

　　　2$^f$,75 $\times$ 1/4 $=$ 0$^f$,69　　　　　　　　　　Observation 1232

Surface, 14$^m$,70 à 0$^f$,69 le mètre................................. 10$^f$,14

Parement smillé de moellon neuf franc de choix.

Surface, 7$^m$,00 $\times$ 0$^m$,70 hauteur........... 4$^m$,90

1 autre face semblable................... 4$^m$,90

　Ensemble................... 9$^m$,80

à 2$^f$,00 le mètre superficiel................................. 19$^f$,60

　*A reporter*................................. 810$^f$,13

*Report*................................................. 810ᶠ,13

*Sous-détail du prix :*

Parement smillé sur moellon neuf ordinaire en œuvre de moellon franc, compris déchet.

Le mètre superficiel........................... 1ᶠ,80                   Nᵒ 1226 col. 2

Plus-value pour moellon de choix, pour déchet supplémentaire sur le nᵒ 7 .......................... 0ᶠ,20                   Nᵒ 1229

Le mètre superficiel........................... 2ᶠ,00

Plus-value pour assises de hauteurs égales, 1/4 en plus.

$$2ᶠ,00 \times 1/4 = 0ᶠ,50.$$

Surface ................................. 9ᵐ,80
à 0ᶠ,50 le mètre............................................. 4ᶠ,90

Plus-value de parement de moellon en talus.

Surface, 7ᵐ,00 × 1ᵐ,05 ................... 7ᵐ,35
à 0ᶠ,275 le mètre superficiel ............................ 2ᶠ,02           Observation 1235

*Sous-détail :*

Parement smillé sur moellon dur de choix, le mètre superficiel suivant sous-détail précédent............ 2ᶠ,75
et pour talus 1/10 en plus ......................... 0ᶠ,275
Surface, 7ᵐ,00 × 0ᵐ,70................... 4ᵐ,90
à 0ᶠ,20 le mètre superficiel ........................... 0ᶠ,98

Parement smillé sur moellon franc de choix, le mètre superficiel suivant sous-détail ................ 2ᶠ,00
et pour talus 1/10 en plus....................... 0ᶠ,20                   Observation 1235

Plus-value de jointoiement sur parement smillé de moellon en mortier nᵒ 4.

7ᵐ,00 × 1ᵐ,75 hauteur ................... 12ᵐ,25
Dessus, 7,00 × 0ᵐ,50..................... 3ᵐ,50
Côté talus, 7ᵐ,00 × 1ᵐ,80................ 12ᵐ,60
Les parties non faites compensées par les têtes de murs.

Ensemble...................... 28ᵐ,35

à 1ᶠ,50 le mètre superficiel............................ 42ᶠ,53         Nᵒ 1240 col. 9

À l'emplacement de la vanne, fouille en rigoles de terre glaise dans l'eau, avec chargement des terres au seau, montage à 2ᵐ,50 de hauteur, transport à 5 mètres, chargement en tombereau et transport à 600 mètres.

Longueur, 1ᵐ,20 × 0ᵐ,70........ 0ᵐ,84
× 0ᵐ,50 hauteur......................... 0ᵐ,420
à 13ᶠ,53 le mètre cube............................... 5ᶠ,68

*Sous-détail du prix :*

Fouille en rigoles en terre glaise.

Le mètre cube.............................. 2ᶠ,10                        Nᵒ 19 Terrasse

Plus-value de fouille dans l'eau.

1/2 en plus.................................. 1ᶠ,05                        Nᵒ 23

Jet de pelle pour chargement au seau.

Le mètre cube.............................. 1ᶠ,50                        Nᵒ 31

Montage à 2ᵐ,50 de hauteur à la corde et au seau.

Le mètre cube $\dfrac{3ᶠ,00 \times 5}{6}$ .............. 2ᶠ,50            Nᵒ 32

Transport à 1 relais au seau.

Le mètre cube.............................. 1ᶠ,05                        Nᵒ 39

Chargement en tombereau de terre glaise.

Le mètre cube.............................. 0ᶠ,90                        Nᵒ 30

*À reporter*................................ 9ᶠ,10  866ᶠ,24

*Reports*........................................ 9$^f$,10   866$^f$,24

Transport à 600 mètres:

Au tombereau, à 100 mètres (non compris le charge-
ment), le mètre cube...................... 1$^f$,40           N° 41

4 relais de 100 mètres, chaque 0$^f$,35.... $=$ 1$^f$,40      N° 42

1 relais de 100 mètres en plus des 500 pre-
miers mètres........................... 0$^f$,15           N° 43

Le mètre cube........................... 2$^f$,95

Plus-value pour enlèvement de déblais
mouillés, 50 0/0 en plus.................. 1$^f$,48

                              4$^f$,43   4$^f$,43

Le mètre cube............................... 13$^f$,53

Remplissage en béton de cailloux et mortier n° 4 de
ciment I.

Cube ci-dessus.......................... 0$^m$,420

à 60$^f$,85 le mètre cube ........................... 25$^f$,56

La construction des murs en retour.

La fouille en rigoles de terre glaise dans l'eau avec chargement des terres au seau, montage à 2$^m$,00 de hauteur, transport
à 8$^m$,00, chargement au tombereau et transport à 600 mètres.

Linéaire, 2 fois 2$^m$,20 $\times$ 0$^m$,80.............. 3$^m$,52

$\times$ 0$^m$,65 de hauteur............................ 2$^m$,288

à 13$^f$,03 le mètre cube............................... 29$^f$,81

(suivant sous-détail précédent).

Remplissage des rigoles en béton de cailloux et mortier n° 4
de ciment I.

Cube............................... 2$^m$,288

à 60$^f$,85 le mètre cube................................... 139$^f$,22

Plus-value de béton exécuté dans l'eau.

Cube.................................. 2$^m$,288

à 1$^f$,00 le mètre cube............................... 2$^f$,29

Au-dessus, construction du mur à 2 parements en moellon
neuf de choix dur de roche et mortier n° 4 de ciment I.

Longueurs circulaires.

2 fois 2$^m$,20 $\times$ 1$^m$,45 hauteur............. 6$^m$,38

$\times$ 0$^m$,25 réduit...................... 1$^m$,595

à 49$^f$,63 le mètre cube............................... 79$^f$,16

Plus-value de moellon de choix, de maçonnerie paramentée
dur de roche, analogue au n° 6 de taille.

Cube ci-dessus.................... 1$^m$,595

à 51$^f$,77 le mètre cube.......................... 82$^f$,57

(suivant sous-détail précédent).

Le reste du mur en moellon neuf franc et mortier n° 4 de
ciment I.

2 fois 2$^m$,20 $\times$ 1$^m$,45 de hauteur.......... 6$^m$,28

$\times \dfrac{0^m,70 + 0^m,50}{2} = $................. 3$^m$,828

Déduire partie comptée ci-dessus.

Cube.............................. 1$^m$,595

Reste ......................... 2$^m$,233

à 47$^f$,13 le mètre cube............................. 105$^f$24

Plus-value de moellon franc de choix pour maçonnerie paramentée, fourni, posé, hourdé en mortier n° 4 de ciment I, *non*
*compris le parement.*

    *A reporter*.................................... 1330$^f$,00

|  |  |  |
|---|---|---|
| *Report*........................................ | | 1330$^f$,09 |
| Le mètre cube............................... | 40$^f$,62 | |
| *suivant sous-détail précédent.* | | |
| Cube ci-dessus............................ | 1$^m$,595 | |
| à 40$^f$,62 le mètre cube .................... | | 73$^f$,69 |
| Plus-value d'appareil réglé. | | |
| Cube moellon dur de choix................ | 1$^m$,595 | |
| à 5$^f$,18 le mètre cube....................... | | 8$^f$,26 |
| Cube moellon franc........................ | 2$^m$,223 | |
| à 4$^f$,06 le mètre cube....................... | | 9$^f$,07 |

Plus-value de construction de mur circulaire en moellon de
3 mètres de diamètre.

|  |  |  |
|---|---|---|
| Cube moellon dur........................ | 1$^m$,595 | |
| Cube moellon franc...................... | 2$^m$,233 | |
| Ensemble................................ | 3$^m$,828 | |
| à 2$^f$,25 le mètre cube....................... | | 8$^f$,61 |

N° 1495

Parement smillé sur moellon neuf ordinaire, en œuvre de
moellon neuf dur de roche de choix, fourni, compris déchet.

|  |  |  |
|---|---|---|
| 2 fois 2$^m$,20 × 1$^m$,49 de hauteur................ | 6$^m$,56 | |
| Dessus, 2 fois 2$^m$,20 × 0$^m$,25.................. | 1$^m$,10 | |
| Ensemble................................ | 7$^m$,66 | |
| à 2$^f$,75 le mètre............................. | | 21$^f$,07 |

(suivant détail précédent).

|  |  |  |
|---|---|---|
| Plus-value pour assises de hauteurs égales, 1/4 en plus. | | |
| Surface, 2 fois 2$^m$,20 × 1$^m$,49.................... | 6$^m$,56 | |
| à 0$^f$,69 le mètre............................. | | 4$^f$,53 |

(côté des terres, le moellon n'a pas été smillé).

Observation

*Les murs en moellon de forte épaisseur, formant soutènements,
en talus d'un côté et avec redans sur l'autre face, sont comptés
comme murs en fondation jusqu'à 3$^m$,20 de hauteur à un parement.*

*Par exception, nous les avons comptés à 2 parements, suivant
l'ordre de service n° 8.*

Au-dessus de 3$^m$,20 de hauteur, les murs ne doivent plus être
comptés en fondation ; ils sont comptés dans toute la hauteur
comme murs en élévation.

Observation

|  |  |  |
|---|---|---|
| Plus-value de parement de moellon en talus. | | |
| Surface, 2 fois 2$^m$,20 × 1$^m$,49 ................... | 6$^m$,56 | |
| à 0$^f$,275 le mètre superficiel.................... | | 1$^f$,80 |
| Plus-value de parements circulaires à simple courbure. | | |
| 1/3 en plus. Surface........................ | 6$^m$,56 | |
| à 1$^f$,15 le mètre............................. | | 7$^f$,54 |

Plus-value de jointoiement sur parement smillé de moellon
en mortier n° 4.

|  |  |  |
|---|---|---|
| 2 fois 2$^m$,20 × 1$^m$,49 de hauteur................. | 6$^m$,56 | |
| Dessus 2 fois 2$^m$,20 × 0,50..................... | 2$^m$,20 | |
| Ensemble................................ | 8$^m$,76 | |
| à 1$^f$,50 le mètre superficiel.................... | | 13$^f$,14 |

|  |  |  |
|---|---|---|
| Côté des terres jointoiement en mortier n° 4 sur moellon neuf. | | |
| 2 fois 2$^m$,20 × 1$^m$,45 de hauteur................. | 6$^m$,38 | |
| à 1$^f$,40 le mètre superficiel.................... | | 8$^f$,93 |

N° 789

|  |  |  |
|---|---|---|
| Plus-value pour joints lissés au fer sur moellon neuf. | | |
| Surface................................... | 6$^m$,38 | |
| à 0$^f$,28 le mètre superficiel.................... | | 1$^f$,79 |

N° 793

Les angles arrondis en moellon neuf dur de choix et mortier
n° 4 de ciment 1.

|  |  |  |
|---|---|---|
| 2 fois 1$^m$,49 de hauteur .... | 2$^m$,98 | |
| *À reporter*.......... 2$^m$,98 ........................... | | 1488$^f$,52 |

|  | | |
|---|---|---|
| *Reports*............. 2$^m$,98 ................... 1488$^f$,52 | | |

$\times$ 0$^m$,50........................... 1$^m$,49
$\times$ 0$^m$,25........................... 0$^m$,373
    Déduire segments.
    2 fois 0$^m$,50 $\times$ 1$^m$,49 ............ 1$^m$,49
$\times$ 0$^m$,10........................... 0$^m$,149

        Reste ....................... 0$^m$,224
à 49$^f$,63 le mètre cube.............................. 11$^f$,12
    La plus-value de moellon de choix, etc., a été comptée pré-
cédemment avec l'ensemble des murs.
    Plus-value de construction de mur circulaire en moellon.
        Cube .................................... 0$^m$,224
à 3$^f$,40 le mètre cube ................................. 0$^f$,76        N° 1486
    Plus-value de parement circulaire à simple courbure.
    2 fois 0$^m$,60 développement $\times$ 1$^m$,49 hauteur........ 1$^m$,79
à 1$^f$,15 le mètre ..................................... 2$^f$,06

Sous-détail du prix.

Parement sur moellon neuf dur de roche, fourni compris
déchet, le mètre superficiel........................... 2$^f$,55        N° 1226 col. 1
    Parement sur moellon de choix................... 0$^f$,20        N° 1229

    Le mètre superficiel....................... 2$^f$,75
1/4 en plus ..................................... 0$^f$,69        Observation 1232

    Ensemble.............................. 3$^f$,44        Observation 1236

Au 1/3 .......... $\dfrac{3^f,44}{3} = 1^f,15.$

Plus-value sur les parements de moellon pour chaque angle
avec retour de 0$^m$,05 à 0$^m$,20 de largeur.
    2 fois 1$^m$,75 .................................... 3$^m$,50
à 0$^f$,75 le mètre ..................................... 2$^f$,63        N° 1234
                                                                                        Argent.
    Ensemble....................................... 1505$^f$,09        1505$^f$,09

Observation. — Les travaux dans l'eau ont une main-d'œuvre plus importante que ceux prévus en travaux ordinaires dans les prix de Série ;
les approches des matériaux, échafaudages dans l'eau, nettoyages de la
rivière ainsi que du matériel et les diverses sujétions sont à compter en
raison de la main-d'œuvre supplémentaire.


Construction d'un déversoir (fig. 25, 26 et 27).

Faire les fouilles en déblai et en rigoles du déversoir, les terres seront enlevées aux
décharges publiques.
    Les basses fondations seront en cailloux et mortier n° 4 de ciment I.
    Au-dessus, les murs à *un parement* et en talus seront en moellon neuf dur sur 1$^m$,00 de
hauteur (côté du talus), le reste en moellon franc et mortier n° 3.
    Le mur en talus sera construit en moellon neuf *opus incertum* avec joints en ciment I
(joints en mortier n° 4).
    Côté des terres il sera fait un enduit ordinaire en ciment I.


*Pour les travaux dans l'eau, nous établirons des barrages et*
*épuisements d'eau suivant les exemples précédents.*
    La fouille en déblai de terre glaise dans l'eau, avec charge-
ment des terres au seau, montage des terres à 2$^m$,00 de hauteur,
transport à 10 mètres, jet de pelle pour chargement en tombereau et transport aux décharges publiques.
    Voir figures 25, 26 et 27.

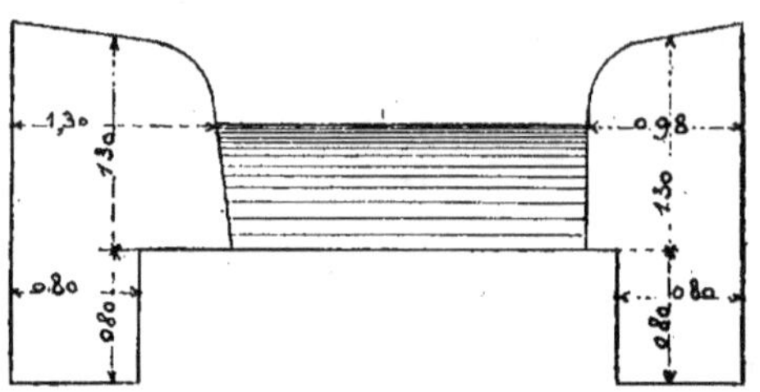

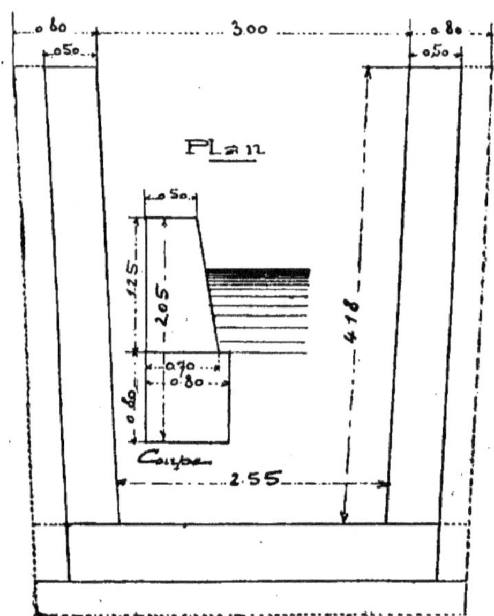



Fig. 25 à 27. — Détail du déversoir.

A gauche, une partie de 1m,30 × 1m,30 hauteur .......................................... = 1m,69
A droite, une partie de 0m,98 × 1m,30 hauteur ........................................... = 1m,27

   Ensemble.................................... 2m,96

× 4m,18 de longueur ...................................... 12m,373
En retour, 4m,15 × 0m,98.................... 4m,07
× 1m,30 hauteur.............................................. 5m,291

   Ensemble ........................................ 17m,664

à 17f,975 le mètre cube..................................... 317f,51

*Sous-détail du prix :*
Fouille en excavation ou déblai de terre glaise.
Le mètre cube........................................ 1f,50          N° 18. Terrasse
Plus-value de fouille dans l'eau,
3/4 en plus ........................................ 1f,125         N° 24. Terrasse

   *A reporter*................................ 2f,625   317f,51

| | | |
|---|---|---|
| *Reports*.......................................... | 2ʳ,625 | 317ʳ,51 |

*Nous appliquons la plus-value avec embarras d'étais,*
*ce travail ayant été fait dans l'embarras des pieux.*

Jet de pelle pour chargement au seau.

| | | |
|---|---|---|
| Le mètre cube ............................ | 1ʳ,50 | N° 31 |

Montage à la corde et au seau.

| | | |
|---|---|---|
| 3ʳ,00 × 2/3 = ............................ | 2ʳ,00 | N° 32 |

Transport à 10 mètres au seau.

| | | |
|---|---|---|
| Le mètre cube............................ | 1ʳ,05 | N° 39 et observ. 37 |

Jet de pelle pour chargement en tombereau de terre
glaise.

| | | |
|---|---|---|
| Le mètre cube............................ | 0ʳ,90 | N° 30 |

Transport au tombereau aux décharges publiques.

| | | |
|---|---|---|
| Le mètre cube ............................ | 6ʳ,60 | N° 44 |

Plus-value par enlèvement de déblais mouillés 50 0/0.

| | | |
|---|---|---|
| Le mètre cube ............................ | 3ʳ,30 | Obs. 176. Série Consolidations souterraines |
| Ensemble............................ | 17ʳ,975 | |

En contre-bas, la fouille en rigoles dans l'eau de terre glaise
avec chargement des terres au seau, montage à 3ᵐ,00 de hauteur, transport au seau à 10ᵐ,00, jet de pelle pour chargement
en tombereau et transport aux décharges publiques.

Longueur, 2 fois 4ᵐ,18 ........... 8ᵐ,36
En retour..................... 4ᵐ,15

Ensemble................. 12ᵐ,51
× 0ᵐ,80 de largeur....................... 10ᵐ²,01
× 0ᵐ,80 de hauteur....................... 8ᵐ³,008
à 20ʳ,025 le mètre cube.......................... 160ʳ,36

*Sous-détail du prix :*

Fouille en rigoles de terre glaise dans l'eau.

| | | |
|---|---|---|
| Le mètre cube.............................. | 2ʳ,10 | N° 19. Terrasse |

Plus-value de fouille dans l'eau.

| | | |
|---|---|---|
| 1/2 en plus................................ | 1ʳ,05 | N° 23 |

Plus-value dans l'embarras des pieux.

| | | |
|---|---|---|
| 1/4 en plus................................ | 0ʳ,525 | N° 24 |

N° 24, le mètre cube en plus.   3/4
N° 23, le mètre cube en plus,
1/2 ou..................... 2/4
La différence pour embarras
des étais est de .............. 1/4

Jet de pelle pour chargement au seau.

| | | |
|---|---|---|
| Le mètre cube.............................. | 1ʳ,50 | N° 31 |

Montage à 3ᵐ,00 de hauteur à la corde et au seau.

| | | |
|---|---|---|
| Le mètre cube.............................. | 3ʳ,00 | N° 32 |

Transport à 1 relai au seau.

| | | |
|---|---|---|
| Le mètre cube ............................ | 1ʳ,05 | N° 39 |

Jet de pelle pour chargement en tombereau.

| | | |
|---|---|---|
| Le mètre cube ............................ | 0ʳ,90 | N° 30 |

Transport aux tombereaux aux décharges publiques.

| | | |
|---|---|---|
| Le mètre cube ............................ | 6ʳ,60 | N° 44 |

Plus-value pour enlèvement de déblais mouillés,

| | | |
|---|---|---|
| 50 0/0........................... | 3ʳ,30 | N° 176. Série Consolidations souterraines |
| Ensemble............................ | 20ʳ,025 | |

Les rigoles remplies en béton de cailloux et mortier n° 4 de
ciment I.

| | | |
|---|---|---|
| *A reporter* ............................ | | 477ʳ,87 |

*Report*.......................................... 477<sup>f</sup>,87

Cube précédent............................ 8<sup>m3</sup>,008

à 60<sup>f</sup>,85 le mètre cube (suivant sous-détail précédent).......... 487<sup>f</sup>,29

Plus-value de béton exécuté dans l'eau.

Cube.................................... 8<sup>m3</sup>,008

à 1<sup>f</sup>,00 le mètre cube............................ 8<sup>f</sup>,01

Au-dessus les murs en fondation en moellon neuf dur et mortier n° 3 de ciment I à un parement et en talus.

Longueur 2 fois 4<sup>m</sup>,98 ............. 9<sup>m</sup>,96

Retour longueur $\dfrac{2^m,75 + 3^m,03}{2}$ .... 2<sup>m</sup>,89

'Ensemble.................. 12<sup>m</sup>,85

× 1<sup>m</sup>,00 hauteur............................ 12<sup>m</sup>,85

× $\dfrac{0^m,70 + 0^m,56}{2} =$ ............................ 8<sup>m</sup>,096

à 42<sup>f</sup>,94 le mètre cube............................ 347<sup>f</sup>,64

### Sous-détail du prix.

Moellon neuf et mortier n° 2 de ciment I en fondation, le mètre cube............................ 39<sup>f</sup>,95     N° 1170

Plus-value pour moellon dur, le mètre cube........ 2<sup>f</sup>,50     N° 1182

La Série ayant prévu 0<sup>m3</sup>,195 de mortier par mètre cube de moellon, nous aurons pour différence de mortier une plus-value de :

Le mètre cube 14<sup>f</sup>,05 × 0<sup>m</sup>,195 = ................ 2<sup>f</sup>,74

Le mètre cube ............................ 45<sup>f</sup>,19

Moins-value pour murs à un parement, le mètre cube 2<sup>f</sup>,25     N° 1177

Reste le mètre cube.................... 42<sup>f</sup>,94

### Sous-détail du prix de mortier.

Mortier n° 3 de ciment I, le mètre cube........... 67<sup>f</sup>,80     N° 1218, col. 3

Mortier n° 2 de ciment I, le mètre cube........... 53<sup>f</sup>,75

Différence par mètre cube.................. 14<sup>f</sup>,05

La partie des murs au-dessus en moellon franc, dit traitable et mortier n° 3.     N° 173

Longueur 2 fois 4<sup>m</sup>,98 ........... 9<sup>m</sup>,96

Retour longueur $\dfrac{3^m,03 + 3^m,60}{2} =$ 3<sup>m</sup>,815

Ensemble.................. 13<sup>m</sup>,775

× 0<sup>m</sup>,25 de hauteur.................... 3<sup>m</sup>,44

× $\dfrac{0^m,56 + 0^m,50}{2} =$ ............................ 1<sup>m</sup>,823

à 40<sup>f</sup>,44 le mètre cube............................ 73<sup>f</sup>,72

### Sous-détail du prix.

Moellon neuf et mortier n° 2 de ciment I en fondation, le mètre cube ............................ 39<sup>f</sup>,95     N° 1170

La Série ayant prévu 0<sup>m</sup>,195 de mortier par mètre cube de moellon, nous aurons pour différence de mortier une plus-value de :

Le mètre cube (suivant sous-détail)................ 2<sup>f</sup>,74

Le mètre cube ............................ 42<sup>f</sup>,69

Moins-value pour murs à un parement, le mètre cube. 2<sup>f</sup>,25

Reste le mètre cube .................... 40<sup>f</sup>,44

*A reporter* ........................................ 1.394<sup>f</sup>,53

*Report*..................................................... 1.394$^f$,53

*Plus-value de moellon de choix* pour maçonnerie parementée fourni, posé, hourdé en mortier A n° 2, non compris le parement, dur de roche (au mètre cube).

Linéaire 2 fois $\dfrac{4^m,18 + 4^m,32}{2} =$ .......... 8$^m$,50

Retours longueurs $\dfrac{3^m,25 + 3^m,53}{2} =$ ...... 3$^m$,39

        Ensemble ........................ $\overline{11^m,89}$

$\times$ 1$^m$,00 hauteur........................... 11$^m$,89

$\times$ 0$^m$,25 épaisseur .............................. 2$^m$,973

à 47$^f$,33 le mètre cube............................ 140$^f$,71

Sous-détail du prix.

Plus-value de moellon de choix pour maçonnerie parementée, etc.

Le mètre cube ................................... 38$^f$,15         N° 1152

Plus-value de mortier n° 3 de ciment I, le mètre cube (suivant sous-détail)............................ 9$^f$,18

        Ensemble........................ $\overline{47^f,33}$

Sous-détail.

Faisons la différence entre le mortier n° 3 de ciment I et le mortier A n° 2.

Mortier n° 3 de ciment I, le mètre cube............ 67$^f$,80     N° 1218, col. 3

Mortier n° 2 A, le mètre cube.................... 20$^f$,70     N° 1210, col. 2

        Différence .............................. $\overline{47^f,10}$

et pour 0$^m$,195 produisent :

47$^f$,10 $\times$ 0$^m$,195.............................. 9$^f$,18

Plus-value de moellon franc de choix pour maçonnerie parementée, fourni, posé, hourdé en mortier n° 3 de ciment I.

Longueur, 2 fois $\dfrac{4^m,32 + 4^m,48}{2} =$ 8$^m$,80

Retour longueur $\dfrac{3^m,53 + 3^m,65}{2} =$ 3$^m$,59

        Ensemble ............. $\overline{12^m,39}$

$\times$ 0$^m$,25 de hauteur....................... 3$^m$,10

$\times$ 0$^m$,25 épaisseur........................... 0$^m$,775

à 36$^f$,18 le mètre cube............................. 28$^f$,04

*Sous-détail du prix :*

Plus-value de moellon franc de choix pour maçonnerie parementée, fourni, posé, hourdé en mortier A n° 2, *non compris le parement.*

Le mètre cube................................ 27$^f$,00         N° 1193

*Plus-value de mortier n° 3 de ciment I.*

Le mètre cube (suivant sous-détail) ............... 9$^f$,18

        Le mètre cube ........................... $\overline{36^f,18}$

Plus-value de construction *opus incertum.*

Cube moellon................................... 3$^m$,748

à 3$^f$,50 le mètre cube............................. 13$^f$,12         N° 1180

Parement smillé sur moellon neuf dur de choix.

2 fois $\dfrac{4^m,18 + 3^m,32}{2} =$ 8$^m$,50

$\dfrac{2^m,75 + 3^m,03}{2} =$ 2$^m$,89

        Ensemble....... $\overline{11^m,30}$

$\times$ 1$^m$,00 hauteur........................... 11$^m$,30

à 2$^f$,75 le mètre suivant sous-détail précédent................. 31$^f$,32

      *A reporter*........................................... 1.607$^f$,72

| | | |
|---|---|---|
| *Report* .................................................... 1.67f,72 | | |
| Plus-value pour parement de moellon *opus incertum.* | | |
| Surface..................................................... 11m,39 | | |
| à 0f,69 le mètre............................................. | 7f,86 | Observation 1232 |
| Plus-value de parement de moellon en talus. | | |
| Surface..................................................... 11m,39 | | |
| à 0f,275 le mètre (suivant sous-détail)......................... | 3f,13 | |

Parement smillé sur moellon franc de choix.

$$\text{Surface, 2 fois } \frac{4^m,32 + 4^m,48}{2} = 8^m,80$$

$$\frac{3^m,03 + 3^m,15}{2} = 3^m,09$$

| | | |
|---|---|---|
| Ensemble ........... 11m,89 | | |
| $\times$ 0m,25 hauteur........................................ 2m,97 | | |
| à 2f,00 le mètre superficiel (suivant sous-détail) .............. | 5f,94 | |
| Plus-value pour parement de moellon *opus incertum.* | | |
| Surface .................................................... 2m,97 | | |
| à 0f,50 le mètre (suivant sous-détail)......................... | 1f,49 | |
| Plus-value de parement de moellon en talus. | | |
| Surface .................................................... 2m,97 | | |
| à 2f,20 le mètre (suivant sous-détail)......................... | 6f,53 | |

Plus-value de jointoiement sur parement smillé de moellon
en mortier n° 4.

| | | |
|---|---|---|
| Surface moellon dur....................................... 11m,39 | | |
| Surface moellon franc..................................... 2m,97 | | |
| Ensemble ................................................ 14m,36 | | |
| à 1f,50 le mètre superficiel ................................. | 21f,54 | N° 1240, col. 9 |

Les dessus de murs, retours d'angles et jointoiements, ainsi
que tous les travaux de l'observation, seraient décomptés,
conformément aux exemples précédents.

Côté des terres enduit ordinaire en mortier n° 3 de ciment 1.
de 0m,035 épaisseur.

| | | |
|---|---|---|
| 2 fois 4m,98........................... 9m,96 | | |
| 1 fois 4m,15. .......................... 4m,15 | | |
| Ensemble ............................ 14m,11 | | |
| $\times$ 1m,45 de hauteur................................... 20m,46 | | |
| à 2f,65 le mètre............................................ | 54f,22 | N° 732 |
| Plus-value pour enduit au-dessus de 0m,025 de charge. | | |
| Surface .................................................... 20m,46 | | |
| à 0f,80 le mètre............................................ | 16f,37 | N° 733 Argent. |
| Ensemble.................................................. 1.724f,80 | | 1724f,80 |

### Construction du mur du Saut-de-Loup (*fig.* 28, 29 et 30).

Faire les fouilles en rigoles d'anciennes maçonneries, les gravois seront enlevés aux
décharges publiques.

Les basses fondations seront en béton de gravillon et mortier n° 3, 1/3 chaux c,
2/3 de ciment 1; la partie supérieure de ces rigoles sera en béton de ciment armé de
0m,30 hauteur, du dosage suivant :

| | |
|---|---|
| Gravillon..................................... | 0m,800 |
| Sable de rivière ............................. | 0m,400 |
| Ciment Portland.............................. | 360k,000 |

Les fondations en moellon neuf dur de roche de choix avec parement piqué et
mortier n° 4 de ciment 1; la partie haute de ce mur sera en moellon franc non fourni et
mortier n° 3 avec parement piqué. *Ce mur, construit en talus et jointoyé en mortier n° 4 de
ciment 1, sera réglé de hauteur.*

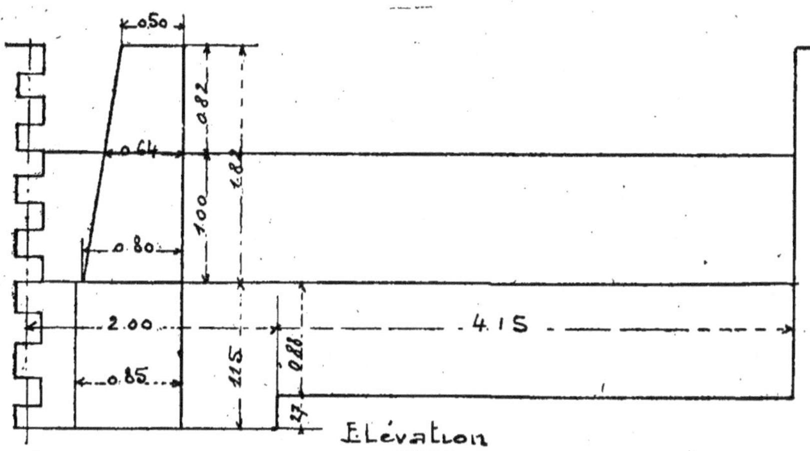


Fig. 28, 29 et 30. — Mur du Saut-de-Loup.

### Métré.

La fouille en rigoles d'ancienne maçonnerie dans l'eau.
Une partie à gauche, $1^m,90 \times 0^m,27$ hauteur.   $0^m,51$
Au-dessus, $6^m,05 \times 0^m,88$ de hauteur....... $5^m,32$

     Ensemble........................ $5^m,83$

$\times 0^m,85$ d'épaisseur............................. $4^{m3},956$
à $13^f,575$ le mètre cube............................... $67^f,28$

*Sous-détail du prix :*
Fouille en rigoles d'ancienne maçonnerie.
Le mètre cube..................................... $4^f,20$    »    N° 19 Terrasse
Plus-value de fouille dans l'eau.
1/2 en plus....................................... $2^f,10$    »    N° 23 *Idem*
Jet de pelle pour chargement au seau de déchets d'ancienne maçonnerie.
Le mètre cube..................................... $1^f,00$    »    N° 31 Terrasse
Montage à $2^m,00$ de hauteur à la corde et au seau.
Le mètre cube $2^f,00 \times 2/3$..................... $1^f,33$      N° 32
Transport à 1 relais au seau.
Le mètre cube..................................... $0^f,90$    »    N° 39
Jet de pelle pour chargement en wagonnets.
Le mètre cube..................................... $0^f,80$    »    N° 30
Transport à 600 mètres, le mètre cube............. $3^f,495$    »

Le mètre cube..................................... $13^f,575$    »

     *A reporter*.............................. $67^f,28$

*Report*..................................................  67f,28

*Sous-détail :*

Transport en wagonnets à 100 mètres de distance de déchets de maçonnerie, le mètre cube........................  1f,20   — N° 41

Jusqu'à 500 mètres, le mètre cube, 4 fois 0f,25.......  1f,00   — N° 42

Chaque relais de 100 mètres en plus des 500 premiers mètres, le mètre cube..............................  0f,13   — N° 43

Le mètre cube.....................................  2f,33

Plus-value pour enlèvement de déblais mouillés, le mètre cube.........................................  1f,165

Le mètre cube.....................................  3f,495   »   — Observation 176 / Consolidations souterraines

Les basses fondations en béton de gravillon et mortier n° 3 : 1/3 chaux **c**, 2/3 ciment I.

Une partie à gauche,

      2m,00 réduit × 0m,27 hauteur.  0m,54

Au-dessus, 6m,15 × 0m,48 de hauteur.......  2m,95

      Ensemble ..........................  3m,49

× 0,85 d'épaisseur.............................  2m3,967

à 42f,18 le mètre cube.............................  125f,15

*Sous-détail du prix :* béton de gravillon et mortier n° 3 de ciment I.

Le mètre cube, 26f,95, au 1/3....................  8f,98   — N° 389, col. 3

Le mètre cube, 48f,30, aux 2/3..................  32f,20   — N° 389, col. 9

Plus-value dans l'eau, le mètre cube.............  1f,00

Le mètre cube.....................................  42f,18

*Cette plus-value* est accordée pour travaux de pilonnage *par couches* de 0m,20 d'épaisseur dans l'eau.

La partie supérieure des rigoles en béton de ciment armé.

Longueur réduite, 6m,15 × 0m,40 hauteur...  2m,46

× 0m,85 d'épaisseur.............................  2m,091

à 92f,14 le mètre cube...........................  192f,66

*Sous-détail du prix :* n° 27, le mètre cube...........  84f,96   — Béton de ciment armé

Ce prix comprend le dosage suivant :

Gravillon ...........................  0m3,800

Sable de rivière....................  0m3,400

Ciment de Portland artificiel........  300kg,000   — Observation 26

Plus-value pour excédent de ciment par chaque 50kg,000 de ciment en plus dans le dosage du n° 26, le mètre cube..................................  5f,15   — N° 32

Et pour 60kg,000 — 50kg,000 = 10kg,000

1/5...............................................  1f,03

Plus-value de constructions dans l'eau, le mètre cube.  1f,00

Le mètre cube.....................................  92f,14   »

Pour liaisonnement avec l'ancien mur, refouillement 1/2 à la pioche, 1/2 à la masse et au poinçon en moellon franc.

      Hauteur 1m,15 × 0m,85 = 0m,98

$$\times \frac{0^m,20}{2} = \dots\dots\dots\dots\dots\ 0^m,008$$

à 15f,30 le mètre cube...........................  1f,50

*Sous-détail :* refouillement (au mètre cube), non compris la sortie des gravois en moellon franc.

à la pioche, le mètre cube ....................  12f,60

à la masse et au poinçon, le mètre cube.....  18f,00   — N° 1512 Maçonnerie

$$\text{Le mètre cube}\dots\dots\dots\ \frac{30^f,60}{2} = 15^f,30$$

*A reporter*.........................................  386f,59

*Report*............................................................... 386f,59

Plus-value de construction en reprise par arrachement.

Cube ...................................................... 0m,098

à 2f,35 le mètre cube .................................... 0f,23 — Nº 1489 *Idem*

*L'ossature en aciers doux ronds avec étriers en fer;* les 100 kilo-grammes, 56f,53.

Nº 47 Ciment armé — Observation

NOUS AVONS DONNÉ PRÉCÉDEMMENT DES DÉCOMPTES DE CIMENT ARMÉ, nous n'y reviendrons pas.

Montage au seau des gravois en travaux d'entretien prove-nant de démolitions partielles, compris chargement et déchar-gement.

Cube...................................................... 0m,098

Foisonnement................................................ 0m,039 — Observation nº 761 Maçonnerie

Ensemble .................................... 0m,137

à 3f,00 le mètre cube (prix moyen)........................ 0f,41 — Nº 704

Transport à 1 relais au seau des gravois, jet de pelle pour chargement en wagonnets, transport à 600 mètres et plus-value d'enlèvements de déblais mouillés.

Cube.................................................... 0m,137

à 4f,945 le mètre cube.................................... 0f,68

(suivant sous-détail précédent).

Au-dessus, construction du mur en moellon neuf dur de roche de choix à 1 parement et mortier nº 4 de ciment l.

Longueur réduite, 6m,15 × 1m,00 hauteur = 6m,15

$$\times \frac{0^m,64 + 0^m,80}{2} = \dots \dots \dots \dots \quad 4^m,428$$

à 47f,38 le mètre cube...................................... 209f,80

*Sous-détail du prix :* moellon neuf et mortier nº 2 de ciment l en fondation.

Le mètre cube.................................... 39f,95 — Nº 1170, col. 3

Plus-value pour moellon hourdé en mortier de ciment l nº 4.

Le mètre cube (suivant sous-détail) .................. 7f,18

Plus-value pour moellon dur.

Le mètre cube.................................... 2f,50 — Nº 1182

Ensemble.................................... 49f,63

Moins-value pour mur à un parement, le mètre cube. 2f,25

Reste, le mètre cube.................................... 47f,38

Au-dessus, en moellon franc non fourni et mortier nº 3, 2/3 chaux c, 1/3 ciment l.

Longueur, 6m,15 réduite × 0m,82 hauteur = 5m,04

$$\times \frac{0^m,64 + 0^m,50}{2} = \dots \dots \dots \dots \quad 2^m,873$$

à 22f,36 le mètre cube.................................... 64f,24

*Sous-détail du prix :* moellon non fourni et mortier nº 2, 2/3 chaux c, 1/3 ciment l en fondation.

Le mètre cube :

Nº 1164, 2/3 de 18f,40.................................... 12f,27

Nº 1170, 1/3 de 24f,70.................................... 8f,23

Le mètre cube.................................... 20f,50

Le mur est hourdé en mortier nº 3 de chaux c.

Faisons la différence de valeur de mortier.

*A reporter* ............................ 20f,50　661f,95

|  | | |
|---|---|---|
| *Reports*.................................... | 20ᶠ,50 | 661ᶠ,95 |

Nous aurons :

| | |
|---|---|
| Mortier n° 3 de chaux **c**, le mètre cube.... | 25ᶠ,45 |
| Mortier n° 2 de chaux **c**, le mètre cube.... | 22ᶠ,35 |

N° 1212, col. 3
N° 277, col. 2

Différence................................ 3ᶠ,10

et pour 0ᵐ,195 produisent :

$$3^f,10 \times 0,195 = 0^f,60,$$

aux 2/3 ........................................ 0ᶠ,40

Le mur est hourdé en mortier n° 3 de ciment I.
Faisons la différence de valeur de mortier.

Nous aurons :

| | |
|---|---|
| Mortier n° 3 de ciment I, le mètre cube... | 67ᶠ,80 |
| Mortier n° 2 de ciment I, le mètre cube... | 53ᶠ,75 |

N° 1218, col. 3
N° 1218, col. 2

Différence par mètre cube ............... 14ᶠ,05

et pour 0ᵐ,195 produisent :

14ᶠ,05 $\times$ 0,195.................... 2ᶠ,73

au 1/3 .................................. 0ᶠ,91

Décrottage de moellon, le mètre cube........... 2ᶠ,80   »   N° 673

Pour hourdis en mortier de ciment, 30 0/0 en plus
du prix ci-dessus, soit 2ᶠ,80 + 30 0/0........ 3ᶠ,64

*Nous n'avons pas à appliquer cette dernière plus-value,
car le moellon provenant de démolitions n'avait pas été
hourdé en ciment.*

Observation

Le mètre cube................................ 24ᶠ,61
Moins-value pour mur à un parement, le mètre cube. 2ᶠ,25   N° 1177
Reste, le mètre cube....................... 22ᶠ,36

Plus-value de moellon de choix pour maçonnerie parementée,
fourni, posé, hourdé en mortier n° 4 de ciment I, *non compris
le parement*, dur de roche.

6ᵐ,15 $\times$ 1ᵐ,00 de hauteur .................. 6ᵐ,15
$\times$ 0ᵐ,25 épaisseur........................... 1ᵐ,538
à 51ᶠ,77 le mètre cube....................... 79ᶠ,62   Observation 1196

*suivant sous-détail précédent.*

Plus-value d'appareil réglé.
Cube moellon dur de choix.................... 1ᵐ,538
à 5ᶠ,18 le mètre cube........................ 7ᶠ,97   N° 1195
ou 1/10 $\times$ 51ᶠ,77 le mètre cube.

Parement piqué sur moellon neuf de choix dur de roche.
Le mètre superficiel.......................... 4ᶠ,40   N° 1226, col. 2

Plus-value sur moellon de choix pour déchet supplémentaire, le mètre superficiel.................. 0ᶠ,20   N° 1229

Ensemble...................... 4ᶠ,60

Surface 6ᵐ,11 $\times$ 1ᵐ,01 = .............. 6ᵐ,24
à 4ᶠ,60 le mètre superficiel................. 28ᶠ,57
Plus-value pour assises de hauteurs égales.

1/4 en plus $\dfrac{4^f,60 \times 1}{4}$ = .......... 1ᶠ,15   Observation 1232

Surface........................... 6ᵐ,24
à 1ᶠ,15 le mètre...................... 7ᶠ,14

Parement piqué sur moellon franc non fourni, sans déchet,
le mètre superficiel.......................... 3ᶠ,00   N° 1227, col. 4

Plus-value pour assises de hauteurs égales $\dfrac{3^f,00 \times 1}{4}$ = 0ᶠ,75   Observation 1232

Le mètre superficiel........................ 3ᶠ,75

*A reporter*.............................. 785ᶠ,25

| | | |
|---|---:|---|
| *Report*.......................................................... | 785f,25 | |
| Longueur, $6^m,15 \times 0^m,83 =$ ....................... 5$^m$,10 | | |
| à 3f,75 le mètre........................................... | 19f,13 | |
| Plus-value de parement de moellon dur piqué en talus. | | |
| Surface ............................................ 6$^m$,21 | | |
| à 0f,46 le mètre superficiel............................ | 2f,86 | Observation 1235 |
| Plus-value de parement piqué de moellon franc en talus. | | |
| Surface ........................................... 5$^m$,10 | | |
| à 0f,375 le mètre......................................... | 1f,91 | Observation 1235 |
| Parement piqué sur moellon franc non fourni. | | |
| *Dessus de mur.* | | |
| Linéaire, 6$^m$,15 réduit à 0f,75 le mètre.................... | 4f,61 | N° 1234 |
| Plus-value de jointoiement sur parement piqué de moellon | | |
| en mortier n° 4 de ciment I. | | |
| Linéaire, 6$^m$,15 $\times$ 1$^m$,84........................ 11$^m$,32 | | |
| Dessus, 6$^m$,15 $\times$ 0$^m$,50........................ 3$^m$,08 | | |
| Ensemble ................................ 14$^m$,40 | | |
| à 1f,50 le mètre superficiel............................ | 21f,60 | N° 1240, col. 9 |
| Pour liaisonnement avec l'ancien mur, refouillement 1/2 à la | | |
| pioche, 1/2 à la masse et au poinçon en moellon franc. | | |

Hauteur, $1^m,82 \times \dfrac{0^m,80 + 0^m,50}{2} =$ ....... $1^m,18$

$\times \dfrac{0,20}{2} =$ .................................................... $0^m,118$

| | | |
|---|---:|---|
| à 15f,30 le mètre cube................................... | 1f,81 | |
| (*suivant sous-détail précédent*). | | |
| Montage au seau des gravois en travaux d'entretien provenant | | |
| de démolitions partielles, compris chargement et déchargement. | | |
| Cube ....................................... 0$^m$,118 | | |
| Foisonnement, 40 0/0 ........................... 0$^m$,047 | | Observation n° 761 |
| Ensemble .................................. 0$^m$,165 | | |
| à 3f,00 le mètre cube (prix moyen)...................... | 0f,50 | N° 704 |
| Transport à 1 relais au seau des gravois, jet de pelle pour | | |
| chargement en wagonnets, transport à 600 mètres et plus-value | | |
| d'enlèvement de déblais mouillés. | | |
| Cube ....................................... 0$^m$,165 | | |
| à 4f,945 le mètre cube.................................. | 0f,82 | |
| (*suivant sous-détail précédent*). | | |
| Plus-value de construction en reprise par arrachement. | | |

Hauteur $= 1^m,82 \times \dfrac{0^m,80 + 0^m,50}{2} =$ ...... $1^m,18$

$\times 0^m,20$ longueur (réduite)........................ $0^m,236$

| | | |
|---|---:|---|
| à 2f,35 le mètre cube...................................... | 0f,55 | N° 1489 |
| Comment avons-nous obtenu cette moyenne de 0$^m$,20 de lon- | | |
| gueur réduite? | | |
| Les moellons, en liaisonnement de deux en deux assises, ont | | |
| une longueur moyenne de 0$^m$,40. | | |
| La moyenne pour reprise par arrachement sera donc de | | |

$\dfrac{0^m,40}{2} = 0^m,20.$

| | | |
|---|---:|---|
| | | Argent |
| Ensemble.......................................... | 839f,04 | 839f,04 |

### Construction du mur de berge au droit du déversoir (*Fig.* 31 et 32).

Faire les fouilles en rigoles dans la marne caillouteuse, les terres enlevées aux décharges publiques.

Les basses fondations seront en béton de meulière non fournie et mortier n° 3, 1/3 chaux **c**, 2/3 de ciment I.

Les fondations en moellon de Souppes pour maçonnerie parementée en mortier n° 4 de ciment I.

La partie haute hourdée en mortier n° 3 de ciment I. Ce mur comprendra un parement côté du talus avec bossages entre ciselures relevées au pourtour.

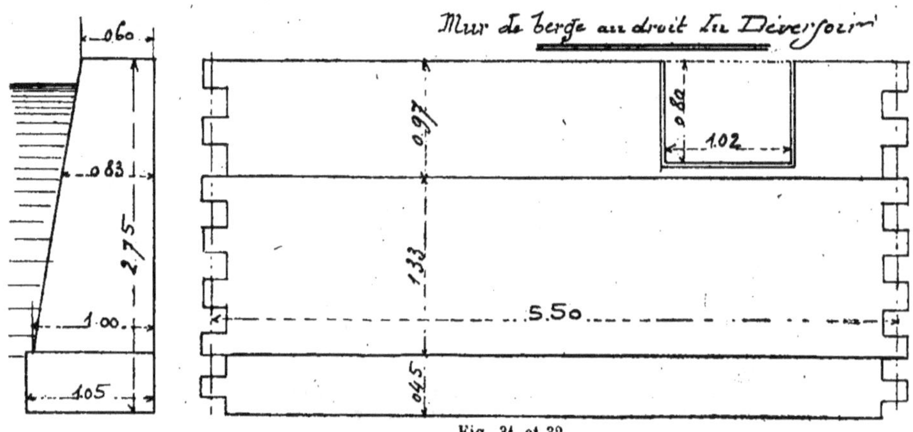


Fig. 31 et 32.

### Métré.

La fouille en rigoles dans la marne caillouteuse dans l'eau.

Longueur, 5ᵐ,50 × 0ᵐ,45 de hauteur = ...   2ᵐ,475

× 1ᵐ,05 de largeur...............................   2ᵐ,599

à 16ᶠ,25 le mètre cube .........................................   42ᶠ,23

*Sous-détail du prix :* fouille en rigoles dans la marne caillouteuse.

| | | |
|---|---|---|
| Le mètre cube .................... 1ᶠ,60 | | N° 19 Terrasse |
| Plus-value de fouille dans l'eau, 1/2 en plus ......... 0ᶠ,80 | | N° 23 *Idem* |

Jet de pelle pour chargement au seau de marne caillouteuse.

Le mètre cube.................... 1ᶠ,10          N° 31

Montage à 2ᵐ,00 de hauteur à la corde et au seau.

Le mètre cube $\dfrac{2^f,40 \times 2}{3}$ = ................. 1ᶠ,60          N° 32

Transport à 1 relais au seau.

Le mètre cube .................... 1ᶠ,00          N° 39

Chargement en tombereau de marne caillouteuse.

Le mètre cube .................... 0ᶠ,70          N° 30

Transport aux décharges publiques de marne caillouteuse.

Le mètre cube .................... 6ᶠ,30          N° 44 Terrasse

Plus-value pour enlèvement de déblais mouillés ..... 3ᶠ,45          Observation 170

Le mètre cube.................... 16ᶠ,25          Série consolidations souterraines

Les basses fondations en béton de meulière non fournie et mortier n° 3, 1/3 chaux **c**, 2/3 de ciment I.

Cube des rigoles.................... 2ᵐ,599

*A reporter*.................... 2ᵐ,599     42ᶠ,23

*Reports*........................................... $2^m,599$    $42^f,23$

à $35^f,15$ le mètre cube............................    $91^f,35$

*Sous-détail du prix :* béton de meulière neuve et mortier n° 3.

1/3 chaux **c**, le mètre cube......................... $12^f,02$

2/3 ciment I, le mètre cube ......................... $38^f,13$

Le mètre cube ......................................... $50^f,15$

Déduire meulière non fournie, $0^{m3},800$ à $18^f,75$ le mètre. $15^f,00$

Reste, le mètre cube................................... $35^f,15$

*Sous-détail de la meulière :*

N° 385, $0^m,800$ à $18^f,75$..................... $15^f,00$

Plus-value de béton exécuté dans l'eau.

Cube............................................... $2^m,599$

à $1^f,00$ le mètre cube...............................    $2^f,60$

Au-dessus, le mur en fondation en moellon neuf et mortier n° 4 de ciment I.

Longueur, $5^m,50$ réduite $\times$ par $1^m,33$ hauteur $= 7^m,32$

$\times \dfrac{1^m,00 + 0^m,83}{2} = $ .............................. $6^m,698$

à $44^f,88$ le mètre cube ...............................    $300^f,61$

*Sous-détail du prix :* moellon neuf et mortier n° 2 de ciment I. en fondation, le mètre cube......................... $39^f,95$

La Série ayant prévu $0^m,195$ de mortier par mètre cube de moellon, la plus-value sera par mètre cube de...... $7^f,18$ (suivant sous-détails, page 135).

Le mètre cube................................... $47^f,13$

Moins-value pour mur à 1 parement.

Le mètre cube................................... $2^f,25$

Reste..................................... $44^f,88$

Au-dessus, moellon neuf et mortier n° 3 de ciment I en fondation.

Longueur, $5^m,50 \times 0^m,97$ hauteur.......... $5^m,34$

$\times \dfrac{0^m,83 + 0^m,60}{2} = $ ............................ $3^m,818$

Moins baie.

$1^m,02 \times 0^m,80$ hauteur..................... $0^m,82$

$\times \dfrac{0^m,81 + 0^m,60}{2} = $ ............................ $0^m,578$

Reste .................................. $3^m,240$

à $40^f,44$ le mètre cube.................................    $131^f,03$

*Sous-détail du prix :* moellon neuf et mortier n° 2 de ciment I en fondation.

Le mètre cube................................... $39^f,95$

Faisons la différence entre la valeur du mortier n° 3 de ciment I et le mortier n° 2 de ciment I.

Le mètre cube............................. $67^f,80$

Déduire................................... $53^f,75$

Reste................................... $14^f,05$

et par $0^m,195$ produisent :

$14^f,05 \times 0^m,195$ ............... $2^f,74$

Ensemble............................ $42^f,69$

Moins-value pour mur à 1 parement.

Le mètre cube................................... $2^f,25$

Reste........................................ $40^f,44$

*A reporter*........................................    $567^f,82$

N°.156 et prix composés, page 33 de la Série

N° 1170

N° 1177

N° 1170

N° 1218, col. 3

N° 1218, col. 2

N° 1177

*Report*............................................................... 567f,82

Moellon de Souppes pour maçonnerie parementée, fourni, posé, hourdé en mortier n° 4 de ciment I, y compris le parement à bossages entre ciselures relevées au pourtour.

Longueur, $5^m,50 \times 1^m,33$ hauteur.................... $7^m,32$

à $42^f,57$ le mètre ............................................. 311f,61

*Sous-détail du prix :* moellon de Souppes à bossages entre ciselures relevées au pourtour, le mètre superficiel........ 39f,15

Faisons la différence de la valeur de mortier.

Mortier n° 4 de ciment I.

Le mètre cube............................... 90f,55

Mortier A n° 2.

Le mètre cube................................ 20f,70

Différence par mètre cube.................. 69f,85

et pour $\dfrac{0^m,195}{4}$ produit

$69^f,85 \times 0^{m3},049$...................... 3f,42

Ensemble.................................... 42f,57

Au-dessus en moellon de Souppes pour maçonnerie parementée en mortier n° 3 de ciment I.

Longueur, $5^m,50 \times 0^m,97$ hauteur............ $5^m,34$

Moins vide $1^m,02 \times 0^m,80$ hauteur............ $0^m,82$

Reste........................................ $4^m,52$

à $41^f,46$ le mètre........................................ 187f,40

*Sous-détail du prix :* moellon de Souppes à bossages entre ciselures relevées au pourtour, le mètre superficiel..... 39f,15

Faisons la différence de la valeur de mortier n° 3 de ciment I, le mètre cube.................... 67f,80

Mortier A n° 2, le mètre cube .............. 20f,70

Différence par mètre cube.................. 47f,10

et pour $\dfrac{0^m,195}{4}$ produit

$47^f,1 \times {}^m,049$........................ 2f,31

Ensemble.................................... 41f,46

Parements dans l'épaisseur du châssis.

Dessus $1^m,02 \times 0^m,81$............................ $0^m,83$

Tableaux de la baie.

2 fois $0^m,80$ hauteur $= 1^m,60$

$\times \dfrac{0^m,60 + 0^m,81}{2} =$ ............... $1^m,13$

Ensemble.................................... $1^m,96$

à $41^f,46$ le mètre superficiel.................. 81f,53

Dessus de mur.

Longueur......................................... $5^m,50$

Déduire le châssis........................ $1^m,02$

Reste........................................ $4^m,48$

$\times 0^m,60$ de largeur (épaisseur du mur)............... $2^m,69$

à $41^f,46$ le mètre........................................ 111f,53

OBSERVATION. — Le moellon pour maçonnerie parementée a de $0^m,25$ à $0^m,30$ d'épaisseur, nous l'avons compté sur l'épaisseur entière du mur, ce travail a été fait pour éviter les enduits en ciment............................................................... »

*A reporter*............................................ 1259f,89

N° 1187

N° 1218, col. 4

N° 1210, col. 2

N° 1187

N° 1218

N° 1210, col. 2

Observation
N°° 1185 et 1191

| | | |
|---|---|---|
| *Report*............................................................ | 1259f,89 | Observation 1191 |

Parement de moellon en retour de 0m,18 de hauteur.

| | | |
|---|---|---|
| Longueur................................................ | 4m,48 | |
| 2 fois 0m,80............................................ | 1m,60 | |
| 1 fois 1m,38............................................ | 1m,38 | |
| Ensemble............................................ | 7m,46 | |
| $\times$ 0m,18 de largeur.......................................... | 1m,34 | |
| à 41f,46 le mètre superficiel................................. | 55f,55 | |

Nous faisons remarquer que le prix de parement de moellon smillé ou bossage entre ciselures relevées au pourtour est appliqué en plus-value sur le prix de maçonnerie ordinaire sans déduction du cube de cette maçonnerie...................... » (Observation 1190)

Pour liaisonnement avec les anciens murs refouillement 1/2 à la pioche, 1/2 à la masse et au poinçon en moellon franc.

| | | |
|---|---|---|
| Partie inférieure 2 fois 0m,45, hr = 0m,90 | | |
| $\times$ 1m,05 de largeur = ............................ | 0m,95 | |
| Au-dessus 2 fois 2m,30 = ............... 4m,60 | | |
| $\times$ 0m,80 réduit = ................................ | 3m,68 | |
| Ensemble............................ | 4m,63 | |
| $\times \dfrac{0^m,20}{2}$ = ............................................ | 0m,463 | |
| à 15f,30 le mètre cube (suivant sous-détail précédent)........... | 7f,80 | |

Plus-value de construction en reprise par arrachement.

| | | |
|---|---|---|
| Surface précédente....................... 4m,63 | | |
| $\times \dfrac{0.40}{2}$ = (suivant sous-détail précédent)............. | 0m,926 | |
| à 2f,35 le mètre cube..................................... | 2f,18 | N° 1488 |

Plus-value de parement de moellon pour assises de hauteurs égales.

| | | |
|---|---|---|
| Surface............................................ 7m,32 | | |
| à 1f,64 le mètre superficiel................................. | 77f,88 | Observation 1232 |
| Surface............................................ 4m,52 | | |
| à 10f,37 le mètre superficiel................................ | 46f,87 | Observation 1232 |

Dans l'épaisseur du châssis.

| | | |
|---|---|---|
| Surface............................................ 1m,96 | | |
| à 10f,37 le mètre superficiel................................ | 20f,33 | Observation 1232 |

Plus-value de construction en talus.

| | | |
|---|---|---|
| Surface précédente................................ 7m,32 | | |
| à 4f,26 le mètre superficiel................................. | 31f,18 | Observation 1235 |
| Surface............................................ 4m,52 | | |
| à 4f,15 le mètre superficiel................................. | 18f,73 | Observation 1235 |

Plus-value de jointoiement en mortier n° 4 de ciment I.

| | | |
|---|---|---|
| Surface............................................ 7m,32 | | |
| »       ............................................ 4m,52 | | |
| »       ............................................ 1m,96 | | |
| »       ............................................ 2m,69 | | |
| Ensemble........................................ 16m,49 | | |
| à 1f,50 le mètre superficiel................................. | 24f,74 | N° 1240, col. 9. |

Plus-value de jointoiement en mortier n° 4, de ciment I, les retours de tableaux et du dessus du mur.

| | | |
|---|---|---|
| Surface............................................ 1m,34 | | |
| à 1f,50 le mètre....................................... | 2f,01 | |

Pour le bâti, entaillé de 0m,08 $\times$ 0m,08 dans la roche de Souppes.

| | | |
|---|---|---|
| Hauteur 2 fois 0m,88............................... 1m,76 | | |
| Largeur........................................... 1m,02 | | |
| Ensemble........................................ 2m,78 | | |
| $\times$ 0m,24 courant de taille n° 1........................... | 0m,67 | |
| à 24f,60 le mètre....................................... | 16f,48 | N° 1523 |
| *A reporter*........................................... | 1562f,02 | |

Report............................................................... 1562ᶠ,92

*Sous-détail de cette évaluation.*

Feuillure (mesurage au mètre linéaire).

Chaque face jusqu'à 0ᵐ,075 de largeur avec arêtes bien dressées..................................... 0ᵐ,075 de taille

Ravalement évalué suivant l'espèce de ravalement dont il fait partie, nᵒˢ 1562, 1563, 1564.

Les faces au-dessus de 0ᵐ,075 de largeur à taille unité sur leur largeur réelle, *sauf pour les trois premiers numéros de taille où la largeur sera comptée à fois 1/2*.......................................... »

Une feuillure de 0ᵐ,08 × 0ᵐ,08 aura pour taille au mètre linéaire.

2 fois 0ᵐ,08 de taille nᵒ 1 = ............. 0ᵐ,16
à 0/0 1/2...................................... 0ᵐ,24

5 Trous de pattes de 0ᵐ,10 de profondeur dans la Roche nᵒ 1 chaque 0ᵐ,10 de taille = ................. 0ᵐ,50
à 24ᶠ,60 le mètre................................ 12ᶠ,30

Scellements en ciment Portland.......... 0ᵐ,50
à 0/0 de légers ouvrages...................... 0ᵐ,50
à 5ᶠ,20 le mètre............................... 2ᶠ,60

L'observation nᵒ 1011 de la Série Maçonnerie comprend le scellement *en ciment romain.*

Calfeutrement en plâtre, côté intérieur du bâti.
Linéaire = ................................. 2ᵐ,78
à 0ᵐ,05 courant de légers ouvrages = .......... 0ᵐ,14
à 5ᶠ,20 le mètre superficiel.................... 0ᶠ,73

Calfeutrement en ciment I, côté extérieur.
Linéaire................................... 2ᵐ,78
à 0ᵐ,075 de légers ouvrages................. 0ᵐ,21
à 5ᶠ,20 le mètre superficiel.................. 1ᶠ,09

*Sous-détail de cette évaluation.*

*Solin ou calfeutrement :* au pourtour de dormants de croisée, le mètre linéaire en légers ouvrages................. ᵐ,5      »

Pour les *solins faits en ciment romain,* il sera alloué un quart en plus.

Pour les solins en ciment Portland, Demarle et Lonquéty, il sera alloué 1/2 en plus par analogie à l'observation nᵒ 264, Série Ciments................. 0ᵐ,025

Le mètre linéaire............................. 0ᵐ,75

Côté extérieur du mur, jointoiement en mortier nᵒ 4 de ciment I sur moellon neuf, les joints équarris sur maçonnerie se reliant avec du moellon d'appareil.

Surfaces précédentes...................... 7ᵐ,32
     »          »      ................... 4ᵐ,52
Ensemble.............................. 11ᵐ,84
à 2ᶠ,72 le mètre superficiel..................... 32ᶠ,20

*Sous-détail du prix.*

Jointoiement en mortier nᵒ 4 en ciment I sur moellon neuf.
Le mètre superficiel......................... 1ᶠ,40

Plus-value sur le prix de jointoiement pour joints équarris.
Le mètre superficiel......................... 1ᶠ,32
Le mètre superficiel......................... 2ᶠ,72

Les travaux préparatoires dans l'eau seront décomptés suivant les exemples précédents.

Ensemble............................................ 1611ᶠ,84

---

N° 1591

Observation 1593

Observation 1594

N° 1085

Obs. 264. Ciments
N° 803  Maçonnerie

N° 803

N° 803

N° 984

Observation 987

N° 789

N° 797

Argent.

1611ᶠ,84

### Construction du mur en aval du vivier (*fig.* 33 et 34).

Faire les fouilles en rigoles d'anciennes maçonneries, les gravois enlevés aux décharges publiques.

Les basses fondations seront en gravillon et mortier n° 4 de ciment I.

Les fondations en meulière neuve et mortier n° 3 de ciment I. Côté du talus le

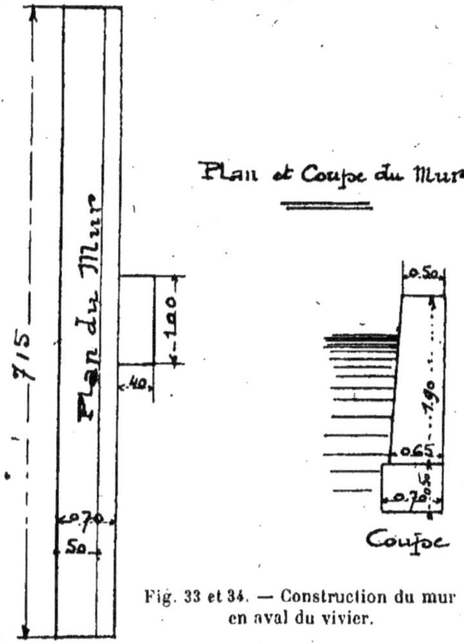


Fig. 33 et 34. — Construction du mur
en aval du vivier.

parement piqué sera en meulière poreuse; le jointoiement en mortier n° 4, de ciment I.

Pendant la fouille et le remplissage des rigoles en béton, il sera fait l'épuisement de l'eau à l'aide d'une pompe de 0ᵐ,16 de diamètre et 10 mètres de tuyau.

### Métré.

La fouille en rigoles d'ancienne maçonnerie avec jet sur berge un jet horizontal.

| | | | |
|---|---|---|---|
| Longueur...................... 7ᵐ,15 | | | |
| ✕ 0ᵐ,50 de hauteur...................... 3ᵐ,575 | | | |
| ✕ 0ᵐ,70 de largeur...................... 2ᵐ,503 | | | |
| à 7ᶠ,25 le mètre cube..................... | 18ᶠ,15 | | |
| Sous-*détail du prix* : fouille en rigoles jusqu'à 2ᵐ,00 de argeur au fond, le mètre cube..................... 4ᶠ,20 | | | N° 19 |
| Plus-value de fouille dans l'eau, le mètre cube 1/2 en plus..................... 2ᶠ,10 | | | N° 23 |
| Jet de pelle sur berge (jusqu'à 1ᵐ,80 de hauteur), le mètre cube..................... 0ᶠ,60 | | | N° 20 |
| Jet horizontal jusqu'à 2ᵐ,00 de distance inclusivement, le mètre cube..................... 0ᶠ,35 | | | N° 28 |
| Ensemble..................... 7ᶠ,25 | | | |
| *A reporter* ..................... 18ᶠ,15 | | | |

|  | |  |
|---|---|---|
| *Report*.................................................. | | 18ʳ,15 |

Les basses fondations en béton de gravillon et mortier nᵒ 4 de ciment I.

Cube ci-dessus....................................... 2ᵐ,503

à 59ʳ,68 le mètre cube............................. 149ʳ,38

*Sous-détail du prix :* Béton de gravillon et mortier de ciment I (mortier nᵒ 3), le mètre cube............... 48ʳ,30

Faisons la différence entre la valeur du mortier nᵒ 4 de ciment I et le mortier nᵒ 3 de ciment I.

Le mètre cube............................. 90ʳ,55          Nᵒ 1218 col. 4

Le mètre cube............................. 67ʳ,80          Nᵒ 1218 col. 3

Reste ...................... 22ʳ,75

Et pour 0ᵐ,500 de mortier produisent 22ʳ,75 × 0ᵐ,500.  11ʳ,38

Le mètre cube............................. 59ʳ,68

Plus-value de béton exécuté dans l'eau.

Un cube de 2ᵐ,503 à 1ʳ,00 le mètre cube...... ............ 2ʳ,50

Fouille en rigoles d'anciennes maçonneries avec jet sur berge, un jet horizontal.

Auge 1ᵐ,00 × 0ᵐ,40....................... 0ᵐ,40

× 0ᵐ,80 hauteur........................... 0ᵐ,320

à 7ʳ,25 le mètre cube suivant sous-détail.................. 2ʳ,32

Les basses fondations en béton de gravillon et mortier nᵒ 4 de ciment I.

Cube ci-dessus........................... 0ᵐ,320

à 59ʳ,68 le mètre cube (voir détail précédent)................. 19ʳ,10

Plus-value de béton exécuté dans l'eau.............. 0ᵐ³,320

à 1ʳ,00 le mètre cube....................... 0ʳ,32

A l'épuisement d'eau pendant les travaux de terrasse et de béton.

Le...... 19....... 6 heures de terrassier.

Le...... 19,...... 5   »          »

Le...... 19....... 7   »          »

Le...... 19....... 3   »          »

Ensemble...... 21 heures de terrassier.

à 1ʳ,10 l'heure...................................... 23ʳ,10      Nᵒ 7. Terrasse

Plus-value dans l'eau 1/2.............................. 11ʳ,55      Obs.52.Consolidation

*Location d'une pompe,* compris tout entretien et réparation en cours de service, de 0ᵐ,16 de diamètre, pendant 4 jours à 9ʳ,90 l'un........... 39ʳ,60      Nᵒ 66. Consolidation

Plus-value pour 3ᵐ,00 de tuyau en plus de 7ᵐ,00 linéaire.

3ᵐ,00 à 0ʳ,30 le mètre................. 0ʳ,90

Et pour 4 jours produisent................. 3ʳ,60      Nᵒ 69. Consolidation

Plus-value pour le premier et dernier jour de location pour pose, dépose, double transport et toutes sujétions............. 30ʳ,00      **Nᵒ 77**

Le chargement en tombereau de déchets de maçonnerie, transport aux décharges publiques.

Cube précédent............................... 2ᵐ³,503

Auge....................................... 0ᵐ³,320

Ensemble.............................. 2ᵐ³,823

à 9ʳ,50 le mètre cube.............................. 26ʳ,82

*Sous-détail du prix :* chargement en tombereau de déchets d'ancienne maçonnerie, le mètre cube................... 0ʳ,50      Nᵒ 29. Terrasse

Transport aux décharges publiques, le mètre cube.. 6ʳ,00      Nᵒ 44.  id.

Plus-value pour enlèvement de déblais mouillés.

Le mètre cube............................. 3ʳ,00      Observation 176. Consolidation

Le mètre cube....................... 9ʳ,50

*A reporter*...................................... 326ʳ,44

*Report*....................................................    326ᶠ,44

Le mur en fondation en meulière neuve et mortier nᵒ 3 de ciment I.

    Longueur 7ᵐ,15 $\times$ 1ᵐ,90 hauteur = .......    13ᵐ,59

$\times \dfrac{0^m,65 + 0^m,50}{2} =$ .............................    7ᵐ,711

à 49ᶠ,87 le mètre cube......................................    384ᶠ,55

    *Sous-détail du prix :* Meulière neuve en fondation et mortier nᵒ 2 de ciment I, le mètre cube....................    45ᶠ,65         Nᵒ 1120, col. 3

    La Série ayant prévu 0ᵐ,300 de mortier par mètre cube de meulière en fondation, nous aurons :

     0ᵐ,300 à 14ᶠ,05 le mètre cube = ..............    4ᶠ,22

        Ensemble.......................    49ᶠ,87

*Sous-détail du prix :* mortier nᵒ 3 de ciment I.

Le mètre cube.................................    67ᶠ,80         Nᵒ 1218 col. 3

Mortier nᵒ 2 de ciment I.

Le mètre cube..................................    53ᶠ,75         Nᵒ 1128 col. 2

Différence par mètre cube......................    14ᶠ,05

    Nous avons considéré le mur à 2 parements ; lorsque le mur en meulière sera à un parement, il subira par mètre cube une moins-value de................................    1ᶠ,50         Nᵒ 1130

    Parement piqué sur meulière poreuse (les lits et joints piqués) neuve fournie.

     7ᵐ,15 $\times$ 1ᵐ,90 hauteur = ..................    13ᵐ,59

à 16ᶠ,10 le mètre superficiel..........................    218ᶠ,80         Nᵒ 1225

Parement de dessus.

     7ᵐ,15 $\times$ 0ᵐ,50..........................    3ᵐ,575

à 16ᶠ,10 le mètre superficiel..........................    57ᶠ,56         Nᵒ 1225

    Plus-value de construction en meulière piquée par assises de hauteurs égales.

Surface.................................    13ᵐ,59

à $\dfrac{16^f,10 \times 1}{4} =$ 4ᶠ,025 le mètre....................    54ᶠ,70         Observation 1232

Plus-value pour talus.

Surface...................................    13ᵐ,59

à $\dfrac{16^f,10 \times 1}{10} =$ 1ᶠ,61 le mètre.....................    11ᶠ,88

    Le parement piqué peut se décomposer de la manière suivante :

Déchet de meulière par mètre superficiel.

     0ᵐ,063 à 17ᶠ,55 le mètre......................    1ᶠ,10

    *Sous-détail :* meulière en fondation et chaux **c** pour fourniture, le mètre cube.................... 36ᶠ,25         Nᵒ 1114

Meulière en fondation non fournie, le mètre cube......................................... 18ᶠ,70

Différence pour meulière non fournie....... 17ᶠ,55

    Main-d'œuvre pour piquer un mètre superficiel de meulière avec joints horizontaux et verticaux, le mètre superficiel....................................    15ᶠ,00

Le mètre superficiel..........................    16ᶠ,10

    Pour les parements en talus, la main-d'œuvre et le déchet nécessitent une augmentation de 1/10.         Observation

    La main-d'œuvre peut se décomposer de la manière suivante.

     12 heures à 1ᶠ,25 l'une......................    15ᶠ,00         Nᵒ 348

     *A reporter*.................................    1053ᶠ,03

| | |
|---|---|
| *Report* ......................................................... | 1053ᶠ,93 |

Le prix de la meulière pouvait se décompter de la manière
suivante :

| | |
|---|---|
| Nᵒ 155 le mètre cube...................................... | 14ᶠ,50 |
| 10 0/0 sur les fournitures................................ | 1ᶠ,45 |
| | 15ᶠ,95 |
| 10 0/0 bénéfice............................................ | 1ᶠ,60 |
| Le mètre cube............................................ | 17ᶠ,55 |

La Série de la Société centrale des Architectes, édition
1913, a prévu dans les prix de construction en meulière. 1ᵐ³,000
*de meulière par mètre cube et en mortier*............... 0ᵐ³,300
Par mètre cube de meulière.

Plus-value de jointoiement sur parement piqué de meulière en mortier nᵒ 4 avec ciment de Portland I.

| | | |
|---|---|---|
| Longueur 7ᵐ,15 × 1ᵐ,90...................... | 13ᵐ,59 | |
| Longueur 7ᵐ,15 × 0ᵐ,50...................... | 3ᵐ,58 | |
| Ensemble........................................ | 17ᵐ,17 | |
| à 1ᶠ,50 le mètre superficiel........................... | | 25ᶠ,76 |

Côté intérieur. Jointoiement en mortier bâtard,
1/3 chaux **c**, 2/3 ciment I.

| | | |
|---|---|---|
| Surface 7ᵐ,15 × 1ᵐ,90.......................... | 13ᵐ,59 | |
| à 1ᶠ,67 le mètre superficiel........................... | | 22ᶠ,70 |

*Sous-détail du prix :* Jointoiement en mortier nᵒ 4 sur
meulière neuve en chaux **c**.

| | | |
|---|---|---|
| Le mètre superficiel = ................. | 1ᶠ,20 | |
| au 1/3........................................... | 0ᶠ,40 | |
| En ciment I, le mètre superficiel = ........ | 1ᶠ,90 | |
| aux 2/3.......................................... | 1ᶠ,27 | |
| Le mètre superficiel................................ | 1ᶠ,67 | |

Pour les montants de la vanne, 4 trous d'abouts dans
la meulière et scellements en ciment I de 0ᵐ,15 de profondeur'.

| | | |
|---|---|---|
| Chaque 0ᵐ,30 de légers ouvrages = .............. | 1ᵐ,20 | |
| à 5ᶠ,20 le mètre superficiel........................... | | 6ᶠ,24 |
| Ensemble........................................ | | 1.108ᶠ,63 |

**Observation**

Nᵒ 1240 col. 9

Nᵒ 783 col. 3

Nᵒ 789 col. 3

**Nᵒ 803**
Argent

1.108ᶠ,63

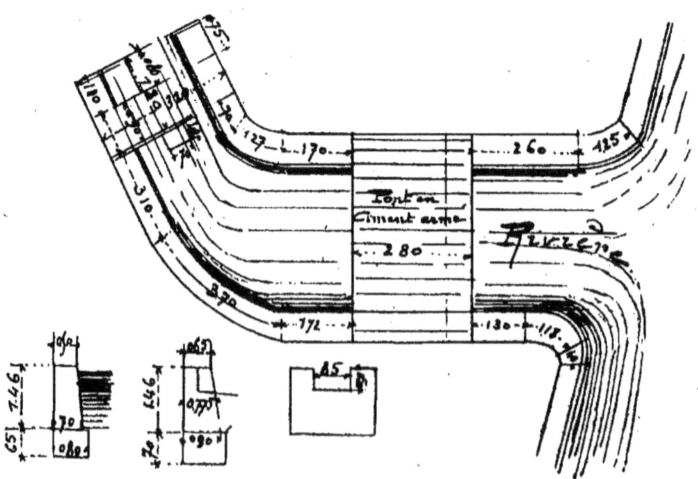

Fig. 35 à 38.

### Construction d'une chute d'eau (*fig.* 35, 36, 37, 38).

Démolition des anciens murs en moellon et mortier de ciment, en contrebas fouille dans l'eau en rigoles de marne glaiseuse; remplissages des rigoles en béton de cailloux et mortier n° 4 de 1/3 ciment G 2/3 ciment de Portland 1.

Au-dessus les murs seront construits en talus, ceux du contour de la rivière à 1 parement en meulière posée *opus incertum* et jointoiement en mortier n° 4 de ciment I les joints saillants équarris.

Le mur de la cascade sera à 2 parements en meulière *idem* et jointoiement *idem*. Les rochers de la cascade seront en meulière de choix neuve et ciment de Vassy de 1re qualité avec emploi de meulière moussue noircie par le temps.

Tous les gravois et terres seront enlevés aux décharges.

### Métré.

La démolition des murs en moellon et mortier de ciment.

A gauche du pont partie droite.

| | |
|---|---|
| Longueur...................... | 1m,70 |
| Circulaire longueur réduite....... | 1m,27 |
| Partie droite................... | 0m,70 |

A gauche du pont sur l'autre rive partie droite.................... 1m,72

| | |
|---|---|
| Circulaire.................... | 3m,70 |
| Partie droite................. | 3m,10 |

A droite du pont.

| | |
|---|---|
| Partie droite................. | 1m,30 |
| Circulaire................... | 1m,18 |
| Partie à la suite............. | 1m,40 |

Sur l'autre rive à droite du pont.

| | |
|---|---|
| Partie droite................. | 2m,60 |
| Circulaire................... | 1m,25 |

Ensemble................ 18m,92

$\times$ 1m,46 hauteur............................ 27m,62

$\times$ 0m,60 épaisseur.............................. 16m,572

à 4f,50 le mètre cube..................................... 74f,57

*Sous-détail du prix :* démolition de mur en moellon en fondation.

Le mètre cube............................ 3f,00     N° 676 col. 2

Plus-value sur le prix de démolition pour mur en moellon hourdé en ciment.

Le mètre cube............................ 1f,50     N° 684

Le mètre cube............................ 4f,50

Au-dessous, fouilles d'anciennes maçonneries hourdées en mortier de ciment.

Linéaire précédent............... 18m,92

$\times$ 0m,65 hauteur........................... 12m,30

$\times$ 0m,80 d'épaisseur......................... 9m,840

à 4f,20 le mètre cube..................................... 41f,33     N° 19. Terrasse

Plus-value de démolition d'ancienne maçonnerie hourdée en ciment.

| | |
|---|---|
| Cube................... | 16m,572 |
| Cube................... | 9m,840 |

Ensemble................ 26m,412

à 2f,10 le mètre cube............................ 55f,47

***A reporter:*** ............................ 171f,37

*Report.* ...................................... 171$^f$,37

Comment avons-nous obtenu cette évaluation ?
Démolition de mur en moellon en fondation.

Le mètre cube........................... 3$^f$,00
En rigoles 40 0/0 en plus.................. 1$^f$,20
   Le mètre cube..................... 4$^f$,20

La plus-value de démolition de mur hourdé en ciment s'obtiendra de la manière suivante.

   Plus-value sur les prix de démolition pour mur en moellon hourdé en ciment.

Le mètre cube........................... 1$^f$,50
Plus-value en fouille en rigoles 40 0/0............. 0$^f$,60
   Le mètre cube..................... 2$^f$,10

Démolition du mur du déversoir en moellon et mortier de ciment.

Longueur 3$^m$,20 × 1$^m$,46 hauteur = ....... 4$^m$,77
× 0$^m$,775 réduit............................. 3$^m$,697
à déduire la vanne.

   0$^m$,85 × 0$^m$,50 hauteur = .............. 0$^m$,425
× 0$^m$,67 épaisseur................................. 0$^m$,285

   Reste..................... 3$^m$,412
à 4$^f$,50 le mètre cube (prix précédent)...................... 15$^f$,35

Démolition d'une partie au-dessus formant cascade.

Longueur 0$^m$,85 × 0$^m$,80 = ............. 0$^m$,68
× 0$^m$,15 épaisseur.......................... 0$^m$,102
à 4$^f$,50 le mètre cube.............................. 0$^f$,46

Au-dessous fouille d'anciennes maçonneries hourdées en mortier de ciment.

Longueur 1$^m$,80 × 3$^m$,20 = ...... 5$^m$,76
Excédent pour vanne.

   0$^m$,70 × 0$^m$,40 = .............. 0$^m$,28

   Ensemble................... 6$^m$,04
× 0$^m$,50 hauteur.............................. 3$^m$,020
à 4$^f$,20 le mètre cube.............................. 12$^f$,68

Plus-value de démolitions d'anciennes maçonneries hourdées en ciment.

Cube 3$^m$,020 à 2$^f$,10 le mètre cube........................ 6$^f$,34
N° 684 le mètre cube............................. 1$^f$,50
40 0/0 par analogie au n° 676 Maçonnerie et n° 19 Terrasse............................................. 0$^f$,60

   Le mètre cube..................... 2$^f$,10

Plus-value de démolition de moellon dans l'eau.

Cube 3$^m$,020 à 3$^f$,15 le mètre cube........................... 9$^f$,51
N° 19 le mètre cube............................. 4$^f$,20
N° 684............................................. 2$^f$,10

   Ensemble........................ 6$^f$,30
à 1/2 n° 23 le mètre cube............................. 3$^f$,15

Dans la partie inférieure fouille en rigoles de marne glaiseuse.

   1$^m$,80 × 3$^m$,20 = 5$^m$,76
Excédent pour vanne.

   0$^m$,70 × 0$^m$,40 = 0$^m$,28
   Ensemble....... 6$^m$,04
× 0$^m$,20 hauteur................................... 1$^m$,208
à 3$^f$,15 le mètre cube............................. 3$^f$,81

   *A reporter* ............................... 219$^f$,52

N° 676, col. 2
Maçonnerie

N° 19. Terrasse

N° 684

N° 19. Terrasse

Terrasse
Maçonnerie

Terrasse

Terrasse
N° 19 + 26 + 27
(col. 2)

Report.................................................... 219$^f$,52

Plus-value de fouille dans l'eau.

Cube.................................................... 1$^{td}$,208

à 0$^f$,80 le mètre cube.................................................... 0,97     Terrasse N° 23

Remplissage des rigoles en béton de cailloux et mortier n° 4, 1/3 ciment G, 2/3 ciment Portland I dans l'eau.

|  | PARTIES DROITES | PARTIES CIRCULAIRES |
|---|---|---|
| Partie droite............ | 1$^m$,70 | )) |
| Circulaire ............... | )) | 1$^m$,27 |
| Droite................... | 0$^m$,70 | )) |
| Idem .................... | 1$^m$,72 | )) |
| Circulaire .............. | )) | 3$^m$,70 |
| Droite................... | 3$^m$,10 | )) |
| Idem .................... | 1$^m$,30 | )) |
| Circulaire .............. | )) | 1$^m$,18 |
| Droit................... | 0$^m$,40 | )) |
| Idem .................... | 2$^m$,60 | )) |
| Circulaire............... | )) | 1$^m$,25 |

Ensemble......... 11$^m$,52 (n° 1)

$\times$ 0$^m$,80 épaisseur.................. 9$^m$,22

$\times$ 0$^m$,65 hauteur.......................... 5$^m$,993

Ensemble...................... 7$^m$,40 (n° 2)

$\times$ 0$^m$,80 épaisseur.................. 5$^m$,92

$\times$ 0$^m$,65 hauteur.......................... 3$^m$,848

Pour le déversoir.

$$1^m,80 \times 3^m,20 = 5^m,76$$

$\times$ 0$^m$,70 hauteur ............................... 4$^m$,032

Excédent pour vanne.

$$0^m,70 \times 0^m,40 = 0^m,28$$

$\times$ 0$^m$,70 hauteur................................ 0$^m$,196

Ensemble.............................. 14$^m$,069

à 55$^f$,28 le mètre cube........................ 777$^f$,73

*Sous-détail du prix :* Béton de cailloux et mortier n° 3, 1/3 ciment G, 2/3 ciment Portland I.

1° Béton de cailloux et mortier n° 3 de ciment G.

Le mètre cube........................ 38$^f$,45     N° 383, col. 7

Et pour 1/3........................ 12$^f$,82

Faisons la différence entre la valeur du mortier n° 4 de ciment G et le mortier n° 3 de ciment G.

Le mètre cube........................ 57$^f$,00     N° 1216, col. 4

Le mètre cube........................ 45$^f$,70     N° 1216, col. 3

Reste ........................ 11$^f$,30

Et pour 0$^m$,500 produisent :

$$11^f,30 \times 0^m,500 = 5^f,65$$

au 1/3............................... 1$^f$,88

1/3 mètre cube du béton de cailloux et mortier n° 4 de ciment G........................ 14$^f$,70

2° Béton de cailloux et mortier n° 3 de ciment I.

Le mètre cube........................ 49$^f$,50     N° 383, col. 9

Et pour 2/3 mètre cube........................ 33$^f$,00

Faisons la différence entre la valeur de mortier n° 4 de ciment I et le mortier n° 3 de ciment I.

*A reporter*........................ 33$^f$,00   998$^f$,22

Reports. . . . . . . . . . . . . . . . . . . . . . . . . . . . . . . . . . 33$^f$,00   998$^f$,22

Le mètre cube. . . . . . . . . . . . . . . . . . . . . . 90$^f$,55          N° 1218, col. 4

Le mètre cube. . . . . . . . . . . . . . . . . . . . . . 67$^f$,80          N° 1218, col. 3

   Différence. . . . . . . . . . . . . . . . . . . . . . . 22$^f$,75

Et pour 0$^m$,500. . . . . . . . . . . . . . . . . . . 11$^f$,375

aux 2/3. . . . . . . . . . . . . . . . . . . . . . . . . . . . . . . 7$^f$,58

2/3 mètre cube de béton de cailloux et mortier n° 4 de ciment I. . . . . . . . . . . . . . . . . . . . . . . . . . . . . . . 40$^f$,58

Le mètre cube de béton de cailloux et mortier bâtard n° 4, 1/3 ciment G, 2/3 ciment I vaudra :

Le mètre cube. . . . . . . . . . . . . = 14$^f$,70 + 40$^f$,58 = 55$^f$,28

Plus-value de construction dans l'eau cube. . . . . . . . . 14$^m$,069

à 1$^f$,00 le mètre cube. . . . . . . . . . . . . . . . . . . . . . . . . . . . 14$^f$,07

Au-dessus construction du mur du déversoir en meulière neuve et mortier de ciment I (mortier n° 4).

   Longueur... 3$^m$,20 $\times$ 1$^m$,46 hauteur = 4$^m$,77

$\times$ 0$^m$,775 réduit. . . . . . . . . . . . . . . . . . . . . . . . . . . . . 3$^m$,697

à déduire la vanne.

   Longueur .. 0$^m$,85 $\times$ 0$^m$,50 hauteur = 0$^m$,425

$\times$ 0$^m$,67 épaisseur. . . . . . . . . . . . . . . . . . . . . . . . . . . . . 0$^m$,285

   Reste. . . . . . . . . . . . . . . . . . . . . . . . . . . . . 3$^m$,412

à 56$^f$,69 le mètre cube . . . . . . . . . . . . . . . . . . . . . . . . . 193$^f$,43

*Sous-détail du prix :* meulière neuve en fondation et mortier n° 2 de ciment I.          N° 1120, col. 3

Le mètre cube. . . . . . . . . . . . . . . . . . . . . . . . 45$^f$,65

La Série ayant prévu 0$^m$,300 de mortier par mètre cube de meulière en fondation, nous aurons :

0$^m$,300 à 36$^f$,80 le mètre cube. . . . . . . . . . . . . . . . . . 11$^f$,04

   Ensemble. . . . . . . . . . . . . . . . . . . . . . . . 56$^f$,69

*Sous-détail du prix du mortier n° 4 de ciment I :* le mètre cube. . . . . . . . . . . . . . . . 90$^f$,55          N° 1218, col. 4

Mortier n° 2 de ciment I.

Le mètre cube. . . . . . . . . . . . . . . . . . . . . . 53$^f$,75

   Différence par mètre cube. . . . . . . . . . 36$^f$,80

Sur le dessus pour former cascade en meulière neuve de choix et ciment de Vassy de 1$^{re}$ qualité avec emploi de meulière moussue noircie par le temps.

   Longueur 0$^m$,85 $\times$ 0$^m$,80. . . . . . . . . . . . . . . . . 0$^m$,68

$\times$ 0$^m$,15 réduit. . . . . . . . . . . . . . . . . . . . . . . . . . . . . 0$^m$,102      N°$^s$ 283 + 286

à 93$^f$,60 le mètre cube. . . . . . . . . . . . . . . . . . . . . . . . . 9$^f$,55        Série Ciments

Jointoiement saillant en ciment I et garnissage.

0$^m$,85 $\times$ 0$^m$,80. . . . . . . . . . . . . . . . . . . . . . . . . . 0$^m$,68

à 3$^f$,22 le mètre. . . . . . . . . . . . . . . . . . . . . . . . . . . . . 2$^f$,19      N°$^s$ 789, col. 3 + 797

La construction des murs à un parement en meulière neuve et mortier n° 4 de ciment I.

Longueur ci-dessus n° 1.

   11$^m$,52 $\times$ 1$^m$,46 hauteur = . . . . . . . . . . 16$^m$,82

$\times \dfrac{0^m,70 + 0^m,50}{2}$ = . . . . . . . . . . . . . . . . . . . . . . . . . . . . 10$^m$,092

à 54$^f$,44 le mètre cube. . . . . . . . . . . . . . . . . . . . . . . . . 549$^f$,41

Circulaires. Longueurs ci-dessus n° 2.

   7$^m$,40 $\times$ 1$^m$,46 hauteur = . . . . . . . . . . 10$^m$,80

$\times \dfrac{0^m,70 + 0^m,50}{2}$ = . . . . . . . . . . . . . . . . . . . . . . . . . . . . 6$^m$,480

à 54$^f$,44 le mètre cube. . . . . . . . . . . . . . . . . . . . . . . . . 352$^f$,77

   *A reporter*. . . . . . . . . . . . . . . . . . . . . . . . . . . . . . . . . 2 110$^f$,64

|  |  |  |
|---|---|---|
| *Report*.................................................... 2 119$^f$,64 |  |  |
| Plus-value de construction circulaire. |  |  |
| Cube.......................................... 6$^m$,480 |  |  |
| à 3$^f$,40 le mètre cube..................................... | 22$^f$,03 | N° 1496 |

En prolongement des murs dans le déversoir en meulière
neuve et mortier n° 4 de ciment I.

				1 fois 0$^m$,75................. 0$^m$,75
				1 fois 1$^m$,00............... 1$^m$,00
				                              ———
				Ensemble.............. 1$^m$,75

$\times$ 0$^m$,60 épaisseur = ...................... 1$^m$,05
$\times$ 0$^m$,92 hauteur = ........................ 0$^m$,986
à 54$^f$,44 le mètre cube.................................... **53$^f$,68**

Plus-value de construction en reprise par arrachement.

				2 fois 1$^m$,46 de hauteur = 2$^m$,92 $\times$ 0$^m$,60 = 1$^m$,75
$\times$ 0$^m$,25 d'épaisseur......................... 0$^m$,439
à 2$^f$,35 le mètre cube..................................... 1$^f$,03			N° 1489

Jointoiement en ciment I dessus de mur (joints saillants).

Linéaire................. 18$^m$,92 $\times$ 0$^m$,50 = 9$^m$,46
				3$^m$,20 $\times$ 0$^m$,65 = 2$^m$,08
				1$^m$,75 $\times$ 0$^m$,60 = 1$^m$,05
Verticaux.............. 18$^m$,92 $\times$ 1$^m$,46h$^r$ = 27$^m$,62
				2$^m$,00 $\times$ 1$^m$,46h$^r$ = 2$^m$,92
				                                ———
				Ensemble ..................... 43$^m$,13
Déduire 0$^m$,85 $\times$ 0$^m$,50..................... 0$^m$,43
				                                ———
				Reste ....................... 42$^m$,70
Reprendre tableaux.
				2 fois 0$^m$,50 $\times$ 0$^m$,67................. 0$^m$,67
				                                ———
				Ensemble.......................... 43$^m$,37
à 3$^f$,22 le mètre...................................... 139$^f$,65		N$^{os}$ 789 + 797

Calfeutrement des montants en ciment.

				4 fois 0$^m$,50 = ...... 2$^m$,00
						0$^m$,90
						————
				Ensemble........... 2$^m$,90 $\times$ 0$^m$,075 légers. 0$^m$,22
à 5$^f$,20 le mètre....................................... 1$^f$,10		N° 804

Parement de meulière *opus incertum*.

Surface ................. 43$^m$,37 $\times$ 0$^m$,25		10$^m$,843			N° 1132
à 4$^f$,10 le mètre....................................... 44$^f$,46		Argent.

|  |  |
|---|---|
| | 2 381$^f$,59 \| 2 381$^f$,59 |

NOTA : La plus-value de construction de mur en talus sera
comptée comme il a été dit précédemment, ainsi que les charge-
ments et enlèvements de terres, gravois, refouillements dans les
murs et plus-value de travaux dans l'eau.

# EXEMPLE DE MÉMOIRE EN TIMBRE

Propriété de la Ville

de M... (Seine)

### CONSTRUCTION D'UNE ANNEXE SUR LA GRANDE COUR

Elle comprendra les fouilles en déblai, rigoles et puits avec épuisements d'eau, étaiements et enlèvements de terres aux décharges publiques.

Les murs mitoyens seront repris par petites parties avec rigoles et puits, *idem*.

Pour exécuter ces déblais, il sera fait une fouille en rigoles au-devant de ces murs; suivant les lignes pointillées *ab* et *bc* (*fig*. n° 39).

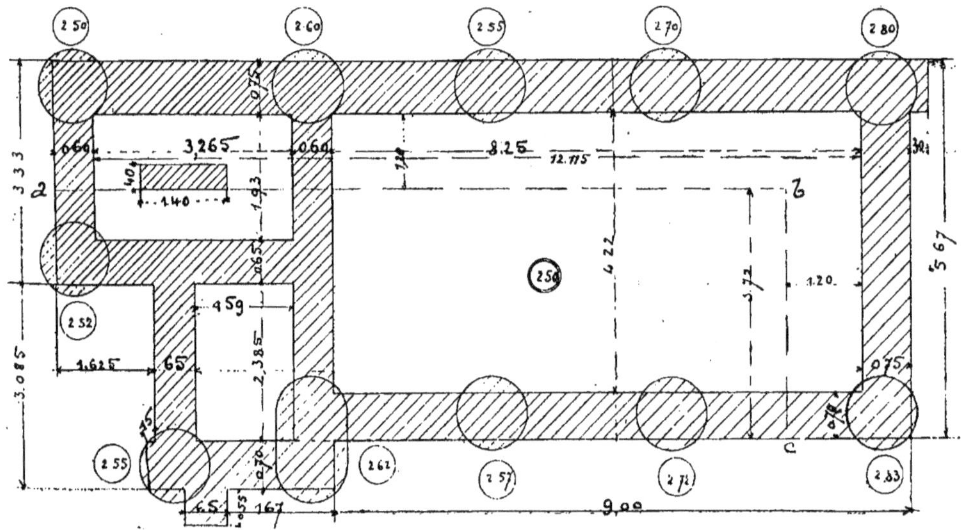

Fig. 39.

**Basses fondations.** — Les puits seront arasés à 0^m,60 en contre-bas du sol des caves et seront remplis en béton de cailloux et mortier n° 3, 1/3 chaux hydraulique **c**, 2/3 ciment I.

La partie inférieure en béton de cailloux et ciment I.

Les rigoles entre puits auront 0^m,50 de hauteur réduite; elles seront remplies, ainsi que le complément des puits, en meulière neuve et mortier n° 3, 1/3 chaux hydraulique **c**, 2/3 ciment I.

**Fondations.** — Les murs mitoyens seront en meulière neuve et mortier n° 3, 1/2 chaux hydraulique **c**, 1/2 en ciment I. Les autres murs seront en meulière neuve et mortier n° 3, 2/3 chaux **c**, 1/3 ciment I et rocaillés en joints en meulière et mortier n° 4 de ciment I.

Entre puits dans la hauteur des caves, il sera construit des arcs de décharge en meulière, *idem*.

En façade sur cour il sera ménagé 4 soupiraux.

Les murs de façade seront arasés à 0^m,10 en contre-bas du sol de la cour.

Les cloisons de caves seront en brique neuve dite façon Bourgogne de $0^m,060 \times 0^m,105 \times 0^m,22$ rive gauche $1^{re}$ qualité et mortier de chaux hydraulique **c**; elles auront $0^m,06$ d'épaisseur avec un parement côté du couloir des caves et seront jointoyées en mortier de ciment I, les joints lissés au fer. Sous ces cloisons, béton de cailloux et mortier de chaux hydraulique **c** de $0^m,25$ de hauteur et $0^m,30$ de largeur et fouilles nécessaires avec enlèvement de terres aux décharges publiques.

**L'escalier de caves** sera en roche de Comblanchien $1^{er}$ choix et mortier de ciment I, les joints en ciment I. Le mur d'échiffre en brique neuve de Vaugirard et mortier n° 2 de chaux hydraulique **c**.

Le hourdis de plancher en fer sera composé de 350 kilogrammes ciment I pour 1 mètre cube de gravillon avec cintrage de $0^m,10$ réduit d'épaisseur.

## Métré.

Au droit des murs mitoyens en 2 sens la fouille en rigoles avec jet sur berge, chargement en brouette, transport à un relais.

Parallèle à mitoyen du fond.

| | | |
|---|---|---|
| Longueur...................... | $13^m,465$ | |
| Perpendiculaire.............. | $3^m,72$ | |
| Ensemble............... | $17^m,185 \times 1^m,20 = 20^m,62$ | |

$\times 2^m,75$ de hauteur.................................................. $56^m,705$

*Fouille en rigole en terre avec jet sur berge, chargement en brouette, transport à un relais.*

Cube $= 56^m,705$

Plus-value pour fouille dans l'embarras des étais et étrésillons.

Cube........................................................ $56^m,705$

*Plus-value de fouille dans l'embarras des étais.*

Cube $= 56^m,705$

Jet de pelle sur banquette.

Longueur $17^m,185 \times 1^m,20 = 20^m,62$

$\times 0^m,95$ de hauteur $= $ ................................. $19^m,589$

*Jet de pelle sur banquette.*

Cube $= 19^m,589$

La hauteur s'obtient de la manière suivante :

| | |
|---|---|
| Hauteur de la fouille............................ | $2^m,75$ |
| Hauteur de banquette............................ | $1^m,80$ |
| Différence.................................... | $0^m,95$ |

Fouille de puits, le treuil posé en caves à l'orifice du puits, les terres déposées autour du puits, en terre glaise.

Surface d'un puits :

$0^m,55 \times 0^m,55 \times 3,1416 = 0^m,95$

*Hauteur des puits.*

| | |
|---|---|
| N° 1 $=$ ...................................... | $2^m,50$ |
| N° 2 $=$ ...................................... | $2^m,60$ |
| N° 3 $=$ ...................................... | $2^m,55$ |
| N° 4 $=$ ...................................... | $2^m,70$ |
| Puits n° 5.................................. | $2^m,80$ |
| Puits n° 11................................. | $2^m,83$ |
| Ensemble.................................. | $15^m,98$ |

$\times 0^m,95$ de surface............................... $15^m,181$

*Fouille de puits en terre glaise, les terres déposées à l'orifice du puits.*

Cube $= 15^m,181$

Plus-value de fouille dans l'eau dans la partie inférieure.

| | | |
|---|---|---|
| Puits n° 1, hauteur $=$ | ............................... | $0^m,205$ |
| Puits n° 2, » $=$ | ............................... | $0^m,30$ |
| Puits n° 3, » $=$ | ............................... | $0^m,25$ |
| Puits n° 4, » $=$ | ............................... | $0^m,40$ |
| Puits n° 5, » $=$ | ............................... | $0^m,50$ |
| Puits n° 11, » $=$ | ............................... | $0^m,53$ |
| Ensemble | ............................... | $2^m,185$ |

$\times 0^m,95$ de surface $= $ ................................. $2^m,076$

*Plus-value de fouille de puits dans l'eau.*

Cube $= 2^m,076$

Plus-value de fouille de puits en sous-œuvre de construction.

Cube ci-dessus........................................... 15<sup>m</sup>,181

Plus-value de fouille dans l'embarras des étais.

Cube................................................... 15<sup>m</sup>,181

Épuisements d'eau pendant la fouille de puits.
Le ................. 3 heures de terrassier.
Le ................. 4 heures de terrassier.
Le ................. 5 heures de terrassier.

     Ensemble....... 12 heures de terrassier.

Location d'une pompe aspirante avec 10 mètres de tuyau.
*Corps de pompe de* 0<sup>m</sup>,12 *diamètre.*
    3 journées.

Plus-value pour les premier et dernier jours de location, pour pose, dépose, double transport et toutes sujétions.

Assainissement des puits :
Location de ventilateur portatif à manivelle avec 10 mètres de tuyaux en zinc.
    3 journées.
Plus-value pour les premier et dernier jours de location y compris pose, dépose, double transport et toutes sujétions.
Ventilation des puits.
Le ................. 2 heures de terrassier.
Le ................. 3 heures de terrassier.
Le ................. 4 heures de terrassier.

     Ensemble....... 9 heures de terrassier.

Les terres provenant de puits reprises pour jet de pelle sur banquette, jet sur berge, chargement en brouette, transport à 1 relais, cube..................................... 15<sup>m</sup>,181

Les murs mitoyens n'étant pas suffisamment fondés dans la hauteur des caves.
La fouille en rigoles dans la terre ordinaire en sous-œuvre de construction avec jet sur berge.
Longueur........................... 13<sup>m</sup>,765
En retour.......................... 4<sup>m</sup>,92

    Ensemble...................... 18<sup>m</sup>,685
× 2<sup>m</sup>,25 de hauteur................... 42<sup>m</sup>,04
× 0<sup>m</sup>,75 de largeur............................... 31<sup>m</sup>,530

Jet de pelle sur banquette, chargement en brouette, transport à 1 relais, cube............................... 31<sup>m</sup>,530

Plus-value pour fouille en sous-œuvre de construction dans l'embarras des étais ou étrésillons, cube.................. 31<sup>m</sup>,530

Dans la partie haute, sous les murs mitoyens.

Fouille en rigoles d'anciennes maçonneries avec jet sur berge.

Longueurs ci-dessus..................... $18^m,685$

$\times\ 0^m,50$ de hauteur...................... $9^m,34$

$\times\ 0^m,75$ de largeur..................... $7^m,005$

Plus-value de fouille de maçonnerie en sous-œuvre de construction dans l'embarras des étais, cube................... $7^m,005$

Chargement en brouette d'ancienne maçonnerie, transport à 1 relais, cube ..................................... $7^m,005$

Fouille en rigoles dans la terre glaise avec jet de pelle sur berge (sol caves).

Entre puits.

Une partie............................. $13^m,765$

Une autre en retour..................... $4^m,92$

    Ensemble....................... $18^m,685$

$\times\ 0^m,75 =$ ............................... $14^m,01$

Moins puits.

Nº 1, 1 fois $0^m,75$ ................... $0^m,75$

Nº 2 ................................. $0^m,85$

Nº 3 ................................. $0^m,85$

Nº 4 ................................. $0^m,85$

Nº 5 ................................. $0^m,85$

    Ensemble....................... $4^m,15$

$\times\ 0^m,75$ ............................... $3^m,11$

Puits nº 11.

Longueur $0^m,90 \times 0^m,70$ ................ $0^m,63$

    Ensemble....................... $17^m,75$

Moins segments :

11 fois $0^m,75 \times 0^m,125 \times 2/3 =$ ........... $0^m,69$

1 fois $0^m,70 \times 0^m,10 \times 2/3 =$ .............. $0^m,05$

    Ensemble...................... $= 0^m,74 = 0^m,74$

    Reste ........................ $17^m,01$

$\times\ 0^m,50$ de hauteur...................... $8^m,505$

Plus-value de fouille de terre glaise en sous-œuvre de construction par petites parties dans l'embarras des étais, cube.... $8^m,505$

Jet de pelle sur banquette, jet de pelle sur berge de terre glaise, cube............................... $8^m,505$

Jet de pelle pour chargement en brouette de terre glaise, transport à 1 relais, cube............................. $8^m,505$

Basses fondations.

Les puits dans la partie inférieure remplis en béton de cailloux et mortier nº 2 de ciment I dans l'eau.

Puits n° 1 hauteur...... ...................... $0^m,205$
    n° 2 » ........................... $0^m,30$
    n° 3 » ........................... $0^m,25$
    n° 4 » ........................... $0^m,40$
    n° 5 » ........................... $0^m,50$
    n° 11 » ........................... $0^m,53$
    Ensemble........................ $2^m,185$
$\times 0^m,55 \times 0^m,55 \times 3,1416$.............. ............ $2^m,076$

Béton de cailloux et mortier n° 2 de ciment I dans l'eau.
Cube $= 2^m,076$

Plus-value de construction en béton dans l'embarras des étais et par petites parties en sous-œuvre de constructions cube $2^m,076$

Plus-value de construction en béton dans l'embarras des étais et par petites parties en sous-œuvre de construction.
Cube $= 2^m,076$

Au-dessus les puits remplis en béton de cailloux et mortier n° 3, 1/3 chaux hydraulique **c**, 2/3 ciment I.

Puits n° 1............................. $1^m,795$
    n° 2............................. $1^m,70$
    n° 3............................. $1^m,70$
    n° 4............................. $1^m,25$
    n° 5............................. $1^m,35$
    n° 11............................. $1^m,70$
    Ensemble........................ $9^m,495$
$\times 0^m,95$ de surface.................. $9^m,020$

Béton de cailloux et mortier n° 3. 1/3 chaux hydraulique **c**. 2/3 ciment I.
Cube $= 9^m,020$

Plus-value de construction en béton dans l'embarras des étais par petites parties en sous-œuvre de construction, cube....... $9^m,020$

Plus-value de construction en béton dans l'embarras des étais par petites parties en sous-œuvre de construction.
Cube $= 9^m,020$

Les rigoles entre puits ainsi que le complément des puits en meulière neuve et mortier n° 3 ; 1/3 chaux hydraulique **c**, 2/3 ciment I.

Mur mitoyen du fond.
Longueur,............................. $13^m,765$
en retour............................. $4^m,92$
    Ensemble........................ $18^m,685$
$\times 0^m,75$............................. $14^m,01$
$\times 0^m,50$ hauteur réduite............................. $7^m,005$
Excédent sur puits.
1 fois $0^m,75$..................... $0^m,75$
Puits n° 2..................... $0^m,85$
    n° 3 .................... $0^m,85$
    n° 4 .................... $0^m,85$
    n° 5 .................... $0^m,85$
    Ensemble........ $4^m,15$
$\times 0^m,75 =$ ..................... $3^m,11$
Reprendre segments.
11 fois $0^m,75 \times 0^m,125 \times 2/3$.............. $0^m,69$
$0^m,70 \times 0^m,10 \times 2/3$............... $0^m,05$
    Ensemble ..................... $3^m,85$
$\times 0^m,10$ de hauteur $=$ ..................... $0^m,385$
    Ensemble..................... $7^m,390$

Meulière neuve pour massifs et mortier n° 3. 1/3 chaux hydraulique **c**. 2/3 ciment I.
Cube $= 7^m,390$

Plus-value de construction dans l'embarras des étais par petites parties en sous-œuvre de construction.
Cube ....................................... $7^m,390$

Plus-value de construction de meulière dans l'embarras des étais par petites parties en sous-œuvre de construction.
Cube $= 7^m,390$

Au-dessus dans la hauteur des caves les murs mitoyens en meulière neuve, en fondation et mortier n° 3, 2/3 chaux. hydraulique **c,** 1/3 ciment I (*fig.* n° 40).

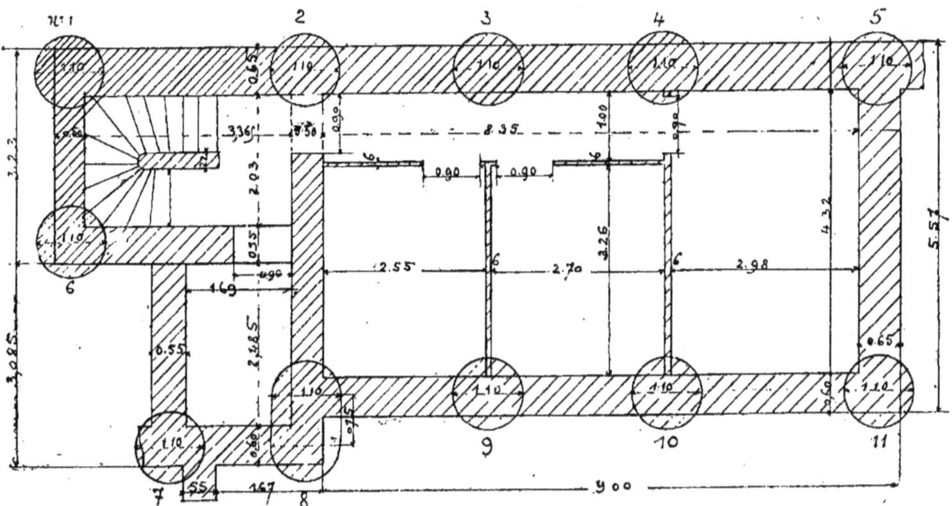


Fig. 40.

Mur mitoyen du fond.

| | | |
|---|---|---|
| Longueur............................... | 13ᵐ,745 | |
| en retour............................... | 4ᵐ,92 | |
|     Ensemble........................ | 18ᵐ,635 | |
| $\times$ 2ᵐ,65 de hauteur...................... | | 49ᵐ,38 |
| $\times$ 0ᵐ,65 épaisseur...... | | 32ᵐ,097 |

Plus-value de construction dans l'embarras des étais par petites parties en sous-œuvre de construction.

Cube........................     32ᵐ,097

Plus-value pour arcs de décharge entre les puits en meulière neuve et mortier n° 3, 2/3 chaux hydraulique **c,** 1/3 ciment I.

Entre puits n° 1 et n° 2.
    Longueur........................   3ᵐ,00
Entre puits n° 2 et n° 3.
    Longueur.............. 1ᵐ,95
Entre puits n° 3 et n° 4.
    Longueur.............. 1ᵐ,90
Entre puits n° 4 et n° 5.
    Longueur.............. 2ᵐ,40
Entre puits n° 5 et n° 11.
    Longueur.............. 3ᵐ,80

| | | |
|---|---|---|
|     Ensemble........... | 6ᵐ,25 | |
| $\times$ 0ᵐ,40 de hauteur...................... | | 2ᵐ,50 |
| $\times$ 0ᵐ,65 | | 1ᵐ,625 |
|     Ensemble...................... | 6ᵐ,80 | |
| $\times$ 0ᵐ,40 de hauteur...................... | | 2ᵐ,72 |
| $\times$ 0ᵐ,65 | | 1ᵐ,768 |

Meulière neuve en fondation et mortier n° 3.
  2/3 chaux hydraulique **c.**
  1/3 ciment I.

  Cube = 3ᵐ,097
Plus-value de construction de meulière dans l'embarras des étais par petites parties en sous-œuvre de construction.

  Cube = 32ᵐ,097

Plus-value pour arcs de décharge cubant de 0ᵐ,501 à 0ᵐ,750.

  Cube = 1ᵐ,625
Plus-value pour arcs de décharge cubant de 0ᵐ,751 à 1 mètre.

  Cube = 1ᵐ,768

Tranchées biaises sur meulière pour former sommiers devant recevoir des arcs.

10 chaque 0$^m$,10 de légers ouvrages.

Coupement, taille et déchet de meulière au pourtour des arcs pour épouser les parties circulaires.

Linéaire 13$^m$,05 $\times$ 0$^m$,15 courant de légers....................  1$^m$,96

Après reprise des murs mitoyens, la fouille en déblai avec chargement en brouette, transport à un relais.

Une partie à droite.

| | | |
|---|---|---|
| Linéaire ........................................ | | 9$^m$,00 |
| déduire ................................ | 1$^m$,20 | |
| » ................................ | 0$^m$,75 | |
| Ensemble ...................... | 1$^m$,95 = | 1$^m$,95 |
| Reste = .......................... | | 7$^m$,05 |
| $\times$ 3$^m$,72.................................. | | 26$^m$,23 |

Excédent à gauche.

| | |
|---|---|
| Longueur .................... | 3$^m$,265 |
| 2 fois 0$^m$,60.................... | 1$^m$,20 |
| Ensemble............. | 4$^m$,465 |

$\times$ 6$^m$,415........................................  28$^m$,64

Ensemble ..................................  54$^m$,87

Déduire fouille comptée précédemment.

Longueur..................... 4$^m$,465

$\times$ 1$^m$,95............................ 8$^m$,71

Une autre partie.

3$^m$,085 $\times$ 1$^m$,625 ...................... 5$^m$,01

Ensemble ................... 13$^m$,72 = 13$^m$,72

Reste .................................. 41$^m$,15

Reprendre harpes de liaison.

Mitoyen du fond............... 0$^m$,30

$\times$ 0$^m$,75 ............................ 0$^m$,225

Une autre partie............... 0$^m$,15

$\times$ 0$^m$,70............................ 0$^m$,105

Une autre.

Longueur.................... 0$^m$,65

$\times$ 0$^m$,55 ............................ 0$^m$,36

Ensemble ................... 41$^m$,84

$\times$ 2$^m$,75 de hauteur .................................... 115$^m$,060

Jet de pelle sur banquette.

Surface précédente.................... 41$^m$,84

$\times$ 0$^m$,95 de hauteur.................... 39$^m$,748

Jet horizontal de terre.

1/2 du cube de la fouille en déblai .................... 57$^m$,530

Fouille de puits, le treuil posé en caves à l'orifice du puits, les terres déposées autour du puits, en terre glaise.

Hauteur des puits.

| | |
|---|---|
| N° 6.................................... | 2$^m$,52 |
| N° 7.................................... | 2$^m$,55 |
| N° 9.................................... | 2$^m$,57 |
| N° 10.................................... | 2$^m$,72 |

N° 8,2 1/2 cercles.

De 110 diamètre.

A reporter.................... 10$^m$,36

*Reports* .......................... $10^m,36$

Soit 1 cercle de $1^m,10$.

Hauteur.............................. $2^m,62$

Ensemble .................... $12^m,98$

$\times$ $0^m,95$ de surface.................................. $12^m,331$

Puits n° 8.

excédent 1 rectangle $1^m,10 \times 0^m,75 = 0^m,825$.

$\times$ $2^m,62$ de hauteur.............................. $2^m,162$

Ensemble .............................. $14^m,493$ $14^m,493$

Fouille de puits en terre glaise, les terres déposées à l'orifice du puits.

Cube = $14^m,493$

Plus-value de fouille dans l'eau dans la partie inférieure.

Puits n° 6 hauteur =................. $0^m,225$

» n° 7 » =................. $0^m,255$

» n° 9 » =................. $0^m,275$

» n° 10 » =................. $0^m,425$

Ensemble ................... $1^m,18$

$\times$ $0^m,95$ de surface.................................. $1^m,121$

Puits n° 8......... $0^m,305 \times 0^m,95$............. $0^m,290$

Rectangle......... $1^m,10 \times 0^m,75 = 0^m,825$

$\times$ $0^m,305$ ........................................ $0^m,252$

Ensemble .............................. $1^m,663$ $1^m,663$

Plus-value de fouille de puits dans l'eau en terre glaise.

Cube = $1^m,663$

Épuisements d'eau pendant la fouille de puits.

Le ......................... 2 heures de terrassier.

Le ......................... 3 heures de terrassier.

Le ......................... 4 heures de terrassier.

Ensemble ......... 9 heures de terrassier.

Heures de jour de terrassier.

9 heures

Location d'une pompe aspirante avec 10 mètres de tuyau (corps de pompe de $0^m,12$ de diamètre).

3 journées

Location de pompe aspirante de $0^m,12$ de diamètre avec 10 mètres de tuyau.

3 journées

Assainissement des puits.

Location de ventilateur portatif à manivelle avec 10 mètres de tuyaux en zinc.

3 journées.

Location de ventilateur portatif avec 10 mètres de tuyaux en zinc.

3 journées

Ventilation des puits :

Le ......................... 2 heures de terrassier.

Le ......................... 4 heures de terrassier.

Le ......................... 2 heures de terrassier.

Ensemble ......... 8 heures de terrassier.

Heures de jour de terrassiers.

8 heures

Les terres provenant de puits reprises pour jet de pelle sur banquette, jet sur berge, chargement en brouette, transport à un relais.

Cube...................................................... $14^m,493$

Jet de pelle sur banquette et jet sur berge de terre glaise avec chargement en brouette et transport à 1 relais.

Cube = $14^m,493$

Jet de pelle pour chargement en tombereau de terres et enlèvement aux décharges publiques.

Cube des fouilles en rigoles = ................... $88^m,235$

Cube de la fouille en déblai = ................... $114^m,785$

Ensemble .............................. $203^m,020$

Jet de pelle pour chargement en tombereau des terres et enlèvement aux décharges publiques.

Cube = $203^m,020$

*idem* de gravois d'anciennes maçonneries, cube....... $7^m,005$

*Idem* d'anciennes maçonneries.

Cube = $7^m,005$

Jet de pelle pour chargement en tombereau de terre glaise et enlèvement aux décharges publiques.

Cube des puits.............................. $29^m,674$

Cube des fouilles en rigoles.............................. $8^m,505$

Ensemble .............................. $38^m,179$

Jet de pelle pour chargement en tombereau de terre glaise et enlèvement aux décharges publiques.

Cube = $38^m,179$

Fouille en rigoles dans la terre glaise avec jet de pelle sur berge (sol caves) (*fig.* nº 39).

*Entre puits.*

Parallèle à mur mitoyen de 0$^m$,70 de largeur.

| | | |
|---|---:|---:|
| Longueur dans œuvre................ | 8$^m$,25 | |
| à la suite............................ | 2$^m$,99 | |
| Ensemble................ | 11$^m$,24 | |
| × 0$^m$,70 de largeur........................... | | 7$^m$,87 |

Tête en excédent.

0$^m$,65 × 0$^m$,55.......................... | | 0$^m$,36

Fouille de 0$^m$,60 de largeur.

Perpendiculaire à mitoyen.

| | | |
|---|---:|---:|
| Longueur ...................... | 4$^m$,92 | |
| × 0$^m$,60............................ | | 2$^m$,95 |

Une autre partie perpendiculaire à mitoyen.

| | | |
|---|---:|---:|
| Longueur ...................... | 1$^m$,93 | |
| × 0$^m$,60 ............................ | | 1$^m$,16 |

Fouille de 0$^m$,65 de largeur.

Parallèle à mitoyen.

| | | |
|---|---:|---:|
| Longueur.......................... | 3$^m$,865 | |
| Retour.......................... | 2$^m$,385 | |
| Ensemble .................... | 6$^m$,25 | |
| × 0$^m$,65.......................... | | 4$^m$,06 |

Échiffre d'escalier.

| | | |
|---|---:|---:|
| Longueur.......................... | 1$^m$,40 | |
| × 0$^m$,40.......................... | | 0$^m$,56 |

*Moins segments et puits* nº$^s$ 9 et 10.

| | | |
|---|---:|---:|
| 2 fois 0$^m$,90 × 0$^m$,75 = ........ | 1$^m$,35 | |
| Segments 4 fois 0$^m$,10 × 0$^m$,70 | | |
| × 2/3 =.................... | 0$^m$,19 | |
| | 1$^m$,54 | 1$^m$,54 |

Puits nº 11 en partie.

0$^m$,70 × 0$^m$,10 × 2/3.................... | | 0$^m$,05
0$^m$,15 × 0$^m$,70.......................... | | 0$^m$,105

*Puits* nº 8.

| | | |
|---|---:|---:|
| Surface du puits nº 8 = ........ | 1$^m$,775 | |

Déduire.

| | | |
|---|---:|---:|
| 0$^m$,85 × 0$^m$,225 × 2/3 = 0$^m$,13 | | |
| 0$^m$,60 × 0$^m$,225      = 0$^m$,135 | | |
| 1$^m$,25 × 0$^m$,30      = 0$^m$,375 | | |
| Ensemble .............. | 0$^m$,64 | |
| Reste = .......... | 1$^m$,135 = 1$^m$,135 | |

*Puits* nº 7.

0$^m$,85 × 0$^m$,70.................... | | 0$^m$,60
0$^m$,15 × 0$^m$,70 × 2/3.................... | | 0$^m$,07
0$^m$,65 × 0$^m$,20 × 2/3.................... | | 0$^m$,09

*Puits* nº 6.

0$^m$,85 × 0$^m$,60.................... | | 0$^m$,51
0$^m$,60 × 0$^m$,10 × 2/3.................... | | 0$^m$,04
0$^m$,15 × 0$^m$,65.................... | | 0$^m$,10
0$^m$,65 × 0$^m$,10 × 2/3.................... | | 0$^m$,04

*Puits* nº 2.

Longueur 0$^m$,60 × 0$^m$,60 × 2/3......... | | 0$^m$,04

A *reporter*...................... | | 4$^m$,32  16$^m$,96

Reports..........................  $4^m,32$   $16^m,96$

*Puits n° 1.*

$0^m,60 \times 0^m,10 \times 2/3$.................  $0^m,04$

$4^m,36 \rightleftharpoons 4^m,36$

Reste..........................................  $12^m,60$

$\times\ 0^m,50$ de hauteur.......................................  $6^m,300$

Fouille en rigoles dans la terre glaise avec jet sur berge.

Cube = $6^m,300$

Jet de pelle sur banquette, jet de pelle sur berge de terré glaise, cube.....................................  $6^m,300$

Jet de pelle sur banquette, jet de pelle sur berge de terre glaise.

Cube = $6^m,300$

Jet de pelle pour chargement en brouetté de terre glaise, transport à un relais, cube...........................  $6^m,300$

Jet de pelle pour chargement en brouette de terre glaise, transport à 1 relais.

Cube = $6^m,300$

Jet de pelle pour chargement en tombereau de terre glaise et enlèvement aux décharges publiques, cube................  $6^m,300$

Jet de pelle pour chargement en tombereau de terre glaise et enlèvement aux décharges publiques.

Cube = $6^m,300$

Jet horizontal de terre glaise, 1/2 du cube................  $3^m,150$

Jet horizontal de terre glaise.

Cube = $3^m,150$

*Basses fondations.*

Les puits dans la partie inférieure remplis en béton de cailloux et mortier de ciment I dans l'eau.

Puits n° 6 hauteur............  $0^m,225$
» n° 7 »  ............  $0^m,255$
» n° 9 »  ............  $0^m,275$
» n° 10 »  ............  $0^m,425$

Ensemble..............  $1^m,180$

$\times\ 0^m,95$ de surface.............................  $1^m,121$

*Puits n° 8.*

hauteur $0^m,305 \times 0^m,95$............................  $0^m,290$

rectangle $1^m,10 \times 0^m,75$....................  $0^m,825$

$\times\ 0^m,305$............................................  $0^m,252$

Ensemble................................  $1^m,663$   $1^m,663$

Béton de cailloux et mortier n° 2 de ciment I dans l'eau.

Cube = $1^m,663$

Au-dessus les puits remplis en béton de cailloux et mortier n° 3, 1/3 chaux hydraulique c, 2/3 ciment I.

Puits n° 6 hauteur..............  $1^m,695$
» n° 7 »  ............  $1^m,695$
» n° 9 »  ............  $1^m,695$
» n° 10 »  ............  $1^m,695$
» n° 8 »  ............  $1^m,715$

Ensemble..............  $8^m,495$

$\times\ 0^m,95$ de surface............................  $8^m,070$

*Puits n° 8 en excédent.*

$1^m,10 \times 0^m,75$....................  $0^m,825$

$\times\ 1^m,715$...............................................  $1^m,415$

Ensemble................................  $9^m,485$   $9^m,485$

Béton de cailloux et mortier n° 3 1/3 chaux hydraulique c. 2/3 ciment I.

Cube = $9^m,485$

Les rigoles entre puits ainsi que le complément des puits en meulière neuve et mortier n° 3, 1/3 chaux hydraulique c, 2/3 ciment I.

Parallèle à mur mitoyen du fond.

Longueur........................ 8$^m$,25
à la suite.......................... 2$^m$,99
      Ensemble ............... 11$^m$,24
$\times$ 0$^m$,70 de largeur.................... 7$^m$,87
$\times$ 0$^m$,50 de hauteur.......................... 3$^m$,935
   Excédent de tête.
     0$^m$,65 $\times$ 0$^m$,55..................... 0$^m$,36
$\times$ 0$^m$,50 .................................... 0$^m$,180
   Excédent sur puits.
   *Puits n$^{os}$ 9 et 10.*
   2 fois 0$^m$,90 $\times$ 0$^m$,70.................... 1$^m$,26
4 fois 0$^m$,10 $\times$ 0$^m$,70 $\times$ 2/3................ 0$^m$,19
   *Puits n$^o$ 11.*
     0$^m$,70 $\times$ 0$^m$,10 $\times$ 2/3................ 0$^m$,05
     0$^m$,70 $\times$ 0$^m$,15................... 0$^m$,105
   *Puits n$^o$ 8.*
     0$^m$,60 $\times$ 0$^m$,225..................... 0$^m$,135
     Ensemble ..................... 1$^m$,74
$\times$ 0$^m$,10 de hauteur............................... 0$^m$,174
   Puits n$^o$ 8.
   Longueur 0$^m$,875 $\times$ 0$^m$,70...... 0$^m$,61 $\times$ 0$^m$,10 $=$ 0$^m$,061
   *Puits n$^o$ 7* 0$^m$,85 $\times$ 0$^m$,70...... 0$^m$,595
         0$^m$,70 $\times$ 0$^m$,15...... 0$^m$,105
     Ensemble ............... 0$^m$,70
$\times$ 0$^m$,10.................................... 0$^m$,070
     0$^m$,70 $\times$ 0$^m$,15 $\times$ 2/3.............. 0$^m$,07
$\times$ 0$^m$,10 .................................... 0$^m$,007
Les autres rigoles en meulière neuve et mortier n$^o$ 3
1/3 chaux hydraulique **c**, 2/3 ciment I.
   De 0$^m$,60 de largeur.
   Perpendiculaire à mitoyen.
   Longueur ..................... 4$^m$,92
   Une autre.................... 1$^m$,93
     Ensemble................ 6$^m$,85
$\times$ 0$^m$,60 ..................... 4$^m$,11
$\times$ 0$^m$,50 de hauteur............................... 2$^m$,055
de 0$^m$,65 de largeur.
   Parallèle à mitoyen.
   Longueur..................... 3$^m$,865
   Retour perpendiculaire.......... 2$^m$,385
     Ensemble................ 6$^m$,250
$\times$ 0$^m$,65..................... 4$^m$,06
$\times$ 0$^m$,50 ................................... 2$^m$,030
   Échiffre d'escalier.
   Longueur.............. 1$^m$,40 $\times$ 0$^m$,40 $=$ 0$^m$,56
$\times$ 0$^m$,50 .................................... 0$^m$,280
   *Excédents sur puits.*
   *Puits n$^o$ 7.*
     0$^m$,65 $\times$ 0$^m$,20 $\times$ 2/3................. 0$^m$,09
   *Puits n$^o$ 6.*
     0$^m$,85 $\times$ 0$^m$,60..................... 0$^m$,51
     0$^m$,60 $\times$ 0$^m$,10 $\times$ 2/3................. 0$^m$,04
     0$^m$,15 $\times$ 0$^m$,65..................... 0$^m$,10
     0$^m$,65 $\times$ 0$^m$,10 $\times$ 2/3................. 0$^m$,04
   *Puits n$^o$ 1.*
     0$^m$,60 $\times$ 0$^m$,10 $\times$ 2/3................. 0$^m$,04
     A reporter......................... 0$^m$,82    8$^m$,702

Report............................ 0ᵐ,82    8ᵐ,792

*Puits* n° 8.

0ᵐ,90 × 0ᵐ,60.......................... 0ᵐ,54

0ᵐ,60 × 0ᵐ,15 × 2/3................ 0ᵐ,06

     Ensemble...................... 1ᵐ,42

× 0ᵐ,10................................ 0ᵐ,142

     Ensemble........................... 8ᵐ,934

Meulière neuve pour massifs et mortier n° 3.
1/3 chaux hydraulique **c**.
2/3 ciment I.
Cube = 8ᵐ,934

Au-dessus, dans la hauteur des caves, les murs en meulière neuve en fondation et mortier n° 3, 2/3 chaux hydraulique **c**, 1/3 ciment I.

Parallèle au mur mitoyen du fond.

Longueur.................... 8ᵐ,35

Épaisseur de mur.

à la suite.................... 0ᵐ,50

                       1ᵐ,69

                       0ᵐ,55

                       0ᵐ,15

     Ensemble.............. 11ᵐ,24

× 0ᵐ,60 de largeur = ................... 6ᵐ,74

Excédent pour tête.

Longueur.................... 0ᵐ,65

× 0ᵐ,55 de largeur..................... 0ᵐ,36

Mur de refend perpendiculaire au mur mitoyen du fond.

Longueur dans œuvre.......... 5ᵐ,06

Parallèle à ce mur............ 2ᵐ,03

     Ensemble.............. 7ᵐ,09

× 0ᵐ,50 de largeur..................... 3ᵐ,55

Les murs de 0ᵐ,55 de largeur.

Longueur.................... 0ᵐ,50

Une autre partie.............. 3ᵐ,365

Perpendiculaire à ce mur....... 2ᵐ,485

     Ensemble.............. 6ᵐ,350

× 0ᵐ,55................................ 3ᵐ,49

     Ensemble...................... 14ᵐ,14

× 2ᵐ,65 de hauteur.................................... 37ᵐ,471

Moins portes 0ᵐ,90 × 0ᵐ,50 =   0ᵐ,45

            0ᵐ,90 × 0ᵐ,55 =   0ᵐ,50

     Ensemble.............. 0ᵐ,95

× 2ᵐ,20 hauteur........................... 2ᵐ,090

     Reste............................ 35ᵐ,381

Meulière neuve en fondation et mortier n° 3.
2/3 chaux hydraulique **c**.
1/3 ciment I.
Cube = 35ᵐ,381

Plus-value de hourdis de linteaux en béton de gravillon et mortier n° 3 de ciment I.

0ᵐ,90 × 0ᵐ,55.................... 0ᵐ,50

0ᵐ,90 × 0ᵐ,50.................... 0ᵐ,45

     Ensemble.............. 0ᵐ,95

× 0ᵐ,12 de hauteur................................ 0ᵐ,114

Plus-value de hourdis de linteaux en béton de gravillon et ciment I au lieu de meulière.
2/3 chaux **c**.
1/3 ciment I.
Cube = 0ᵐ,114

Cintrages de hourdis de linteaux.

Cube......................................... 0ᵐ,114

Cintrages pour hourdis de linteaux en béton.
Cube = 0ᵐ,114

Le mur d'échiffre en brique neuve de Vaugirard en fondation hourdé en mortier 2/3 chaux hydraulique **c**, 1/3 ciment I.
Longueur 1ᵐ,40 × 2ᵐ,65.................... 3ᵐ,71
× 0,ᵐ22 épaisseur........................... 0ᵐ,816

*Brique neuve de Vaugirard en fondation et mortier 2/3 chaux hydraulique **c** 1/3 ciment I.*
*Cube = 0ᵐ,816.*

Il est d'usage de faire la pose des marches au fur et à mesure de la construction du mur d'échiffre pour éviter la démolition de ce mur. Nous n'avons pas tenu compte de l'emplacement de ces marches dans le mur d'échiffre pour tenir compte de la sujétion d'arase et toutes tailles à la demande.

Taille circulaire de l'about du mur en brique.
Linéaire développé............. 0ᵐ,345
Plus-value 1/3.................. 0ᵐ,115

    Ensemble ............... 0ᵐ,460
× 2ᵐ,65 hauteur........................... 1ᵐ,22

Façon de 4 soupiraux dans le mur de face de la cave.
Chaque 1ᵐ,00 de Légers (art. 1037, Série de la Société centrale, année 1920).................................... 4ᵐ,00

*Taille de brique façon Bourgogne.*
*Surface = 1ᵐ,22.*
*Légers ouvrages en plâtre.*
*4ᵐ,00*

Le vide du soupirail n'est pas à déduire dans la maçonnerie.

Pendant les travaux de fondation des murs mitoyens il a été fait des étaiements.

Pour ce travail se reporter à la Série des Égouts nᵒˢ 206 à 211.

Lorsque, exceptionnellement, un entrepreneur de charpente aura été chargé de ces travaux, on appliquera les prix prévus à la Série spéciale de Charpente (obs. 212).

Nous ferons donc le cube des bois; supposons un cube de 3ᵐ,500.

*Étaiement en sapin à ciel ouvert.*
*Cube = 3ᵐ,500.*

Ces étaiements ne comprennent pas les trous et scellements en plâtre d'abouts d'étais, trous ou rigoles dans le sol pour scellements d'abouts de batteries et couches.

Les prix de charpente sont ceux des numéros 312 et 316, 342, 337, 347.

*Étaiements en charpente.*
*Mémoire.*

Les travaux terminés, *la dépose des étais est due;* il suffit de compter les descellements de couches, descellements et bouchements de trous, raccords en plâtre et l'enlèvement des gravois provenant de ces travaux.

Le plancher des caves en fer hourdé en béton de gravillon et ciment I, 350 kilogrammes de ciment I pour un mètre cube de gravillon lavé.

Cave sous le vestibule.
(Figure nᵒ 40)   2ᵐ,485 × 1ᵐ,69..   4ᵐ,20
Escalier       2ᵐ,03 × 2ᵐ,00..   4ᵐ,06
Couloirs et caves :
         8ᵐ,35 × 4ᵐ,32..   36ᵐ,07

    Ensemble ............... 44ᵐ,33
× 0ᵐ,10 épaisseur........................... 4ᵐ,433
*Le prix au mètre cube comprend le cintrage.*

*Béton de gravillon et ciment I (350 kilogr. ciment pour 1ᵐ,000 gravillon) pour hourdis de plancher.*
*Cube = 4ᵐ,433.*

Dans les murs mitoyens, pour le plancher en fer 7 trous d'abouts de solives dans la meulière et scellements en plâtre de 0ᵐ,25 de profondeur chaque 0ᵐ,375 Légers.............. 2ᵐ,63

28 trous de fentons dans la meulière et scellements en plâtre de 0ᵐ,05 de profondeur chaque 0ᵐ,075 Légers .............. 2ᵐ,10

6 trous d'entretoises dans la meulière et scellement en plâtre chaque 0ᵐ,15 Légers........................... 0ᵐ,90

    Ensemble.............................. 5ᵐ,63

*Légers ouvrages en plâtre.*
*Surface 5ᵐ,63.*

Sous les cloisons de caves la fouille en rigoles dans la glaise avec jet sur berge, chargement en brouette, transport à 1 relais,

jet de pelle sur banquette, jet sur berge, jet de pelle pour chargement en tombereau et enlèvement aux décharges publiques.

Refend....................... 4$^m$,22
Refend parallèle.............. 3$^m$,09
Formant couloir.............. 5$^m$,14

Ensemble ............... 12$^m$,45
$\times$ 0$^m$,30 de largeur...................... 3$^m$,74
$\times$ 0$^m$,25 de hauteur............................... 0$^m$,935

Remplissage des rigoles en béton de cailloux et mortier de
chaux hydraulique **c.**

Cube.................................... 0$^m$,935

Les cloisons de caves en brique neuve dite façon Bourgogne

Fouille en rigoles dans la glaise avec jet sur berge.
Cube = 0$^m$,935.
Jet de pelle pour chargement en brouette, transport à 1 relais.
Cube = 0$^m$,935
Jet de pelle sur banquette, jet de pelle sur berge.
Cube = 0$^m$,935.
Jet de pelle pour chargement en tombereau de terre glaise et enlèvement aux décharges publiques.

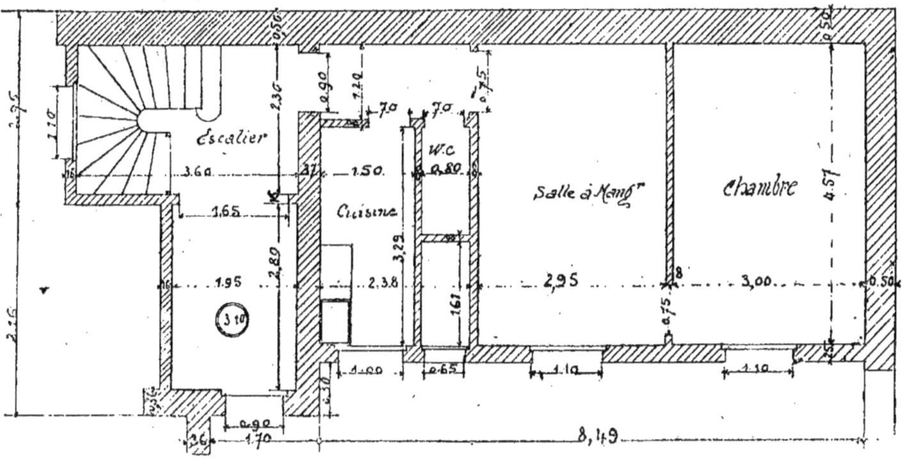


Fig. 41.

de 0$^m$,06 $\times$ 0$^m$,105 $\times$ 0,22 rive gauche 1$^{re}$ qualité et mortier de
chaux hydraulique **c.**, de 0$^m$,06 d'épaisseur (figure n° 40).

Refend parallèle à mitoyen.

Longueur.................... 4$^m$,32
L'autre refend parallèle ........ 3$^m$,26
Sur couloir .................. 5$^m$,31

Ensemble............... 12$^m$,89
$\times$ 2$^m$,50 de hauteur............................. 32$^m$,23
Moins portes.

3 fois 1$^m$,06 $\times$ 2$^m$,10 hauteur .............. 6$^m$,68

Reste........................................ 25$^m$,55

Parement de brique apparente et jointoiement en mortier n° 4
de ciment I.

Côté couloir. Longueur 5$^m$,31 $\times$ 2$^m$,50............. 13$^m$,28
Moins portes 2 fois 1$^m$,06 $\times$ 2$^m$,10.................. 4$^m$,45

Reste ........................................ 8$^m$,83

Plus-value pour joints lissés au fer.

Surface................................. 8$^m$,83

Cube = 0$^m$,935.
Béton de cailloux et mortier de chaux c.

Cube = 0$^m$,935.

Brique pleine de Paris dite façon Bourgogne pour cloison de 0$^m$,06 d'épaisseur et mortier de chaux hydraulique c.
Surface = 25$^m$,55.

Parement de brique apparente et jointoiement en mortier n° 4 de ciment I.
Surface = 8$^m$,83.
Plus-value pour joints lissés au fer.
Surface = 8$^m$,83.

Parement de brique apparente et jointoiement en ciment sur mur d'échiffre.

Linéaire développpée ............ 2<sup>m</sup>22

$\times$ 1<sup>m</sup>,35 réduit de hauteur............................ 3<sup>m</sup>,00

Parement de brique apparente et jointoie- ment en ciment I.
Surface = 3<sup>m</sup>,00.

Nota. — *Les cloisons ont été mesurées dans œuvre des murs, il est accordé* 0<sup>m</sup>,05 *de longueur pour liaison dans les murs.*

Les tranchées de liaison dans la meulière se comptent au mètre linéaire.

4 fois 2<sup>m</sup>,50 de hauteur.................. 10<sup>m</sup>,00

aux 150/00 pour plus-value.

dans la meulière............................... 15<sup>m</sup>,00

$\times$ 0<sup>m</sup>,05 courant de Légers.......................... 0<sup>m</sup>,75

Lardis de clous non fournis.

5 fois 2,50............................ 12<sup>m</sup>,50

Dessus de porte.

6 fois 0,32........................... 1<sup>m</sup>,92

Ensemble ..................... 14<sup>m</sup>,42

$\times$ 0<sup>m</sup>,015 courant de Légers (art. 950)..................... 0<sup>m</sup>,22

Lorsqu'il est fait des tranchées de liaison dans les hourdis elles se comptent au mètre linéaire.

6 scellements de pieds d'huisserie en ciment romain (sans trous) de 0<sup>m</sup>,15.

Chaque 0,15........................... 0,90

Aux 75/00 pour plus-value de scellements en ciment (observation 1011)..................................................... 0<sup>m</sup>,68

6 trous dans le ciment de 0<sup>m</sup>,06 de profondeur et scellements en plâtre (dans les hourdis du plancher).

Taille n° 3.
<hr>
0<sup>m</sup>,36.

Chaque 0,06 de taille n° 3 ..................... 0<sup>m</sup>,36

(Observation n° 50 Ciment armé).

Le mortier du plancher étant d'un dosage supérieur à celui du ciment armé l'estimation précédente ne peut être contestée.

Scellements en plâtre de ces trous à 1/2 de Légers.......... 0<sup>m</sup>,18

Légers ouvrages en plâtre.
<hr>
Surface = 1<sup>m</sup>,83.

Ensemble ................................. 1<sup>m</sup>,83

Rocaillage de joints sur murs en meulière compris dégradation des joints et jointoiement en meulière concassée posée à bain de mortier n° 4 de ciment I.

Cave sous le vestibule.

2 fois 2<sup>m</sup>,485............... 4<sup>m</sup>,97

Façade.................... 1<sup>m</sup>,69

Refend.................... 1<sup>m</sup>,69

Ensemble................. 8<sup>m</sup>,35

$\times$ 2,60 hauteur.................... 21<sup>m</sup>,71

Moins porte 0,90 $\times$ 2,20 hauteur......... 1<sup>m</sup>,98

Reste..................... 19<sup>m</sup>,73

Reprendre épaisseurs de tableaux.

2 fois 0,55 $\times$ 2,20 hauteur........... 2<sup>m</sup>,42

Ensemble ...................... 22<sup>m</sup>,15   22<sup>m</sup>,15

Cave sous cuisine et water-closets.

Refend...................... 3<sup>m</sup>,26

Façade...................... 2<sup>m</sup>,55

à la suite.................... 2<sup>m</sup>,70

Ensemble................. 8<sup>m</sup>,51

$\times$ 2<sup>m</sup>,60 de hauteur............................. 22<sup>m</sup>,13

A reporter....................... 44<sup>m</sup>,28

Report ........................................ 44$^m$,28
Couloir.
　Longueur...................... 5$^m$,31
$\times$ 2$^m$,60 de hauteur............................... 13$^m$,81
　Tableaux de la baie sur escalier.
　　2 fois 0,50 $\times$ 2,20 hauteur.................... 2$^m$,20
　Les murs de l'escalier de caves.
　　2 fois 3,365................ 6$^m$,73
　　2 fois 2,03................ 4$^m$,06
　　　　　　　　　　　　　　　——
　　Ensemble............ 10$^m$,79
$\times$ 2,60 de hauteur........................ 28$^m$,05
　Moins porte.
　　0,90 $\times$ 2,20 hauteur................ 1$^m$,98
　　　　　　　　　　　　　　　　——
　　　Reste ................ 26$^m$,07　26$^m$,07
Partie de refend dans le couloir.
　　1,00 $\times$ 2,60....................... 2$^m$,60
　Déduire porte.
　　0,90 $\times$ 2,20................. 1$^m$,98
　　　　　　　　　　　　　　　——
　　　Reste .................. 0$^m$,62　0$^m$,62
　　Ensemble.............................. 86$^m$,98

Dans la cave du fond, le sol sera en dallage en ciment bouchardé composé d'un béton maigre (200 kilog. de ciment pour 1$^m$,000 de gravillon lavé) et d'un enduit plastique en mortier de ciment dit de Portland (1.200 kilog. de ciment pour 1$^m$,000 de sable de rivière tamisé) avec emploi de ciment, y compris bouchardage du dessus de 0$^m$,10 épaisseur totale.

Les murs en meulière et en brique seront enduits en ciment de 1$^m$,20 de hauteur avec gorges en ciment de 0$^m$,05 à 0$^m$,10 de rayon ; au-dessus les murs seront enduits en plâtre au panier, avec gorges verticales, le plafond sera enduit en plâtre au sas avec gorges en plâtre.

Préalablement, il sera fait le repiquage de sol de 0$^m$,15 de hauteur pour encaissement du dallage avec chargement en brouette, transport à 1 relais, jet sur banquette, jet sur berge, chargement en tombereau et enlèvement aux décharges publiques ; le sol sera ensuite dressé avec un pilonnage ordinaire ; sous le dallage forme en mâchefer de 0$^m$,05 d'épaisseur.

Métré.

Repiquage du sol de terre glaise franche de 0$^m$,15 de hauteur avec chargement en brouette, transport à 1 relais, jet sur banquette, jet sur berge, chargement en tombereau et enlèvement aux décharges publiques.
　　4$^m$,32 $\times$ 2$^m$,98 .......................... 12$^m$,87
Dressement de sol et pilonnage ordinaire.
　　Surface ................................. 12$^m$,87
Forme préparatoire en mâchefer de 0,05 d'épaisseur avec descente en caves.
　　Même surface.................... 12$^m$,87

Le dallage en béton de gravillon et ciment de 0,10 épaisseur compris chape de 0,02 épaisseur.
　　Même surface ......................... 12$^m$,87

Plus-value de descente en caves.
　　Surface ................................. 12$^m$,87

Gorges en ciment de 0,05 à 0,10 de rayon.
    2 fois 4,32.................... 8$^m$,64
    2 fois 2,98.................... 5$^m$,96

    Ensemble................ 14$^m$,60
Déduire porte compris bois...... 1$^m$,06

    Reste.................. 13$^m$,54

Les murs en meulière enduit en ciment 1 dressé de 0,02 réduit d'épaisseur compris, garnissage des joints en mortier composé de 1.200 kilog. de ciment pour 1 mètre cube de sable de rivière.
    Longuéur façade.............. 2$^m$,98
    Mitoyen parallèle ............. 2$^m$,98
    Mitoyen perpendiculaire........ 4$^m$,28

    Ensemble................ 10$^m$,24
$\times$ 1$^m$,20 de hauteur................... 12$^m$,29
Plus-value pour descente en caves.
    Surface .................... 12$^m$,29

La cloison en brique enduit en ciment *idem.*
Linéaire..................... 3$^m$,22
$\times$ 1$^m$,20 de hauteur.................... 3$^m$,86

Plus-value pour descente en caves.
    Surface..................... 3$^m$,86

Gorges en ciment de 0,05 et 0,10 de rayon.
    3 fois 1$^m$,20................. 3$^m$,60
Au-dessus enduit en plâtre au panier sur meulière neuve,
    2 fois 2$^m$,98................. 5$^m$,96
    4$^m$,32 — 0$^m$,03.............. 4$^m$,29

    Ensemble ................ 10$^m$,25
$\times$ 1,30 de hauteur..................... 13$^m$,33
à 0,29 Légers (n$^{os}$ 852 + 863)........................... 3$^m$,87
Les gorges en plâtre.
    3 fois 1$^m$,30 de hauteur.............. 3$^m$,90
$\times$ 0,15 Légers...................... 0$^m$,59
Enduit en plâtre au panier sur brique neuve.
    4,29 $\times$ 1,30 de hauteur.............. 5$^m$,58
Moins partie haute de la porte.
Compris huisserie 1,06 $\times$ 0,90 de hauteur. 0$^m$,95

    Reste..................... 4$^m$,63
à 0,21 de Légers (n° 852) ........................... 0$^m$,97
Gorge dans la partie haute et sur l'huisserie.
    Hauteur 1,30 $\times$ 0,15....................... 0$^m$,20
en contre-bas gorge en ciment.
    Linéaire 1$^m$,20.
Lardis de clous sur bois et rappointis.
    2,10 hauteur $\times$ 0,05. Légers..................... 0$^m$,11
Enduit en plâtre du plafond.
    2,95 $\times$ 4,29.............. 12$^m$,65
à 0,50 de Légers....................... 6$^m$,33
Gorges en plafond.
    2 fois 2$^m$,95................. 5$^m$,90
    2 fois 4$^m$,29................. 8$^m$,58

    *A reporter*.............. 14$^m$,48    12$^m$,07

<hr>

*Marginal notes:*

Gorges en ciment de 0$^m$,05 à 0$^m$,10 de rayon.
Linéaire = 13$^m$,54.

Enduits en ciment de Portland de 0$^m$,02 réduit d'épaisseur sur meulière neuve.
Surface = 12$^m$,29.
Plus-value pour descente en caves.
Surface = 12$^m$,29.
Enduit en ciment de Portland sur brique neuve.
Surface = 3$^m$,86.
Plus-value pour descente en caves.
Surface = 3$^m$,86.
Gorges en ciment de 0$^m$,05 à 0$^m$10 de rayon.
Linéaire = 3$^m$,60.

Gorge en ciment.
Linéaire = 1$^m$,20.

*Reports* .......................... $14^m,48$

$\times$ $0^m,15$ courant de légers ............................

Ensemble ................................................ $14^m,24$

$12^m,07$
$2^m,17$
$14^m,24$

Légers ouvrages en plâtre.

Surface $= 14^m,24$

*Observation.* Les gorges en plafond n'ont pas été traînées au calibre, elles ne sont pas considérées comme moulures, c'est pourquoi nous n'avons pas compté les angles rentrants.

Toute gorge jusqu'à $0^m,10$ de développement se compte pour $0^m,10$ ; au-dessus de $0^m,10$ elle se compte suivant son développement à la ficelle.

Les gorges moulurées, c'est-à-dire traînées avec un calibre, se comptent comme les précédentes en y ajoutant dans la longueur des moulures les angles rentrants, saillants ou amortissements.

Les gorges sont à compter en plus-value de la valeur des enduits en plâtre, soit sur plafond ou sur murs ; il n'y a donc pas lieu d'en déduire leur emplacement.

Dans le cas où les gorges sont traitées comme moulures, il n'est pas compté d'enduit en plâtre sur murs à leur emplacement : sur plafond l'enduit en plâtre se compte au mètre carré à 1/2 de la valeur de l'enduit $\dfrac{0^m,50}{2}$ de légers ouvrages en plâtre.

Pour tenir compte de la difficulté d'exécution des travaux à la lumière, il est accordé à l'entrepreneur une plus-value de façon de 5 0/0, cette plus-value comprenant la valeur de l'éclairage à l'huile, pétrole ou chandelle. En caves il est accordé 12,50 0/0, soit 1/8 en plus.

Enduit soigné en ciment Portland Demarle et Lonquety du soupirail de la cave du fond, comprenant *glacis*.

Largeur $0^m,70 \times 0^m,80$ hauteur .......... $0^m,56$

*Jouées* en ciment de $0^m,25$ réd.

2 fois $0^m,79 \times 0^m,38$ (art. 101 Série Ciment, année 1922) ........................ $0^m,60$

Ensemble ........................ $1^m,16$

Enduit soigné en ciment Demarle et Lonquety en cave sur meulière.

Surface $= 1^m,16$

Cueillies en ciment et arêtes verticales 2 fois $0^m,79$ hauteur ........ $1^m,58$

Horizontales ................... $0^m,70$

Cueillies 2 fois $0^m,80$ hauteur .... $1^m,60$

Ensemble ................ $3^m,88$

Arêtes et cueillies en ciment.

Linéaire $= 3^m,88$

Décrottage à vif d'enduit en plâtre compté précédemment.

$0^m,70 \times 0^m,80$ hauteur $=$ ......... $0^m,56$

Décrottage à vif d'enduit en plâtre.

Surface $= 0^m,56$

Dégradation de joints sur vieux mur en meulière.

Surface ................................ $0^m,56$

Dégradation de joints sur vieux murs en meulière.

Surface $= 0^m,56$

*Sols des caves :*

Dressement et nivellement de sol avec pilonnage.

*Cave sous le vestibule :*

$2^m,485 \times 1^m,69$ ............................... $4^m,20$

Épaisseur de porte $0^m,90 \times 0^m,55$ ................. $0^m,50$

Escalier de cave.

$3^m,365 \times 2^m,03$ ..................... $6^m,83$

Déduire $1^m,40 \times 0^m,22$ .......... $0^m,31$

1re marche $0^m,905 \times 0^m,25$ ....... $0^m,23$

Ensemble ............ $0^m,54$   $0^m,54$

Reste ...................... $6^m,29$   $6^m,29$

*A reporter* ............................ $10^m,99$

$$
\begin{array}{lll}
\text{Report.} \dots\dots\dots\dots\dots\dots\dots & & 10^m,99 \\
\text{Épaisseur de porte.} & & \\
\quad 0^m,90 \times 0^m,50.\dots\dots\dots\dots & & 0^m,45 \\
\text{Couloir } 5^m,31 \times 1^m,00.\dots\dots\dots & & 5^m,31 \\
\text{Épaisseur de porte } 0^m,90 \times 0^m,06.\dots & & 0^m,05 \\
\text{Cave} \dots\dots\dots\dots & 2^m,55 & \\
\text{1 autre}\dots\dots\dots\dots & 2^m,70 & \\
\quad\text{Ensemble}\dots\dots\dots & 5^m,25 \times 3^m,26 & 17^m,12 \\
\text{Épaisseurs de portes.} & & \\
\quad 2 \text{ fois } 0^m,90 \times 0^m,06.\dots\dots & & 0^m,11 \\
\quad\text{Ensemble}\dots\dots\dots\dots & & 34^m,03 \\
\end{array}
$$

Dressement et nivellement du sol avec pilonnage ordinaire.

Surface = 34<sup>m</sup>,03

## Élévation.

Les murs de face seront en brique neuve pleine silico-calcaire ($0^m,055 \times 0^m,105 \times 0^m,22$) blanche et rouge sur mortier n° 3 de chaux hydraulique de Beffes. Les arcs en brique blanche et rouge. Les appuis en Liais de Cliquart n° 3 sur ciment I avec taille de moulure.

Le socle sera enduit en ciment de Portland Demarle et Lonquety avec pente de dessus *idem*.

Le bandeau couronnant le rez-de-chaussée en pierre artificielle pour fourniture et pose sur ciment I ; les joints en ciment métallique.

La balustrade composée d'un socle, une main courante moulurée et des balustres ronds. Les pilastres d'angle et intermédiaires auront $0^m,40$ de largeur.

**Intérieur.** — Le mur de refend sera en brique neuve de Vaugirard et mortier n° 3 de chaux hydraulique C.

**Plancher haut du rez-de-chaussée** en béton de ciment armé de $0^m,08$ épaisseur avec coffrage horizontal ; entailles dans les vieux murs pour liaison. L'ossature en aciers ronds de $0^m,010$ espacés en quadrillage tous les $0^m,10$ avec dallage en ciment Portland au-dessus de $0^m,10$ épaisseur, gorges en ciment.

Les cloisons de distribution du rez-de-chaussée seront en brique neuve de Vaugirard de $0^m,06$ épaisseur et ciment. Celle entre la chambre et la salle à manger en carreaux de plâtre de $0^m,08$ épaisseur compris enduit en plâtre aux 2 faces.

Sur vieux murs et cloisons ainsi que sur les murs en brique, enduit en plâtre au sas.

Sur les plafonds, enduit en plâtre au sas *idem*.

Au droit des revêtements en faïence, il sera fait un crépi en ciment.

**Revêtements en faïence.** — Murs du vestibule comprendront une plinthe moulurée cérame rouge. — Au-dessus en briquettes biseautées dites métro sur ciment avec joints en ciment blanc ; au-dessus bordure en majolique de $0^m,075 \times 0^m,15$ *idem* baguettes d'angle et gorges.

Dans la cuisine, au-dessus de l'évier sur murs en 2 sens carreaux de faïence ivoire de $0^m,15 \times 0^m,15$ avec bordure de couleur de $0^m,075 \times 0^m,15$, le tout posé sur ciment.

**Sols du rez-de-chaussée.** — Vestibule et escalier. En carreaux neufs grès cérame à dessins grisaille premier choix sur ciment.

**Dégagement sur water-closets et cuisine.** — En carreaux neufs céramiques octogones de $0^m,10$ dits carrelets de $0^m,012$ épaisseur avec remplissages bleus sur ciment.

**Cuisine.** — En carreaux 1/2 cérame de Saint-Just gris et noirs sur ciment. Plinthe en carreaux de $0^m,14 \times 0^m,14$ gris sur ciment.

**Water-closets.** — En carreaux de ciment comprimé avec plinthe à talon moulurée de $0^m,14 \times 0^m,15$ sur ciment.

*Sous tous les carrelages*, forme préparatoire en mâchefer de $0^m,08$ épaisseur et forme sable de $0^m,05$ épaisseur.

**Salle à manger et chambre.** — Scellement en plâtre des lambourdes avec solins et chaînes en plâtre. Calfeutrement en plâtre. Il sera fait les trous et scellements de bâtis ; huisseries, etc., lardis de clous et tendeurs non fournis. Dans les chambre, salle à manger, cuisine, les conduits de fumée en boisseaux adossés réglementaires $0^m,20 \times 0^m,20$ de $0^n,05$ d'épaisseur.

*Pour l'escalier,* la première marche sera en roche de Comblanchien premier choix sur ciment I avec moulure astragalée égrisée ; les autres marches seront en semelles d'Ancy-le-Franc de $0^m,06$ épaisseur avec moulure d'astragale, trous et scellements à la demande.

Le plafond rampant d'escalier en plâtre avec paillasse sur fers. L'évier de la cuisine en roche de Comblanchien sur ciment avec égouttoir en pierre *idem*. Sur la paillasse carreaux de faïence de $0^m,15 \times 0^m,15$ sur ciment, la paillasse voile de $0^m,04$ épaisseur en ciment armé, fentons en acier ronds de $0^m,006$ millimètres mailles de $0^m,06$ à $0^m,07$ centimètre. La ceinture en fer cornière fournie et posée par le serrurier.

Sous l'évier, jambage en brique neuve de Vaugirard de $0^m,11$ épaisseur et mortier de chaux C, avec enduit en plâtre en tous sens et arêtes arrondies.

Élévation (fig. 43).

Les murs de face en brique neuve pleine silico-calcaire (moule : $0^m,055 \times 0^m,105 \times 0^m,22$) blanche et rouge sur mor-

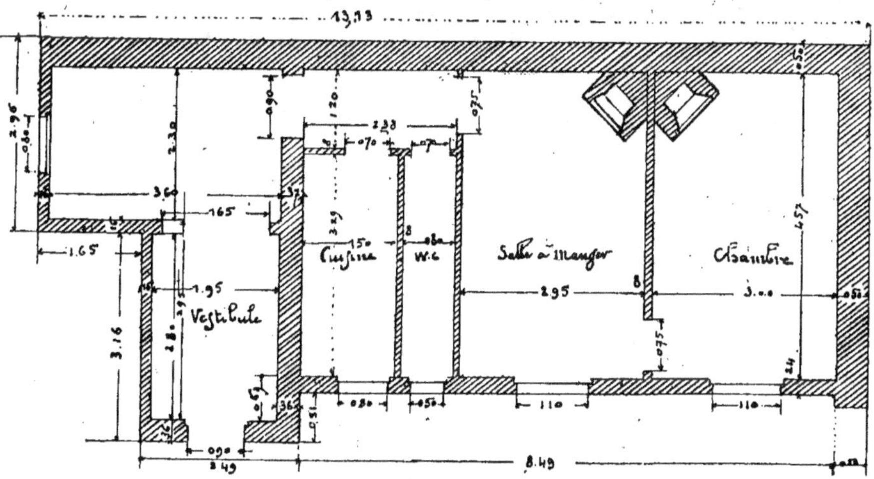


Fig. 42. — Plan du rez-de-chaussée.

tier n° 3, de chaux hydraulique de Beffes, le parement intérieur sera en brique de remplissage, dite brique à garnir de Vaugirard et mortier n° 3 de chaux hydraulique de Beffes.

*Avant-corps.*

Longueur...... $2^m,49$
Retour........ $0^m,69$

Ensemble.. $\overline{3^m,18} \times 3^m,00$ hauteur. $9^m,54$

Moins baie.

Largeur.... $0^m,90 \times 2^m,65 = 2^m,39$
Linteau.... $1^m,34 \times 0^m,12 = 0^m,16$
Arc........ $1^m,00 \times 0^m,17 = 0^m,17$

Ensemble ............. $\overline{2^m,72} = 2^m,72$

Reste ........................ $6^m,82$

$\times 0^m,34$ épaisseur........................ $2^m,319$
Dont 1/2 en brique silico-calcaire.
Cube........................................ $1^m,160$

Reste en brique neuve de Vaugirard de remplissages
et mortier n° 3 de chaux hydraulique de Beffes ...... $1^m,159$

La façade à la suite en brique neuve pleine silico-calcaire,
blanche et rouge en élévation et mortier n° 3 de chaux hydraulique de Beffes (*fig.* 42 et 43).

Brique neuve pleine
silico-calcaire en élé-
vation (blanche et
rouge) et mortier n° 3
de chaux hydraulique
de Beffes.

Cube = $1^m,160$

Brique en élévation
neuve pleine de rem-
plissage de Vaugirard
et mortier n° 3 de
chaux hydraulique de
Beffes.

Cube = $1^m,159$

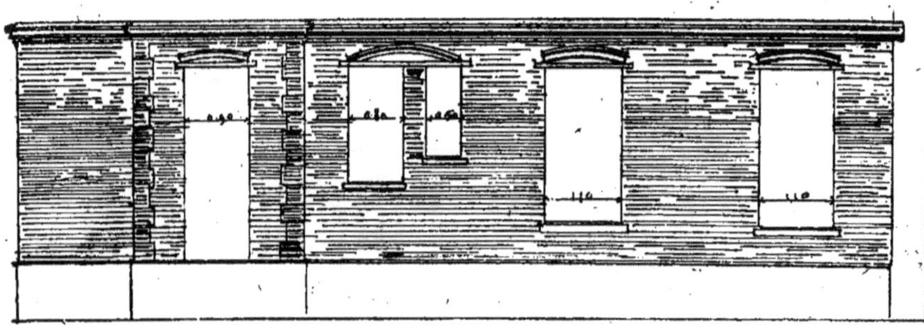

Fig. 43. — Façade principale.

*Arrière-corps*

Longueur.... $8^m,49 + 0^m,055 = 8^m,545$
$\times 3^m,00$ hauteur............................. $25^m,64$
Moins fenêtres.
2 fois $1^m,10 \times 2^m,15$ hauteur........... $4^m,73$
Appuis de fenêtre.
2 fois $1^m,30 \times 0^m,15$ hauteur........... $0^m,39$
1 autre fenêtre.
$0^m,80 \times 1^m,65$ hauteur................. $1^m,32$
Appui.
$1^m,00 \times 0^m,15$ hauteur................. $0^m,15$
1 châssis.
$0^m,50 \times 1^m,25$ hauteur................. $0^m,63$
Appui.
$0^m,70 \times 0^m,15$........................ $0^m,11$

A reporter ....................... $7^m,33$   $25^m,64$

| | | | |
|---|---|---|---|
| *Report*.................................. | | $7^m,33$ | $25^m,64$ |
| Linteaux....... | $2^m,04$ | | |
| — ...... | $1^m,50$ | | |
| — ...... | $1^m,50$ | | |
| Ensemble | $5^m,04 \times 0^m,12$ hauteur.. | $0^m,60$ | |
| Arcs 1 fois..... | $1^m,95$ | | |
| — ..... | $1^m,20$ | | |
| — ..... | $1^m,20$ | | |
| Ensemble | $4^m,35 \times 0^m,17$ hauteur.. | $0^m,74$ | |
| Ensemble........:........... | | $8^m,67$ | $8^m,67$ |
| Reste.................................. | | | $16^m,97$ |

$\times 0^m,22$ épaisseur...:................................   $3^m,733$

Dont en brique neuve silico-calcaire ................... 2/3   $2^m,488$

Reste en brique neuve de Vaugirard de remplissage
et mortier n° 3 de chaux hydraulique de Beffes 1/3...........   $1^m,245$

Hourdis des filets en brique neuve pleine silico-calcaire et mortier n° 3 de chaux hydraulique de Beffes.

| | | |
|---|---|---|
| Linéaire $1^m,34 \times 0^m,34 =$................... | $0^m,46$ | |
| Linéaire $5^m,04 \times 0^m,22 =$................... | $1^m,10$ | |
| Ensemble....................... | $1^m,56$ | |
| $\times 0^m,12$ épaisseur....................... | | $0^m,187$ |

Brique en éléva-
tion neuve pleine si-
lico-calcaire blanche
et rouge et mortier
n° 3 de chaux hydrau-
lique de Beffes.

Cube = $2^m,488$

Brique en éléva-
tion neuve pleine de
Vaugirard de rem-
plissage et mortier
n° 3 de chaux hydrau-
lique de Beffes.

Cube = $1^m,245$

Brique neuve sili-
co-calcaire et mortier
n ° 3 pour filets.

Cube = $0^m,187$

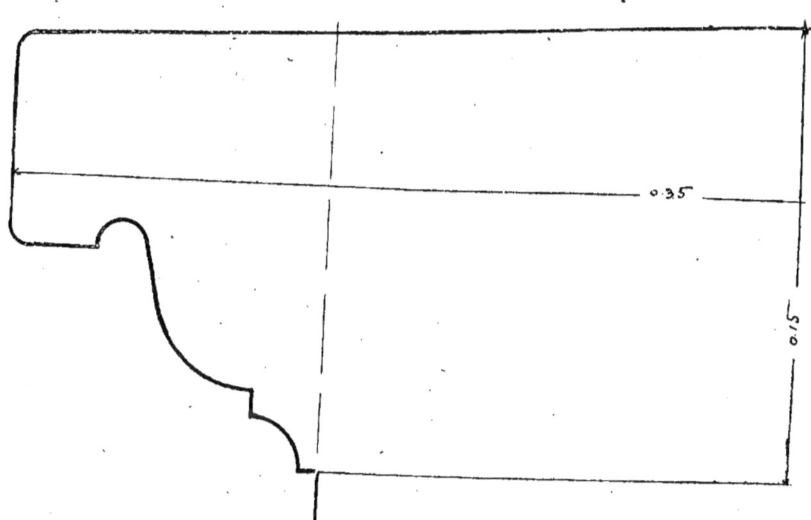


Fig. 44 — Détails des appuis.

Les *arcs en brique* neuve silico-calcaire et mortier n° 3
de chaux hydraulique de Beffes.
$1^m,00 \times 0^m,36 = 0^m,36$

$\times$ 0<sup>m</sup>,17 hauteur...................... 0<sup>m</sup>,061

4<sup>m</sup>,35 $\times$ 0<sup>m</sup>,24 = 1<sup>m</sup>,04

$\times$ 0<sup>m</sup>,17 hauteur...................... 0<sup>m</sup>,176

Ensemble...................... 0<sup>m</sup>,237

Taille d'abouts de sommiers recevant les arcs.

8 chaque 0<sup>m</sup>,05 taille de brique =.............. 0<sup>m</sup>,40

Au-dessus des arcs coupement taille et déchet de briques épousant les parties circulaires ............

Linéaire.............. 1<sup>m</sup>,00

Plus-value 1/3........ 0<sup>m</sup>,33

Ensemble...... 1<sup>m</sup>,33 $\times$ 0<sup>m</sup>,34 épaisseur... 0<sup>m</sup>,45

Linéaire 4<sup>m</sup>,35 $\times$ 0<sup>m</sup>,22 ..................... 0<sup>m</sup>,95

Ensemble .................................. 1<sup>m</sup>,80

Les appuis en liais du cliquart n° 3 sur ciment 1 (*fig.* 44).

1 fois 1<sup>m</sup>,00 =......................... 1<sup>m</sup>,00

1 fois 0<sup>m</sup>,70 =......................... 0<sup>m</sup>,70

2 fois 1<sup>m</sup>,30 =......................... 2<sup>m</sup>,60

Ensemble ........................... 4<sup>m</sup>,30

$\times$ 0<sup>m</sup>,15 hauteur........................... 0<sup>m</sup>,65

$\times$ 0<sup>m</sup>,35 épaisseur ..................... 0<sup>m</sup>,228

Bardage de pierre du chantier de l'entrepreneur

Cube .................................... 0<sup>m</sup>,228

Plus-value de transport de moins de 1 mètre cube

Cube.................................... 0<sup>m</sup>,228

Montage de pierre à 1<sup>m</sup>,85 de hauteur.

1 fois 1<sup>m</sup>,00 = 1<sup>m</sup>,00 $\times$ 0<sup>m</sup>,15 $\times$ 0<sup>m</sup>,35.................. 0<sup>m</sup>,053

Montage à 1<sup>m</sup>,15 de hauteur.

2 fois 1<sup>m</sup>,30 = 2<sup>m</sup>,60 $\times$ 0<sup>m</sup>,15 hauteur.......... 0<sup>m</sup>,39

$\times$ 0<sup>m</sup>,35 épaisseur ........................... 0<sup>m</sup>,137

---

*Marginal notes:*

Brique pour arcs neuve pleine silico-calcaire et mortier n° 3 de chaux hydraulique de Beffes.

Cube = 0<sup>m</sup>,237

Taille de brique.

Surface = 1<sup>m</sup>,80

Liais de Cliquart n° 3 sur ciment 1.

Cube = 0<sup>m</sup>,228

Bardage de pierre du chantier de l'entrepreneur.

Cube = 0<sup>m</sup>,228

Plus-value de transport inférieur 1<sup>m</sup>,000 cube.

Cube = 0<sup>m</sup>,228

Montage de pierre à 1<sup>m</sup>,85 de hauteur.

Cube = 0<sup>m</sup>,053

Montage de pierre à 2<sup>m</sup>,15 de hauteur.

Cube = 0<sup>m</sup>,037

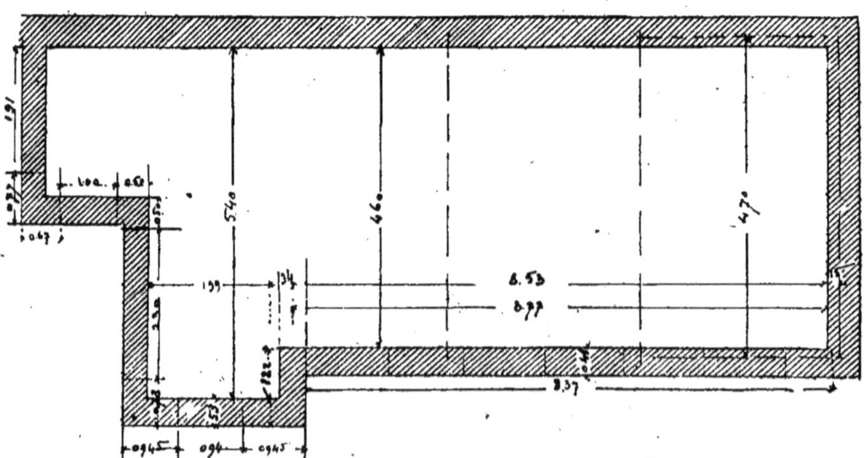

Fig. 45. — Plan de la Corniche artificielle.

Montage de pierre à 2ᵐ,15 de hauteur.

0ᵐ,70 × 0ᵐ,15............................................ 0ᵐ,105

× 0ᵐ,35 épaisseur................................. ............ 0ᵐ,037

La corniche en pierre artificielle pour fourniture et pose sur ciment de Portland (*mesurée par équarrissement, les vides non déduits*) (*fig.* 45 et 46).

à gauche sur avant-corps.

| | | |
|---|---|---|
| Longueur............ | 0ᵐ,945 × 0ᵐ,78 = | 0ᵐ,74 |
| — ............ | 0ᵐ,94 × 0ᵐ,53 = | 0ᵐ,50 |
| — ............ | 0ᵐ,945 × 1ᵐ,22 = | 1ᵐ,15 |
| — ............ | 8ᵐ,37 × 0ᵐ,41 = | 3ᵐ,43 |
| Ensemble. ..................... | | 5ᵐ,82 |

× 0ᵐ,25 hauteur............... ................... 1ᵐ,455

Montage de pierre à 1ᵐ,15 de hauteur.

Cube = 0ᵐ,137

Corniche en pierre artificielle pour fourniture et pose sur ciment de Portland.

Cube = 1ᵐ,455

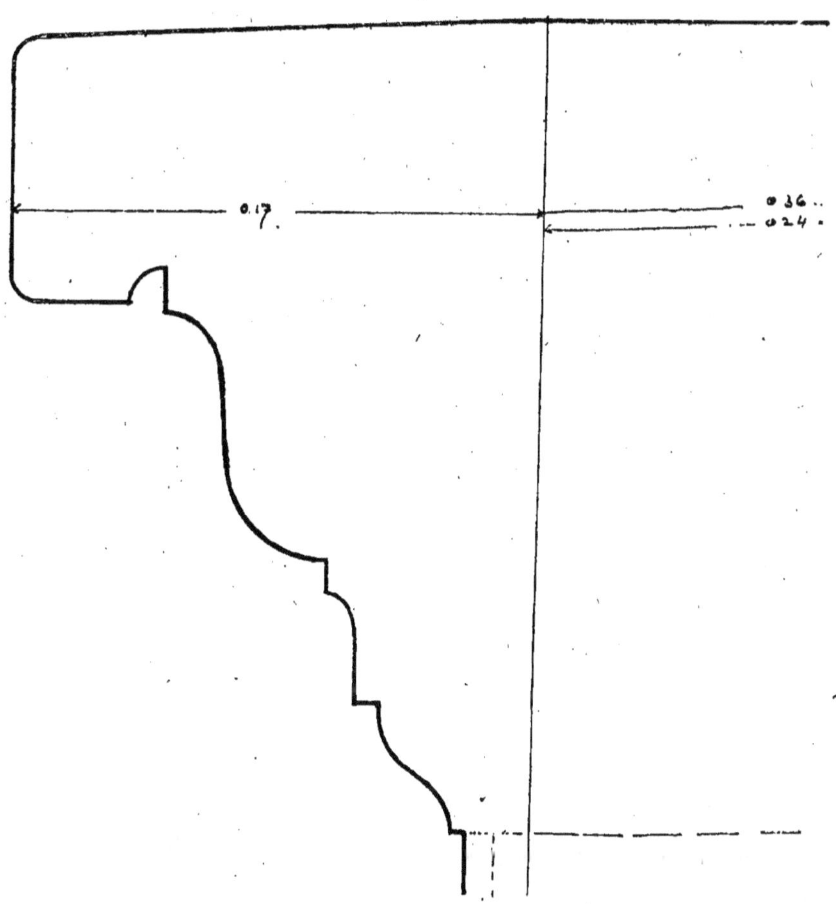


Fig. 46. — Détails de la Corniche artificielle.

La balustrade composée d'un socle, une main courante moulurée et des balustres ronds avec pilastres d'angle et intermédiaires de 0$^m$,95 de hauteur.

Linéaire développé : 11$^m$,69 + 0$^m$,05 = 11$^m$,74.

Nota. — *Les balustrades se mesurent suivant le développement de l'axe et les pilastres sont payés en plus-value.*

*Les pierres artificielles au mètre cube sont mesurées par équarrissement sans déduction des vides.*

*Les parties courbes de pierres artificielles payées au mètre linéaire ou au mètre cube, sont comptées 20 0/0 en plus.*

*5 pilastres d'angle* développant 0$^m$,80 extérieurement.

*4 autres pilastres* de 0$^m$,40 de largeur environ.

La corniche en pierre artificielle pour fourniture et pose sur ciment de Portland.

Partie perpendiculaire à l'avant-corps entre les angles.

| | |
|---|---|
| Longueur........ | 2$^m$,30 |
| En retour........ | 1$^m$,00 |
| Perpendiculaire et mitoyen.......... | 1$^m$,91 |
| Ensemble.. | 5$^m$,21 |

5$^m$,21 × 0$^m$,25 hauteur. 1$^m$,30 × 0$^m$,41 épaisseur ........................................ 0$^m$,533

Les angles 0$^m$,50 × 0$^m$,50 = 0$^m$,25
0$^m$,67 × 0$^m$,77 = 0$^m$,52

Ensemble........ 0$^m$,77 × 0$^m$,25 hauteur. 0$^m$,193

Ensemble............................ 0$^m$,726

Balustrade composée comme ci-dessus en pierre artificielle de 0$^m$,95 de hauteur partie perpendiculaire à l'avant-corps.

Linéaire.................. 7$^m$,15 + 0$^m$,05 = 7$^m$,20.

Les ravalements extérieurs des pierres artificielles seront décomptés avec l'ensemble des façades ainsi que les échafaudages. Les murs de pan de fer des façades en 3 sens en brique neuve de Paris dite pavé de 0$^m$,065 × 0$^m$,15 × 0$^m$,22 rive gauche 1$^{re}$ qualité de Paris 0$^m$,15 épaisseur et mortier n° 3 de chaux hydrauliques de Beffes (*fig.* 42).

Retour sur l'avant-corps.

| | |
|---|---|
| Longueur...... | 2$^m$,95 |
| Perpendiculaire | 1$^m$,65 |
| Perpendiculaire au mur mitoyen . | 2$^m$,30 |
| Liaison dans le mitoyen........ | 0$^m$,055 |
| Ensemble | 6$^m$,955 |

6$^m$,955 × 3$^m$,00 hauteur = 20$^m$,865

Moins baies 0$^m$,80 × 1$^m$,40 hauteur....... 1$^m$,12

Reste ...................... 19$^m$,745

Dans les surfaces de hourdis, les fers ne se déduisent pas Pour se liaisonner avec les anciens murs.

Entailles dans la meulière et plus-value de jonction.

2 fois 4$^m$,20 × 0$^m$,15 de légers ................. 1$^m$,26

Le mur de refend en brique neuve de Vaugirard et mortier n° 3 de chaux hydraulique de Beffes.

Longueur compris liaison ..... 4$^m$,65

*A reporter*.............. 4$^m$,65

Pierres artificielles pour balustrades droites composées d'un socle, main courante moulurée et 4 balustres ronds au mètre linéaire.

Linéaire = 11$^m$,74

Pilastres d'angle développant 0$^m$,80 extérieurement.

5

Pilastres de 0$^m$,40 de largeur environ.

4

Corniche en pierre artificielle pour fourniture et pose sur ciment de Portland.

Cube = 0$^m$,726

Pierre artificielle pour balustrade droite *idem* ci-dessus.

Linéaire = 7$^m$,20

Brique neuve rive gauche dite pavé de 0$^m$,065 × 0$^m$,15 × 0$^m$,22 1$^{re}$ qualité de 0$^m$,15 épaisseur et mortier n° 3 de chaux hydraulique de Beffes.

Surface = 19$^m$,75

Légers ouvrages en plâtre.

1$^m$,26

*Report*.................. 4^m,65
× 3^m,00 hauteur.......... 13^m,95
Moins porte 0^m,90 × 2^m,25 hauteur   2^m,02
Linteau 1^m,20 × 0^m,12 .......... 0^m,14
    Ensemble .............. 2^m,16.   2^m,16
    Reste .................. 11^m,79
× 0^m,34 épaisseur.......... 4^m,009

Hourdis de linteau en brique neuve *idem*
    1^m,20 × 0^m,12 = 0^m,14
× 0^m,34 épaisseur.......... 0^m,048

Pour se liaisonner, refouillement dans la meulière à la masse et au poinçon.
    6 fois 0^m,25 hauteur × 0^m,34 .......... 0^m,51
× 0^m,12.......... 0^m,061

Plus-value de constructions en reprise.
    6 fois 0^m,25 × 0^m,34 ........ 0^m,51
× 0^m,27.......... 0^m,138

Le mur de refend de l'escalier en brique pavé de 0^m,15 épaisseur de Vaugirard et mortier n° 3 de chaux hydraulique de Beffes.
    Longueur.... 1^m,98 × 3^m,00 hauteur.   5^m,94
    Moins baie....... 1^m,08 × 2^m,50 hauteur.   2^m,70
    Reste.................. 3^m,24
Déduire linteau.
    1^m,98 × 0^m,12.......... 0^m,24
    Reste.................. 3^m,00

Brique *idem* pour filet.
    1^m,98 × 0^m,12.......... 0^m,24

Les cloisons intérieures du rez-de-chaussée en brique neuve de Vaugirard de 0^m,065 d'épaisseur et mortier de ciment I.
Entre cuisine et water-closets.
    Linéaire.. 3^m,32
1 Dégagement... 2^m,41
    Ensemble.. 5^m,73 × 3^m,10 hauteur.   17^m,76
Moins portes 2 fois 0^m,86 × 2^m,25 hauteur.   3^m,87
    Reste.................. 13^m,89

Les cloisons de salle à manger et chambre en carreaux de plâtre.
    2 fois 4^m,60 × 3^m,10 hauteur.......... 28^m,52
Moins portes 2 fois 0^m,91 × 2^m,25........ 4^m,10
    Reste.................. 24^m,42

à 0^m,50 de légers ouvrages.......... 12^m,21
Pose de tendeurs.
    Surface briques de 0^m,06.......... 3^m,00
    — carreaux de plâtre........ 24^m,42
    Ensemble.......... 27^m,42
A 0^m,05 c. (n° 779 Série 1922).......... 1^m,37
8 trous et scellements de têtes de poteaux d'huisserie ch. 0^m,06 c.......... 0^m,48
8 de pieds ch. 0^m,05 c.......... 0^m,40
    *A reporter*.......... 14^m,46

---

Notes marginales :

Brique neuve Vaugirard élévation et mortier n° 3 de chaux hydraulique de Beffes
Cube = 4^m,009

Brique neuve Vaugirard pour filet.
Cube = 0^m,048

Refouillement de meulière à la masse et au poinçon.
Cube = 0^m,061

Plus-value de construction en reprise par arrachement.
Cube = 0^m,138

Brique neuve de Vaugirard dite pavé de 0^m,15 épaisseur et mortier n° 3 de chaux hydraulique de Beffes.
Surface = 3^m,00
Brique *idem* pour filet.
Surface = 0^m,24

Brique neuve Vaugirard de 0^m,06 épaisseur pour cloisons et ciment I
Surface = 13^m,89

*Report*..........................................................  14^m,46

Lardis de clous non fournis.

 8 fois 3^m,00 hauteur ................  24^m,00

 8 fois 0^m,75 ..........................  6^m,00

  Ensemble........................  30^m,00

$\times$ 0^m,015 légers ...............................................  0^m,45

Dans le mur de refend, entailles pour bâtis dans la brique.

 2 fois 2^m,35 hauteur $\times$ 0^m,15...........  0^m,71

  Aux 3/4................................  0^m,53

7 trous de pattes chaque 0^m,10 c..................  0^m,70

  Ensemble..........................  1^m,23

        *Taille de brique ordinaire.*
        Surface = 1^m,23

Scellement en plâtre.

A 1/2 c........................................................  0^m,35

2 scellements de pieds ch. 0^m,05 de légers .................  0^m,10

Détail d'une fenêtre.

Entaille pour le bâti dans la brique.

 2 fois 2^m,20 = 4^m,40 $\times$ 0^m,15.............  0^m,66

Aux 3/4 ..........................................  0^m,50

 7 trous de pattes ch. 0^m,10......................  0^m,70

  Ensemble..........................  1^m,20

        *Taille de brique.*
        Surface = 1^m,20

Scellement en plâtre à 1/2..............................  0^m,35

Feuillures en plâtre.

 2 fois 2^m,20 .....................  4^m,40 ⎫
         1^m,10 ⎬ 5^m,50

$\times$ 0^m,10 c............................................  0^m,55

  Ensemble...........................  16^m,26

        *Légers ouvrages en plâtre.*
        Surface = 16^m,26

Dans les travaux, il n'est pas toujours fait les feuillures en plâtre ; ce travail doit être compté lorsqu'il est exécuté.

2 entailles de pièces d'appui ch. 0^m,06 c. ...............  0^m,12

Calfeutrement de la croisée à l'extérieur.

 2 fois 2^m,15 = 4^m,30 ⎫
      1^m,10 ⎬ 5^m,40 $\times$ 0^m,05, c.....................  0^m,27

1 autre fenêtre semblable produit en taille de brique

 Surface ...............................  1^m,20

        *Taille de brique.*
        Surface = 1^m,20

Légers ouvrages en plâtre. ...............................  1^m,29

Détail d'une autre fenêtre.

Entailles pour bâtis dans la brique.

 2 fois 1^m,70 = 3^m,40 $\times$ 0^m,15 c. .......  0^m,51

  aux 3/4 .................................  0^m,38

7 trous de pattes dans la brique.

 Ch. 0^m,10 .....................................  0^m,70

  Ensemble............................  1^m,08

        *Taille de brique.*
        Surface = 1^m,08

Scellement en plâtre à 1/2 de légers ouvrages.................  0^m,35

Feuillures en plâtre.

 2 fois 1^m,70 .....................  3^m,40
         0^m,80

  Ensemble........................  4^m,20

$\times$ 0^m,10 c. légers .....................................  0^m,42

2 entailles de pièces d'appui chaque de 0^m,06 ..............  0^m,12

Calfeutrement en plâtre.

 2 fois 1^m,65 .....................  3^m,30 ⎫
         0^m,80 ⎬

  Ensemble ......................  4^m,10

0^m,05 c. Légers ....................................  0^m,21

*Châssis.*

Pour le bâti, entaille dans la brique.

  *A reporter*....................................  2^m,78

| | | | |
|---|---|---|---|
| *Report*.......................................... | | $2^m,78$ | |
| 2 fois $1^m,30 = 2^m,60$ | | | |
| $\times 0^m,15$ c.................................... $0^m,39$ | | | |
| Aux 3/4........................................ $0^m,29$ | | | |
| 5 trous de pattes dans la brique. | | | |
| Chaque $0^m,10$............................... $0^m,50$ | | | Taille de brique |
| Ensemble................................ $0^m,79$ | | | Surface $= 0^m,79$ |
| Scellement en plâtre à 1/2............................ | | $0^m,25$ | |
| Feuillures en plâtre. | | | |
| 2 fois $1^m,30$ ................ $2^m,60$ | | | |
| $0^m,50$ | | | |
| Ensemble................ $3^m,10$ | | | |
| $\times 0^m,10$ c, de légers ouvrages.......................... | | $0^m,31$ | |
| 2 entailles de pièce d'appui. | | | |
| Chaque $0^m,06$.............................. | | $0^m,12$ | |
| Calfeutrement en plâtre. | | | |
| 2 fois $1^m,25$ ................ $2^m,50$ | | | |
| $0^m,50$ | | | |
| Ensemble................ $3^m,00$ | | | |
| $\times 0^m,05$ c. de légers ouvrages......................... | | $0^m,15$ | |
| *Porte.* — Pour la porte, entaille de bâti dans la brique. | | | |
| 2 fois $2^m,70$ haut. $= 5^m,40 \times 0^m,15$ c... $0^m,81$ | | | |
| aux 3/4 $=$ .............................. $0^m,61$ | | | |
| 7 trous de pattes dans la brique. | | | Taille de brique |
| Chaque $0^m,10$ c........................ $0^m,70$ | | | Surface $= 1^m,31$ |
| Ensemble.......................... $1^m,31$ | | | |
| Scellement en plâtre à 1/2 c............................ | | $0^m,35$ | |
| 2 scellements de pieds. | | | |
| Chaque $0^m,05$ c................................ | | $0^m,10$ | |
| Feuillure en plâtre | | | |
| 2 fois $2^m,70 =$   $5^m,40$ | | | |
| $0^m,90$ | | | |
| Ensemble.   $6^m,30 \times 0^m,10$ c. de légers.............. | | $0^m,63$ | |
| Calfeutrement | | | |
| 2 fois $2^m,65 =$   $5^m,30$ | | | |
| $0^m,90$ | | | |
| Ensemble.   $6^m,20 \times 0^m,05$ c. de légers............. | | $0^m,31$ | |
| Au droit des anciens murs, tranchées de liaison pour cloisons. | | | |
| 2 fois $3^m,10$ hauteur $\times 0^m,05$ c. de légers............... | | $0^m,31$ | |
| Dans le mur de refend sur escalier, à la porte 7 trous de pattes d'agrafes. | | | Taille de brique |
| Chaque $0^m,10$ c............................ $0^m,70$ | | | $0^m,70$ |
| Scellement en plâtre à 1/2........................... | | $0^m,35$ | |
| 2 scellements de pieds. | | | |
| Chaque $0^m,05$ c............................. | | $0^m,10$ | |

Il est d'usage de faire le hourdis de plancher avant de faire les distributions légères et les ravalements en plâtre.

Le plancher haut du rez-de-chaussée en béton de ciment armé de $0^m,08$ d'épaisseur.

Partie de droite entre murs avant enduit.

| | | |
|---|---|---|
| Longueur..................... $8^m,53$ | | |
| Épaisseur dans le mur mitoyen. $0^m,15$ | | |
| Ensemble............... $8^m,68$ | | |
| $\times 4^m,85$........................................ | $42^m,10$ | |
| *A reporter*............................. | $42^m,10$ | $5^m,76$ |

                     *Reports*..............................  42ᵐ,10    5ᵐ,76

La largeur s'obtient ainsi :
  Largeur entre murs avant enduit......  4ᵐ,60
  Dans le mur mitoyen.................  0ᵐ,15
  Dans la façade ....................  0ᵐ,10
                                        ————
       Épaisseur ....................  4ᵐ,85

Reprendre partie de gauche
  1 fois 1ᵐ,99...............  1ᵐ,99
  Épaisseur de refend.........  0ᵐ,34
                               ————
       Ensemble..............  2ᵐ,33 × 5ᵐ,55.   12ᵐ,93

La largeur s'obtient ainsi :
  Escalier ...................  2ᵐ,30
  Épaisseur plâtre........ .. ...  0ᵐ,02
  Refend ....................  0ᵐ,16
  Entrée....................  2ᵐ,82
  Épaisseur dans façade. ......  0ᵐ,10
  Encastrement dans le mur mitoyen.  0ᵐ,15
                                   ————
       Ensemble...................  5ᵐ,55

       Ensemble ....  ........................  55ᵐ,03
× 0ᵐ,08 épaisseur...........................  4ᵐ3,402

Coffrage horizontal.
  à droite............  8ᵐ,53 × 4ᵐ,60 = 39ᵐ,24
                       1ᵐ,99 × 5ᵐ,30 = 10ᵐ,55
                                      ————
       Ensemble......................  49ᵐ,79

Noᴛᴀ. — La partie au-dessus du mur de refend de 0ᵐ,34 épaisseur n'est pas cintrée.

Pour se liaisonner dans les vieux murs, entailles dans la meulière en 2 sens.

                                8ᵐ,53
                                0ᵐ,15
                                0ᵐ,34
                                1ᵐ,99
                               ————
       Ensemble..............  11ᵐ,01
1 fois..................  4ᵐ,70
                         ————
       Ensemble..............  15ᵐ,71 × 0ᵐ,20 c. légers.    3ᵐ,14

          Ensemble légers .......................................  8ᵐ,90

Dans les façades en brique nous n'avons pas d'entailles à compter, la brique étant arasée pour recevoir le plancher.

Coffrage dans l'épaisseur des hourdis, côté de l'escalier.
  2ᵐ,32 × 0ᵐ,22 = 0ᵐ,51

En supplément au droit des cloisons et murs, 4 trous dans la meulière de 0ᵐ,20 profondeur et scellement en ciment Portland.

       Chaque 0ᵐ,50 légers.............................  2ᵐ,00

Aciers ronds doux de 0ᵐ,010 pour fourniture, façon, mise en place, comprenant toutes plus-values de longueur de coupe et de forge.

  86 fois 4ᵐ,85 .................  417ᵐ,10
  49 fois 8ᵐ,52 .................  417ᵐ,48
  24 fois 5ᵐ,87 .... .............  140ᵐ,88
  59 fois 2ᵐ,69 .................  158ᵐ,71
                                  ————
     *A reporter*...............  1134ᵐ,17

Béton de ciment armé sur coffrage horizontal pour plancher.

Cube = 4ᵐ,402

Coffrage horizontal pour plancher.

Surface = 49ᵐ,79

Légers ouvrages en plâtre.

Surface = 8ᵐ,90

Coffrage horizontal.

Surface = 0ᵐ,51

Légers ouvrages.

Surface = 2ᵐ,00

*Report*.................. 1134$^m$,17
Liaisonnement et développement
5 0/0.......................... 56$^m$,70
                                1190$^m$,87

pesant 0$^k$,612 le mètre........................ ... 728$^k$,812

Au-dessus des cloisons de salle à manger.
Aciers ronds de 0$^m$,020 pour poutres.
    4 fois 4$^m$,90............... 19$^m$,60
    1 poutre semblable ............ 19$^m$,60

    Ensemble............... 39$^m$,20
pesant 2$^k$,448 le mètre......................... 95$^k$,962

48 étriers fer rond de 0$^m$,006 $\times$ 0$^m$,50 de développement pesant 0$^k$,220 le mètre.................. 5$^k$,280
Hourdis en béton de gravillon de ciment armé de 0$^m$,12 épaisseur supplémentaire.
    2 fois 4$^m$,85 $\times$ 0$^m$,16.................. 1$^m$,55

$\times$ 0$^m$,12 épaisseur......................... 0$^m$,186

❦ Coffrage horizontal des jouées.
    4 fois 4$^m$,60 $\times$ 0$^m$,12 hauteur.......... 2$^m$,21

Au-dessus de la terrasse, dallage en béton de gravillon et ciment de 0$^m$,10 épaisseur au 1$^{er}$ étage.
    Longueur........ 8$^m$,77 $\times$ 4$^m$,60... 40$^m$,34
                  2$^m$,01 $\times$ 5$^m$,40... 10$^m$,85

    Ensemble....................... 51$^m$,19

Les gorges en ciment de 0$^m$,05 à 0$^m$,10 de rayon.
    1 fois...... 8$^m$,77............ 8$^m$,77
    1 fois...... 4$^m$,60.......... 4$^m$,60
                            0$^m$,81
                            2$^m$,01
                            5$^m$,40
                            10$^m$,74
Verticales   4 fois 0$^m$,10......... 0$^m$,40

    Ensemble............... 32$^m$,73

Angles arrondis 2 fois 0$^m$,10.............. 0$^m$,20
Sur vieux murs en meulière, décrottage à vif d'enduit en plâtre.
               10$^m$,74
               4$^m$,60
    Ensemble.  15$^m$,34 $\times$ 0$^m$,10 hauteur.  1$^m$,53

Dégradation de joints sur vieux murs.
    Même surface............................ 1$^m$,53
Rocaillage de joints en petite meulière concassée et ciment de Portland Demarle et Lonquety.
    Surface.................................... 1$^m$,53
Nota. — Dans l'exemple que nous avons donné, *le ciment armé aura le dosage suivant; dosage du béton normal, pour 1 mètre cube mis en œuvre.*
    Gravillon........................... 0$^m$,800
    Sable de rivière................... 0$^m$,400
    Ciment de Portland artificiel............ 300$^k$,000

---

*Margin notes (right column):*

Aciers doux ronds de 0$^m$,010.

728$^k$,812

Aciers doux ronds de 0$^m$,020.

95$^k$,962

Aciers doux de 0$^m$,006.

5$^k$,280
Béton de ciment armé, sur coffrage horizontal pour planchers.

Cube = 0$^m$,186
Coffrage horizontal pour planchers.

Surface = 2$^m$,21
Dallage en béton de gravillon et ciment Portland Demarle et Lonquety de 0$^m$,10 épaisseur, au 1$^{er}$ étage.

Surface = 51$^m$,19

Gorges en ciment Portland de 0$^m$,05 à 0$^m$,10 de rayon.

Linéaire = 32$^m$,73
Arrondis en ciment.

Linéaire = 0$^m$,20

Décrottage à vif d'enduit en plâtre.

Surface = 1$^m$,53
Dégradation de joints sur vieux murs en meulière.

Surface = 1$^m$,53
Rocaillage de joints en petite meulière concassée et ciment P.

Surface = 1$^m$,53

*Dans le calcul du cube du béton*, le volume des armatures ne sera pas déduit.

Tous les prix de béton au mètre cube s'entendent pour du béton laissé brut après décoffrage.

Les prix de béton au mètre cube ne comprennent pas les *coffrages*, qui sont à compter au mètre superficiel.

Ces *coffrages* s'exécutent en sapin qualité Charpente, pour ouvrages d'une hauteur allant jusqu'à $4^m,00$ mesurée du niveau d'appui des étais à la sous-face du hourdis. Ils comprennent les traverses, étais, fourniture de pointes, boisage et déboisage.

Les *coffrages*, exécutés à plus de $4^m,00$ de hauteur jusqu'à $8^m,00$ de hauteur au-dessus du niveau d'appui des étais, se comptent aussi au mètre superficiel.

*Pour les coffrages d'ouvrages à plus de* $8^m,00$ *de hauteur au-dessus du niveau d'appui des étais*, les étaiements exécutés en charpente seront comptés suivant les prix de Série de charpente.

Tous ces prix ne comprennent pas la fourniture de bois, mais leur location ; *lorsque les bois seront abandonnés, une indemnité supplémentaire* est accordée pour le chêne ; le mètre cube..... 400ᶠ,00

Pour le sapin, 1/5 en moins, soit .......................... 320ᶠ,00

*Les fers se comptent* au kilogramme et sont *payés suivant leur diamètre.*

Tous les prix de béton armé et de coffrage qui ne pourront être approvisionnés qu'à plus de $30^m,00$ de distance du lieu où ils devront être employés seront augmentés au delà des $30^m,00$ de distance.

Les prix de béton et coffrage comprennent le montage des matériaux jusqu'à $28^m,00$ de hauteur.

*Ravalement intérieur (fig. 42).*

Enduit en plâtre de plafond sur ciment armé.
Chambre attenant au mur mitoyen de droite.

| | | | |
|---|---|---:|---:|
| 1 fois   $3^m,03$............................ | | $3^m,03$ | |
| Chambre à la suite ......... ........ .. | | $2^m,98$ | |
| Ensemble........................... | | $6^m,01$ | |
| $\times$ $4^m,60$............................................. | | $27^m,65$ | |
| Dégagement | | | |
| $2^m,41 \times 1^m,23$........................... | | $2^m,96$ | |
| Water-closets. | | | |
| $3^m,32 \times 0^m,83$... .. ............... | | $2^m,76$ | |
| Cuisine | | | |
| $3^m,32 \times 1^m,53$............ ......... | | $5^m,08$ | |
| Dégagement sur escalier et vestibule | | | |
| $5^m,29 \times 1^m,98$....................... | $10^m,47$ | | |
| Déduire | | | |
| $1^m,98 \times 0^m,16$..................... | $0^m,32$ | | |
| Reste...................... | $10^m,15$ | $10^m,15$ | |
| Ensemble.......................... | | $48^m,60$ | |

A déduire aussi les coffres adossés en pan coupé dans chambre et salle à manger.

| | | |
|---|---:|---:|
| 2 fois   $0^m,25$ surface .................. | $0^m,50$ | |
| Les tuyaux de cuisine et de water-closet. | | |
| Ensemble....................... | $0^m,13$ | |
| Ensemble..................... | $0^m,63$ | $0^m,63$ |
| Reste........................ | | $47^m,97$ |

A $0^m,56$ de légers ouvrages en plâtre (art. 707 + 720) ......... $26^m,86$

Légers ouvrages
en plâtre.

Surface = $26^m,86$

Lorsqu'il est fait un simple ragréage de béton brut de décoffrage, consistant en un recoupement de balèvres et rebouchement de manque de matière, ce travail se compte au prix de 1$^f$,25 le mètre superficiel, n° 64 Série Ciment armé.

La construction d'un coffre de cheminée; pour la pose d'un linteau, 1 trou d'about dans la meulière et scellement en plâtre de 0$^m$,08 de profondeur évalué 0$^m$,12 légers..................... 0$^m$,12

La fourniture et pose du linteau faite par le fumiste.

Au-dessus en carreaux de plâtre enduit en plâtre une face.
     Longueur   1$^m$,00 × 2$^m$,10 hauteur....      2$^m$,10
à 0$^m$,75 de légers .................................................. 1$^m$,58

Tranchées de liaison dans les murs en meulière.
     1 fois 2$^m$,10 hauteur × 0$^m$,08 légers....................... 0$^m$,17

La paillasse en plâtre.
     1$^m$,00 × 0$^m$,25.........................      0$^m$,25
à 0$^m$,50 c............................................................ 0$^m$,13

Trous et scellements de fentons ...................... 0$^m$,10

Entailles au droit de la paillasse.
     1 fois 0$^m$,705 × 0$^m$,08 c.... ................................ 0$^m$,06

La gorge au plâtre ainsi que les jambages seront construits par le fumiste.

Lardis de clous non fournis.
     2 fois 2$^m$,10 hauteur × 0$^m$,015 c........................... 0$^m$,06

Construction d'un autre coffre (salle à manger).

Pour le linteau, 1 trou d'about dans la meulière et scellement en plâtre....................................................... 0$^m$,12

1 autre dans la cloison.......................................... 0$^m$,06

Au-dessus en carreaux de plâtre enduit en plâtre 1 face.
     1$^m$,00 × 2$^m$,10 hauteur...............      2$^m$,10
à 0$^m$,75 c............................................................ 1$^m$,58

Tranchée de liaison dans la meulière.
     2$^m$,10 hauteur × 0$^m$,08 c................................. 0$^m$,17

Dans l'autre cloison il n'y a pas de tranchée à compter, la cloison est neuve.

Hourdis de la paillasse en plâtre.
     1$^m$,00 × 0$^m$,25.........................      0$^m$,25
à 0$^m$,50 c............................................................ 0$^m$,13

Trous et scellement de fentons.......................... 0$^m$,10

Entailles au droit de la paillasse.
     0$^m$,705 × 0$^m$,08.............................................. 0$^m$,06

Lardis de clous non fournis.
     2 fois 2$^m$,10 hauteur × 0$^m$,015 c........................... 0$^m$,06

La gorge en plâtre ainsi que les jambages seront construits par le fumiste.

Chambre attenant au mur mitoyen de droite.

Enduit en plâtre au sas sur meulière vieille avec renformis de 0$^m$,02.
     Longueur.....     4$^m$,60
     Mitoyen du fond...     2$^m$,325
                        ‾‾‾‾‾‾‾‾‾
     Ensemble...     6$^m$,925 × 3$^m$,10 hauteur......     21$^m$,47
à 0$^m$,47 légers.................................................... 9$^m$,68

     N$^{os}$ 706 + 712 + 4 fois 722
Hachement préalable.
     Surface.......................................     21$^m$47,
à 0$^m$,08 c. Légers ouvrages...................................... 1$^m$,72
     N° 710
                                                        ‾‾‾‾‾‾‾‾‾
     A reporter ................................................ 15$^m$,90

*Report*...........................................................  15<sup>m</sup>,90

Enduit en plâtre sur cloison en carreaux de plâtre.

   3<sup>m</sup>,85 × 3<sup>m</sup>,10 hauteur ..............  11<sup>m</sup>,94

Moins porte 0<sup>m</sup>,91 × 2<sup>m</sup>,20 hauteur.......  2<sup>m</sup>,00

   Reste ...................................  9<sup>m</sup>,94

à 0<sup>m</sup>,25 c...........................................................  2<sup>m</sup>,49

Plus-value de petite dimension à gauche de l'huisserie.

   3<sup>m</sup>,10 hauteur × 0<sup>m</sup>,05................  0<sup>m</sup>,16

à 0<sup>m</sup>,08 c...........................................................  0<sup>m</sup>,01

Enduit en plâtre sur brique neuve.

   3<sup>m</sup>,00 × 3<sup>m</sup>,10 hauteur.................  9<sup>m</sup>,30

Moins baie 1<sup>m</sup>,20 × 2<sup>m</sup>,20 hauteur........  2<sup>m</sup>,64

   Reste.................................  6<sup>m</sup>,66

à 0<sup>m</sup>,25 c...........................................................  1<sup>m</sup>,67

La barre d'appui a été fournie par le serrurier et se paie au kilogramme n° 266 Serrurerie : la pose doit être faite par le serrurier et se paie au kilogramme n° 283.

Pour la pose, 4 trous d'about dans la brique chaque 0<sup>m</sup>,08 de taille compris revêtissement................  0<sup>m</sup>,32

Scellement en ciment à 0/0 de légers.......................  0<sup>m</sup>,32

Taille de brique or-<br>dinaire.<br>———————<br>0<sup>m</sup>,32<br>═══════

*Salle à manger*

Enduit en plâtre au sas sur meulière avec hachement et renformis de 0<sup>m</sup>,02.

   Longueur 2<sup>m</sup>,15 × 3<sup>m</sup>,10 hauteur =   6<sup>m</sup>,67

à 0<sup>m</sup>,55 (n° 706 + 710 + 712 + 4 fois 722)....................  3<sup>m</sup>,67

Enduit en plâtre au sas sur cloisons en carreaux de plâtre.

   4<sup>m</sup>,60 × 3<sup>m</sup>,10 hauteur.................  14<sup>m</sup>,26

Moins porte 0<sup>m</sup>,91 × 2<sup>m</sup>,20 hauteur.......  2<sup>m</sup>,00

   Reste.........................  12<sup>m</sup>,26

à 0<sup>m</sup>,25 de légers...........................................  3<sup>m</sup>,07

Plus-value de petite dimension.

   3<sup>m</sup>,10 hauteur × 0<sup>m</sup>,05...............  0<sup>m</sup>,16

0<sup>m</sup>,08 de légers...........................................  0<sup>m</sup>,01

Enduit en plâtre au sas sur l'autre cloison.

   Longueur 3<sup>m</sup>,885 × 3<sup>m</sup>,10 hauteur....  12<sup>m</sup>,04

Moins porte.

   0<sup>m</sup>,91 × 2<sup>m</sup>,20 hauteur................  2<sup>m</sup>,00

   Reste..........................  10<sup>m</sup>,04

à 0<sup>m</sup>,25 légers...........................................  2<sup>m</sup>,51

Plus-value de petite dimension.

   3<sup>m</sup>,10 × 0<sup>m</sup>,05 .....................  0<sup>m</sup>,16

à 0<sup>m</sup>,08 c...........................................................  0<sup>m</sup>,01

Enduit en plâtre au sas sur brique neuve.

   2<sup>m</sup>,95 × 3<sup>m</sup>,10 hauteur ...............  9<sup>m</sup>,15

Moins fenêtre.

   1<sup>m</sup>,20 × 2<sup>m</sup>,20 .....................  2<sup>m</sup>,64

   Reste..........................  6<sup>m</sup>,51

à 0<sup>m</sup>,25 de légers...........................................  1<sup>m</sup>,63

Pour la barre d'appui, travail semblable à la précédente, produit en légers................................................  0<sup>m</sup>,32

Taille de brique or-<br>dinaire.<br>———————<br>0<sup>m</sup>,32<br>═══════

   *A reporter* .................................................  31<sup>m</sup>,61

Report................................................    31$^m$,61

### Water-closets

Enduit en plâtre sur cloisons.
  2 fois 3$^m$,32.........................    6$^m$,64
                                        0$^m$,80
    Ensemble.....................    7$^m$,44

3$^m$,00 hauteur.......................    22$^m$,32
  Moins porte 0$^m$,70 × 2$^m$,20.................    1$^m$,54
    Reste ......................    20$^m$,78
à 0$^m$,25 c.............................................    5$^m$,20

  Ensemble légers ouvrages en plâtre.................    36$^m$,81

Enduit en plâtre au sas sur brique neuve.
  Mur de face. Longueur 0$^m$,80 × 3$^m$,00 hauteur......    2$^m$,40
  Moins châssis 0$^m$,60 × 1$^m$,30 hauteur..............    0$^m$,78
    Reste ......................    1$^m$,62
à 0$^m$,25 de légers ouvrages en plâtre ......................    0$^m$,40
Plus-value de petite dimension.
  2 fois 1$^m$,30 × 0$^m$,10................    0$^m$,26
à 0$^m$,08 légers ouvrages.................................    0$^m$,02

### Cuisine.

Enduit en plâtre au sas sur brique neuve.
  2 fois 3$^m$,32...........    6$^m$,64
  2 fois 1$^m$,50...........    3$^m$,00
    Ensemble........    9$^m$,64 × 3$^m$,10 hauteur = 29$^m$,88
Moins porte 0$^m$,86 × 2$^m$,25 hauteur ........    1$^m$,94
  — fenêtre 0$^m$,90 × 1$^m$,70 hauteur.......    1$^m$,53
    Ensemble..........................    3$^m$,47
Déduire aussi l'emplacement des carreaux
de faïence.
        2$^m$,65
        0$^m$,70
  Ensemble..    3$^m$,35 × 0$^m$,38 hauteur.    1$^m$,27
Déduire aussi les plinthes à talon.
  2 fois 3$^m$,32...................    6$^m$,64
  1 fois 1$^m$,50...................    1$^m$,50
  1 fois 0$^m$,64...................    0$^m$,64
    Ensemble.................    8$^m$,78
× 0$^m$,14 hauteur.......................    1$^m$,23
    Ensemble .................    5$^m$,97    5$^m$,97
    Reste.......................    23$^m$,91
à 0$^m$,25 de légers ouvrages en plâtre au sas ...........    5$^m$,98

### Dégagement.

Enduit en plâtre au sas sur meulière vieille avec hachement
et renformis en plâtre de 0$^m$,02.
Longueur 2$^m$,38 × 0$^m$,10 hauteur.............    7$^m$,38
à 0$^m$,55 de légers ouvrages en plâtre.....................    4$^m$,06
N$^{os}$ 706 + 710 + 712 + 4 fois 722.

  A reporter...................................    10$^m$,46

Légers ouvrages
en plâtre.

36$^m$,81

|  |  |  |
|---|---|---|
| *Report* .......................................... | | 10^m,46 |

Refend, enduit en plâtre au sas sur brique neuve.

| Longueur 1,23 × 3^m,10 hauteur................... | 3^m,81 | |
| Moins porte 1^m,05 × 2^m,25 hauteur .............. | 2^m,36 | |
| Reste.................................... | 1^m,45 | |

à 0^m,25 de légers ouvrages en plâtre.

| N° 706 ..................................... | | 0^m,36 |

Plus-value d'enduit de petite dimension.

| 2 fois 2^m,25 × 0^m,09........................ | 0^m,41 | |

à 0^m,08 de légers ouvrages en plâtre.

| N° 708 — 706 ............................. | | 0^m,03 |

Cloison de refend :

Enduit en plâtre au sas sur carreaux de plâtre.

| Longueur 1^m,23 × 3^m,10 hauteur................ | 3^m,81 | |
| Moins porte 0^m,91 × 2^m,25 hauteur.............. | 2^m,05 | |
| Reste.................................... | 1^m,76 | |

à 0^m,25 de légers ouvrages en plâtre au sas.

|  | | 0^m,44 |

Plus-value de petite dimension.

| 2 fois 2^m,25 × 0^m,16 .................... | 0^m,80 | |

à 0^m,08 de légers ouvrages .......................

|  | | 0^m,06 |

Cloison parallèle au mur mitoyen du fond :

Enduit en plâtre au sas sur brique neuve.

| Longueur 2^m,38 × 3^m,10 hauteur................ | 7^m,38 | |
| Moins portes 1 fois.. 0^m,86 | | |
| 1 fois.. 0^m,80 | | |
| Ensemble ..... 1^m,66 × 2^m,25 hauteur...... | 3^m,74 | |
| Reste.................................... | 3^m,64 | |

à 0^m,25 de légers ouvrages en plâtre au sas.

|  | | 0^m,91 |

Plus-value de petite dimension entre les deux portes

| 2 fois 0^m,15 × 2^m,25 hauteur.................... | 0^m,68 | |

à 0^m,08 de légers ouvrages .............................

|  | | 0^m,05 |

## Vestibule et escalier.

Mur mitoyen, enduit en plâtre au sas sur meulière vieille avec hachement et renformis de 0^m,02.

| Longueur 3^m,63 × 3^m,10 hauteur................. | 11^m,25 | |

à 0^m,55 de légers ouvrages en plâtre.......................

|  | | 6^m,19 |

Refend parallèle enduit en plâtre au sas sur brique neuve.

| Même surface................................. | 11^m,25 | |
| Moins porte 1^m,80 × 2,25 hauteur................ | 4^m,05 | |
| Reste .................................... | 7^m,20 | |

à 0^m,25 de légers ouvrages en plâtre.

|  | | 1^m,80 |

Mur de face :

Enduit en plâtre au sas sur brique neuve.

| Longueur 2^m,30 × 3^m,10 de hauteur............... | 7^m,13 | |
| Moins fenêtre 0^m,90 × 1^m,50 ................... | 1^m,35 | |
| Reste .................................... | 5^m,78 | |

à 0^m,25 de légers ouvrages............................

|  | | 1^m,45 |

Mur de refend parallèle :

Enduit en plâtre au sas sur brique neuve.

| Longueur 2^m,30 × 3^m,10 hauteur............... | 7^m,13 | |
| Moins porte 1^m,05 × 2^m,25 hauteur............... | 2^m,36 | |
| Reste .................................... | 4^m,77 | |

| *À reporter* ................................. | | 21^m,75 |

|  |  |  |  |
|---|---|---|---|
| *Reports*.................................... | 4<sup>m</sup>,77 | 21<sup>m</sup>,75 |
| à 0<sup>m</sup>,25 de légers ouvrages en plâtre........................ | | 1<sup>m</sup>,19 |

Plus-value de petite dimension :
    1 fois 2<sup>m</sup>,25 × 0<sup>m</sup>,08 ....................    0<sup>m</sup>,18
à 0<sup>m</sup>,08 de légers ouvrages. .......................    0<sup>m</sup>,01

Pour la fenêtre de la façade latérale :
7 trous de pattes de 0<sup>m</sup>,10 de profondeur dans la brique ordinaire, chaque 0<sup>m</sup>,10 de taille de brique nº 1375 et 1257 et observation 851.....................    0<sup>m</sup>,70

Scellements en plâtre à 1/2 nº 852......................    0<sup>m</sup>,35

A la porte, entre le vestibule et l'escalier :
7 trous de pattes de 0<sup>m</sup>,10 de profondeur dans la brique, chaque 0<sup>m</sup>,10 de taille............................    0<sup>m</sup>,70

Scellements en plâtre à 1/2 de légers.....................    0<sup>m</sup>,35

2 scellements de pieds
    Chaque 0<sup>m</sup>,05 de légers ouvrages. .....................    0<sup>m</sup>,10

*Taille de brique ordinaire.*
Surface = 0<sup>m</sup>,70

*Taille de brique ordinaire.*
Surface = 0<sup>m</sup>,70

## *Vestibule.*

Enduit en plâtre au sas sur brique neuve.
    2 fois 1<sup>m</sup>,98.......    3<sup>m</sup>,96
    2 fois 2<sup>m</sup>,80.......    5<sup>m</sup>,60

    Ensemble....   9<sup>m</sup>,56 × 3<sup>m</sup>,10 hauteur......   29<sup>m</sup>,64
Moins porte 1<sup>m</sup>,80 × 2<sup>m</sup>,25 hauteur.........   4<sup>m</sup>,05
Porte d'entrée 1<sup>m</sup>,03 × 2<sup>m</sup>,70..............   2<sup>m</sup>,78
Déduire aussi les revêtements.
Longueur 6<sup>m</sup>,49 × 1<sup>m</sup>,50 hauteur...........   9<sup>m</sup>,74

    Ensemble.....................   16<sup>m</sup>,57   16<sup>m</sup>,57

    Reste .....................   13<sup>th</sup>,07
à 0<sup>m</sup>,25 de légers ouvrages en plâtre .....................   3<sup>m</sup>,27

Plus-value de petite dimension
    2 fois 0<sup>m</sup>,075 × 2<sup>m</sup>,25 hauteur....................   0<sup>m</sup>,34
à 0<sup>m</sup>,08 de légers ouvrages.................................   0<sup>m</sup>,03

Sur tous les linteaux des baies des murs de refend et façades, renformis en plâtre de 0<sup>m</sup>,02.
Porte entre le vestibule et l'escalier
    1 face .............   1<sup>m</sup>,95
    1 autre............   2<sup>m</sup>,05

    Ensemble......   4<sup>m</sup>,00 × 0<sup>m</sup>,14 hauteur.....   0<sup>m</sup>,56
Refend perpendiculaire au mur mitoyen
    1 face .............   1<sup>m</sup>,20
    1 autre............   1<sup>m</sup>,30

    Ensemble .....   2<sup>m</sup>,50 × 0<sup>m</sup>,12 hauteur.....   0<sup>m</sup>,30
Les baies des façades
    1 fois 1<sup>m</sup>,34........   1<sup>m</sup>,34
    1 fois 1<sup>m</sup>,34........   1<sup>m</sup>,34
    1 fois 2<sup>m</sup>,04........   2<sup>m</sup>,04
    2 fois 1<sup>m</sup>,50........   3<sup>m</sup>,00

    Ensemble......   7<sup>m</sup>,72 × 0<sup>m</sup>,12 hauteur ....   0<sup>m</sup>,92

    Ensemble.....................   1<sup>m</sup>,78
à 0<sup>m</sup>,14 de légers ouvrages en plâtre....................   0<sup>m</sup>,25
    4 fois nº 722.

Enduit en plâtre au sas des tableaux du mur de refend perpendiculaire à mitoyen sur brique neuve.

    *A reporter*...............................   27<sup>m</sup>,21

|  |  |  |
|---|---|---|
| *Report* ...................................................... |  | 27<sup>m</sup>,21 |

2 fois 2<sup>m</sup>,20 × 0<sup>m</sup>,27 ............................ 1<sup>m</sup>,19
à 0<sup>m</sup>,33, légers ouvrages en plâtre........................ 0<sup>m</sup>,39
Renformis de 0<sup>m</sup>,03 sur la voussure et enduit en plâtre *idem*.
0<sup>m</sup>,90 × 0<sup>m</sup>,27 ............................ 0<sup>m</sup>,24
à 0<sup>m</sup>,89. Légers ouvrages n° 709 + 4 fois n° 722.............. 0<sup>m</sup>,21

Dans les chambres, salle à manger, cuisine, les conduits de fumée sont en boisseaux adossés réglementaires de 0<sup>m</sup>,20×0<sup>m</sup>,20 de 0<sup>m</sup>,05 d'épaisseur.

Celui de la chambre.

Hauteur sous plancher.................... 2<sup>m</sup>,10
Épaisseur de plancher.................... 0<sup>m</sup>,25
Au-dessus du plancher.................... 1<sup>m</sup>,50

  Ensemble........................ 3<sup>m</sup>,85 3<sup>m</sup>,85

Celui de la salle à manger.

Semblable ................................... 3<sup>m</sup>,85

Celui de la cuisine.

En contre-bas du plancher............ ...... 0<sup>m</sup>,30
Épaisseur du plancher.................... 0<sup>m</sup>,25
Au-dessus du plancher.................... 1<sup>m</sup>,50

  Ensemble........................ 2<sup>m</sup>,05 2<sup>m</sup>,05

  Ensemble....... ................... 9<sup>m</sup>,75

Lorsqu'il est fait des enduits en plâtre au panier sur des boisseaux adossés avant la construction des coffres de cheminée, ces travaux se comptent au mètre superficiel comme recouvrement de boisseaux n° 776.

Les conduits des salle à manger et chambre sont enduits sur 2 faces.

Détail d'un :
2 fois 2<sup>m</sup>,10 hauteur × 0<sup>m</sup>,35............... 1<sup>m</sup>,47
à 0<sup>m</sup>,37 de légers ouvrages en plâtre......................... 0<sup>m</sup>,54

L'évaluation s'obtient de la manière suivante :

N° 776................. 0<sup>m</sup>,33 de légers au mètre superficiel.
Enduit de moins de 0<sup>m</sup>,35 d'un côté.

 708 — 706.......... 0<sup>m</sup>,08

  Ensemble....... 0<sup>m</sup>,41

Différence pour enduit en plâtre au panier.

 706 — 704.......... 0<sup>m</sup>,04

  Reste.......... 0<sup>m</sup>,37

1 autre conduit semblable produit en légers ouvrages en plâtre ..................................................... 0<sup>m</sup>,54

Le conduit de la cuisine, enduit en plâtre au sas.
3 fois 0<sup>m</sup>,30 hauteur × 0<sup>m</sup>,35.................... 0<sup>m</sup>,31
à 0<sup>m</sup>,41 de légers ouvrages............................ 0<sup>m</sup>,13

Arêtes en plâtre :
2 fois 0<sup>m</sup>,30 hauteur..... ............ 0<sup>m</sup>,60
2 fois 2<sup>m</sup>,10 hauteur........................... 4<sup>m</sup>,20

  Ensemble..................... 4<sup>m</sup>,80

à 0<sup>m</sup>,05 de légers ouvrages en plâtre........... ............. 0<sup>m</sup>,24
(N° 781).

*Observation.* — Le prix au mètre linéaire de boisseaux com-

  *A reporter* ................................................. 29<sup>m</sup>,26

<br>

Boisseaux Gourlier 0<sup>m</sup>,20/0<sup>m</sup>,20 de 0<sup>m</sup>,05 d'épaisseur.

Linéaire = 9<sup>m</sup>,75

|  |  |  |
|---|---|---|
| *Report* ........................................................ | | 29$^m$,26 |

prend le scellement du tuyau sur les ouvrages auxquels il est adossé, n$^{os}$ 312 à 323.

Les dégradations sur anciens murs et renformis en plâtre seront à compter en supplément.

Recouvrement des conduits de fumée au-dessus de la terrasse en plâtre au sas.

La souche de la salle à manger et chambre.

| Face 0$^m$,68 $\times$ 1$^m$,38 hauteur....................... | 0$^m$,94 | |
| à 0$^m$,33 de légers (N$^o$ 776)............................... | | 0$^m$,31 |

Côtés.

| 2 fois 0$^m$,35 $\times$ 1$^m$,38 hauteur.................. | 0$^m$,97 | |
| à 0$^m$,44 de légers................................... | | 0$^m$,40 |

Arêtes en plâtre, compris plus-value de petite dimension.

| 2 fois 1$^m$,38 hauteur..................... | 2$^m$,76 | |
| à 0$^m$,05 de légers ouvrages.......................... | | 0$^m$,14 |

Bandeau saillant avec larmier.

| 2 fois 0$^m$,35..................... | 0$^m$,70 | |
| 1 fois............................ | 0$^m$,76 | |
|     Ensemble.................. | 1$^m$,46 $\times$ 0$^m$,30 de légers. | |
| N$^o$ 788........................................ | | 0$^m$,44 |

Arêtes en plâtre.

| 2 fois 0$^m$12 hauteur........................... | 0$^m$,24 | |
| à 0$^m$,05 de légers................................... | | 0$^m$,01 |

Enduit en plâtre du dessus de souche avec renformis de 0$^m$,02

| 0$^m$,76 $\times$ 0,39................................ | 0$^m$,30 | |
| à 0$^m$,39 légers.................................... | | 0$^m$,12 |

Les conduits de fumée non déduits pour difficulté entre tuyaux et garnissages.

Ravalement en plâtre de l'autre souche de cheminée.

| Faces 4 fois 0$^m$,36 = 1$^m$,44 $\times$ 1$^m$,38 hauteur...... | 1$^m$,99 | |
| à 0$^m$,33 de légers.................................... | | 0$^m$,66 |

Arêtes en plâtre.

| 4 fois 1$^m$,38 hauteur.................... | 5$^m$,52 | |
| à 0$^m$,05 de légers.................................... | | 0$^m$,28 |

Enduit en plâtre du dessus avec renformis de 0$^m$,02.

| 0$^m$,44 $\times$ 0$^m$,44........................... | 0$^m$,19 | |
| à 0$^m$,39 légers .................................... | | 0$^m$,07 |

Bandeau saillant en plâtre au sas avec larmier de 0$^m$,12 de hauteur.

| 2 fois 0$^m$,44..................... | 0$^m$,88 | |
| 2 fois 0$^m$,36..................... | 0$^m$,72 | |
|     Ensemble.................. | 1$^m$,60 | |
| $\times$ 0$^m$,30 courant de légers....................... | | 0$^m$,48 |

Arêtes en plâtre.

| 4 fois 0$^m$,12 hauteur............. | 0$^m$,48 | |
| à 0$^m$,05 de légers.................................... | | 0$^m$,02 |

Les mitrons ronds en terre cuite de 0$^m$,19 de diamètre pour fourniture et pose sur ciment.

| 3 mitrons................................................ | | |

### *Revêtements en faïence.*

Les murs du vestibule comprennent une plinthe moulurée cérame rouge posée sur ciment.

| Linéaire................................. ...... | 6$^m$,40 | |
| *A reporter* ................................... | | 32$^m$,49 |

*Report* ...................................................... 32<sup></sup>

Reprendre 4 angles de plinthes.

Pose de plinthes moulurées.
    Linéaire............................... 6$^m$,49

Au-dessus revêtement en briquettes biseautées, dites Métro, sur ciment avec joints en ciment blanc.
    2 fois 2$^m$,80 ..................... 5$^m$,60
    2 fois 1$^m$,95 ................. 3$^m$,90
    Déduire porte............ 1$^m$,91
    1 autre.................. 1$^m$,10
      Ensemble........... 3$^m$,01   3$^m$,01
      Reste.............. 0$^m$,89   0$^m$,89
      Ensemble .. ............. 6$^m$,49

$\times$ 1$^m$,285 de hauteur................. 8$^m$,34

Pose en revêtement de briquettes biseautées.
    Surface............................ 8$^m$,34

Plus-value pour pose sur ciment avec joints en ciment blanc.
    Surface ............................ 8$^m$,34

      Ensemble légers ouvrages en plâtre............ 32$^m$,19

Baguettes d'angle de 0$^m$,03 de rayon.
    4 fois 1$^m$,285 de hauteur............... 5$^m$,14

Pose de baguettes sur ciment.
    Linéaire............................ 5$^m$,14

Gorges de 0$^m$,04 de rayon.
    4 fois 1$^m$,285 de hauteur. .................. 5$^m$,14

Pose de gorges sur ciment.
    Linéaire............................ 5$^m$,14

Au-dessus des briquettes biseautées, dites métro, fourniture d'une bordure en émail majolique de 0$^m$,075 $\times$ 0$^m$,15.
    Linéaire............................ 6$^m$,49

Plus-value pour angles rentrants de bordure émail majolique............................ 4

Pose en revêtement de bordure en émail majolique.
    Linéaire 6$^m$,49 $\times$ 0$^m$,075 hauteur................ 0$^m$,49

Plus-value de pose de bordure émail majolique.
    Surface............................ 0$^m$,49

Plus-value de pose sur ciment avec joints en ciment blanc.
    Surface............................ 0$^m$,49

*Observation.* — Les hachements d'enduits en plâtre ou en ciment à l'emplacement des revêtements, ainsi que les dresse-

---

Notes de marge :

Angles de plinthes.
4
Pose de plinthes moulurées.
6$^m$,49

Revêtement en briquettes biseautées dites métro de 0$^m$,075 $\times$ 0$^m$,15.
Surface = 8$^m$,34
Pose en revêtement de briquettes biseautées.
Surface = 8$^m$,34
Plus-value de pose sur ciment avec joints en ciment blanc.
Surface = 8$^m$,34
Légers ouvrages en plâtre.
Surface = 32$^m$,19
Baguettes d'angle de 0$^m$,03 de rayon.
Linéaire = 5$^m$,14
Pose de baguettes sur ciment.
Linéaire = 5$^m$,14
Gorges de 0$^m$,04 de rayon.
Linéaire = 5$^m$,14
Pose de gorges sur ciment.
Linéaire = 5$^m$,14
Linéaire bordure émail majolique de 0$^m$,075 $\times$ 0$^m$,15.
Linéaire = 6$^m$,49
Plus-value pour angles rentrants de bordure émail majolique.
4
Pose en revêtement de bordure émail majolique.
Surface = 0$^m$,49
Plus-value de pose de bordure émail majolique.
Surface = 0$^m$,49
Plus-value de pose sur ciment avec joints en ciment blanc.
Surface = 0$^m$,49

ments de murs ou renformis en plâtre ou de ciment seront payés suivant la nature du travail exécuté et suivant les prix de maçonnerie (*obs.* 224.) Il suffit donc de compter le crépi en ciment sur murs du vestibule, car la plus-value de pose sur ciment ne comprend pas le crépi en ciment.

Sous les revêtements crépi en ciment de Portland sur murs en brique neuve.

Surface de la plinthe moulurée.

| | |
|---|---|
| Longueur 6$^m$,49 $\times$ 0$^m$,14 hauteur.................. | 0$^m$,01 |
| Surface revêtements en briquettes biseautées....... | 8$^m$,34 |
| Surface bordure en émail majolique............... | 0$^m$,49 |
| Ensemble........................... | 9$^m$,74 |

*Dans la cuisine* au-dessus de l'évier sur murs en deux sens fourniture de carreaux de faïence ivoire de 0$^m$,15 $\times$ 0$^m$,15 avec bordure de couleur de 0$^m$,075 hauteur $\times$ 0$^m$,15, le tout posé sur ciment.

| | |
|---|---|
| Surface de déduction dans les enduits en plâtre..... | 1$^m$,27 |
| Déduire bordure de couleur. | |
| Linéaire 3$^m$,35 $\times$ 0$^m$,075 hauteur.................. | 0$^m$,25 |
| Reste ........................... | 1$^m$,02 |

Bordure de couleur 0$^m$,075 $\times$ 0$^m$,15 pour fourniture.

| | |
|---|---|
| Linéaire ........................... | 3$^m$,35 |

Pose en revêtement de carreaux de faïence et bordure.

| | |
|---|---|
| Surface........................... | 1$^m$,27 |

Plus-value de pose sur ciment avec joints en ciment blanc.

| | |
|---|---|
| Surface........................... | 1$^m$,27 |

Crépi en ciment de Portland sur mur en brique neuve.

| | |
|---|---|
| Surface........................... | 1$^m$,27 |

Pourquoi n'avons-nous pas compté la fourniture et pose des carreaux de faïence à la pièce.

La série des prix de revêtement en carreaux de faïence est formelle, page 148.

*Revêtement.*

*Ouvrages au mètre superficiel :*

Pour carreaux en contiguïté formant une surface de 1 mètre et au-dessus.

Lorsque nous aurons des surfaces de moins de 1 mètre superficiel de carreaux en contiguïté, les carreaux seront comptés suivant la page 150 à la pièce ; n$^{os}$ 237 à 241 inclus.

Les bordures n$^{os}$ 242 à 244. Baguettes d'angle n$^{os}$ 245 et 246, gorges n$^{os}$ 247 et 248.

Carreaux arrondis, 249 et 250.

**Toute partie de carreau sciotté sera comptée comme carreau entier dans les travaux à la pièce seulement.** *Observation* n$^o$ 251.

Dans les revêtements en faïence de la cuisine il a été demandé un percement de 0$^m$,040 de diamètre pour le passage du tuyau d'alimentation ou robinet de puisage. Comment métrer ?

Aux articles *Divers* de la Série de revêtement en faïence, page 151, n° 252.

Nous avons *percements de trous dans la faïence* posée sur ciment de 0<sup>m</sup>,05 de diamètre et au-dessous une évaluation à la pièce n° 252.

*Ordinairement* les percements sont faits par le plombier.

Ces ouvrages sont payés suivant leur valeur, le n° 1.375, série canalisation pour l'eau augmentés des coefficients.

Dans la cuisine sous l'évier le jambage en brique neuve de Vaugirard de 0<sup>m</sup>,11 d'épaisseur et mortier de chaux hydraulique de Beffes :

| | |
|---|---|
| 0<sup>m</sup>,60 × 0<sup>m</sup>,80 hauteur.......................... | 0<sup>m</sup>,48 |
| Enduit en plâtre aux 2 faces | |
| 2 fois surface..................... | 0<sup>m</sup>,96 |
| à 0<sup>m</sup>,25 de légers.......................... | 0<sup>m</sup>,24 |
| Enduit en plâtre de la face. | |
| 0<sup>m</sup>,80 × 0<sup>m</sup>,14...................... | 0<sup>m</sup>,11 |
| à 0<sup>m</sup>,33 de légers...................... | 0<sup>m</sup>,04 |
| Arête droite | |
| 0<sup>m</sup>,80 × 0<sup>m</sup>,05 de légers ouvrages. | |
| N° 781. | 0<sup>m</sup>,04 |
| Arête arrondie | |
| 0<sup>m</sup>,80 × 0<sup>m</sup>,06. N° 782............. | 0<sup>m</sup>,05 |
| Tranchée de liaison de 0<sup>m</sup>,16 à l'équerre. | |
| Hauteur 0<sup>m</sup>,80 × 0<sup>m</sup>,08 courant de légers .......... | 0<sup>m</sup>,06 |
| N° 842 + 843 et 844. | |

Il n'y a pas de naissances en plâtre à compter, les enduits en plâtre ont été faits après la pose de l'évier................ »

Construction d'une paillasse de 0<sup>m</sup>,04 d'épaisseur en ciment armé.

La ceinture en fer cornière fournie et posée par le serrurier.

Pour pose de cornière.

2 trous dans la brique de 0<sup>m</sup>,10 de profondeur, chaque 0<sup>m</sup>,10 de taille de brique ordinaire.

| | |
|---|---|
| produisent en taille........................ | 0<sup>m</sup>,20 |
| Scellement en ciment à 0/0 de légers.......... | 0<sup>m</sup>,20 |

Comment avons-nous obtenu l'évaluation précédente ?

*Article* 852. *Scellement en plâtre* par centimètre de profondeur 0<sup>m</sup>,005 de légers ouvrages en plâtre ; soit la 1/2 du trou en brique.

| | |
|---|---|
| Nous aurons donc 0<sup>m</sup>,20 × 0<sup>m</sup>,005.............. | 0<sup>m</sup>,10 |

comme valeur de scellement en plâtre.

*Art.* 864. *Les scellements en ciment* seront évalués 100 0/0 en plus de ceux en plâtre produisent......... 0<sup>m</sup>,10

| | |
|---|---|
| Soit en légers ouvrages.................... | 0<sup>m</sup>,20 |

La paillasse de 0<sup>m</sup>,04 d'épaisseur en mortier de ciment de Portland composée de 1.200 kilogrammes de ciment par mètre cube de sable de rivière tamisé avec ossature en acier doux de 0<sup>m</sup>,006 formant mailles de 0<sup>m</sup>,06 à 0<sup>m</sup>,07.

| | |
|---|---|
| 0<sup>m</sup>,60 × 0<sup>m</sup>70...................... | 0<sup>m</sup>,42 |

Ce travail est considéré comme bâche de serre, art. 198, Série des ciments.

Plus-value pour surface de moins de 10 mètres superficiels.

20 0/0 n° 200

Revêtement au-dessus de la paillasse en carreaux de faïence de 0<sup>m</sup>,15 × 0<sup>m</sup>,15 sur ciment.

| | |
|---|---|
| *A reporter*........................ | 0<sup>m</sup>,63 |

Report .................................................. $0^m,63$

Surface *moindre* de 1 mètre superficiel.

Art. 237, se compte à la pièce suivant le nombre de *carreaux*.

Nᵒˢ 237 + 250 + 251.

Enduit en plâtre au sas sous la paillasse

$0,65 \times 0,60$ ................................. $0^m,39$

à $0^m,56$ de légers ................................ $0^m,22$

Nᵒˢ 707 + 720.

Après la pose des revêtements en faïence, naissances en plâtre au-dessus et verticalement

1 fois $2^m,65$ .......................... $2^m,65$

1 fois $0^m,38$ hauteur ........................ $0^m,38$

Ensemble ...................... $3^m,03$

à $0^m,08$ de légers ouvrages en plâtre ........................ $0^m,24$

Nᵒ 831.

Le plafond rampant d'escalier en fer paillasse $4^m,25$ développement $\times 1^m,20$ réduit ..................... $5^m,10$

à $0^m,50$ de légers, nᵒ 768 ........................ $2^m,55$

Recouvrement de plafond rampant non compris hourdis.

Surface ........................ $5^m,10$

à 0/0 de légers, nᵒ 775 ........................ $5^m,10$

Les trous et scellements nécessaires à l'escalier se comptent suivant leur valeur ........................ »

La 1ʳᵉ marche en roche de Comblanchien 1ᵉʳ choix sur ciment I.

Longueur $1^m,20 \times 0^m,40$ ................ $0^m,48$

$\times 0^m,20$ hauteur ........................ $0^m,096$

Le bardage de pierre est dû (*obs.* 292 et 1282).

Montage de pierre à $0^m,80$ de hauteur

Cube ........................ $0^m,096$

Taille à la boucharde à 100 dents

Face. Longueur ....... $1^m,00$

Circulaire ...... $1^m,25$ }

Plus-value 1/3 .. $0^m,42$ } $1^m,67$

Ensemble ....... $2^m,67 \times 0,20$ ..... $0^m,53$

à 0/0 taille nᵒ 1 (nᵒ 1281) ........................ $0^m,53$

Parement de sciage du dessus

$1^m,00 \times 0^m,40$ ........................ $0^m,40$

1/2 cercle de $0^m,40$ diamètre ................ $0^m,06$

Ensemble ........................ $0^m,46$

à 110 taille nᵒ 1 ........................ $0^m,51$

(Nᵒ 1289)

Parement côté escalier

$1^m,00 \times 0^m,20$ ........................ $0^m,20$

à 0/0 Taille ........................ $0^m,20$

Taille et ravalement sur pierre nᵒ 1 des moulures faites au ciseau avec égrisage

Partie droite ........................ $1^m,00$

Circulaire ........................ $1^m,25$

Plus-value 1/3 ........................ $0^m,42$

Ensemble ............ $1^m,67$　$1^m,67$

1 amortissement nᵒ 1346 ........................ $0^m,05$

1 autre nᵒ 1347 ........................ $0^m,10$

Ensemble ........................ $2^m,82$

A *reporter* ........................ $1^m,24$　$8^m,74$

---

Notes marginales :

Carreaux de faïence posés en recherche de $0^m,15 \times 0^m,15$ sur ciment.

20 carreaux

Roche neuve de Comblanchien premier choix sur ciment.

Cube $= 0^m,096$

Montage de pierre à $0^m,80$ de hauteur.

Cube $= 0^m,096$

| | | | | |
|---|---|---|---|---|
| *Report*..................... 2ᵐ,82 | | 1ᵐ,24 | 8ᵐ,74 | |
| ✕ 0ᵐ,465 profil.......................... 1ᵐ,31 | | | | |
| à 3ᵐ,00 taille nº 1338............................ | | 3ᵐ,93 | | |

Egrisage sur parement de sciage, le dessus.

Surface...................... 0ᵐ,46

à 0ᵐ,15 taille nº 1295............................ 0ᵐ,07

1 trou de pilastre de départ de 0ᵐ,08 de profondeur dans la pierre nº 1 vaut............................ 0ᵐ,08

Ensemble taille nº 1..................... 5ᵐ,32

Scellement en ciment............................ 0ᵐ,08

Ensemble légers ouvrages en plâtre................. 8ᵐ,82

Sous-détail du profil ci-dessus :

1 moulure courbe............... 0ᵐ,15 nº 1351

1 face plane entre moulures...... 0ᵐ,075 nº 1353

1 moulure mixte évaluation

nº 1354 = 0ᵐ,15 — 0ᵐ,05........... 0ᵐ,10

1 face plane..................... 0ᵐ,14

Ensemble ................. 0ᵐ,465

Pour encastrement de la 1ʳᵉ marche 1 trou et scellement en plâtre dans la meulière............................ 0ᵐ,18

Les semelles des autres marches en pierre d'Ancy-le-Franc de 0ᵐ,06 d'épaisseur à 2 parements de sciage.

18 fois 1ᵐ,10 ✕ 0ᵐ,40..................... 7ᵐ,92

Le montage à bras d'homme, pose et ajustement de ces 18 semelles avec soin et sujétion sur les fers avec arase au fur et à mesure de la présentation.

Chaque 0ᵐ,30 de légers ouvrages........................ 5ᵐ,40

La taille des parements d'épaisseur.

18 fois 1ᵐ,10 ✕ 0ᵐ,075................. 1ᵐ,49

à 0/0 de taille nº 2..................... 1ᵐ,49

Moulures d'astragale au ciseau avec égrisage.

Linéaire...................... 19ᵐ,80

✕ 0ᵐ,30 profil. ..................... 5ᵐ,94

à 300/00 taille nº 2. ..................... 17ᵐ,82

Egrisage du dessus.

Surface 18 fois 1ᵐ,10 ✕ 0ᵐ,40........ 7ᵐ,92

à 0ᵐ,15 taille nº 2..................... 1ᵐ,19

Ensemble taille nº 2..................... 20ᵐ,50

Lorsque les marches sont moulurées en épaisseur, la taille des parements et des moulures se compte de la même manière en y ajoutant les angles et les amortissements dans la longueur des moulures.

18 entailles et scellements d'abouts, chaque 0ᵐ,12 de légers ouvrages..................... 2ᵐ,16

L'évier de la cuisine en roche de Comblanchien sur ciment avec égouttoir pour fermeture et pose

Longueur 1ᵐ,00 ✕ 0ᵐ,60................... 0ᵐ,60

✕ 0ᵐ,13 hauteur..................... 0ᵐ,078

Montage de pierre à 0ᵐ,80 de hauteur

Cube..................... 0ᵐ,078

Taille des parements à la boucharde, épaisseurs de l'évier *parement vu.*

Longueur 1ᵐ,00 ✕ 0ᵐ,13 hauteur..................... 0ᵐ,13

Ensemble légers ouvrages en plâtre.......... 7ᵐ,74

A *reporter*..................... 0ᵐ,13

---

Notes de marge :

Taille nº 1.

Surface = 5ᵐ,32
Légers ouvrages en plâtre.

Surface = 8ᵐ,82

Dalles en pierre d'Ancy-le-Franc de 0ᵐ,06 d'épaisseur à 2 parements de sciage.

Surface = 7ᵐ,92

Taille nº 2.

Surface = 20ᵐ,50

Roche de Comblanchien sur ciment.

Cube = 0ᵐ,078
Montage de pierre à 0ᵐ,80 de hauteur.

Cube = 0ᵐ,078

Légers ouvrages
7ᵐ,74

*Report*...................................,.............  0^m,13

Taille des parements de dessus à la boucharde à 100 dents.

Longueur 1^m,00 × 0^m,60 ..............  0^m,60

à 0/0 de taille n° 1281...................................  0^m,60

Parement de sciage à la main.

Dessous 1^m,00 × 0^m,60...... .............  0^m,60

à 1^m,10 taille n° 1289...........................  0^m,66

Refouillement du bassin à la masse et au poinçon.

Longueur 0^m,65 × 0^m,50.........  0^m,325

× 0^m,07 de hauteur.....................  0^m,023

à 7^m,30 taille n° 1270....................................  0^m,17

Épaisseurs du bassin.

2 fois 0^m,65............................  1^m,30

2 fois 0^m,50............................  1^m,00

Ensemble........................  2^m,30

× 0^m,075.................................  0^m,17'

Fond du bassin à double courbure.

0^m,65 × 0^m,50.....................  0^m,33

Plus-value n° 1287 ....................  0^m,33

Ensemble.. ....................  0^m,66          0^m,66

Gorges du fond.

2 fois 0^m,65............................  1^m,30

2 fois 0^m,50............................  1^m,00

Ensemble .......................  2^m,30

× 0^m,10, n° 1334...........................  0^m,23

Les gorges d'évier ne se comptent jamais comme moulures. Obs. 1335.

4 angles verticaux à l'intérieur chaque 0^m,05 de taille.

N° 1372 (col. n° 1)................................  0^m,20

Chanfrein en sous-face.

1^m,00 × 0^m,075 = 0^m,075 (n° 1323)................  0^m,08

Arêtes arrondies à la râpe et au ciseau.

2 fois 0^m,65.....................  1^m,30

2 fois 0^m,50.. ................  1^m,00

Ensemble ...............  2^m,30 × 0^m,03  0^m,07

Arête du bord extérieur.

1^m,00 × 0^m,03.................................  0^m,03

Ensemble .................................  0^m,74

à 1^m,75 taille n° 2 pour ragrément et taille pour préparation au poli.................................  1^m,30

N° 1281.....................  1^m,00 taille

1293.....................  0^m,75 taille

Ensemble.....................  1^m,75 taille

Ragrément à vif et égrisage avec préparation au poli.

Dessus.....................  0^m,60

2 fois 0^m,65.....................  1^m,30

Ensemble.....................  1^m,90 × 0^m,075  0^m,14

Épaisseur du bassin surface.....................  0^m,17

Fond du bassin à double courbure.................  0^m,66

Ensemble.....................  0^m,97

à 0^m,75 taille n° 2...................................  0^m,73

*A reporter*...................................  4^m,20

Report............................................ 4ᵐ,29
Entaille pour passage de tuyau nº 1372 col. 3............ 0ᵐ,10
1 trou de vidange nº 1375................................ 0ᵐ,06
Nervure pour bonde nº 1372, col. 4...................... 0ᵐ,05
Taille des moulures de l'égouttoir au ciseau avec égrisage et
préparation au poli.
Longueur 0ᵐ,25 × 2ᵐ,10 profil.................... 0ᵐ,52
à 300/00 nº 1338........................................ 1ᵐ,56
9 amortissements de cannelures.
Ch. 0ᵐ,06.............................................. 0ᵐ,54
Ragrément des champs attenant à l'égouttoir.
2 fois 0ᵐ,30.................... 0ᵐ,60
                               0ᵐ,50
    Ensemble................ 1ᵐ,10
0ᵐ,15.............................................. 0ᵐ,17
à 0ᵐ,75 taille.......................................... 0ᵐ,13      Taille nº 2.
    Ensemble taille nº 2............................... 6ᵐ,73      /6ᵐ,73

Le profil comprend :
10 champs chaque 0ᵐ,075............ 0ᵐ,75 nº 1352
9 moulures courbes.
Chaque 0ᵐ,15.................... 1ᵐ,35 nº 1351
    Ensemble.................. 2ᵐ,10

# SOLS

## Carrelages.

Pour rester dans le cadre de notre programme nous nous étendrons peu sur la nature des carreaux et leur emploi.

Les carrelages sont employés dans la construction où les sols sont lavés journellement, les cuisines, water-closets, vestibules, dégagements.

La Série de la Société Centrale et celle des Architectes diplômés par le Gouvernment a classé les carrelages suivant la dureté des carreaux.

1º *Carreaux ordinaires*, dits de Beauvais.

Ils sont rouges, ferrugineux et employés comme carrelages à bon marché.

Les carreaux d'Auneuil et de Massy font partie des carrelages ordinaires. Ils sont faits avec des argiles.

2º *Les carreaux à pâte demi-vitrifiée* se rapprochant comme composition des précédents, mais dont la pâte plus fine a été cuite à une température assez haute pour qu'elle subisse un commencement de vitrification. Les carreaux de Saint-Just, de Marseille ou carreaux phocéens.

3º *Les carreaux céramiques ou grès fin*, dont la pâte cuite à une haute température, sont presque inusables et de première qualité.

Ils sont fabriqués dans la région de Maubeuge et de couleurs unies variées ou à dessins.

La Série les a dénommés *carreaux céramiques unis en grès vitrifié*.

4º *Les carreaux de ciment comprimé* qui se font aussi en couleurs unies ou à dessins. Ils demandent une fabrication soignée et ne doivent être employés que très secs.

*Tous ces carrelages se comptent au mètre superficiel* pour des carreaux posés en contiguïté produisant une superficie *d'au moins un mètre carré*.

*Les carrelages ne produisant pas un mètre superficiel* sont comptés à la pièce; *tout carreau coupé pour la nécessité du travail* est compté pour entier.

Ces carrelages ont été classés par la Série « *ouvrages à la pièce* ».

Carreaux neufs ou vieux *posés en recherche*.

La série a prévu des formes préparatoires :

1º Forme en poussière de plâtre ;

2º Forme en béton de gravillon et mortier de ciment de Portland :

3º Forme en béton de gravillon et mortier de chaux hydraulique ;

4º Forme en mâchefer ;

5º Forme en sable de rivière.

Toutes ces formes sont comptées au mètre superficiel sans plus-value de montage pour travaux exécutés dans les étages. Les prix étant des prix moyens comprennent la plus-value.

### Pose des carrelages.

Un sol recevant un carrelage doit être nettoyé, purgé de tous les débris quelconques, plâtras, mauvais remblai, de parcelles d'argile ou de débris salpêtrés.

Sur les *voûtes en pierre* ou *en briques*, planchers en béton armé *ou sur un bon sol*, il est fait une couche de sable de $0^m,020$ à $0^m,025$ nécessaire à la prise des mortiers de pose.

### Forme préparatoire.

Lorsque le sol à remblayer dépasse plus de $0^m,05$, on y met une couche de mâchefer ou des débris de pierres que l'on pilonne et nivelle avant de mettre la couche de sable.

La pose des carreaux se fait au *mortier de sable et ciment*, la *pose sur plâtre* est presque abandonnée de nos jours. *Les ciments de laitier* donnent de très bons résultats pour la pose ; le mélange s'y fait dans la proportion de 3 à 1.

*Qu'appelle-t-on carreaux de remplissages ?*

Les carrelages généralement comprennent plusieurs parties :

1º Le fond ;

2º Les bordures ;

3º Les remplissages.

1º Le fond est la partie centrale encadrée par une première bordure intérieure s'il y en a plusieurs.

2º La bordure ou les bordures encadrant le fond qui sont isolées des murs par des carreaux coupés à la demande que l'on *appelle remplissages.*

*Ces remplissages* conviennent aux exigences des pièces et supportent les plinthes, stylobates ou lambris.

Dans les *carrelages octogones*, il est posé des carreaux carrés de couleur *dits de remplissage.*

Il se fait aussi des carrelages en rectangles blancs posés en combinaison avec remplissage de couleurs (dits caillebotis).

*Plus-value de pose de carreaux.* Lorsque les carreaux sont posés *en revêtement* sur murs ou sur cloisons, etc., et non en pavement, il y a une difficulté de pose qui a été prévue à la Série de la Société Centrale des architectes, année 1922 ; cette plus-value est au mètre superficiel n° 289, le mètre carré 2 f. 70.

Cette plus-value n'exclut pas les travaux préparatoires, tels que : hachements d'enduits en plâtre ou en ciment, à l'emplacement des revêtements, ainsi que le redressement des murs ou renformis en plâtre ou en ciment qui doivent être payés suivant la nature du travail exécuté et suivant les prix de série de maçonnerie (Observation n° 224).

*Tous les prix de fournitures de carreaux céramiques* s'appliquent suivant la Série à *des carreaux céramiques de 1<sup>er</sup> choix*, la fourniture de carreaux de 2<sup>e</sup> choix donnera lieu à l'application d'une moins-value de 15 0/0 sur les prix de carreaux de 1<sup>er</sup> choix (Observation n° 209). Tous les prix de carrelages comprennent le nettoyage, descente de tous résidus, coupes, gravois, provenant du travail.

*Tout nettoyage supplémentaire de carrelage demandé spécialement* sera payé le mètre carré 2 fr. 00 (Observation n° 210).

Nous venons d'examiner sommairement les carrelages, nous allons dire quelques mots sur *les revêtements en faïence.*

### Faïences.

Les revêtements en faïence sont composés de carreaux de diverses dimensions et sont posés sur les murs ou cloisons au plâtre ou au mortier de ciment.

Ces produits céramiques sont en général à pâte blanche, recouverts d'un vernis incolore ; lorsque le vernis est coloré par des oxydes métalliques, on lui donne le nom de **Majolique.**

Depuis quelques années il est fabriqué des carreaux de grès plus durs que ceux de faïence fine ordinaire de couleur blanche ou crème obtenue par une conversion en émail stannifère. Les carreaux appelés dans le commerce *briquettes métro* sont employés dans les salles d'hôpitaux et dans les revêtements de courettes.

La briquette la plus employée a comme dimension $0^m,075 \times 0^m,15$ avec biseaux au pourtour.

Les carreaux de faïence les plus employés ont $0^m,15 \times 0^m,15$ et $0^m,20 \times 0^m,20$, les bordures $0^m,15 \times 0^m,075$ et $0^m,20 \times 0^m,10$.

### Travaux préparatoires.

Les surfaces murales recevant des revêtements en carreaux de faïence doivent être soigneusement préparées, bien dressées et débarrassées de tous enduits en plâtre.

Avant la pose, les carreaux sont trempés dans l'eau pendant un quart d'heure, puis laissés égoutter pendant le même temps.

*La pose se fait au plâtre ou au ciment,*

*Elle se fait au plâtre lorsque* les cloisons sont construites en carreaux de plâtre, ou lorsque les revêtements ne sont pas exposés à l'humidité ou à la vapeur d'eau.

Dans la pose au plâtre, *on ajoute dans l'eau servant à gâcher un peu de colle forte* pour donner plus de dureté au plâtre.

Il est préférable de *faire la pose au ciment*, sauf dans le cas où les murs sont en plâtre ; on évite par le mortier de ciment des *décollements* et de l'humidité.

**Métré.**

*Sols du rez-de-chaussée.*

*Vestibule et Escalier.*

En carreaux neufs céramiques en grès vitrifiés à dessins ; carreaux grisaille et bleus, sur ciment.

*Vestibule :*

| | | | |
|---|---|---|---|
| Longueur $2^m,83 \times 1^m,98$ ..... | | | $5^m,60$ |
| Excédent de porte | | | |
| $1^m,00 \times 0^m,05$ ..... | | | $0^m,05$ |
| Passage : $1^m,68 \times 0^m,15$ ..... | | | $0^m,25$ |
| *Escalier :* | | | |
| $3^m,63 \times 2^m,33$ ..... | | $8^m,46$ | |
| $0^m,90 \times 0^m,37$ ..... | | $0^m,33$ | |
| Ensemble ..... | | $8^m,79$ | |
| Déduire $1^{re}$ marche d'escalier | | | |
| $1^m,00 \times 0^m,40$ ..... | $0^m,40$ | | |
| 1/2 cercle $0^m,20$ rond ..... | $0^m,06$ | | |
| Déduire aussi l'escalier de caves | | | |
| $2^m,10 \times 1^m,00$ ..... | $2^m,10$ | | |
| $1^m,30 \times 1^m,00$ ..... | $1^m,30$ | | |
| Ensemble ..... | $3^m,86$ | $3^m,86$ | |
| Reste ..... | | $4^m,93$ | $4^m,93$ |
| Ensemble ..... | | | $10^m,83$ |

**Pose de carreaux carrés céramiques :**

Surface ..... $10^m,83$

*Dégagement sur water-closets et cuisine.*

En carreaux neufs céramiques octogones de $0^m,10$, dits carrelets de $0^m,010$ à $0^m,012$ avec remplissages bleus sur ciment.

Fourniture de carrelage en carreaux céramiques à dessins grisaille et bleus. $1^{er}$ choix sur ciment.

Surface $= 10^m,83$

Pose de carreaux carrés céramiques.

Surface $= 10^m,83$

2$^m$,41 $\times$ 1$^m$,23...., ...............................   2$^m$,96
Excédent 2 fois 0$^m$,70 $\times$ 0,08.....................   0$^m$,11
0$^m$,75 $\times$ 0,08................................   0$^m$,06

Ensemble..............................   **3$^m$,13**

**Pose de carreaux octogones céramiques :**

Surface................................   **3$^m$,13**

### Cuisine.

En carreaux neufs de Saint-Just, 1/2 cérame gris et noirs (0$^m$,14 $\times$ 0$^m$,14) sur ciment (pour fourniture et pose).
Longueur 3$^m$,32 $\times$ 1$^m$,53.........................   5$^m$,08

### Water-closets.

En carreaux de ciment comprimé à dessin gris et noirs sur ciment.
3$^m$,32 $\times$ 0$^m$,83..............................   2$^m$,76

Pose de carreaux carrés en ciment comprimé.
Surface...............................   2$^m$,76
Sous tous les carrelages, forme préparatoire en mâchefer de 0$^m$,08 d'épaisseur après pilonnage.
Surfaces précédentes :
Vestibule et escalier...........................   10$^m$,83
Dégagement................................   3$^m$,13
Cuisine..................................   5$^m$,08
Water-closets..............................   2$^m$,76

Ensemble............................   21$^m$,80
Au-dessus forme en sable de 0$^m$,05 d'épaisseur après tassement.
Même surface...........................   21$^m$,80

Dans les sols en céramique, il a été fait un percement de 0$^m$,04 de diamètre, 2 autres de 0$^m$,08 de diamètre, comment les évaluer?

*Les percements de trous dans les carreaux céramiques* jusqu'à 0$^m$,08 de diamètre inclus se *comptent à la pièce;* au-dessus de 0$^m$,08 de diamètre les percements sont comptés comme démolitions de carreau.

*Revêtements en carreaux 1/2 cérame de* 0$^m$,14 $\times$ 0$^m$,14 *gris sur ciment.*

Dans la cuisine une plinthe en carreaux de 0$^m$,14 de hauteur cérame unie.
2 fois 3$^m$,32.........................   6$^m$,64
2 fois 1$^m$,50...........................   3$^m$,00

Ensemble..............................   9$^m$,64

Moins porte   0$^m$,91
Emplacement du fourneau.................   1$^m$,00

*A reporter*......................   1$^m$,91   9$^m$,64

---

<table>
<tr><td>

*Report* .............................. $1^m,91$    $9^m,64$
Évier................................................ $1^m,00$
Paillasse ....................................... $0^m,70$

    Ensemble........................... $3^m,61$    $3^m,61$

    Reste............................. $6^m,03$

*Les plinthes en cérame unie ou moulurée se comptent au mètre linéaire : 1° comme fourniture, 2° comme pose.*
Pose de plinthes unies.
Linéaire........................................... $6^m,03$

</td><td>

Plinthes cérame unie de $0^m,14$ à $0^m,15$ de hauteur.
Fourniture.

Linéaire $= 6^m,03$

Pose de plinthes unies.

Linéaire $= 6^m,03$

</td></tr>
</table>

### *Water-closets.*

En soubassement plinthe moulurée cérame à talons (carreaux gris).

  2 fois 332............................... $6^m,64$
                            $0^m,80$

    Ensemble............................... $7^m,44$

Pose de plinthe moulurée à talon.
Linéaire........................................... $7^m,44$

*Dans les angles,* pour épouser des parties arrondies, il est fourni et posé des gorges de $0^m,04$ à $0^m,07$ de rayon ; dans ce cas, les *angles* de plinthes ou de gorges se comptent à *la pièce.*
Au droit des revêtements, crépi en ciment.

  Linéaire plinthes cuisine................. $6^m,03$
    *Idem* water-closets.................. $7^m,44$

    Ensemble .............................. $13^m,47$
$\times$ $0^m,14$ de hauteur........................... $1^m,89$

*Lorsque les murs ou cloisons sont hachés d'enduits ou dégradation de joints, ce travail est à compter.*

Dans le reste des pièces scellement en plâtre des lambourdes avec solins et chaînes en travers.

*Chambre :*
$4^m,60 \times 3^m,03$........................... $13^m,94$
Déduire cheminée et foyer.
$1^m,00 \times 0^m,50$........................... $0^m,50$

    Reste............................. $13^m,44$    $13^m,44$

*Salle à manger :*
$4^m,60 \times 2^m,98$........................... $13^m,71$
Déduire cheminée et foyer.
$1^m,00 \times 0^m,50$........................... $0^m,50$

    Reste............................. $13^m,21$    $13^m,21$

    Ensemble ............................. $26^m,65$
A $0^m,42$ de légers (n° 753)............................... $10^m,59$
Scellements de seuils au droit des carrelages et dans les cloisons.
6 taquets chaque $0^m,05$............................... $0^m,30$
(n° 889).
Calfeutrement de parquet.

*Chambre :*
Longueur ........................................... $4^m,57$
                                  $3^m,00$
A gauche porte..................................... $0^m,12$
A droite porte ..................................... $3^m,00$

    *A reporter*........................... $10^m,69$    $10^m,89$

| | | |
|---|---:|---:|
| *Reports*..................................... | 10$^m$,69 | 10$^m$,89 |
| 1 fois 2$^m$,20.................................... | 2$^m$,20 | |
| *Salle à manger* : | | |
| A droite cheminée............................... | 3$^m$,00 | |
| A droite porte.................................. | 0$^m$,12 | |
| Sur façade..................................... | 2$^m$,95 | |
| Sur cloison.................................... | 3$^m$,66 | |
| Sur mur....................................... | 2$^m$,15 | |
| Ensemble................................... | 24$^m$,77 | |
| $\times$ 0$^m$,05 courant de légers............................. | | 1$^m$,24 |

          N° 836

OBSERVATION. — *Sur les scellements de lambourdes.*

Nous venons de compter des scellements de taquets à la
pièce, c'est-à-dire des morceaux isolés de lambourdes scellés
dans l'épaisseur des murs au droit des ouvertures.      N° 889

Dans le cas contraire, la Série a prévu le scellement de lambourdes au mètre linéaire. N° 835. = 0$^m$,15 courant de légers
ouvrages.

Cette évaluation s'obtient de la manière suivante.

N° 754. Les lambourdes scellées de 0$^m$,45 d'axe en axe produisent en linéaire 2$^m$,25 au mètre carré.

$$\text{N° 752} = \frac{0^m,33 \text{ de légers}}{2^m,25} = 0^m,147$$

ou 0$^m$,15 de légers au mètre linéaire.      N° 835

Pour terminer les sols, après pose de revêtements, il est fait
au-dessus de la plinthe un solin en plâtre; ce travail a été prévu
à la série n° 836; ce travail est la conséquence du hachement fait
sur murs pour recevoir le crépi en ciment.

| | | |
|---|---:|---:|
| Linéaire cuisine................................. | 6$^m$,03 | |
| Water-closets.................................. | 7$^m$,44 | |
| Dégagement.................................... | 5$^m$,25 | |
| Vestibule...................................... | 6$^m$,75 | |
| Devant escalier................................. | 2$^m$,60 | |
| Ensemble .................................... | 28$^m$,07 | |
| $\times$ 0$^m$,05 courant de légers ouvrages........................ | | 1$^m$,40 |

*Lorsque les solins sont faits* en ciment Portland, il est
alloué 100 0/0 en plus, c'est-à-dire n° 836....    0$^m$,05

100 0/0 en plus.............................    0$^m$,05

     Ensemble ........................    0$^m$,10 courant

de légers au mètre linéaire.

Évaluation n° 839.<br>Légers ouvrages<br>en plâtre.

| | | |
|---|---:|---:|
| Ensemble légers ouvrage, en plâtre :.................. | | 13$^m$,53 |

Surface = 13$^m$,53

# RAVALEMENT EXTÉRIEUR

## Pierres artificielles.

*Balustrade* composée d'un socle, une
main courante moulurée et quatre balustres ronds par mètre courant d'une
hauteur totale de 0$^m$,95 au maximum.

*Ce travail est prévu comme fourniture*
*n° 153 Série des ciments* au mètre linéaire.

La pose a été prévue aussi au mètre
linéaire n° 191 Série des ciments; elle
comprend le fichage et les joints en ciment de Portland.

*Les joints des balustrades et corniche*
*artificielle* ayant été faits en ciment métallique.

Nous ferons le décompte des joints
en linéaires :

1° Ceux unis ;

2° Ceux moulurés.

Ils seront payés suivant les n^{os} 473 à 476 de la Série de la Société Centrale année 1922, Série maçonnerie (*Mémoire*).

Les *joints se comptent pour ceux moulurés* suivant le développé à la ficelle.

Pour maintenir la main courante et les balustres.

Il a été fourni et posé des goujons et agrafes en cuivre.

Travail non prévu dans la pose de balustrade (*Mémoire*).

*Les trous de goujons, entailles et scellements en ciment de Portland* sont à compter suivant leur valeur et suivant le mode de métré prévu à la Série de maçonnerie (*Observation 215. Série des ciments*).

*En contre-bas de la balustrade*, nous avons la corniche en pierre artificielle.

Suivant l'article n° 188, les moulures ne sont pas comprises dans le prix au mètre cube.

### Développement du profil.

La pente de dessus 0^m,17 doit-elle être comptée comme moulure ?

La pente de dessus ne peut se traîner au calibre, elle fera donc partie des parements vus dans le prix au mètre cube (*Observation n° 188*).

Le reste du profil sera compté en développant *le profil à la ficelle*.

Soit un profit de 0^m,41 de développement.

La longueur des moulures doit être mesurée dans l'axe du profil.

| | | |
|---|---|---|
| Linéaire des diverses façades............... | 19^m,23 | |
| 3 angles saillants. | | |
| Chaque 0^m,15........................... | 0^m,45 | |
| Évaluation n° 132. | | |
| 2 angles rentrants. | | |
| Chaque 0^m,25........................... | 0^m,50 | |
| Évaluation n° 133. | | |
| 2 amortissements. | | |
| Chaque 0^m,05........................... | 0^m,10 | |
| Évaluation n° 134. | | |
| Ensemble ...................... | 20^m,28 | |
| × 0^m,41 profil développé................ | | 8^m,31 |

Mouluro en ciment de 0^m,41 de profil développé.

Surface = 8^m,31

En contre-bas, *la façade principale* y compris l'avant-corps et son retour sur arrière-corps sont en brique apparente, avec joints en creux circulaires au fond et en mortier n° 4.

*Le parement de brique apparente* est une plus-value qui comprend : un parement dressé à la règle, les joints verticaux et horizontaux parfaitement réguliers, c'est donc une plus-value de construction qui ne comprend pas le jointoiement............ »

N° 432

### Métré.

| | | |
|---|---|---|
| Avant-corps (voir *fig.* 43). | | |
| Face................................ | 2^m,49 | |
| Retour............................. | 0^m,81 | |
| Arrière-corps....................... | 8^m,49 | |
| Ensemble........................ | 11^m,79 | |
| × 3^m,00 hauteur.................... | | 35^m,37 |
| Moins baies. | | |
| Avant-corps 0^m,90 × 2^m,65 hauteur........ | 2^m,39 | |
| Linteau 1^m,34 × 0^m,12................ | 0^m,16 | |
| Arrière-corps. | | |
| Cuisine 0^m,80 × 1^m,65 hauteur........ .... | 1^m,32 | |
| Châssis W.-C. 0^m,50 × 1^m,25 hauteur....... | 0^m,63 | |
| *A reporter* ...................... | 4^m,50 | 35^m,37 |

| | | |
|---|---|---|
| *Reports*........................... | 4<sup>m</sup>,50 | 35<sup>m</sup>,37 |

Croisées.

| | |
|---|---|
| Chambre......... | 1<sup>m</sup>,10 |
| Salle à manger.... | 1<sup>m</sup>,10 |
| Ensemble... | 2<sup>m</sup>,20 × 2<sup>m</sup>,15 hauteur　　4<sup>m</sup>,73 |

Linteaux des croi-
sées et châssis ......

| | |
|---|---|
| | 2<sup>m</sup>,04 |
| | 1<sup>m</sup>,50 |
| | 1<sup>m</sup>,50 |
| Ensemble... | 5<sup>m</sup>,04 × 0<sup>m</sup>,12 hauteur　　0<sup>m</sup>,60 |

A déduire aussi les appuis en pierre en suivant le même ordre.

| | |
|---|---|
| Cuisine.......... | 1<sup>m</sup>,00 |
| W.-C............. | 0<sup>m</sup>,70 |
| Chambre......... | 1<sup>m</sup>,30 |
| Salle à manger.... | 1<sup>m</sup>,30 |
| Ensemble... | 4<sup>m</sup>,30 × 0,15 hauteur　　0<sup>m</sup>,65 |
| | 10<sup>m</sup>,48 |

| | | |
|---|---|---|
| Ensemble ................................. | | 10<sup>m</sup>,48 |
| Reste ................................. | | 24<sup>m</sup>,89 |

Reprendre les *saillies des chaines d'angle* de l'avant-
corps.

| | |
|---|---|
| 2 fois 3<sup>m</sup>,00 hauteur........................ | 6<sup>m</sup>,00 |
| 22 fois 0<sup>m</sup>,12 longueur .................... | 2<sup>m</sup>,64 |
| Ensemble........................ | 8<sup>m</sup>,64 |
| × 0,02....................................... | 0<sup>m</sup>,17 |

*Bandeau saillant* composé de 2 rangs de briques sous
la pierre artificielle.

| | |
|---|---|
| 2 fois linéaire 11<sup>m</sup>,79..................... | 23<sup>m</sup>,58 |
| × 0<sup>m</sup>,01 ................................... | 0<sup>m</sup>,24 |

*Saillies des arcs.*

| | |
|---|---|
| Porte.............. | 1<sup>m</sup>,00 |
| A la suite.......... | 1<sup>m</sup>,95 |
| | 1<sup>m</sup>,20 |
| | 1<sup>m</sup>,20 |
| Ensemble.... | 5<sup>m</sup>,35 × 0,04 ................　　0<sup>m</sup>,21 |

Retours verticaux.

| | |
|---|---|
| 8 fois × 0<sup>m</sup>,18 hauteur = 1<sup>m</sup>,44, × 0<sup>m</sup>,02............. | 0<sup>m</sup>,03 |

Tableaux de baies.

| | |
|---|---|
| Porte, 2 fois 2<sup>m</sup>,65 hauteur × 0<sup>m</sup>,30 épaisseur ...... | 1<sup>m</sup>,59 |

Croisées et châssis.

| | |
|---|---|
| 2 fois 1<sup>m</sup>,65........ | 3<sup>m</sup>,30 |
| 2 fois 1<sup>m</sup>,25........ | 2<sup>m</sup>,50 |
| 4 fois 2<sup>m</sup>,15........ | 8<sup>m</sup>,60 |
| Ensemble.... | 14<sup>m</sup>,40 × 0<sup>m</sup>,18 épaisseur.....　　2<sup>m</sup>,59 |

Voussures entre fers.

| | |
|---|---|
| | 0<sup>m</sup>,90 × 0<sup>m</sup>,27 ..............　　0<sup>m</sup>,24 |
| | 0<sup>m</sup>,80 |
| | 0<sup>m</sup>,50 |
| 2 fois 1<sup>m</sup>,10........ | 2<sup>m</sup>,20 |
| Ensemble.... | 3<sup>m</sup>,50 × 0<sup>m</sup>,15 ..............　　0<sup>m</sup>,53 |

| | |
|---|---|
| Ensemble................................. | 30<sup>m</sup>,49 |

Parement de bri-
que apparente avec
joints en creux en
mortier n° 4

Surface = 30<sup>m</sup>,49

Suivant l'article 439 de la Série de la Société centrale des
architectes, édition 1922, les saillies ont été mesurées d'après

leurs dimensions réelles..........................................    »

*Plus-value de parement décoratif en brique posée en saillie* sur le mur pour chaînes.

2 fois 2$^m$,87 hauteur........    5$^m$,74

$\times \dfrac{0^m,35 + 0^m,22}{2}$ ....................    1$^m$,64

aux 50/00.................................    0$^m$,82 n° 436

*Observation.* — Cette plus-value est un complément de travail dans la construction et ne s'applique pas au jointoiement.

*Plus-value de parement décoratif pour bandeaux saillants* composés de plusieurs rangs de briques superposés.

*Bandeau saillant* sous la pierre artificielle,

Linéaire 11$^m$,79 $\times$ 0$^m$,15 développé.........    1$^m$,77

les arcs.

Linéaire 5$^m$,35 $\times$ 0$^m$,26 de hauteur.........    1$^m$,39

Ensemble...................    3$^m$,16

à 0/0 n° 437....................................    3$^m$,16

*Façades en retour d'avant-corps sur vestibule et escalier.*

Parement de brique apparente avec jointoiement en mortier de ciment I, les joints lissés au fer.

En commençant près du mur du fond (*fig.* 42 *et* 43).

Linéaire................    2$^m$,46

Face en retour..........    1$^m$,65

A la suite..............    3$^m$,16

Ensemble.........    7$^m$,27 $\times$ 3$^m$,00 hauteur = 21$^m$,81

Moins baie.

0$^m$,80 $\times$ 1$^m$,40 hauteur....................    1$^m$,12

Linteau 1$^m$,20 $\times$ 0$^m$,12.....................    0$^m$,14

Ensemble .........................    1$^m$,26    1$^m$,26

Reste ........................    20$^m$,55

Reprendre bandeau saillant sous la corniche artificielle.

Linéaire 7$^m$,27 $\times$ 0$^m$,02.............................    0$^m$,15

Tableaux de baie.

2 fois 1$^m$,40 hauteur $\times$ 0$^m$,12.....................    0$^m$,34

Voussure 0$^m$,80 $\times$ 0$^m$,09.....................    0$^m$,07

Dessus d'appui 0$^m$,80 $\times$ 0$^m$,12.....................    0$^m$,10

Ensemble ...............................    21$^m$,21

*Plus-value de parement décoratif* en brique posée en saillie, pour bandeau composé de plusieurs briques superposées.

Linéaire 7$^m$,27 $\times$ 0$^m$,15 = 1$^m$,09 à 0/0 = 1$^m$,09.

*Sur les têtes de murs, en meulière, enduit en sable mortier coloré ton pierre et renformis de 0$^m$,02.*

2 fois 3$^m$,00 hauteur..............    6$^m$,00

$\times$ 0$^m$,50.....................    3$^m$,00

Champs en retour.

2 fois 3$^m$,00 $\times$ 0$^m$,12..............    0$^m$,72

Ensemble..............    3$^m$,72

à 0$^m$,47 de légers sable mortier .....................    1$^m$,75

Plus-value de petite dimension.

moindre de 0$^m$,35 de largeur.

Surface 0$^m$,72.

(705-706) à 0$^m$,08 de légers .....................    0$^m$,06

Arêtes en sable mortier coloré.

*A reporter* ........................    1$^m$,81

| | |
|---|---|
| *Report*............................................. | 1ᵐ,81 |
| 2 fois 3ᵐ,00 × 0ᵐ,05 de légers...................... | 0ᵐ,30 |

Refends figurant assises de pierre.
24 fois 0ᵐ,62 = 14ᵐ,88.

× 0ᵐ,15 légers sable mortier coloré................. 2ᵐ,23

Les plus-values d'angle ne s'appliquent pas aux refends, à moins que les refends comportent eux-mêmes des moulures poussées au calibre............ »

Ensemble légers sable mortier coloré ton pierre.    4ᵐ,34

Hachement sur vieux murs.
Surface 3ᵐ,72 à 0ᵐ,08 (n° 710) .......................... 0ᵐ,30

*Socle.*

**Enduit en ciment de Portland sur meulière neuve.**

| | |
|---|---|
| Sur façade côté escalier................... | 2ᵐ,46 |
| Retour................................... | 1ᵐ,65 |
| à la suite................................ | 3ᵐ,16 |
| Face sur avant-corps..................... | 2ᵐ,49 |
| Retour................................... | 0ᵐ,81 |
| Face principale.......................... | 8ᵐ,49 |
| Ensemble.......................... | 19ᵐ,06 |

× 0ᵐ,70 hauteur.............................. 13ᵐ,34

Champ de dessus.

| | |
|---|---|
| Même linéaire......................... | 19ᵐ,06 |
| × 0ᵐ,20 (évaluation n° 97) ................... | 3ᵐ,91 |
| Ensemble .......................... | 17ᵐ,25 |

Arête en ciment et cueillies.

| | |
|---|---|
| Même cours............................ | 19ᵐ,06 |
| Verticales 7 fois 0ᵐ,70................. | 4ᵐ,90 |
| Ensemble .......................... | 23ᵐ,96 |

Rocaillage non apparent de joints en meulière concassée et mortier de ciment.
Surface....................................... 13ᵐ,34

Sur têtes de mur et en retour enduit dressé en mortier de chaux hydraulique sur meulière neuve.

En soubassement
2 fois 0ᵐ,50 × 0ᵐ,70 hauteur...................... 0ᵐ,70

Champs en mortier de chaux *idem*
2 fois 0ᵐ,70 × 0ᵐ,12........................... 0ᵐ,17

Arêtes en chaux.
4 fois 0ᵐ,70 hauteur............................. 2ᵐ,80

*Appuis en pierre.*

Taille et ravalement des appuis en liais de Cliquart.

Suivant le n° 1012 de la Série, la pierre de taille neuve au mètre cube comprend la taille des lits et joints, la main d'œuvre nécessaire pour donner à la pierre la forme indiquée par l'appareil et par l'épannelage.

Le n° 1012 est complété par l'observation n° 1013, c'est-à-dire que, lorsque la pierre a été taillée, il est accordé à l'entrepreneur *les parements vus* de la pierre en tous sens, sauf les lits et joints qui font partie des prix de pierre au mètre cube. *Ces parements se comptent au mètre superficiel.*

Observation 1280.

### Métré.

Taille des parements sur liais de Cliquart pierre n° 3.
Face des appuis.

| | | |
|---|---|---|
| Cuisine................... | $1^m,00$ | |
| Water-closets............. | $0^m,70$ | |
| Salle à manger et chambre. | | |
| 2 fois $1^m,30$............... | $2^m,60$ | |
| Ensemble.......... | $\overline{4^m,30}$ | |

$\times$ $0^m,15$ hauteur....................................... $0^m,65$
Retours 8 fois $0^m,11 \times 0^m,15$ hauteur....... $0^m,13$
Dessus d'appui

| | | |
|---|---|---|
| | $0^m,80$ | |
| | $0^m,50$ | |
| 2 fois $1^m,10$............... | $2^m,20$ | |
| Ensemble.......... | $\overline{3^m,50} \times 0^m,35$ | $1^m,23$ |

8 fois $0^m,10 \times 0^m,10$...................... $0^m,08$
Saillies de dessous.
Linéaire $4^m,30 \times 0^m,11$.................... $0^m,47$
Faces intérieures des appuis.
Linéaire $4^m,30 \times 0^m,15$.................... $0^m,65$

Ensemble........................... $\overline{3^m,21}$
A l'entier de taille n° 3, produit.................... $3^m,21$
8 entailles d'oreillons
Chaque $0^m,12$, n° 1373........................... $0^m,96$

Ensemble taille n° 3....................... $\overline{4^m,17}$

Taille n° 3.

Surface $= 4^m,17$

Taille et ravalement des appuis en liais de Cliquart.
Recoupement des dessus de $0^m,015$ réduit pour pente, ragrément et passage au grès.

| | | |
|---|---|---|
| | $0^m,80$ | |
| | $0^m,50$ | |
| 2 fois $1^m,10$............... | $2^m,20$ | |
| Ensemble.......... | $\overline{3^m,50} \times 0^m,18$ | $0^m,63$ |

Aux 50/100...................................... $0^m,32$
N° 1297............................ $0^m,35$
3 fois n° 1309............................ $0^m,15$

Ensemble ........................ $\overline{0^m,50}$
Gorges linéaire ........................ $\overline{3^m,50}$
Retours de tableaux
8 fois $0^m,18$........................... $1^m,44$

Ensemble........................... $\overline{4^m,94}$
$\times$ $0^m,10$ courant de taille n° 1334
et observation 1335........................... $0^m,49$
A 135/100 de taille............................ $0^m,66$
Pour taille et ravalement.
Dans les tableaux, taille après recoupement de champs verticaux prolongeant ces tableaux dans l'assise de l'appui recoupé.

A *reporter*............................... $\overline{0^m,98}$

*Report*.................................... 0ᵐ,98
8 fois 0ᵐ,18 × 0,075...................... 0ᵐ,11
Aux 50/100 (obs. 1316)..................... 0ᵐ,06
Ragrément et passage au grès de ces champs verticaux
Surface.......................... 0ᵐ,11
Aux 35/100.............................. 0ᵐ,04
Sous les pièces d'appuis des fenêtres.
Ragrément simple avec recoupement
Linéaire 3ᵐ,50 × 0ᵐ,075.................. 0ᵐ,26
Aux 35/100.............................. 0ᵐ,09

*Faces moulurées des appuis.*

Développement du profil de la moulure.
Dessus en pente.......................... 0ᵐ,11
Moulure courbe........................... 0ᵐ,15
Face plane............................... 0ᵐ,075
Moulure courbe........................... 0ᵐ,15
Sous face partie plane................... 0ᵐ,075
Moulure courbe de 0ᵐ,12................. 0ᵐ,18       Observation 1355
1 filet................................. 0ᵐ,075
1 cavet................................. 0ᵐ,15
Champ de dessous........................ 0ᵐ,075

   Ensemble ............................. 1ᵐ,040
à déduire 3 fois 0ᵐ,05................... 0ᵐ,15       Évaluation n° 1354.

   Reste ............................... 0ᵐ,89
Longueur des faces moulurées des appuis en suivant
le même ordre (longueur prise au milieu du profil).
Cuisine................................. 0ᵐ,90
Water-closets........................... 0ᵐ,60
Chambre................................. 1ᵐ,15
Salle à manger.......................... 1ᵐ,15
Retours 8 fois 0ᵐ,075................... 0ᵐ,60
8 angles saillants.
Chaque 0ᵐ,15, n° 1345................... 1ᵐ,20
8 amortissements.
Chaque 0ᵐ,05, n° 1346................... 0ᵐ,40

   Ensemble ............................. 5ᵐ,00
× 0ᵐ,89 de profil ci-dessus développé = 4ᵐ,45
aux 135/100 de taille n° 3............... 6ᵐ,00
*Nous avons compté l'arrondi du dessus comme moulure,
car les dimensions d'une arête arrondie au ciseau sont de
0ᵐ,01 × 0ᵐ,01 au maximum.*
*Les appuis n'ayant pu être épannelés avant mouluration,*
nous compterons dans la partie inférieure des appuis,
l'excédent de recoupement de pierre en supplément
des 0ᵐ,04 d'épaisseur dus dans la mouluration. Observation n° 1274.
Linéaire................. 4ᵐ,30
× 0ᵐ,075...................... 0ᵐ,32
× 0ᵐ,04...................... 0ᵐ,013
à 5ᵐ,50 taille n° 3..................... 0ᵐ,07        N° 1267 colonne n° 2.
Ragrément des faces à l'intérieur comme tapisserie.
Linéaire 4ᵐ,30 × 0ᵐ,15 hauteur........... 0ᵐ,65
aux 25/100.............................. 0ᵐ,16        N° 1296

                                                     Taille n° 3.

   Ensemble, taille n° 3.................... 7ᵐ,40     7ᵐ,40

Échafaudages pour ravalement des façades.
Face principale.
Linéaire.......................... $11^m,79$
Perpendiculaire ................. $9^m,27$

    Ensemble ................. $21^m,06$
$\times$ $4^m,10$ hauteur.......................... $86^m,35$
Plus-value pour double rang d'échasses $1/3$. $28^m,78$

    Ensemble ...................... $115^m,13$
à $0^m,34$ de légers échafaudages..................... $39^m,15$

N° 578.

Légers ouvrages
pour échafaudages.

Surface $= 39^m,15$

# TABLEAU DE CLASSEMENT

### Propriété de la Ville

M...........................................
ARCHITECTE EN CHEF    de M............................................... Seine.

M...........................................
ENTREPRENEUR
rue..................., n°......

### Construction d'une annexe.

Chaque groupe de colonnes porte l'en-tête : **NUMÉROS DES ARTICLES du détail métrique** — **TITRES et QUANTITÉS** (en DEMANDE | en RÈGLEMENT).

**Premier groupe :**

| Pages | en DEMANDE | en RÈGLEMENT |
|---|---|---|
| | **3** | |
| | Fouille en rigoles en terre avec jet sur berge, chargement en brouette, transport à 1 relais. | |
| 166 | $56^m,705$ | |
| | **4** | |
| | Fouille en rigoles dans la terre avec jet sur berge. | |
| 167 | $31^m,530$ | |
| | **5** | |
| | Fouille en rigoles dans la terre glaise avec jet sur berge. | |
| 168 | $8^m,500$ | |
| 174 | $6 ,300$ | |
| 178 | $0 ,935$ | |
| | $15^m,735$ | |
| | **12** | |
| | Jet de pelle sur banquette. | |
| 166 | $19^m,589$ | |
| 171 | $39 ,748$ | |
| | $59^m,337$ | |

**Deuxième groupe :**

| Pages | en DEMANDE | en RÈGLEMENT |
|---|---|---|
| | **20** | |
| | Fouille de puits en terre glaise, les terres déposées à l'orifice du puits. | |
| 166 | $15^m,181$ | |
| 172 | $14 ,493$ | |
| | $29^m,674$ | |
| | **21** | |
| | Plus-value de fouille de puits dans l'eau. | |
| 166 | $2^m,076$ | |
| 172 | $1 ,663$ | |
| | $3^m,739$ | |
| | **22** | |
| | Plus-value de fouille de puits en sous-œuvre de construction. | |
| 167 | $15^m,181$ | |
| | **19** | |
| | Jet de pelle sur banquette, chargement en brouette, transport à 1 relais. | |
| 167 | $31^m,530$ | |

**Troisième groupe :**

| Pages | en DEMANDE | en RÈGLEMENT |
|---|---|---|
| | **7** | |
| | Plus-value de fouille dans l'embarras des étais. | |
| 166 | $56^m,705$ | |
| 167 | $15 ,181$ | |
| | $71^m,886$ | |
| | **1** | |
| | Heures de jour de terrassier. | |
| 167 | 12 | |
| 167 | 9 | |
| 172 | 9 | |
| 172 | 8 | |
| | 38 | |
| | **25** | |
| | Location de pompe aspirante de $0^m,120$ diamètre avec $10^m,00$ de tuyau. | |
| 167 | 3 journées | |
| 172 | 3 journées | |
| | 6 journées | |
| | **26** | |
| | Plus-value pour les premier et dernier jours de location pour pose, dépose, double trans- | |

**Quatrième groupe :**

| Pages | en DEMANDE | en RÈGLEMENT |
|---|---|---|
| | port et toutes sujétions. | |
| 167 | 1 | |
| | **8** | |
| | Plus-value de fouille en sous-œuvre de construction dans l'embarras des étais. | |
| 167 | $31^m,530$ | |
| | **27** | |
| | Location de ventilateur portatif avec $10^m,00$ de tuyaux en zinc. | |
| 167 | 3 journées | |
| 172 | 3 journées | |
| | 6 journées | |
| | **28** | |
| | Plus-value pour les premier et dernier jours de location compris pose, dépose, double transport. | |
| 167 | 1 | |

Chaque groupe de colonnes porte l'en-tête : **NUMÉROS DES ARTICLES du détail métrique** (Pages) — **TITRES et QUANTITÉS** (en DEMANDE | en RÈGLEMENT).

### Groupe 1

| Pages | en DEMANDE | en RÈGLEMENT |
| --- | --- | --- |
| | **18** — Jet de pelle sur banquette et jet de pelle sur berge de terre glaise avec chargement en brouette et transport à 1 relais. | |
| 167 | 15$^m$,181 | |
| 168 | 8 ,505 | |
| 172 | 14 ,493 | |
| | 38$^m$,179 | |
| | **6** — Fouille en rigoles d'anciennes maçonneries avec jet sur berge. | |
| 168 | 7$^m$,005 | |
| | **9** — Plus-value de fouille d'anciennes maçonneries en sous-œuvre de construction dans l'embarras des étais. | |
| 168 | 7$^m$,005 | |
| | **10** — Jet de pelle d'anciennes maçonneries pour chargement en brouette, transport à 1 relais. | |
| 168 | 7$^m$,005 | |
| | **30** — Béton de cailloux et mortier n° 2 de ciment I dans l'eau. | |
| 169 | 2$^m$,076 | |
| 174 | 1 ,663 | |
| | 3$^m$,739 | |
| | **31** — Béton de cailloux et mortier n° 2 de chaux. | |
| 178 | 0$^m$,935 | |

### Groupe 2

| Pages | en DEMANDE | en RÈGLEMENT |
| --- | --- | --- |
| | **71** — Plus-value de construction de béton dans l'embarras des étais et par petites parties en sous-œuvre de construction. | |
| 169 | 2$^m$,076 | |
| 169 | 9 ,020 | |
| | 11$^m$,096 | |
| | **32** — Béton de cailloux et mortier n° 3, 1/3 chaux hydraulique 2/3 ciment I. | |
| 169 | 9$^m$,020 | |
| 174 | 9 ,485 | |
| | 18$^m$,505 | |
| | **61** — Meulière neuve pour massif et mortier n° 3, 2/3 chaux hydraulique, 1/3 ciment I. | |
| 169 | 7$^m$,390 | |
| | **78** — Plus-value de construction meulière dans l'embarras des étais et par petites parties en sous-œuvre de construction. | |
| 169 | 7$^m$,390 | |
| 170 | 32 ,097 | |
| | 39$^m$,487 | |
| | **62** — Meulière neuve en fondation et mortier n° 3, *idem*. | |
| 170 | 32$^m$,097 | |
| 176 | 35 ,381 | |
| | 67$^m$,478 | |

### Groupe 3

| Pages | en DEMANDE | en RÈGLEMENT |
| --- | --- | --- |
| | **72** — Plus-value pour arcs de décharge cubant de 0,501 à 0,750. | |
| 170 | 1$^m$,625 | |
| | **73** — Plus-value pour arcs de décharge cubant de 0,751 à 1 mètre. | |
| 170 | 1$^m$,768 | |
| | **63** — Meulière neuve pour massif et mortier n° 2, 1/3 chaux hydraulique, 2/3 ciment I. | |
| 176 | 8$^m$,934 | |
| | **82 bis** — Taille n° 2 | |
| 207 | 20$^m$,50 | |
| 208 | 6 ,73 | |
| | 27$^m$,23 | |
| | **58** — Légers ouvrages en plâtre. | |
| 171 | 1$^m$,00 | |
| | 1 ,96 | |
| 177 | 4 ,00 | |
| 177 | 5 ,63 | |
| 179 | 1 ,83 | |
| 182 | 14 ,24 | |
| 189 | 1 ,26 | |
| 191 | 16 ,26 | |
| 193 | 8 ,90 | |
| 193 | 2 ,00 | |
| 195 | 26 ,86 | |
| 198 | 36 ,81 | |
| 203 | 32 ,19 | |
| 207 | 8 ,82 | |
| 207 | 7 ,74 | |
| 214 | 13 ,53 | |
| 218 | 0 ,30 | |
| | 183$^m$,33 | |
| | **141** — Percement de trou dans la faïence posée sur ciment. | |
| 205 | 1 | |

### Groupe 4

| Pages | en DEMANDE | en RÈGLEMENT |
| --- | --- | --- |
| | **138** — Paillasse en ciment armé de 0$^m$,04 d'épaisseur. | |
| 205 | 0$^m$,42 | |
| 205 | 0 ,08 | |
| | 0$^m$,50 | |
| | **139** — Carreaux de faïence posés en recherche de 0$^m$,15 × 0$^m$,15 sur ciment. | |
| 206 | 20 | |
| | **69** — Roche neuve de Comblanchien, 1er choix, sur ciment. Cube : | |
| 206 | 0$^m$,096 | |
| 207 | 0 ,078 | |
| | 0$^m$,174 | |
| | **68** — Montage de pierre à 0$^m$,80 hauteur. | |
| 206 | 0$^m$,096 | |
| | 0 ,078 | |
| | 0$^m$,174 | |
| | **82** — Taille n° 1. | |
| 207 | 5$^m$,32 | |
| | **52** — Dalles en pierre d'Ancy-le-Franc de 0$^m$,06 épaisseur à 2 parements de sciage. Surface : | |
| 207 | 7$^m$,92 | |
| | **2** — Fouille en déblai de terre avec chargement en brouette transport à 1 relais. | |
| 171 | 115$^m$,060 | |

*Each column-group below carries the same heading:* **NUMÉROS DES ARTICLES du détail métrique** — **TITRES et QUANTITÉS** (*en* DEMANDE | *en* RÈGLEMENT), with a **Pages** column.

## Première colonne

**13**

Jet de terre horizontal.

| Pages | en DEMANDE | en RÈGLEMENT |
|---|---|---|
| 171 | 57ᵐ,530 | |

**14**

Jet de pelle pour chargement en tombereau des terres et enlèvement aux décharges publiques.

| Pages | en DEMANDE | en RÈGLEMENT |
|---|---|---|
| 172 | 203ᵐ,020 | |
| 172 | 38 ,179 | |
| | 241ᵐ,199 | |

**15**

*Idem* d'anciennes maçonneries.

| Pages | en DEMANDE | en RÈGLEMENT |
|---|---|---|
| 172 | 7ᵐ,005 | |

**16**

Jet de pelle sur banquette, jet de pelle sur berge de terre glaise.

| Pages | en DEMANDE | en RÈGLEMENT |
|---|---|---|
| 174 | 6ᵐ,300 | |
| 178 | 0 ,935 | |
| | 7ᵐ,235 | |

**17**

Jet de pelle pour chargement en tombereau de terre glaise et enlèvement aux décharges publiques.

| Pages | en DEMANDE | en RÈGLEMENT |
|---|---|---|
| 174 | 6ᵐ,300 | |
| 178 | 0 ,935 | |
| | 7ᵐ,235 | |

**11**

Jet horizontal de terre glaise.

| Pages | en DEMANDE | en RÈGLEMENT |
|---|---|---|
| 171 | 3ᵐ,150 | |

**74**

Plus-value de hourdis de linteaux en béton de gra-

## Deuxième colonne

-villon et ciment 1 au lieu de meulière, 2/3 chaux, 1/3 ciment 1.

| Pages | en DEMANDE | en RÈGLEMENT |
|---|---|---|
| 176 | 0ᵐ,114 | |

**51**

Cintrages de hourdis de linteau pour béton.

| Pages | en DEMANDE | en RÈGLEMENT |
|---|---|---|
| 176 | S = 0ᵐ,95 | |

**40**

Brique neuve de Vaugirard en fondation et mortier, 2/3 chaux hydraulique, 1/3 ciment 1.

| Pages | en DEMANDE | en RÈGLEMENT |
|---|---|---|
| 177 | 0ᵐ,816 | |

**43**

Brique neuve de Vaugirard de 0ᵐ,11 épaisseur et mortier de chaux pour cloison.

| Pages | en DEMANDE | en RÈGLEMENT |
|---|---|---|
| 203 | 0ᵐ,48 | |

**81**

Taille de brique, façon Bourgogne.

| Pages | en DEMANDE | en RÈGLEMENT |
|---|---|---|
| 177 | 1ᵐ,22 | |
| 187 | 1 ,80 | |
| 191 | 1 ,23 | |
| 191 | 1 ,20 | |
| 191 | 1 ,20 | |
| 191 | 1 ,08 | |
| 192 | 0 ,79 | |
| 192 | 1 ,34 | |
| 192 | 0 ,70 | |
| 194 | 0 ,32 | |
| 194 | 0 ,32 | |
| 200 | 0 ,70 | |
| 200 | 0 ,70 | |
| 205 | 0 ,20 | |
| | 12ᵐ,77 | |

**60**

Étaiement en sapin à ciel ouvert.

| Pages | en DEMANDE | en RÈGLEMENT |
|---|---|---|
| 177 | 3ᵐ,500 | |

## Troisième colonne

**33**

Béton de gravillon et ciment 350ᵏᵍ ciment, pour 1 mètre cube gravillon pour hourdis de plancher.

| Pages | en DEMANDE | en RÈGLEMENT |
|---|---|---|
| 177 | 4ᵐ,433 | |

**45**

Brique pleine de Paris dite façon Bourgogne de 0ᵐ,06 épaisseur pour cloison et mortier de chaux hydraulique C.

| Pages | en DEMANDE | en RÈGLEMENT |
|---|---|---|
| 178 | 25ᵐ,55 | |

**46**

Parement de brique apparente et jointoiement en mortier n° 4 de ciment 1.

Surface :

| Pages | en DEMANDE | en RÈGLEMENT |
|---|---|---|
| 178 | 8ᵐ,83 | |
| 179 | 3 ,00 | |
| | 11ᵐ,83 | |

**47**

Plus-value pour joints lissés au fer.

Surface :

| Pages | en DEMANDE | en RÈGLEMENT |
|---|---|---|
| 178 | 8ᵐ,83 | |

**83**

Taille n° 3.

| Pages | en DEMANDE | en RÈGLEMENT |
|---|---|---|
| 179 | 0ᵐ,36 | |
| 219 | 4 ,17 | |
| 220 | 7 ,40 | |
| | 11ᵐ,93 | |

**84**

Rocaillage de joints sur mur en meulière, compris dégradation de joints et jointoie-

## Quatrième colonne

-ment en meulière concassée posée à bain de ciment, mortier n° 4.

| Pages | en DEMANDE | en RÈGLEMENT |
|---|---|---|
| 180 | 86ᵐ,98 | |
| 194 | 1 ,53 | |
| | 88ᵐ,51 | |

**23**

Repiquage de 0ᵐ,15 de hauteur de terre glaise avec chargement en brouette, transport à 1 relais, jet sur banquette, jet sur berge, chargement en tombereau et enlèvement aux décharges publiques.

Surface :

| Pages | en DEMANDE | en RÈGLEMENT |
|---|---|---|
| 180 | 12ᵐ,87 | |

**24**

Dressement de sol et pilonnage ordinaire.

| Pages | en DEMANDE | en RÈGLEMENT |
|---|---|---|
| 180 | 12ᵐ,87 | |
| 183 | 34 ,03 | |
| | 46ᵐ,90 | |

**140**

Forme en mâchefer de 0ᵐ,05 d'épaisseur avec descente en caves.

| Pages | en DEMANDE | en RÈGLEMENT |
|---|---|---|
| 180 | 12ᵐ,87 | |

**53**

Dallage en béton de gravillon et ciment 1 de 0ᵐ,10 d'épaisseur.

| Pages | en DEMANDE | en RÈGLEMENT |
|---|---|---|
| 180 | 12ᵐ,87 | |

**75**

Plus-value pour descente en caves de dallage ciment.

| Pages | en DEMANDE | en RÈGLEMENT |
|---|---|---|
| 180 | 12ᵐ,87 | |

Chaque groupe de colonnes porte l'en-tête : **NUMÉROS DES ARTICLES du détail métrique** (Pages) — **TITRES et QUANTITÉS** (en DEMANDE / en RÈGLEMENT).

**92** — Gorges en ciment de 0m,05 à 0m,10 de rayon.

| Pages | en DEMANDE | en RÈGLEMENT |
|---|---|---|
| 181 | 13m,54 | |
| 181 | 3 ,60 | |
| 181 | 1 ,20 | |
| 194 | 32 ,73 | |
| | 51m,07 | |

**85** — Enduits en ciment de Portland de 0m,02 d'épaisseur sur meulière neuve.

| Pages | en DEMANDE | en RÈGLEMENT |
|---|---|---|
| 181 | 12m,29 | |

**76** — Plus-value pour descente en caves sur enduit en ciment.

| Pages | en DEMANDE | en RÈGLEMENT |
|---|---|---|
| 181 | 12m,29 | |
| 181 | 3 ,86 | |
| 182 | 1 ,16 | |
| | 17m,31 | |

**86** — Enduit en ciment de Portland sur brique neuve.

| Pages | en DEMANDE | en RÈGLEMENT |
|---|---|---|
| 181 | 3m,86 | |

**87** — Enduit soigné en ciment Demarle et Lonquety sur meulière.

| Pages | en DEMANDE | en RÈGLEMENT |
|---|---|---|
| 182 | 1m,16 | |

**89** — Arêtes et cueillies en ciment.

| Pages | en DEMANDE | en RÈGLEMENT |
|---|---|---|
| 182 | 3m,88 | |
| 218 | 23 ,96 | |
| | 27m,74 | |

**90** — Décrottage à vif d'enduit en plâtre.

| Pages | en DEMANDE | en RÈGLEMENT |
|---|---|---|
| 182 | 0m,56 | |
| 194 | 1 ,53 | |
| | 2m,09 | |

**91** — Dégradation de joints sur vieux murs en meulière.

| Pages | en DEMANDE | en RÈGLEMENT |
|---|---|---|
| 182 | 0m,56 | |
| 194 | 1 ,53 | |
| | 2m,09 | |

**36** — Élévation. Brique neuve pleine silico-calcaire en élévation (blanche et rouge) et mortier n° 3 de chaux hydraulique de Beffes.

| Pages | en DEMANDE | en RÈGLEMENT |
|---|---|---|
| 185 | 1m,160 | |
| 186 | 2 ,488 | |
| | 3m,648 | |

**37** — Brique neuve en élévation pleine de Vaugirard et mortier n° 3 de chaux hydraulique de Beffes.

| Pages | en DEMANDE | en RÈGLEMENT |
|---|---|---|
| 190 | 4m,009 | |

**38** — Brique neuve en élévation pleine de remplissage et mortier n° 3 de chaux hydraulique de Beffes.

| Pages | en DEMANDE | en RÈGLEMENT |
|---|---|---|
| 185 | 1m,159 | |
| 186 | 1 ,245 | |
| | 2m,404 | |

**39** — Brique neuve silico-calcaire et mortier n° 3 pour filets.

| Pages | en DEMANDE | en RÈGLEMENT |
|---|---|---|
| 186 | 0m,187 | |
| 187 | 0 ,237 | |
| | 0m,424 | |

**70** — Liais de Cliquart n° 3 sur ciment 1.

| Pages | en DEMANDE | en RÈGLEMENT |
|---|---|---|
| 187 | 0m,228 | |

**29** — Bardage de pierre du chantier de l'entrepreneur.

| Pages | en DEMANDE | en RÈGLEMENT |
|---|---|---|
| 187 | 0m,228 | |

**77** — Plus-value de transport de pierre inférieur à 1 mètre cube.

| Pages | en DEMANDE | en RÈGLEMENT |
|---|---|---|
| 187 | 0m,228 | |

**65** — Montage de pierre à 1m,85 hauteur.

| Pages | en DEMANDE | en RÈGLEMENT |
|---|---|---|
| 187 | 0m,053 | |

**66** — Montage de pierre à 2m,15 de hauteur.

| Pages | en DEMANDE | en RÈGLEMENT |
|---|---|---|
| 187 | 0m,037 | |

**67** — Montage de pierre à 1m,15 de hauteur.

| Pages | en DEMANDE | en RÈGLEMENT |
|---|---|---|
| 188 | 0m,137 | |

**95** — Corniche en pierre artificielle pour fourniture et pose sur ciment de Portland.

| Pages | en DEMANDE | en RÈGLEMENT |
|---|---|---|
| 188 | 1m,455 | |
| 189 | 0 ,726 | |
| | 2m,181 | |

**96** — Pierre artificielle pour balustrade, droite composée d'un socle, main courante moulurée et 4 balustres ronds au mètre linéaire.

| Pages | en DEMANDE | en RÈGLEMENT |
|---|---|---|
| 189 | 11m,74 | |
| 189 | 7 ,20 | |
| | 18m,94 | |

**97** — Pilastres d'angle développant 0m,80 extérieurement.

| Pages | en DEMANDE | en RÈGLEMENT |
|---|---|---|
| 189 | 5 | |

**98** — Pilastres de 0m,40 de largeur environ.

| Pages | en DEMANDE | en RÈGLEMENT |
|---|---|---|
| 189 | 4 | |

**41** — Brique neuve rive gauche dite Pavé de 0m,065×0m,15×0m,22. 1re qualité de 0m,15 épaisseur et mortier n° 3 de chaux hydraulique de Beffes.

| Pages | en DEMANDE | en RÈGLEMENT |
|---|---|---|
| 189 | 19m,75 | |
| 190 | 3 ,00 | |
| | 22m,75 | |

**40** — Brique neuve Vaugirard pour filet.

| Pages | en DEMANDE | en RÈGLEMENT |
|---|---|---|
| 190 | 0m,048 | |

**Groupe 1**

| Pages | en DEMANDE | en RÈGLEMENT |
|---|---|---|
| | **80** — Refouillement de meulière à la masse et au poinçon. | |
| 190 | 0m,061 | |
| | **79** — Plus-value de construction en reprise par arrachement. | |
| 190 | 0m,138 | |
| | **42** — Brique pavée pour filet. | |
| 190 | 0m,24 | |
| | **44** — Brique neuve de Vaugirard de 0m,06 pour cloison et ciment I. | |
| 190 | 13m,89 | |
| | **114** — Revêtement en carreaux en faïence ivoire 0m,15 × 0m,15 pour fourniture. Surface: | |
| 204 | 1m,02 | |
| | **115** — Bordure de couleur en faïence de 0m,075 × 0m,15 pour fourniture. Linéaire: | |
| 204 | 3m,35 | |
| | **34** — Béton de ciment armé sur coffrage horizontal pour planchers. | |
| 193 | 4m,402 | |
| 194 | 0 ,186 | |
| | 4m,588 | |

**Groupe 2**

| Pages | en DEMANDE | en RÈGLEMENT |
|---|---|---|
| | **116** — Coffrage horizontal pour plancher. | |
| 193 | 49m,79 | |
| 193 | 0 ,54 | |
| 194 | 2 ,21 | |
| | 52m,51 | |
| | **117** — Aciers doux ronds de 0m,010. | |
| 194 | 728k,812 | |
| | **118** — Idem de 0m,020. | |
| 194 | 5k,280 | |
| | **54** — Dallage en béton de gravillon et ciment Portland Demarle et Lonquety de 0m,10 épaisseur, au 1er étage. Surface: | |
| 194 | 51m,19 | |
| | **119** — Arrondis en ciment. | |
| 194 | 0m,20 | |
| | **120** — Pose en revêtement de carreaux de faïence de 0m,15 de côté. Surface: | |
| 204 | 1m,27 | |
| | **121** — Plus-value de pose de carreaux de faïence sur ciment avec joints en ciment blanc. Surface: | |
| 204 | 1m,27 | |

**Groupe 3**

| Pages | en DEMANDE | en RÈGLEMENT |
|---|---|---|
| | **35** — Boisseaux Gourlier 0m,20 × 0m,20 de 0m,05 épaisseur | |
| 201 | 9m,75 | |
| | **64** — Mitrons de 0,19 de diamètre pour fourniture et pose. | |
| 202 | 3 | |
| | **122** — Fourniture de plinthe moulurée en cérame rouge sur ciment de 0m,14 de hauteur. Linéaire: | |
| 202 | 6m,49 | |
| | **123** — Angles de plinthes. | |
| 203 | 4 | |
| | **124** — Pose de plinthes moulurées. Linéaire: | |
| 203 | 6m,49 | |
| | **125** — Revêtements en briques biscautées dites métro de 0m,075 × 0m,15. Surface: | |
| 203 | 8m,34 | |
| | **126** — Pose en revêtement de briquettes biscautées. Surface: | |
| 203 | 8m,34 | |

**Groupe 4**

| Pages | en DEMANDE | en RÈGLEMENT |
|---|---|---|
| | **127** — Plus-value de pose sur ciment avec joints en ciment blanc. Surface: | |
| 203 | 8m,34 | |
| | **128** — Baguettes d'angle de 0m,03 de rayon. Linéaire: | |
| 203 | 5m,14 | |
| | **129** — Gorges de 0m,04 de rayon. Linéaire: | |
| 203 | 5m,14 | |
| | **130** — Pose de gorges sur ciment. Linéaire: | |
| 203 | 5m,14 | |
| | **131** — Linéaire bordure émail majolique de 0m,075 × 0m,15. Linéaire: | |
| 203 | 6m,49 | |
| | **132** — Plus-value pour angles rentrants de bordure émail majolique. | |
| 203 | 4 | |
| | **133** — Pose en revêtement de bordure émail majolique. Surface: | |
| 203 | 0m,49 | |

| NUMÉROS DES ARTICLES du détail métrique / Pages | TITRES et QUANTITÉS | en DEMANDE | en RÈGLEMENT |
|---|---|---|---|
| | **134** Plus-value de pose de bordure émail majolique. Surface: | | |
| 203 | | 0m,49 | |
| | **135** Plus-value de pose sur ciment avec joints en ciment blanc. Surface: | | |
| 203 | | 0m,49 | |
| | **99** Fourniture de carrelages en carreaux céramiques à dessins grisaille et bleu, 1er choix sur ciment. | | |
| 211 | | 10m,83 | |
| | **101** Pose de carreaux céramiques. | | |
| 211 | | 10m,83 | |
| | **100** Fourniture de carrelage en carreaux 1er choix, céramiques octogones de 0m,010 dits carrelets de 0m,010 à 0m,012 d'épaisseur avec remplissages bleus sur ciment. | | |
| 212 | | 3m,13 | |
| | **102** Pose de carreaux céramiques octogones. | | |
| 212 | | 3m,13 | |
| | **103** Carrelage en carreaux neufs 1/2 céramique et noirs (0m,14 × 0m,14) sur | | |

| NUMÉROS DES ARTICLES du détail métrique / Pages | TITRES et QUANTITÉS | en DEMANDE | en RÈGLEMENT |
|---|---|---|---|
| | ciment pour fourniture et pose. | | |
| 212 | | 5m,08 | |
| | **104** Carrelage en carreaux carrés de ciment comprimé. | | |
| 212 | | 2m,76 | |
| | **105** Pose de carreaux carrés en ciment comprimé. | | |
| 212 | | 2m,76 | |
| | **106** Forme en mâchefer de 0m,08 d'épaisseur après pilonnage. | | |
| 212 | | 21m,80 | |
| | **107** Forme en sable de 0m,05 d'épaisseur. | | |
| 212 | | 21m,80 | |
| | **108** Percement du trou à la masse et au poinçon de 0m,04 de diamètre dans carrelage céramique. | | |
| 212 | | 1 | |
| | **137** *Idem* de 0m,08 diamètre. | | |
| 212 | | 2 | |
| | **109** Plinthes céramique unie de 0m,14 à 0m,15 de hauteur pour fourniture. | | |
| 213 | | = 6m,03 | |
| | **110** Pose de plinthes unies. | | |
| 213 | | = 6m,03 | |

| NUMÉROS DES ARTICLES du détail métrique / Pages | TITRES et QUANTITÉS | en DEMANDE | en RÈGLEMENT |
|---|---|---|---|
| | **111** Plinthe moulurée à talon en céramie de 0m,14 de hauteur pour fourniture. | | |
| 213 | | 7m,44 | |
| | **112** Pose de plinthe moulurée à talon. | | |
| 213 | | 7m,44 | |
| | **93** Crépi en ciment. | | |
| 204 | | 9m,74 | |
| 204 | | 1,27 | |
| 213 | | 1,89 | |
| | | 12m,90 | |
| | **113** Moulure en ciment de 0m,41 de profil développé sur pierre artificielle. Surface: | | |
| 215 | | 8m,31 | |
| | **50** Parement de brique apparente avec joints en creux en mortier n° 4. | | |
| 216 | | 30m,49 | |
| | **56** Plus-value de parement décoratif en brique posée en saillie sur le nu du mur. | | |
| 217 | | 0m,82 | |
| | **48** Parement de brique apparente. | | |
| 217 | | 3m,16 | |
| | | 1,09 | |
| | | 4m,25 | |

| NUMÉROS DES ARTICLES du détail métrique / Pages | TITRES et QUANTITÉS | en DEMANDE | en RÈGLEMENT |
|---|---|---|---|
| | **49** Parement de brique apparente et jointoiement en mortier de ciment 1 les joints lissés au fer. | | |
| 217 | | 21m,21 | |
| | **136** Gravois. | | |
| | | 3m,500 | |
| | **59** Légers sable mortier coloré ton pierre. | | |
| 218 | | 4m,34 | |
| | **88** Enduit dressé en ciment de Portland sur meulière neuve à rez-de-chaussée. | | |
| 218 | | 17m,25 | |
| | **94** Rocaillage non apparent de joints en meulière concassée et mortier de ciment. | | |
| 218 | | 13m,34 | |
| | **56** Enduit dressé en mortier de chaux hydraulique. | | |
| 218 | | 0m,70 | |
| | **57** *Idem*, de 0m,12. | | |
| 218 | | 0m,17 | |
| | **58 bis** Arêtes en chaux. | | |
| 218 | | 2m,80 | |
| | **55** Légers ouvrages pour échafaudages. | | |
| 221 | | 39m,15 | |

# RÉSUMÉ.

| NUMÉROS d'Ordre | INDICATION DES OUVRAGES. | QUANTITÉS | NUMÉROS de LA SÉRIE | PRIX de LA SÉRIE | DEMANDE |
|---|---|---|---|---|---|
| 1 | Heures de jour de terrassier .................. | 38 | 3 | 4$^f$,25 | 161$^f$,50 |
| 2 | Fouille en déblai de terre ordinaire avec chargement en brouette, transport à 1 relais .... | 115$^m$,060 | 18 + 27 + 35 | 9$^f$,05 | 1.041$^f$,29 |
| 3 | Fouille en rigoles en terrain ordinaire avec jet sur berge, chargement en brouette, transport à 1 relais ........................... | 56$^m$,705 | 22 + 29 + 27 + 35 | 12$^f$,68 | 719$^f$,02 |
| 4 | Fouille en rigoles dans la terre ordinaire avec jet sur berge ....................... | 31$^m$,530 | 22 + 29 | 7$^f$,03 | 221$^f$,66 |
| 5 | Fouille en rigoles dans la glaise avec jet sur berge (argileux, pierreux) ............... | 15$^m$,735 | 23 + 29 B | 9$^f$,90 | 155$^f$,78 |
| 6 | Fouille en rigoles d'anciennes maçonneries avec jet sur berge........................ | 7$^m$,005 | 25 + 29 A | 18$^f$,34 | 128$^f$,47 |
| 7 | Plus-value de fouille dans l'embarras des étais en terrain ordinaire ...................... | 56$^m$,705 | 22 + B — A | 1$^f$,19 | 67$^f$,48 |
| » | Plus-value de fouille dans l'embarras des étais en terre glaise ......................... | 15$^m$,181 | 23 + B — A | 1$^f$,70 | 25$^f$,81 |
| 8 | Plus-value de fouille en sous-œuvre de const.$^{on}$ dans l'embarras des étais en terrain ordinaire | 31$^m$,530 | 22 + D — A | 4$^f$,55 | 143$^f$,46 |
| 9 | Plus-value de fouille d'anciennes maçonneries en sous-œuvre de construction dans l'embarras des étais ............................ | 7$^m$,005 | 25 + D — A | 15$^f$,85 | 111$^f$,03 |
| 10 | Jet de pelle d'anciennes maçonneries pour chargement en brouette, transport à 1 relais. | 7$^m$,005 | 27 + 25 | 5$^f$,65 | 39$^f$,58 |
| 11 | Jet horizontal de terre glaise ................ | 3$^m$,150 | 26 B | 1$^f$,74 | 5$^f$,41 |
| 12 | Jet de pelle de terre ordinaire sur banquette.... | 59$^m$,337 | 30 | 2$^f$,80 | 166$^f$,14 |
| 13 | Jet de pelle horizontal de terre ordinaire ..... | 57$^m$,530 | 26 A | 1$^f$,40 | 80$^f$,54 |
| 14 | Jet de pelle pour chargement en tombereau de terre et enlèvement aux décharges publiques (terre ordinaire).................. | 203$^m$,020 | 27A + 56 | 26$^f$,85 | 5.451$^f$,09 |
| » | Idem de terre glaise ...................... | 38$^m$,179 | 27B + 56 | 59$^f$,70 | 2.279$^f$,29 |
| 15 | Idem d'anciennes maçonneries................ | 7$^m$,005 | 27A + 56 | 52$^f$,48 | 367$^f$,62 |
| 16 | Jet de pelle sur banquette, jet de pelle sur berge de terre glaise ..................... | 7$^m$,235 | 30B + 29B | 6$^f$,61 | 47$^f$,82 |
| 17 | Jet de pelle pour chargement en tombereau de terre glaise et enlèvement aux décharges publiques........................... | 7$^m$,235 | 27B + 56 | 59$^f$,70 | 431$^f$,92 |
| 18 | Jet de pelle sur banquette et jet de pelle sur berge de terre glaise avec chargement en brouette, transport à 1 relais.............. | 38$^m$,179 | 30B+29B+27B+35 | 12$^f$,98 | 495$^f$,56 |
| 19 | Jet de pelle de terre ordinaire sur banquette avec chargement en brouette, transport à 1 relais........................... | 31$^m$,530 | 30A + 27A + 35 | 8$^f$,46 | 266$^f$,74 |
| 20 | Fouille de puits en terre glaise, les terres déposées à l'orifice du puits ................... | 29$^m$,674 | $2^2$ | 32$^f$,43 | 962$^f$,28 |
| 21 | Plus-value de fouille de terre glaise dans l'eau (pour puits) ............................. | 3$^m$,739 | 1/2 n° $2^2$ | 16$^f$,21 | 60$^f$,61 |
| 22 | Plus-value de fouille de puits en sous-œuvre de construction dans la glaise................. | 15$^m$,181 | 1/3 n° $2^2$ | 10$^f$,81 | 164$^f$,11 |
| » | Plus-value de fouille en terrain nécessitant une ventilation............................. | 7$^m$,419 | 1/2 n° $2^2$ | 16$^f$,21 | 120$^f$,26 |
| 23 | Repiquage de 0$^m$,15 de hauteur de terre glaise avec chargement en brouette, transport à 1 relais, jet sur banquette, jet sur berge, chargement en tombereau et enlèvement aux décharges publiques ..................... | S = 12$^m$,87 | 52 + 2$^f$53 + 27B × 0.150 35 + 0.15 + 30B × 0.15 + 27B × 015 + 27B × 0.15 + 0.56 × 0.15 | 2$^f$,57 | 33$^f$,08 |
| | A reporter ....................... | | | | 13.747$^f$,55 |

| NUMÉROS d'Ordre | INDICATION DES OUVRAGES. | QUANTITÉS | NUMÉROS de LA SÉRIE | PRIX de LA SÉRIE | DEMANDE |
|---|---|---|---|---|---|
| | *Report* ............................. | ............ | ...................... | ...... | $13.747^f,55$ |
| 24 | Dressement de sol et pilonnage ordinaire...... | $46^m,90$ | 44 | $0^f,57$ | $26^f,73$ |
| 25 | Location de pompe aspirante de $0^m,12$ de diamètre avec $10^m,00$ de tuyaux ............ | 6 journées | = est°ⁿ | $29^f,10$ | $174^f,60$ |
| 26 | Plus-value pour les premier et dernier jours de locations, pour pose, dépose, double transport et toutes sujétions ................. | 1 journée | = est°ⁿ | » | $90^f,00$ |
| 27 | Location de ventilateur portatif avec $10^m,00$ de tuyaux de zinc ..................... | 6 journées | = est°ⁿ | $10^f,50$ | $63^f,00$ |
| 28 | Plus-value pour les 1ᵉʳ et dernier jours de location, compris pose, dépose et double transport. Dans le cas où les prix de location seraient plus élevés, produire un attachement des déboursés de fournitures en location avant tout commencement d'exécution, observation n° 69.................................... | 1 journée | = est°ⁿ | $75^f,00$ | $75^f,00$ |
| 29 | Bardage de pierre du chantier de l'entrepreneur | $0^m,228$ | 296 | $29^f,75$ | $6^f,78$ |
| 30 | Béton de cailloux et mortier n° 2 de ciment I dans l'eau .............................. | $3^m,739$ | $298^2 4$ | $140^f,00$ | $523^f,46$ |
| | Plus-value dans l'eau. (Obs. 146, Consolidations souterraines) ./................... | $3^m,739$ | » | $35^f,00$ | $130^f,86$ |
| 31 | Béton de cailloux et mortier n° 2 de chaux hydraulique de Beffes ..................... | $0^m,935$ | $298^2$ | $104^f,00$ | $97^f,24$ |
| 32 | Béton de cailloux et mortier n° 3, 1/3 chaux hydraulique de Beffes, 2/3 Ciment I (Voiᵣ sous-détail ci-après).................... | $18^m,505$ | $\dfrac{299^2}{3} + \dfrac{2}{3} \times 299^9$ | $142^.,65$ | $2.639^f,74$ |
| 33 | Béton de gravillon et ciment, 350 kilogrammes de ciment par mètre cube de gravillon, pour hourdis de plancher ..................... | $4^m,433$ | Ciment n° 24 | $264^f,00$ | $1.170^f,31$ |
| 34 | Béton de ciment armé sur coffrage horizontal pour plancher........................ | $4^m,588$ | Ciment armé n° 22 | $263^f,00$ | $1.206^f,64$ |
| 35 | Boisseaux Gourlier $0^m,20 \times 0^m,20$, de $0^m,05$ d'épaisseur ........................ | $9^m,75$ | 316 | $23^f,40$ | $228^f,15$ |
| 36 | Brique neuve pleine silico-calcaire en élévation blanche et rouge et mortier n° 3 de chaux hydraulique de Beffes ..................... | $3^m,648$ | $\dfrac{335^2 + 337^2}{2} +$ Mortier | $294^f,55$ | $1.074^f,52$ |
| 37 | Brique neuve pleine de Vaugirard en élévation et mortier n° 3 de chaux hydraulique de Beffes ................................. | $4^m,009$ | $357^2 +$ Mortier | $224^f,49$ | $899^f,98$ |
| 38 | Brique neuve pleine de remplissages en élévation et mortier n° 3 de chaux hydraulique de Beffes ................................. | $2^m,404$ | $361^2 +$ Mortier | $240^f,55$ | $578^f,28$ |
| 39 | Brique neuve blanche silico-calcaire et mortier n° 3 pour filets...................... | $0^m,424$ | $335^2 +$ Mortier | $286^f,90$ | $121^f,65$ |
| 40 | Brique neuve Vaugirard en fondation et mortier n° 3, 2/3 chaux hydraulique de Beffes et 1/3 ciment I............................ | $0^m,816$ | $357^1 +$ Mortier | $222^f,80$ | $181^f,80$ |
| 41 | Brique neuve rive gauche dite pavé $0^m,065 \times 0^m,15 \times 0^m,22$, 1ʳᵉ qualité de $0^m,15$ d'épaisseur et mortier n° 3 de chaux hydraulique de Beffes ................................. | $22^m,75$ | $413 +$ Mortier | $28^f,59$ | $650^f,42$ |
| 42 | Brique *idem* pour filets...................... | $0^m,24$ | $413^2 +$ id. | $31^f,27$ | $7^f,50$ |
| 43 | Brique neuve Vaugirard de $0^m,11$ épaisseur et mortier de chaux pour cloison.............. | $0^m,48$ | $406^1 +$ id. | $25^f,96$ | $12^f,46$ |
| 44 | Brique neuve Vaugirard de $0^m,06$ épaisseur et ciment I pour cloison..................... | $13^m,89$ | $408^3 +$ id. | $14^f,64$ | $203^f,35$ |
| 45 | Brique neuve pleine de Paris dite façon Bourgogne de $0^m,06$ d'épaisseur et mortier de chaux pour cloison ..................... | $25^m,55$ | $406 -$ id. | $14^f,21$ | $363^f,07$ |
| 46 | Parement de brique apparente et jointoiement en mortier n° 4 de ciment I.............. | $11^m,82$ | $432 + 664^5$ | $11^f,40$ | $134^f,85$ |
| | *A reporter*........................... | ............ | ...................... | ...... | $24.407^f,94$ |

| NUMÉROS d'Ordre | INDICATION DES OUVRAGES. | QUANTITÉS | NUMÉROS de LA SÉRIE | PRIX de LA SÉRIE | DEMANDE |
|---|---|---|---|---|---|
| | *Report* .............................. | ........ | ............... | ....... | 24,407$^f$,94 |
| 47 | Plus-value pour joints lissés au fer........... | 8$^m$,83 | 669 | 1$^f$,90 | 16$^f$,78 |
| 48 | Parement de brique apparente ............. | 4$^m$,25 | 432 | 3$^f$,80 | 16$^f$,25 |
| 49 | Parement de brique apparente et jointoiement en mortier de ciment I, les joints lissés en fer .............................. | 21$^m$,21 | 432 + 664 + 169 | 13$^f$,30 | 282$^f$,09 |
| 50 | Parement de brique apparente avec joints au creux au mortier n° 4 ..................... | 30$^m$,49 | 434 | 12$^f$,90 | 393$^f$,32 |
| » | Plus-value de parement décoratif en brique posée en saillie sur le nu du mur .......... | 0$^m$,82 | 436 et $\dfrac{432}{2}$ | 1$^f$,90 le m.superf. | 1$^f$,56 |
| 51 | Cintrages de hourdis de béton pour linteaux ... | S = 0$^m$,95 | 311 | 6$^f$,00 | 5$^f$,70 |
| 52 | Dalles en pierre d'Ancy-le-Franc de 0$^m$,06 d'épaisseur à 2 parements de sciages ....... | 7$^m$,92 | 507 | 134$^f$,00 | 961$^f$,28 |
| 53 | Dallage en béton de gravillon et ciment de 0,10 d'épaisseur en caves. (La plus-value en cave est comptée ci-après au n° 75) ............. | 12$^m$,87 | Ciments 47 | 35$^f$,25 | 453$^f$,67 |
| 54 | Dallage en béton de gravillon et ciment Portland Demarle et Lonquety de 0$^m$,10 épaisseur au 1$^{er}$ étage ..................... | 51$^m$,19 | Ciments 46 + 48 | 33$^f$,20 | 1.699$^f$,51 |
| 55 | Échafauds pour ravalement ................ | 39$^m$,15 | Maçonnerie 575 | 4$^f$,00 | 156$^f$,60 |
| 56 | Enduit dressé en mortier de chaux hydraulique de Beffes sur moulière ..................... | 0$^m$,67 | 599 + 611 | 15$^f$,33 | 10$^f$,27 |
| 57 | Idem, de 0$^m$,12..................... | 0$^m$,17 | 599 + 612 | 12$^f$,26 | 2$^f$,08 |
| 58 | Légers ouvrages en plâtre .................. | 183$^m$,33 | 683 Maçonnerie Ciments | 20$^f$,00 | 3.666$^f$,60 |
| 58 *bis* | Arêtes en chaux........................ | 2$^m$,80 | 614 + 106 | 1$^f$,62 | 4$^f$,54 |
| 59 | Légers sable, mortier coloré ton pierre........ | 4$^m$,34 | 897 | 38$^f$,00 | 164$^f$,92 |
| 60 | Étaiement en sapin à ciel ouvert............. | 3$^m$,500 | 164 Égouts | 170$^f$,00 | 595$^f$,00 |
| 61 | Moulière neuve pour massifs et mortier n° 2 ; 2/3 chaux hydraulique, 1/3 ciment I........ | 7$^m$,390 | 912$^1$ + Mortier | 110$^f$,80 | 818$^f$,81 |
| 62 | Moulière neuve en fondation et mortier n° 3 *idem* 2/3 chaux, 1/3 ciment I............... | 67$^m$,478 | 912$^8$ + Mortier | 136$^f$,94 | 9.240$^f$,44 |
| 63 | Moulière neuve pour massif et mortier n° 2 ; 1/3 chaux hydraulique, 2/3 ciment I........ | 8$^m$,934 | 912 + Mortier | 126$^f$,50 | 1.130$^f$,15 |
| 64 | Mitrons de 0$^m$,19 de diamètre pour fourniture et pose.................................. | 3 | 933$^c$ + 934 | 6$^f$,60 | 19$^f$,80 |
| 65 | Montage de pierre à 1$^m$,85 de hauteur ........ | 0$^m$,053 | 979 + 980 | 11$^f$,53 | 0$^f$,61 |
| 66 | Montage de pierre à 2$^m$,15 de hauteur ........ | 0$^m$,037 | 979 + 980 | 12$^f$,17 | 0$^f$,45 |
| 67 | Montage de pierre à 1$^m$,15 de hauteur ........ | 0$^m$,137 | 979 + 980 | 11$^f$,67 | 1$^f$,60 |
| 68 | Montage de pierre à 0$^m$,80 de hauteur ........ | 0$^m$,174 | 979 + 980 | 10$^f$,92 | 1$^f$,90 |
| 69 | Roche neuve de Comblanchien 1$^{er}$ choix sur ciment.................................. | 0$^m$,174 | 1.044 + 1.139 | 1081$^f$,65 | 188$^f$,21 |
| 70 | Liais de Cliquart n° 3 sur ciment ............ | 0$^m$,228 | 1.040 + Mortier | 886$^f$,65 | 202$^f$,16 |
| 71 | Plus-value de construction de béton dans l'embarras des étais par petites parties en sous-œuvre de construction................ | 11$^m$,096 | 1.216 | 17$^f$,80 | 197$^f$,51 |
| 72 | Plus-value pour arcs de décharge cubant de 0$^m$,501 à 0$^m$,750 ..................... | 1$^m$,625 | 1.226 | 37$^f$,40 | 60$^f$,78 |
| 73 | Plus-value pour arcs de décharge cubant de 0$^m$,751 à 1$^m$,000 ..................... | 1$^m$,768 | 1.225 | 19$^f$,60 | 34$^f$,65 |
| 74 | Plus-value de hourdis de linteaux en béton de gravillon et ciment I au lieu de moulière 2/3 chaux 1/3 ciment I..................... | 0$^m$,114 | 298 + 307 — (n° 62 ci-dessus ciments | 9.81 | 1$^f$,12 |
| 75 | Plus-value pour dallage en ciment de 0$^m$,10 épaisseur exécuté en caves .............. | 12$^m$,87 | 48$^8$ | 1$^f$,80 | 23$^f$,17 |
| 76 | Plus-value d'enduit en ciment exécuté en caves................................. | 17$^m$,31 | 79$^1$ | 1$^f$,30 | 22$^f$,50 |
| 77 | Plus-value de transport de pierre inférieur à 1$^m$,000 cube........................... | 0$^m$,228 | 297 | 8$^f$,60 | 1$^f$,96 |
| 78 | Plus-value de construction de moulière dans | | | | |
| | *A reporter* .......................... | ........ | ............... | ....... | 44.783$^f$,83 |

| NUMÉROS d'Ordre | INDICATION DES OUVRAGES. | QUANTITÉS | NUMÉROS de LA SÉRIE | PRIX de LA SÉRIE | DEMANDE |
|---|---|---|---|---|---|
| | *Report*.......................... | .......... | .............. | ...... | 44.783f,83 |
| | l'embarras des étais par petites parties en sous-œuvre de construction............. | 39m,487 | 1216 | 17f,80 | 702f,87 |
| 79 | Plus-value de construction en reprise par arrachement................. | 0m,138 | 1215 | 8f,90 | 1f,23 |
| 80 | Refouillement de meulière à la masse et au poinçon ................ | 0m,061 | 1241 | 115f,00 | 7f,02 |
| 81 | Taille de brique façon Bourgogne ........... | 12m,77 | 1255 | 14f,00 | 178f,78 |
| 82 | Taille n° 1 ................ | 5m,32 | 1258 | 81f,00 | 430f,92 |
| 82 bis | Taille n° 2 ................ | 27m,23 | 1259 | 70f,00 | 1.906f,10 |
| 83 | Taille n° 3 ................ | 11m,93 | 1260 | 57f,00 | 680f,01 |
| 84 | Rocaillage de joints sur murs en meulière compris dégradation de joints et jointoiement en meulière concassée, posée à bain de ciment mortier n° 4 ................ | 88m,51 | 1247 | 13f,30 | 1.177f,18 |
| 85 | Enduit dressé en ciment de Portland de 0m,02 d'épaisseur sur meulière neuve en caves (Électricité fournie par le propriétaire, article 12 du frontispice de la Série) .......... | 12m,29 | ciment 75[1] + 79 | 21f,70 | 267f,69 |
| 86 | Enduit en ciment de Portland *idem* sur brique neuve | 3m,86 | 73 + 79 | 15f,40 | 59f,44 |
| 87 | Enduit dressé en ciment *idem* sur meulière..... | 1m,16 | 75[1] + 79 | 21f,70 | 25f,17 |
| 88 | Enduit dressé en ciment sur meulière neuve à rez-de-chaussée................ | 17m,25 | 75[1] | 20f,40 | 351f,90 |
| 89 | Arêtes et cueillies en ciment ................ | 27m,74 | 106 | 1f,80 | 49f,93 |
| 90 | Décrottage à vif d'enduit en plâtre .......... | 2m,09 | 116 | 1f,40 | 2f,93 |
| 91 | Dégradation de joints sur vieux mur en meulière ................ | 2m,09 | 113 | 2f,85 | 5f,86 |
| 92 | Gorges en ciment de 0m,05 à 0m,10 de rayon................ | 51m,07 | 125 | 2f,55 | 130f,23 |
| 93 | Crépi en ciment sur brique................ | 12m,90 | Égouts 136 + 605[1] | 5f,96 | 76f,88 |
| 94 | Rocaillage non apparent de joints en meulière concassée et mortier de ciment.......... | 13m,34 | Ciments Maçonnerie 123 + 1247 + 1248 Ciments | 6f,65 | 88f,71 |
| 95 | Corniche en pierre artificielle pour fourniture et pose sur ciment I ................ | 2m,181 | 187 et 196 | 526f,00 | 1.147f,21 |
| 96 | Pierre artificielle pour balustrade droite composée d'un socle, main-courante moulurée et quatre balustres ronds au mètre linéaire................ | 18m,94 | 153 + 191 | 173f,60 | 3.287f,98 |
| 97 | Pilastres d'angle développant 0m,80 extérieurement ................ | 5 | 156 | 80f,00 | 400f,00 |
| 98 | Pilastres de 0m,40 de largeur environ ........ | 4 | 155 | 40f,00 | 160f,00 |
| 99 | Fourniture de carrelages en carreaux 1er choix, céramique de dessins grisailles et bleus sur ciment ................ | 10m,83 | Carrelages 147 | 67f,90 | 735f,36 |
| 100 | Fourniture de carrelages en carreaux 1er choix céramiques octogones de 0m,10 dits carrelets de 0m,010 à 0m,012 d'épaisseur avec remplissages blancs sur ciment ................ | 3m,13 | 131 + 132 | 53f,85 | 169f,55 |
| 101 | Pose de carreaux céramiques ................ | 10m,83 | 158 | 15f,60 | 168f,95 |
| 102 | Pose de carrelages céramiques octogones...... | 3m,13 | 158 | 15f,60 | 48f,83 |
| 103 | Fourniture et pose de carrelages en carreaux neufs 1/2 céramiques gris et noirs 0m,14 × 0m,14 sur ciment................ | 5m,08 | $\frac{99 + 101 +}{2}$ Mortier | 48f,80 | 247f,90 |
| 104 | Carrelages en carreaux neufs carrés de ciment comprimé ................ | 2m,76 | Carrelages 148 | 31f,60 | 87f,82 |
| 105 | Pose de carreaux carrés en ciment comprimé .. | 2m,76 | 159 | 11f,60 | 32f,02 |
| 106 | Forme en mâchefer de 0m,08 d'épaisseur après pilonnage................ | 91m,00 | 07   0f,00 | 0f,10 | 70f,00 |
| 107 | Forme en sable de 0m,05 d'épaisseur ......... | 21m,80 | 89 | 4f,10 | 89f,82 |
| | *A reporter*................ | .......... | .............. | ...... | 57.577f,70 |

| NUMÉROS d'Ordre | INDICATION DES OUVRAGES | QUANTITES | NUMÉROS de LA SÉRIE | PRIX de LA SÉRIE | DEMANDE |
|---|---|---|---|---|---|
| | *Report*.................... | .......... | .......... | ...... | 57.577$^f$,70 |
| 108 | Percement d'un trou à la masse et au poinçon de 0$^m$,04 diamètre dans carrelage céramique.................... | 1 | 255 | 3$^f$,50 | 3$^f$,50 |
| 109 | Plinthe neuve cérame unie de 0$^m$,14 à 0$^m$,15 de hauteur pour fourniture (sans arrondis)..... | 6$^m$,03 | 161 | 10$^f$,30 | 62$^f$,12 |
| 110 | Pose de plinthe unie ..................... | 6$^m$,03 | 171 | 5$^f$,30 | 31$^f$,95 |
| 111 | Plinthe neuve moulurée à talon ............ | 7$^m$,44 | 163 | 28$^f$,70 | 213$^f$,53 |
| 112 | Pose de plinthe moulurée à talon ............ | 7$^m$,44 | 171 | 5$^f$,30 | 39$^f$,43 |
| 113 | Moulure en ciment de 0$^m$,41 de profil développé sur pierre artificielle .................. | 8$^m$,31 | 129 | 54$^f$,00 | 44$^f$,74 |
| 114 | Revêtement en carreaux de faïence ivoire de 0$^m$,15 × 0$^m$,15 pour fourniture............ | 1$^m$,02 | 211 | 57$^f$,30 | 58$^f$,35 |
| 115 | Bordure de couleur en faïence de 0$^m$,07 × 0$^m$,15 pour fourniture ..................... | 3$^m$,35 | 225 | 5$^f$,80 | 19$^f$,43 |
| 116 | Coffrage horizontal pour plancher .......... | 52$^m$,51 | 33 Ciment armé | 26$^f$,30 | 1.381$^f$,01 |
| 117 | Aciers doux ronds de 0$^m$,010 pour fourniture et pose.................... | 728$^{kg}$,812 | 49 + 53 | 1$^f$,92 | 1.399$^f$,32 |
| 118 | *Idem* — de 0$^m$,020 ................. | 5$^{kg}$,280 | 49 + 52 | 1$^f$,79 | 9$^f$,45 |
| 119 | Arrondis en ciment.................... | 0$^m$,20 | 107 ciment | 2$^f$,30 | 0$^f$,46 |
| 120 | Pose en revêtement de carreaux de faïence de 0$^m$,15 de côté ..................... | 127 | 215 | 17$^f$,60 | 22$^f$,35 |
| 121 | Plus-value de pose de carreaux de faïence sur ciment avec joints en ciment blanc.......... | 1$^m$,27 | 220 | 4$^f$,70 | 5$^f$,96 |
| 122 | Fourniture de plinthe moulurée en cérame rouge sur ciment de 0$^m$,14 de hauteur....... | 6$^m$,49 | 164 + Mortier | 21$^f$,90 | 142$^f$,13 |
| 123 | Angles de plinthes ..................... | 4 | 167 | 6$^f$,00 | 24$^f$,00 |
| 124 | Pose de plinthe moulurée.................... | 6$^m$,49 | 171 | 5$^f$,30 | 34$^f$,39 |
| 125 | Revêtement en briquettes biscautées dites « Métro » de 0$^m$,075 + 0$^m$,15 ............. | 8$^m$,34 | 214 | 61$^f$,70 | 514$^f$,52 |
| 126 | Pose en revêtement de briquettes biscautées .. | 8$^m$,34 | 218 | 17$^f$,80 | 148$^f$,45 |
| 127 | Plus-value de pose sur ciment avec joints en ciment blanc.................... | 8$^m$,34 | 220 | 4$^f$,70 | 39$^f$,20 |
| 128 | Baguettes d'angle de 0$^m$,03 de rayon.......... | 5$^m$,14 | 228 + 236 | 6$^f$,90 | 35$^f$,41 |
| 129 | Gorges de 0$^m$,04 de rayon .................. | 5$^m$,14 | 229 | 10$^f$,65 | 54$^f$,74 |
| 130 | Pose de gorges sur ciment.................... | 5$^m$,14 | 236 | 4$^f$,30 | 22$^f$,10 |
| 131 | Bordure en émail majolique pour fourniture de 0$^m$,075 + 0$^m$,15 ..................... | 6$^m$,49 | 226 | 7$^f$,00 | 45$^f$,43 |
| 132 | Plus-value pour angles rentrants en bordure émail majolique ..................... | 4 | 230 | 2$^f$,00 | 8$^f$,00 |
| 133 | Pose en revêtement de bordure émail majolique | 0$^m$,49 | 217 | 21$^f$,50 | 10$^f$,54 |
| 134 | Plus-value de pose de bordure en émail majolique ..................... | 0$^m$,49 | 223 | 10$^f$,75 | 5$^f$,27 |
| 135 | Plus-value de pose sur ciment avec joints en ciment blanc.................... | 0$^m$,49 | 220 | 4$^f$,70 | 2$^f$,30 |
| 136 | Gravois provenant de démolitions, hachements, réfouillements.................... | 3$^m$,500 | 634 + 638 | 28$^f$,20 | 98$^f$,70 |
| » | Descente et sortie ..................... | 3$^m$,500 | 553 | 10$^f$,40 | 36$^f$,30 |
| 137 | Percement d'un trou de 0$^m$,08 de diamètre dans carrelage céramique ..................... | 1 | 256 | 4$^f$,00 | 4$^f$,00 |
| 138 | Paillasse en ciment armé de 0$^m$,04 d'épaisseur avec enduit en ciment en sous-face, arête, etc. | 0$^m$,50 | Ciment 198 + 200 | 84$^f$,00 | 42$^f$,00 |
| 139 | Carreaux neufs en faïence ivoire 0$^m$,15 × 0$^m$,15 posés en recherche sur ciment............. | 20 | 237 + 250 | 2$^f$,80 | 56$^f$,00 |
| 140 | Forme en mâchefer de 0,05 d'épaisseur avec descente en caves ..................... | 12$^m$,87 | 87 — 5 f 88 | 2$^f$,20 | 28$^f$,31 |
| 141 | Percement d'un trou dans la faïence posée sur ciment.................... | 1 | 255 | 3$^f$,50 | 3$^f$,50 |
| | *Total* ..................... | .......... | .......... | ...... | 62,628$^f$,59 |

# MÉMOIRE

**BUDGET DE 1922**

SECTION

CHAPITRE

Timbre quittance

Ministère de ........................................................

## DIRECTION

LIQUIDATION DES DÉPENSES ET CONTENTIEUX

Mémoire des ouvrages de terrasse, maçonnerie, carrelages et ciments exécutés pendant le mois de ...................................... 1922

à ............................................................................................

Suivant marché approuvé le ............................................ 1922

d'après les ordres de M. ...................... architecte en chef

par ................................................................ entrepreneur

demeurant à Paris, rue ................................ n⁰ ...............

| FORMULE A REMPLIR PAR L'ARCHITECTE | FORMULE A REMPLIR PAR L'ENTREPRENEUR |
|---|---|
| *Montant du crédit ouvert :* 65.000 francs. | *Numéros et dates des ordres de services.* |
| *Date de la décision :* 15 janvier 1922. | N° du 1922. |
| | N° du 1922. |
| | N° du 1922. |
| *Indication de l'opération :* | N° du 1922. |
| | N° du 1922. |

| Numéros d'ordre | INDICATION DES OUVRAGES | QUANTITÉS | NUMÉROS de la SÉRIE | PRIX de la SÉRIE | DEMANDE | RÈGLEMENT et REVISION |
|---|---|---|---|---|---|---|
| 1 | Heures de jour de terrassier.............. | 38 | 3 Terrasse | 4f,25 | 161f,50 | |
| 2 | Fouille en déblai de terre ordinaire avec chargement en brouettes, transport à un relais................... | 115.060 | 18 + 27 + 35 | 9f,05 | 1041f,29 | |
| 3 | Fouille en rigoles en terrain ordinaire avec jet sur berge chargement en brouettes, transport à un relais..... | 56.705 | 22-29-27-35 | 12f,68 | 719f,02 | |
| 4 | Fouille en rigoles dans la terre ordinaire avec jet sur berge............. | 31.530 | 22 + 29 | 7f,03 | 221f,66 | |
| 5 | Fouille en rigoles dans la glaise avec jet sur berge (argileux, pierreux). .. | 15.735 | 23 + 29B | 9f,90 | 155f,78 | |
| 6 | Fouille en rigoles d'anciennes maçonneries avec jet sur berge ........... | 7.005 | 25 + 29A | 18f,34 | 128f,47 | |
| 7 | Plus-value de fouille dans l'embarras des étais en terrain ordinaire....... | 56.705 | 22 + B-A | 1f,19 | 67f,48 | |
| « | Plus-value de fouille dans l'embarras des étais en terre glaise............. | 15.181 | 23 + B-A | 1f,70 | 25k,81 | |

et ainsi de suite comme il est indiqué au Résumé en ajoutant la colonne « Règlement et révision » comme ci-dessus.

Le mémoire se termine comme suit :

DEMANDE

Le présent mémoire montant à la somme de soixante-deux mille six cent vingt huit francs cinquante-neuf centimes. Certifié véritable par l'entrepreneur soussigné,

Le                 1922

*Signé :*

RÈGLEMENT

de Le présent mémoire, vérifié par le vérificateur soussigné, à la somme

Paris, le                    1922

*Signé :*

Vu par l'architecte soussigné,

Paris, le                    1922

*Signé :*

ÉVISION

Le présent mémoire, revisé par le contrôleur général soussigné, à la somme de

Paris, le                    1922

*Signé :*

Le sous-chef de bureau soussigné, propose d'arrêter le montant du présent mémoire à la somme de . . . . .

y compris celle de . . . . . . . . . . . . . . . . . .

produit du prélèvement de 1 franc %, exercé en vertu du décret du 8 mars 1875, au profit des asiles de Vincennes et du Vésinet, dont le payeur doit se charger en recette.

Reste pour le net à payer à l'entrepreneur . . .

*Vu et approuvé :*
LE MINISTRE.
Par autorisation :
*Pour le directeur,*
LE CHEF DE BUREAU DE LA LIQUIDATION
DES DÉPENSES ET DU CONTENTIEUX.

Paris, le                    1922

## Sous-détails des Prix de Série du Résumé précédent.

**N° 32.** *Béton de cailloux et mortier n° 3, 1/3 chaux hydraulique de Beffes, 2/3 ciment de Portland I :*

Reportons-nous à la Série de Maçonnerie, page 30.

Nous voyons que le *mètre cube de béton n° 3 comprend* 0^m,500 *de mortier*, nous prendrons 1/3 du mortier n° 3 en chaux C et 2/3 du mortier n° 3 de ciment I.

Le mètre cube de béton et mortier n° 3 de chaux hydraulique de Beffes n° 299, colonne 3 (mortier B). . . . . . . . . . . . . . . . . . . . . . . . . . . . . . . 110^f,00

*Le mètre cube de mortier demandé :*

N° 994, colonne 2 (mortier n° 3). . . . . . . . . . . . . . . . . . 190^f,00

N° 987, colonne 2      —      . . . . . . . . . . . . . . . . 93^f,00

L'augmentation par mètre cube de mortier n° 3 de ciment I.   97^f,00

et pour 0^m,500. . . . . . . . . . . . . . . . . . . . . . . . 48^f,50

Nous en prenons les 2/3. . . . . . . . . . . . . . . . . . . . . . . . . . . 32^f,33

Le mètre cube. . . . . . . . . . . . . . . . . . . . . . . . . . . . . . 142^f,33

Pour abréger ces calculs, il suffit d'appliquer les prix de Série avec les proportions du mortier n° 3 qui nous sont demandées.

Nous avons n° 299, colonne 2, le mètre cube. . . . . . . . . . . . 110^f,00

prenons 1/3 de ce béton. . . . . . . . . . . . . . . . . . . . . . . . . . . 36^f,65

N° 299, colonne 9, le mètre cube. . . . . . . . . . . . . . . . . . 159^f,00

prenons 2/3 de ce béton. . . . . . . . . . . . . . . . . . . . . . . . . . . 106^f,00

Le mètre cube. . . . . . . . . . . . . . . . . . . . . . . . . . . . . . 142^f,65

Différence en plus 0ʳ,32 par mètre cube.

**N° 36.** *Brique neuve pleine silico-calcaire* (ou amiantine) *en élévation, blanche et rouge et mortier n° 3 de chaux hydraulique de Beffes (mortier B) :*

*Nous savons qu'un mètre cube de ce briquetage nécessite 0ᵐ,200 de mortier.*

Le mètre cube de brique blanche et rouge.

| | | |
|---|---|---|
| N° 335 en élévation, colonne 2............................ | 282ʳ,00 | |
| N° 337 — — 2................................ | 314ʳ,00 | |
|     Ensemble .......................................... | 596ʳ,00 | |
| Soit le mètre cube $\dfrac{596^{\mathrm{r}},00}{2}$ ........................... | 298ʳ,00 | 298ʳ,00 |
| Le mètre cube de mortier demandé : | | |
| N° 987, colonne 3............................... | 93ʳ,00 | |
| Celui prévu dans la Série pour le briquetage en mortier n° 2 de chaux hydraulique de Beffes. | | |
|     N° 987, colonne 2.................................... | 81ʳ,50 | |
| L'augmentation par mètre cube de mortier, n° 3 de chaux hydraulique de Beffes. . . . . . ...................... | 11ʳ,50 | |
| et pour 0ᵐ,200.................................... | 2ʳ,30 | |
| Lorsque nous employons du mortier de chaux B n° 2 au lieu du plâtre prévu à la Série, une moins-value sur le mortier nous donne pour le briquetage au mètre cube n° 381, colonne 2..... | 5ʳ,75 | |
| il nous reste une diminution de 5ʳ,75 — 2ʳ,30.............. | | 3ʳ,45 |
| N° 381, colonne 2 B. | | |
|     Le mètre cube........................................ | | 294ʳ,55 |

**N° 37.** *Brique neuve de 0ᵐ,06 × 0ᵐ,105 × 0ᵐ,22 pleine de Vaugirard en élévation et mortier n° 3 de chaux hydraulique de Beffes :*

*Nous savons qu'un mètre cube de ce briquetage nécessite 0ᵐ,195 de mortier.*

| | | |
|---|---|---|
| N° 357, colonne 2. Le mètre cube de brique pleine de Vaugirard 1ʳᵉ qualité et mortier n° 2. Hourdée en plâtre........................ | 228ʳ,00 | |
| Nous avons vu dans l'exemple n° 36 que la différence de mortier est par mètre cube de mortier n° 3 au lieu de mortier n° 2........... | 11ʳ,50 | |
| et pour 0ᵐ,195 produisant en plus...................... | 2ʳ,24 | |
| il nous reste donc une diminution de 5ʳ,75 — 2ʳ,24.............. | | 3ʳ,51 |
| n° 381, colonne B. | | |
|     Le mètre cube........................................ | | 224ʳ,49 |

**N° 38.** *Brique neuve pleine de remplissage en élévation et mortier n° 3 de chaux hydraulique de Beffes :*

| | |
|---|---|
| N° 361 (brique 0ᵐ,054 × 0ᵐ,11 × 0ᵐ,22) colonne 2, le mètre cube..... | 244ʳ,00 |
| semblable au n° 36 à déduire............................ | 3ʳ,45 |
|     Le mètre cube........................................ | 240ʳ,55 |

**N° 39.** *Brique neuve blanche silico-calcaire et mortier n° 3 pour filets (mortier B) :*

| | | |
|---|---|---|
| N° 335, colonne 3, le mètre cube................................ | | 290ʳ,00 |
| Nous avons vu dans l'exemple n° 36 que la différence de mortier est par mètre cube du mortier n° 3 au lieu de mortier n° 2........ | 11ʳ,50 | |
| et pour 0ᵐ,230 produisent........................ | 2ʳ,65 | |
| il nous reste donc 5ʳ,75 — 2ʳ,65 à déduire.......................... | | 3ʳ,10 |
|     Le mètre cube........................................ | | 286ʳ,90 |

**N° 40.** *Brique neuve de Vaugirard en fondation et mortier n° 3, 2/3 chaux* *hydraulique de Beffes, mortier B et* 1/3 *ciment* I (brique $0^m,06 \times 0^m,105 \times 0^m,22$) :

N° 357, colonne 1, le mètre cube. . . . . . . . . . . . . . . . . . . . . . . . . . . . . . . . . . 220$^f$,00

Pour le mortier semblable au n° 37. . . . . . . . . $0^m,195$

Nous avons mortier n° 3, n° 987, colonne 3, le mètre
cube. . . . . . . . . . . . . . . . . . . . . . . . . . . . . . . . . . . . . . . . . . 93$^f$,00

$\times$ 2/3. . . . . . . . . . . . . . . . . . . . . . . . . . . . . . . . . . . . . . . 62$^f$,00

N° 994, colonne 3, le mètre cube. . . . . . . . . . . . . . . . 190$^f$,00

$\times$ 1/3. . . . . . . . . . . . . . . . . . . . . . . . . . . . . . . . . . . . . . . 63$^f$,34

Le mètre cube. . . . . . . . . . . . . . . . . . . . . . . . 125$^f$,34

Mortier prévu n° 987, colonne 2. . . . . . . . . . . . . . . . 81$^f$,50

Différence. . . . . . . . . . . . . . . . . . . . . . . . . . . . . . . 43$^f$,84

et pour $0^m,195$ produisant en supplément $43,84 \times 0,195$. . . . . 8$^f$,55

à déduire n° 381 B. . . . . . . . . . . . . . . . . . . . . . . . . . 5$^f$,75

Reste en augmentation. . . . . . . . . . . . . . . . . . . 2$^f$,80        2$^f$,80

Le mètre cube. . . . . . . . . . . . . . . . . . . . . . . . . . . . . 222$^f$,80

**N° 41.** *Brique neuve rive gauche dite pavé* $0^m,065 \times 0^m,15 \times 0^m,22$, 1$^{re}$ *qualité*
*de* $0^m,15$ *d'épaisseur et mortier* n° 3 *de chaux hydraulique de Beffes* (mortier B) :

N° 413, colonne 1. Le mètre superficiel. . . . . . . . . . . . . . . . . 29$^f$,00

Pour le mortier semblable au n° 36 augmentation par mètre cube de
mortier n° 3 B. . . . . . . . . . . . . . . . . . . . . . 11$^f$,50

et pour $0^m,020$ produisent. . . . . . . . . . . . . . . . . . . . . . 0$^f$,23

Il nous reste une diminution de 0$^f$,64 — 0$^f$,23. . . . . . . . . . . . . . . 0$^f$,41

N° 431, colonne 2.

Reste le mètre superficiel. . . . . . . . . . . . . . . . . . . . . . 28$^f$,59

**N° 42.** *Brique idem pour filet et mortier* n° 3 *de chaux B* :

N° 413, colonne 2, le mètre superficiel. . . . . . . . . . . . . . . . . . 31$^f$,60

Mortier 11$^f$,50 $\times$ $0^m,0268$ . . . . . . . . . . . . . . . . . 0$^f$,31

Il nous reste une diminution de 0$^f$,64 — 0$^f$,31. . . . . . . . . . . . . . . 0$^f$,33

Le mètre superficiel. . . . . . . . . . , . . . . . . . . . . . . . 31$^f$,27

**N° 43.** *Brique neuve de Vaugirard de* $0^m,11$ *d'épaisseur et mortier* n° 2 *B de*
*chaux pour cloison :*

N° 406, colonne 1, le mètre superficiel. . . . . . . . . . . . . . . . . 26$^f$,60

à déduire pour différence de mortier de chaux n° 2 au lieu de plâtre
prévu dans le prix ci-dessus n° 431, colonne 2. . . . . . . . . . . . . . . 0$^f$,64

Le mètre superficiel. . . . . . . . . . . . . . . . . . . . . . . 25$^f$,96

**N° 44.** *Brique idem de* $0^m,065$ *et ciment* I *pour cloison :*

N° 406, colonne 3, le mètre superficiel. . . . . . . . . . . . . . . . . 14$^f$,40

Supplément pour mortier de ciment I au lieu de plâtre n° 430,
colonne 9, le mètre superficiel. . . . . . . . . . . . . . . . . . . . . 0$^f$,24

Ensemble. . . . . . . . . . . . . . . . . . . . . . . . . . . . . 14$^f$,64

**N° 45.** *Brique neuve pleine de Paris dite façon Bourgogne de* $0^m,06$ *d'épaisseur*
*et mortier de chaux B pour cloison :*

N° 406, colonne 3, le mètre superficiel. . . . . . . . . . . . . . . . . 14$^f$,40

à déduire pour différence de mortier :

N° 430, colonne 2, le mètre superficiel. . . . . . . . . . . . . . . . . 0$^f$,19

Le mètre superficiel. . . . . . . . . . . . . . . . . . . . . . . 14$^f$,21

**N° 61.** *Meulière neuve pour massif et mortier n° 2 ; 2/3 chaux hydraulique B, 1/3 ciment I.*

N° 912, colonne 1, le mètre cube. . . . . . . . . . . . . 103$^f$,65

$\times$ 2/3. . . . . . . . . . . . . . . . . . . . . . . . . . . . . . . . 69$^f$,10

N° 919, colonne 1, le mètre cube. . . . . . . . . . . . . . 125$^f$,10

$\times$ 1/3. . . . . . . . . . . 41$^f$,70

      Le mètre cube. . . . . . . . . . . . . . . . . . . . . 110$^f$,80

**N° 62.** *Meulière neuve en fondation et mortier n° 3, 2/3 chaux B, 1/3 ciment I :*

N° 912, colonne 3, le mètre cube. . . . . . . . . . . . . . . . . 116$^f$,65

Différence de mortier n° 3 au lieu de n° 2.

N° 987, colonne 3, le mètre cube. . . . . . . . . . . . 93$^f$,00

N° 987, colonne 2       —       . . . . . . . . . . . . 81$^f$,50

      Différence par mètre cube. . . . . . . . . . . . . 11$^f$,50

et pour 0$^m$,300 produisant 3$^f$,45. . . . . . . . . . . . . . . . 3$^f$,45

      Ensemble. . . . . . . . . . . . . . . . . . . . . . . . . . 120$^f$,10

aux 2/3. . . . . . . . . . . . . . . . . . . . . . . . . . . . . . 80$^f$,06

N° 919$^3$, le mètre cube. . . . . . . . . . . . . . . . . . . 138$^f$,10

Différence de mortier n° 3 au lieu de mortier n° 2 :

N° 994, colonne 3, le mètre cube. . . . . . . . . . . . 190$^f$,00

N° 987, colonne 2,       —       . . . . . . . . . . . 81$^f$,50

Différence par mètre cube. . . . . . . . . . . . . . 108$^f$,50

et pour 0$^m$,300 produisent. . . . . . . . . . . . . . . . . . . 32$^f$,55

      Ensemble. . . . . . . . . . . . . . . . . . . . . . . . . . 170$^f$,65

au 1/3 . . . . . . . . . . . . . . . . . . . . . . . . . . . . . 56$^f$,88

      Le mètre cube. . . . . . . . . . . . . . . . . . . . . . . . 136$^f$,94

**N° 63.** *Meulière neuve pour massif et mortier n° 3, 1/3 chaux B, 2/3 ciment I :*

N° 912, colonne 1, le mètre cube. . . . . . . . . . . . . . . 103$^f$,65

Différence de mortier (semblable au n° 62). . . . . . . . . . . . 3$^f$,45

      Ensemble. . . . . . . . . . . . . . . . . . . . . . . . . . 107$^f$,10

au 1/3. . . . . . . . . . . . . . . . . . . . . . . . . . . . . . 35$^f$,70

N° 994, colonne 3, le mètre cube. . . . . . . . . . . . . . . 190$^f$,00

N° 987, colonne 2,       —       . . . . . . . . . . 81$^f$,50

Différence par mètre cube. . . . . . . . . . . . . . . . . . 108$^f$,50

et pour 0$^m$,300. . . . . . . . . . . . . . . . . . . . . . . . . . 32$^f$,55

N° 912, colonne 1. . . . . . . . . . . . . . . . . . . . . . . . 103$^f$,65

      Ensemble. . . . . . . . . . . . . . . . . . . . . . . . . . 136$^f$,20

aux 2/3 . . . . . . . . . . . . . . . . . . . . . . . . . . . . . . 90$^f$,80

      Le mètre cube. . . . . . . . . . . . . . . . . . . . . . . . 126$^f$,50

# CIMENT ARMÉ.

Le béton armé étant de plus en plus employé dans la construction, pour en faciliter le métré nous donnerons des exemples de *basses fondations, seme'les, radiers, poteaux, potelets, planchers, poutres, poutrelles, escaliers, métal déployé,* etc.

La construction du béton armé date de nombreuses années, son application n'avait pas de formules bien définies ; on était à la période des essais et des calculs de résistances plus ou moins empiriques.

*La Commission du béton armé* a fait des études sur la *résistance* et la *rupture* du béton armé, et c'est en 1906 qu'elle a fourni *les instructions et formules* pour applications de cette construction.

Comment a-t-elle résolu les diverses formules ?

Il a été fait des volumes de béton ayant $0^m,20$ carré de côté et de 1 mètre de hauteur.

Volume $= 0^m,20 \times 0^m,20 \times 1,00 = 0^{m3},040$ avec les dosages suivants :

| CUBES | CIMENT ARTIFICIEL | | GRAVILLON | | SABLE DE RIVIÈRE | | LIMITE DE RÉSISTANCE A L'ÉCRASEMENT | |
|---|---|---|---|---|---|---|---|---|
| | | | | | | | après 28 jours | après 90 jours |
| 1 | 300 kg | 6 sacs | $0^m,800$ | 16 sacs | $0^m,400$ | 8 sacs | 27 kg | $44^{kg},800$ |
| 2 | 350 kg | 7 sacs | $0^m,800$ | 16 sacs | $0^m,400$ | 8 sacs | 30 kg | $50^{kg},400$ |
| 3 | 400 kg | 8 sacs | $0^m,800$ | 16 sacs | $0^m,400$ | 8 sacs | 33 kg | $56^{kg},000$ |

*Après* 28 *jours* d'emploi, la Commission du ciment a fait exercer des compressions sur ces cubes et a obtenu le coefficient de limite de travail à la *compression.*

Le cube n° 1 a résisté à 107 kilogrammes,
— n° 2 — 120 kilogrammes,
— n° 3 — 133 kilogrammes,
par centimètre carré.

*Après* 90 *jours,* des cubes aux dosages ci-dessus ont donné des limites de compression ci-après :

Cube n° 1 : 160 kilogrammes ;
— n° 2 : 180 kilogrammes ;
— n° 3 : 200 kilogrammes ;
par centimètre carré.

Or la Circulaire ministérielle de 1906 nous dit que le travail à la compression après 28 jours ne doit pas *résister le* 1/4 *des résistances ci-dessus.*

Et au bout de 90 jours les $\frac{28}{100}$.

Nous avons donc les résultats suivants :

$1^{er}$ *cas :*

Cube n° 1 : $\dfrac{107^{kg}}{4} = 26^{kg},750$ ou 27 kg ;

$\dfrac{120^{kg}}{4} = 30$ kg   ou 30 kg ;

$\dfrac{133^{kg}}{4} = 33^{kg},250$ ou 33 kg ;

par centimètre carré.

$2^e$ *cas :*

Cube n° 1 : $\dfrac{160^{kg} \times 28}{100} = 44^{kg},800$ ;

$\dfrac{180^{kg} \times 28}{100} = 54^{kg},400$ ;

$\dfrac{200^{kg} \times 28}{100} = 56$ kg.

Lorsque le béton est fretté ou armé d'aciers doux, la limite peut être augmentée suivant les *armatures,* mais la limite ne peut dépasser les $\dfrac{60}{100}$ de celle prévue comme limite de sécurité après 90 jours.

La Série de la Société Centrale des architectes, édition 1922, et celle des architectes diplômés par le Gouvernement, a choisi le premier dosage et l'a appelé *béton normal*.

Si nous examinons les diverses quantités du tableau précédent, nous voyons que le volume de ce béton est de :

*Sable de rivière* . . . . . . . . 0m3,400
*Gravillon* . . . . . . . . . . . 0m3,800

Ensemble . . . . . . . . . . 1m3,200

*Ciment Portland artificiel 300 kilogrammes.*

Le volume est donc de 1m,200, car nous admettrons que les interstices entre le sable et le gravillon sont remplis par le ciment de Portland.

Le dosage est de 1 pour 5.

Exemple :

300 kilogrammes
ciment . . . . . . . . 6 sacs de 0m3,050.
Gravillon 0,800 . . 16  —
Sable 0,400 . . . . 8  —

Ensemble . . . . 30 . —

Pour 6 sacs de ciment, nous avons en tout 30 sacs.

Pour 1 sac nous aurons $\frac{30}{6} = 5$.

Le gravillon dans l'emploi est prévu de . . . . . . . . . . . . . . . 0m3,800.
Le sable de rivière de . . . 0m3,400.
*Le volume du gravillon est donc le double de celui du sable.*

### Béton armé.

Le béton dans lequel est encastré de l'acier doux a été désigné sous le nom de *béton armé.*

Nous savons que *l'acier doux* est du fer combiné avec une faible *quantité de carbone.*

### Compression et tension.

Le béton supporte bien les *charges*, travaille parfaitement à la *compression*, tandis que l'acier doux travaille à la *tension*, peut s'allonger suivant ce qu'il est comprimé ou surchargé ; mais, en raison *de son élasticité*, il reprend sa forme lorsque la force de compression ou surcharge n'agit plus.

### Flambement.

Le béton armé forme un volume compact parfait qui évite la rupture ou le flambement ; il est nécessaire que l'acier doux soit recouvert de ciment.

Le béton travaille peu à *la tension*, l'acier vient le renforcer.

### Cisaillement.

Afin d'éviter la rupture du béton par *cisaillement*, il est employé des étriers ou armatures transversales en acier qui maintiennent le béton et l'empêchent de se rompre.

La *limite de fatigue* au *cisaillement* est prévue aux $\frac{10}{100}$ de celle de la limite de compression.

Tous les efforts ci-dessus, compression, tension, cisaillement, flambement, etc. ont été étudiés par la Commission de ciment armé qui a donné des formules et exemples sur les différents cas.

Nous avons parlé précédemment d'*élasticité.*

Dans les essais de compression de béton armé et d'après les coefficients établis par la Commission.

Il est admis que le rapport d'élasticité du fer à celui du béton est de 10 ; cela veut dire que l'acier peut travailler à une limite de résistance 10 fois plus grande que celle du béton suivant leurs sections égales.

Dans le tableau précédent, si la résistance est de 50 kgr. 400, celui du fer peut atteindre 504 kilogrammes par centimètre carré, soit 5 kgr. 040 par millimètre carré.

Ceci bien entendu lorsque le béton et l'acier travaillent isolément, car leur union, c'est-à-dire le béton armé, modifie ces coefficients.

Les ouvrages de plusieurs auteurs, Monsieur G. Espitallier, A. Merciot, etc., ont reproduit toutes les données de la Commission du ciment armé, les ont amplifiées par de nombreux exemples ; il suffira donc de s'y reporter pour en étudier et abréger les calculs relatifs au ciment armé. Nous dirons très peu de choses sur le fer ; ce qui nous sera utile pour le métré est le tableau ci-après.

**Poids des aciers ronds au mètre linéaire.**

| DIAMÈTRE | SECTION ou SURFACE | POIDS par mètre linéaire | DIAMÈTRE | SECTION ou SURFACE | POIDS par mètre linéaire |
|---|---|---|---|---|---|
| en mm. | mm² | grammes | en mm. | mm² | grammes |
| 1 | » | 6 | 21 | 346 | 2$^k$,699 |
| 2 | » | 24 | 22 | 380 | 2 964 |
| 3 | » | 55 | 23 | 415 | 3 237 |
| 4 | 12,566 | 98 | 24 | 452 | 3 525,6 |
| 5 | 19,635 | 153 | 25 | 490 | 3 822 |
| 6 | 28,27 | 221,28 | 26 | 531 | 4 141,8 |
| 7 | 38,484 | 300 | 27 | 572 | 4 461,6 |
| 8 | 50,265 | 392 | 28 | 615 | 4 803 |
| 9 | 63,617 | 496 | 29 | 660 | 5 148 |
| 10 | 78,54 | 612,64 | 30 | 706 | 5 543 |
| 11 | 95 | 741 | 31 | 754 | 5 881 |
| 12 | 113 | 881 | 32 | 804 | 6 271,2 |
| 13 | 132 | 1$^k$,035 | 33 | 855 | 6 569 |
| 14 | 154 | 1 201 | 34 | 908 | 7 082 |
| 15 | 176 | 1 378 | 35 | 962 | 7 503,6 |
| 16 | 201 | 1 567,8 | 36 | 1$^k$,017,878 | 7 939 |
| 17 | 227 | 1 770,6 | 37 | 1 075 | 8 385 |
| 18 | 254 | 1 981 | 38 | 1 134,117 | 8 846 |
| 19 | 283 | 2 207,4 | 39 | 1 194 | 9 313 |
| 20 | 314 | 2 450 | 40 | 1 256 | 9 797 |

Nous allons donner un exemple du tableau ci-dessus.

Quelle est la section d'un fer rond de 0$^m$,030 ?

La suface d'un cercle est $\pi R^2$

Soit : 3,1416 $\times$ 0$^m$,015 $\times$ 0$^m$,015 = 706 millimètres carrés.

Comment en trouver le poids au mètre linéaire ? il suffit de multiplier la section ou surface par le coefficient constant 7,8, qui est la densité du fer.

Soit : 706 $\times$ 7,8 = 5$^k$,515.

Il nous sera donc facile de compléter le tableau pour des fers ronds au-dessus de 0$^m$,040 de diamètre.

Prenons un fer rond de 0$^m$,050.

Sa surface sera de :

3,1416 $\times$ 0,025 $\times$ 0,025 = 1963$^{mm2}$,5.

Son poids : 1963,5 $\times$ 7,80 = 15$^k$,315.

### Prix de Règlement.

Les prix de Règlement de Ciment armé pour travaux exécutés dans Paris, sont composés :

1° Déboursés de fournitures ;

2° Déboursés de main-d'œuvre ;

3° De 20 0/0 de frais généraux sur les déboursés de fournitures et de main-d'œuvre ;

4° De 10 0/0 sur les déboursés de fournitures et de main-d'œuvre pour études et redevances de brevets ;

5° De 10 0/0 de bénéfice sur l'ensemble des quatre articles précédents ;

6° De 8 0/0 sur les déboursés de main-d'œuvre pour assurances-accidents et primes pour charges de famille.

Exemple :

Prix de déboursés, page 70.

Heure de jour :

| | |
|---|---|
| N° 1, Bétonneur, l'heure | 3$^f$,00 |
| Frais généraux 20 0/0 | 0$^f$,60 |
| 10 0/0 pour études et brevets | 0$^f$,30 |
| Ensemble | 3$^f$,90 |
| 10 0/0 sur l'ensemble | 0$^f$,39 |
| 8 0/0 sur déboursés de main-d'œuvre pour assurances-accidents et primes | 0$^f$,24 |
| Ensemble | 4$^f$,53 |

Soit : 4$^f$,55 l'heure (n° 16).

Les bétons de ciment armé *se comptent au mètre cube.*

La Série de la Société Centrale des architectes et celle des architectes diplômés par le Gouvernement a classé la Série de ciment armé comme les autres séries, c'est-à-dire par ordre alphabétique.

Nous avons, page 71.

N° 21, Béton normal.

1° *Posé sans coffrage*, soit sur le sol sur forme ou sur maçonnerie, etc., pour semelles et radiers, le mètre cube 248$^f$,50 (n° 21).

2° Béton pour planchers de 0$^m$,06 d'épaisseur et au-dessus, compris poutres, poutrelles et nervures d'une hauteur sous hourdis ne dépassant pas 0$^m$,22, le mètre cube 263$^f$,00 (n° 22).

Dans le cas d'un plancher de 0$^m$,08 d'épaisseur avec poutres en dessous de ce plancher de 0$^m$,22 de hauteur.

Il suffira donc de faire la surface du plancher et de multiplier le résultat par 0$^m$,08 pour avoir le cube du béton du plancher brut proprement dit ; nous ferons ensuite les sections ou surfaces des poutres, poutrelles, nervures par catégories et nous multiplierons les résultats par leurs hauteurs respectives.

Nous aurons le cube du béton prévu à un prix de 263$^f$,00 le mètre cube.

Ce béton a été désigné sous le nom de *sur coffrage horizontal*, parce qu'il est nécessaire d'établir un plancher horizontal dit *Platelage* pour supporter le béton en attendant la prise du volume.

Le prix du béton pour planchers, poutres, poutrelles et nervures ne comprend pas le travail préparatoire des coffrages.

Lorsque *les poutres, poutrelles ont plus de* 0$^m$,22 *de hauteur sous hourdis ou pour poutres isolées*, le béton se paie de la manière suivante :

Il sera fait la surface des planchers que l'on multipliera par son épaisseur.

Ce volume sera réglé au prix du n° 22 de la Série.

3° Les poutres, poutrelles de *plus de* 0$^m$,22 *de hauteur* se comptent au mètre cube suivant le n° 23 = 291 francs.

4° Béton *dans coffrages verticaux* d'une épaisseur de 0$^m$,06 et au-dessus et pour tous ouvrages nécessitant la pose d'un coffrage au fur et à mesure du coulage du béton, le mètre cube n° 24 = 319 francs, coffrages non compris.

5° Béton dans poteaux d'au moins 5 décimètres carrés de section, le mètre cube n° 25 = 291 francs.

Quelles sont les dimensions d'un poteau d'au moins 5 *décimètres carrés de section* ?

Surface = 0$^{m2}$,05.

Si nous désignons par $a$ le côté du carré, nous aurons le côté multiplié par lui-même = 0$^{m2}$,05.

Ou $a^2 = 0^{m2},05$.

$$a = \sqrt{0,05} = 0^m,2227.$$

Soit **0$^m$,22 de côté.**

6° Le dosage du béton normal a été prévu de 300 kilogrammes de ciment de Portland artificiel.

Pour donner plus de résistance au cube du béton, il est fait un dosage de 350 kilogrammes de ciment. Comment évaluer le prix du mètre cube pour plan-

chers de 0$^m$,06 d'épaisseur, poutres et poutrelles et nervures d'une hauteur sous hourdis au plus égale à 0$^m$,22 ?

Le prix de règlement s'établira de la manière suivante :

N° 22 le mètre cube . . . . .    263$^f$,00

Plus ou moins-value pour 50 kilogrammes de ciment en plus ou en moins du dosage normal, le mètre cube (n° 26) . . . . .    14$^f$,40

Ensemble . . . . . . . . .    277$^f$,40

Comment avons-nous obtenu le prix de 14$^f$,40 le mètre cube ? Si nous nous reportons aux prix élémentaires nous avons :

Ciment de Portland artificiel la tonne . . . . . . . . . . . . .    201$^f$,00

Suivant le tableau précédent, 20 0/0 sur les fournitures. . . .    40$^f$,20

10 0/0 sur les fournitures pour redevances, études . . . . . . .    20$^f$,10

Ensemble . . . . . . . . . .    261$^f$,30

10 0/0 de bénéfice sur l'ensemble . . . . . . . . . . . . .    26$^f$,13

Ensemble . . . . . . . . . .    287$^f$,43

Soit 287$^f$,43 × 50$^{kg}$,000 = 14$^f$,375 les 50 kilogrammes ou 14$^f$,40.

7° Les volumes ayant moins de 0$^m$,06 d'épaisseur, voiles, hourdis et cloisons nécessitent une main-d'œuvre plus grande en raison de la difficulté d'exécution.

La Série a prévu par chaque centimètre en moins de 0$^m$,06 le mètre cube (n° 29) 24$^f$,90.

8° Plus-value pour potelets, linteaux, traverses, poutres isolées, etc., de moins de 5 décimètres carrés de section.

Par chaque décimètre carré en moins le mètre cube Obs. (n° 28), 24$^f$,90.

La plus-value est semblable à la précédente avec la différence que l'une s'applique sur des différences de longueurs en centimètres et l'autre sur des différences de décimètres carrés.

Pour des travaux de moins de 1 décimètre carré de section, voiles minces de moins de 0$^m$,04 d'épaisseur et pour des moulures soignées obtenues directement au coulage, sans enduit ultérieur, il a été prévu par la Série un *mortier spécial* composé de :

800 *kilogrammes de ciment* Portland artificiel *pour* 1 *mètre cube de sable de* rivière tamisé,

Le mètre cube, 455 francs.

(N° 29).

*Plus-value de construction sur les numéros 21, 22, 23 et 29.*

Lorsque les cubes de béton ou mortier sont faits sur *forme ou coffrage incliné* (coffrage simple).

La Série a prévu *une plus-value* par mètre cube de béton normal de 16ᶠ,60 (n° 30).

*Plus-value de construction sur les numéros 24 et 29.*

Lorsque les bétons sont exécutés sur forme ou coffrage incliné à forte pente nécessitant un deuxième coffrage à la face supérieure :

La plus-value est de 21ᶠ,10 le mètre cube (n° 31).

## Coffrage.

*Les coffrages sont les travaux préparatoires du ciment armé;* les boisages doivent supporter les charges du béton armé, la poussée, et résister à toute pression pendant la construction, suivant les instructions ministérielles relatives au béton armé.

Art. 21. — *Les ouvrages en béton armé* qui intéressent la sécurité publique *seront éprouvés* avant d'être mis en service. Les conditions des épreuves, ainsi que les délais de mise en service seront insérés au cahier des charges. Les flèches maximum que les ouvrages ne devront pas dépasser seront aussi, du moins autant qu'on le pourra, insérées au cahier de charges.

*L'âge que le béton* devra avoir au moment des épreuves sera de même fixé par le cahier des charges. Il sera d'au moins 90 *jours* pour les grands ouvrages, de 45 *jours* pour les ouvrages de moyenne importance et de 30 *jours* pour les planchers.

*Les prix de Série de coffrages* comprennent la fourniture des bois en sapin qualité charpente, pour ouvrages d'une hauteur allant jusqu'à 6 à 8 mètres mesurée du niveau d'appui des étais à la sous-face du hourdis, compris traverses, étais, fourniture de pointes et déboisage (Obs. 32 et art. nᵒˢ 35 et 36).

Ces prix comprennent donc la location des bois pendant la durée de la construction jusqu'à la prise des ciments.

*Les matériaux employés sont en bon bois* généralement du Nord, car l'entrepreneur n'a pas intérêt à employer des bois tendres ; ces derniers ne résistent pas pour *en faire du réemploi.*

Ils comprennent : 1° les planches pour platelages ou planchers *de* 0ᵐ,034 *épaisseur* $\times$ 0ᵐ,23 ou 0ᵐ,034 $\times$ 0ᵐ,22 et pour boisages verticaux; 2° les bastings ayant une section approximative de 0ᵐ,065 $\times$ 0ᵐ,165 ; 3° les madriers dont la section est de 0ᵐ,08 $\times$ 0ᵐ,23.

Comment doit-on compter les surfaces de coffrages jusqu'à 4 mètres de hauteur ?

Le coffrage se compte suivant les contours extérieurs du ciment armé,

*Premier exemple :*

Prenons un poteau en ciment armé de 3ᵐ,50 de hauteur ayant une section de 0ᵐ,30 $\times$ 0ᵐ,30.

La surface *du coffrage vertical* sera de :

4 fois 0ᵐ,30 = 1ᵐ,20.

$\times$ 3ᵐ,50 = 4ᵐ,20.

A 28ᶠ,20 le mètre carré = 118ᶠ,44 (n° 34, Série Ciment armé).

*Ce prix sera susceptible d'augmentation* suivant les coefficients des travaux de coffrage au moment de l'exécution des travaux du béton armé.

*Les jouées de poutres et poutrelles horizontales de plus de* 0ᵐ,22 *de hauteur* sous hourdis et *poutres isolées* de toutes hauteurs seront mesurées suivant leurs contours extérieurs et payées au prix du n° 34; ces travaux font partie du *coffrage vertical.*

Le *coffrage horizontal* comprend les hourdis de planchers ainsi que les poutres et poutrelles d'une hauteur sous hourdis au plus égale à 0ᵐ,22.

Soit un plancher de 5ᵐ,00 de longueur $\times$ 2ᵐ,50 de largeur ayant une poutrelle intermédiaire de 2ᵐ,50 $\times$ 0ᵐ,22 de hauteur sous hourdis et 0ᵐ,15 de largeur.

Comment compter le coffrage de ce

plancher exécuté à 3$^m$,50 de hauteur ?

*Le coffrage horizontal* aura une surface de :

5$^m$,00 $\times$ 2$^m$,50 = . . . . . . . . .  12$^m$,50

reprendre les jouées de la poutrelle

2 fois 2$^m$,50 $\times$ 0$^m$,22 = . . . .  1$^m$,10

Ensemble . . . . . . . . . .  13$^m$,60

à 26$^f$,30 le mètre carré n° 33 = 357$^f$,68.

*Ce prix sera susceptible d'augmentation* suivant les coefficients des travaux de coffrage au moment de l'exécution des travaux de béton armé.

Lorsque les coffrages sont exécutés de 4 *à* 6 *mètres de hauteur*, le métré est semblable au précédent, il est accordé une plus-value de prix au mètre carré pour la main-d'œuvre et les bois fournis en supplément. Cette plus-value est de 8$^f$,50 le mètre superficiel, n° 35.

EXEMPLE. — Faisons le coffrage d'un poteau en ciment armé de 0$^m$,25 $\times$ 0$^m$,25 et de 5$^m$,00 de hauteur.

## Métré.

*Coffrage vertical de poteau :*
4 fois 0$^m$,25 $\times$ 0$^m$,25. . . . . . . . . . . . . . . . . . . . . . 0$^m$,25
$\times$ 5$^m$,00 hauteur. . . . . . . . . . . . . . . . . . . . . . . . . . 1$^m$,25
à 36$^f$,70 le mètre carré. . . . . . . . . . . . . . . . . . . . . . . 45$^f$,88

N$^{os}$ 34 et 35 (Série Ciment armé).
*Ce prix sera susceptible d'augmentation* suivant les coefficients des travaux de coffrage au moment de l'exécution des travaux de béton armé.
*Coffrage horizontal* d'une dalle de plancher de 3$^m$,00 $\times$ 2$^m$,00 à 5$^m$,00 de hauteur.
Surface 3,00 $\times$ 2$^m$,00. . . . . . . . . . . . . . . . . . . . . . 6$^m$,00
à 34$^f$,80 le mètre. . . . . . . . . . . . . . . . . . . . . . . . . . . 208$^f$,80

Ce prix est susceptible d'augmentation, *idem.*
Sous-détail des prix ci-dessus :
*Coffrage vertical jusqu'à* 4$^m$,00 *de hauteur :*
Le mètre carré n° 34. . . . . . . . . . . . . . . . . . . . . . . . . 28$^f$,20
Plus-value pour coffrage exécuté de 4$^m$,00 à 6$^m$,00.
Le mètre carré n° 35. . . . . . . . . . . . . . . . . . . . . . . . . 8$^f$,50

Le mètre carré. . . . . . . . . . . . . . . . . . . . . . . . . . . . 36$^f$,70

*Coffrage horizontal jusqu'à* 4$^m$,00 *de hauteur :*
Le mètre carré n° 33. . . . . . . . . . . . . . . . . . . . . . . . . 26$^f$,30
Plus-value pour coffrage exécuté de 4$^m$,00 à 6$^m$,00.
Le mètre carré n° 35. . . . . . . . . . . . . . . . . . . . . . . . . 8$^f$,50

Le mètre carré. . . . . . . . . . . . . . . . . . . . . . . . . . . . 34$^f$,80

Lorsque les coffrages sont exécutés de 6$^m$,00 à 8$^m$,00 de hauteur exclusivement, le métré des coffrages est toujours semblable aux précédents ; il est accordé une plus-value de prix au mètre carré pour la main-d'œuvre et les bois fournis en supplément, cette plus-value est de 19$^f$,10 le mètre superficiel n° 36, Série Ciment armé.

**Coffrage incliné** à moins de 30 degrés sur l'horizon et à plus de 30 degrés sur l'horizon.

Nous savons que l'angle droit vaut 90 degrés. Si nous partageons cet angle en trois parties égales, chaque ligne oblique inclinée fait avec la précédente un angle de 30 degrés.

$$\frac{90}{3} = 30 \text{ degrés.}$$

EXEMPLE. — Supposons un coffrage de passerelle à moins de 4$^m$,00 de hauteur ayant plus de 30 degrés sur l'horizon.

La longueur du coffrage incliné est de 3$^m$,30 $\times$ 1$^m$,00 de largeur, quelle est la surface exacte du coffrage ?

### Métré.

Longueur 3ᵐ,30 × 1ᵐ,00............................ 3ᵐ,30
Majoration de la surface développée réelle pour coffrage incliné à plus de 30 degrés.
15 0/0 nᵉ 38 Série Ciment armé.................... 0ᵐ,50
          Surface........................... 3ᵐ,80
à 28ᶠ,20 le mètre (Obs. 41 et n° 34)..................... 107ᶠ,16

*Ce prix est susceptible d'augmentation suivant coefficient idem.*

Supposons une rampe de moins de 30 degrés sur l'horizon et à moins de 4ᵐ,00 de hauteur, de 3ᵐ,20 × 1ᵐ,50.

### Métré.

Longueur 3ᵐ,20 × 1ᵐ,50......................... 4ᵐ,80
Majoration de la surface développée réelle pour coffrage à moins de 30 degrés sur l'horizon et à moins de
4ᵐ,00 de hauteur.
10 0/0 n° 37 Série Ciment armé.................... 0ᵐ,48
     Ensemble........................... 5ᵐ,28
à 26ᶠ,20 le mètre n° 33 et obs. 41 (Série Ciment armé) ........... 138ᶠ,34

*Coffrage de surface à simple courbure :*

Comment ferons-nous le métré de la *sous-face circulaire à
simple courbure* d'une console à 6ᵐ,50 de hauteur, ayant 3ᵐ.60
de développement de sous-face et 0ᵐ,50 de largeur.

*Coffrage à simple courbure :*

Développement 3ᵐ,60 × 0ᵐ,50...................... 1ᵐ,80
Plus-value de surface à simple courbure n° 39, Série
Ciment armé.
40 0/0.................................... 0ᵐ,72
     Ensemble........................... 2ᵐ,52
à 47ᶠ,30 le mètre............................... 119ᶠ,20

Sous-détail du prix :
N° 34 Série Ciment armé ..................... 28ᶠ,20
N° 36 plus-value ........................... 19ᶠ,10
     Ensemble .............................. 47ᶠ,30

Dans les escaliers, nous avons des exemples *du coffrage incliné, coffrage à simple courbure* et *coffrage à double courbure.*

Les métrés seront faits comme il a été dit précédemment pour ceux inclinés ou à simple courbure.

Pour les parties à double courbure, c'est-à-dire ayant des surfaces gauches circulaires, la main-d'œuvre pour le boisage est supérieure et les bois employés produisent un déchet plus grand; d'où perte de temps et déchet de bois.

La Série alloue pour ces travaux une plus-value double de celle allouée pour simple courbure.

EXEMPLE. — Coffrage incliné de moins de 30 degrés sur l'horizon pour escalier.
Partie droite :
1ᵐ,70 × 1ᵐ,00...................... 1ᵐ,70
     *Report*...................... 1ᵐ,70

| | |
|---|---|
| *A reporter*................... | $1^m,70$ |
| Plus-value de surface : | |
| 10 0/0 ...................... | $0^m,17$ |
| Partie circulaire à simple courbure : | |
| $0^m,80 \times 1^m,00$.................... | $0^m,80$ |
| Plus-value de surface : | |
| 40 0/0 ...................... | $0^m,32$ |
| Partie à double courbure : | |
| $0^m,60 \times 1^m,00$.................... | $0^m,60$ |
| Plus-value 80 0/0 ................ | $0^m,48$ |
| Ensemble..................... | $4^m,07$ |

à $28^f,20$ le mètre (n° 34 Série Ciment armé).......... $114^f,77$

Dans une pile en béton armé, il a été ménagé une feuillure de $0^m,075 \times 0^m,075$ comment métrer le coffrage de cette pile ?

Soit une pile isolée de $0^m,50 \times 0^m,35 \times 5^m,00$ hauteur avec feuillure de $2^m,50$ hauteur.

Nous aurons :

*Coffrage vertical :*

| | |
|---|---|
| 2 fois $0^m,50$...................... | $1^m,00$ |
| 2 fois $0^m,35$...................... | $0^m,70$ |
| Ensemble.................. | $1^m,70$ |

$\times 5^m,00$ hauteur.......................... $8^m,50$

à $36^f,70$ le mètre.............................. $311^f,95$

n°s 34 et 35, série Ciment armé.

*Ce prix est susceptible d'augmentation* suivant les coefficients des travaux de coffrage au moment de l'exécution des travaux de béton armé.

Pourquoi n'avons-nous pas déduit l'emplacement de la feuillure ? Suivant l'article n° 43, il est accordé *une plus-value* de coffrage pour chanfreins et feuillures obtenus par le coffrage ordinaire jusqu'à $0^m,15$ de profil développé.

Soit linéaire.................... $2^m,50$

à $2^f,30$ le mètre............................ $5^f,75$

N° 43, Série Ciment armé (augmentation pour coefficient à ajouter).

D'autre part l'observation n° 45 est formelle.

*Les articles n°s 43 et 44 seront payés en plus-value sur les prix de coffrage n°s 33 et suivants appliqués à la surface enveloppante des chanfreins, feuillures et moulures.*

*Coffrages à plus de $8^m,00$ de hauteur au-dessus du niveau d'appui des étais.*

Ces coffrages, en raison de leur hauteur et des charges qu'ils portent, ont besoin de plus de résistance, on a recours aux travaux de charpente.

Dans les ouvrages précédents, nous avons détaillé suffisamment les étaiements, couchis, platelages, etc. (Série Charpente, pages 210 et suivantes), il suffira de s'y reporter.

### Bois abandonnés.

Il peut arriver par mesure de sécurité ou toute autre cause d'abandonner les bois et il est tenu compte à l'*Entrepreneur d'une indemnité supplémentaire.*

Chêne, le mètre cube. . . . . $400^f,00$ (n° 46, Série Ciment armé) ;

Sapin, le mètre cube. . . . . $320^f,00$ (n° 47).

(Augmentation *idem* pour coefficient à ajouter).

### Manutentions supplémentaires.

*Au frontispice de la Série (Observations générales),* nous lisons :

*Éléments entrant dans les prix composés.*

Tous les prix composés comprennent,

en outre des fournitures, leur transport à pied d'œuvre, c'est-à-dire à l'endroit le plus rapproché de l'ouvrage et *accessible aux voitures, leur déchargement et transport dans un rayon de 30 mètres*, leur répartition à l'intérieur, *leur montage et leur descente* pour emploi, le nettoyage, l'enlèvement des déchets et résidus des matériaux, fournis ou non et mis en œuvre.

Ils comprennent aussi tous les échafaudages nécessaires, sauf dérogations indiquées dans chaque Série (n° 5).

*La Série du Ciment armé* accorde par conséquent une plus-value de main-d'œuvre; lorsque les matériaux ne pourront être approvisionnés qu'à plus de 30 mètres de distance du lieu où ils devront être employés, le supplément de transport sera payé suivant le prix ci-après et au-delà des premiers 30 mètres, compris chargement et déchargement :

Le mètre cube de béton. . . . . . 3f,80 (n° 56) ;

Les 100 kilogrammes d'acier. . . 1f,90 (n° 59).

Le mètre superficiel de coffrage développé (toutes catégories confondues) :

Le mètre superficiel . . 0f,40 (n° 58).

Que veut dire cette expression toutes catégories confondues ?

*Dans les coffrages qui ne sont pas en charpente*, nous avons dit que nous avions des madriers, bastings, planches, etc.

Dans notre plus-value, nous n'en tiendrons pas compte; le prix n° 58 comprend tous les bois.

*Dans les manutentions supplémentaires* nous avons aussi un supplément pour transport de bois de charpente à plus de 30 mètres :

Le stère . . . . . . . . . 3f,80 (n° 59).

*Tous ces prix sont susceptibles d'augmentation* suivant *les coefficients des travaux* ne comportant que de la main-d'œuvre (Ciment armé)

*Plus-values de montage de matériaux* par *hauteur indivisible* de 4 mètres, au-dessus des 28 premiers mètres.

Le mètre cube de béton. . . . . 5f,70 (n° 60);

Les 100 kilogrammes d'acier. . . 2f,85 (n° 61).

Le mètre superficiel de coffrage développé (toutes catégories confondues).

Le mètre superficiel. . . . . . . 0f,60 (n° 62);

Le stère de bois de charpente. . 5f,70 (n° 63).

*Tous ces prix sont susceptibles d'augmentation « idem ».*

---

EXEMPLE. — Construction en béton armé en 3me cour et à une hauteur de 33 mètres, les voitures ne pouvant accéder à la construction qu'à une distance de 50 mètres.

Le cube de béton employé est de 35 mètres cubes.

Plus-value de transport de béton à plus de 30 mètres de distance, cubé 35m,000.

à 3f,80 le mètre cube. . . . . . . . . . . . . . . . . . . . . . . . . . 133f,00

Montage à 33 mètres de hauteur.

La plus-value de montage est accordée par hauteur *indivisible* de 4 mètres.

Nous aurons donc :

33 mètres — 28 mètres = 5 mètres = 4 + 1

Soit 2 fois 4m,00

Cube béton : 35 mètres à 11f,40 le mètre. . . . . . . . . . . . 399f,00

*Tous ces prix sont susceptibles d'augmentation suivant les coefficients des travaux ne comportant que la main-d'œuvre.*

Observation. — La Série accorde une plus-value de manutention par mètre cube de béton de 3f,80, n° 56; cela représente une main-d'œuvre supplémentaire d'une heure de garçon, n° 17 Ciment armé.

## Aciers doux.

Les prix des aciers doux comprennent : la fourniture, la façon, la mise en place, ainsi que toutes plus-values de longueur, de coupe et de forge ;

Observation n° 48 *Série Ciment armé :*

*Les aciers ronds doux* se comptent au kilogramme et sont classés suivant leurs diamètres ou sections.

La Société centrale des Architectes et celle des Architectes diplômés par le Gouvernement ont dans la Série, édition 1922, classé les aciers ronds en quatre catégories.

1° Aciers ronds d'un diamètre égal ou supérieur à 0$^m$,030 et profils assimilés.

*Qu'appelle-t-on assimilés ?*

*Les fers carrés* et fers plats seront assimilés aux ronds de classe équivalente et les feuillards aux ronds de 0$^m$,008 et au-dessous (Obs. 14) ;

2° Aciers ronds de 0$^m$,012 à 0$^m$,0295 et profils assimilés ;

3° Aciers ronds de 0$^m$,0085 à 0$^m$,0115 et profils assimilés ;

4° Aciers ronds d'un diamètre égal ou inférieur à 0$^m$,008 et profils assimilés.

La Série a prévu pour les aciers doux d'un diamètre égal ou supérieur à 0$^m$,030 et profils assimilés.

Les 100 kilogrammes, 165 francs.

*N° 49 Série Ciment armé :*

Ce prix correspond au prix de base des aciers doux de 0$^m$,030 de diamètre au 1$^{er}$ janvier 1922.

*N° 9 du Ciment armé*, prix élémentaires.

Le prix de base des aciers ronds d'un diamètre égal ou supérieur à 30 millimètres est de    58$^f$,00 les 100$^{kg}$

Transport à pied d'œuvre. . . . . . . . .    1$^f$,50    »

Déboursés . . . . .    59$^f$,50    »

En cas de variation du cours, le prix n° 49 sera augmenté ou diminué de 1,43 par franc d'augmentation ou de diminution du cours, observation n° 51.

Comment a-t-on déterminé ce coefficient ?

Nous avons vu que les prix de règle-ment établis pour travaux exécutés à Paris sont composés :

1° Des déboursés de fournitures ;

2° 20 0/0 de frais généraux sur les déboursés de fournitures ;

3° 10 0/0 sur les déboursés de fournitures pour études, etc. ;

4° 10 0/0 de bénéfice sur l'ensemble des trois articles précédents.

Nous allons établir d'après ces données le prix de règlement pour une fourniture de . . . . . 100$^f$,00

20 0/0 de frais généraux . . .    20$^f$,00

10 0/0 pour études et redevances de brevets . . . . . . .    10$^f$,00

Ensemble . . . . . . . . . .    130$^f$,00

10 0/0 sur l'ensemble . . . . .    13$^f$,00

Ensemble . . . . . . . . .    143$^f$,00

100$^f$,00 de fourniture produisent en règlement . . . . . .    143$^f$,00

1$^f$,00 de fourniture produira

$$\frac{143^f,00}{100} = \quad \ldots \ldots \ldots \ldots \quad 1^f,43$$

Chaque franc d'augmentation ou de diminution du cours de l'acier sera donc à multiplier par le coefficient 1,43.

## Barres de répartition.

Qu'appelle-t-on **barres de répartition ?**

Les barres de répartition sont employées dans les hourdis de planchers, cloisons légères, etc., pour renforcer le béton et les aciers principaux d'une armature ;

1° **Cloisons armées.** — Des cloisons armées ont été faites par les maisons Monnier, Hennebique, etc. ; elles ont peu d'épaisseur ; dans ce cas, l'armature est placée au centre de la cloison : ce sont des aciers ronds de petite section formant un treillis (mailles de 0$^m$,10 au maximum) ; *les aciers verticaux* dans ce cas servent de résistance à la cloison, tandis que les *aciers horizontaux* sont *des barres de répartition.*

Dans les cloisons de plus de 0$^m$,06 d'épaisseur, l'armature n'est plus au milieu de la cloison ; *suivant l'article 55 de la Série Ciment armé*, il est fait une *armature, sur chaque face de la cloison avec*

*barres de répartition dans chaque arma-
ture* ou *nappe de barres.*

Cette double armature est plus difficile à exécuter comme pose, la main-
d'œuvre étant supplémentaire, la Série a
prévu une augmentation de 16$^f$,60 les
100 kilogrammes, n° 55.

Les aciers ronds sont ligaturés à la
jonction des barres verticales et horizontales.

La maison Hennebique, pour les cloisons de plus de 0$^m$,06 d'épaisseur, a placé
les *barres horizontales de répartition* au
centre de la cloison ; les aciers verticaux
sont alternés à droite et à gauche de ces
barres de répartition et placés près des
faces extérieures des cloisons afin d'avoir
la charge de ciment suffisante pour
recouvrir ces fers. Pour résister à la
compression du béton, des étriers placés
transversalement à la cloison sont ancrés
dans les aciers verticaux et viennent sous
les barres de répartition ; dans ce cas, la
plus-value de main-d'œuvre doit être
accordée, n° 55.

2° **Planchers avec armatures.** — *Dans les
planchers* nous avons aussi *les barres de
répartition* qui viennent suppléer aux
aciers principaux.

Les principaux aciers travaillent *à la
tension* dans la plus grande longueur, ce
sont *des armatures longitudinales,* d'autres
aciers sont placés perpendiculairement
aux précédents, ce sont des armatures
transversales ; ces aciers servent *de répartition,* ils sont ligaturés à leur jonction.

Lorsque les aciers sont employés
comme devant résister à la traction aux
deux sens du plancher, longitudinalement
et transversalement, les barres transversales *servent de répartition* mais aussi
résistent à la traction comme les barres
longitudinales. Pour avoir droit à la plus-
value n° 55, il faut *un double ferraillage,*
une armature à la face inférieure du
hourdis et une autre à la face supérieure.

### Barres de recouvrement.

Dans une construction importante *en
ciment armé* les aciers ne peuvent être
commandés de dimensions déterminées,
l'entreprise, après avoir étudié l'ensemble
de l'affaire, commande des aciers des
sections demandées dans la construction.
Ces aciers, de grandes longueurs, sont
livrés par catégories, puis coupés, redres-
sés, forgés à la demande (travaux préparatoires à la pose compris dans l'observation n° 48).

Lorsque les aciers n'ont pas assez de
longueur pour faire un ouvrage, ils sont
chevauchés, ligaturés et pour éviter le
cisaillement du béton *les recouvrements
de barres droites* ont été fixés par la
Commission du béton armé par la *formule* 67 *d* ou 67 fois le diamètre de la
barre employée.

### Barres croisées.

*Les barres croisées,* c'est-à-dire se ter-
minant par une crosse, offrent plus de
résistance au cisaillement du béton,
dans ce cas la *formule est de* 26,5 *d* ou
26 fois 1/2 le diamètre de la barre employée. *Le mot crosse ne nous est pas in-
connu,* à la page n° 102 de la série Egoûts
édition de *Société Centrale des architectes* 1922, nous avons aussi la crosse de
regard, c'est-à-dire une tige se termi-
nant par une demi-circonférence. Cette
crosse d'égoût n'a évidemment qu'une
ressemblance de forme et ne peut servir
pour nos calculs de fers du ciment
armé.

Pour qu'*une barre croisée* travaille bien
au cisaillement, il faut, d'après les études
qui ont été faites par M. Mesnager, ingénieur des ponts et chaussées, que la surface du béton passant dans la crosse,
c'est-à-dire dans œuvre de la demi-circonférence, soit suffisante ; le *rayon doit avoir
au moins 2 fois 1/2 le diamètre de la barre
employée.*

Le demi-cercle obtenu par ce rayon est
*prolongé en crosse* d'une longueur d'acier
égale à 4 fois le diamètre de la barre employée.

Ces renseignements sont utiles pour
la construction du ciment armé, mais
ce n'est pas là notre but, nous les donnons pour faire le développement de nos
aciers.

EXEMPLE. — Une barre crossée de $0^m,020$ de diamètre a $3^m,00$ de longueur hors œuvre compris les points d'appui. Quelle est sa longueur ?

Les abouts des aciers de forme circulaire ont *un diamètre intérieur* de 5 fois $0^m,02$...................... $0^m,10$

Si nous y ajoutons l'épaisseur des aciers :
2 fois $0^m,02$.............................. $0^m,04$

Nous aurons pour diamètre extérieur de chaque crosse...................................... $0^m,14$

Soit un rayon de $\dfrac{0^m,14}{2} = 0^m,07$.

Nous prendrons la partie droite aux centres des crosses ou
$3^m,00 - 2$ fois $0,07 = $...................... $2^m,86$
Développement à la suite de 2 parties crossées :
2 1/2 circonférences de $0,14$ de diamètre.
Ensemble : $0,14 \times 3,1416$.................. $0^m,44$
Parties droites à la suite :
2 fois $4 \times 0,02$.......................... $0^m,16$

Ensemble............................... $3^m,46$

*Une barre crossée de* $0^m,020$ *de section de* $3^m,00$ *de longueur a* un développement de $3^m,46$, soit environ 15 0/0 en plus.

### Barres coudées.

Dans les planchers et poutres, nous ferons emploi *de barres coudées*, ainsi appelées car elles *sont pliées* dans une partie de leur longueur pour se relever au droit des appuis.

Lorsqu'une dalle est encastrée, elle est comprimée dans la partie supérieure près de l'encastrement, et dans ce cas une barre sur deux *est coudée* pour résister à cette force de *compression*, le reste de la barre travaille à *la tension*.

On adopte généralement près de l'encastrement pour travail à la compression 1/8 ou 1/5 de la portée ; d'autre constructeurs partagent la portée en 3 parties égales (système Hennebique) ; dans ce cas, une barre sur deux est *coudée* au 1/3 près des appuis.

EXEMPLE. — Prenons une poutre de 9 mètres de longueur dans œuvre, c'est-à-dire entre points d'appui.
Les barres coudées auront la longueur suivante :

Partie milieu droite horizontale $\dfrac{9^m,00}{3} = $................. $3^m,00$

De chaque côté elles se relèvent suivant l'hypoténuse d'un triangle rectangle, ce qui augmente leur longueur d'environ $0^m,06$ par mètre, soit 2 fois $3^m,00$.................. $6^m,00$
Excédent pour développement.................. $0^m,36$

$6^m,36 = 6^m,36$

Ensemble............................... $9^m,30$

Ces barres peuvent être *coudées et crossées*; dans ce cas, il suffit d'en faire le développement suivant l'exemple des barres crossées.

### Etriers. Ligatures.

Les barres ci-dessus ne sont pas toujours suffisantes pour résister aux efforts tranchants; dans ce cas, il est ajouté des étriers qui viennent renforcer les barres. *Les étriers se développent au mètre linéaire* comme les autres barres et *se comptent au kilogramme* suivant la section des aciers employés.

Pour maintenir les barres pendant le bétonnage, il est fait préalablement des ligatures en acier d'environ 2 millimètres de section. Ces ligatures relient les aciers à leur point de jonction et viennent par leurs sections augmenter la résistance au cisaillement.

*Dans le mètre nous compterons les aciers en y ajoutant le poids des ligatures.*

### Coefficient de sécurité.

Nous avons parlé précédemment (page n° 237) des limites de travail ou de fatigue à la compression du béton armé.

Suivant l'article n° 5 des instructions relatives à l'emploi du béton armé, lorsqu'il est employé des barres longitudinales ou transversales, les limites de travail sont augmentées d'un coefficient

$$\left(1 + m\,\frac{V'}{V}\right).$$

Dans les formules de la plupart des auteurs français et étrangers, on admet, que dans la compression d'un prisme armé, chaque centimètre carré de l'armature longitudinale supporte une part de charge $m$ fois plus grande que ne le ferait un centimètre carré de béton occupant la même place. Théoriquement le nombre $m$ serait le rapport entre les modules d'élasticité du métal et celui du béton, MM. Rabut et Mesnager demanderaient que ce nombre fût pris égal à 10. En Suisse et en Allemagne, comme aussi d'après les auteurs français et belges, on adopte de préférence la valeur 15.

Il est vraisemblable qu'avec ce dernier chiffre on attribue souvent au métal une influence plus grande que la réalité, et au béton une influence trop faible, de sorte que celui-ci supportera en réalité une fatigue plus grande que celle que supposent les calculs.

L'innovation de la circulaire consiste à proposer pour ce nombre $m$, non pas une valeur immuable telle que 10 ou 15, mais une valeur dépendant à la fois des dispositions de l'armature longitudinale et de celles des armatures transversales ou obliques qui les solidarisent. On admet que le nombre $m$ peut ainsi varier, suivant que les dispositions des armatures sont plus ou moins bien combinées entre un minimum de 8 et un maximum de 15. Cette manière de faire semble très rationnelle théoriquement, outre qu'elle s'ajoute aux prescriptions de l'article 5 des instructions, pour inciter les praticiens à bien étudier les dispositions combinées des armatures longitudinales et transversales.

Nous nous sommes assuré d'ailleurs qu'on arrive ainsi à un coefficient de sécurité bien plus constant qu'avec les ouvrages calculés dans l'hypothèse de la constance de $m$, ce qui diminue sensiblement le danger pouvant résulter du coefficient de fatigue élevé qu'on a adopté aux articles 4 et 5 des instructions.

Pour bien comprendre le genre de vérification que nous avons poursuivi, il convient de préciser le sens qu'on attache à l'expression : *Coefficient de sécurité*.

Supposons une colonne en béton armé où, d'après les calculs de résistance, le béton travaille à raison de 50 kilogrammes par centimètre carré, tandis qu'un cube de même béton non armé se romprait après 90 jours sous une charge de 200 kilogrammes par centimètre carré. On dira que le coefficient de sécurité est $\frac{200}{50} = 4$. Mais (et cette observation s'applique aussi aux ouvrages autres que ceux en béton armé) ce n'est là qu'un coefficient conventionnel, le seul, en général, qu'on puisse fixer et dont il faut, par suite, se contenter dans la pratique. Le vrai coefficient de sécurité ne pourrait s'obtenir qu'en rompant la colonne elle-même. Or il est probable que, même abstraction faite du flambage que nous supposons combattu, la colonne se romprait sous une charge autre que le cube de béton. Si elle n'était pas armée, elle se romprait sous une charge un peu plus faible en raison des points faibles que comporte un ouvrage de plus grandes dimensions et moins bien soigné dans ses moindres détails qu'un échantillon cubique.

Dans le premier cas, le coefficient de sécurité rapporté à cet échantillon serait trompeur et illusoire. Dans le second, au contraire, il serait très sûr puisqu'il ne pourrait qu'être égal ou inférieur au coefficient de sécurité réel.

En tous cas ce dernier ne peut s'obtenir que par destruction directe de l'ouvrage considéré. Ce coefficient réel nous l'avons déterminé sur un prisme de béton armé à base carrée de $0^m,25$ de côté et de $1^m,00$ de hauteur portant diverses armatures, à l'aide d'expériences de ruptures très précises de M. le Professeur Bach. Aux charges de rupture expérimentalement déterminées, nous comparons les fatigues qui résulteraient :

1° De l'emploi des formules de résistance avec un coefficient $m$ constant et égal à 15 ;

2° De l'emploi des formules avec un coefficient $m$ variable entre 8 et 15 selon les règles indiquées dans la circulaire en faisant d'après ces règles des interprétations à vue et avec les majorations de la fatigue admises par l'article n° 5 des instructions pour l'emploi des coefficients de majoration : $1 + m' \dfrac{V'}{V}$.

le coefficient $m'$ étant également obtenu dans chaque cas d'après les règles indiquées dans la circulaire.

Voici les données expérimentales et les résultats obtenus :

La section du prisme est égale à :
$25 \times 25 = 625$ centimètres carrés.

Le volume $V'$ des ligatures :
$V' = 62^{cm3},645.$

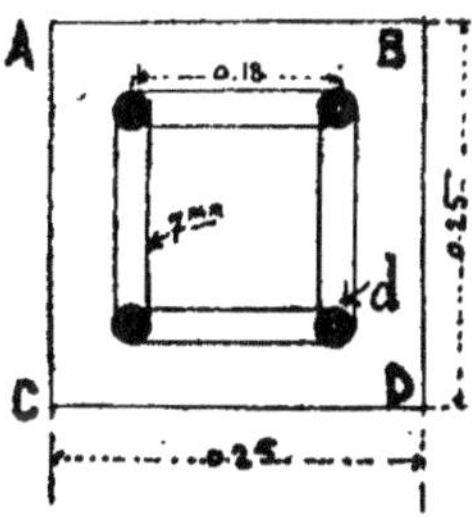

Fig. 47.

Les prismes essayés (*fig.* 47) ont une section carrée ABCD de 250 millimètres de côté. Ils sont armés de 4 tiges éloignées d'axe en axe de 180 millimètres et ayant des diamètres $d$ variables de 15 à 30 millimètres.

Ces tiges longitudinales sont réunies deux à deux par des tiges formant ligatures transversales doubles suivant les quatre côtés d'un carré.

Toutes ces tiges ont 7 millimètres de diamètre.

L'écartement de ces armatures transversales dans le sens de l'axe du prisme varie de $0^m,25$ à $0^m,0625.$

Voici le résultat des cinq séries d'expériences.

TABLEAU I

| NUMÉRO de l'EXPÉRIENCE | DIAMÈTRE $d$ des ARMATURES longitudinales — mm. | ÉCARTEMENT des ARMATURES transversales — cm. | VALEUR MOYENNE de la CHARGE de rupture — kil. par cm2 | SECTIONS des ARMATURES longitudinales — $\omega = 4\dfrac{\pi d^2}{400}$ cm2 |
|---|---|---|---|---|
| 1 | 2 | 3 | 4 | 5 |
| 1 | $15^{mm}$ | $0^m,25$ | $168^{kr},000$ | $7^{cm2},1$ |
| 2 | $15^{mm}$ | $0,125$ | $177,000$ | $7,1$ |
| 3 | $15^{mm}$ | $0,0625$ | $205,000$ | $7,1$ |
| 4 | $20^{mm}$ | $0,25$ | $170,000$ | $12,6$ |
| 5 | $30^{mm}$ | $0,25$ | $190,000$ | $28,3$ |

Ajoutons que la charge de rupture du prisme non armé a été trouvée de. . $141^{kg},95$ et celle d'un mètre cube de ce béton $175^{kg},95.$

En supportant $m = 15$ et appelant R$b$ la fatigue admise pour le béton, la charge totale N que pourrait supporter le béton serait :

$$N = Rb\,(625 + 15w)\,[A]$$

En prenant R$b = 35$ kilogrammes par centimètre carré, ce qui serait conforme aux instructions allemandes, on trouve :

$$N = 35\,(625 + 15w)\,[A']$$

TABLEAU II

| N° de l'expérience | $\dfrac{15w}{cm^2}$ | $625+15w$ | N kgs | $\dfrac{N}{625}$ | CHARGES de RUPTURE | COEFFICIENT DE SÉCURITÉ effectif |
|---|---|---|---|---|---|---|
| 1 | 2 | 3 | 4 | 5 | 6 | 7 |
| 1 | 106 | 731 | 25.585 | 40,9 | $168^{kr},000$ | 4,1 |
| 2 | 106 | 731 | 25.585 | 40,9 | $177,000$ | 4,3 |
| 3 | 106 | 731 | 25.585 | 40,9 | $205,000$ | 5,0 |
| 4 | 189 | 814 | 28.490 | 45,6 | $170,000$ | 3,7 |
| 5 | 424 | 1049 | 36.715 | 58,7 | $190,000$ | 3,2 |

La colonne 6 donne la charge théorique par centimètre carré que supporte le béton de la colonne. La colonne 6, reproduction de celle 3 du tableau 1, donne les charges de rupture effectives correspondantes. En divisant les chiffres de la colonne 6 par ceux correspondants de la colonne 5, on aura dans chaque cas le coefficient de sécurité effectif. On voit qu'il a des variations très considérables. Il varie entre 5 et 3,2 ce qui indique que la formule [A], c'est-à-dire l'hypothèse de la constance de $m$, peut conduire à de sérieux mécomptes.

Faisons à présent les mêmes calculs en supposant $m$ variable. En suivant les règles indiquées dans la circulaire, on est amené par des interpolations à donner à $m$ les valeurs du tableau ci-après.

D'autre part, nous admettons un nombre rond, d'après l'article 4 des instructions : pour le béton une fatigue de 50 kilogrammes au lieu de celle de 35 admise ci-dessus, et en vertu de l'article 5 nous majorons cette fatigue d'après les coefficients de majoration.

$$1 + m' \frac{V'}{V},$$

ce qui porte à :

$$Rb = 50 \left(1 + m' \frac{V'}{V}\right) \text{ [B]}.$$

D'après les règles indiquées dans la circulaire nous sommes amené à prendre pour $m$ les valeurs du tableau ci-dessous. Les charges N à faire supporter à la colonne seront données par la formule :

$$N = Rb (625 + mw \text{ [B']}.$$

On a ainsi :

| N°$^{s}$ | $m$ | $m^{w}$ cm2 | $625 + mw$ | ÉCARTEMENT des ARMATURES transversales | $m'$ | $\dfrac{V'}{V}$ | $Rb=50$ $\left(1+m'\dfrac{V'}{V}\right)$ | N kilos | $\dfrac{N}{625}$ | COEFFICIENT de SÉCURITÉ effectif |
|---|---|---|---|---|---|---|---|---|---|---|
| 1 | 2 | 3 | 4 | 5 | 6 | 7 | 8 | 9 | 10 | 11 |
| 1 | 10 | 71 | 696 | 0$^{m}$,25 | 8 | 0,00401 | 51,6 | 35.913 | 57,4 | 2,9 |
| 2 | 12 | 85 | 710 | 0$^{m}$,125 | 12 | 0,00802 | 54,8 | 38.908 | 62,3 | 2,8 |
| 3 | 15 | 106 | 731 | 0$^{m}$,0625 | 15 | 0,01604 | 62,0 | 45.322 | 72,5 | 2,8 |
| 4 | 9 | 113 | 738 | 0$^{m}$,25 | 8 | 0,00401 | 51,6 | 38.080 | 60,9 | 2,8 |
| 5 | 8 | 226 | 851 | 0$^{m}$,25 | 8 | 0,00401 | 51,6 | 43.911 | 70,2 | 2,7 |

Les chiffres de la colonne 9 sont obtenus par la formule [B']; ceux de la colonne 11 en divisant la valeur des charges de rupture (tableau 1, colonne 4) par les chiffres de la colonne 10. Et ici on voit que les coefficients de sécurité effectifs ont une constance remarquable, ce qui permet d'être plus hardi sur la fatigue théorique maximum à admettre.

III et IV. *Exécution des travaux et épreuves des ouvrages.* — Les instructions sur ces deux matières se justifient d'elles-mêmes et nous n'avons pas à nous y arrêter ici.

En résumé la Commission a fait son possible pour donner aux ingénieurs des instructions aussi précises que le comporte le sujet, à éclaircir ces instructions autant que de besoin par la circulaire à y joindre, et à faciliter les calculs de résistance à ceux des ingénieurs qui le désirent, le tout sans empiéter en rien sur leur libre arbitre, lequel doit rester ici plus absolu que partout ailleurs, puisqu'il s'agit d'une province nouvelle dans l'art de bâtir qui s'offre à leurs études et à leur activité et dans laquelle plusieurs d'entre eux ont été parmi les premiers pionniers qui ont préparé les voies actuellement suivies.

*L'Inspecteur général,*
*Président et rapporteur de la Commission.*
Signé : Maurice LÉVY.

Pour la compréhension des tableaux ci-dessus, nous allons donner quelques sous-détails.

Si nous prenons le tableau n° 1, nous voyons qu'il a été construit 5 prismes de 0$^{m}$,25 × 0$^{m}$,25 et de 1$^{m}$,00 de hauteur.

*Dans le premier prisme il a été noyé suivant dessin 4 tiges en acier de 0$^{m}$,015 de diamètre (colonne n° 2).*

Ces 4 tiges produisent une section de :

4 fois 176$^{mm2}$,0 = 7$^{mm2}$,04 (*voir page 4 de notre Métré de Ciment armé*).

La Commission a indiqué 7 centimètres carrés, colonne 5 au tableau n° 1, nous conserverons cette donnée pour ne pas changer toutes les opérations des tableaux suivants.

La colonne n° 3 nous indique que le prisme n° 1 a aussi des ligatures transversales de 7 millimètres de section et espacées tous les 0$^m$,25.

Ce prisme ainsi constitué peut résister à une charge de rupture d'environ 168 kilogrammes, colonne 4. La colonne n° 5 indique la section totale des 4 tiges longitudinales.

**Le prisme n° 2** composé de 4 tiges longitudinales de 15 millimètres de diamètre, mais avec des ligatures transversales de 0$^m$,007 espacées de 0$^m$,125 nous donnent une valeur moyenne de charge de rupture de 177 kilogrammes par centimètre carré (Voir col. 4, 2$^{me}$ expérience). La section totale restant évidemment la même 7,1, colonne 5.

**Le prisme n° 3** nous indique que les *armatures* transversales de 7 millimètres sont espacées tous les 0$^m$,0625, ce qui donne une valeur moyenne de charge de rupture de 205 kilogrammes par centimètre carré.

**Le prisme n° 4** composé de 4 tiges longitudinales en acier de 20 millimètres nous donne une section de :

4 fois 314 millimètres (voir page 4 de notre *Métré de Ciment armé*) = 12,56.

La Commission a donné 12,6, colonne 5, tableau n° 1 ; nous conserverons de même cette donnée.

*Nous ferions de même pour le prisme n° 5.*

**Examinons maintenant le tableau n° 2.**

En raison des armatures longitudinales, la Commission du béton armé prend le coefficient $m = 15$ ; cela veut dire que chaque centimètre carré de l'armature longitudinale supporte une charge 15 fois plus grande que ne le ferait un centimètre carré de béton occupant la même place.

La *limite de fatigue* du béton est désignée R$b$ = 35 kilogrammes *par centimètre carré de béton.* Quant à la charge totale que peut supporter le béton la commission l'a désignée de $0,25 \times 0,25 = N$.

**Dans le 1$^{er}$ prisme**, il a été noyé suivant dessin 4 tiges en acier de 15 millimètres de diamètre.

La surface est de 4 fois 176$^{mm2}$,0 = 7,04 ou 7,1 donnée par la Commission, dans la colonne n° 2 du tableau n° 2.

Les aciers représentent donc
15 fois 7,1 . . . . . . . . . . . . 106$^{cm2}$,0
*La colonne n° 3 nous donne*
section de prisme 0$^m$,25 ×
0$^m$,25. . . . . . . . . . . . . . 625$^{cm2}$,0
*La section totale col. 3* . . . . 731$^{cm2}$,0
Or, si nous faisons de la compression à 35 kilogrammes par centimètre carré.
Nous obtenons :
colonne 4 : 731 × 35 kgs . . . 25.585.
La charge théorique par *centimètre carré* du prisme sera donc :

$$\frac{25.585}{625} = 40,9, \text{ colonne n° 5.}$$

La charge de rupture 168 kilogrammes, colonne n° 8.
Le coefficient de sécurité sera :

$$\frac{168^{kg},0}{40,9} = 4,1, \text{ colonne 7.}$$

Dans le **tableau n° 3** nous allons, d'après l'article 4 des instructions, admettre pour le béton une fatigue de 50 kilogrammes au lieu de celle de 35 admise ci-dessus et une majoration de fatigue de $1 + m'\, \dfrac{V'}{V}$ d'après l'article n° 5.

*En examinant le tableau n° 3* nous voyons qu'il a été fait cinq expériences (colonne n° 1) avec un prisme de 0$^m$,25 × 0$^m$,25 × 1$^m$,00 de hauteur.

Dans la première expérience ce prisme était armé de 4 tiges longitudinales de 15 millimètres de diamètre, dans la colonne n° 2 la Commission du béton armé prend le coefficient $m = 10$, ce qui veut dire que chaque centimètre carré de l'armature longitudinale supporte une charge 10 *fois plus grande* que ne le ferait un centimètre carré de béton occupant la même place.

La surface des 4 tiges en acier est de :

4 fois 176$^{mm2}$ = 7,04 ou 7,1 donnée par la Commission.

Les aciers, dans cet exemple, représentent donc une surface de 10 fois 7,1 = 71$^{cm2}$, colonne n° 3 . . . . . 71$^{cm2}$

Le prisme a une surface de :
25 centimètres × 25 centimètres . . . . . . . . . . . . . 625$^{cm2}$

Dans la colonne n° 4, la surface totale est de . , . . . . . . 696$^{cm2}$

Dans la colonne n° 5, nous donnons au prisme pour nos armatures transversales un écartement de 0$^m$,25, c'est-à-dire égal à la plus petite dimension du prisme ; dans ce cas, la Commission du ciment nous fixe le coefficient $m'$ = 8 pour la majoration de la fatigue de la charge de rupture *colonne n° 6*.

La colonne n° 7 indique le coefficient obtenu en divisant le volume des armatures par le volume du prisme $\dfrac{V'}{V}$.

Dans l'expérience n° 1, les armatures transversales étant espacées de 0$^m$,25, nous avons un coefficient de 0$^m$,00401.

Lorsqu'elles seront espacées de 0$^m$,125, il deviendra :

2 fois 0$^m$,00401 (expérience n° 2) 0,00802

Lorsqu'elles seront espacées de 0$^m$,0625 nous aurons :

4 fois 0$^m$,00401 (expérience n° 3) 0,01604

Dans l'expérience n° 4, nous aurons . . . , . . . . . , . . . . . 0,00401

L'expérience n° 5 aura le même coefficient . . . . . . . . . . . . . . . 0,00401

Dans la première expérience, la colonne n° 8 produit une limite de fatigue de béton armé de 51,6 dont voici le sous-détail.

Faisons R$b$ . . . . . . . . . . 50$^{kg}$,000

Majoration $\dfrac{V'}{V}$ = colonne 7

0,00401 × colonne n° 6 × 8 = 0,03208

× 50 kgs . . . . . . . . . . . 1$^{kg}$,000

Ensemble . . . . . . . . . . 51$^{kg}$,600

Colonne n° 8.

Si le béton peut travailler à 51$^{kg}$,600 par centimètre carré, nous aurons :

Surface du prisme augmentée de celle des aciers . . . . . . . , . . . . 696$^{cm2}$

Les charges à faire supporter au prisme n° 1 seront :

696$^{cm2}$ × 51$^{kg}$,600 . . . . . . . . 35913

Colonne n° 9.

La colonne n° 10 s'obtient en divisant la charge ci-dessus par la surface réelle du prisme, soit :

$$\frac{35913}{625} = 57,4.$$

La colonne n° 11 s'obtient en divisant la valeur de la charge de rupture par le coefficient ci-dessus ; or la charge de rupture.

Tableau n° 1 colonne 4 . . . . 168 kgs
Soit :

$$\frac{168^{kg}}{57,4} = 2,90.$$

*Nous allons donner un autre exemple*
Examinons le tableau n° 3, et faisons la 3$^{me}$ expérience.

La surface des 4 tiges en acier de 0$^m$,015 de diamètre est de :

4 fois 176$^{mm2}$,0 = 7$^{cm2}$,1

(chiffre donné par la Commission du béton armé). Les aciers, dans cet exemple, représentent une surface de :

15 fois 7,1 colonne n° 2 , . . . . 106$^{cm2}$
Surface du prisme :
25$^{cm}$ + 25$^{cm}$ . . . , . . . . . 625$^{cm2}$

Ensemble . . . . . . . . . 731$^{cm2}$

Dans cette expérience, les ligatures transversales sont espacées de 1/4 de la plus petite dimension du prisme ;

$$\frac{0^m,25}{4} = 0^m,0625.$$

La Commission fixe le coefficient colonne 6 $m'$ = 15.

Soit 15 × 0,01604 colonne 7, . . 12,03
R$b$ = . . . . . . . . . . . . . 50,00

Ensemble . . . . . . . . . . 62,03
par centimètre carré.

La Commission adopte le coefficient . . . . . . . . . . . . . . . 62,00

Si nous faisons travailler le béton à 62 kilogrammes par centimètre carré, nous avons :

Surface 731$^{cm2}$ × 62 kgs = . . . 45322
(colonne n° 9)

*La colonne n° 10* s'obtient en divisant la charge ci-dessus par la surface réelle du prisme.

$$\frac{45322}{625} = 72,5.$$

Surface du prisme :

$$25 \times 25 = 625^{cm2}.$$

*La colonne n° 11* nous donne le coefficient de sécurité effectif.

Dans le tableau n° 1 nous avons colonne 4, 3ᵐᵉ expérience, valeur moyenne de la charge de rupture, ci 205 kilogrammes par centimètre carré.

Soit :

$$\frac{205 \text{ kgs}}{72,5} = 2,80.$$

Page n° 3 de notre Métré de Béton armé nous avons parlé du *flambement*. Lorsque nous aurons à faire des calculs de poteaux en béton armé, nous observerons l'article n° 12 des données de la Commission.

*Article n° 12.* Pour les pièces comprimées on s'assurera qu'elles ne sont pas exposées à *flamber*. Toutefois, on pourra s'en dispenser pour les pièces dont l'élancement (rapport de la hauteur à la plus faible dimension transversale) est inférieur à 20 et dont la fatigue à la compression ne dépasse pas la limite définie à la page n° 2 de notre Métré de Ciment armé.

### Planchers.

La Série de la Société centrale des Architectes, édition 1922 et celle de la Société des Architectes diplômés par le Gouvernement a prévu différents hourdis de planchers ; la plupart sont composés de solives en fer ou aciers doux à double ⌶ ordinaire, larges ailes ou profils normaux de 0ᵐ,08 à 0ᵐ,22 de hauteur jusqu'à 10ᵐ,00 de longueur avec entretoises en fer carré de 0ᵐ,014 et fentons de 0ᵐ,009 ; ces hourdis sont faits en plâtras et plâtre. Dans cette composition de plancher, les fers sont fournis et posés par le serrurier (Serrurerie nᵒˢ 65 + 67 + 72 + 73, etc.) (Série 1922). Les hourdis, faits par le maçon nᵒˢ 742 + 743 + 746, etc.

D'autres planchers ont été prévus avec solives en fer ou aciers *idem ;* quant aux hourdis ils sont prévus soit en brique pleine pour voûtains n° 406, colonne 2, avec plus ou moins-value de mortier nᵒˢ 431 et avec cintrages nᵒˢ 499 + 500 ou en brique creuse pour planchers droits nᵒˢ 373 à 378, 418, etc. Dans ce cas les cintrages plats dûs dans la valeur du hourdis. D'autres planchers nᵒˢ 642 à 655 ont été hourdés en Bardeaux : Hourdis Paupy, Hourdis Perrière, Hourdis Mantel.

Nous avons ensuite les hourdis de planchers en fer, hourdis composés de 350 kilogrammes de ciment de Portland pour 1 mètre cube de gravillon lavé n° 24 série Ciments. Tous ces planchers étaient faits par différents corps d'état : Serrurerie et Maçonnerie.

De nos jours, vu la difficulté d'avoir rapidement certains matériaux, il est fait *les hourdis en ciment armé.* Ceux prévus par la Société centrale des Architectes et celle des Architectes diplômés par le Gouvernement sont composés d'aciers ronds pour poutres, poutrelles, nervures et planchers, quant aux hourdis ; ils sont en béton de gravillon et ciment. Ces planchers sont composés suivant les données de la Commission du béton armé. Il a été fait depuis d'autres planchers composés de briques creuses avec aciers ronds de sections suivant les portées et mortier de sable gravillonneux. *Ces planchers Thory système Thoridenet* ont l'avantage de n'avoir pas de saillie de poutres ou nervures quelconques en sous-face du plancher, ils ont de 0ᵐ,14 à 0ᵐ,16 de hauteur.

Dans ces planchers les solives en acier sont remplacées par des aciers ronds calculés suivant la portée des planchers, lesdits sont renforcés par des étriers.

Nous allons donner des exemples de métrés de ces divers planchers.

### Construction d'un plancher en béton armé.

Sur une surface rectangulaire (*fig.* 48) établir un plancher en béton armé de 0ᵐ,08 d'épaisseur avec une surcharge de

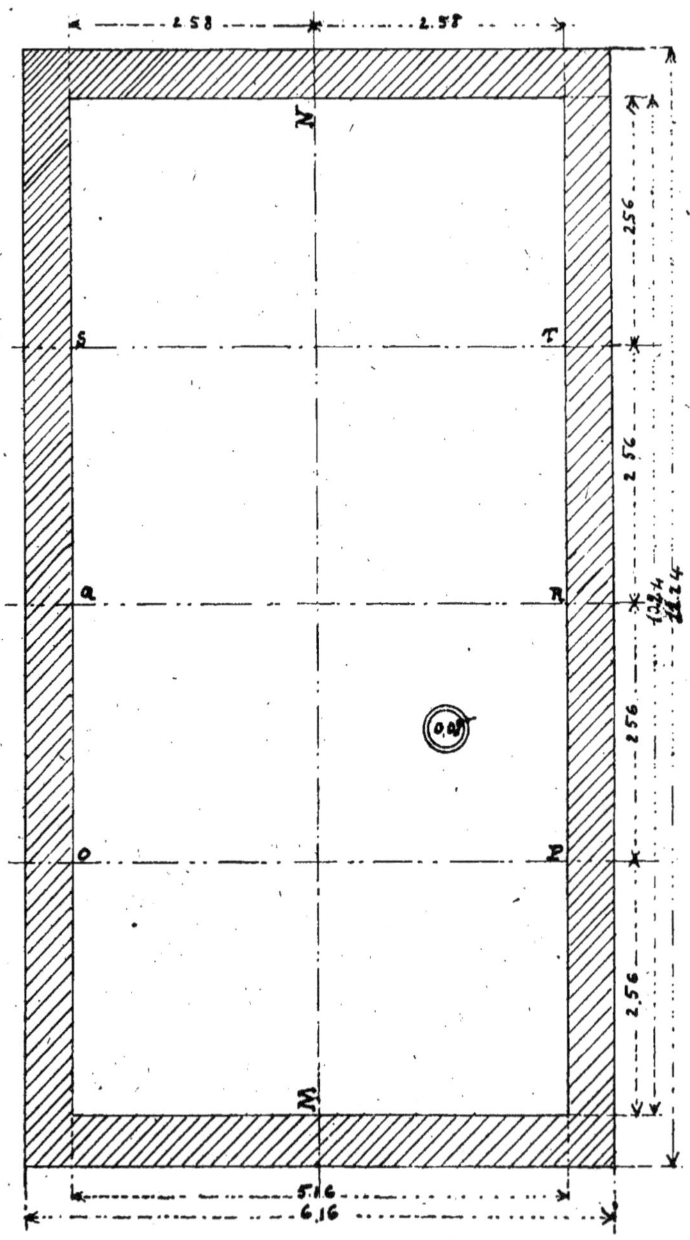

Fig. 48. — Plan.

500 kilogrammes au mètre carré ; le dosage sera celui de la Société centrale, année 1924.

Pour 1 mètre cube mis en œuvre :

Ciment. . . . . . . . . . . . 300 kg.
Gravillon . . . . . . . . . 0$^m$,800
Sable. . . . . . . . . . . . 0$^m$,400

Les *poutres, poteaux* et *semelles* seront en béton armé.

Pour établir ce plancher, nous allons partager la largeur en deux parties égales.

Soit :

$$\frac{5^m,16}{2} = 2^m,58.$$

L'axe ainsi déterminé sera celui des poutres médianes $\overline{MN}$.

Dans la longueur de 10$^m$,24 (*fig.* 48), faisons 4 tracés qui nous donneront les axes des poutres perpendiculaires aux précédentes OP, QR, ST.

*Ce tracé comprend 8 dalles de plancher.*

4 dalles égales ABCD (*fig.* 49).
4 autres dalles égales EFGH (*fig.* 49).

*Épaisseur de plancher :*

L'épaisseur d'une dalle ne peut être inférieure au 1/30 de la plus grande longueur :

ou $$2^m,50 \times \frac{1}{30} = 0^m,08.$$

Le plancher ainsi divisé est donc dans les proportions demandées.

### Calcul des aciers.

D'après le dosage du béton, suivant la circulaire ministérielle, nous ferons travailler *le béton à la compression* à $\frac{44^{kg},800}{2}$

ou $\frac{45^{kg}}{2}$ par centimètre carré et *pour les aciers* travaillant *à la tension* nous prendrons le coefficient 10 kilogrammes par millimètre carré.

Pour faire le calcul d'une dalle en béton armé de 0$^m$,08 d'épaisseur, nous emploierons les *armatures de hourdis carrés en 2 sens.*

Le moment fléchissant s'obtient par la formule suivante :

$$M = \frac{1}{36} \, pl^2 \, \frac{2a^4}{a^4 + b^4}$$

ou plus simplement ce qui est suffisant comme approximation :

$$\overline{M} = \frac{1}{32} \, pl^2.$$

Dans cette formule la lettre $p$ indique le poids de la dalle augmentée de la surcharge au mètre carré ; la lettre $l$ indique la moyenne des 2 côtés de la dalle :

$$\frac{a + b}{2} = l.$$

Remplaçons, dans notre formule, les lettres par leurs valeurs.

Nous aurons :

$$\overline{M} = \frac{1}{32} \times 676^{kg},000 \times 2^m,49^2$$

$$= \frac{4.191^{kg},200}{32} = 130^{kg},975.$$

*Le poids d'une dalle au mètre carré de* 0$^m$,08 *d'épaisseur* s'obtient de la manière suivante :

1,00 × 1,00 = 1$^m$,00.
× 0$^m$,08 . . . . . . 0$^m$,080
× 2.200 kg. le mètre cube . 176$^{kg}$,000
La charge prévue au mètre
carré = . . . . . . . . . . . 500$^{kg}$,000
Le mètre carré . . . . . . 676$^{kg}$,000

*Le poids d'un mètre cube de ciment armé* s'évalue suivant le dosage demandé.

*Largeur moyenne de la dalle :*

$$\frac{2^m,48 + 2^m,50}{2} = 2^m,49.$$

Pour obtenir la *valeur de la tension* des aciers au mètre carré *dans chaque sens*, il suffit de *diviser le moment fléchissant par le coefficient du bras du levier du couple élastique* (*fig.* 50).

Nous avons parlé précédemment *des efforts de compression et de tension.*

Ces efforts sont égaux et forment un *couple élastique équivalent au moment de la flexion.*

b
a
dalles EFGH
dalles ABCD
P
2.48
16
2.40
16
240
16
248
50
2.50
16
19 axiens de 6 m/m
19 axiens de 6 m/m
19 axiens de 6 m/m

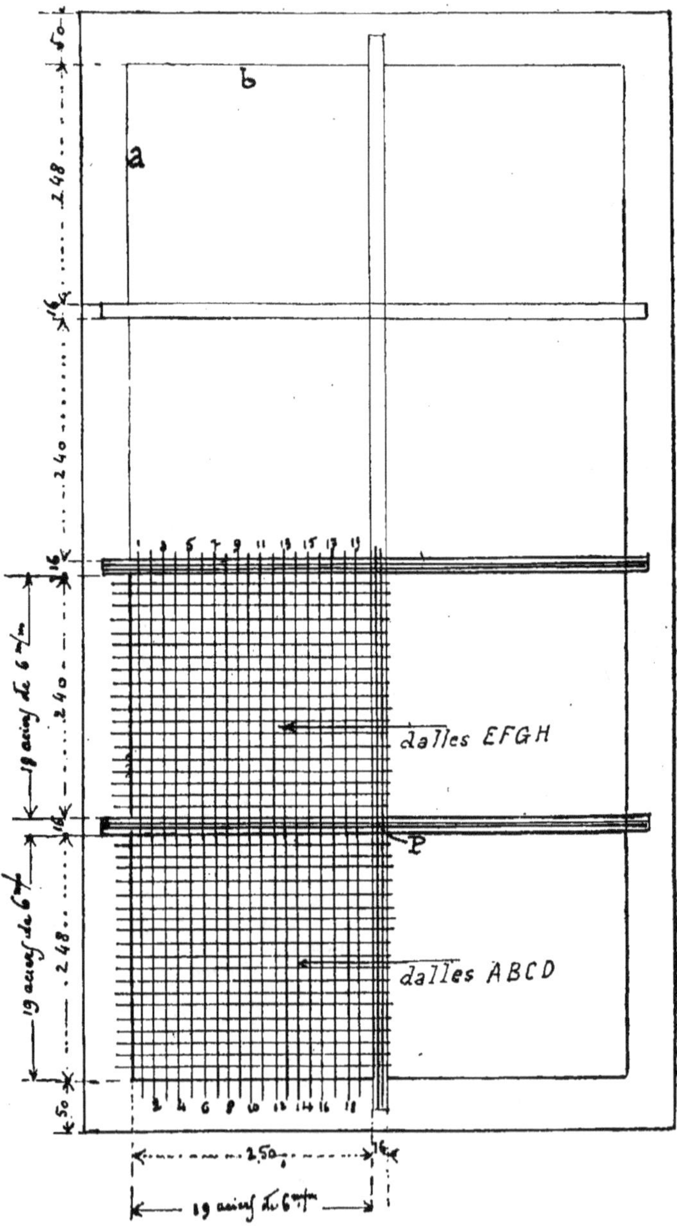

Fig. 49. — Plan.

*Bras de levier du couple élastique.*

Dans une dalle de 0^m,08 d'épaisseur quel est le coefficient du bras de levier du couple élastique ?

*La tension* est située *dans l'axe des aciers tendus* en partie inférieure du plancher.

Si nous prenons des aciers de 6 millimètres de diamètre, en laissant 0^m,01 de ciment au-dessous des aciers nous aurons une hauteur restante de 0^m,08 — 0^m,01 — 0^m,003 = 0^m,067 (coupe, *fig.* 50).

Fig. 50. — Bras de levier. $\frac{8}{9} \times 6,7 = 5,95$.

*Le bras de levier*, d'après des données suffisamment approximatives, sera de :

$$6^{cm},7 \times \frac{8}{9} = 0^m,0595.$$

suivant coupe n° 50 ;

$$\text{d'où tension} = \frac{\text{Moment fléchissant}}{\text{Bras de levier}}.$$

Remplaçons ces données par leurs valeurs :

$$\mathfrak{c} = \frac{130^{kg},975}{0^m,0595} = 2.201.$$

Il nous est facile d'obtenir la quantité en millimètres carrés d'aciers puisque nous faisons travailler *l'acier à* 10 *kilogrammes par millimètre carré.*

Soit :

$$\frac{2.201}{10} = 220 \text{ millimètres carrés.}$$

Suivant page n° 239 de notre métré de ciment armé, l'acier de 6 millimètres de diamètre produit une section de 28 *millimètres carrés au mètre linéaire.*

D'où :

$$\frac{220}{28} = 7,85 \text{ aciers de } 1^m,00 \text{ de longueur}$$

dans chaque sens.

La dalle ABCD (*fig.* 49) nous donnera dans un sens $2^m,50 \times 7^{aciers},85 = 19$ aciers de 6 millimètres.

Dans l'autre sens nous aurons : $2^m,48 \times 7^{aciers},85 = 19$ aciers de 6 millimètres.

Dans la travée EFGH nous ferons les mêmes opérations.

Il suffira donc de faire un quadrillage espacé dans la largeur de 2^m,50 de : (Voir *fig.* 49).

$$\frac{2^m,50}{20} = 0^m,125 \text{ (mailles de } 0^m,125).$$

Pour abréger les calculs de résistance, on se *sert des tableaux* qui ont été préparés par différents auteurs, MM. Merciot, Espitallier, etc. *Ces tableaux sont classés suivant l'épaisseur de chaque dalle* et calculés d'après les *portées des planchers et leurs surcharges ;* il suffit de s'y reporter pour obtenir la *quantité d'aciers en millimètres carrés par mètre carré de hourdis carrés en* 2 *sens.*

EXEMPLE. — *Plancher de* 0^m,08 *d'épaisseur.*

Pour une portée de 2^m,50 avec surcharge de 500 kilogrammes au mètre carré nous trouvons 217 millimètres carrés au mètre carré dans chaque sens

ou $\frac{217}{28} = 7^{aciers},75$ au mètre linéaire dans chaque sens.

ce qui nous donne comme aciers *au mètre linéaire dans chaque sens :*

$2^m,50 \times 7^{aciers},75 = 19$ aciers de 6 millimètres de diamètre ;
Dans l'autre sens :
$2^m,48 \times 7^{aciers},75 = 19$ aciers de 6 millimètres de diamètre.

*Détail d'une barre droite de la dalle ABCD :*
Suivant coupe figure 51 et plan figure 49.

Les aciers droits auront une longueur dans un sens, dans
œuvre, de.................................................... 2$^m$,50
   Recouvrements 67 fois 6 millimètres.............. 0$^m$,40

     Ensemble..................................... 2$^m$,90

Dans l'autre sens :
Longueur dans œuvre......................... 2$^m$,48
Recouvrements 67 fois 6 millimètres.............. 0$^m$,40

     Ensemble..................................... 2$^m$,88
       Soit..................................... 2$^m$,90

*Détail d'une barre pliée de la dalle ABCD :*

Les aciers pliés se relevant sur les appuis auront dans
œuvre ....................................................... 2$^m$,50
Excédent du développement pour aciers relevés de
chaque côté y compris arrondi 6 0/0................ 0$^m$,15
Recouvrements 67 fois 6 millimètres.............. 0$^m$,40

     Ensemble ..................................... 3$^m$,05

Dans l'autre sens la barre pliée aura **3$^m$,05**.

*Détail d'une barre droite de la dalle EFGH :*

Suivant coupe n° 51 et plan n° 49.
Longueur dans œuvre......................... 2$^m$,40
Recouvrement 67 fois 6 millimètres.............. 0$^m$,40

     Ensemble ..................................... 2$^m$,80

Dans l'autre sens la longueur est semblable à celle de la
dalle ABCD................................................ 2$^m$,90

*Détail d'une barre pliée de la dalle EFGH :*

Les aciers pliés se relevant sur les appuis auront dans
œuvre....................................................... 2$^m$,40
Recouvrement 67 fois 6 millimètres.............. 0$^m$,40

     Ensemble..................................... 2$^m$,80
Excédent de développement pour aciers relevés de
chaque côté y compris arrondis :
  6 0/0 sur 2$^m$,40................................ 0$^m$,14

     Ensemble..................................... 2$^m$,94
       Soit..................................... 2$^m$,95

Dans l'autre sens elles auront un développement de **3$^m$,05**.
*Faisons le décompte des aciers de 6 millimètres employés dans
les quadrillages :*

*Dalle ABCD, figure n° 49 et coupe figure n° 51 :*

*Barres droites :*
Dans un sens 10 barres de chaque 2$^m$,90.. 29$^m$,00
Dans l'autre sens semblable.............. 29$^m$,00
*Barres pliées :*
Dans un sens 9 barres de chaque 3$^m$,05... 27$^m$,45
Dans l'autre sens :
9 fois 3$^m$,05........................... 27$^m$,45

     Ensemble.................. 112$^m$,90   112$^m$,90
3 autres dalles semblables produisent :
3 fois 112$^m$,90............................... 338$^m$,70

     A reporter................................ 451$^m$,60

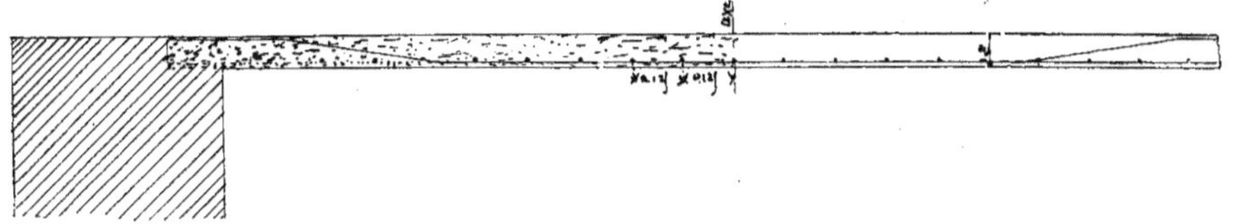

Fig. 51. — Coupe sur le plancher. (Dans le plancher une barre sur deux est pliée pour se relever sur les appuis.)

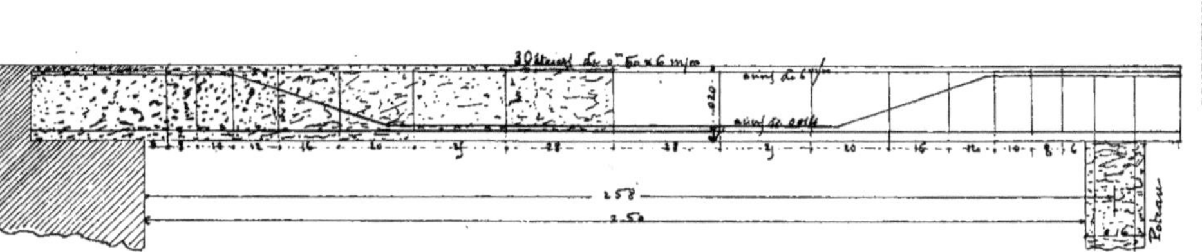

Fig. 52. — Coupe sur les poutres.

*Report*.................................................. 451<sup>m</sup>,60

*Détail de la dalle EFGH figure 49 et coupe figure 51 :*

*Barres droites :*
Dans un sens 10 barres droites de 2<sup>m</sup>,90..   29<sup>m</sup>,00
Dans l'autre sens 10 fois 2<sup>m</sup>,80...........   28<sup>m</sup>,00
*Barres pliées :*
Dans un sens 9 fois 3<sup>m</sup>,05...............   27<sup>m</sup>,45
Dans l'autre sens 9 fois 2<sup>m</sup>,95...........   26<sup>m</sup>,55

    Ensemble...................... 111<sup>m</sup>,00   111<sup>m</sup>,00
3 autres semblables produisent :
3 fois 111<sup>m</sup>,00................................. 333<sup>m</sup>,00

    Ensemble .............................. 895<sup>m</sup>,60
Pesant suivant le tableau de la page 239 de notre
métré de Ciment armé.
Le mètre linéaire 0<sup>kg</sup>,221 et pour 895<sup>m</sup>,60 produisent :
0<sup>kg</sup>,221 × 895<sup>m</sup>,60....:........... 197<sup>kg</sup>,928
Excédent pour ligatures :
1/100 n° 58 (série 1924)................ 1<sup>kg</sup>,979

    Ensemble..................... 199<sup>kg</sup>,907
à 2<sup>f</sup>,705 le kilogramme....................................... 540<sup>f</sup>,75
N<sup>os</sup> 51 + 56 série Ciment armé.
Plus-value pour ligatures :
1<sup>kg</sup>,979 à 1<sup>f</sup>,27 le kilogramme........................... 2<sup>f</sup>,51
N° 58 Ciment armé.
La Série de la Société centrale des architectes et des archi-
tectes diplômés par le gouvernement a complété les anciennes
Séries de Ciment armé par l'article n° 58 relatif aux ligatures.

### Ligatures

N° 58. *Le poids des ligatures en fil recuit sera ajouté à raison
de 1 kilogramme par 100 kilogrammes de fers ronds de tous diamètres et compté en plus-value sur le prix n° 51 à raison de
127 francs les 100 kilogrammes.*

*Calcul des poutres médianes M. N.*

Détail d'une (*fig.* 52 et 53).

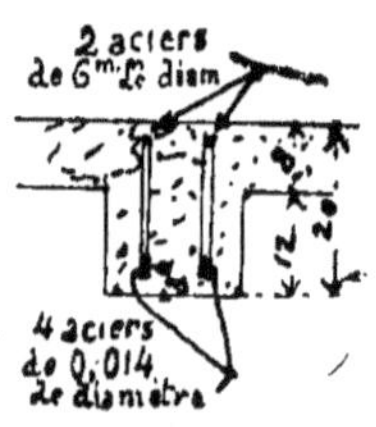


Fig. 53.

*Hauteur d'une poutre.*

*La hauteur d'une poutre est comprise entre le 1/8 et le 1/15 de
la portée ;* pour une longueur de 2<sup>m</sup>,48 si nous prenons le 1/12

    *A reporter*.................................................. 543<sup>f</sup>,20

*Report* ................................................ 543$^f$,26

nous aurons :

$$\frac{2,48 \times 1}{12} = 0^m,20.$$

### Largeur de la poutre.

*Le rapport de la hauteur à la largeur* doit être inférieur au coefficient 2 ; néanmoins il faut une largeur suffisante pour encastrer les aciers du béton armé.

Les aciers doivent être espacés autant que possible suivant la coupe (*fig.* 53).

### Calcul de la poutre.

Le calcul d'une poutre armée se fait comme pour les planchers.

Les efforts de compression et de tension sont égaux et forment un couple élastique.

Le moment fléchissant s'obtient par la formule ci-après :

$$\overline{M} = \frac{PL^2}{8}.$$

Dans cette formule la *lettre* P indique le poids de la poutre augmenté du poids du plancher y compris surcharge ; la lettre L$^2$ est la portée de la poutre au carré.

Supposons pour faire nos calculs que le poids du mètre cube de ciment est de 2.200 kilogrammes.

Faisons le calcul pour 1 mètre de longueur.

Nous aurons :

Poids du plancher :

$1,00 \times 1,00$ ................... $1,00$

$\times 0,08$ ................................. $0,080$

$\times 2.200$ kilogrammes ........................... $176^{kg},000$

Surcharge au mètre carré ................... $500^{kg},000$

    Ensemble ............................ $676^{kg},000$

La dalle ABCD sur $1^m,00$ de longueur aura un poids sur notre poutre de :

$2,50 \times 1,00 =$ ............... $2,50$

$\times 676$ kilogrammes ........................... $1.690^{kg},000$

Ajoutons le poids au mètre linéaire de la poutre.

$0,16 \times 0,12$ ................. $0,0192$

$\times 1,00$ longueur $=$ ..................... $0,0192$

à 2.200 ........................................... $42^{kg},000$

    Ensemble ........................... $1.732^{kg},000$

Dans la formule du moment fléchissant remplaçons les lettres par leurs valeurs.

Nous avons :

$$\frac{1.732^{kg} \times 2,48^2}{8} = 1.331,475.$$

Divisons par le coefficient du bras de Levier.

Nous avons :

$$\frac{1.331,475}{0,15} = 8.876^{kg},500$$

*A reporter* .............................................. 543$^f$,26

Faisons travailler l'acier à 12 kilogrammes par millimètre carré.

Soit :

$$\frac{8.876}{12} = 739^{mm2}.$$

Soit 4 aciers de 15 millimètres = 704 millimètres carrés et nous mettrons 2 aciers de 6 millimètres dans l'épaisseur du plancher.

Pourquoi avons-nous fait travailler l'acier doux à 12 kilogrammes par millimètre carré?

Nous nous conformons aux *instructions relatives à l'emploi du Béton armé.*

*Limites de travail ou de fatigue.*

*Article 7.* La limite de fatigue tant à l'extension qu'à la compression qui ne pourra pas être dépassée pour le métal employé aux armatures *est la moitié de sa limite apparente d'élasticité* telle qu'elle sera définie au devis de chaque projet. Toutefois, pour les pièces supportant *des chocs ou soumises à des efforts de sens alternés, tels que les hourdis, cette limite sera réduite aux quarante centiemes* $(0^m,40)$ *au lieu de 1/2 de la limite d'élasticité.*

*La limite apparente de l'élasticité des aciers doux atteint de 22 kilogrammes à 24 kilogrammes par millimètre carré de section.*

En divisant $\frac{24^{kg} \times 50}{100} = 12^{kg},00.$

nous obtenons le coefficient d'élasticité 12 *kilogrammes par millimètre carré de section.*

Dans le cas de pièces supportant des chocs ou soumises à des efforts de sens alternés, nous aurons :

Limite d'élasticité d'aciers doux :

$$\frac{24^{kg} \times 40}{100} = 9^{kg},6 \text{ ou } 10 \text{ kg. par } \textit{millimètre carré.}$$

Quand nous *prendrons le coefficient d'élasticité* des aciers doux à 22 kilogrammes, nous aurons :

1ᵉʳ Cas :

$$\frac{22^{kg} \times 50}{100} = 11 \text{ kg. par millimètre carré.}$$

2ᵉ Cas :

$$\frac{22^{kg} \times 40}{100} = 8^{kg},800 \text{ par millimètre carré.}$$

*Nous donnons ces coefficients qui nous permettront d'établir nos devis suivant les différents cas.*

*Lorsque nous ferons des calculs d'armatures de hourdis de planchers avec aciers doux dans un seul sens,* nous emploierons la formule suivante :

$$M = \frac{PL^2}{10}.$$

Ce qui veut dire :

*Moment fléchissant d'une dalle entre poutres* est égal à $\frac{PL^2}{10}$.

*Report* ...................................................... 543ᶠ,26

La *lettre* P indique le poids de la dalle au mètre carré augmenté de la surcharge de plancher qui est demandée dans le projet; la lettre L indique la portée, *quant au coefficient* 10 c'est celui de l'élasticité prévue dans les planchers suivant l'article 7 de la circulaire ministérielle.

Dans le calcul de notre poutre nous avons pris la formule :

$$\text{Moment fléchissant} = \frac{PL^2}{8}.$$

*Une poutre qui n'est pas encastrée suivant notre cas peut supporter au milieu de sa portée comme moment fléchissant la* formule $\frac{PL^2}{8}$, ou dans notre exemple :

$$\frac{1.732^{kg} \times 2,48^2}{8} = 1.331^{kg},475.$$

Quel est l'effort tranchant au-dessus des appuis?

Le poids de notre dalle au mètre carré y compris celui de la poutre pour un mètre linéaire était de ......... 1.732 kg. pour 2ᵐ,48 de portée de poutre nous aurons :

$$1.732^{kg} \times 2^m,48 = 4.295^{kg},360.$$

Soit pour chaque about :

$$\frac{4.295^{kg}360}{2} = 2.147^{kg},680.$$

Comment a-t-on déterminé le bras de levier 0ᵐ,15 de la poutre ?

*Par la formule suivante :*

$$\text{Bras de Levier} = h - a - \frac{x}{3}$$

Remplaçons les lettres par leurs valeurs :
$h$, hauteur de Poutre ........................... 0ᵐ,20.
$a$, distance de la Tension des fers à la partie inférieure de la poutre ............................... 0ᵐ,03.
Voir coupe nᵉ 53.
$\frac{x}{3}$ .................................................. 0ᵐ,02.
D'où :

$$20 - 3 - 2 = 15.$$

D'après la méthode de MM. J. et A. Pavin, on a les coefficients très approximatifs de la manière suivante. La lettre $x$ indique la distance de la fibre neutre à la face la plus comprimée.

Pour obtenir cette valeur $x$ lorsqu'on connaît la hauteur de la dalle et la distance de la face inférieure à l'axe des aciers tendus.

On a :

$$x = 0,36 \, (h - a) = 0^m,06.$$
$$\frac{x}{3} = \frac{0,06}{3} = 0^m,02.$$

Pourquoi avons-nous employé la formule $x = 0,36 \, (h - a)$ ?

*A reporter* ...................................................... 543ᶠ,26

Report...................................................... 543ʳ,26

Nous avons dit, page 256, que nous faisions travailler le béton à 45 kilogrammes par centimètre carré et l'acier à
1.200 kilogrammes, en nous reportant au tableau correspondant nous trouvons $x = 0,36$ $(h - a)$.

### Métré.

#### Poutres.

*Détail d'une poutre médiane d'about :*

*Les aciers doux ronds de 0ᵐ,015 en partie inférieure :*
Droits, 2 fois 3ᵐ,10.................... 6ᵐ,20
Pliés, 2 fois 3ᵐ,10..................... 6ᵐ,20
Excédent de développement.
6 0/0 y compris arrondis.............. 0ᵐ,37

    Ensemble .................... 12ᵐ,77
Pesant 1ᵏᵍ,378 le mètre (suivant tableau page 239)  17ᵏᵍ,597
à 221ʳ,90 les 100 kilogrammes............................ 39ʳ,05
*Les aciers doux ronds de 0ᵐ,006 en partie haute dans l'épais-
seur du plancher :*
Droits 2 fois 3ᵐ,10.................... 6ᵐ,20
.Pesant 0ᵏᵍ,221 le mètre..................... 1ᵏᵍ,370
à 270ʳ,50 les 100 kilogrammes............................ 3ʳ,71
Sous-détail des prix ci-dessus :
Aciers doux ronds de 0ᵐ,015 de diamètre.
Nᵒ 51 les 100 kilogrammes.................... 208ʳ,00
Nᵒ 54. Plus-value les 100 kilogrammes.......... 13ʳ,90

    Les 100 kilogrammes.................... 221ʳ,90

*Aciers doux de 0ᵐ,006 de diamètre :*
Nᵒ 51 les 100 kilogrammes......... ........... 208ʳ,00
Nᵒ 56 les 100 kilogrammes.................... 62ʳ,50

    Les 100 kilogrammes.................... 270ʳ,50

30 *étriers de 0ᵐ,006 de diamètre de chaque*
0ᵐ,50 *de longueur*..................... 15ᵐ,00
Pesant 0ᵏᵍ,221 le mètre..................... 3ᵏᵍ,315
à 270ʳ,50 les 100 kilogrammes............................ 8ʳ,97
*Plus-value pour ferraillage* aux 2 faces de hourdis avec étriers
reliant les 2 nappes de barres.
Aciers ronds de 0ᵐ,015 de diamètre :
Un poids de..................... 17ᵏᵍ,597
Aciers ronds de 0ᵐ,006 :
Un poids de..................... 1ᵏᵍ,370
Étriers de 0ᵐ,006 :
Un poids de..................... 3ᵏᵍ,315

    Ensemble..................... 22ᵏᵍ,282
à 18ʳ,80 les 100 kilogrammes nᵒ 57...................... 4ʳ,19
*Une autre poutre médiane d'about semblable à la précédente :*
Produit en argent..................................... 55ʳ,92
*Pour arrêter les aciers et étriers à leur emplacement les liga-
tures, à raison de 1 kilogramme pour 100 kilogrammes d'aciers
ronds nᵒ 58.*
2 fois 22ᵏᵍ,282..................... 44ᵏᵍ,564

    *A reporter*..................... 44ᵏᵍ,564    655ʳ,10

|  |  |  |
|---|---|---|
| Reports.............................. | 44ᵏᵍ,564 | 655ᶠ,10 |

$$\times \frac{1}{100} = \ldots\ldots\ldots\ldots\ldots\ldots\ldots\ldots \quad 0^{\text{kg}},446$$

à 208ᶠ,00 les 100 kilogrammes n° 51....................... 0ᶠ,93
*Plus-value pour ligatures :*
0ᵏᵍ,446 à 127ᶠ,00 les 100 kilogrammes.................... 0ᶠ,57

*Détail d'une poutre médiane intermédiaire.*

*Aciers doux ronds de 0ᵐ,015 en partie inférieure :*
Droits, 2 fois 3ᵐ,00.................... 6ᵐ,00
Pliés, 2 fois 3ᵐ,00.................... 6ᵐ,00
Excédent de développement :
6 0/0 y compris arrondis.............. 0ᵐ,36

Ensemble...................... 12ᵐ,36

pesant 1ᵏᵍ,378 le mètre...................... 17ᵏᵍ,032
à 221ᶠ,90 les 100 kilogrammes suivant sous-détail précédent. 37ᶠ,79
*Les aciers ronds de 0ᵐ,006 dans l'épaisseur du plancher en
partie haute :*
Droits, 2 fois 3ᵐ,00.................... 6ᵐ,00
pesant 0ᵏᵍ,221 le mètre...................... 1ᵏᵍ,326

à 270ᶠ,50 les 100 kilogrammes........................ 3ᶠ,59
30 étriers de 0ᵐ,006 *de diamètre* de chaque
0ᵐ,50 de développement................. 15ᵐ,00
pesant 0ᵏᵍ,221 le mètre...................... 3ᵏᵍ,315
à 270ᶠ,50 les 100 kilogrammes...:................... 8ᶠ,97
*Plus-value pour ferraillage* aux 2 faces de hourdis avec
étriers reliant les 2 nappes de barres :
Aciers ronds de 0ᵐ,015 de diamètre :
Un poids de...................... 17ᵏᵍ,032
Aciers ronds de 0ᵐ,006 de diamètre :
Un poids de...................... 1ᵏᵍ,326
Étriers de 6 millimètres de diamètre :
Un poids de...................... 3ᵏᵍ,315

Ensemble...................... 21ᵏᵍ,673
à 18ᶠ,80 les 100 kilogrammes n° 57...................... 4ᶠ,07
*Une autre poutre médiane intermédiaire* semblable à la précédente :
Produit en argent........................ 54ᶠ,42
*Pour arrêter les aciers et étriers à leur emplacement, les liga-
tures, à raison de 1 kilogramme par 100 kilogrammes d'aciers
ronds n° 58 :*
2 fois 21ᵏᵍ,673...................... 43ᵏᵍ,346

$$\times \frac{1}{100} = \ldots\ldots\ldots\ldots\ldots\ldots\ldots \quad 0^{\text{kg}},433$$

à 208ᶠ,00 les 100 kilogrammes n° 51.................... 0ᶠ,90
*Plus-value pour les ligatures :*
0ᵏᵍ,433 à 127ᶠ,00 les 100 kilogrammes.................... 0ᶠ,55

*Détail d'une poutre transversale
aciers doux ronds de 0ᵐ,015 de diamètre.*

Droits, 2 fois 3ᵐ,10.................... 6ᵐ,20
Pliés, 2 fois 3ᵐ,10.................... 6ᵐ,20

A reporter...................... 12ᵐ,40     766ᶠ,89

*Reports*........................ 12ᵐ,40      766ᶠ,89
Excédent du développement :
6 0/0 y compris arrondis.............. 0ᵐ,37
       Ensemble..................... 12ᵐ,77
pesant 1ᵏᵍ,378 le mètre...................... 17ᵏᵍ,597
à 221ᶠ,90 les 100 kilogrammes.............................      39ᶠ,05
*Aciers ronds de 6 millimètres en partie haute* dans l'épaisseur
du plancher :
2 fois 3ᵐ,10.... ..................... 6ᵐ,20
pesant 0ᵏᵍ,221 le mètre................. ...... 1ᵏᵍ,370
à 270ᶠ,50 les 100 kilogrammes.............................      3ᶠ,71
*Aciers doux de 6 millimètres de diamètre.*
30 *étriers de* 0ᵐ,006 *de diamètre de chaque* 0ᵐ,50 *de dévelop-*
*pement produisent :*
30 × 0ᵐ,50 = ...................... 15ᵐ,00
pesant 0ᵏᵍ,221 le mètre........................ 3ᵏᵍ,315
à 270ᶠ,50 les 100 kilogrammes..;.....................      8ᶠ,97
*Plus-value pour ferraillage* aux 2 faces de hourdis avec étriers
reliant les 2 nappes de barres.
Aciers ronds de 0ᵐ,015 de diamètre :
Un poids de............................. 17ᵏᵍ,597
Aciers ronds de 0ᵐ,006 :
Un poids de............................. 1ᵏᵍ,370
Étriers de 0ᵐ,006 :
Un poids de............................. 3ᵏᵍ,315
       Ensemble............................. 22ᵏᵍ,282
à 18ᶠ,80 les 100 kilogrammes .............................      4ᶠ,19
*Pour arrêter les aciers et étriers à leur emplacement, les liga-*
*tures* à raison de 1 kilogramme par 100 kilogrammes d'acier
ronds n° 58.

$$22^{\text{kg}},282 \times \frac{1}{100} = 0^{\text{kg}},223$$

à 208ᶠ,00 les 100 kilogrammes.............................      0ᶠ,46
*Plus-value pour ligatures :*
0ᵏᵍ,223 à 127ᶠ,00 les 100 kilogrammes..................      0ᶠ,28
5 *autres poutres transversales* semblables à la précédente produisent :
En argent 5 fois 56ᶠ,66 .....................      283ᶠ,30

### Coffrages.

*Coffrage de hourdis de plancher et de poutres d'une hauteur*
*sous hourdis au plus égale à* 0ᵐ,22 :
Longueur 10ᵐ,24 × 5ᵐ,16.................... 52ᵐ,83
Reprendre les jouées de poutres
Dans œuvre 12 fois 2ᵐ,50 × 0ᵐ,12.............. 3ᵐ,60
       4 fois 2ᵐ,48 = 9ᵐ,92
       4 fois 2ᵐ,40 = 9ᵐ,60
      Ensemble :      19ᵐ,52 × 0ᵐ,12...... 2ᵐ,34
       Ensemble...................... 58ᵐ,77
Déduire poteaux.
3 fois 0ᵐ,16 × 0ᵐ,16 ..................... 0ᵐ,08
       Reste..................... 58ᵐ,69
× 1.00 colonne A (n° 38)..................... 58ᵐ,59
à 28ᶠ,40 le mètre superficiel (n° 37)..............      1.663ᶠ,96
     *A reporter*...........................      2.770ᶠ,81

Report............................................... 2.770ᶠ,81

### Poteaux.

Détail d'un poteau en béton armé (*figure* 55).
*Aciers doux ronds de* 0ᵐ,012 :
*Verticaux* 4 fois 2ᵐ,70 ................. 10ᵐ,80
pesant 0ᵏᵍ,881 le mètre......................... 9ᵏ,515
à 208ᶠ,00 les 100 kilogrammes (n° 51)...................... 19ᶠ,79
*Plus-value sur le prix n° 51 pour ronds d'un diamètre de 12 mil-
limètres :*
9ᵏᵍ,515 à 13ᶠ,90 les 100 kilogrammes (n° 54)................ 1ᶠ,32
*Étriers de 6 millimètres :*
14 fois 0ᵐ,76 de dèveloppement........... 10ᵐ,64
pesant 221 grammes le mètre.................... 2ᵏᵍ,351
à 208ᶠ,00 les 100 kilogrammes n° 51........................ 4ᶠ,89
*Plus-value pour aciers ronds d'un diamètre inférieur à 8 mil-
limètres :*
2ᵏᵍ,351 à 62ᶠ,50 les 100 kilogrammes n° 56............... 1ᶠ,46
*Plus-value pour ferraillage* aux 2 faces de hourdis avec étriers
reliant les 2 nappes de barres :
*Aciers ronds de* 0ᵐ,012 *de diamètre :*
Un poids de...................................... 9ᵏᵍ,515
*Étriers de 6 millimètres* ....................... 2ᵏᵍ,351

Ensemble ............................ 11ᵏᵍ,866
à 18ᶠ,80 les 100 kilogrammes n° 57........................ 2ᶠ,23
Pour arrêter les aciers et étriers à leur emplacement, *les
ligatures* à raison de 1 *kilogramme pour* 100 *kilogrammes d'aciers
ronds n°* 58.

$$11^{kg},866 \times \frac{1}{100} = 0^{kg},119.$$

à 208ᶠ,00 les 100 kilogrammes ............................ 0ᶠ,25
*Plus-value pour ligatures :*
0ᵏᵍ,119 à 127ᶠ,00 les 100 kilogrammes.................... 0ᶠ,15
2 autres poteaux semblables produisent en argent :
2 fois 30ᶠ,09........................................... 60ᶠ,18

*Détail d'une semelle en béton armé.*

*Aciers ronds de 6 millimètres.*
En partie inférieure (*fig.* 56) :
10 fois 0ᵐ,50.................................. 5ᵐ,00
En partie haute (*fig.* 57) :
4 fois 0ᵐ,50.................................. 2ᵐ,00

Ensemble.............................. 7ᵐ,00
pesant 221 grammes, le mètre........ ......... 1,547
à 208ᶠ,00 les 100 kilogrammes (n° 51)................... 3ᶠ,22
*Plus-value pour aciers ronds d'un diamètre inférieur à 8 mil-
limètres :*
1ᵏᵍ,547 à 62ᶠ,50 les 100 kilogrammes n° 56............... 0ᶠ,97
*Ligatures* à raison de 1 kilogramme par 100 kilogrammes :

$$1^{kg},547 \times \frac{1}{100} = 15 \text{ grammes à } 208^f,00 \text{ les 100 kilogrammes}$$　0ᶠ,03

Plus-value pour ligatures :
15 grammes à 127ᶠ,00 les 100 kilogrammes............... 0ᶠ,02
2 autres semelles semblables produisent :
En argent 2 fois 4ᶠ,24................................. 8ᶠ,48

A reporter................................... 2.873ᶠ,80

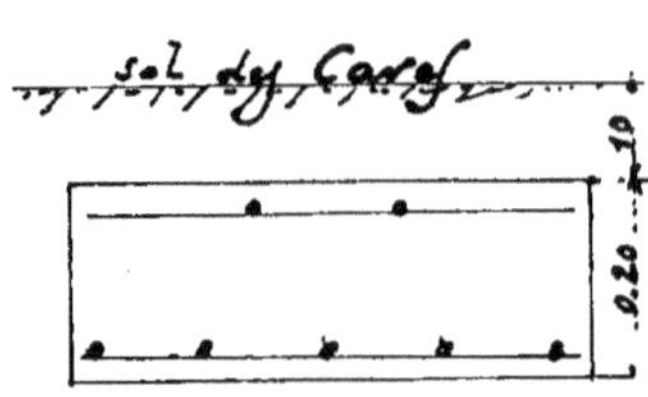



Fig. 54. — Coupe sur la semelle.

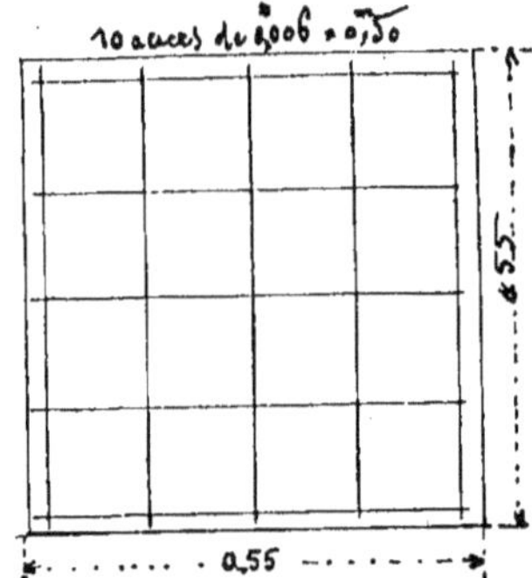



Fig. 56. — Plan de la semelle en partie inférieure.

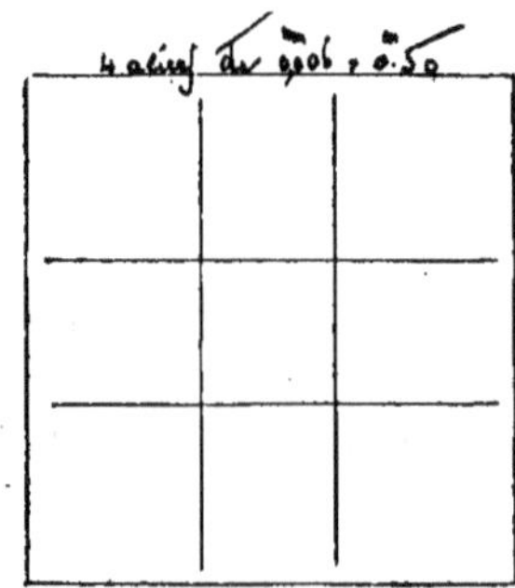



Fig. 57. — Plan de la semelle en partie haute.

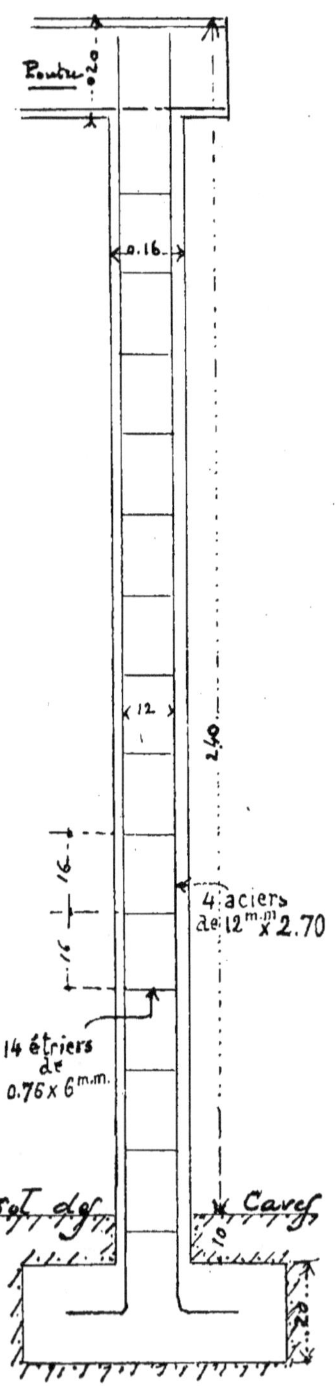



Fig. 55. — Détail d'un poteau armé.
(Voir coupe n° 54.) 3 semblables.

*Report*........................................................ 2.873$^f$,80

### Coffrages.

*Coffrage vertical développé de poteaux jusqu'à 4$^m$,00 de hauteur :*

*Détail d'un :*

4 fois 2$^m$,30 hauteur.................. 9$^m$,20

$\times$ 0$^m$,16 de largeur.......................... 1$^m$,47

La hauteur s'obtient de la manière suivante :

Hauteur du poteau, du sol des caves : au-
dessous de la poutre................... 2$^m$,40

En contre-bas des caves.............. 0$^m$,10

    Ensemble...................... 2$^m$,50

A déduire épaisseur de poutre :........ 0$^m$,20

    Reste........................ 2$^m$,30

2 autres poteaux semblables produisent :

2 fois 1$^m$,47.................................... 2$^m$,94

    Ensemble............................ 4$^m$,41

à 1,10 de coefficient n° 39 col. A............... 4$^m$,85

à 28$^f$,40 le mètre (n° 37)............................... 137$^f$,74

### Terrasse.

Sous les poteaux la fouille de trous avec jet sur berge, fond de fouille au sol caves,

*Jet sur banquette, jet sur berge* dans la terre ordinaire.

*Détail d'un poteau :*

0,55 $\times$ 0,55..................... 0,30

$\times$ 0,30 hauteur........................ 0$^m$,090

2 autres poteaux semblables produisent

2 fois 0$^m$,090........................... 0$^m$,180

    Ensemble..................... 0$^m$,270

à 13$^f$,34 le mètre cube....  ................................ 3$^f$,60

### Sous-détail du prix ci-dessus.

N° 23 terrasse col. A............... 1 $^{heure}$,07

N° 30    —    col. A.............. ... 0   585

N° 31    —    col. A................. 0   66

N° 30    —    col. A................. 0   585

    Ensemble.................... 2$^{heures}$,900

à 4$^f$,60 l'heure n° 3 produit

2,90 $\times$ 4$^f$,60................................. 13$^f$,34

*Les trous ayant moins de 2$^m$,00 de profondeur et n'ayant pas nécessité de treuil sont considérés comme fouilles en rigoles, observation n° 6 fouille de puits.*

### Bétons.

Béton normal :

Posé directement sur le sol pour semelles.

*A reporter*................................................ 3.015$^f$,14

Report ................................. ........ 3.015ʳ,14

*Détail d'un poteau* (Semelle) :

0,55 × 0,55 ......................... 0ᵐ,30

× 0ᵐ,20 hauteur ............................. 0ᵐ ,060

2 autres poteaux semblables produisent :

2 fois 0ᵐ,060 ............................... 0ᵐ ,120

Ensemble .......................... 0ᵐ³,180

à 278ʳ,00 le mètre cube (n° 23 Ciment armé) ............... 50ʳ,04

Nous attirons l'attention de nos lecteurs sur le travail de *Semelle en béton armé.*

Il ne suffit pas de mettre çà et là dans une tranchée quelques aciers pour en déduire que le travail est à classer à *la Série du béton armé.*

Si nous nous reportons à l'*exécution des travaux de béton armé, la circulaire ministérielle* nous dit :

*Article 15. Sauf dans le cas exceptionnel où le ciment serait coulé, il sera toujours à prise lente et damé avec le plus grand soin par couches dont l'épaisseur sera en rapport avec les dimensions des matériaux employés et les intervalles des armatures et ne dépassera pas 0ᵐ,05 après damage, à moins qu'on n'emploie des cailloux.*

*Article 16. Les distances des armatures entre elles et aux parois des coffrages seront telles qu'elles permettent le parfait damage du béton et son serrage contre les armatures. Ces dernières distances, même quand on n'emploie que du mortier sans gravier, ni cailloux, devront toujours être d'au moins 15 à 20 millimètres, de façon à mettre les armatures à l'abri des* **intempéries.**

*Le béton normal* de la Série du ciment armé comprend : 1° un dosage de l'observation n° 20 de la dite série *avec damage spécial* et en difficulté des mailles des aciers; 2° *des aciers réglés comme intervalles suivant des calculs de résistance et placés à des distances déterminées.*

*Nous allons continuer le métré de béton armé.*

### Coffrages

*Coffrage vertical,* développé de poteaux.

*Détail d'un :*

4 fois 0ᵐ,16 × 2ᵐ,30 hauteur .......... 1ᵐ,47

2 autres poteaux semblables produisent :

2 fois 1ᵐ,47 ......................... 2ᵐ,94

Ensemble ...................... 4ᵐ,41

× 1,10 du coefficient n° 39 colonne A ............ 4ᵐ,85

à 28ʳ,40 le mètre superficiel n° 37 ......................... 137ʳ,74

### Béton de ciment armé.

*Béton normal* dans poteaux d'au moins cinq décimètres carrés de section.

*Détail d'un :*

Hauteur 2ᵐ,30 × 0ᵐ,16 ............... 0ᵐ,37

× 0ᵐ,16 ............................. 0ᵐ,059

2 autres poteaux semblables produisent :

2 fois 0ᵐ,059 ............................. 0ᵐ,118

Ensemble ........................... 0ᵐ,177

*A reporter* .............................. . 202ʳ,92

*Reports*..................................... $0^m,177$     $3.202^f,92$
à $326^f,00$ le mètre cube n° 27..............................     $57^f,70$
*Plus-value pour potelets, de moins de 5 décimètres carrés de
section n° 30.*
Cube........................................ $0^m,177$
.à $68^f,80$ le mètre..........................................     $12^f,18$

*Sous-détail des dimensions et prix précédents.*

*Comment a-t-on trouvé la hauteur des coffrages de poteaux?*
Dans les coffrages de dalles et poutres nous avons déduit la
largeur des poteaux.
Si nous nous reportons au plan figure 49 P et à la figure 55
Nous avons :
Hauteur totale....................... $2^m,40$
En contre-bas du sol................. $0^m,10$
   Ensemble..................... $2^m,50$
Déduisons la hauteur des poutres....... $0^m,20$
Hauteur réelle....................... $2^m,30$

*Sous-détail du prix de potelets.*

Le potelet à $0^m,16 \times 0^m,16$.
Sa section est donc :
$16 \times 16 = 256$ centimètres carrés ou $2,56$ décimètres carrés.
*Article 30. Chaque décimètre carré* en moins de
$0^m,05$ décimètres carrés de section le mètre cube
vaut..................................................     $28^f,20$
et 5 décimètres carrés $— 2^{dm2},56 = 2,44$ décimètres
carrés valent $28^f,20 \times 2,44$.....................     $68^f,80$

**Hourdis de planchers et poutres.**

*Béton normal sur coffrage horizontal en hourdis.*

Surface totale comprenant :
1° 4 dalles ABCD.
2° 4 dalles EFGH.
Dimensions de la dalle ABCD :
Longueur dans œuvre.................. $2^m,50$
Épaisseur de la 1/2 poutre médiane MN
d'about................................. $0^m,08$
 Portée sur le mur.................... $0^m,20$
   Ensemble..................... $2^m,78$
*Largeur dans œuvre*.................... $2^m,48$
Épaisseur de la 1/2 poutre médiane..... $0^m,08$
Portée sur le mur.................... $0^m,20$
   Ensemble..................... $2^m,76$
D'où $2^m,78 \times 2^m,76$.
Dimensions d'une dalle EFGH :
Longueur semblable à la dalle ABCD
produit.................................. $2^m,78$
Largeur dans œuvre ................... $2^m,40$
2 1/2 poutres chaque $0^m,08$........... $0^m,16$
                                           $2^m,56$
D'où $2^m,78 \times 2^m,56$.

   *A reporter*...........................................     $3.272^f,80$

*Report* .................................... 3.272$^f$,80

Nous avons :

4 *dalles A BCD* ou 4 $\times$ 2$^m$,78 $\times$ 2$^m$,76.. 30$^m$,69

4 dalles EFGH ou 4 $\times$ 2$^m$,78 $\times$ 2$^m$,56.. 28$^m$,47

Épaisseur de poutres en contre-bas du plancher.

*Poutres médianes*, celles d'about :

2 fois 2$^m$,56.......... 5$^m$,12

*Intermédiaires :*

2 fois 2$^m$,56.......... 5$^m$,12

Poutres transversales dans œuvre :

6 fois 2$^m$,50.......... 15$^m$,00

Ensemble....... 25$^m$,24

$\times$ 0$^m$,16 de largeur............. 4$^m$,04

$\times$ 0$^m$,12 hauteur.................... 0$^m$,485

*Le plancher* ayant été compté pour chaque dalle avec une portée de 0$^m$,20, nos poutres ayant une portée de 0$^m$,31 excédent de béton dans le hourdis.

8 fois 0$^m$,31 — 0$^m$,20.......... 0$^m$,88

$\times$ 0$^m$,16.................... 0$^m$,14

Ensemble .................. 59$^m$,30

$\times$ 0$^m$,08 épaisseur............................ 4$^m$,744

Ensemble ............................ 5$^m$,229

à 294$^f$,00 le mètre cube n° 24............................. 1.537$^f$,33

*Ragréage de béton brut :*

Ragréage de béton brut de décoffrage avec recoupement de balèvres et rebouchement des manques de matière.

*Suivant plan figure n° 49.*

Longueur 10$^m$,24 $\times$ 5$^m$,16.................... 52$^m$,84

*Jouées de poutres :*

Médianes :

2 fois 10$^m$,24.................... 20$^m$,48

Transversales :

12 fois 2$^m$,50.................... 30$^m$,00

Ensemble.................... 50$^m$,48

$\times$ 0$^m$,12 hauteur.................... 6$^m$,06

Ensemble.................... 58$^m$,90

à 1$^f$,40 le mètre n° 67.................... 82$^f$,46

Chargement en tombereau et enlèvement des terres aux décharges publiques.

Cube.................... 0$^m$,270

à 29$^f$,48 le mètre cube.................... 7$^f$,96

N° 28, col. A, coefficient 0,67 $\times$ 4$^f$,60.... 3$^f$,08 } 29$^f$,48

N° 61 .................... 26$^f$,40 }

Ensemble.................... 4.900$^f$,55    argent. 4.900$^f$,55

Nous avons donné précédemment les formules de calculs pour les poteaux en ciment armé. Rappelons la formule principale de notre tableau n° 3 :

Pression ou charge que peut supporter un poteau sera désignée par la lettre N.

*Rb la limite de résistance du béton par centimètre carré, m* et *m'* les coefficients de l'acier par rapport au béton suivant l'écartement des armatures transversales.

Nous aurons :

$$N = Rb\,(256 + m').$$

La quantité 256 est la surface du poteau

$$16 \times 16 = 256^{cm2}.$$

Faisons travailler l'acier à 30 kilogrammes par centimètre carré.

Nous avons :

$$N = 30^{kg} \times 256^{cm2} + 15 \times 4^{cm2},52 = 9.720^{kg}$$

D'autre part si nous divisons la charge réelle c'est-à-dire approximative de $\dfrac{9.500^{kg}}{30}$ nous obtenons une section en centimètres carrés de 317.

En nous reportant au tableau pour calcul des poteaux, nous voyons qu'un poteau de $0^m,16 \times 0^m,16$ armé avec 4 aciers longitudinaux de $0^m,012$ de section a une surface de

16 × 16 . . . . . . . . .  256<sup>cm2</sup>,00

4 aciers de 0,012 :

Chaque 113 millimètres
= 4<sup>cm2</sup>,52 × 15 . . . . .  67 ,80

Ensemble . . . . . .  323<sup>cm2</sup>,80

Soit 324 centimètres carrés.

*Ce poteau est donc suffisant pour supporter la charge de notre plancher et le poids des poutres.*

Réaction sur le terrain de bas en haut.

*Charge plancher* . . . .  9.500<sup>kg</sup>,000

*Poids du poteau :*

$0^m,16 \times 0^m,16 \times 2,30$ hauteur . . . . . . . = $0^m,059$

à 2.500 kilogrammes . . . = 150<sup>kg</sup>,000 en chiffres ronds.

*Poids de la semelle :*

0,55 × 0,55 = 0,30

× 0,20 = 0,060

à 2.500 kilogrammes . . . = 150 ,000

Charge totale . . . .  9.800<sup>kg</sup>,000

Si nous retranchons le poids de la semelle, nous avons :

9.800<sup>kg</sup> — 150<sup>kg</sup>,00 = 9.650<sup>kg</sup>.

Le moment fléchissant

$$M = \frac{9650^{kg} \times 0,55^2}{10} = 291,910$$

ou 292,000.

Le bras de levier $= 0,20 - 3 \times \dfrac{8}{9} - 0,15.$

L'armature nécessaire s'obtiendra en divisant 291,91 ou $\dfrac{292}{0,15} = 1946^{kg}.$

Faisons travailler l'acier à 10 kilogrammes par millimètre carré.

Nous aurons $\dfrac{1.946}{10} = 194$ millimètres carrés.

Or, $7^m,00$ linéaires d'aciers ronds de 6 millimètres produisent :

7 fois 28 millimètres carrés = 196<sup>m</sup>,00.

Nos 14 barres de $0^m,50$ sur $0^m,006$ sont donc suffisantes.

Pour obtenir un bon travail il faut préalablement sonder le terrain.

*Les sols sont plus ou moins résistants.*

*Les plus mauvais résistent à environ 1/2 kilogramme par centimètre carré et les meilleurs terrains à 4 ou 5 kilogrammes par centimètre carré.*

Les plus mauvais sols sont ceux dont les terres s'éboulent facilement, les terres boulantes ;

Les terrains n'ayant jamais été fouillés et sable ne servant pas à la construction peuvent résister à environ 2 kilogrammes par centimètre carré.

Les meilleurs sols sont ceux formés de gravier et de sable, pour la construction ils peuvent résister à 4 ou 5 kilogrammes par centimètre carré.

## Poutres et Nervures de Planchers

Lorque les portées de planchers sont *trop* espacées, on ajoute dans les hourdis des *nervures transversales qui servent d'entretoises* et viennent augmenter la résistance des poutres maîtresses.

EXEMPLE

### Plancher en béton armé avec poutres et nervures.

Construction d'un plancher en béton armé de $24^m,80 \times 16^m,565$ et de $0^m,08$ *d'épaisseur, les poteaux* en béton armé seront espacés d'environ $5^m,00$ d'axe en axe, dans le sens de la longueur et de $4^m,10$ environ dans le sens de la largeur ; *des nervures seront mises dans le sens de la longueur.*

Le dosage sera celui du béton normal :

Ciment . . . . . . . 300 $^{kg}$
Gravillon . . . . . . 0$^m$,800
Sable . . . . . . . . 0$^m$,400

*Prévoir une surcharge de 500 kilogrammes au mètre carré* La hauteur du rez-de-chaussée sous la dalle sera de 4$^m$,45.

*Le sol actuel a été remblayé de 1$^m$,53 hauteur* et ne peut servir à la fondation; à partir de cette profondeur le sol peut travailler à raison de 1 kilogramme par centimètre carré.

Établir les plans, coupes et *devis de ce projet.*

Dans le projet précédent nous avons, dans notre plan, partagé la surface en dalles à peu près égales et de 2$^m$,00 à 2$^m$,50 de largeur.

Nous allons en raison de leur longueur prendre le minimum soit environ 2$^m$,00 d'axe en axe. Si nous nous reportons à la figure 58, nous trouvons 8 dalles dans le sens de la longueur.

Dans l'autre sens nous avons 5 dalles en raison des longueurs demandées.

Les poutres et nervures auront 0$^m$,16 de largeur.

Les nervures, nous leur donnerons une hauteur de 1/15 de leurs portées, soit $\frac{5^m,00}{15} = 0,333$.

*Soit* 0$^m$,35 *de hauteur.*

Les poutres maîtresses auront 1/8 de leurs portées :

Soit $\frac{3^m,82}{8} = 0^m,47$ ou 0$^m$,45.

Avec ces données nous allons trouver la section des poteaux et les surfaces de semelles pour fondations de poteaux.

*Dans notre plan figure* 58, nous avons fait le tracé *abcd* en menant les diagonales dans chacune des dalles; car nous savons que les *poutres* AB, CD *par exemple* portent les surfaces *de losanges n° 1 et n° 2* et ainsi de suite.

D'où surface *abcd* réduite.

6$^m$,975 × 2$^m$,50 . . . . . . . 17$^m$,437
1 autre côté semblable . . . 17 ,437

Ensemble . . . . . . . 34$^m$,87

*Cette surface représente le plancher reposant sur notre poteau.*

*Le volume sera* 34$^m$,87 × 0$^m$,08 = 2$^{m3}$,790.

à 2.500 kilogrammes par mètre cube . . . . . . . . . . . . 6.975$^{kg}$

Surcharge 500 kilogrammes au mètre carré.

34$^m$,87 × 500 kilogrammes . . 17.435$^{kg}$

*Poids propre des nervures :*
4 fois :
2$^m$,42 . . . 9$^m$,68
2 fois :
2$^m$,35 . . . 4 ,70

Ensemble 14$^m$,38
× 0,27 hauteur. 3$^m$,88

*Poutres maîtresses :*
$\frac{3,82 + 3,90}{2} = 3,86$

× 0,37 hauteur . 1 ,43

Ensemble . . 5$^m$,31
× 0$^m$,16 . . . . . . 0$^{m3}$,850
à 2.500 kilogrammes par mètre cube . . . . . . . . . . . 2.125$^{kg}$

Ensemble . . . . . . . 26.535$^{kg}$

Faisons travailler le béton à 27 kilogrammes par centimètre carré.

Nous avons $\frac{26.535^{kg}}{27^{kg}} = 982^{cm2}$.

Si nous nous reportons au tableau pour calcul de poteaux, nous voyons que le côté du poteau aura 0$^m$,30 et sera armé de 4 aciers de 0$^m$,014 de diamètre.

Ayant la section du poteau, son poids sera de :
0$^m$,30 × 0$^m$,30 = 0$^m$,09
× 4$^m$,55 hauteur. . . 0$^{m3}$,410
× 2.500 kilogrammes par mètre cube . . . . . . . . . . . . 1.025$^{kg}$

Poids de la semelle . . . . 900$^{kg}$

Ensemble . . . . . . . 28.460$^{kg}$

La charge à répartir sur le sol étant de 28.460 kilogrammes sous le poteau; le sol travaillant à 1 kilogramme par centimètre carré ou 10.000 *kilogrammes par mètre carré, la semelle nécessaire sera de :*

$\frac{28.460^{kg}}{10.000^{kg}} = 2^m,84$ de surface.

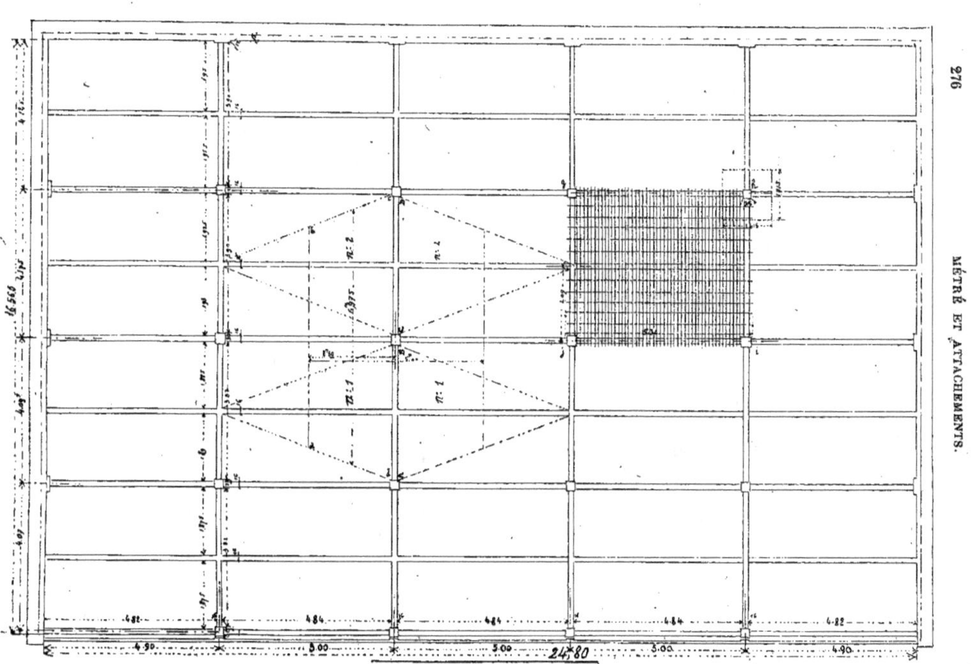

Fig. 58. — Plancher en béton armé avec poutres et nervures. — Plan.

ou le côté du carré multiplié par lui-même :

$$a^2 = 2^m,84;$$
$$a = \sqrt{2,84} = 1^m,68.$$

La semelle aura à sa partie inférieure :

$$1^m,68 \times 1^m,68.$$

Comme les charges se répartissent à 45 degrés sur le sol, dans la partie haute elle aura :

$$0^m,40 \times 0^m,40.$$

## Calcul des aciers d'un plancher avec nervures

Prenons la dalle *ghij* (*fig.* 59).

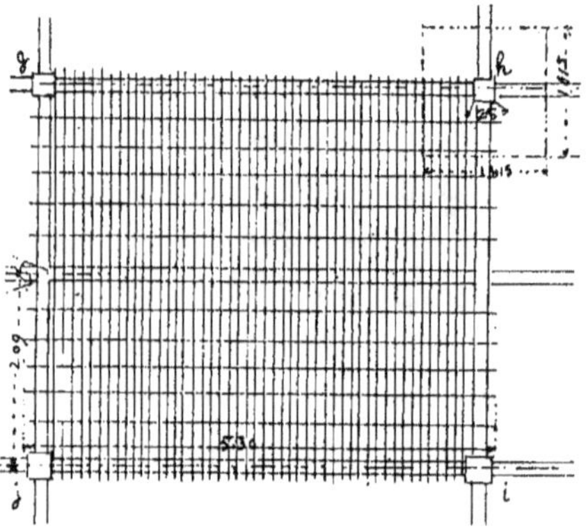

Fig. 59.

Le poids d'une dalle de $0^m,08$, épaisseur au mètre carré est de :

$$1^m00 \times 1^m00 = 1^m,00$$
$$\times 0^m,08 \text{ épaisseur.} = 0^{m3},080$$

A 2.500 kilogrammes par mètre cube. . . . . . . . . = 200^{kg},000

Surcharge au mètre carré = 500^{kg},000

2° 2 1/2 nervures :
$$1^m,00 \times 0^m,27 = 0^m,27$$
$$\times 0^m,16 \ldots = 0^{m3},043$$

A 2.500 kilogrammes au mètre cube. . . . . . . . = 107^{kg},500

Ensemble . . . . . = 807^{kg},500

Rappelons la formule pour plancher :

$$M = \frac{PL^2}{10}$$

ou moment fléchissant :

$$M = \frac{807^{kg},500 \times 2,09^2}{10} = 352^{kg},878$$

ou par centimètres :

$$35.287,8.$$

En divisant par le bras de levier, nous avons :

$$\frac{35.287^{kg},8}{5,8} = 6.084 \text{ kilogrammes.}$$

Faisons travailler l'acier à 10 kilogrammes par millimètre carré nous avons :

$$\frac{6.084}{10} = 608^{mm2},4 \text{ par mètre.}$$

Prenons des aciers de $0^m,008$ de diamètre ou 50 millimètres carrés de surface.

Dans une longueur de 1 mètre, nous mettrons 10 aciers espacés de chaque $0^m10$. Ces 10 aciers nous produisent une surface de 500 millimètres carrés par mètre :

$$10 \text{ fois } 50 = 500.$$

Le complément des aciers :
$$608^{mm2} - 500 = 108 \text{ millimètres carrés.}$$

Nous les placerons perpendiculairement aux précédents *comme barres de répartition*.

Soit 2 barres 1/2 par mètre en aciers de 0,007 millimètres de diamètre, ou 2 fois 1/2 38 millimètres carrés = 95 millimètres carrés.

*Voir plans figures 58 et 59.*

Nous allons calculer la longueur de ces barres.

Travée de $4^m,84 \times 1^m,93$.

1° *Barres travaillant à la tension :*
Longueur entre nervures. . . . 3^m,93
Recouvrements 67 × 0^m,008. . 0^m,53

Ensemble . . . . . . . . . 4^m,46

*Barres pliées :*
$$3^m,93 + 0^m,23 + 0^m,53 = 4^m,69$$
ou . . . . . . . . . . . . . . 4^m,70

*Barres de tension* et de répartition.
Longueur entre nervures. . . . 4^m,84
Recouvrements 67 fois 0^m,07. . 0^m,46

Ensemble. . . . . . . . . 5^m,30

## Calcul de la poutre CD
*(fig. 58, 60 et 61).*

*Hourdis de* 5<sup>m</sup>,00 *de portée* d'axe en axe.

L'épaisseur de la dalle étant de 0<sup>m</sup>,08, son poids au mètre carré sera :

2.500<sup>kg</sup> × 0,08 . . . . . . . . . 200<sup>kg</sup>

Surcharge prévue au mètre carré. . . . . . . . . 500<sup>kg</sup>

     Ensemble. . . . . . . . . 700<sup>kg</sup>

Le poids par mètre linéaire sur notre poutre sera de 5<sup>m</sup>,00 × 700<sup>kg</sup>. 3.500<sup>kg</sup>

*Poids de la poutre* CD au mètre linéaire :

0<sup>m</sup>,45 h<sup>r</sup> — 0<sup>m</sup>,08 hauteur = 0<sup>m</sup>,37.

1<sup>m</sup>,00 × 0<sup>m</sup>,37 hauteur = 0<sup>m</sup>,37.

× 0<sup>m</sup>,16 de largeur. . . . 0<sup>m3</sup>,059

*Nervure :*

4<sup>m</sup>,84 × 0<sup>m</sup>,27 . . 1<sup>m</sup>,31 × 0<sup>m</sup>,16 . . . . . 0<sup>m3</sup>,209

Cette nervure est à répartir sur 3<sup>m</sup>,90 de longueur de poutre.

Soit par mètre $\dfrac{0^{m3},209}{3^{m},90} = 0^{m3},053$

     Ensemble . . . . . 0<sup>m3</sup>,112

× 2.500 kilogrammes au mètre cube . . . . . . . . . . . . . . 280<sup>kg</sup>

     Ensemble . . . . . . . . 3.780<sup>kg</sup>

*Rappelons la formule pour poutre :*

$$M = \frac{PL^2}{8}$$

ou en remplaçant les lettres par leurs valeurs :

Moment fléchissant :

$$= \frac{3.780^{kg} \times 3,90^2}{8} = \frac{57.493^{kg}}{8} = 7.186^{kg},725$$

Divisons par le coefficient du bras de levier.

Nous obtenons $\dfrac{7.186^{kg},25}{38} = 18.912^{kg}$

Faisons travailler l'acier à 12 kilogrammes par millimètre carré :

Soit : $\dfrac{18912}{12} = 1576 \ \text{mm}^2$.      1576

     *A reporter* . . . . . . . 1576

*Report* . . . . . . . . . . . 1576

*Soit 4 aciers de 21 millimètres de diamètre* ou 4 fois 346 millimètres carrrés. . . . . . . . . . 1384

Il reste. . . . . . . . . . 192

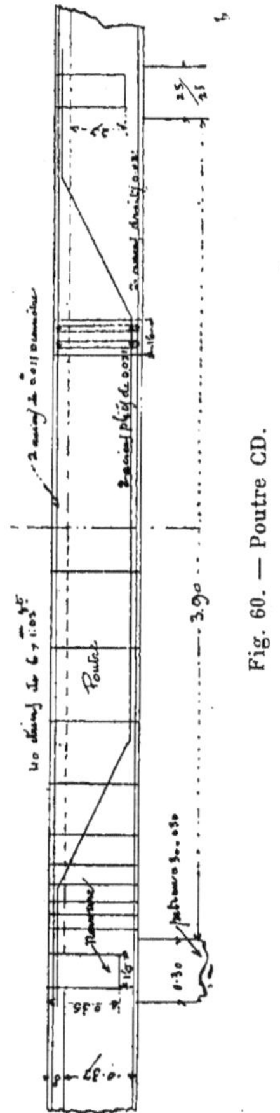

Fig. 60. — Poutre CD.

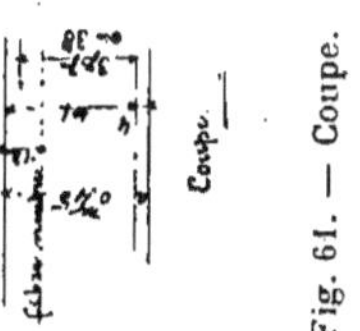

Fig. 61. — Coupe.

*Soit 2 aciers de* 0<sup>m</sup>,011 *que nous mettrons dans l'épaisseur du plancher.*

*Comment avons-nous obtenu le coeffi-
cient du bras de levier* $0^m,38$?

*Par la méthode Coignet.*

La hauteur de la poutre. . . . $0^m,45$

Déduisons d'après la coupe
n° 61. . . . . . . . . . . . . . $0^m,04$

    Il nous reste. . . . . . $0^m,41$

Nous allons faire travailler le béton
à 45 kilogrammes par centimètre carré
et l'acier à 1.200 kilogrammes par centimètre carré.

Pour obtenir la distance de la fibre
neutre à la fibre la plus comprimée du
béton la formule nous donne (*fig.* 61) :

$$x = \frac{12 \times 45}{1.200 + 12 \times 45} \times 41^{cm} \quad \ldots \quad 12^{cm},00$$

$$\frac{x}{3} \quad . \ . \ . \ . \ . \ . \ . \quad 0^{cm},04$$

*Bras de levier*

$$= 41 - \frac{8}{3} \times \frac{3 \times 12 - 2 + 8}{2 \times 12 - 8} \quad . \ . \quad 37^{cm},70$$

ou . . . . . . . . . . . . . . $0^m,38$

*Longueur des aciers :*

Les aciers inférieurs seront droits et
auront :

Longueur entre poteaux . . . $3^m,90$

Portées 2 fois $0^m,30$. . . . . . $0^m,60$

    Ensemble. . . . . . . . $4^m,50$

*Aciers pliés :*

Longueur . . . . . . . . . . $3^m,90$

Excédent de développement y
compris arrondis 6 0/0. . . . . $0^m,23$

                   $4^m,13$

Portées 2 fois $0^m,30$. . . . . . $0^m,60$

    Ensemble. . . . , . . . $4^m,73$

Soit. . . . . . . . . . . . . . $4^m,75$

## Calcul d'une nervure $gh$ (*fig.* 59 et 62).

Nous avons vu que le poids au mètre
carré d'une dalle y compris surcharge
était dans notre exemple de 700 kilogrammes.

Le poids par mètre linéaire
sur notre nervure sera de :

$2^m,09 \times 700^{kg}$. . . . . . . . . . $1.463^{kg}$

Poids propre de la nervure :

$1^m,00 \times 0^m,35 - 0^m,08 = 0^m,27$

$\times 0^m,16$. . . . . . . $0^{m3},043$

$\times 2.500$ kg. au mètre cube . . $108^{kg}$

    Ensemble. . . . . . . . $1.571^{kg}$

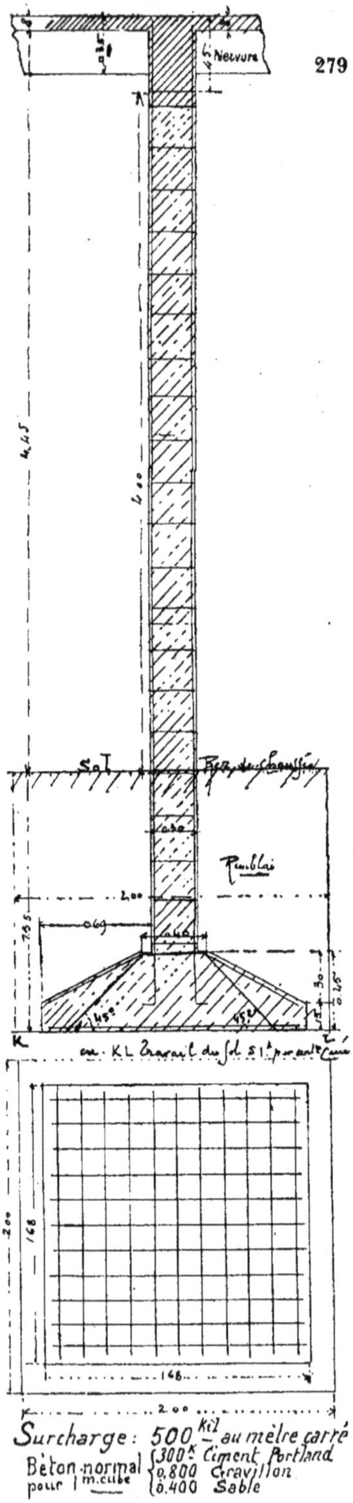

Fig. 62 et 63,

*Rappelons la formule pour poutres ou nervures :*

$$M = \frac{PL^2}{8}$$

ou en remplaçant les lettres par leurs valeurs :

$$\frac{1.571^{kg} \times 4.84^2}{8} = 4.601 \text{ kilogrammes.}$$

Divisons par le coefficient du bras du levier.

Nous obtenons $\dfrac{4.601^{kg}}{29} = 15.868$.

Faisons travailler l'acier à 12 kilogrammes par millimètre carré.

$$\frac{15.868}{12} = \dots \dots \dots \dots 1.322^{mm2}$$

Soit 4 aciers de 0,019 de diamètre . . . . . . . . . . . . . . . . . . . . . 1.132

Il reste . . . . . . . . . . . . . . . . . . 190$^{mm2}$

ou 2 aciers de 0,011 que nous mettrons dans l'épaisseur du plancher.

Nous avons employé *les mêmes formules* pour obtenir la distance de la fibre neutre à la fibre la plus comprimée du béton et aussi pour calculer le bras de levier.

Les calculs nous ont donné 0$^m$,09 et 0$^m$,29.

*Longueur des aciers de la nervure :*

Aciers droits . . . . . . . . 4$^m$,84
Portées 2 fois 0,30 . . . 0$^m$,60

    Ensemble . . . . . 5$^m$,44 ou 5$^m$,45

Aciers pliés . . . . . . . . . 4$^m$,84
Excédent de développement y compris arrondis 6 0/0 . . . . . . . . . . . . . 0$^m$,29

                        5$^m$,13
Portée 2 fois 0,30 . . . . 0$^m$,60

    Ensemble . . . . . 5$^m$,73 ou 5$^m$,75

MÉTRÉ.

Pour la compréhension de notre plancher avec poutres et nervures, etc., nous allons procéder par ordre et tracer notre canevas.

*Poteaux.*

*Terrasse.* — La fouille de trous dans l'embarras des étais avec jet sur berge, chargement en brouette, transport à 1 relais.

*Étaiement des fouilles.*

*Coffrage* de plancher, nervures, poutres, poteaux, semelles en classant suivant les hauteurs de poutres, nervures avec plus-values afférentes.

*Métré des aciers :*
1° De planchers ;
2° De nervures ;
3° De poutres ;
4° De poteaux ;
5° Les armatures de semelles.

*Tous ces aciers seront classés suivant leurs diamètres.*

### Bétons.

*Béton normal* pour hourdis de plancher.
*Béton normal* pour poutres, nervures.
*Béton normal* pour poteaux.
*Béton normal* pour semelles.
Remblai de terre avec chargement en brouette et transport à 1 relais.
Tassement de remblais par pilonnage.
Chargement en tombereau et enlèvement aux décharges publiques.
Suivant l'article n° 45, Terrasse, nous demanderons la plus-value de jet dans l'embarras des étais.

*Travaux préparatoires.*

*Entailles et trous dans les anciennes constructions* pour encastrement de planchers, abouts de poutres et nervures.
*Reprise en sous-œuvre et calage au fur et à mesure du coulage du béton.*
*Ragréage du béton brut de décoffrage,* recoupement de balèvres et rebouchage des manques de béton. Planchers, nervures, poutres, poteaux.
*Enduit en plâtre sur murs vieux* avec hachement et renformis de 0$^m$,02 réduit.
Enduit en plâtre de plafonds, nervures. Poutres sur béton armé.
*Échafaudages verticaux et horizontaux* pour travaux sur vieux murs et plafonds à plus de 4$^m$,00 de hauteur.

### Terrasse.

Sous les poteaux, *la fouille de trous* en terrain ordinaire avec jet sur berge, chargement en brouette, transport à 1 relais.

1° *Poteaux de 0$^m$,30 de section.*
*Suivant figures 58, 62 et 63.*
4 fois 2$^m$,00 $\times$ 2$^m$,00 ............... ...     16$^m$,00.
$\times$ 1$^m$,55 hauteur.............................     24$^{m3}$,800
*Poteaux de 0$^m$,25 $\times$ 0$^m$,25.*
*Suivant figures 58 et 64.*
8 fois 1$^m$,735 $\times$ 1$^m$,735 ..............     24$^m$,08.
$\times$ 1,55 hauteur.............................     37$^{m3}$,324
*Poteaux attenant à la façade.*
4 fois 1,69 $\times$ 1,13 ................     7$^m$,64.
$\times$ 1,55 hauteur........................     11$^{m3}$,840

   Ensemble..........................     73$^{m3}$,964
à 13$^f$,73 le mètre cube, n° 3 multiplié par coefficients ci-après.....................................................     1.015$^f$,53
N°$^s$ 23, col. A + 30, col. A + 28, col. A + 36.
*Plus-value de fouille dans l'embarras* des étais cube......................................     73$^{m3}$,964
à 1$^f$,95 le mètre.........................     144$^f$,23
N° 3 multiplié par les coefficients ci-après :

N°$^s$ 23 B — A $= 0,28 + \dfrac{36 \times 1}{4}$ n° 45.

*Étaiement* des parois de 0$^m$,034 épaisseur.
Poteaux de 0,30 $\times$ 0,30. *Détail d'un (fig. 62 et 63).*
4 fois 2$^m$,00 $\times$ 1$^m$,55 hauteur.........     12,40
$\times$ 0,034.......................................     0$^{m3}$,422
Bastings :
8 fois 1,55 hauteur $\times$ 0,065 $\times$ 0,17............     0$^{m3}$,137
Étrésillons :
  2 fois 1,80.......     3,60
  4 fois 0,72.......     2,88
  Ensemble.......     6,48 $\times$ 0,10 $\times$ 0,12..     0$^{m3}$,078 (*a*)
1 partie semblable à l'accolade (*a*).............     0$^{m3}$,078
3 autres poteaux semblables..................     2$^{m3}$,145
Étaiement des poteaux de 0,25 $\times$ 0,25.
8 fois 0$^m$,582............................     4$^{m3}$,646
Étaiement des poteaux sur façade.
4 fois 0$^m$,598............................     2$^{m3}$,392

   Ensemble..........................     9$^{m3}$,898
à 154$^f$,00 le mètre cube........................     1.524$^f$,29
Observation n° 74, Terrasse et série Égouts n° 149.
Comment avons-nous déterminé les sections des semelles des poteaux de 0$^m$,25 $\times$ 0,25 (*fig.* 58, 64) ?
Pour *abréger les calculs nous supposons que nous avons une charge* de 20.000 kilogrammes à répartir sur le terrain.
Sous chaque semelle il faudra une surface de

$$\frac{20.000^{kg}}{10.000} = 2^{m2},00.$$

   *A reporter*.................................     2.684$^f$,05

|  |  |
|---|---|
| *Report* ............................................. | 2.684ᶠ,05 |
| Côté de la semelle $= \sqrt{2^m,00}$ ................. | 1ᵐ,415 |
| Empattements de chaque côté. | |
| 2 fois 0ᵐ,16 environ *(pour fouille)* ............. | 0ᵐ,32 |
| Ensemble.............................. | 1ᵐ,735 |

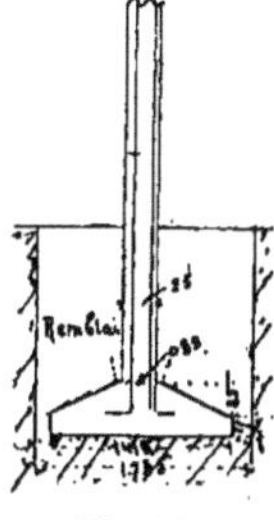

Fig. 64.

*Pour les poteaux sur Entrée*, supposons une charge de 11.000 kilogrammes.

Sous chaque semelle il faudra une surface de

$$\frac{11.000^{kg}}{10.000} = 1^m,10 \text{ ou } 0^m,81 \times 1^m,37$$

ou

$$0^m,81 + 2 \text{ fois } 0^m,16 = 1^m,13.$$
$$1^m,37 + 2 \text{ fois } 0^m,16 = 1^m,69.$$

*Coffrage de semelles :*

Poteaux de 0ᵐ,30 × 0ᵐ,30.

*Détail d'un*

| | | |
|---|---|---|
| Vertical 4 fois 1ᵐ,68 ................... 6ᵐ,72 | | |
| × 0ᵐ,15 .............................. | | 1ᵐ,00 |
| *Horizontal* à moins de 30 degrés sur l'horizon. | | |
| 4 fois $\dfrac{1^m,68 + 0^m,40}{2} = 4^m,16$ | | |
| × 0,70 .............................. | | 2ᵐ,91 |
| 3 autres poteaux semblables produisent 3 fois 3ᵐ,91. | 11ᵐ,73 | |
| Poteaux de 0ᵐ,25 = 0ᵐ,25. *Détail d'un vertical :* | | |
| 4 fois 1ᵐ,415 ....................... 5ᵐ,66 | | |
| × 0ᵐ,15 .............................. | | 0ᵐ,85 |
| *horizontal :* | | |
| 4 fois $\dfrac{1^m,415 + 0,35}{2} = 3^m,53.$ | | |
| × 0ᵐ,55 .............................. | | 1ᵐ,94 |
| 7 autres poteaux semblables produisent : | | |
| 7 fois .............................. | 19ᵐ,53 | |
| Poteaux attenant à la façade ............... | 10ᵐ,50 | |
| vertical : | | |
| 1 fois 0ᵐ,81 × 0ᵐ,15 hauteur ......... | | 0ᵐ,12 |
| 1 fois 0ᵐ,81 × 0,40 ................. | | 0ᵐ,32 |
| 2 fois 1ᵐ,07 × $\dfrac{0^m,15 + 0^m,40}{2}$ ......... | | 0ᵐ,59 |
| 2 fois 0ᵐ,30 × 0ᵐ,40 ................. | | 0ᵐ,24 |
| 3 autres semblables × 1ᵐ,07 ......... | | 0ᵐ,81 |
| | | 43ᵐ,04 |
| *A reporter* ....................... | 43ᵐ,04 | 2.684ᶠ,05 |

*Reports*...................................... 43<sup>m</sup>,04    2.684<sup>f</sup>,05

A 31<sup>f</sup>,24 le mètre....................................... 1.344<sup>f</sup>,56

N<sup>os</sup> 39, et 40, Ciment armé, colonne A.

Plus-value de coffrage dans l'embarras des étais.

Surface........................................ 43<sup>m</sup>,04

A 4<sup>f</sup>,40 le mètre, n° 79 ........ ..................... 189<sup>f</sup>,38

*Coffrage de planchers :*

Coffrage *horizontal :*

Longueur 24<sup>m</sup>,80 × 16<sup>m</sup>,565.................... 410<sup>m</sup>,81

*Déduire :*

Têtes de piles :

Au fond 4 fois 0<sup>m</sup>,45 × 0<sup>m</sup>,12.......... 0<sup>m</sup>,22

Sur les côtés 6 fois 0<sup>m</sup>,45 × 0<sup>m</sup>,12...... 0<sup>m</sup>,32

Poteaux attenant à la façade.

4 fois 0<sup>m</sup>,25 × 0<sup>m</sup>,12.................. 0<sup>m</sup>,12

Poteaux de 0<sup>m</sup>,30 × 0<sup>m</sup>,30.

4 fois 0<sup>m</sup>,30 × 0<sup>m</sup>,30.................. 0<sup>m</sup>,36

Ceux du 0<sup>m</sup>,25 × 0<sup>m</sup>,25.

12 fois 0<sup>m</sup>,25 × 0,25................. 0<sup>m</sup>,75

*Nervures :*

Travées *perpendiculaires* à mitoyen de gauche.

4 fois 4<sup>m</sup>,82.................. 19<sup>m</sup>,28

2 fois 4<sup>m</sup>,655................. 9<sup>m</sup>,31

1 fois 4<sup>m</sup>,63.................. 4<sup>m</sup>,63

              33<sup>m</sup>,22   33<sup>m</sup>,22

*Perpendiculaires* à mitoyen de droite semblables aux précédents.

Produit.......................... 33<sup>m</sup>,22

*Travées à la suite.*

Détail d'une :

4 fois 4<sup>m</sup>,84.................. 19<sup>m</sup>,36

2 fois 4<sup>m</sup>,75.................. 9<sup>m</sup>,50

1 fois 4<sup>m</sup>,70.................. 4<sup>m</sup>,70

              33<sup>m</sup>,56   33<sup>m</sup>,56

2 autres travées semblables produisent   67<sup>m</sup>,12

*Poutres :*

Parallèles à mitoyen de gauche.

2 fois 3<sup>m</sup>,82.................. 7<sup>m</sup>,64

2 fois 3<sup>m</sup>,90,................. 7<sup>m</sup>,80

              15<sup>m</sup>,44   15<sup>m</sup>,44

3 autres travées semblables produisent   46<sup>m</sup>,32

    Ensemble..................... 230<sup>m</sup>,65

× 0<sup>m</sup>,16............................................ 36<sup>m</sup>,90

    Reste............................. 373<sup>m</sup>,91

à 35<sup>f</sup>,50 le mètre (n° 37 × coefficient 1,25)............... 13.273<sup>f</sup>,81

N° 38, colonne B.

Sous-détail :

Coefficient 1,25 × 28<sup>f</sup>,40 = 35<sup>f</sup>,50.

*Coffrage vertical développé des nervures, poutres et poteaux* de plus de 0<sup>m</sup>,22 de hauteur.

Linéaire nervures..................... 167<sup>m</sup>,12

× 0<sup>m</sup>,70 développé............................ 116<sup>m</sup>,98

Linéaire poutres..................... 61<sup>m</sup>,76

× 0<sup>m</sup>,90 développé............................ 55<sup>m</sup>,58

    A reporter............................. 172<sup>m</sup>,56   17.491<sup>f</sup>,80

| | | |
|---|---|---|
| *Reports* ................................ | 172<sup>m</sup>,56 | 17.491<sup>f</sup>,80 |

Détail d'un poteau de 0<sup>m</sup>,30.
Sous nervures :
2 fois 0<sup>m</sup>,30 $\times$ 5<sup>m</sup>,28........................... 3<sup>m</sup>,17
Sous poutres :
2 fois 0<sup>m</sup>,30 $\times$ 5<sup>m</sup>,18........................... 3<sup>m</sup>,11
3 autres poteaux semblables $\times$ 6<sup>m</sup>,28 ........... 18<sup>m</sup>,84
Détail d'un poteau de 0<sup>m</sup>,25 :
2 fois 0<sup>m</sup>,25 $\times$ 5<sup>m</sup>,28........................ 2<sup>m</sup>,64
2 fois 0<sup>m</sup>,25 $\times$ 5<sup>m</sup>,18........................ 2<sup>m</sup>,59
7 autres semblables $\times$ 5<sup>m</sup>,23.................. 36<sup>m</sup>,61
Ceux de façade.
Détail d'un :
0<sup>m</sup>, 25 $\times$ 5<sup>m</sup>,60............................ 1<sup>m</sup>,40
*Sous poutre :*
0<sup>m</sup>,25 $\times$ 5<sup>m</sup>,18........................... 1<sup>m</sup>,29
*Sous nervure :*
2 fois 0<sup>m</sup>,25 $\times$ 5<sup>m</sup>,28..................... 2<sup>m</sup>,64
3 autres semblables $\times$ 5<sup>m</sup>,33.................. 15<sup>m</sup>,99

Ensemble............................ 260<sup>m</sup>,84
à 39<sup>f</sup>,76 le mètre (n° 37)............................... 10.370<sup>f</sup>,99
N° 39, colonne B.

## Planchers.

Aciers doux ronds de 0<sup>m</sup>,008.
En suivant le même ordre.

*Travées perpendiculaires à mitoyen de gauche.*
Celle sur façade *Barres de tension :*
24 barres droites de 4<sup>m</sup>,46. 107<sup>m</sup>,04 } N° 1.
24 barres pliées de 4<sup>m</sup>,70. 112<sup>m</sup>,80 }
Travée au-dessus contre
mitoyen :
Droites 24 fois 4<sup>m</sup>,46...... 107<sup>m</sup>,04 } N° 2.
Plein 24 fois 4<sup>m</sup>,70 ........ 112<sup>m</sup>,80 }

*A la suite :*
24 fois 4<sup>m</sup>,54............. 108<sup>m</sup>,96 } N° 3.
24 fois 4<sup>m</sup>,77............. 114<sup>m</sup>,48 }
Travée sur mitoyen du
fond et attenant à celui de
gauche :
24 fois 4<sup>m</sup>,48............. 107<sup>m</sup>,52 } N° 4.
24 fois 4<sup>m</sup>,72............. 113<sup>m</sup>,28 }

*Détail d'une travée de* 4<sup>m</sup>,84
$\times$ 1<sup>m</sup>,875 :
Semblable à n° 1......... 219<sup>m</sup>,84 )
Au-dessus semblable à n° 2. 219<sup>m</sup>,84 |
Au-dessus semblable à n° 3. 223<sup>m</sup>,44 } N° 5.
Au-dessus semblable à n° 4. 220<sup>m</sup>,80 )
3 autres travées semblables
à n° 5..................... 2.631<sup>m</sup>,76

Ensemble ........ 4.419<sup>m</sup>,60 $\times$ 392 grammes le
mètre = 1.732<sup>kg</sup>,483

*Barres de répartition.*
Aciers doux ronds de 0<sup>m</sup>,007.
En suivant *même ordre.*

*A reporter* ........................ 1.732<sup>kg</sup>,483 27.862<sup>f</sup>,79

|  | | |
|---|---|---|
| *Reports* ........................ .. | 1·732<sup>kg</sup>,483 | 27.862<sup>f</sup>,79 |

Contre *mitoyen de gauche* :

| 40 fois 5<sup>m</sup>,20 ............. | 208<sup>m</sup>,00 |
| *A la suite* 40 fois 5<sup>m</sup>,30.... | 212<sup>m</sup>,00 |
| *A la suite* 40 fois 5<sup>m</sup>,30.... | 212<sup>m</sup>,00 |
| *A la suite* 40 fois 5<sup>m</sup>,30.... | 212<sup>m</sup>,00 |

Travées contre mitoyen de droite, semblables à celles attenant à mitoyen de gauche. 208<sup>m</sup>,00

Ensemble ........ 4.052<sup>m</sup>,00

pesant 300 grammes par mètre linéaire ........ 315<sup>kg</sup>,600

Ensemble..................... 2.048<sup>kg</sup>,083

à 270<sup>f</sup>,50 les 100 kilogrammes ........................... 5.540<sup>f</sup>,06

N<sup>os</sup> 51 et 56, Ciment armé.
Ligatures en fil recuit.

$$\frac{2.048^{kg},083 \times 1}{100} = 20^{kg},481$$

à 208<sup>f</sup>,00 les 100 kilogrammes n° 51...................... 42<sup>f</sup>,60

Plus-value pour ligatures :
Un poids de........................... 20<sup>kg</sup>,481

à 127<sup>f</sup>,00 n° 58................................... 26<sup>f</sup>,01

### Nervures.

Détail d'une nervure perpendiculaire à mitoyen de gauche :

| | Aciers doux ronds | |
|---|---|---|
| | de 0,019 de diamètre | de 0,011 de diamètre |
| Droits 2 fois 5<sup>m</sup>,45 ............... | { 10<sup>m</sup>,90 | |
| Pliés 2 fois 5<sup>m</sup>,75 ............... | { 11<sup>m</sup>,50 | |
| *Aciers de* 0<sup>m</sup>,011 *ronds :* | | |
| 2 fois 5<sup>m</sup>,45..................... | | 10<sup>m</sup>,90 |
| 6 autres semblables produisent : | | |
| en 0<sup>m</sup>019, 6 fois 22<sup>m</sup>,40............. | 134<sup>m</sup>,40 | |
| en 0<sup>m</sup>,011 6 fois 10<sup>m</sup>,90............. | | 65<sup>m</sup>,40 |
| 4 autres travées semblables à la précédente produisent : | | |
| En 0<sup>m</sup>,019 de diamètre : | | |
| 4 fois 156<sup>m</sup>,80.................... | 627<sup>m</sup>,20 | |
| en 0<sup>m</sup>,011 de diamètre aciers doux : | | |
| 4 fois 76<sup>m</sup>,30.................... | | 305<sup>m</sup>,20 |
| Ensemble ................ | 684<sup>m</sup>,00 | |

pesant 2<sup>kg</sup>,207 le mètre........... 1.509<sup>kg</sup>,588
à 221<sup>f</sup>,90 les 100 kilogrammes.

N<sup>os</sup> 51 et 54 ciment armé .................. 3.349<sup>f</sup>,70

Ensemble ............... 381<sup>m</sup>,50

pesant 0<sup>kg</sup>,741 le mètre............ 282<sup>kg</sup>,692
à 237<sup>f</sup>,40 les 100 kilogrammes ......................... 671<sup>f</sup>,13

N<sup>os</sup> 51 et 55.

*A reporter*................................... 37.492<sup>f</sup>,29

Report .................................... ........  37.492$^f$,29

## Poutres.

Détail d'une poutre parallèle à mitoyen de gauche.
*Aciers doux ronds de 0$^m$,021 de diamètre.*

|  | Aciers doux ronds | |
|---|---|---|
|  | de 0,021 | de 0,011 |
| Droits 2 fois 4$^m$,45............... | 8$^m$,90 | |
| Pliés 2 fois 4$^m$,65................ | 9$^m$,30 | |
| *Aciers droits de 0$^m$,011 de diamètre.* | | |
| Droits 2 fois 4$^m$,45.............. | | 8$^m$,90 |
| 1 autre semblable................ | 18$^m$,20 | 8$^m$,90 |
| *Travée à la suite.* | | |
| *Aciers doux ronds de 0$^m$,021 de dia-mètre.* | | |
| Droits 2 fois 4$^m$,50.............. | 9$^m$,00 | |
| Pliés 2 fois 4$^m$,75............... | 9$^m$,50 | |
| *Aciers doux de 0$^m$,011 de diamètre.* | | |
| Droits 2 fois 4,50................ | | 9$^m$,00 |
| 1 semblable à la précédente....... | 18$^m$,50 | 9$^m$,00 |
| 3 autres travées parallèles à l'accolade ci-dessus produisent : | | |
| En acier doux de 0$^m$,021. | | |
| 3 fois 73$^m$,40,.................... | 220$^m$,20 | |
| En aciers de 0$^m$,011 de diamètre... | | |
| 3 fois 35$^m$,80.................... | | 107$^m$,40 |
| Ensemble ................ | 293$^m$,60 | |

pesant 2$^{kg}$,699 le mètre.. 792$^{kg}$,426
à 221$^f$,90 les 100 kilogrammes (n$^{os}$ 51
+ 54)............................  1.758$^f$,39

Ensemble ................    143$^m$,20

pesant 0$^{kg}$,741 le mètre..................... 106$^{kg}$,111
à 237$^f$,40 les 100 kilogrammes............................ 251$^f$,91
N$^{os}$ 51 et 55 Ciment armé.
*Étriers en acier de 0$^{mm}$,006.*
*35 nervures :*
Chaque 42 étriers........ 1.470
De chaque 0$^m$,82 de développement. 1.205$^m$,40
16 poutres.
Chaque 40 étriers........ 640
De chaque 1$^m$,02 de développement. 652$^m$,80

Ensemble ............... 1.858$^m$,20

pesant 0$^{kg}$,221 le mètre..................... 410$^{kg}$,662
à 270$^f$,50 les 100 kilogrammes............................  1.110$^f$,84
*Plus-value pour ferraillage aux 2 faces de hourdis avec étriers reliant les deux nappes de barres.*
*Aciers ronds de 0$^m$,019 de diamètre.*
Nervures, un poids de.................... 1.509$^{kg}$,588
Aciers de 0,011 de diamètre.............. 282$^{kg}$,692
*Poutres :*
Aciers ronds de 0,021 de diamètre......... 793$^{kg}$,406
*Idem*   de 0,011   —   ......... 106$^{kg}$,111
Étriers.......................................... 410$^{kg}$,662

Ensemble ..................... 3.102$^{kg}$,450

*A reporter*........................ 3.102$^{kg}$459   40.613$^f$,43

| | | |
|---|---|---|
| *Reports*............................ 3.102<sup>kg</sup>,459 | | 40.613<sup>f</sup>,43 |

*Reports*............................ $3.102^{kg},459$     40.613<sup>f</sup>,43
18<sup>f</sup>,80 les 100 kilogrammes n° 57.. .................... 583<sup>f</sup>,26
Pour arrêter les aciers des nervures, poutres, étriers à leur emplacement, les ligatures à raison de 1 kilogramme par 100 kilogrammes d'aciers ronds n° 58.

$$\frac{3.102^{kg},459 \times 1}{100} = 31^{kg},025.$$

à 208<sup>f</sup>, les 100 kilogrammes n° 51........................ 64<sup>f</sup>,53
   *Plus-value pour ligatures :*
31<sup>kg</sup>,025 à 126<sup>f</sup>,00 les 100 kilogrammes ................ 39<sup>f</sup>,40

## Poteaux.

*Détail d'un poteau de* $0^m,30 \times 0^m,30$.
*Aciers doux ronds de* $0^m,014$ *de diamètre.*
Verticaux 4 fois 6<sup>m</sup>,05................ 24<sup>m</sup>,20
Pesant 1<sup>kg</sup>,201 le mètre........................ 29<sup>kg</sup>,064
à 208<sup>f</sup>,00 les 100 kilogramme n° 51 ..................... 60<sup>f</sup>,45
   *Plus-value sur le prix n° 51.*
   *Pour ronds d'un diamètre de* $0^m,014$.
29<sup>kg</sup>,064 à 13<sup>f</sup>,90 les 100 kilogrammes n° 54............... 40<sup>f</sup>,40
   *Étriers de 6 millimètres.*
21 fois 1<sup>m</sup>,22 de développement....... 25<sup>m</sup>,62
pesant 0<sup>kg</sup>,221 grammes le mètre............... 5<sup>kg</sup>,662
à 208<sup>f</sup>,00 les 100 kilogrammes n° 51 ...................... 11<sup>f</sup>,78
   *Plus-value pour aciers ronds d'un diamètre inférieur à 8 millimètres.*
5<sup>kg</sup>,662 à 62<sup>f</sup>,50 les 100 kilogrammes n° 56............... 3<sup>f</sup>,54
   *Plus-value pour ferraillage aux 2 faces de hourdis avec étriers reliant les 2 nappes de barres.*
   *Aciers de* $0^m,014$.
Un poids de............................... 29<sup>kg</sup>,064
Étriers de 6 millimètres ..................... 5<sup>kg</sup>,662
   Ensemble ............................ 34<sup>kg</sup>,726
à 18<sup>f</sup>,80 les 100 kilogrammes n° 57........................ 6<sup>f</sup>,53
Pour arrêter les aciers et étriers à leur emplacement, les ligatures à raison de 1 kilogramme pour 100 kilogrammes d'aciers ronds n° 58.

$$\frac{34^{kg},726 \times 1}{100} = 0^{kg},347$$

à 208<sup>f</sup>,00 les 100 kilogrammes ........................... 0<sup>f</sup>,72
   *Plus-value pour ligatures.*
0<sup>kg</sup>,347 à 127<sup>f</sup>,00 les 100 kilogrammes.................... 0<sup>f</sup>,44
3 autres poteaux semblables produisent en argent.
3 fois 123<sup>f</sup>,86 ............................. 371<sup>f</sup>,58

*Détail d'un poteau de* $0^m,25 \times 0^m,25$.
Aciers doux ronds de $0^m,014$.
Un poids de .............................. 29<sup>kg</sup>,064
à 208<sup>f</sup>,00 les 100 kilogrammes........................ 60<sup>f</sup>,45
   *Plus-value sur les prix n° 51 pour ronds d'un diamètre de* $0^m,014$.
29<sup>kg</sup>,064 à 13<sup>f</sup>,90 les 100 kilogrammes ................... 4<sup>f</sup>,04
   A reporter............................ 29<sup>kg</sup>,064    41.860<sup>f</sup>,55

Reports.................................................. 41.860$^f$,55

*Étriers de 6 millimètres.*
21 fois 1$^m$,12 de diamètre............. 23$^m$,52
pesant 0$^{kg}$,221 le mètre....................... 5$^{kg}$,197
à 208$^f$,00 les 100 kilogrammes....................... 10$^f$,80
*Plus-value pour aciers ronds d'un diamètre* inférieur à
8 millimètres.
5$^{kg}$,197 à 62$^f$,50 les 100 kilogrammes.................... 3$^f$,25
*Plus-value pour ferraillage aux 2 faces* de hourdis avec
étriers reliant les 2 nappes de barres.
*Aciers de* 0$^m$,014 un poids de................... 29$^{kg}$,064
Étriers....................................... 5$^{kg}$,197

         Ensemble............................ 34$^{kg}$,261
à 18$^f$,80 les 100 kilogrammes n° 57................... 6$^f$,44
Pour arrêter les aciers et étriers à leur emplacement, les
ligatures à raison de 1 kilogramme pour 100 kilogrammes
d'aciers ronds n° 58 :

$$\frac{34^{kg},261 \times 1}{100} = 0^{kg},342.$$

à 208$^f$,00 les 100 kilogrammes.......................... 0$^f$,71
Plus-value pour ligatures :
0$^{kg}$,342 à 127$^f$,00 les 100 kilogrammes.................... 0$^f$,43
7 autres poteaux semblables produisent en argent
7 fois 86$^f$,12............................................. 602$^f$,84
4 autres poteaux sur façade semblables à celui détaillé ci-
dessus produisent 4 fois 86$^f$,12....................... 344$^f$,48

*Détail d'une semelle.*

Nous avons charge sur semelle 28.460$^{kg}$ — 900 = 27.560$^{kg}$,000.

$$M = \frac{P \times 0,69^2}{2 \times 1,68} = \frac{27.560^{kg} \times 0^m,48}{3,36} = 3.937^{kg},000.$$

Si nous nous reportons au tableau du calcul des pièces
fléchies.
Nous avons :
R*at* = résistance de l'acier par centimètre carré
= 1.200 kilogrammes.
R*b* = résistance du béton 50 kilogrammes par centimètre
carré.
Section nécessaire d'acier.
*ft* = 0,00276 $\sqrt{Mb}$.
D'où *f* = 0,00276 $\sqrt{3.937 \times 100}$ = 1.732 millimètres par
mètre carré et pour 2$^{m2}$,82.
1.732$^{mm2}$ $\times$ 2$^m$,82 = 4.884 millimètres carrés ou  4.900$^{mm2}$
Nous répartirons les aciers de la manière sui-
vante (voir plan et coupe *fig*. 58, 62 et 63) :
16 aciers de 0$^m$,014 de chaque 1$^m$,63 = 26$^m$,08

$\times$ 154 millimètres carrés...................... 4.016$^{mm2}$

         Il nous reste...................... 884$^{mm2}$

Soit 10 aciers de 0$^m$,008.
10 fois 1$^m$,63............................ 16$^m$,30

         A reporter..................... 16$^m$,30       42.829$^f$,50

*Reports*...................... 16<sup>m</sup>,30      42.829<sup>f</sup>,50

$\times$ 50 millimètres carrés...................... 815<sup>mm2</sup>
  *2 aciers de* 0<sup>m</sup>,006.
  2 fois 1<sup>m</sup>,63...................... 3<sup>m</sup>,26
$\times$ 28 millimètres carrés...................... 91<sup>mm2</sup>
  906<sup>mm2</sup>

## Métré.

*Détail de la semelle* (poteau de 0<sup>m</sup>,30 $\times$ 0<sup>m</sup>,30).
*Aciers ronds doux de* 0<sup>m</sup>,014 *millimètres.*
  Linéaire...................... 26<sup>m</sup>,08
pesant 1<sup>kg</sup>,201 le mètre linéaire............... 31<sup>kg</sup>,322
à 208<sup>f</sup>,00 les 100 kilogrammes n° 51...................... 64<sup>f</sup>,96
  Plus-value pour aciers ronds d'un diamètre inférieur 31<sup>kg</sup>,322
à 13<sup>f</sup>,90 les 100 kilogrammes n° 54...................... 4<sup>f</sup>,35
  *Aciers doux ronds de* 0<sup>m</sup>,008.
  Linéaire...................... 16<sup>m</sup>,30
pesant 0<sup>kg</sup>,392 le mètre linéaire............... 6<sup>kg</sup>,390
à 270<sup>f</sup>,50 les 100 kilogrammes n° 51 + 56............... 17<sup>f</sup>,18
  *Aciers de 6 millimètres de diamètre.*
  Linéaire...................... 3<sup>m</sup>,26
pesant 0<sup>kg</sup>,221 le mètre linéaire............... 0<sup>kg</sup>,720
à 270<sup>f</sup>,50 les 100 kilogrammes...................... 1<sup>f</sup>,95
  *Ligatures à raison de* 1 *kilogramme* par 100 *kilogrammes.*
  Aciers de 0<sup>m</sup>,014 un poids de   31<sup>kg</sup>,322
    — de 0<sup>m</sup>,008 un poids de   6<sup>kg</sup>,390
    — de 0<sup>m</sup>,006 un poids de   0<sup>kg</sup>,720

    Ensemble.......... 38<sup>kg</sup>,432 $\times \dfrac{1}{100}$ ... 0<sup>kg</sup>,384

à 208<sup>f</sup>,50 les 100 kilogrammes (n° 51)...................... 0<sup>f</sup>,80
  Plus-value pour ligatures (n° 58).
  0<sup>kg</sup>,384 à 127<sup>f</sup>,00 les 100 kilogrammes...................... 0<sup>f</sup>,49
  Plus-value de ferraillage dans l'embarras des étais, indépendamment des bois de coffrage.
  Un poids de 38<sup>kg</sup>,432 à 22<sup>f</sup>,60 les 100 kilogrammes n° 79.. 8<sup>f</sup>,69
  3 autres semelles semblables produisent en argent
3 fois 81<sup>f</sup>,24...................... 243<sup>f</sup>,72
  Détail d'une autre semelle (poteau de 0<sup>m</sup>,25 $\times$ 0<sup>m</sup>,25).
  Pour abréger les calculs de résistance, nous supposerons
que nous avons :
  *Aciers de* 0<sup>m</sup>,012 *ronds :*
  Linéaire 21<sup>m</sup>,76 pesant 0<sup>kg</sup>,881 le mètre........ 19<sup>kg</sup>,171
à 221<sup>f</sup>,90 les 100 kilogrammes (n<sup>os</sup> 51 + 54)...... 42<sup>f</sup>,54
  *Aciers ronds de* 0<sup>m</sup>,008 :
  Linéaire 10<sup>m</sup>,88 pesant 0<sup>kg</sup>,392 le mètre........ 4<sup>kg</sup>,265
à 270<sup>f</sup>,50 les 100 kilogrammes...................... 11<sup>f</sup>,53
  Ligatures à raison de 1 kilogramme par 100 kilogrammes.

    Ensemble...................... 23<sup>kg</sup>,436

$\times \dfrac{1}{100}$ = 0<sup>kg</sup>,234 à 208<sup>f</sup>,00 les 100 kilogrammes n° 51....... 0<sup>f</sup>,49

Plus-value pour ligatures n° 58.
0<sup>kg</sup>,234 à 127<sup>f</sup>,00 les 100 kilogrammes...................... 0<sup>f</sup>,30
Plus-value de ferraillage dans l'embarras des étais.
Un poids de 23<sup>kg</sup>,436 à 22<sup>f</sup>,60 les 100 kilogrammes n° 29... 5<sup>f</sup>,30
  A reporter...................... 43.231<sup>f</sup>,80

*Report* .......................................... 43.231$^f$,80

7 autres semelles semblables produisent en argent
7 fois 60$^f$,16 ...................................... 421$^f$,12

Détail d'une semelle sur façade.

*Aciers de 0$^m$,012 de diamètre :*

Un poids de.......................... 12$^{kg}$,334

à 221$^f$,90 les 100 kilogrammes....................... 27$^f$,37

*Aciers ronds de 0$^m$,008 de diamètre :*

Un poids de.......................... 3$^{kg}$,575

à 270$^f$,50 les 100 kilogrammes....................... 9$^f$,67

Ligatures 15$^{kg}$,909 $\times \dfrac{1}{100} = 0^{kg}$,159.

à 355$^f$,000 les 100 kilogrammes n° 51 + 58 .............. 0$^f$,56

Plus-value de ferraillage dans l'embarras des étais.

15$^{kg}$,909 à 22$^f$,60 les 100 kilogrammes n° 795 ............ 3$^f$,60

3 autres semblables produisent en argent :

3 fois 41$^f$,20 ....................................... 123$^f$,60

## Bétons.

*Béton normal pour hourdis de planchers.*

Détail d'une travée perpendiculaire à mitoyen de gauche :

| | | |
|---|---|---|
| Longueur........ | 4$^m$,82 | |
| 1/2 nervure...... | 0 ,08 | |
| Encastrement.... | 0 ,15 | |
| Ensemble.. | 5$^m$,05 $\times$ 2$^m$,265... | 11$^m$,44 |
| 1 autre.......... | 5 ,05 $\times$ 2 ,035... | 10 ,28 |
| 1 autre.......... | 5 ,05 $\times$ 2 ,05.... | 10 ,35 |
| 1 autre.......... | 5 ,05 $\times$ 2 ,045... | 11 ,27 |
| 1 autre.......... | 5 ,05 $\times$ 2 ,09.... | 10 ,55 |
| 1 autre.......... | 5 ,05 $\times$ 2 ,085... | 10 ,53 |
| 1 autre.......... | 5 ,05 $\times$ 2 ,115... | 11 ,81 |
| 1 autre.......... | 5 ,05 $\times$ 2 ,18.... | 11 ,01 |

*Travée à la suite :*

| | |
|---|---|
| 5$^m$,00 $\times$ 2$^m$,265... | 11$^m$,33 |
| 5 ,00 $\times$ 2 ,035... | 10 ,18 |
| 5 ,00 $\times$ 2 ,05.... | 10 ,25 |
| 5 ,00 $\times$ 2 ,045... | 10 ,23 |
| 5 ,00 $\times$ 2 ,09.... | 10 ,45 |
| 5 ,00 $\times$ 2 ,085... | 10 ,43 |
| 5 ,00 $\times$ 2 ,115... | 10 ,58 |
| 5 ,00 $\times$ 2 ,18.... | 10 ,90 |

2 autres travées semblables à la précédente produisent 2 fois 84$^m$,35 .......... 168 ,70

Travée d'about sur mitoyen de droite semblable à celle perpendiculaire de mitoyen de gauche produit............ 87 ,24

Ensemble.................... 427$^m$,53

A déduire piles :

10 fois 0$^m$,45 $\times$ 0$^m$,12........ 0$^m$,54

4 fois 0$^m$,25 $\times$ 0$^m$,12........ 0$^m$,12

Ensemble............ 0$^m$,66　　0$^m$,66

Reste.................... 426$^m$,87

$\times$ 0$^m$,08 épaisseur........................ 34$^{m3}$,150

à 294$^f$,00 le mètre cube n° 24 ........................... 10.040$^f$,10

*A reporter* ........................................... 53.857$^f$,82

|  |  |  |
|---|---|---|
| *Report*........................................ | | 53.857ᶠ,82 |
| *Béton normal pour nervures* de plus de 0ᵐ,22 de hauteur. | | |
| Linéaire 136ᵐ,67 × 0ᵐ,27 hauteur... | 36ᵐ,90 | |
| × 0ᵐ,16.......................................... | 5ᵐ,904 | |
| *Béton normal pour poutres :* | | |
| Linéaire 61ᵐ,76 × 0ᵐ,37............. | 22ᵐ,85 | |
| × 0ᵐ,16........................................ | 3ᵐ,656 | |
| Ensemble ............................... | 9ᵐ,560 | |
| A 326ᶠ,00 le mètre cube...................... | | 3.116ᶠ,56 |
| *Béton normal des poteaux :* | | |
| Détail d'un de 0ᵐ,30 × 0ᵐ,30. | | |
| Hauteur 5ᵐ,55 × 0ᵐ,30................ | 1ᵐ,67 | |
| × 0ᵐ,30 ..................................... | 0ᵐ³,501 | |
| 3 autres poteaux semblables produisent. | | |
| 3 fois 0ᵐ³,501.............................. | 1ᵐ³,503 | |
| Détail d'un poteau de 0ᵐ,25 × 0ᵐ,25. | | |
| Hauteur 5ᵐ,55 × 0ᵐ,25 ............. | 1ᵐ,39 | |
| × 0,25........................................ | 0ᵐ³,348 | |
| 11 semblables produisent : | | |
| 11 fois 0ᵐ³,348............................ | 3ᵐ³,828 | |
| Ensemble............................... | 6ᵐ³,180 | |
| A 326ᶠ,00 le mètre cube, n° 27................ | | 2.014ᶠ,68 |
| *Béton normal* posé directement sur le sol. | | |
| Détail d'un poteau de 0ᵐ,30 × 0ᵐ,30 : | | |
| 1ᵐ,68 × 1ᵐ,68............. | 2ᵐ,82 | |
| × 0ᵐ,15 hauteur............................. | 0ᵐ³,423 | |

$$\frac{1^m{,}68 + 0^m{,}40}{2} \times \frac{1^m{,}68 + 0^m{,}40}{2} = 1^m{,}08.$$

|  |  |  |
|---|---|---|
| × 0ᵐ,30 hauteur ............................. | 0ᵐ³,324 | |
| 3 autres poteaux semblables produisent. | | |
| 3 fois 0ᵐ³,747.............................. | 2ᵐ³,241 | |
| Détail d'un poteau de 0ᵐ,25 × 0ᵐ,25 : | | |
| 1ᵐ,415 × 1ᵐ,415........... | 2ᵐ,01. | |
| × 0ᵐ,15 hauteur............................. | 0ᵐ³,302 | |

$$\frac{1^m{,}415 + 0^m{,}35}{2} \times \frac{1^m{,}415 + 0^m{,}35}{2} = 0^m{,}78.$$

|  |  |  |
|---|---|---|
| × 0,25........................................ | 0ᵐ³,195 | |
| 7 autres semblables produisent : | | |
| 7 fois 0ᵐ³,497.............................. | 3ᵐ³,479 | |
| *Poteaux sur façade :* | | |
| Détail d'un : | | |
| 1ᵐ,37 × 0ᵐ,81 ..................... | 1ᵐ,11 | |
| × 0ᵐ,15..................................... | 0ᵐ³,167 | |

$$\frac{1^m{,}37 + 0^m{,}30}{2} \times 0^m{,}81 = 0^m{,}68.$$

|  |  |  |
|---|---|---|
| × 0,25........................................ | 0ᵐ³,170 | |
| 3 autres semblables produisent : | | |
| 3 fois 0ᵐ³,337.............................. | 1ᵐ³,011 | |
| Ensemble............................... | 8ᵐ³,312 | |
| A 278ᶠ,00 le mètre cube (n° 28) ................ | | 2.310ᶠ,73 |
| Plus-value pour travaux exécutés dans l'embarras des étais | | |
| cube............................................ | 8ᵐ,312 | |
| à 37ᶠ,50 le mètre (n° 79) ...................... | | 311ᶠ,70 |
| *A reporter*................................... | | 61.611ᶠ,49 |

Report ................................................... 61.611$^f$,49

*Remblai de terre avec chargement en brouette, transport à 1 relai.*

Cube des trous pour semelles........ 73$^{m3}$,974
- Déduire bétons des semelles........ 8$^{m3}$,312
Reste ..................... 65$^{m3}$,652
à 8$^f$,42 le mètre cube (n$^{os}$ 41 + 28, col. A + 36 × 4$^f$,60)... 552$^f$,78
Tassement de remblai par pilonnage cube = 65$^{m3}$,652 (n° 43, terrasse) à 0$^f$,92 le mètre ........................... 60$^f$,40
Chargement en tombereau des terres en excédent et enlèvement aux décharges publiques.
Cube......................... 8$^m$,312
à 29$^f$,48 le mètre, n° 28 × 4$^f$,60 + 61 ..................... 244$^f$,64
*Légers ouvrages.*
*Suivant l'article n° 45 Terrasse, il y a lieu de compter une plus-value, dans la fouille de semelles de jet vertical sur berge dans l'embarras des étais.*
Cube 73$^m$,964 à 0$^f$,67 le mètre...................... 49$^f$,56

N° 30 Terrasse, colonne A $= 0,585 \times \frac{1}{4} = 0^h,146$.

à 4$^f$,60 le mètre n° 3.................................... 0$^f$,67

## Travaux préparatoires.

Pour encastrements de planchers en béton armé.
Tranchées dans les anciens murs en meulière de 0$^m$,15 × 0$^m$,15 soit 0$^m$,15 + 0$^m$,15 à l'équerre = 0$^m$,30 n° 901.
Mitoyen de gauche, longueur....... 16$^m$,715
Mitoyen du fond ................... 25$^m$,100
Mitoyen de droite ................. 16$^m$,715
Ensemble ................., 58$^m$,530
× 0$^m$,30 légers ouvrages...................... 17$^m$,56

$$\text{Sous-détail n° } 901 + 902 + 904 - \frac{901 + 902}{2} = 0^m,30.$$

10 excédents sur piles chaque 0$^m$,12. Légers... 1$^m$,20

$$N° \ 901 + 902 + 904 - \frac{901 - 902}{2} = 0^m,27$$

× 0$^m$,45 longueur $= 0^m,12$.
16 trous d'abouts pour nervures dans meulière :
Chaque 0$^m$,30. Légers...................... 4$^m$,80
4 d'abouts de poutres :
Chaque 0$^m$,30. Légers...................... 1$^m$,20
*Les hourdis de planchers* ont été comptés y compris leur encastrement, il suffit de compter les excédents du béton dans la hauteur de 0$^m$,15 — 0$^m$,08 = 0$^m$,07.
Linéaire............ 58$^m$,53
× 0$^m$,15 ..................... 8$^m$,78
× 0$^m$,07 hauteur...................... 0$^m$,615
à 294$^f$,00 le mètre cube...................... 180$^f$,81
N° 24.
Excédents pour nervures.
90 fois 0$^m$,05 × 0$^m$,27 hauteur = 1$^m$,35
× 0$^m$,30.......................... 0$^m$,405

*A reporter*..................... 0$^m$,405　　24$^m$,76　　62.700$^f$,35

Reports...................... 0ᵐ,405      24ᵐ,76      62.700ᶠ,35

*Idem* pour poutres.

4 fois 0ᵐ,25 × 0ᵐ,37 hauteur = 0ᵐ,37
× 0ᵐ,30 ............................. 0ᵐ,111

    Ensemble ................... 0ᵐ,516
à 326ᶠ,00 le mètre (n° 25)....................       168ᶠ,22
Plus-value de calage par petites parties.
Cube........................... 1ᵐ,132
à 56ᶠ,30 le mètre n° 80-79......................       63ᶠ,75

    Ensemble Légers...................... 24ᵐ,76
à 22ᶠ,60 le mètre............................       559ᶠ,58

Ragréage du béton brut de décoffrage, recoupement de balèvres et rebouchage des manque de bétons.
Planchers, nervures, poutres :
Longueur 24ᵐ,80 × 16ᵐ,565................... 410ᵐ,81
Déduire têtes de piles :
10 fois 0ᵐ,45 × 0ᵐ,12................. 0ᵐ,54
Poteaux : 4 fois 0ᵐ,30 × 0ᵐ,30 ........ 0ᵐ,36
12 fois 0ᵐ,25 × 0ᵐ,25.................. 0ᵐ,75

    Ensemble.................... 1ᵐ,65      1ᵐ,65

    Reste ..................... 409ᵐ,16
Reprendre jouées de nervures :
2 fois 167ᵐ,12 × 0ᵐ,27................. 90ᵐ,24
Jouées de poutres :
2 fois 61ᵐ,76 × 0ᵐ,37................. 45ᵐ,70
Poteaux :
4 fois 4ᵐ,00 × 0ᵐ,30................. 4ᵐ,80
48 fois 0ᵐ,25 × 4ᵐ,00................. 48ᵐ,00

    Ensemble ................. 597ᵐ,90
à 1ᶠ,40 le mètre n° 67..............................       837ᶠ,06

*Enduits verticaux en plâtre :*

Enduit en plâtre sur meulière vieille avec renformis de 0ᵐ,02 :
2 fois 16ᵐ,565..... 33ᵐ,13
1 fois 24ᵐ,80...... 24ᵐ,80

    Ensemble.  57ᵐ,93 × 4ᵐ,55 hauteur. 263ᵐ,58
à déduire emplacement des nervures :
16 fois 0ᵐ,27 × 0ᵐ,16........ 0ᵐ,69
Poutres 4 fois 0ᵐ,37 × 0ᵐ,16.. 0ᵐ,24

    Ensemble................ 0ᵐ,93      0ᵐ,93

    Reste ..................... 262ᵐ,65
à 0,55 Légers n°ˢ 763 + 767 + 769 + 4 fois 779.. 144ᵐ,46
Retours de piles avec renformis *idem.*
20 fois 4ᵐ,55 × 0ᵐ,12................. 1ᵐ,09
à 0,63 Légers n°ˢ 765 + 767 + 769 + 4 fois 779... 0ᵐ,69
Arêtes en plâtre :
20 fois 4ᵐ,55 = 91ᵐ,00 à 0ᵐ,05 de légers n° 838. 4ᵐ,56
Enduit en plâtre des poteaux :
16 fois 0ᵐ,30 × 4ᵐ,55 hauteur........ 21ᵐ,85
48 fois 0ᵐ,25 × 4ᵐ,55 hauteur........ 54ᵐ,60

    Ensemble ..................... 76ᵐ,45

    *A reporter* ..................... 76ᵐ,45      149ᵐ,71      64.328ᶠ,94

Reports........................ 76$^m$,45   149$^m$,71   64.328$^f$,94
Déduire emplacement des nervures :
32 fois 0$^m$,27 $\times$ 0$^m$,16........   1$^m$,38
Emplacement des poutres :
28 fois 0$^m$,37 $\times$ 0$^m$,16........   1$^m$,66

Ensemble ............   3$^m$,04   3$^m$,04
Reste ....................   79$^m$,49
à 0,33 Légers n° 765 ....................   24$^m$,22
Arêtes en plâtre :
64 fois 4$^m$,65...............   297$^m$,60
à 0,05 Légers............   14$^m$,88
Enduit en plâtre de plafond sur béton armé :
Surface ....................   373$^m$,91
à 0,56 Légers n°$^s$ 764 + 777..............   209$^m$,39
Enduit dé plafond de petite dimension :
Linéaire nervures............   167$^m$,12
$\times$ 0$^m$,16....................   26$^m$,74
Linéaire poutres............   61$^m$,76
$\times$ 0$^m$,16....................   9$^m$,89

Ensemble ....................   36$^m$,63
à 0,72 Légers n°$^s$ 766 + 777................   26$^m$,37
Enduit en plâtre des jouées de nervures :
2 fois 167$^m$,12 $\times$ 0$^m$,27 hauteur.... = 90$^m$,24
à 0,33 Légers n° 765......................   29$^m$,78
Jouées de poutres :
2 fois 61$^m$,76 $\times$ 0$^m$,37................   45$^m$,70
à 0,25 Légers n° 763......................   11$^m$,43
Arêtes en plâtre :
Linéaire nervures..................   334$^m$,44
Linéaire poutres..................   123$^m$,52

Ensemble ..................   457$^m$,76
$\times$ 0,05 légers ouvrages en plâtre (n° 838)........   22$^m$,89

Ensemble............................   488$^m$,67
à 22$^f$,60 le mètre........................   11.043$^f$,94
Échafaudages verticaux sur mur pour ravalement à plus
de 4$^m$,00 de hauteur.
2 fois 16$^m$,565........   33$^m$,13
1 fois...............   24$^m$,80

Ensemble......   57$^m$,93 $\times$ 3$^m$,65 hauteur = 211$^m$,44
à 0,34 n° 633..........................   71$^m$,89
à 4$^f$,70 le mètre n° 621......................   337$^f$,88
Bouchements de trous de boulins 424 $\times$ 0,06 = 25$^m$,44
à 22$^f$,60 (obs. 628)............................   574$^f$,94
*Ces échafaudages ont servi pour faire les entailles de plan-*
*chers, trous et scellements.*
Échafaudage horizontal pour plafond à plus de 4$^m$,00 de
hauteur.
Longueur 24$^m$,80 $\times$ 16$^m$,565................   410$^m$,81
$\times$ 0,16 n° 635......................   65$^m$,73
à 4$^f$,70 le mètre.
N° 621..........................   308$^f$,93
Chargement et enlèvement des gravois provenant des
hachements sur vieux murs, entailles et trous.
10 voies à 1 cheval cubant 1$^m$,300.
*(Constatation faite du cube du tombereau)* observation 690.

A reporter............................   76.594$^f$,63

Report........................................................  76.594$^f$,63

à 46$^f$,12 la voie..................................................  553$^f$,44

N° 687-689.

Chargement en brouette, transport à 1 relai.

Cube 15$^m$,600.

à 6$^f$,12 le mètre. Terrasse n° 28 + 36 × n° 3...............  95$^f$,47

### Sol du 1$^{er}$ étage.

#### *Carreaux d'Asphalte*

*Le sol sera en carreaux d'asphalte comprimé de 0,14 × 0,14
de 0$^m$,015 épaisseur.*

Longueur 24$^m$,80 × 16$^m$,565..................  410$^m$,81

Déduire piles :

10 fois 0,45 × 0,12..........................  0$^m$,54

Reste....................................  410$^m$,27

à 21$^f$,80 le mètre (*n° 164 carrelage revêtement*)..............  8.943$^f$,89

Pose de carreaux d'asphalte comprimé.

Surface..................................  410$^m$,27

à 11$^f$,10 le mètre..............................................  4.512$^f$,97

N$^{os}$ 172 et 170.

NOTA. — *Ces carreaux ont été posés sur le plancher en béton
armé.*

Dans le cas contraire il est nécessaire de compter une
forme préparatoire n° 91 de la Série Carrelage revêtement.

### Sol du rez-de-chaussée

#### *Dallages magnésiens*

*Dallages magnésiens dits « Parquets sans joints » unis*
de 0$^m$,018 épaisseur totale, comprenant une première couche
élastique de 0$^m$,01 d'épaisseur composée de grosse sciure,
de magnésie et de liège, et une couche supérieure, établie
sur béton après badigeon du béton en chlorure de magné-
sium et de magnésie en petite quantité au dosage indiqué à
l'article 14, ton uni, bois rouge, linoléum compris montage
à tous étages.

Longueur 24$^m$,80 × 16$^m$,565..........  410$^m$,81

Moins piles :

10 fois 0$^m$,45 × 0$^m$,12..............  0$^m$,54

4 fois 0$^m$,30 × 0$^m$,30..............  0$^m$,36

8 fois 0$^m$,25 × 0$^m$,25..............  0$^m$,50

4 fois 0$^m$,25 × 0$^m$,205..............  0$^m$,21

Ensemble....................  1$^m$,61        1$^m$,61

Reste......................  409$^m$,20

à 29$^f$,00 le mètre superficiel.........................  11.866$^f$,80

N° 16 *Série de dallages magnésiens.*

Reprendre surface de plinthes.

1 fois 24$^m$,80..........................  24$^m$,80

2 fois 16$^m$,565..........................  33$^m$,13

Ensemble....................  57$^m$,93

× 0$^m$,11..................................  6$^m$,37

à 29$^f$,00 le mètre n° 16..............................  184$^f$,73

Plus-value pour plinthe unie de 0$^m$,018 épaisseur relevée
au long des murs formant gorge en raccordement du sol.

Linéaire..............................  57$^m$,93

à 4$^f$,00 le mètre n° 27..............................  231$^f$,72

*A reporter*.........................................  102.983$^f$,65

|  |  |  |
|---|---|---|
| *Report*.................................................... | | 102.983f,65 |

Crépi en ciment sur meulière vieille.

Linéaire 57m,93 × 0m,11 ..................... 6m,37

à 11f,52 le mètre n° 657 et 658 maçonnerie................. 73f,38

Hachement préalable du plâtre.

Surface ..................... 6m,37

0m,08 de légers.................... 0m,51

à 22f,60 le mètre...................................... 11f,53

Coupement de rive d'enduit en plâtre :

Linéaire 57m,93 à 0f,88 le mètre..................... 50f,98

N° 112 Série ciment.

Sous le dallage magnésien forme préparatoire en béton armé de 0m,08 d'épaisseur composé de 300 kilogrammes de ciment Portland artificiel, qualité béton armé, 0m,800 gravillon lavé et 0m,400 de sable.

Surface..................... 409m,20

à 20f,50 le mètre..................................... 8.388f,60

N° 14 Série dallages magnésiens.

Repiquage préalable du sol de 0m,10 avec chargement en brouette, transport à 1 relai, chargement en tombereau et enlèvement aux décharges publiques.

Surface..................... 409m,20

N° 57..................... 0,12 d'heure

N° 58..................... 0,04

N° 28..................... 0,67

N° 36..................... 0,66

par mètre cube...... 1,33

et pour 0m,10..................... 0,133 d'heure  0,133

Ensemble..................... 0h,293

à 4f,60 le mètre..................... 1f,33

et pour 409m,20 produisent :

1f,33 × 409m,20..................................... 544f,24

Chargement en tombereau et enlèvement des terres aux décharges publiques.

Surface ..................... 409m,20

× 0m,10 épaisseur..................... 40m3,920

à 29f,48 le mètre cube (nos 28 + 61)..................... 1.206f,32

*Sous-détail :*

N° 28 = 0,67 d'heure

à 4f,60 l'heure n° 3..................... 3f,08

N° 61 ..................... 26f,40

Ensemble..................... 29f,48

Report de la page n° 273..................... 4.900f,55

Ensemble..................... 118.159f,25

# CONSTRUCTION D'UN ESCALIER EN BÉTON DE CIMENT ARMÉ.

*Transformation de 4 dalles de plancher en béton armé a, b, c, d ; tranchées à la* masse et au poinçon dans le béton de ciment de Portland au pourtour des nervures, poutres et contre le mur mitoyen de droite. Démolition à la masse et au poinçon des nervures nos 1, 2 et 3 et des dalles de plancher a, b, c, d. Coupement sur place des aciers d'armatures. Trous d'about de nervures supportant les paliers, trous dans les anciennes nervures et poutres pour liaisonnement des aciers.

Échafaudages. Chargement et enlèvement des gravois aux décharges publiques.

hourdis rampant seront en béton armé de ciment Portland ainsi que les hourdis de plancher en raccordement. Il sera prévu une surcharge de 200 kilogrammes par mètre carré dans l'escalier.

### Escalier.

Les nervures, poteaux, semelles et le

### Métré.

#### Transformation de 4 dalles du plancher.

*Tranchées brutes à la masse et au poinçon* dans le ciment de Portland artificiel.

*Au pourtour des nervures*, n$^{os}$ 1, 2 et 3 de 0$^m$,10 $\times$ 0$^m$,08 hauteur (*fig.* 65).

| | |
|---|---|
| 6 fois 4$^m$,50.......................... | 27$^m$,00 |
| aux abouts 2 fois 4$^m$,50................... | 9$^m$,00 |
| Contre les poutres : | |
| 4 fois 1$^m$,65.......................... | 6$^m$,60 |
| Sur mitoyen de droite, semblable....... | 6$^m$,60 |
| Transversales. | |
| *e, f, g, h,* 8 fois 1$^m$,65.................. | 13$^m$,20 |
| Longitudinales. | |
| *i, j, k, l, m, n, o, p,* 12 fois 1$^m$,45........ | 17$^m$,40 |
| Ensemble....................... | 79$^m$,80 |

$\times$ 0$^m$,135 réduit .............................. 10$^m$,77

à 65$^f$,50 le mètre.......................................... 705$^f$,44

N° 1323, Série Maçonnerie.

*Sous-détail :*

Tranchée brute entre 2 côtés 0$^m$,10 $\times$ 0$^m$,08.

Le mètre linéaire..................... 0$^m$,18

$\times$ 3/4 évaluation 1.392........................... 0$^m$,135

La Société Centrale des architectes et celle des architectes diplômés par le gouvernement a assimilé ce travail à celui exécuté dans la pierre de taille n° 3, Maçonnerie n° 1.392 et observation n° 72, Série du Ciment armé. *En raison de l'adhérence du Ciment au fer,* le béton offre une grande résistance, difficile à démolir et dans certains travaux de démolition la main-d'œuvre et l'outillage sont très coûteux.

*Coupe sur place des aciers d'armatures pour modifications.*

1° Attenant aux nervures d'about, aciers de 28 millimètres carrés de section.

| | |
|---|---|
| Barres transversales : | |
| 2 fois 48.............................. | 96 |
| Contre les nervures n$^{os}$ 1, 2, 3 : | |
| 6 fois 48.............................. | 288 |
| Barres longitudinales : | |
| 8 fois 5.............................. | 40 |
| *Au droit des entailles ef, gh :* | |
| 8 fois 5.............................. | 40 |
| *Transversales :* | |
| 4 fois 48.............................. | 192 |
| | 656 |

à 0$^f$,31 l'une.......................................... 203$^f$,36

*A reporter*.......................................... 908$^f$,80

*Report*................................................ 908$^f$,80

*Sous-détail.*

*Coupe sur place au burin.*

N° 70, Série Ciment armé.

*Par millimètre carré de section,* la pièce 0$^f$,011 et pour
28 millimètres carrés produisent :

0$^f$,011 $\times$ 28........................ 0$^f$,31

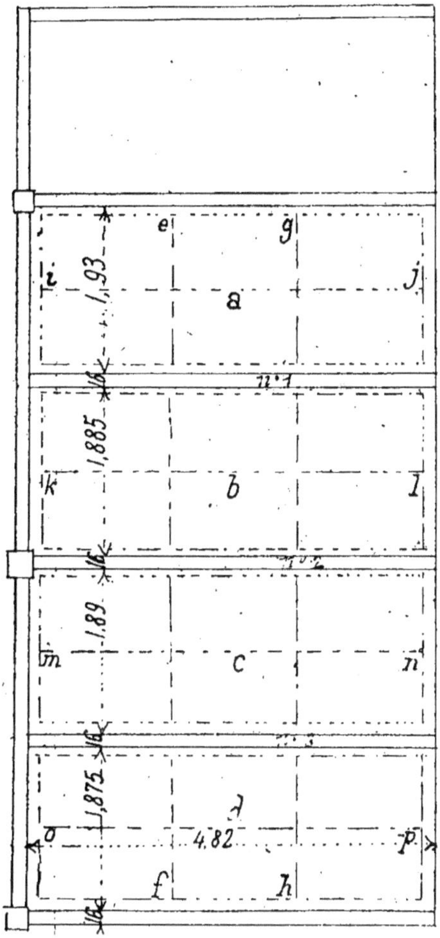

Fig. 65.

Démolition de béton armé (*fig.* 65).

Travée *a* ..................... 1$^m$,93
   «   *b* ..................... 1$^m$,885
   «   *c* ..................... 1$^m$,89
   «   *d* ..................... 1$^m$,875
     Ensemble............... 7$^m$,580
     *A reporter*........................................... 908$^f$,80

*Report* ............................................................    908$^f$,80

$\times$ 4$^m$,82............................................................    36$^m$,54

Déduire les tranchées.

Linéaire ci-dessus............    79$^m$,80

$\times$ 0$^m$,10 de largeur.................................    7$^m$,98

Reste ...............................    28$^m$,56

Déduire nervures longitudinales.

N$^{os}$ 1, 2, 3.

2 fois 4$^m$,82...................    9$^m$,64

1 fois 4$^m$,75...................    4$^m$,75

Ensemble................    14$^m$,39

$\times$ 0$^m$,16...........................    2$^m$,30

Déduire les poteaux partiellement.

0$^m$,30 $\times$ 0$^m$,07 ....................    0$^m$,02

2 fois 0$^m$,07 $\times$ 0$^m$,07................    0$^m$,04

Ensemble....................    2$^m$,33    2$^m$,33

Reste...............................    26$^m$,23

$\times$ 0,08 épaisseur ........................    2$^{m3}$,098

à 83$^f$,00 le mètre cube ..................................    174$^f$,13

(N° 74 Série de ciment armé.)

Démolition de béton armé à la masse et au coin de nervures de plus de 0$^m$,15 d'épaisseur.

2 fois 4$^m$,82...................    9$^m$,64

1 fois ......................    4$^m$,75

Ensemble..............    14$^m$,39

$\times$ 0$^m$,35 de hauteur...................    5$^m$,04

$\times$ 0$^m$,16...........................    0$^m$,806

à 123$^f$,00 le mètre cube..................................    99$^f$,14

(N° 75 Ciment armé.)

Coupement des abouts, des aciers des nervures.

1° Des aciers dans la hauteur du plancher de 95 millimètres carrés de section.

6 fois 2............................    12

à 1$^f$,05 l'un................................    12$^f$,60

2° Des aciers de 346 millimètres carrés de section.

6 fois 2 ...........................    12

à 3$^f$,81 l'un................................    47$^f$,72

Échafaudage horizontal en travaux d'entretien.

8,25 $\times$ 5$^m$,00 ........................    41$^m$,25

à 0$^f$,40 Légers échafaudage (n° 636)...............    16,50

à 4$^f$,70 le mètre (n° 621).........................    77$^f$,55

Pour liaisonnement de la nouvelle nervure avec l'ancienne poutre.

1 trou de 0$^m$,30 de profondeur compris partie dans l'épaisseur du plancher.

Vaut 0$^m$,30 de taille n° 3....................    0$^m$,30

(Observation n° 72 Série Ciment armé.)

2 autres dans le mur mitoyen de 0$^m$,25 de profondeur, chaque 0$^m$,25 de taille..................    0$^m$,50

Ensemble taille n° 3....................    0$^m$,80

à 65$^f$,50 le mètre n° 1323 maçonnerie et 72 ciment armé....    52$^f$,40

2 trous d'abouts de nervure.

de palier dans le mur mitoyen en meulière de 0$^m$,25 de profondeur.

Chaque 0,19 légers n$^{os}$ 903 et 907.............    0,38

*A reporter*.........................................    1.372$^f$,34

*Reports*..................................................  1.372$^f$,34

à 22$^f$,60 le mètre, n° 737.................................       8$^f$,59

Pour adhérence du nouveau béton armé avec l'ancien suivant l'article n° 18 relatif à l'emploi du béton armé, hachement des anciens bétons de plancher, nettoyage à vif et lavage.

| | |
|---|---|
| 1 fois 7$^m$,58.................... | 7$^m$,58 |
| 2 fois 1$^m$,40.................... | 2$^m$,80 |
| 2 fois 4$^m$,82.................... | 9$^m$,64 |

Ensemble................  20$^m$,02 $\times$ 0,08 $=$ 1$^m$,60

à 13$^f$,10 le mètre n° 123 Série Ciment....................       20$^f$,96

Tranchée dans le mur mitoyen en meulière pour le palier intermédiaire de 0$^m$,15 $\times$ 0$^m$,15 ou 0$^m$,30 à l'équerre.

Longueur 1$^m$,40 $\times$ 0,30.....................  0$^m$,42

à 22$^f$,60 le mètre..........................................       9$^f$,49

N° 901 le mètre linéaire jusqu'à 0,10 à l'équerre.............................  0$^m$,10 de légers

Y compris scellement.

0$^m$,20 en plus à l'équerre chaque centimètre 1/10 de 0,10 $=$ 0,01.

Ou 0,01 $\times$ 20.........................  0$^m$,20

Pour travail dans la meulière 1/2 en plus

observation n° 904 $= \dfrac{0,30}{2} =$ ............  0$^m$,15

Ensemble.......................  0$^m$,45 de légers

Cette évaluation comprend le scellement en plâtre, soit à déduire :

N° 903 $= \dfrac{0,30}{2} =$ ....................  0$^m$,15

Reste ......................  0$^m$,30

*Observation. — Le scellement est fait en béton de ciment armé* en même temps que la construction du plancher.

## Escalier.

Les nervures, poteaux, semelles et le hourdis rampant seront en béton armé de ciment Portland. Il sera prévu une surcharge de 200 kilogrammes par mètre carré dans les hourdis rampants et 300 kilogrammes dans les autres parties de hourdis.

Pour ces travaux nous emploierons la même méthode.

## Terrasse.

1° *Fouille de trous* à l'emplacement des poteaux en béton armé de l'escalier.

2° *Semelles des poteaux ; 1$^{re}$ marche d'escalier.*

3° *Construction des poteaux en béton armé.*

## Coffrage.

4° *Coffrage de l'escalier, nervures. Poteaux. Hourdis rampant* et des raccords de plancher.

*A reporter*.............................................  1.411$^f$,38

Report ................................................ 1.411$^f$,38

### Aciers.

5° *Aciers du plafond rampant* d'escalier et parties intermédiaires.

6° Aciers des planchers en raccords, semelles, poteaux, nervures.

### Béton de ciment armé.

7° *Béton de ciment armé* des semelles, poteaux, hourdis de rampants et hourdis des planchers en raccordement, nervures.

8° Trous et scellements des aciers dans les anciens planchers.

9° Chargement et enlèvement des gravois aux décharges publiques.

### Métré.

Sous les deux poteaux de l'escalier et 1$^{re}$ marche, la fouille en terrain ordinaire de trous avec jet sur berge, chargement en brouette, transport à 1 relai, chargement en tombereau et enlèvement aux décharges publiques.

1$^{re}$ marche de départ d'escalier :

1,85 × 0,65 ........................... 1$^m$,20

× 0$^m$,30 hauteur ................................... 0$^m$,360

*Détail d'un poteau :*

0,84 × 0,84 ........................... 0$^m$,71

× 0,30 hauteur .................................... 0$^m$,213

1 semblable ....................................... 0$^m$,213

Sous l'autre poteau :

0$^m$,50 × 0$^m$,50 ......................... 0,25

× 0,30 hauteur ................................... 0$^m$,075

Ensemble ............................... 0$^m$,861

à 43$^f$,21 le mètre cube ....................................... 37$^f$,20

*Sous-détail :*

Suivant l'observation n° 7 cette fouille se compte comme fouille en rigoles, il suffit de se reporter à la Série Terrasse.

N° 23, colonne A ................ 1$^m$,07 d'heure

N° 30,     —     ................ 0$^m$,585

N° 28,     —     ................ 0$^m$,67

N° 36,     —     ................ 0$^m$,66

N° 28,     —     ................ 0$^m$,67

Ensemble ............... 3$^m$,655

à 4$^f$,60 l'heure n° 3 ........................... 16$^f$,81

N° 61 ...................................... 26$^f$,40

Ensemble le mètre cube ............... 43$^f$,21

*Fondation de semelles.*

Remplissage de trous en béton normal posé.

1$^{re}$ marche 1$^m$,70 × 0$^m$,45 .............. 0$^m$,77

Poteaux 2 fois 0$^m$,84 × 0$^m$,84 .......... 1$^m$,49

  —   1 fois 0,50 × 0,50 ............. 0$^m$,25

Ensemble ...................... 2$^m$,51

A reporter ...................... 2$^m$,51     1.448$^f$,58

*Reports* . . . . . . . . . . . . . . . . . . . . . . . . . . . . . $2^m,51$   $1.448^f,58$
$\times 0^m,20$ hauteur . . . . . . . . . . . . . . . . . . . . . . . . $0^{m3},502$
à $278^f,00$ le mètre cube n° 23 . . . . . . . . . . . . . . . . . . . . . . . . . . . $139^f,56$
*Série de ciment armé.*

### Coffrages.

*Coffrage de l'escalier (fig.* **66** *et* 67).
*Coffrage développé* de surfaces planes inclinées à plus de
30 degrés sur l'horizon (par face coffrée).

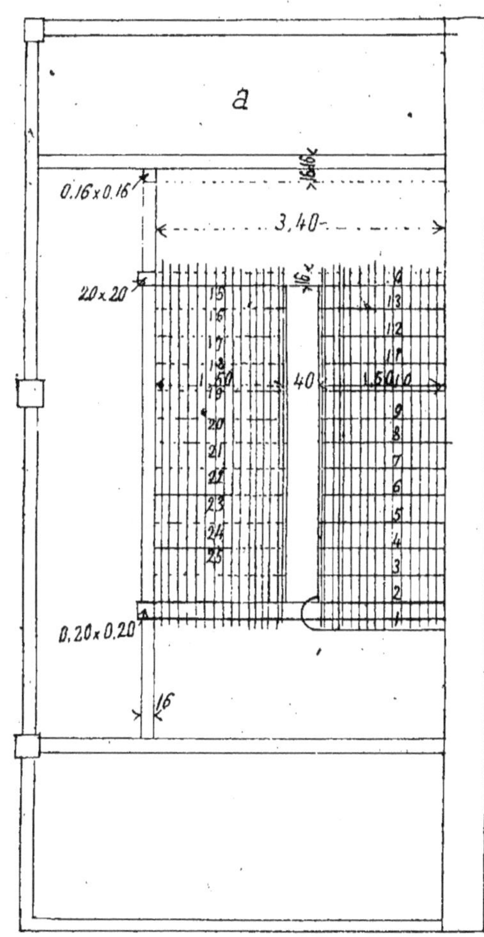


Fig. 66.

Une partie de la $1^{re}$ marche à la 13°.
Marche suivant rampant figure 66
Largeur $1^m,50 \times 4^m,14$ . . . . . . . . . . . . . . . $6^m,21$
    *A reporter* . . . . . . . . . . . . . . . . . . $6^m,21$    $1.588^f,14$

Formule de la marche d'escalier
2 h + largeur d'enmarchement = 0,64
2 fois 0.169 = 0.338
1 fois = 0.302
Ensemble 0.640
2,197
3m624
4m563
2.366
3m926
0.302
169
0.16
22
20
8
16
0.20
0.10

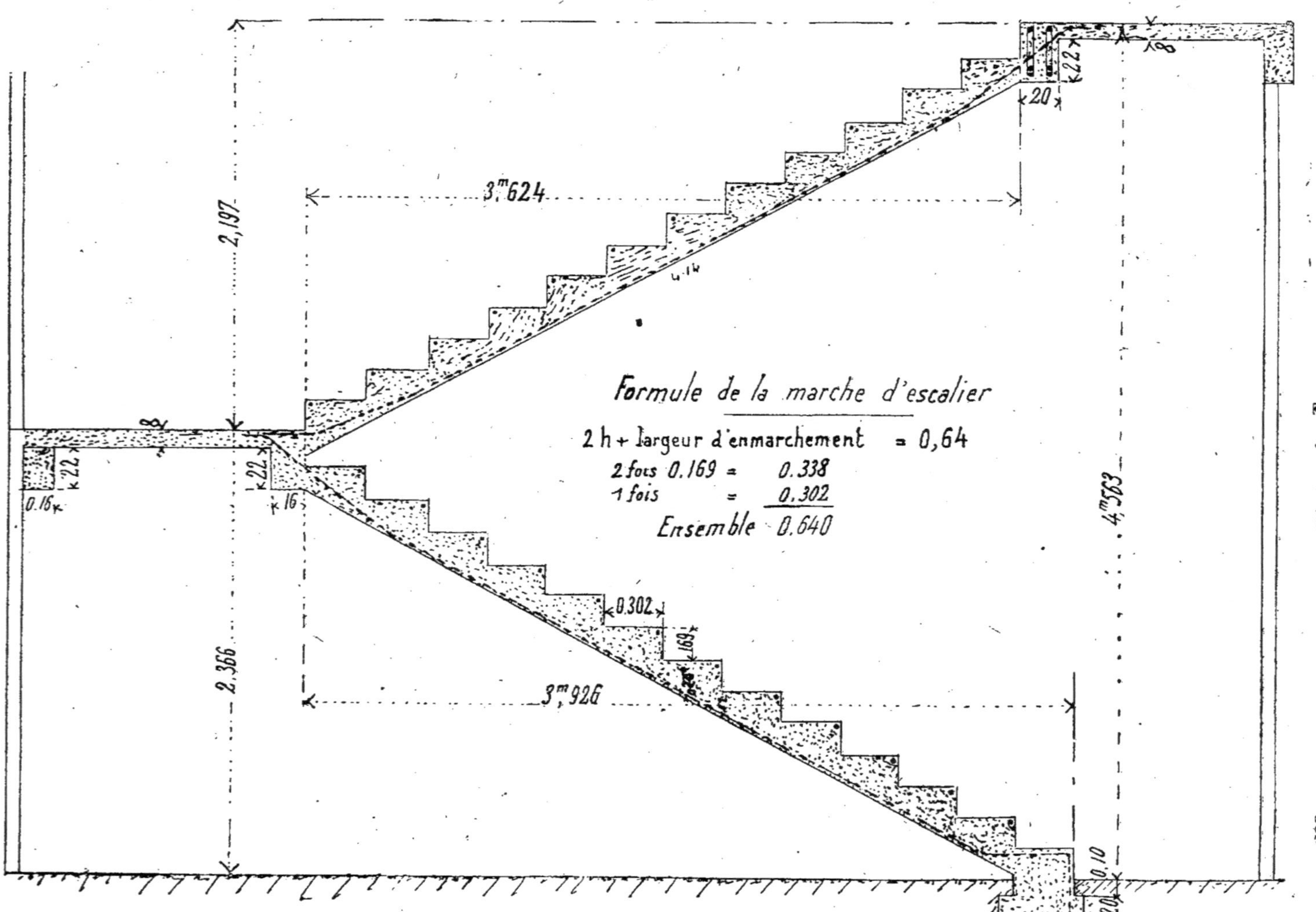

Fig. 67

*Reports*............................................    $6^m,21$     $1.588^f,14$

$\times$ coefficient 1,15 (A) n° 41......................    $7^m,14$

    *Série de Ciment armé.*

    Partie au-dessus.

       $1^m,50 \times 4^m,14$..................    $6^m,21$

$\times 1,15$.......................................    $7^m,14$

    Plus-value d'une partie exécutée de $4^m,00$ à $6^m,00$ de hauteur.

       $0^m,50 \times 1,50 = 0^m,75 \times 0^m,30$...............    $0^m,23$

       N° 41 colonne B............:   1.45 coefficient

       N° 41 colonne A.............   1.15     »

        Différence ............   0.30 coefficient

          Ensemble........................    $14^m,51$

*Coffrage de nervures* d'une hauteur au plus égale à $0^m,22$ de hauteur jusqu'à $4^m,00$ de hauteur.

    Sous palier intermédiaire.

    2 fois $3^m,40 \times 0,38$ développé..........    $2^m,58$

    N° 38 à 0/0.................................    $2^m,58$

    Jouées des marches.

    Circulaire $1^{re}$ marche $= 0,59 \times 0,17$ hauteur.......................    $0^m,10$

à 1,40 n° 42 .................................    $0^m,14$

    $2^e$, $3^e$, $4^e$, $5^e$, $6^e$, $7^e$, $8^e$, $9^e$, $10^e$, $11^e$, $12^e$ et $13^e$ marches semblables.

    Abouts $= 12$ fois $0^m,302 \times 0^m,205$ réduit.......    $0^m,74$

    Palier intermédiaire.

    $3^m,40 \times 1^m,10$......................    $3^m,74$

    Jouées des marches.

    Abouts 12 fois $0^m,302 \times 0^m,205$ réduit..........    $0^m,74$

    Plus-value à plus de $4^m,00$ de hauteur.

    Les 2 dernières marches.

    2 fois $0^m,302 \times 0^m,205$ réduit............    $0^m,12$

$\times 0,25$.......................................    $0^m,03$

    Série ciment armé.

    N° 38 de $4^m,00$ à $6^m,00$ de hauteur.

    Coefficient, col B.............    $1^m,25$

    N° 38, jusqu'à $4^m,00$ de hauteur.

    Coefficient, col. A.............    $1^m,00$

    Différence en plus ...................    $0^m,25$

    Dessus de marches par parties 25 fois $0^m,302$ à $1,50$.    $11^m,32$

    Excédent........................... surface :    $0^m,04$


### Coffrage de la face verticale des marches.


    $1^{re}$ marche : $1^m,50 \times 0,17$ hauteur.............    $0^m,26$

    A la suite.

    13 marches de $1,50 \times 0,169$.................    $3^m,30$

    Au-dessus.

    13 fois $1^m,50 \times 0^m,169$....................    $3^m,30$

    Plus-value à plus de $4^m,00$ de hauteur.

    3 fois $1,50 \times 0,169$...................    $0^m,76$

à 0,25........................................    $0^m,19$

    (Voir sous-détail précédent.)

    Coffrage des parties de plancher en raccordement de l'escalier à plus de $4^m,00$ de hauteur.

        *A reporter* .............................    $40,89$     $1.588^f,14$

Reports. . . . . . . . . . . . . . . . . . . . . . . . . . . . . .     40$^m$,89     1.588$^f$,14

*Travée a (fig. 66).*

De 4$^m$,00 à 6$^m$,00 de hauteur.

    4$^m$,82 $\times$ 1$^m$,39 . . . . . . .     6$^m$,70
Parallèle à mitoyen 6$^m$,56 $\times$ 1$^m$,26 . . . . . . .     8$^m$,26
    3$^m$,40 $\times$ 1$^m$,36 . . . . . . .     4$^m$,42

    Ensemble . . . . . . . . . . . . . . . . . .     19$^m$,38

à 1,25, n° 38, col. B. . . . . . . . . . . . . . . . . . . .     26$^m$,23     26$^m$,23

*Nervures.*

4$^m$,82 $\times$ 0$^m$,60 . . . . . . . . . . . . . . . . . . . . .     2$^m$,89

à 1,25 n° 38. . . . . . . . . . . . . . . . . . . . . . . . . . .     3$^m$,61
De plus de
0$^m$,22 de
hauteur. 6$^m$,56 $\times$ 0$^m$,685 . . . . . . . . .     4$^m$,52 ⎫
Déduire.. ⎰ 1$^m$,56 $\times$ 0$^m$,08 .   0$^m$,12 ⎱ 0$^m$,16 ⎬ 4$^m$,36
          ⎱ 0$^m$,22 $\times$ 0$^m$,20 .   0$^m$,04 ⎰         ⎭
Reprendre. 3$^m$,40 $\times$ 0$^m$,42 .   . . . . . . . . . . .     1$^m$,42
Excédent.. 1$^m$,90 $\times$ 0$^m$,30 .   . . . . . . . . . . . .     0$^m$,57

    Ensemble . . . . . . . . . . . . . . . . . . . .     6$^m$,35
$\times$ 1$^m$,40 n° 39, col. B. . . . . . . . . . . . . . . . . . . . . . . .     8$^m$,89

## Poteaux.

8 fois 0$^m$,20 $\times$ 4$^m$,26 hauteur. . . . .     6$^m$,82
$\times$ 1$^m$,40 n° 39, col. B. . . . . . . . . . . . . . . . . . . . . . . .     9$^m$,55
14 fois 0$^m$,20 $\times$ 2$^m$,06 hauteur. . . . . . . . . . . .     1$^m$,65
$\times$ 110 n° 39, col. A. . . . . . . . . . . . . . . . . . . . . . . .     1$^m$,82

    Ensemble. . . . . . . . . . . . . . . . . . . . . . . . . . . .     90$^m$,95
à 28$^f$,40 le mètre superficiel, n° 37 Série Ciment armé. . . . . . .     2.582$^f$,98
    Coffrage de 1$^{re}$ marche 3$^m$,85 $\times$ 0,30 = 1,16 à 28$^f$,40 . . . . . .     32$^f$,94

### Aciers.

*Calcul des aciers.*

Pour faire le calcul du plafond rampant de 0$^m$,204 réduit
de hauteur figure n° 67, le moment fléchissant s'obtient par
la formule suivante :

$$M = \frac{P\,l^2}{10}.$$

Dans cette formule, la lettre P indique le poids du hourdis
du plafond rampant augmenté de la surcharge au mètre carré ;
la lettre $l$ indique le développement du plafond rampant.

Remplaçons les lettres par leurs valeurs dans la formule
précédente, nous avons :

$$M = \frac{710^{kg},000 \times 4,14^2}{10} = 1.216^{kg},940.$$

Le poids du plafond rampant au mètre carré de 0$^m$,204
hauteur s'obtient de la manière suivante :

1$^m$,00 $\times$ 1$^m$,00 . . . . . . . . . . . . . . .     1$^{m2}$,00
$\times$ 0$^m$,204 hauteur. . . . . . . . . . . . . . . . . . . .     0$^{m3}$,204
à 2.500 kilogrammes le mètre cube. . . . . . . . . . . . . .     510$^{kg}$,000
    Surcharge prévue au mètre carré. . . . . . . . . . . . .     200$^{kg}$,000

    Le mètre carré. . . . . . . . . . . . . . . . . . . . . . .     710$^{kg}$,000

    *A reporter.* . . . . . . . . . . . . . . . . . . . . . . . . . . . .     4.204$^f$,06

Report.................................................... 4.204ᶠ,96

Pour obtenir *la valeur de la tension* des aciers au mètre carré, il suffit de *diviser le moment fléchissant* par le *coefficient du bras de levier* du couple élastique.

Page 258 de notre ouvrage, nous avons donné un exemple de bras de levier du couple élastique; dans le plafond rampant, nous calculerons le bras de levier à la partie la plus faible du hourdis.

Nous avons :

Bras de levier $= 0{,}12 - 0{,}02 = 0^m{,}10$

ou $0{,}10 \times \dfrac{8}{9} = 0{,}088$.

D'où tension $= \dfrac{1.216^{kg}{,}40}{0{,}088} = 13.828^{kg}$.

Il nous est facile d'obtenir la quantité d'aciers en millimètres carrés, puisque nous faisons travailler l'acier de 10 kilogrammes par millimètre carré.

Soit $\dfrac{13.828}{10} = 1.382^{mm2}{,}8$ par mètre carré.

Suivant page n° 239 de notre métré de ciment armé, l'acier de 13 millimètres de diamètre produit une section de 132 millimètres carrés au mètre linéaire et pour 10 barres.

10 fois 132 millimètres.............. 1320ᵐᵐ2

Sous chaque contremarche nous mettrons de l'acier de 5 millimètres.

*Soit par mètre* 3 aciers 31

ou $3{,}31 \times 19{,}635$..................... 64ᵐᵐ2

    Ensemble..................... 1384ᵐᵐ2    1.384ᵐᵐ2

*Par marche* nous mettons 1 barre en acier de répartition de $0^m{,}005 = 19^{mm2}{,}635$ (page 239).
ou pour $0^m{,}302$, nous avons 1 barre de répartition pour $1^m{,}00$ linéaire, nous aurons :

$$\frac{1 \times 1^m{,}00}{0{,}302} = 3^{aciers}{,}31 \text{ en } 0{,}005^{mm}.$$

*Calcul des aciers :*

Nous avons vu que nous mettions 10 aciers de 13 millimètres, dans une largeur d'escalier de $1^m{,}00$ et pour $1^m{,}50$, nous aurons :

$10 \times 1{,}50$............... 15 aciers de 13ᵐᵐ de diamètre
Afin de donner plus de résistance au béton armé, nous ajouterons une barre en acier de 13 millimètres près du jour de l'escalier.,............... 1

    Ensemble.......... 16 aciers de 13ᵐᵐ de diamètre

*Détail d'une barre,* suivant le rampant, en 0,013 de diamètre (voir développement de la 1ʳᵉ *marche à la* 14ᵉ *marche*.... 5ᵐ,60ᵈᵗ
15 autres semblables............... 84ᵐ,90
*De la* 15ᵉ *marche à la* 27ᵉ............ 4ᵐ,85ᵈᵗ
15 autres semblables................ 72ᵐ,75

    Ensemble................ 168ᵐ,10
pesant 1ᵏᵍ,035 le mètre (page 239)............... 173ᵏᵍ,984

    *A reporter*.................................... 4.204ᶠ,06

*Report* ............................................... 4.204$^f$,06

à 221$^f$,90 les 100 kilogrammes........................... 386$^f$,07

*Barres de répartition* de 0,005 millimètres de diamètre

2$^e$, 3$^e$, 4$^e$, 5$^e$, 6$^e$, 7$^e$, 8$^e$, 9$^e$, 10$^e$, 11$^e$, 12$^e$, 13$^o$ et 14$^e$. 13 barres

15$^o$, 16$^o$, 17$^e$, 18$^e$, 19$^e$, 20$^o$, 21$^e$, 22$^o$, 23$^e$, 24$^e$, 25$^o$, 26$^o$. 12

      Ensemble.................... 25 barres

de chaque 1$^m$,65...................... 41$^m$,25

pesant 153 grammes le mètre linéaire............ 6$^{kg}$,311

à 270$^f$,50 les 100 kilogrammes............................. 17$^f$,07

*Sous-détail :*

N$^o$ 51 les 100 kilogrammes..................... 208$^f$,00

Plus-value sur le prix n$^o$ 51.

N$^o$ 54 les 100 kilogrammes..................... 13$^f$,90

    Les 100 kilogrammes..................... 221$^f$,90

N$^o$ 51 les 100 kilogrammes..................... 208$^f$,00

Plus-value sur le prix n$^o$ 51.

N$^o$ 56 les 100 kilogrammes..................... 62$^f$,50

    Les 100 kilogrammes..................... 270$^f$,50

Aciers de 0$^m$,008 de diamètre sous la 1$^{re}$ marche.

3 fois 1$^m$,70 = 5$^m$,10 pesant 0$^{kg}$,392

le mètre produisent

0$^{kg}$,392 × 5,10................. 1$^{kg}$,999

à 270$^f$,50 les 100 kilogrammes............................. 5$^f$,40

Pour augmenter la résistance du béton, des étriers parfois réunissent les barres supérieures avec celles du plafond; ils sont comptés au kilogramme et suivant leurs sections, ainsi que les ligatures.

Palier intermédiaire.

Le calcul des aciers s'établit de la manière suivante :

$$M = \frac{Pl^2}{10}.$$

Remplaçons les lettres par leurs valeurs dans la formule précédente, nous avons :

$$M = \frac{700^{kg} \times 1^m,066^2}{10} = 79^{kg},800.$$

Le poids du palier est de :

0,08 × 1$^m$2,00..................... 0$^m$3,080

à 2.500 kilogrammes au mètre cube............ 200$^{kg}$,000

Surcharge 500 kilogrammes

au mètre carré......................... 500$^{kg}$,000

    Le mètre carré..................... 700$^{kg}$,000

Divisons le moment fléchissant par le coefficient du bras de levier du couple élastique.

Tension : $\dfrac{79^{kg},800}{0^m,0586} = 1.361^{kg},774.$

Faisons travailler l'acier à 10 kilogrammes par millimètre carré.

Soit..... $\dfrac{1.361^{kg},774}{10} = 136^{mm2},177$

*A reporter*.............................................. 4.612$^f$,60

*Report*............................................................ 4.612$^f$,60

au mètre carré ; et pour 1$^m$,066 produit :

$$136.177 \times 1.066 = 145^{mm2},16.$$

Soit 4 aciers de 6 millimètres de diamètre
4 $\times$ 28$^{mm2}$.................................................... 112$^{mm2}$
2 aciers de 5 millimètres de diamètre
2 $\times$ 19$^{mm2}$.................................................... 38$^{mm2}$

Ensemble................................. 150$^{mm2}$

*Détail d'une barre droite du palier intermédiaire.*

Les aciers droits auront une longueur dans un
sens, dans œuvre de........................... 1$^m$,066
Recouvrant 67 fois 6 millimètres............... 0$^m$,40

Ensemble .............................. 1$^m$,466
ou 1$^m$,47.

*Détail d'une barre pliée.*

Les aciers pliés se relevant sur les appuis auront
dans œuvre.................................... 1$^m$,066
Recouvrement 67 fois 6 millimètres............. 0$^m$,40
Ensemble............................. 1$^m$,466
Excédent de développement pour aciers relevés de
chaque côté y compris arrondis :
6 0/0 sur 1.066............................... 0$^m$,06

Ensemble.............................. 1$^m$,526
ou 1$^m$,53.
Faisòns le décompte des aciers de 6 millimètres employés dans
le palier intermédiaire.
*Barres droites et pliées.*
4 au mètre et pour 3$^m$,40 produisent.
3$^m$,40 $\times$ 4...................... 14 barres.
soit 7 barres droites.
Chaque 1$^m$,47................................. 10$^m$,29
7 barres pliées.
Chaque 1$^m$,53................................. 10$^m$,71

Ensemble .................................. 21$^m$,00
pesant suivant le tableau de la page 239 de notre métré de
ciment armé.
Le mètre linéaire 0$^{kg}$,221 et pour 21$^m$,00 produisent :

0$^{kg}$,221 $\times$ 21$^m$,00............................... 4$^{kg}$,641

Les aciers de 5 millimètres de diamètre
*comme barres de répartition.*
2 fois 3$^m$,80........................... 7$^m$,60
pesant le mètre linéaire 0$^{kg}$,153
et pour 7$^m$,60 produisent
0$^{kg}$,153 $\times$ 7$^m$.60 ............................ 1$^{kg}$,163

Ensemble............................. 5$^{kg}$,804
à 270$^f$,50 les 100 kilogrammes........................... 15$^f$,70
N° 51, les 100 kilogrammes..................... 208$^f$,00
N° 56, les 100 kilogrammes..................... 62$^f$,50

Ensemble............................. 270$^f$,50

*A reporter*.................................... 4.628$^f$,30

Report...........................................  4.628ᶠ,30

Pour arrêter les aciers à leur emplacement, les ligatures, à raison de 1 kilogramme pour 100 kilogrammes d'aciers ronds :

N° 58, un poids de $5^{kg},804 \times \dfrac{1}{100} = 0^{kg},058$

à 208ᶠ,00 les 100 kilogrammes n° 51.....................  0ᶠ,12

Plus-value pour ligatures :

0ᵏᵍ,058 à 127ᶠ,00 les 100 kilogrammes..................  0ᶠ,07

### Planchers attenant à la cage d'escalier.

#### 1° Palier haut de l'escalier.

*Calcul des aciers :*

Le calcul s'établira suivant l'exemple précédent. Nous avons vu que le poids du plancher augmenté de la surcharge au mètre carré était de 700ᵏᵍ,00 par mètre superficiel.

D'où :

$$M = \frac{700^{kg} \times 1^{m},36}{10} = 95^{kg},200$$

Divisons le moment fléchissant par le coefficient du bras de levier du couple élastique.

$$\text{Tension} = \frac{95^{kg},200}{0,0586} = 1.624^{kg},573.$$

Faisons travailler l'acier à 10 kilogrammes par millimètre carré.

Soit $\dfrac{1.624^{kg},573}{10} = 162^{mm2},457$ au mètre carré et pour 1ᵐ,36 produit :

$$162^{mm2},457 \times 1^{m},36 = 220^{mm2},94$$
$$\text{ou } 221 \text{ mm}^2$$

Soit 5 aciers de 1ᵐ,36 de 0ᵐ,006 = 6ᵐ,80.

$\times$ 28 millimètres carrés.........................  190ᵐᵐ2

2 aciers de 5 millimètres de diamètre.

2ᵐ,00 × 19ᵐᵐ2......................................  38ᵐᵐ2

Ensemble...............................  **228ᵐᵐ2**

#### Détail d'une barre droite du palier.

Les aciers droits auront une longueur dans un sens dans œuvre de.......................................  1ᵐ,36

Recouvrements 67 fois 6 millimètres............  0ᵐ,40

Ensemble...............................  **1ᵐ,76**

#### Détail d'une barre pliée.

Les aciers pliés se relevant sur les appuis auront dans œuvre.............................................  1ᵐ,36

Recouvrement 67 fois 6 millimètres.............  0ᵐ,40

Excédent de développement pour aciers relevés de chaque côté y compris arrondis.  •

6 0/0 sur 1ᵐ,36...................................  0ᵐ,08

Ensemble...............................  **1ᵐ,84**

*Faisons le décompte des aciers de 6 millimètres employés dans le palier haut.*

A reporter.....................................  4.628ᶠ,49

*Report* ...................................... 4.649ᶠ,95

*Barres droites et pliées.*

5 aciers au mètre et pour 3ᵐ,40 produisent :
3ᵐ,40 × 5 ...................... 17 barres.
Soit 8 barres droites :
Chaque 1ᵐ,76 ...................... 14ᵐ,08
9 barres pliées :
Chaque 1ᵐ,84 ...................... 16ᵐ,56
Ensemble ...................... 30ᵐ,64
pesant le mètre linéaire 0ᵏᵍ,221 et pour ........... 30ᵐ,64
produisent :
0ᵏᵍ,221 × 30ᵐ,64 ...................... 6ᵏᵍ,771
Les aciers de 5 millimètres de diamètre comme
barres de répartition.
2 fois 3ᵐ,80 ...................... 7ᵐ,60
pesant le mètre linéaire 0ᵏᵍ,153
et pour 7ᵐ,60 produisent :
0ᵏᵍ,153 × 7ᵐ,60 ...................... 1ᵏᵍ,163
Ensemble ...................... 7ᵏᵍ,934
à 270ᶠ,50 les 100 kilogrammes ...................... 21ᶠ,46
Nº 54, les 100 kilogrammes ...................... 208ᶠ,00
Nº 56, les 100 kilogrammes ...................... 62ᶠ,50
Ensemble ...................... 270ᶠ,50

Pour arrêter les aciers à leur emplacement les ligatures, à
raison de 1 kilogramme pour 100 kilogrammes d'aciers ronds.

Nº 58 un poids de $7^{kg},934 \times \frac{1}{100} = 0^{kg},079$

à 208ᶠ,00 les 100 kilogrammes nº 54 ...................... 0ᶠ,16
Plus-value pour ligatures.
0ᵏᵍ,079 à 127ᶠ,00 les 100 kilogrammes ...................... 0ᶠ,10

**Travée extrême.**

*Calcul des aciers.*

Le calcul s'établit de la manière suivante :

$$\text{Moment fléchissant} = \frac{Pl^2}{10}$$

$$\text{ou} \quad \frac{700^{kg} \times 1,39^2}{10} = 135^{kg},100.$$

Divisons le moment fléchissant par le coefficient du bras
du levier du couple élastique :

$$\text{Tension} \ldots \ldots \frac{135^{kg},100}{0,0586} = 2.305^{kg},460.$$

Faisons travailler l'acier à 10 kilogrammes par millimètre
carré.

$$\text{Soit} \ldots \frac{2.305,460}{10} = 230^{mm2},546 \text{ par mètre carré}$$

et pour 1ᵐ,39 produit :

$$230^{m2},546 \times 1^{m},39 = 320^{mm2},35.$$

Soit 5 aciers de 0ᵐ,007 de diamètre
de 1ᵐ,39 ...................... 6ᵐ,95
*A reporter* ...................... 6ᵐ,05 | 4.650ᶠ,21

$$Reports\dots\dots\dots\dots\dots\dots\dots\dots\quad 6^m,95,\qquad 4.650^f,21$$

$$\times\ 38^{mm2}\dots\dots\dots\dots\dots\dots\dots\dots\dots\dots\quad 264^{mm2}$$

2 aciers de 6 millimètres de diamètre.

$$2^m,00\ \times\ 28^{mm2}\dots\dots\dots\dots\dots\dots\dots\dots\quad 56^{mm2}$$

$$\overline{320^{mm2}}$$

*Détail d'une barre droite.*

Les aciers droits auront une longueur dans un
sens dans œuvre de.................................. $1^m,39$
Recouvrements 67 fois 7 millimètres............ $0^m,47$

Ensemble........................................ $\overline{1^m,86}$

*Détail d'une barre pliée.*

Les aciers pliés se relevant sur les appuis auront
dans œuvre................................... $1^m,39$
Recouvrements................................. $0^m,47$
Excédent de développement pour aciers relevés
de chaque côté y compris arrondis.
6 0/0 sur $1^m,39$.............................. $0^m,08$

Ensemble.............................. $\overline{1^m,94}$

*Faisons le décompte des aciers de 7 millimètres de diamètre.*
5 aciers au mètre et pour $4^m,82$ produisent
$4,82 \times 5 = 24$ barres.
Soit 12 barres droites :
Chaque $1^m,86$............................. $22^m,32$
12 barres pliées :
Chaque $1^m,94$............................. $23^m,28$

Ensemble........................ $\overline{45^m,60}$
Pesant, le mètre linéaire, $0^{kg},300$
et pour $45^m,60$ produisent :
$0^{kg},300 \times 45^m,60$...................... $13^{kg},680$
Les aciers de 6 millimètres de diamètre comme
barres de répartition.
2 fois $5^m,22$........................ $10^m,44$
pesant le mètre linéaire $0^{kg},221$
et pour $10^m,44$ produisent
$0^{kg},221 \times 10^m,44$...................... $2^{kg},307$

Ensemble.............................. $\overline{15^{kg},987}$
à $270^f,50$ les 100 kilogrammes.........................     $43^f,24$
Suivant sous-détail précédent n° 51 + 56.
Pour arrêter les aciers à leur emplacement, les ligatures à
raison de 1 kilogramme pour 100 kilogrammes d'aciers ronds.

N° 58 un poids de $15^{kg},937 \times \dfrac{1}{100} = 0^{kg},159.$

à $208^f,00$ les 100 kilogrammes n° 51.....................     $0^f,33$
Plus-value pour ligatures.
$0^{kg},159$ à $127^f,00$ les 100 kilogrammes.....................     $0^f,20$

**Travée parallèle au mur mitoyen.**

*Calcul des aciers.*

Le calcul s'établit de la manière suivante :

$$\text{Moment fléchissant} = \frac{Pl^2}{10}$$

A reporter.......................................     $4.693^f,98$

Report ........................................... 4.693$^f$,98

ou
$$\frac{700^{kg} \times 1,26^2}{10} = 111^{kg},300.$$

Divisons le moment fléchissant par le coefficient du bras de levier du couple élastique.

Tension : $\dfrac{111^{kg},300}{0,0586} = 1.899^{kg},317.$

Faisons travailler l'acier à 10 kilogrammes par millimètre carré.

Soit : $\dfrac{1.899^{kg},317}{10} = 190^{mm2}$

par mètre carré et pour 1$^m$,26 produit :

$$190^{mm2} \times 1^m,26 = \mathbf{239^{mm2}}.$$

Soit 5 aciers de 6 millimètres de diamètre de chaque
1$^m$,26 = 6$^m$,30
$\times$ 28 mm$^2$ ........................................ 176$^{mm2}$
   2 barres de répartition (au mètre carré) de 0$^m$,006.
   2 fois 1$^m$,00 = 2$^m$,00
$\times$ 28 mm$^2$ .................................... 56$^{mm2}$

Ensemble ................................ 232$^{mm2}$

### Détail d'une barre droite.

Les aciers droits auront une longueur dans un sens dans
œuvre de ..................................... 1$^m$,26
  Recouvrements 67 fois 6 millimètres ............ 0$^m$,40

Ensemble ................................. 1$^m$,66

### Détail d'une barre pliée.

Les aciers pliés se relevant sur les appuis auront dans
œuvre ....................................... 1$^m$,26
Recouvrements ................................ 0$^m$,40
Excédent de développement pour aciers relevés
de chaque côté y compris arrondis.
  6 0/0 sur 1$^m$,26 .......................... 0$^m$,08

Ensemble ................................. 1$^m$,74

Faisons le décompte des aciers de 6 millimètres de diamètre.
5 aciers de 6 millimètres de diamètre au mètre et pour
6$^m$,56 produisent :
6$^m$,56 $\times$ 5 = 32 barres.
Soit 16 barres droites.
Chaque 1$^m$,66 ............................. 26$^m$,56
16 barres pliées chaque 1$^m$,74 ................. 27$^m$,84

### Barres de répartition.

Longueur 2 fois 6$^m$,96 ...................... 13$^m$,92

Ensemble ......................... 68$^m$,32

pesant le mètre linéaire 0$^{kg}$,221 et pour 68$^m$,32
produisent :

*A reporter* ................................... 4.693$^f$,98

$$Report\dots\dots\dots\dots\dots\dots\dots\dots\dots\dots\dots\dots\quad 4.693^f,98$$

$0^{kg},221 \times 68,32\dots\dots\dots\dots\dots\dots\dots\quad 15^{kg},099$

à 270^f,50 les 100 kilogrammes$\dots\dots\dots\dots\dots\dots\dots\dots\quad 40^f,84$

Suivant sous-détail précédent n° 51 + 56.

Pour arrêter les aciers à leur emplacement, les ligatures à raison de 1 kilogramme pour 100 kilogrammes d'aciers ronds :

N° 58 un poids de $\dfrac{15^{kg},099 \times 1}{100} = 0^{kg},151.$

à 208^f,00 les 100 kilogrammes n° 51$\dots\dots\dots\dots\dots\quad 0^f,31$

Plus-value pour ligatures.

$0^{kg},151$ à 127^f,00 les 100 kilogrammes$\dots\dots\dots\dots\dots\quad 0^f,19$

## Détail de la poutre AB.

Le poids du plancher est de :

$1^m,00 \times 1^m,00 = 1^m,00,$

$\times 0^m,08$ épaisseur$\dots\dots\dots\dots\dots\quad 0^{m3},080$

à 2.500 kilogrammes le mètre$\dots\dots\dots\dots\quad 200^{kg},000$

Surcharge au mètre carré$\dots\dots\dots\dots\dots\quad 500^{kg},000$

$$\overline{\qquad 700^{kg},000}$$

La dalle $a$ sur 1 mètre de longueur aura un poids sur notre poutre de :

$1^m,39 \times 1^m,00\dots\dots\dots\dots\quad 1^m,39$

700 kilogrammes$\dots\dots\dots\dots\dots\dots\dots\quad 973^{kg},000$

ajoutons le poids au mètre linéaire de la poutre.

$1^m,00 \times 0^m,16\dots\dots\dots\dots\quad 0^m,16$

$\times 0^m,30\dots\dots\dots\dots\dots\dots\dots\quad 0^m,048$

à 2.500 kilogrammes$\dots\dots\dots\dots\dots\dots\quad 120^{kg},000$

Ensemble$\dots\dots\dots\dots\dots\dots\dots\quad \overline{1.093^{kg},000}$

$$\text{Moment fléchissant} = \frac{1.093^{kg} \times 4^m,82}{8} = 3.173^{kg},750.$$

Divisons par le coefficient du bras de levier, nous avons :

$$\frac{3.173^{kg},750}{22} = 14.426 \text{ kilogrammes.}$$

Faisons travailler l'acier à 12 kilogrammes par millimètre carré.

$$\text{Soit :} \frac{14.426}{12} = 1.202 \text{ mm}^2;$$

Soit 4 aciers doux de 0,019 millimètres de diamètre produisent :

4 fois 283 mm² $\dots\dots\dots\dots\dots\dots\quad 1.132^{mm2}$

2 aciers de 0,007 millimètres de diamètre produisent :

2 fois 38 mm² $\dots\dots\dots\dots\dots\dots\quad 76^{mm2}$

$$\overline{1.208^{mm2}}$$

### Détail des aciers doux de $0^m,019$ diamètre.

Droits, 2 fois $5^m,42\dots\dots\dots\dots\dots\dots\quad 10^m,84$

Pliés 2 fois $5^m,42\dots\dots\dots\dots\dots\dots\quad 10^m,84$

Excédent de développement :

6 0/0 y compris arrondis$\dots\dots\dots\dots\quad 0^m,65$

$$\overline{11^m,49}$$

$$11^m,49$$

Ensemble $\dots\dots\dots\dots\dots\dots\dots\quad \overline{22^m,33}$

$A \; reporter\dots\dots\dots\dots\dots\dots\dots\dots\dots\dots\dots\quad 4.735^f,32$

*Report*..................................................... 4.735ᶠ,32

pesant 2ᵏᵍ,207 le mètre linéaire suivant notre tableau de la page n° 239 = 49ᵏᵍ,282.

a 221ᶠ,90 les 100 kilogrammes............................. 109ᶠ,36

  N° 51 les 100 kilogrammes..................... 208ᶠ,00
  N° 54 les 100 kilogrammes .................... 13ᶠ,90
  Les 100 kilogrammes ...................... 221ᶠ,90

Les aciers doux de 0ᵐ,007 millimètres de diamètre en partie haute dans l'épaisseur du plancher.

  2 fois 5ᵐ,42......................... 10ᵐ,84

pesant 0ᵏᵍ,300 le mètre. ........................ 3ᵏᵍ,252

à 270ᶠ,50 les 100 kilogrammes............................. 8ᶠ,80

  Sous-détail du prix ci-dessus.

  Aciers doux ronds de 0ᵐ,007 de diamètre.

  N° 51, les 100 kilogrammes..................... 208ᶠ,00
  N° 56, les 100 kilogrammes..................... 62ᶠ,50
  Les 100 kilogrammes................... 270ᶠ,50

  42 étriers de 0ᵐ,006 de diamètre de chaque de longueur 0ᵐ,72...................... 30ᵐ,24

pesant 0ᵏᵍ,221 le mètre linéaire................... 6ᵏᵍ,683

à 270ᶠ,50 les 100 kilogrammes............................. 18ᶠ,08

Plus-value pour ferraillage aux 2 faces de hourdis avec étriers reliant les 2 nappes de barres :

  Aciers doux ronds de 0,019, un poids de....... 49ᵏᵍ,282
  Aciers ronds de 0,007....................... 3ᵏᵍ,252
  Étriers de 0,006...................... 6ᵏᵍ,683
  Ensemble ...................... 59ᵏᵍ,217

à 18ᶠ,80 les 100 kilogrammes, n° 57...................... 11ᶠ,13

### Détail de la poutre CD.

Suivant sous-détail précédent le poids du plancher y compris surcharge au mètre carré est de 700ᵏᵍ,000.

La dalle *d* sur 1ᵐ,00 de longueur aura un poids sur notre poutre de

  1ᵐ,36 $\times$ 1,00..................... 1ᵐ²,36

$\times$ 700 kilogrammes le mètre carré.............. 952ᵏᵍ,000

ajoutons le poids au mètre linéaire de notre poutre.

  100 $\times$ 0ᵐ,20................. 0ᵐ,20

$\times$ 0ᵐ,30 hauteur...................... 0ᵐ³,060

$\times$ à 2.500 kilogrammes le mètre cube.... 150ᵏᵍ,000

  Ensemble.................... 1.102ᵏᵍ,000

Moment fléchissant :

$$\frac{1.102 \text{ kg.} \times 3^m,40^2}{8} = 1.592^{kg},390.$$

Divisons par le coefficient du bras du levier.

Nous avons :  $\dfrac{1.592^{kg},390}{22} = 7.288^{kg},000.$

Faisons travailler l'acier à 12 kilogrammes par millimètre carré.

Soit :  $\dfrac{7.288^{kg},000}{12} = 607^{mm2},$

*Côté de l'escalier nous obtiendrons suivant les calculs précédents* ...................... 875 mm².

A *reporter*...................................................... 4.882ᶠ,00

Report .................................................... 4.882ᶠ,69

Moyenne............ $\dfrac{1.482}{2} = 741$ mm².

Soit 4 aciers doux ronds de 0,015 mm. diamètre.
4 fois 176 mm² ....................      704 mm²
2 aciers de 0ᵐ,006..................       56 mm²
    Ensemble....................      760 mm²
*Il est préférable d'augmenter la quantité d'aciers, car le travail côté escalier n'est pas également réparti sur toute la poutre.*
Détail des aciers doux de 0ᵐ,015 diamètre.
Droits 2 fois 3ᵐ,80.....................      7ᵐ,60
Pliés 2 fois 3ᵐ,80......................      7ᵐ,60
Excédent de développement.
6 0/0 y compris arrondis...............      0ᵐ,46
    Ensemble........................     15ᵐ,66
pesant 1ᵏᵍ,378 le mètre......................... 21ᵏᵍ,579
    (Voir tableau page 239 de notre métré de Ciment
armé) à 221ᶠ,90 les 100 kilogrammes.....................   ·47ᶠ,88
N° 51 + 54 Série Ciment armé.
    Les aciers doux de 0ᵐ,006 millimètres de diamètre en partie haute.
2 fois 3ᵐ,80.............................      7ᵐ,60
pesant 0ᵏᵍ,221 le mètre........................      1ᵏᵍ,680
à 270ᶠ,50 les 100 kilogrammes.......................      4ᶠ,54
N°ˢ 51 + 56 Série Ciment armé.
36 étriers de 6 millimètres de diamètre de chaque 0ᵐ,72 de
    longueur.............................    25ᵐ,92
pesant 0ᵏᵍ,221 le mètre linéaire..................      5ᵏᵍ,728
à 270ᶠ,50 les 100 kilogrammes.......................     15ᶠ,49
    Plus-value pour ferraillage aux 2 faces de hourdis avec
étriers reliant les 2 nappes de barres.
Aciers doux ronds de 0ᵐ,015, un poids de .....      21ᵏᵍ,579
Aciers ronds de 0ᵐ,006, un poids de..........       1ᵏᵍ,680
Étriers de 0,006............................       5ᵏᵍ,728
    Ensemble ............................      28ᵏᵍ,987
à 18ᶠ,80 les 100 kilogrammes...........................      5ᶠ,45
N° 57, Série Ciment armé.
    Pour arrêter les aciers des Poutres, étriers à leur emplacement, les ligatures à raison de 1 kilogramme par 100 kilogrammes d'aciers ronds n° 58, Série Ciment armé.
Poutre AB, un poids de.....................      59ᵏᵍ,217
Poutre CD, un poids de.....................      28ᵏᵍ,987
    Ensemble ............................      88ᵏᵍ,204
Soit :      $\dfrac{88^{kg},204 \times 1}{100} = 0^{kg},882.$
à 208ᶠ,000 les 100 kilogrammes, n° 51 ..................      1ᶠ,83
    Plus-value pour ligatures.
= 0ᵏᵍ,880 à 126ᶠ,00 les 100 kilogrammes..................      1ᶠ,11
*Calcul de la poutre parallèle au mur mitoyen de droite :*
La dalle sur 1ᵐ,00 de longueur aura un poids sur notre
poutre de :
1ᵐ,26 $\times$ 1ᵐ,00.....................      1ᵐ,26
$\times$ 700 kilogrammes.......................      882ᵏᵍ,000
    Ajoutons au mètre linéaire le poids de notre
poutre .....................................      120ᵏᵍ,000
    Ensemble........................      1.002ᵏᵍ,000

A reporter.................................................... 4.958ᶠ,99

*Report* ...........................................▸...... .    4.958ᶠ,99

Rappelons la formule pour poutre :

$$M = \frac{pl^2}{8}$$

ou en remplaçant les lettres par leurs valeurs :
Moment fléchissant :

$$\frac{1.002 \text{ kg.} \times 3^{m},624^2}{8} = 1.644^{kg},750.$$

Divisons par le coefficient du bras de levier,
Nous obtenons :

$$\frac{1.644^{kg},750}{22} = 7.476^{kg},000$$

faisons travailler l'acier à 12 kilogrammes par millimètre
carré.

Soit :           $\dfrac{7.476 \text{ kg.}}{12} = 623$ millimètres carrés.

Soit 4 aciers doux ronds de 0ᵐ,013.
4 fois 132ᵐᵐ2......................... 528ᵐᵐ2
2 aciers de 8ᵐᵐ × 50ᵐᵐ2.......... 100ᵐᵐ2

    Ensemble.............. .... 628ᵐᵐ2

Détail des aciers doux de 0,013 millimètres de diamètre.
Droits 2 fois 5ᵐ,70.................... 11ᵐ,40
Pliés 2 fois nº 25..................... 8ᵐ,50
Excédent de développement 6 0/0 y
compris arrondis..................... 0ᵐ,51

    Ensemble.................... 20ᵐ,41
pesant 1ᵏᵍ,035 le mètre......................... 21ᵏᵍ,124
  (Voir tableau page 239 de notre métré de Ciment armé.)
à 221ᶠ,90 les 100 kilogrammes.............................    46ᶠ,87
  Nᵒˢ 51 + 54 Série Ciment armé.
Les aciers doux de 0ᵐ,008 de diamètre en partie haute.
2 fois 7ᵐ,06......................... 14ᵐ,06
pesant 0ᵏᵍ,392 le mètre linéaire................. 5ᵏᵍ,512
à 270ᶠ,50 les 100 kilogrammes..............................    14ᶠ,90
à la suite aciers de 0,013 millimètres de diamètre.
2 fois 1ᵐ,65........................ 3ᵐ,30
pesant 1ᵏᵍ,035 le mètre...................... 3ᵏᵍ,416
à 221ᶠ,90 les 100 kilogrammes.............................    7ᶠ,58
  Nᵒˢ 51 + 54 Série Ciment armé.
64 étriers de 6 millimètres de diamètre
de chaque 0ᵐ,72 de longueur.......... 46ᵐ,08
pesant 0ᵏᵍ,221 le mètre linéaire................. 10ᵏᵍ,184
à 270ᶠ,50 les 100 kilogrammes.............................    21ᶠ,13
Plus-value pour ferraillage aux 2 faces de hourdis avec
étriers reliant les 2 nappes de barres.
aciers doux ronds de 0ᵐ,013, un poids de........ 21ᵏᵍ,124
*Id.*                           ........ 3ᵏᵍ,416
Aciers doux ronds de 0ᵐ,008 un poids de...... 5ᵏᵍ,512
Étriers de 0ᵐ,006 un poids de............... 10ᵏᵍ,184

    Ensemble ........................... 40ᵏᵍ,236
à 18ᶠ,80 les 100 kilogrammes, nᵒ 57, Ciment armé..........    7ᶠ,56

Ligatures $\dfrac{40^{kg},236 \times 1}{100} = 0^{kg},402.$

    *A reporter*.................................................    5.057ᶠ,03

*Report* ..................................................  5.057$^f$,03

à 208$^f$,00 les 100 kilogrammes, n° 51.....................  0$^f$,84

Plus-value pour ligatures.

= 0$^{kg}$,402 à 126$^f$,00 les 100 kilogrammes.................  0$^f$,51

### Détail de la Poutre EF.

Le poids de la dalle du palier est de :

$0^m,533 \times 1^m,00 = 0^m,533.$

$\times 0^m,008$ épaisseur.....................  $0^{m3},043$

à 2.500 kilogrammes par mètre cube ............  $107^{kg},500$

Surcharge au mètre carré 500 kilogrammes et
pour $0^m,533$ produit...........................  $266^{kg},500$

Poids de la poutre.

$1^m,00 \times 0^m,30$ ...............  $0^m,30$

$\times 0^m,16$ épaisseur....................  $0^{m3},048$

$\times 2.500$ kilogrammes.......................  $120^{kg},000$

Ensemble...........................  $494^{kg},000$

$$M = \frac{494^{kg} \times 3^m,40^2}{8} = 713^{kg},830.$$

Divisons par le coefficient du bras du levier.
Nous avons :

$$\frac{713^{kg},830}{22} = 3.244 \text{ kilogrammes.}$$

Faisons travailler l'acier à 12 kilogrammes par millimètre
carré.

Soit.....................  $\frac{3.244}{12} = 270^{mm2}.$

Soit :

2 aciers de $0^m,012$ de diamètre...............  $226^{mm2}$

2 aciers de $0^m,006$ de diamètre........ .........  $56^{mm2}$

Ensemble ...........................  $282^{mm2}$

*Détail des aciers doux de $0^m,012$ millimètres de diamètre.*

Droits 2 fois $3^m,90$ ...................  $7^m,80$

pesant $0^{kg},881$ le mètre...........................  $6^{kg},871$

suivant notre tableau de la page n° 239.

à 221$^f$,90 les 100 kilogrammes........................  15$^f$,25

N° 51 + n° 54.

Les aciers doux ronds de 6 millimètres
pliés 2 fois $3^m,90$........................  $7^m,80$

Excédent de développement 6 0/0.......  $0^m,46$

Ensemble.......................  $8^m,26$

pesant $0^{kg},221$ le mètre..........................  $1^{kg},825$

à 270$^f$,50 les 100 kilogrammes.........................  4$^f$,94

N$^{os}$ 51 + 56, Série Ciment armé.

36 étriers de 6 millimètres de diamètre
de chaque $0^m,72$ de longueur.............  $25^m,92$

pesant $0^{kg},221$ le mètre linéaire ...................  $5^{kg},728$

à 270$^f$,50 les 100 kilogrammes.........................  15$^f$,40

Plus-value pour le ferraillage aux 2 faces de hourdis avec
étriers reliant les 2 nappes de barres.

*A reporter*.........................................  5.094$^f$,06

|  |  |  |
|---|---|---|
| *Report* ................................................ |  | 5.094$^f$,06 |
| Aciers doux de 0$^m$,012 ........................ | 6$^{kg}$,871 |  |
| Aciers de 0$^m$,006 ............................... | 1$^{kg}$,825 |  |
| Aciers de 0$^m$,006 ............................... | 5$^{kg}$,728 |  |
| Ensemble .......... ................. | 14$^{kg}$,424 |  |

à 18$^f$,80 les 100 kilogrammes.

N° 57 Série Ciment armé .............................    2$^f$,71

### Détail de la Poutre GH.

*Côté de Palier*, nous avons trouvé des aciers produisant une section de **282 millimètres carrés**.

*Côté de l'Escalier*, nous obtiendrons
suivant les calculs ................. 875 millimètres carrés.

Moyenne ............... $\dfrac{1.157}{2} = 579^{mm2}$.

Soit 4 aciers de 0$^m$,013 de diamètre :

| | |
|---|---|
| 4 fois 132$^{mm2}$ .......................... | 528$^{mm2}$ |
| 2 aciers de 0$^m$,006 ..................... | 56$^{mm2}$ |
| | 584$^{mm2}$ |

Détail des aciers doux de 0$^m$,013 de diamètre.

| | | |
|---|---|---|
| *Droits* 2 fois 3$^m$,90 ..................... | 7$^m$,80 | |
| pesant 1$^{kg}$,035 le mètre linéaire ............... | | 8$^{kg}$,073 |
| *Pliés* 2 fois 3$^m$,90 ................... | 7$^m$,80 | |
| Excédent de développement : | | |
| 6 0/0 y compris arrondis ........ ..... | 0$^m$,46 | |
| Ensemble .................... | 8$^m$,26 | |
| pesant 10$^{kg}$,035 le mètre linéaire ............... | | 8$^{kg}$,549 |
| Ensemble .......................... | 16$^{kg}$,622 | |

à 221$^f$,90 les 100 kilogrammes .........................    36$^f$,88

N°s 51 + 54.

Les aciers doux ronds de 0$^m$,006.

| | | |
|---|---|---|
| 2 fois 3$^m$,90 .......................... | 7$^m$,80 | |
| pesant 0$^{kg}$,221 le mètre linéaire ................ | | 1$^{kg}$,724 |

à 270$^f$,50 les 100 kilogrammes .........................    4$^f$,66

N°s 51 + 56.

36 étriers de 6 millimètres de diamètre

| | | |
|---|---|---|
| de chaque 0$^m$,72 de longueur ............ | 25$^m$,92 | |
| pesant 0$^{kg}$,221 le mètre linéaire ............. | | 5$^{kg}$,728 |

à 270$^f$,50 les 100 kilogrammes .........................    15$^f$,49

Plus-value pour ferraillage aux 2 faces de hourdis avec étriers reliant les 2 nappes de barres.

| | |
|---|---|
| Aciers doux de 0$^m$,013 ........................ | 16$^{kg}$,622 |
| Aciers de 0$^m$,006 ............................. | 1$^{kg}$,724 |
| Id.            ............................. | 5$^{kg}$,728 |
| Ensemble ............................ | 24$^{kg}$,074 |

à 18$^f$,80 les 100 kilogrammes .........................    4$^f$,53

N° 57 Série Ciment armé.

Pour arrêter les aciers des poutres, étriers à leur emplacment, les ligaturés à raison de 1 kilogramme par 100 kilogrammes d'aciers ronds, n° 58 Série Ciment armé.

| | |
|---|---|
| Poutre DF ............................... | 14$^{kg}$,424 |
| Poutre GH ............................... | 24$^{kg}$,074 |
| Ensemble ............................ | 38$^{kg}$,498 |

*A reporter* ..............................    5.158$^f$,33

*Report* ......................................... 5.158$^f$,33

Soit ............. $\dfrac{38^{kg},498 \times 1}{100} = 0^{kg},385.$

à 208$^f$,00 les 100 kilogrammes......................... 0$^f$,80
Plus-value pour ligatures.
0$^{kg}$,385 à 126$^f$,00 les 100 kilogrammes.................. 0$^f$,49

### Semelles des Poteaux.

*Détail d'une semelle en béton armé.*

Pour abréger les calculs, nous supposons que nous avons
une charge de 7.100 kilogrammes à répartir sur un terrain
pouvant travailler à 1 kilogramme par centimètre carré.
Nous avons :

$$\frac{7.100^{kg},00}{10.000} = 0^{m2},71 \text{ surface.}$$

Soit : $0^m,84 \times 0^m,84 = 0^m,71.$

Pour les aciers nous supposons 8$^m$,00 linéaires d'acier de
0$^m$,006 de diamètre d'après calculs précédents.
Soit 10 barres de 0$^m$,80................. 8$^m$,00
pesant à 0$^{kg}$,221 le mètre........................ 1$^{kg}$,768
à 208$^f$,00 les 100 kilogrammes............................. 3$^f$,68
Plus-value pour aciers ronds d'un diamètre inférieur à
8 millimètres.
1$^{kg}$,768 à 62$^f$,50 les 100 kilogrammes, n° 56.............. 1$^f$,11
Ligatures à raison de 1 kilogramme par 100 kilogrammes.

$1^{kg},778 \times \dfrac{1}{100} = 0^{kg},018$ à 208$^f$,00 les 100 kilogrammes.... 0$^f$,04

Plus-value pour ligatures.
18 grammes à 127$^f$,00 les 100 kilogrammes.............. 0$^f$,02
1 autre semelle semblable produit...................... 4$^f$,85

*Détail d'une autre semelle.*

Supposons une charge de 5.000 kilogrammes à répartir sur
le terrain pouvant travailler à 2 kilogrammes par centimètre
carré.
Nous avons :

$$\frac{5.000 \text{ kg.}}{2.000} = 0^{m2},25 \text{ Surface.}$$

Soit :       $0^m,50 \times 0^m,50 = 0^m,25.$

Pour les aciers, nous supposons 3$^m$,00 linéaires d'aciers de
6 millimètres (d'après calculs précédents).
Soit 6 barres de 0$^m$,50................. 3$^m$,00
pesant 0$^{kg}$,221 le mètre....................... 0$^{kg}$,663
à 208$^f$,00 les 100 kilogrammes ......................... 1$^f$,38
Plus-value pour aciers ronds d'un diamètre inférieur à
8 millimètres.
0$^{kg}$,663 à 62$^f$,50 les 100 kilogrammes .................... 0$^f$,41
Ligatures à raison de 1 kilogramme par 100 kilogrammes.

$$\frac{0^{kg},663 \times 1}{100} = 7 \text{ grammes.}$$

à 208$^f$,000 les 100 kilogrammes ........................ 0$^f$,01
Plus-value pour ligatures.
7 grammes à 127$^f$,00 les 100 kilogrammes............... 0$^f$,01

*A reporter* ................................... 5.171$^f$,13

Report...................................................    5.171$^f$,13

### Poteaux.

*Détail d'un poteau en béton armé.*

Aciers doux de 0$^m$,014.
Verticaux 4 fois 5$^m$,04 ............... 20$^m$,16
pesant 1$^{kg}$,201 le mètre......................... 24$^{kg}$,212
à 208$^f$,00 les 100 kilogrammes, n° 51.....................    50$^f$,36
*Plus-value sur le prix, n° 51.*
Pour ronds d'un diamètre de 0$^m$,014.
24$^{kg}$,212 à 13$^f$,90 les 100 kilogrammes, n° 54.............    3$^f$,37
*Étriers de 6 millimètres.*
21 fois 0$^m$,90......................... 18$^m$,90
pesant 0$^{kg}$,221 le mètre......................... 4$^{kg}$,176
à 208$^f$,00 les 100 kilogrammes, n° 51......................    8$^f$,69
*Plus-value pour aciers ronds d'un diamètre inférieur à 8 mil-*
*limètres.*
4$^{kg}$,176 à 62$^f$,50 les 100 kilogrammes, n° 56................    2$^f$,61
*Plus-value pour ferraillage aux 2 faces de hourdis avec*
*étriers reliant les 2 nappes de barres.*
Aciers de 0$^m$,014............................. 24$^{kg}$,212
Étriers de 0$^m$,006............................. 4$^{kg}$,176
          Ensemble ............................. 28$^{kg}$,388
à 18$^f$,80 les 100 kilogrammes, n° 57......................    5$^f$,34
Pour arrêter les aciers et étriers à leur emplacement, *les*
*ligatures* à raison de 1 *kilogramme pour* 100 *kilogrammes*
*d'aciers ronds,* n° 58.

$$\frac{28^{kg},388 \times 1}{100} = 0^{kg},284.$$

à 208$^f$,00 les 100 kilogrammes .............................    0$^f$,59
*Plus-value pour ligatures :*
0$^{kg}$,284 à 127$^f$,00 les 100 kilogrammes....................    0$^f$,36
1 autre poteau semblable produit en argent..............    71$^f$,32

*Détail d'un autre poteau.*

*Aciers doux ronds de* 0$^m$,012 *de diamètre.*
Verticaux 4 fois 2$^m$,84 ............... 11$^m$,36
pesant 0$^{kg}$,881 le mètre......................... 10$^{kg}$,008
à 208$^f$,00 les 100 kilogrammes.........................    20$^f$,82
*Plus-value sur le prix* n° 51 *pour ronds d'un diamètre de*
12 *millimètres.*
Un poids de 10$^{kg}$,008 à 13$^f$,90 les 100 kilogrammes.........    1$^f$,39
Série Ciment armé, n° 54.
*Étriers de 6 millimètres :*
11 de 0$^m$,70 de développement........ 7$^m$,70
pesant 0$^{kg}$,221 grammes le mètre............... 1$^{kg}$,702
à 208$^f$,00 les 100 kilogrammes, n° 51.......................    3$^f$,54
Plus-value pour aciers ronds d'un diamètre inférieur à
8 millimètres.
1$^{kg}$,702 à 62$^f$,50 les 100 kilogrammes, n° 56................    1$^f$,06
Plus value pour ferraillage aux 2 faces de hourdis avec
étriers reliant les 2 nappes de barres.

A reporter...................................................    5.340$^f$,58

Report ............................................  5.340$^f$,58

*Aciers ronds de* 0$^m$,012 *de diamètre :*
Un poids de ..............................  10$^{kg}$,008
*Etriers de* 6 millimètres......................  1$^{kg}$,702

Ensemble............................  11$^{kg}$,710
à 18$^f$,90 les 100 kilogrammes, n° 57.....................  2$^f$,20
Pour arrêter les aciers et étriers à leur emplacement les
ligatures à raison de 1 kilogramme pour 100 kilogrammes :

$$11.710 \times \frac{1}{100} = 0^{kg},117$$

à 208$^f$,00 les 100 kilogrammes..........................  0$^f$,24
*Plus-value pour ligatures :*
0$^{kg}$,117 à 127$^f$,00 les 100 kilogrammes.................  0$^f$,15

### Bétons.

*Béton normal* dans poteaux d'au moins 5 décimètres carrés
de section.
*Détail d'un :*
1 fois 4$^m$,36 × 0$^m$,20.................... 0$^m$,87
× 0$^m$,20.....................................  0$^{m3}$,174
1 autre semblable............................  0$^{m3}$,174
*Détail d'un autre poteau :*
Hauteur 2$^m$,17 × 0$^m$,16.................. 0$^m$,35
× 0$^m$,16.....................................  0$^{m3}$,056

Ensemble.............................  0$^{m3}$,404

à 326$^f$,00 le mètre cube, n° 27...........................  131$^f$,70
Plus-value pour potelets, de moins de 5 décimètres carrés
de section, n° 30.
2 fois 0$^{m3}$,174......................... 0$^m$,348
à 28$^f$,20 le mètre cube.............................  9$^f$,81
1 fois 0$^{m3}$,056......................... 0$^{m3}$,056
à 68$^f$,80 le mètre cube............................  3$^f$,85

### Sous-détail du prix des potelets.

Le potelet à 0$^m$,20 × 0$^m$,20.
Sa section est donc :
20 × 20 = 400 centimètres carrés.
ou 4 décimètres carrés.
Soit en moins de 5 décimètres carrés.
N° 30, Série Ciment armé.
0$^m$,05 — 0$^m$,04 ..................... 0$^{m2}$,04
à 28$^f$,20, *le mètre cube en plus-value*...............  28$^f$,20

*Nous avons donné page* 272 *le sous-détail du prix pour poteaux
de* 0$^m$,16 × 0$^m$,16.
Soit le mètre cube en plus-value.................  68$^f$,80

### Hourdis de rampants.

1$^{re}$ partie 4$^m$,40 réduit
2$^{me}$ partie 4$^m$,14

Ensemble....... 8$^m$,54 × 1$^m$,50 = 12$^m$,81

A reporter................... 12$^m$,81        5.488$^f$,53

*Reports*.................... 12$^m$,81         5.488$^f$,53

$\times$ 0$^m$,204 de hauteur réduite...................... 2$^{m3}$,613

à 326$^f$,00 le mètre cube n° 25 et observations n$^{os}$ 82 et 83....     851$^f$,84

*Chaque marche d'escalier peut être considérée comme nervure de* 0$^m$,169 + 0$^m$,12 = 0$^m$,289 *hauteur.*

Cette nervure ayant plus de 0$^m$,22 *hauteur* doit être payée au n° 25 de la Série Ciment armé.

*Hourdis de planchers en raccordement de la cage d'escalier :*
Dalle du *plancher a :*

Compris liaisons 1$^m$,49 $\times$ 5$^m$,12...........    7$^m$,63
Parallèle à mitoyen.

Largeur 1$^m$,36 $\times$ 6$^m$,66.................    9$^m$,06

En retour 1$^m$,46 $\times$ 3$^m$,55...............    5$^m$,18

     Ensemble....................... 21$^m$,87

$\times$ 0$^m$,08 épaisseur........................... 1$^{m3}$,750

à 294$^f$,00 le mètre cube, n° 24............................    514$^f$,50

*Nervures de* 0$^m$,22 *de hauteur.*

Compris liaisons 2 fois 3$^m$,55....    7$^m$,10
   *Id.* ..... 1 fois..........    6$^m$,56
       1 fois 4$^m$,97 ....    4$^m$,97

     Ensemble............... 18$^m$,63

$\times$ 0$^m$,22............................    4$^m$,10
$\times$ 0$^m$,16...............................    0$^{m3}$,656
1 fois 3$^m$,55 $\times$ 0$^m$,22...............    0$^m$,78
$\times$ 0$^m$,20 épaisseur.....................    0$^{m3}$,156

     Ensemble...................... 0$^{m3}$,812

à 294$^f$,00 le mètre cube, n° 24...............................    238$^f$,73

*Observations :*

*Les trous et scellements des aciers dans les anciens planchers seront à compter en taille n° 3. Observation n° 72 Série Ciment armé.*

*Le béton en reprise dans la hauteur des planchers avec les plus-values de reprise.*

Les scellements en ciment seront payés suivant l'observation n° 179, Série des Ciments.

Chargement et enlèvement des gravois provenant des hachements, refouillements, percements.

Cube des démolitions, etc.   4$^{m3}$,300
Foisonnement :
40 0/0..................    1$^{m3}$,720

     Ensemble............. 6$^{m3}$,020 à 34$^f$,03 le mètre cube.    204$^f$,86
N° 687 et observation 693.

*Dans les travaux d'escalier,* le béton est coulé sur coffrage incliné à forte pente nécessitant un deuxième coffrage à la face supérieure, aussi pour ces travaux de main-d'œuvre supplémentaire la Série a prévu une plus-value de construction de béton au mètre cube de 24$^f$,20 n° 33 (cette plus-value doit s'ajouter au prix du n° 26).

n° 26, le mètre cube......................    357$^f$,00
N° 33, plus-value *idem*..................    24$^f$,20

     Le mètre cube......................    381$^f$,20

Page 322 de notre métré, nous avons compté le hourdis de rampant d'escalier, le mètre cube.....    326$^f$,00

Soit en supplément par mètre cube............    55$^f$,20

     *A reporter*...................................    7.298$^f$,46

Report ....................................................... 7.298$^f$,46

et 2$^m$,613 produisent :

55$^f$,20 ×2$^m$,613......................................... 144$^f$,24

Pour terminer le métré de l'escalier nous ferons les enduits en plâtre des planchers, poutre, poteaux, nervures, plafond rampant, etc. Ces travaux ne présentant pas de difficultés, il est inutile de le répéter.

Toutefois les travaux étant exécutés à plus de 4$^m$,00 de hauteur, les échafaudages pour ravalement sont dus à l'entrepreneur (observation n° 622, Maçonnerie). Quant aux nettoyages, suivant l'article n° 15 du frontispice de la Série, en travaux d'entretien, *ils sont payés par le propriétaire.*

Total ....................................... 7.442$^f$,70

## Cisaillement.

Page 238 de notre métré de Ciment armé, nous avons indiqué la *limite de fatigue accordée par la Commission du béton de Ciment armé.* Lorsque nous faisons un dosage de 350 kilogrammes ciment artificiel, page 237, nous avons une limite de résistance à la compression de 50$^{kg}$,400.

*La limite de fatigue sera de :*

$$\frac{50^{kg},400}{10} = 5 \text{ kilogrammes}$$

*par centimètre carré.*

*Avec cette donnée il est facile de calculer les étriers et barres coudées pour résister à l'effort tranchant.*

EXEMPLE.

**Calcul de la poutre à l'effort tranchant et des barres pliées.**

Soit un plancher de 5$^m$,00 de portée, page 278 de notre métré.

L'épaisseur de la dalle étant de 0$^m$,08, son poids au mètre carré sera de

1$^m$,00 × 1$^m$,00 × 0$^m$,08 ........ 0$^{m3}$,080

à 2.500 kilogrammes le mètre cube......... 200$^{kg}$,000

Surcharge prévue au mètre carré............ 500$^{kg}$,000

Ensemble........................... 700$^{kg}$,000

Le poids par mètre linéaire sur notre poutre sera de

1$^m$,00 × 5$^m$,00 de portée......... 5$^{m2}$,00

× 700 kilogrammes........................... 3.500$^{kg}$,000

Poids de la poutre au mètre linéaire.

Hauteur :

0$^m$,45 − 0$^m$,08 = 0$^m$,37

1$^m$,00 × 0$^m$,37 = 0$^m$,37

× 0$^m$,16 de largeur............... 0$^{m3}$,059

Nervure...................... 0$^{m3}$,053

Ensemble............... 0$^{m3}$,112

2.500 kilogrammes........................ 280$^{kg}$,000

Ensemble........................... 3.780$^{kg}$,000

Effort tranchant au-dessus des appuis :

Effort tranchant... 3.780$^{kg}$,00 × 3$^m$,90 = 14.742$^{kg}$,000.

Soit pour chaque about

$$\frac{14.742^{kg},000}{2} = 7.371 \text{ kilogrammes.}$$

Or l'effort correspondant au glissement sur la poutre est par mètre de :

$$5^{kg},00 \times 16 \left(45 - 4 - \frac{12}{3}\right) = 2.960 \text{ kilogrammes.}$$

(*Voir fig.* 58 et 60).

Nous faisons travailler le béton à 5 kilogrammes.
La différence

$$\frac{7.371^{kg},00 - 2.960^{kg},00}{3.780 \text{ kilogrammes}} = 1^m,16.$$

nous représente *l'effort de traction des barres pliées sur les appuis.*

*Nous avons vu que le moment fléchissant se calculait au milieu de la portée de la poutre* et qu'il diminue au fur et à mesure qu'il s'éloigne de la partie milieu.

*L'effort tranchant* travaille en sens inverse *du moment fléchissant,* c'est aux extrémités près des appuis qu'il doit être calculé.

D'où la nécessité de mettre *des étriers ou armatures secondaires* qui viennent renforcer la poutre aux extrémités près des appuis : Suivant le même principe, *ces étriers sont très rapprochés près des appuis* et espacés ensuite proportionnellement à la longueur de la poutre.

Les *étriers* et les *barres pliées* empêchent les efforts transversaux *ou tranchants.*

Il est facile de calculer les étriers suivant la formule de M. l'*Ingénieur Pendaries.*

$$\text{Nombre d'étriers} = \frac{\overset{\text{Effort tranchant.}}{T}}{48 \times s \times z} \times \text{Longueur de la poutre}.$$

La lettre $z$ indique le bras de levier du couple élastique.

La lettre $s$ représente la section totale en millimètres carrés des étriers situés dans une section perpendiculaire à l'axe de la poutre.

Pour résoudre le problème, il suffit donc de faire le calcul d'un étrier *suivant l'acier que l'on veut employer.*

Connaissant le nombre d'étriers, il est facile d'en faire la répartition en se reportant aux ouvrages que nous avons cités précédemment.

## PLANCHERS CREUX, INSONORES, AU MOYEN DE TERRE CUITE INCORPORÉE DANS LE CIMENT ARMÉ ET FORMANT COFFRAGE

Ces systèmes de planchers Thory Brevetés n° 1 et n° 2 sont formés de *briques creuses spéciales* et de Ciment armé ; ils s'exécutent *sans poutres ni nervures apparentes* (Voir planche hors texte).

Le hourdis modèle n° 1 (*fig.* 68 et 69) est employé pour la construction de planchers creux d'une épaisseur normale de $0^m,14$, soit $0^m,12$ d'épaisseur représentée par le hourdis proprement dit composé de briques creuses rectangulaires en terre cuite 6 trous du moule $0^m,30 \times 0^m,21 \times 0^m,12$ hauteur servant de coffrage aux nervures en Ciment armé de $0^m,05$ de largeur $\times 0^m,12$ de hauteur ; le complément, soit $0^m,02$ d'épaisseur étant formé par la chape en Ciment qui recouvre l'ensemble du hourdis, briques et nervures.

Le hourdis creux modèle n° 2 (*fig.* 70

et 71) de 0^m,16 d'épaisseur en terre cuite moule 0^m,30 × 0^m,25 × 0^m,16 à un seul trou servant de coffrage aux nervures en ciment armé de 0^m,05 × 0^m,14 de hauteur, est employé dans les *planchers supérieurs formant terrasses.*

*Le hourdis n° 2 ne comporte pas de chape en Ciment sur le dessus pour son exécution normale.*

Les planchers n° 1 et n° 2 aux épaisseurs normales de 0^m,14 et 0^m,16 peuvent être faits *sans poutres intermédiaires* dans

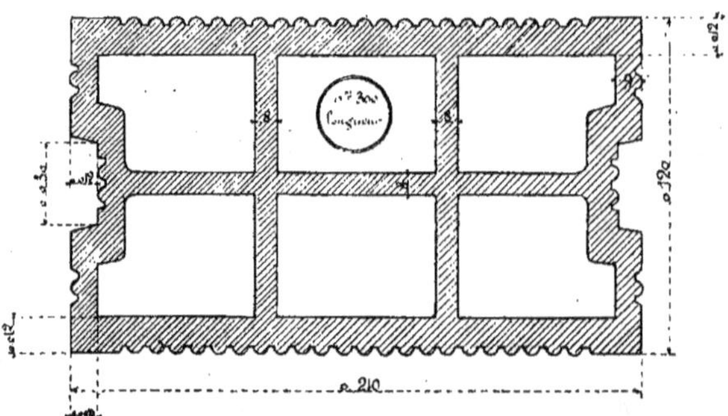

Fig. 68. — Brique creuse pour plancher Thory, modèle n° 1.

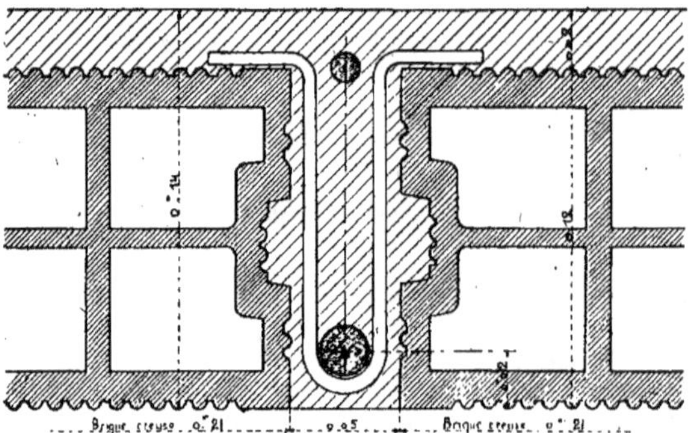


Fig. 69. — Étriers pour plancher Thory, modèle n° 1.

les limites *ci-après de portées* et suivant *les surcharges demandées par mètre carré.*

| Surcharges par mètre superficiel. | Limites de portées. | |
|---|---|---|
| 200 kg. par m². | 7^m,90 | longueur |
| 250 kg. | — | 7^m,10 | — |
| 300 kg. | — | 6^m,80 | — |
| 350 kg. | — | 6^m,50 | — |
| 400 kg. | — | 6^m,30 | — |
| 500 kg. | — | 5^m,90 | — |
| 600 kg. | — | 5^m,50 | — |
| 700 kg. | — | 5^m,20 | — |
| 800 kg. | — | 5^m,00 | — |
| 900 kg. | — | 4^m,80 | — |
| 1.000 kg. | — | 4^m,50 | — |

Au-dessus des limites ci-dessus de portées, *il est établi des hourdis avec poutres en épaisseur de la dalle ou saillantes soit au-dessus ou au-dessous de la dalle.*

## Exemple de Hourdis n° 1 (*fig.* 68-69).

*Dans nos hourdis précédents de béton armé* notre métré comprenait invariablement :

1° Le coffrage au mètre carré ;

2° Le hourdis en béton au mètre cube ;

3° Les aciers au poids.

*Pour abréger les calculs dans un devis ou dans un métré de plancher mixte,* nous sommes d'avis de classer ces hourdis creux de la manière suivante :

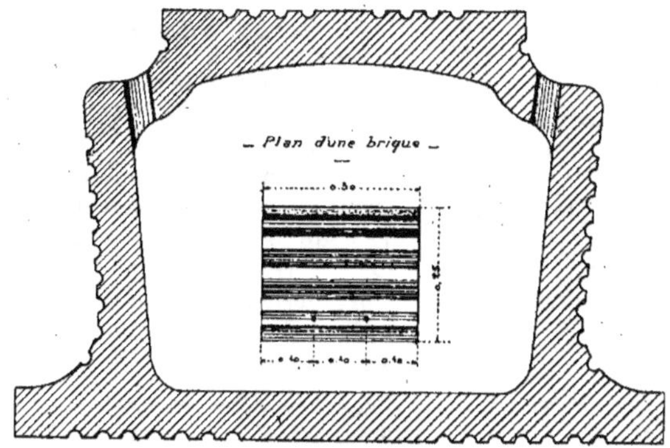


Fig. 70. — Brique creuse Thory n° 2.

1° *Hourdis au mètre carré de plancher mixte en briques creuses Thory (Modèle n° 1)* de 0ᵐ,12 d'épaisseur *et nervures* en béton de ciment armé comprenant :

a) *Le coffrage du plancher,*
b) *Le Hourdis mixte proprement dit.*
2° *Les aciers calculés suivant leurs portées et surcharges.*

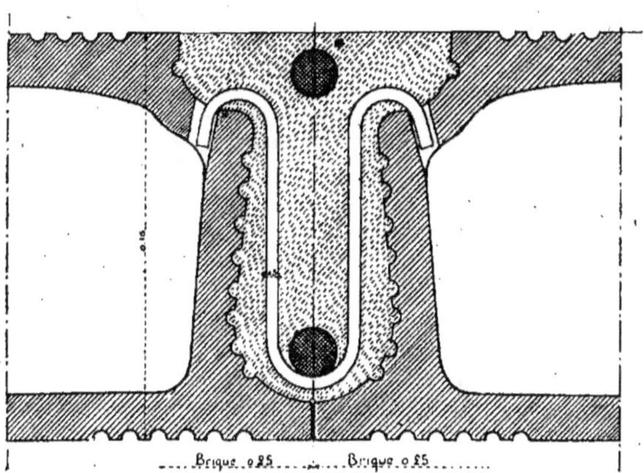


Fig. 71. — Étrier support en fil machine de 5 millimètres = 0ᵐ,32 pour hourdis type n° 2, dit «Métro».

*La surface du plancher* se fera aussi facilement que celui du béton de Ciment armé.

*Quant à la quantité d'aciers d'armatures* y compris *les étriers supports* pour des portées de 1ᵐ,50 à 7ᵐ,90 et des surcharges au mètre carré de 200 kilogrammes à 2.000 kilogrammes, il a été établi pour ces planchers creux mixtes un barème donnant les poids au mètre carré.

MÉTRÉ

Parc *des expositions* de la Ville de Paris.

*Construction de planchers creux mixtes modèle n° 1 et modèle n° 2.*

#### Description.

*Le pavillon dans sa partie centrale* comprend un rez-de-chaussée avec hourdis du plancher haut du rez-de-chaussée en *briques creuses modèle n° 1*, de 0ᵐ,12 épaisseur. *Au-dessus existe un* 1ᵉʳ *étage.*

Son plancher haut à usage de terrasse est hourdé en briques creuses n° 2 de 0ᵐ,16 d'épaisseur.

*Les annexes* à droite et à gauche du Pavillon central ne comprennent qu'un rez-de-chaussée ; les planchers hauts pour terrasses *sont hourdés en briques creuses modèle n° 2 de 0ᵐ,16 d'épaisseur.*

#### Encastrements de briques.

*Observation.* — Dans les planchers en béton de Ciment armé, nous avons prévu un *encastrement de 0ᵐ,15 d'épaisseur* dans les murs ; *dans les planchers creux,* il est prévu 0ᵐ,12 *d'encastrement* de briques creuses dans les murs.

Nous allons faire le décompte en tenant compte *de ce liaisonnement.*

#### Exemple.

1° *Hourdis de plancher en briques creuses Thory Modèle n° 1 de 0ᵐ,12 d'épaisseur et mortier de ciment.*

*Avec nervures en béton de ciment armé* espacées de 0ᵐ,26 d'axe en axe ; au-dessus *chape en mortier de ciment de* 0ᵐ,02 d'épaisseur (voir planche hors texte).

#### Partie centrale.

```
Sur façade principale :
Longueur : 8ᵐ,50 + 0ᵐ,12 + 0ᵐ,12........     8ᵐ,74
Largeur : 4ᵐ,00 + 0ᵐ,12 + 0ᵐ,12........      4ᵐ,24
Soit 8ᵐ,74 × 4ᵐ,24.........................            37ᵐ,06
Sur la façade postérieure :
8ᵐ,74 × 5ᵐ,39.........................       47ᵐ,11
Déduire :
2ᵐ,52 × 2ᵐ,67.........................        6ᵐ,73
    Reste...........................        40ᵐ,38    40ᵐ,38
        Ensemble.....................                 77ᵐ,44
à 46ᶠ,00 le mètre...........................................   3.562ᶠ,24
La longueur de 5ᵐ,39 s'obtient ainsi :
5ᵐ,15 + 0ᵐ,12 + 0ᵐ,12..............          5ᵐ,39
Dans les déductions :
Nous avons 2ᵐ,40 + 0ᵐ,12.............        2ᵐ,52
et : 2ᵐ,55 + 0ᵐ,12 ....................       2ᵐ,67
```

2° **Hourdis de planchers en briques creuses Thory modèle n° 2 de 0ᵐ,16 d'épaisseur et mortier de ciment pour planchers supérieurs devant former terrasses avec nervures en béton de ciment armé espacées de 0ᵐ,26 d'axe en axe** (*fig.* 70-71).

Ces briques suivant figure n° 71 ont dans leurs parties inférieures 2 *languettes en terre cuite formant nervures* qui isolent complètement les nervures en béton armé ; les briques n° 2 s'emploient de préférence lorsque l'on craint *des condensa-* *tions sous les plafonds par suite de différence de température* entre 2 étages d'un même bâtiment. Dans un bâtiment d'une température tempérée à tous les étages il est employé le hourdis n° 1.

*A reporter* ................................ 3.562ᶠ,24

Report .................................................... 3.562$^f$,24

### Exemple.

*Les annexes à droite et à gauche du Pavillon central.*

Détail d'une :
Longueur 9$^m$,40 + 0,12 + 0,12. ........ 9$^m$,64
Largeur 5$^m$,00 + 0,12 + 0,12 .......... 5$^m$,24
Soit 9$^m$,64 × 5$^m$,24 ......................... 50$^m$,51
1 semblable ............................... 50$^m$,51
Pavillon central, plancher haut.
9$^m$,64 × 8$^m$,74 ..................... 84$^m$,25
Déduire 2;52 × 2,67 ................. 6$^m$,73

    Reste ...................... 77$^m$,52    77$^m$,52

    Ensemble ........................... 178$^m$,54
à 47$^f$,75 le mètre ...................................... 8.525$^f$,29

    Ensemble .................................... 12.087$^f$,53

*Sous-détails au mètre superficiel.*

*Fournitures :*

*Briques modèle* n° 1 en terre cuite compris déchet,
13 briques 1/2 (au mètre superficiel).
à 990$^f$,00 le mille rendu sur chantier à Paris compris octroi
(prix de déboursé) ............................. 13$^f$,370

*Mortier de sable gravillonneux* avec emploi de
300 kilogrammes de ciment Portland par mètre
cube de sable gravillonneux ou *sable de rivière*
(non glaiseux).
  Cube compris déchet 0$^m$,033.
  Soit sable gravillonneux 0$^m$,033.
à 32$^f$,00 le mètre cube n° 268 maçonnerie ........ 1$^f$,056
et n° 13, *Série Ciments* :
  *Sable de rivière tamisé.*
  *Cube compris déchet* 0$^{m3}$,022.
à 34$^f$,00 le mètre n° 269, *Maçonnerie* ............ 0$^f$,748
et n° 14, *Série Ciments.*
  *Ciment Portland artificiel.*
  300 kilogrammes par mètre cube.
  Cube 0$^m$,033 + 0$^m$,022 = 0$^m$,055.
× 300 kilogrammes .................. 16$^{kg}$,500
à 221$^f$,00 la tonne *compris octroi et transport à
pied d'œuvre* ................................. 3$^f$,646
  N° 99, Maçonnerie et n° 5, Série des Ciments.

}  18$^f$,82

*Frais généraux :*

3/4 des frais généraux prévus à la Série de Maçonnerie (page 29).

ou 14 0/0 × $\frac{3}{4}$ .................... 10,50 0/0

1/4 des frais généraux prévus aux
Séries de Ciment et Ciment armé,
pages 82 et 75.

ou 20 0/0 × $\frac{1}{4}$ .................... 5,00 0/0

    Ensemble .................. 15,50 0/0
Soit 18,82 × 15,50 0/0 .......................... 2$^f$,917

    *A reporter* ................................ 21$^f$,737

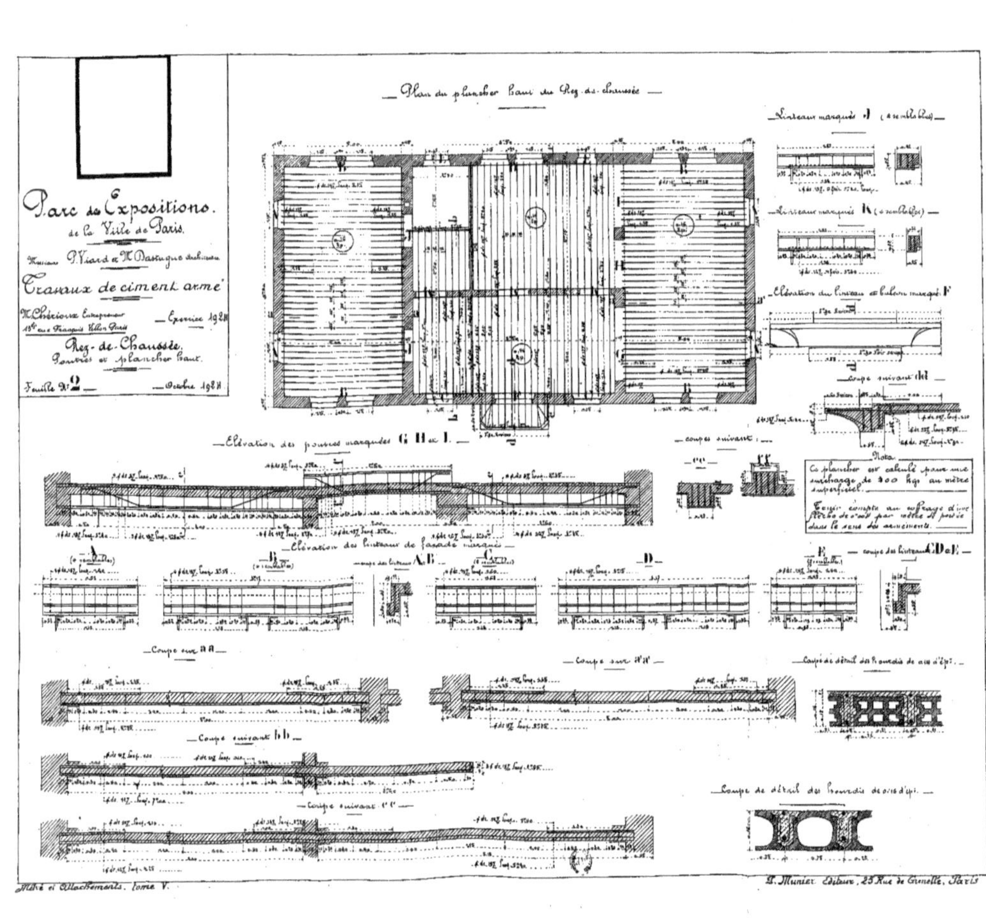

Report.................................  21f,737
Bénéfice 10 0/0, page 29, Maçonnerie, page 75,
Ciment armé et 82, Ciments.....................  2f,173

Le mètre superficiel.
Matériaux pour fournitures .................  23f,910

*Main-d'œuvre.*

Montage de briques et pose sur le plancher de coffrage,
façon du mortier de ciment, montage et coulis dans les nervures du plancher, façon de la chape de $0^m,02$ sur le dessus
du plancher.
Pour moyenne 1 heure 1/4 de compagnon et aide.
à 8f,75 l'une nos 18 et 19 Ciments..............  10f,94
*Plancher de coffrage* pour façon, y compris décoffrage, arrachage de clous et pose d'étais de
sécurité.
Pour moyenne 1 heure de compagnon et aide
à 8f,75 nos 18 et 19 Ciments....................  8f,75
Perte et dépréciation de bois, nettoyage des
planches, fourniture de pointes, etc............  2f,40

Le mètre superficiel ..................  22f,09

*Le mètre superficiel* de plancher en briques
creuses Thory de 0,14 d'épaisseur, *sans aciers,*
sera de :
Fournitures.................................  23f,91
Main-d'œuvre................................  22f,09

Le mètre superficiel ......................  46f,00

*Observation.* — Pour le montage des matériaux et la façon
du mortier, la *main-d'œuvre sera faite par des aides ;* le prix
de 10f,94 *est un prix moyen.*


*Sous-détails au mètre superficiel.*

*Fournitures :*

Briques creuses, modèle no 2 en terre cuite compris déchet.
14 briques (au mètre superficiel).
à 1.250f,00, le mille rendu sur le chantier à Paris compris
octroi (prix de déboursés) .....................  17f,50
*Mortier de sable gravillonneux* ou sable de rivière
avec emploi de 300 kilogrammes de ciment Portland par mètre cube de sable gravillonneux où
sable de rivière non glaiseux.
Cube compris déchet $0^m,045$, soit sable de rivière $0^m,045$.
à 32f,00 le mètre cube (prix précédent)........  1f,44

*Ciment Portland artificiel.*

300 kilogrammes par mètre cube.
Cube $0^m,045 \times 300$ kilogrammes..... $13^{kk},500$
à 221f,00 la tonne compris octroi...............  2f,983
et transport à pied d'œuvre (prix précédent)
Frais généraux (semblable à précédent).
Soit 21f,923 $\times$ 15,50 0/0...................  3f,398

Ensemble.....................  25f,321
A reporter...................  25f,321

*Report*............................. 25f,321

Bénéfice 10 0/0........................... 2f,532

Le mètre superficiel :
*Matériaux pour fournitures*................... 27f,850

*Main-d'œuvre.*

Montage de briques n° 2 et pose sur le plancher de coffrage, façon de mortier de ciment, montage et coulis dans les nervures du plancher.

Pour moyenne 1 heure compagnon et aide...... 8f,75

*Plancher de coffrage*, pour façon, y compris décoffrage, arrachage de clous et pose d'étais de sécurité.

Pour moyenne, 1 heure de compagnon et aide. 8f,75

Perte et dépréciation de bois, nettoyage des planches, fourniture de pointes, etc............. 2f,40

Le mètre superficiel.................. 19f,90

*Le mètre superficiel* de plancher en briques creuses Thory de 0m,16 d'épaisseur *sans aciers* sera de :

Fournitures ............................ 27f,85

Main-d'œuvre............................. 19f,90

Le mètre superficiel.................. 47f,75

Nous avons vu précédemment qu'une dalle de 0m,08 d'épaisseur en béton normal comprenait :

*Béton normal* n° 24 Série Ciment armé, le mètre superficiel.

294f,00 × 0m,080......................... 23f,52

Coffrage nos 38 et 37.

Le mètre superficiel.................. 28f,40

Ensemble ......................... 51f,92

*Différence de prix en moins avec le système de planchers creux.*
*Le mètre superficiel* 51f,92 — 46f,00............. 5f,92

Dans le cas d'un plancher de 0m,14 d'épaisseur.
Nous aurons :
Béton normal n° 24 Série Ciment armé :
Le mètre superficiel.
294f,00 × 0m3,140........................ 41f,16
Coffrage nos 38 et 37 :
Le mètre superficiel.................... 28f,40

Ensemble ......................... 69f,56

*Différence de prix en moins avec le système de planchers creux.*
Le mètre superficiel 69f,56 — 46f,000......... 23f,56

### Calcul des aciers pour planchers Thory de 0m,14 d'épaisseur.

Si nous nous reportons à la page n° 258 de notre métré de Ciment armé, nous trouvons *par mètre superficiel* pour une portée de 2m,50 avec surcharge de 500 kilogrammes et pour dalle de 0m,08 d'épaisseur :

15m,50 aciers de 6 millimètres pesant 0kg,221 le mètre linéaire....... 3kg,426

*Le barème Thory* nous indique pour une portée de 2m,50 avec une surcharge de 500 kilogrammes et un plancher de 0m,14 d'épaisseur un poids au mètre carré de .................... 3kg,370 *d'aciers.*

Nous *aurons donc une économie d'aciers*

car dans les planchers creux *il n'est pas fait emploi de barres pliées ni crossées.*

*Quant au prix des aciers,* la main-d'œuvre étant moins importante *comme travail de forge,* une réduction pourra être faite sur les prix d'aciers n°s 50 et 51. .Série de Ciment armé.

*Observation.* — Les calculs de résistance de ces planchers sont semblables à ceux des planchers en béton de Ciment. *Les aciers inférieurs espacés tous les $0^m,26$ d'axe en axe pour nervures de $0^m,05 \times 0^m,12$ hauteur travaillent à la tension; les aciers placés au-dessus travaillent à l'effort tranchant. Les étriers sont de plus en plus rapprochés vers les appuis,* suivant ce que nous avons dit précédemment.

*Adhérence des briques creuses spéciales Modèle n° 1.*

Pour l'adhérence des briques creuses spéciales n° 1 avec les armatures de béton armé, il est ménagé sur la hauteur de chaque brique 2 *entailles* dans la fabrication de la terre cuite (*fig.* 68).

Pour l'adhérence des briques creuses n° 2 avec les armatures de béton armé, il est ménagé sur la hauteur plusieurs canaux circulaires (*fig.* 70).

*Page* 248 et de notre métré de béton de ciment armé, nous avons parlé des aciers devant résister aux efforts tranchants près de l'encastrement, dans les planchers creux on adopte généralement près de l'encastrement pour travail à la compression 1/4 de la portée.

## Métré.

*Annexes à droite et à gauche du Pavillon central.*
*Détail d'une :*
Aciers ronds de $0^m,014$ pour planchers creux de $0^m,16$ d'épaisseur.
Suivant figure hors texte et coupe *aa*, en partie basse.

| | | |
|---|---|---|
| Linéaire 36 fois $5^m,25$... | $189^m,00$ | |
| Au-dessus de 72 fois $1^m,35$ | $97^m,20$ | |
| Ensemble........ | $286^m,20$ | |
| pesant $1^{kg},201$ le mètre............ | $343^{kg},726$ | |
| Aciers ronds de $0^m,005$ pour étriers. | | |
| 360 fois $0^m,32$......... | $115^m,20$ | |
| pesant $0^{kg},153$ le mètre linéaire..... | | $17^{kg},626$ |
| 1 autre annexe semblable produit : | | |
| Aciers doux ronds de $0^m,014$ un poids de........................ | $343^{kg},726$ | |
| Etriers de $0^m,005$ un poids de..... | | $17^{kg},626$ |

### Pavillon central.

*Plancher haut du rez-de-chaussée.*
Aciers ronds doux de $0^m,012$ pour planchers creux de $0^m,14$ de hauteur suivant plan hors texte et coupe *bb*.

| | | |
|---|---|---|
| Linéaire 8 fois $7^m,00$..... | $56^m,00$ | |
| pesant $0^{kg},881$ le mètre linéaire...... | $49^{kg},336$ | |
| Au-dessus aciers ronds de $0^m,010$. | | |
| 16 fois $1^m,10$.......... | $17^m,60$ | |
| pesant $0^{kg},613$ le mètre linéaire..... | $10^{kg},789$ | |
| Aciers ronds doux de $0^m,005$ pour étriers. | | |
| 120 étriers développant chaque $0^m,32$ produisent un linéaire de | | |
| *A reporter*................ | $747^{kg},577$ | $35^{kg},252$ |

Reports...................        747$^{kg}$,577    35$^{kg}$,252

0$^m$,32 $\times$ 120...........        38$^m$,40

pesant 0$^{kg}$,153 le mètre............            5$^{kg}$,875

*Les aciers sous cloisons seront comptés avec les filets.*

Les aciers à la suite de 0$^m$,012 suivant coupe *cc*.

Linéaire 11 fois 4$^m$,25..        46$^m$,75

*formant retombée.*

10 fois 5$^m$,95 diamètre..        59$^m$,50

Ensemble........        106$^m$,25

pesant 0$^{kg}$,881 le mètre linéaire.....        93$^{kg}$,606

Aciers de 0$^m$,014 ronds.

21 fois 2$^m$,55...........        53$^m$,55

21 fois 5$^m$,40.........:..        113$^m$,40

Ensemble........        166$^m$,95

pesant 1$^{kg}$,201 le mètre linéaire:....        200$^{kg}$,507

Aciers doux ronds de 0$^m$,010.

21 fois 1$^m$,10..........        23$^m$,10

pesant 0$^{kg}$,613 le mètre............        14$^{kg}$,160

*Étriers.*

Aciers doux ronds de 0$^m$,005.

21 fois 21 $=$ 441.

développant chaque 0$^m$,32

produisent 0$^m$,32 $\times$ 441..        141$^m$,12

pesant 0$^{kg}$,153 le mètre linéaire.....        21$^{kg}$,591

*Aciers ronds doux de 0$^m$,014 pour filets.*

4 fois 9$^m$,65...........        38$^m$,60

2 fois 2$^m$,65...........        5$^m$,30

Ensemble........        43$^m$,90

pesant 1$^{kg}$,201 le mètre linéaire.....        52$^{kg}$,724

*Etriers.*

*Aciers doux ronds de 0$^m$,005.*

Ensemble 31 fois 0$^m$,32.        9$^m$,92

pesant 0$^{kg}$,153 le mètre linéaire.....            1$^{kg}$,518

*Les aciers du plancher haut du pavillon central seraient détaillés comme les précédents.*

*Filets pour Baies :*

4 *Baies A semblables* suivant figure et coupe *A* hors texte.

*Détail d'une :*

Aciers doux ronds de 0$^m$,014.

4 fois 1$^m$,60..............        6$^m$,40

pesant 1$^{kg}$,201 le mètre linéaire.....        7$^{kg}$,686

Etriers en aciers doux ronds de 0$^m$,005.

6 fois 0$^m$,40 développé.

Linéaire...............        2$^m$,40

6 fois 0$^m$,80 développé.

Linéaire...............        4$^m$,80

Ensemble.........        7$^m$,20

pesant 0$^{kg}$,153 le mètre linéaire.....            1$^{kg}$,102

A *reporter*...............        1116$^{kg}$,260    65$^{kg}$,338

|  | | |
|---|---|---|
| *Reports*..................... | 11116<sup>kg</sup>,260 | 65<sup>kg</sup>,338 |

3 autres baies semblables produisant :

3 fois 7<sup>kg</sup>,686.................. 23<sup>kg</sup>,058

3 fois 1<sup>kg</sup>,102................. 3<sup>kg</sup>,306

5 *Baies B semblables :* .

*Suivant figure B et coupe B.*
*Détail d'une :*
Aciers doux ronds de 0<sup>m</sup>,014.
4 fois 3<sup>m</sup>,15............. 12<sup>m</sup>,60
pesant 1<sup>kg</sup>,201 le mètre linéaire.... 15<sup>kg</sup>,133
Étriers en aciers doux ronds de
0<sup>m</sup>,005.
12 fois 0<sup>m</sup>,40 développé.. 4<sup>m</sup>,80
12 fois 0<sup>m</sup>,80 développé.. 9<sup>m</sup>,60
  Ensemble......... 14<sup>m</sup>,40
pesant 0<sup>kg</sup>,153 le mètre linéaire..... 2<sup>kg</sup>,203
4 autres baies semblables produi-
sent :
En aciers doux ronds de 0<sup>m</sup>,014.
4 fois 15<sup>kg</sup>,133................. 60<sup>kg</sup>,532
En aciers doux ronds de 0<sup>m</sup>,005.
4 fois 2<sup>kg</sup>,203................. 8<sup>kg</sup>,812

2 *Baies C semblables :*

*Suivant figure C et coupe C.*
*Aciers de 0<sup>m</sup>,014 doux ronds.*
4 fois 1<sup>m</sup>,60............. 6<sup>m</sup>,40
pesant 1<sup>kg</sup>,201 le mètre linéaire..... 7<sup>kg</sup>,686
*Etriers :* en acier de 0<sup>m</sup>,005.
6 fois 0<sup>m</sup>,40 développé.... 2<sup>m</sup>,40
6 fois 0<sup>m</sup>,80 développé.... 4<sup>m</sup>,80
  Ensemble......... 7<sup>m</sup>,20
pesant 0<sup>kg</sup>,153 le mètre linéaire.... 1<sup>kg</sup>,102
1 autre baie semblable produit :
En aciers doux ronds de 0<sup>m</sup>,014
un poids de.................. 7<sup>kg</sup>,686
En aciers doux ronds de 0<sup>m</sup>,005
un poids de.................. 1<sup>kg</sup>,102

*Baie D :*

*Suivant figure D et coupe D.*
*Aciers doux ronds de 0<sup>m</sup>,014.*
4 fois 3<sup>m</sup>,15............. 12<sup>m</sup>,60
pesant 1<sup>kg</sup>,201 le mètre linéaire..... 15<sup>kg</sup>,133
*Etriers aciers de 0<sup>m</sup>,005 ronds.*
12 fois 0<sup>m</sup>,40 développé... 4<sup>m</sup>,80
12 fois 0<sup>m</sup>,80 développé... 9<sup>m</sup>,60
  Ensemble......... 14<sup>m</sup>,40
pesant 0<sup>kg</sup>,153 le mètre linéaire...... 2<sup>kg</sup>,142

2 *Baies E semblables :*

*Suivant figure E et coupe E.*
*Aciers doux ronds de 0<sup>m</sup>,014.*
4 fois 1<sup>m</sup>,40 ............. 5<sup>m</sup>,00
pesant 1<sup>kg</sup>,201 le mètre........... 6<sup>kg</sup>,726

|  | | |
|---|---|---|
| *A reporter*.................. | 1252<sup>kg</sup>,214 | 84<sup>kg</sup>,005 |

|  | | |
|---|---|---|
| *Reports*.................... | 1252$^{kg}$,214 | 84$^{kg}$,005 |

Etriers aciers doux ronds de 0$^m$,015.

| 5 fois 0$^m$,40 développé.... | 2$^m$,00 |
| 5 fois 0$^m$,80 développé.... | 4$^m$,00 |

| Ensemble.......... | 6$^m$,00 |

pesant 0$^{kg}$,153 le mètre............       0$^{kg}$,918

1 autre baie semblable produit :

Aciers de 0$^m$,014 un poids de......   6$^{kg}$,726

Aciers de 0$^m$,015 un poids de......       0$^{kg}$,918

**Baie F :**

Suivant figure F et coupe DD.
*Aciers doux de 0$^m$,014 ronds.*

| 6 fois 2$^m$,90.............. | 17$^m$,40 |

pesant 1$^{kg}$,201 le mètre linéaire.....   20$^{kg}$,897

*Etriers en aciers de 0$^m$,005 diamètre.*

| 12 fois 0$^m$,70 développé... | 8$^m$,40 |

pesant 0$^{kg}$,153 le mètre linéaire.....       1$^{kg}$,285

*La ceinture en acier doux de 0$^m$,012 ronds*

| Linéaire................. | 5$^m$,00 |

pesant 0$^{kg}$,881 le mètre............   4$^{kg}$,405

**Baie G :**

Suivant plan G et coupe *ee*.
Aciers doux ronds de 0$^m$,018.

| 4 fois 4$^m$,50.............. | 18$^m$,00 |

pesant 1$^{kg}$,981 le mètre............   35$^{kg}$,658

Aciers doux ronds de 0$^m$,008.

| 4 fois 4$^m$,50.............. | 18$^m$,00 |

pesant 0$^{kg}$,392 le mètre............   7$^{kg}$,056

*Barres pliées* en aciers de 0$^m$,018.

| 4 fois 3$^m$,80.............. | 15$^m$,20 |

pesant 1$^{kg}$,981 le mètre............   30$^{kg}$,111

*Etriers idem* 84 fois 0$^m$,76.   63$^m$,84

pesant 0$^{kg}$,153 le mètre............       9$^{kg}$,768

**Baie H :**

Suivant *plan H et coupe ff.*
Aciers doux de 0$^m$,012 de diamètre.

| 4 fois 2$^m$,50.............. | 10$^m$,00 |

pesant 0$^{kg}$,881 le mètre............   8$^{kg}$,810

Aciers pliés en aciers de 0$^m$,012 de diamètre.

| 4 fois 2$^m$,70.............. | 10$^m$,80 |

pesant 0$^{kg}$,881 le mètre............   9$^{kg}$,515

en aciers de 0$^m$,008 ronds *idem*.

| 4 fois 2$^m$,50.............. | 10$^m$,00 |

pesant 0$^{kg}$,392 le mètre............   3$^{kg}$,920

Etriers en aciers ronds de 0$^m$,005.

| 48 fois 0$^m$,72.............. | 34$^m$,56 |

pesant 0$^{kg}$,153 le mètre............       5$^{kg}$,288

**Baie I :**

Suivant plan I et coupe *cc.*
Aciers doux ronds de 0$^m$,016.

| 4 fois 3$^m$,35.............. | 13$^m$,40 |

| *A reporter*.................. | 1379$^{kg}$,312 | 102$^{kg}$,182 |

Reports...................... 1370$^{kg}$,312   102$^{kg}$,182
pesant 1$^{kg}$,568 le mètre linéaire..... 21$^{kg}$,011
   Pliés acier de 0,016 ronds.
   4 fois 3$^m$,30............... 13$^m$,20
pesant 1$^{kg}$,568 le mètre linéaire..... 20$^{kg}$,698
   Aciers doux ronds de 0$^m$,008 :
   Droits 4 fois 3$^m$,35........ 13$^m$,40
pesant 0$^{kg}$,392 le mètre linéaire...... 5$^{kg}$,253
   Etriers en aciers ronds de 0$^m$,005.
   60 fois 0$^m$,76............. 45$^m$,60
pesant 0$^{kg}$,153 le mètre............            6$^{kg}$,977

   2 *Baies J semblables :*

*Suivant figure et coupe J.*
Détail d'une
Aciers doux ronds de 0$^m$,012.
   6 fois 1$^m$,80............... 10$^m$,80
pesant 0$^{kg}$,881 le mètre linéaire..... 9$^{kg}$,515
   Etriers en acier de 0$^m$,005 de diamètre.
   18 fois 0$^m$,54 développé... 9$^m$,72
pesant 0$^{kg}$,153 le mètre linéaire.....            1$^{kg}$,487
   1 autre baie semblable produit.... 9$^{kg}$,515   1$^{kg}$,487

   3 *baies K semblables :*

Suivant figure et coupe K.
*Détail d'une*
en aciers de 0$^m$,016 ronds.
   4 fois 1$^m$,80.............. 7$^m$,20
pesant 1$^{kg}$,568 le mètre............ 11$^{kg}$,290
   Etriers en aciers de 0$^m$,005 de diamètre.
   12 fois 0$^m$,54............. 6$^m$,48
pesant 0$^{kg}$,153 le mètre linéaire.....            0$^{kg}$,991
   2 autres baies semblables produi-
sent en aciers de 0$^m$,016 ronds.
   2 fois 11$^{kg}$,290.................. 22$^{kg}$,580
   en aciers de 0$^m$,005 de diamètre.
   2 fois 0$^{kg}$,991.................            1$^{kg}$,982
   Ensemble................ 1.479$^{kg}$,174   115$^{kg}$,106
à 208$^f$,00 les 100 kilogrammes n° 51, Série Ciment armé.....   3.336$^f$,10
   *Plus-value pour ronds* d'un diamètre de 0$^m$,012 à 0$^m$,029.
   Un poids de...................... 1.437$^{kg}$,996
à 13$^f$,00 les 100 kilogrammes (n° 54 *Ciment armé*)...........   199$^f$,88
   *Plus-value* pour ronds d'un diamètre de 0$^m$,008 à 0$^m$,0115
   Un poids de.................... 41$^{kg}$,178
à 29$^m$,40 les 100 kilogrammes n° 55 (*Ciment armé*).........   12$^f$,10
   *Plus-value* pour ronds d'un diamètre inférieur à 0$^m$,008.
   Un poids de...................... 115$^{kg}$,196
à 62$^f$,50  es 180 kilogrammes.........................   71$^f$,94

Nota. --- *Dans ces planchers creux, les fers non forgés, coupés
seulement de longueur,* pourront subir une réduction sur les
prix d'aciers n$^{os}$ 50 et 51 Série Ciment armé.   Observations

   Ensemble...........................................   3.600$^f$,00

*Coffrage vertical développé de linteaux ou filets à
plus de 4$^m$,00 de hauteur.*
En suivant le même ordre.

4 *Baies* A *semblables :*

Détail d'une :
Face $1^m,62 \times 0^m,60$ développé........... $0^m,97$
Sous-face $1^m,18 \times 0^m,20$ .............. $0^m,24$
*La feuillure ne se déduit pas.*
*Observation n° 47 Série Ciment armé.*
Face intérieure.
$1^m,62 \times 0^m,35$ hauteur................ $0^m,57$
3 autres baies semblables produisent
3 fois $1^m,78$........................ $5^m,34$

5 *Baies* B *semblables :*

Détail d'une :
Face $3^m,17 \times 0^m,60$ développé .......... $1^m,90$
Sous-face
2 fois $1^m,18 \times 0^m,20$................... $0^m,47$
Face intérieure
$3^m,17 \times 0^m,35$ .................. $1^m,11$
4 autres baies semblables produisent
4 fois $3^m,48$........................ $13^m,92$

2 *Baies* C *semblables :*

Détail d'une :
Face $1^m,62 \times 0^m,58$ développé.......... $0^m,94$
Sous-face $1^m,18 \times 0^m,20$.............. $0^m,24$
Face intérieure $1^m,62 \times 0^m,35$........... $0^m,57$
1 semblable ..................... $1^m,75$

*Baie* F *et balcon :*

*Coffrage à double courbure.*

Face : $\dfrac{2^m,25 + 1^m,90}{2^m} \times 0^m,75$...     $1^m,55$

2 fois $0^m,25 \times 0^m,60$ ...........     $0^m,30$
2 fois $0^m,38 \times 0^m,46$ ...........     $0^m,35$
                                        ______
                                        $2^m,20$
$\times 2^m,25$ n° 43 colonne B ..............     $4^m,95$
Face droite :
1 fois ................     $2^m,90$
2 fois $0^m,60$...........     $1^m,20$
                           ______
      Ensemble .......     $4^m,10 \times 0^m,08$   $0^m,33$
Épaisseur $1^m,95 \times 0^m,06$ ..............   $0^m,12$
Sous-face $1^m,65 \times 0^m,45$...............   $0^m,74$
Face intérieure $2^m,90 \times 0^m,35$ ..........   $1^m,02$

2 *Baies* E *semblables :*

Détail d'une :
*Face* $1,42 \times 0,58$..................... $0^m,82$
*Sous-face* $0^m,98 \times 0^m,20$.............. $0^m,20$
Face intérieure.
$1^m,42 \times 0^m,35$..................... $0^m,50$
1 autre baie semblable produit.......... $1^m,52$

*Baie* D :

Face $3^m,17 \times 0,58$..................... $1^m,84$
Sous-face 2 fois $1^m,18 \times 0^m,20$.......... $0^m,47$
Face intérieure.
$3^m,17 \times 0^m,35$..................... $1^m,11$

      *A reporter* ...................... $39^m,69$   $4^m,95$

Report ......................... 36<sup>m</sup>,69    4<sup>m</sup>,95

*Baie G :*

Face 1 fois 4<sup>m</sup>,50 × 0<sup>m</sup>,38.............    1<sup>m</sup>,71
Sous-face 3<sup>m</sup>,00 × 0<sup>m</sup>,42............    1<sup>m</sup>,26
Face intérieure.
4<sup>m</sup>,50 × 0<sup>m</sup>,22.....................    0<sup>m</sup>,99

*Baie H :*

Longueur 2<sup>m</sup>,00 × 0<sup>m</sup>,36.............    0<sup>m</sup>,72
Abouts 2 fois 0<sup>m</sup>,25 × 0<sup>m</sup>,20...........    0<sup>m</sup>,10
Sous-face 2<sup>m</sup>,00 × 0<sup>m</sup>,42.............    0<sup>m</sup>,84
Face intérieure 2<sup>m</sup>,50 × 0<sup>m</sup>,36..    0<sup>m</sup>,90
Déduire 2 fois 0<sup>m</sup>,25 × 0<sup>m</sup>,16..    0<sup>m</sup>,08

Reste...................    0<sup>m</sup>,82    0<sup>m</sup>,82

*Baie I :*

Face 3<sup>m</sup>,35 × 0<sup>m</sup>,22.................    0<sup>m</sup>,74
        3<sup>m</sup>,10 × 0<sup>m</sup>,16.................    0<sup>m</sup>,50
Sous-face 2<sup>m</sup>,60 × 0<sup>m</sup>,42.............    1<sup>m</sup>,09
Face intérieure.
3<sup>m</sup>,35 × 0<sup>m</sup>,22.....................    0<sup>m</sup>,74
3<sup>m</sup>,10 × 0<sup>m</sup>,16.....................    0<sup>m</sup>,50

*2 Baies J semblables :*

*Détail d'une :*
2 fois 1<sup>m</sup>,82 × 0<sup>m</sup>,22.................    0<sup>m</sup>,80
        1<sup>m</sup>,38 × 0<sup>m</sup>,42.................    0<sup>m</sup>,58
1 semblable.........................    1<sup>m</sup>,38

*3 Baies K semblables :*

*Détail d'une :*
2 fois 1<sup>m</sup>,82 × 0<sup>m</sup>,22.................    0<sup>m</sup>,80
        1<sup>m</sup>,38 × 0<sup>m</sup>,42.................    0<sup>m</sup>,58
2 semblables produisent :
2 fois 1<sup>m</sup>,38.........................    2<sup>m</sup>,76

Ensemble.....................    53<sup>m</sup>,60
1<sup>m</sup>,40 N° 39, colonne B.....................    75<sup>m</sup>,04

Ensemble .......................    79<sup>m</sup>,99
à 28<sup>f</sup>,40 le mètre n° 37 Série Ciment armé.................    2271<sup>f</sup>,72
Plus-value pour feuillures obtenues par le coffrage.
*Baies A :*
4 fois 1<sup>m</sup>,18 ...................    4<sup>m</sup>,72
*Baies B :*
10 fois 1<sup>m</sup>,18.................    11<sup>m</sup>,80
*Baies C :*
2 fois 1<sup>m</sup>,18.................    2<sup>m</sup>,36
*Baies D :*
2 fois 1<sup>m</sup>,18.................    2<sup>m</sup>,36
*Baies E :*
2 fois 0<sup>m</sup>,98.................    1<sup>m</sup>,96
*Baies F :*
Longueur......................    1<sup>m</sup>,55
*Baies J :*
2 fois 1<sup>m</sup>,18.................    2<sup>m</sup>,36

*A reporter...............*    27<sup>m</sup>,11        2271<sup>f</sup>,72

|  |  |  |
|---|---|---|
| Reports................... | 27$^m$,11 | 2271$^f$,72 |

*Baies K :*

| 3 fois 1$^m$,38.............. | .4$^m$,14 | |
| Ensemble............... | 31$^m$,25 à 2$^f$,50 le mètre | 78$^f$,13 |

N° 45 Série Ciment armé.

Coffrage sur cour....   2$^m$,40
                  2$^m$,55

Ensemble 4$^m$,95 $\times$ 0$^m$,14..    0$^m$,69
             $\times$ 1$^m$,25 n° 38 col B.    0$^m$,86

A 28$^f$,40 le mètre n° 37............................    24$^f$,42

Ensemble.................................    2374$^f$,27

### Béton normal dans linteaux ou filets

**4 *Baies A semblables* :**

*Détail d'une :*

1$^m$,62 $\times$ 0$^m$,20 de hauteur $=$ 0$^m$,32
       $\times$ 0$^m$,20..................... 0$^m$,064

Au-dessus :

1$^m$,62 $\times$ 0$^m$,31 de hauteur $=$ 0$^m$,50
       $\times$ 0$^m$,11.................. 0$^m$,055

Ensemble.................... 0$^m$,119
Déduire 1$^m$,18 $\times$ 0$^m$,06 $\times$ 0$^m$,06..... 0$^m$,004

Reste.................... 0$^m$,115 $=$ 0$^{m3}$,115
3 autres Baies semblables produisent
3 fois 0$^{m3}$,115............................ 0$^{m3}$,345

**5 *Baies B semblables* :**

*Détail d'une :*

3$^m$,17 $\times$ 0$^m$,20 hauteur 0$^m$,63
$\times$ 0$^m$,20............................. 0$^{m3}$,116
3$^m$,17 $\times$ 0$^m$,31 ....... 0$^m$,98
$\times$ 0$^m$,11 ........................... 0$^{m3}$,108

Ensemble.................. 0$^{m3}$,234
Déduire 2 fois 1$^m$,18 $\times$ 0$^m$,006 $\times$ 0$^m$,006   0$^{m3}$,008

Reste..................... 0$^{m3}$,226 $=$ 0$^m$,226
4 autres semblables produisent 4 fois. 0$^{m3}$,226 $=$ 0$^m$,904

**2 *Baies C semblables* :**

*Détail d'une :*

1$^m$,62 $\times$ 0$^m$,20 hauteur..... 0$^m$,32
$\times$ 0$^m$,20........................... 0$^{m3}$,064
1$^m$,62 $\times$ 0$^m$,29 hauteur..... 0$^m$,47
$\times$ 0$^m$,11............................. 0$^{m3}$,052

Ensemble.................. 0$^{m3}$,116
déduire 1$^m$,18 $\times$ 0$^m$,006 $\times$ 0$^m$,06...... 0$^{m3}$,004

Reste.................... 0$^{m3}$,112   0$^{m3}$,112
1 autre semblable.......................... 0$^{m3}$,112

**Baie D :**

3$^m$,17 $\times$ 0$^m$,20.............. 0$^m$,03
$\times$ 0$^m$,20........................... 0$^{m3}$,126

A reporter.................. 0$^{m3}$,126   1$^{m3}$,814

|  |  |  |
|---|---|---|
| Reports...................... | $0^{m3},126$ | $1^{m3},814$ |
| $3^m,17 \times 0^m,29$.............   $0^m,92$ | | |
| $\times 0^m,11$...................... | $0^{m3},101$ | |
| Ensemble.................... | $0^{m3},227$ | |
| Déduire : | | |
| 2 fois $1^m,18 \times 0,06 \times 0,06$......... | $0^{m3},008$ | |
| Reste.................... | $0^{m3},219$ | $0^{m3},219$ |

#### 2 Baies E semblables :

*Détail d'une :*

|  |  |  |
|---|---|---|
| $1^m,42 \times 0^m,20$.............   $0^m,28$ | | |
| $\times 0^m,20$...................... | $0^{m3},056$ | |
| $1^m,42 \times 0^m,29$.............   $0^m,41$ | | |
| $\times 0^m,11$...................... | $0^{m3},045$ | |
| Ensemble.................... | $0^{m3},101$ | |
| Déduire $0,98 \times 0,06 \times 0,06$........ | $0^{m3},003$ | |
| Reste.................... | $0^{m3},098$ | $0^{m3},098$ |
| 1 semblable...................... | | $0^{m3},098$ |

#### Baie F et balcon :

|  |  |  |
|---|---|---|
| $\dfrac{2,25 + 1,90}{2} \times 0^m,60$............. | $1^m,25$ | |
| 2 fois $0^m,25 \times 0,58$............... | $0^m,29$ | |
| 2 fois $0,38 \times 0,46$............... | $0^m,35$ | |
| Ensemble ................. | $1^m,89$ | |
| $\dfrac{0^m,08\,h^r. \times 0^m,43\,h^r.}{2}$ ............. | | $0^{m3},482$ |
| $2^m,90 \times 0,43$ .............   $1^m,25$ | | |
| $\times 0,25$...................... | | $0^{m3},313$ |
| $2^m,90 \times 0,20$.............   $0^m,58$ | | |
| $\times 0^m,43$...................... | | $0^{m3},249$ |

#### Baie G :

|  |  |  |
|---|---|---|
| $4^m,50 \times 0,38$.............   $1^m,71$ | | |
| $\times 0^m,42$...................... | | $0^{m3},718$ |

#### Baie H :

|  |  |  |
|---|---|---|
| $2^m,00 \times 0^m,36$..............   $0^m,72$ | | |
| $\times 0^m,42$...................... | | $0^{m3},302$ |
| Excédents. | | |
| 2 fois $0,25 \times 0,20$..............   $0^m,10$ | | |
| $\times 0^m,42$...................... | | $0^{m3},021$ |

#### Baie I :

|  |  |  |
|---|---|---|
| $3^m,35 \times 0,38$..............   $1^m,27$ | | |
| $\times 0^m,42$...................... | | $0^{m3},533$ |

#### 2 Baies J semblables :

*Détail d'une :*

|  |  |  |
|---|---|---|
| $1^m,82 \times 0^m,22$.............   $0^m,40$ | | |
| $\times 0^m,42$...................... | $0^{m3},168$ | |
| Déduire : | | |
| $1^m,38 \times 0,06 \times 0,06$.............. | $0^{m3},005$ | |
| Reste ............. | $0^{m3},163$ | $0^{m3},163$ |
| 1 autre baie semblable.................... | | $0^{m3},163$ |
| *A reporter*.................... | | $5^{m3},173$ |

*Report*..................................... 5$^{m3}$,173

*3 Baies k semblables :*

*Détail d'une :*

1$^m$,82 $\times$ 0,22............... 0$^m$,40

$\times$ 0,22.............................. 0$^{m3}$,088

*Déduire :*

1$^m$,38 $\times$ 0,06 $\times$ 0,06.............. 0$^{m3}$,005

    Reste...................... 0$^{m3}$,083   0$^{m3}$,083

2 autres semblables produisent 2 fois. 0$^{m3}$,083   0$^{m3}$,166

    Ensemble......................... 5$^{m3}$,422

à 326$^f$,00 le mètre cube.............................. 1.767$^f$,57

N° 21 Série Ciment armé.

    Ensemble.................................. 1.767$^f$,57

# CONSTRUCTION D'UN TROTTOIR AU POURTOUR D'UNE CONSTRUCTION

Basses fondations en béton armé et dallage en ciment au-dessus.

(*Suivant fig.* 72).

Repiquage de glaise à l'emplacement du trottoir avec enlèvement des terres aux décharges publiques.

Béton de ciment armé de 0$^m$,10 d'épaisseur avec quadrillage en acier de 0$^m$,008 (les aciers espacés de 0$^m$,20 d'axe en axe). Au-dessus dallage en ciment et béton de gravillon de 0$^m$,10 d'épaisseur compris chape, enduit en ciment de 0$^m$,10 hauteur sur l'épaisseur du trottoir avec arête arrondie. Sur le dessus du trottoir, joints pour imitation de dalles en pierre.

## Métré.

Repiquage ou déblai de terre de 0$^m$,10 réduit.

Hors œuvre 2 fois 11$^m$,50 $\times$ 1$^m$,65............. 37$^m$,95

Dans œuvre 2 fois 8$^m$,60 $\times$ 1$^m$,65............. 28$^m$,38

    Ensemble........................... 66$^m$,33

A déduire 1$^m$,60 $\times$ 1$^m$,40.............. 2$^m$,24

Excédent 2 fois 0$^m$,50 $\times$ 0$^m$,225........ 0$^m$,23

2$^m$,30 $\times$ 0$^m$,90.......................... 2$^m$,07

    Ensemble...................... 4$^m$,54   4$^m$,54

    Reste............................. 61$^m$,79

à 0$^f$,58 le mètre superficiel ............................ 35$^f$,84

Plus-value 10 0/0, article 197, Série Ciment............. 3$^f$,58

N° 57, Terrasse........ 0$^{heure}$,12 jusqu'à 0$^m$,05 d'épaisseur.

N° 58 ; 0$^m$,05 en plus = 0$^{heure}$,04.

    Ensemble....... 0$^{heure}$,16 à 4$^f$,60 l'heure. N° 3.. 0$^f$,58

*Suivant l'article n° 197 de la Série des Ciments. Il est accordé une augmentation de 10 0/0 sur les travaux faits par des terrassiers lorsque ces travaux sont exécutés par des cimentiers.*

*Pour des travaux de peu d'importance, nous estimons que le déblai a été fait par des cimentiers.*

Chargement des terres en tombereau et enlèvement aux décharges publiques.

Surface 61$^m$,79 $\times$ 0$^m$,10..................... 6$^{m3}$,179

à 30$^f$,65 le mètre cube.............................. 189$^f$,39

    A reporter.............................. 228$^f$,81

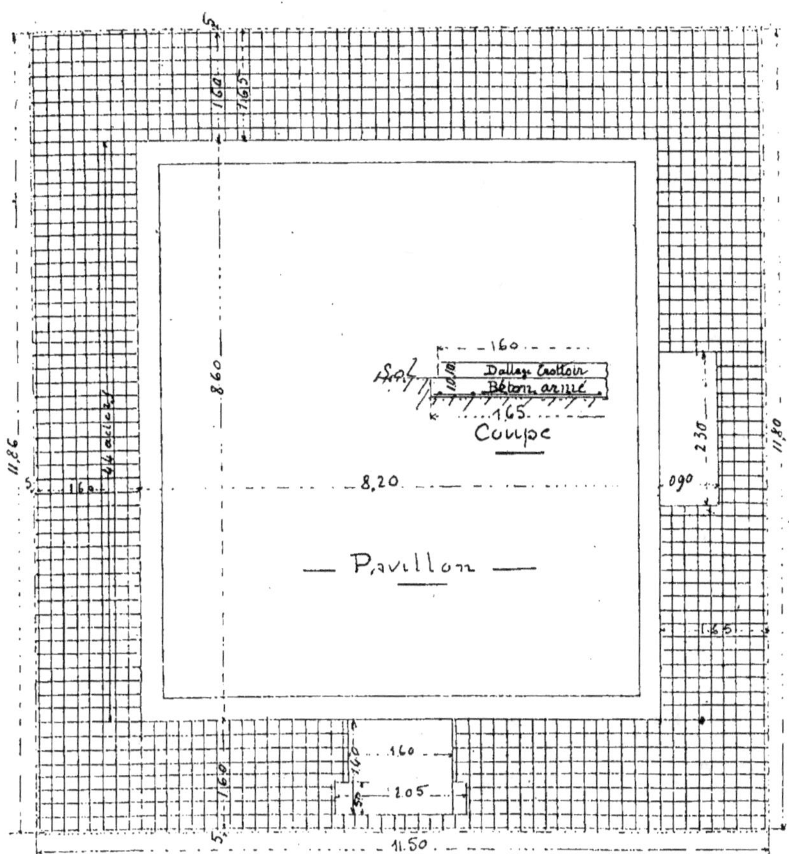



Fig. 72. — Plan de dallage sur béton armé autour d'un pavillon.

Report......................................... 228ᶠ,81

*Sous-détail :*

Nº 28, Série Terrasse, colonne B.
Le mètre cube.................... 0ʰᵉᵘʳᵉ,84
à 4ᶠ,60 l'heure nº 3.................... 3ᶠ,86
Plus-value 10 0/0 article 197, Série Ciment..... 0ᶠ,39
Nº 61, Série Terrasse, le mètre cube.......... 26ᶠ,40

Ensemble........................... 30ᶠ,65

*Pilonnage au pilon, de terre glaise.*
Surface 61ᵐ²,79 à 1ᶠ,77 le mètre........................... 109ᶠ,37
Nº 54, le mètre superficiel.... 0ʰᵉᵘʳᵉ,35 (Terrasse)
1/10 en plus, nº 197, ciment 0 ,025

Ensemble............ 0ʰᵉᵘʳᵉ,385
à 4ᶠ,60 l'heure, nº 3 ........................ 1ᶠ,77

A reporter........................................... 338ᶠ,18

Report............................................................  338$^f$,18

*Béton normal* posé directement sur le sol pour radier.

Surface 61$^{m2}$,79 $\times$ 0$^m$,10.....................  6$^{m3}$,179

à 278$^f$,00 le mètre cube n° 23 Ciment armé................  1.717$^f$,76

*Aciers doux ronds* de 0$^m$,008 perpendiculaires aux façades.

faces latérales 88 fois 1$^m$,63 ..  143$^m$,44

Déduire 12 fois 0$^m$,90......  10$^m$,80

Reste...............  132$^m$,64

*Face principale :*

48 fois 1$^m$,63........  78$^m$,24

2 fois 0$^m$,90........  1$^m$,80

10 fois 0$^m$,23........  2$^m$,30

*Face postérieure :*

58 fois 1$^m$,63 .........  94$^m$,54

309$^m$,52    309$^m$,52

*Aciers doux ronds* de 0$^m$,008 parallèles aux façades.

*Faces latérales :*

Hors œuvre 16 fois 11$^m$,86 ..  189$^m$,76

Déduire 4 fois 2$^m$,30 .......  9$^m$,20

Reste...............  180$^m$,86    180$^m$,56

*Face principale et Face postérieure dans œuvre.*

16 fois 8$^m$,20............  131$^m$,20

Déduire :

4 fois 1$^m$,60 .....  6$^m$,40

3 fois 2$^m$,05.....  6$^m$,15

Ensemble...  12$^m$,55    12$^m$,55

Reste...  118$^m$,65    118$^m$,65

• Ensemble ..............  608$^m$,73

pesant 0$^{kg}$,392 le mètre....................  183$^{kg}$,836

à 208$^f$,00 les 100 kilogrammes..........................  382$^f$,38

N° 51, Série Ciment armé.

Plus-value pour ronds d'un diamètre égal ou inférieur à 0$^m$,008.

Un poids de....................  183$^{kg}$,836

à 62$^f$,50 les 100 kilogrammes n° 56.....................  114$^f$,90

Ligatures à raison de 1 kilogramme pour 100 kilogrammes de fers ronds.

$$183^{kg},836 \times \frac{1}{100} = 1^{kg},838.$$

à 208$^f$,00 les 100 kilogrammes n° 51.....................  3$^f$,82

Plus-value pour ligatures.

Un poids de....................  1$^{kg}$,838

à 127$^f$,00 les 100 kilogrammes..........................  2$^f$,33

N° 58, Série Ciment armé.

Au-dessus dallage en béton de gravillon et ciment de 0$^m$,10 d'épaisseur.

*Faces latérales :*

Hors œuvre 2 fois 11$^m$,80 $\times$ 1$^m$,60......  37$^m$,76

Déduire 2$^m$,30 $\times$ 0$^m$,90 ...........  2$^m$,07

Reste.......................  35$^m$,69    35$^m$,69

*Face principale :*

Dans œuvre 8$^m$,20 $\times$ 1$^m$,60............  13$^m$,12

A reporter......................  13$^m$,12    35$^m$,69    2.559$^f$,37

| | | 13ᵐ,12 | 35ᵐ,69 | 2.559ᶠ,37 |

Reports...................... 13ᵐ,12  35ᵐ,69  2.559ᶠ,37

Déduire 1ᵐ,60 × 1ᵐ,40........  2ᵐ,24

Excédent :

2 fois 0ᵐ,50 × 0ᵐ,225 ........  0ᵐ,23

    Ensemble............  2ᵐ,47  2ᵐ,47

    Reste............  10ᵐ,65  10ᵐ,65

Face postérieure :

Dans œuvre 8ᵐ,20 × 1ᵐ,60...................  13ᵐ,12

    Ensemble......................  59ᵐ,46

à 35ᶠ,40 le mètre..............................  .......  2.104ᶠ,88

Nº 38, colonne 2, Série Ciments.

Sur le dessus du trottoir joints pour imitation de dalles en pierre.

    Surface...............................  59ᵐ,46

à 1ᶠ,00 le mètre nº 62 Série Ciments...................  59ᶠ,45

Arêtes arrondies.

Horizontales 2 fois 11ᵐ,40...................  22ᵐ,80

        2 fois 11ᵐ,80...................  23ᵐ,60

Verticales   4 fois  0ᵐ,10.....................  0ᵐ,40

    Ensemble...........................  46ᵐ,80

à 2ᶠ,60 le mètre...........................  121ᶠ,68

(Nº 100, Série Ciments).

Enduit en ciment Demarle sur la face du trottoir de 0ᵐ,10 de hauteur.

    Linéaire...............  46ᵐ,40

× 0ᵐ,24..............................  11ᵐ,14

Nº 91, Série Ciments.

à 15ᶠ,80 le mètre superficiel, nº 70 Ciments...............  176ᶠ,01

Coffrage préalable du trottoir.

    Linéaire...............  46ᵐ,40

× 0ᵐ,10 de hauteur...................  4ᵐ,64

à 4ᶠ,40 le mètre.........................  20ᶠ,42

Nº 330, Série Maçonnerie.

    Ensemble...........................  5.041ᶠ,82

# CONSTRUCTION D'UNE ÉCURIE POUR NEUF CHEVAUX (*Fig.* 73).

### Canalisation.

La canalisation sera *en tuyaux de ciment* comprimés ou coulés, avec emploi de ciment de Portland artificiel, qualité ciment armé en éléments droits sans collet destinés à des écoulements libres :

Composition : par mètre cube.

*Béton composé de :* Sable de rivière 800 litres, gravillon 400 litres, ciment de Portland artificiel 600 kilogrammes.

*Définition.* — On appelle *écoulement libre* une canalisation supportant une faible pression.

Nous avons donné dans le tome IV des métrés de canalisation en grès ou en fonte.

*Le grès est* employé de préférence, car il est imperméable et résiste davantage *aux acides.*

### Métré.

*Tranchée en terrain ordinaire pour pose de tuyaux en ciment,* compris fouille, jet sur berge, reprise pour remblai et pilonnage et enlèvement des terres restantes.

De 0ᵐ,60 à 0ᵐ,70 de largeur jusqu'à 0ᵐ,50 de profondeur.

1° Du tuyau de descente de droite jusqu'au 1ᵉʳ regard.

Linéaire 7ᵐ,50 — 0ᵐ,72...................... = 6ᵐ,78

à 6ᶠ,40 le mètre...................................................... 43ᶠ,39

N° 342, Série Égouts.

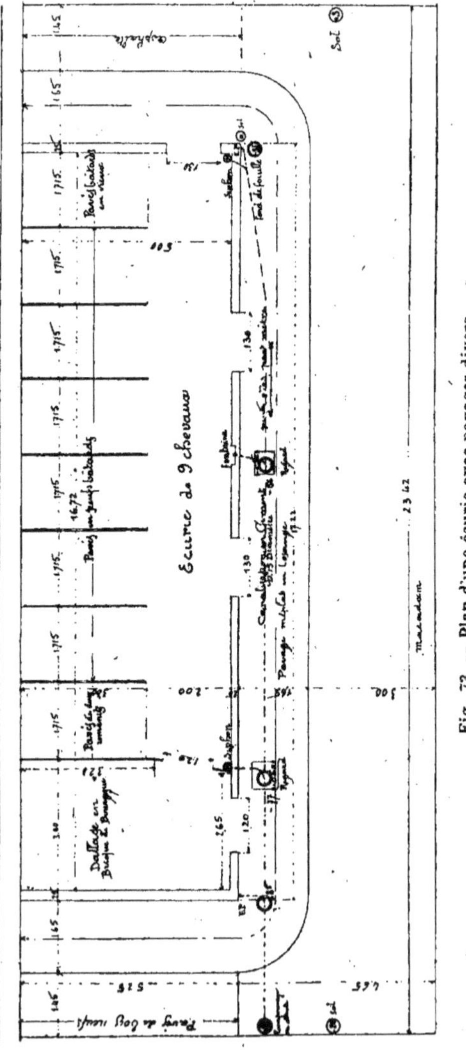

Fig. 73. — Plan d'une écurie avec pavages divers.

Le reste de la canalisation de 0ᵐ,70 de largeur et de 0ᵐ,615 de hauteur réduite.

Linéaire 12ᵐ,08

à 7ᶠ,90 le mètre........................................... 95ᶠ,43

*A reporter*........................................... 138ᶠ,82

Report.......... ..........................  138ᶠ,82

*Sous-détail :*

Jusqu'à 0ᵐ,50 de profondeur (n° 342 Série Égouts).
Le mètre linéaire................................  6ᶠ,40

Chaque décimètre de profondeur en plus au-dessus
de 0ᵐ,50 jusqu'à 1 mètre de profondeur inclusive-
ment.

Le mètre linéaire........  1ᶠ,30 (n° 344 Egouts).
et 0ᵐ,615 — 0ᵐ,50.......................  0ᵐ,115
ou 1 décimètre 15 produisent :

1ᶠ,30 × 1,15................................  1ᶠ,50

    Ensemble...........................  7ᶠ,90

La hauteur 0ᵐ,615 réduite s'obtient de la manière suivante.

La hauteur de canalisation à l'extrémité de la tranchée est
de 0ᵐ,93 — 0ᵐ,20 = 0ᵐ,73.

Hauteur à l'extrémité du 1ᵉʳ regard 0ᵐ,50.

Moyenne $\dfrac{0^m,73 + 0^m,50}{2} = 0^m,615$ hauteur.

*La pente du terrain est de 0ᵐ,01 par mètre, celle de la cana-
lisation de 0ᵐ,03 par mètre.*

Pourquoi n'avons-nous pas compté cette tranchée dans
toute sa longueur ?

Faisons le décompte.

La hauteur moyenne de la tranchée serait de :

$$\frac{0^m,35 + 0^m,73}{2} = 0^m,54 \text{ de hauteur.}$$

Nous aurions :

Linéaire de tranchées :

6ᵐ,78 + 12ᵐ,08 = 18ᵐ,86 à 6ᶠ,92 le mètre   130ᶠ,51

*Sous-détail :*

Jusqu'à 0ᵐ,50 de profondeur le mètre linéaire.................................  6ᶠ,40
et 0ᵐ,54 — 0ᵐ,50 de hauteur = 0ᵐ,04.
ou 0ᵈᵐ,4.
à 1ᶠ,30 n° 344........................  0ᶠ,52

    Le mètre linéaire..............  6ᶠ,92

*Le métré suivant série en observant les hau-
teurs* produit........................  138ᶠ,82

Le 2ᵉ cas, en voulant abréger le travail de
métré, produit.......................  130ᶠ,51

    D'où perte pour l'entreprise........  8ᶠ,31

*Pour éviter toute confusion, il est préférable dans la lon-
gueur des tranchées de déduire la longueur des regards y
compris les épaisseurs de murs ou murettes.*

La première longueur a été obtenue ainsi.

Le 1ᵉʳ regard est de....................  0ᵐ,50
Murettes 2 fois 0ᵐ,11..................  0ᵐ,22

    Ensemble......................  0ᵐ,72
d'où 7,50 — 0ᵐ,72......................  6ᵐ,78

La 2ᵉ longueur s'obtient de même :

2ᵉ regard..............................  0ᵐ,60
Murettes 2 fois 0ᵐ,11..................  0ᵐ,22

    Ensemble......................  0ᵐ,82
D'où 12ᵐ,90 — 0ᵐ,82...................  12ᵐ,08

    A reporter.............................  138ᶠ,82

Report .........................................................    138ᶠ,82

*Nous allons continuer le métré par la fouille de regards.*

1ᵉʳ *Regard de droite :*
Fouille en rigoles en terrain ordinaire avec jet sur berge, chargement en tombereau et enlèvement aux décharges publiques.

    0ᵐ,72 × 0ᵐ,72 .............. 0ᵐ,52
× 0ᵐ,50 hauteur ............................ 0ᵐ³,260

    2ᵉ *Regard :*
    0ᵐ,82 × 0ᵐ,82 .............. 0ᵐ,67
× 0ᵐ,62 de hauteur ........................ 0ᵐ³,415

     Ensemble ............................ 0ᵐ³,675
à 37ᶠ,10 le mètre cube ...........................    25ᶠ04

    Terrasse nᵒˢ 23-30-28-3 et 61.
    *Tranchées des branchements :*
    *Jusqu'à 0ᵐ,50 de profondeur.*
    Recevant le premier siphon ............... 0ᵐ,35 réduit
    Un percement dans le béton ancien de 0ᵐ,40
en biais avec reprise ........................    24ᶠ,00
    Nᵒ 259 Égouts, le centimètre ....... 0ᶠ,60
et 40 centimètres produisent
0ᶠ,60 × 40 ..................... 24ᶠ,00

    *Branchement de la Fontaine :*
    Longueur ............................... 0ᵐ,35 réduit
    Un percement semblable au précédent .....    24ᶠ,00

     Ensemble ......................... 0ᵐ,70
à 6ᶠ,40 le mètre ..................................    4ᶠ,48
    *Branchement du 2ᵉ siphon :*
    *Tranchée de 0ᵐ,60 réduit de hauteur.*
    Linéaire ................................ 0ᵐ,50
    Un percement semblable au précédent..........    24ᶠ,00
    Branchement des eaux pluviales
    Linéaire ................................ 0ᵐ,50

     Ensemble ....... ................. 1ᵐ,00
à 7ᶠ,70 le mètre ..................................    7ᶠ,70
    (Nᵒ 342 + 344).
    La canalisation en ciment de 0ᵐ,15 de *diamètre intérieur* pour fourniture en tranchée.
    Linéaire (*compris branchement*) .................. 24ᵐ,85
    Plus-value pour coudes, culottes.
    Linéaire ............................ 6ᵐ,08
    40 0/0, nᵒ 194, ciments ....................... 2ᵐ,43

     Ensemble ...................... 27ᵐ,28
à 12ᶠ,00 le mètre.
    Nᵒ 193, Série Ciments ....................    327ᶠ,36
    Pose de canalisation en ciment de 0ᵐ,15 de diamètre.
    Longueur ............................ 18ᵐ,77
    Les coudes culottes, etc, ............... 6ᵐ,08
    Plus-value 40 0/0 ..................... 2ᵐ,43

     Ensemble ...................... 8ᵐ,51    8ᵐ,51

     Ensemble ...................... 27ᵐ,28
à 6ᶠ,55 le mètre nᵒ 79 ...........................    178ᶠ,68

     *A reporter* .........................    754ᶠ,08

| | |
|---|---|
| *Report* .......................................... | 754ᶠ,08 |

La fourniture de 2 siphons à panier complet sans tubulures de 0ᵐ,30 de diamètre.

| | |
|---|---|
| à 157ᶠ,00 l'un ............................... | 314ᶠ,00 |

Nº 97, Série Égouts.

| | |
|---|---|
| Pose de 2 siphons à 16ᶠ,00 l'un ............... | 32ᶠ,00 |

Nº 300, Série Égouts ...........................

Lorsque les siphons sont à plusieurs pièces, il est appliqué le nº 301, Série Égout à 20ᶠ,00 l'un.

Dans les regards la fourniture de 2 tampons hermétiques pour tuyaux de 0ᵐ,15 de diamètre.

| | |
|---|---|
| à 29ᶠ,40 l'un, nº 91 Égouts ..................... | 58ᶠ,80 |

La pose des tampons à ciel ouvert.

| | |
|---|---|
| 2 à 1ᶠ,90 l'un, nº 304 Égouts .................. | 3ᶠ,80 |

### Construction des regards.

Les murettes en brique neuve pleine, façon Bourgogne 0ᵐ,06 × 0ᵐ,105 × 0ᵐ,22 1ʳᵉ qualité rive gauche de 0ᵐ,105 d'épaisseur et chaux B.

*1ᵉʳ Regard :*

| | | |
|---|---|---|
| Dans œuvre 2 fois 0ᵐ,50 ............... | 1ᵐ,00 | |
| Hors œuvre 2 fois 0ᵐ,72 ............... | 1ᵐ,44 | |
| Ensemble ..................... | 2ᵐ,44 | |
| × 0ᵐ,50 hauteur ............................ | | 1ᵐ,22 |

*2ᵉ Regard :*

| | | |
|---|---|---|
| Dans œuvre 2 fois 0ᵐ,60 ............... | 1ᵐ,20 | |
| 2 fois 0ᵐ,82 ........................ | 1ᵐ,64 | |
| Ensemble ..................... | 2ᵐ,84 | |
| × 0ᵐ,62 hauteur ............................ | | 1ᵐ,76 |
| Ensemble ............................ | 2ᵐ,98 | |
| à 29ᶠ,30 le mètre ......................... | | 87ᶠ,31 |

*Sous-détail :*

| | |
|---|---|
| Nº 448, le mètre superficiel ................. | 30ᶠ,00 |

Moins-value pour chaux B.

| | |
|---|---|
| Nº 473, Maçonnerie, colonne 2 ............... | 0ᶠ,70 |
| Le mètre superficiel ..................... | 29ᶠ,30 |

Les radiers en béton de gravillon et ciment 1 et mortier nº 2.

| | |
|---|---|
| 0,50 × 0,50 ............. | 0ᵐ,25 |
| 0ᵐ,60 × 0ᵐ,60 ............ | 0ᵐ,36 |
| Ensemble ....... | 0ᵐ,61 × 0ᵐ,10 épaisseur = 0ᵐ³,061 |

| | |
|---|---|
| à 170ᶠ,00 le mètre cube ............................ | 10ᶠ,37 |

Nº 325, colonne 9, Maçonnerie.

Enduit ordinaire en mortier nº 3 non dressé en ciment 1 sur brique neuve ou béton.

*1ᵉʳ Regard :*

| | | |
|---|---|---|
| 4 fois 0ᵐ,50 ........................ | 2ᵐ,00 | |
| × 0ᵐ,35 hauteur ......................... | | 0ᵐ,70 |

*2ᵉ Regard :*

| | | |
|---|---|---|
| 4 fois 0ᵐ,60 ....................... | 2ᵐ,40 | |
| × 0ᵐ,47 de hauteur ...................... | | 1ᵐ,13 |
| Radier 0ᵐ,50 × 0ᵐ,50 ...................... | | 0ᵐ,25 |
| 0ᵐ,60 × 0ᵐ,60 ................. | | 0ᵐ,36 |
| Ensemble ............................ | 2ᵐ,44 | |

| | |
|---|---|
| *A reporter* ................................ | 1.260ᶠ,36 |

|  |  |  |
|---|---|---|
| *Reports*.............................. 2<sup>m</sup>,44 | 1.260<sup>f</sup>,36 |
| à 9<sup>f</sup>,85 le mètre............................... | 24<sup>f</sup>,03 |

Maçonnerie, n° 651, colonne 1.

Sur le dessus enduit en ciment, *idem*.

| 2 fois 0<sup>m</sup>,50................... | 1<sup>m</sup>,00 |
| 2 fois 0<sup>m</sup>,72................... | 1<sup>m</sup>,44 |
| 2 fois 0<sup>m</sup>,60................... | 1<sup>m</sup>,20 |
| 2 fois 0<sup>m</sup>,82................... | 1<sup>m</sup>,64 |

$$5^m,28 \times 0^m,11 = 0^m,58$$

à 9<sup>f</sup>,85 le mètre superficiel............................ 5<sup>f</sup>71

*Dans les enduits ordinaires, les cueillies et arêtes ne sont pas dues.*

La fourniture de 2 châssis de regards avec tampons série lourde.

| 1 de 0<sup>m</sup>,60 $\times$ 0<sup>m</sup>,60 pesant......... | 82<sup>kg</sup> (n° 201, Égouts) |
| 1 de 0<sup>m</sup>,70 $\times$ 0<sup>m</sup>,70 pesant......... | 115<sup>kg</sup> |
| Ensemble ................ | 197 kilogrammes. |

à 157<sup>f</sup>,08 les 100 kilogrammes (net)....................... 309<sup>f</sup>,45

*Sous-détail :*

Supposons le cours des matériaux à 136<sup>f</sup>,00 les 100 kilogrammes. Si nous nous reportons à l'observation n° 201, Série Égouts, nous avons :

| Cours............................. ............ | 136<sup>f</sup>,00 |
| Risques de casse, transport. | |
| 5 0/0................................ | 6<sup>f</sup>,80 |
| Ensemble......................... | 142<sup>f</sup>,80 |
| 10 0/0 bénéfice........................... | 14<sup>f</sup>,28 |
| Ensemble........................... | 157<sup>f</sup>,08 |

*Supposons un supplément d'octroi de 5<sup>f</sup>,00 pour 100 kilogrammes.*

| Comment ferons-nous le décompte ? | |
| Cours des matériaux........................ | 136<sup>f</sup>,00 |
| Octroi............................ | 5<sup>f</sup>,00 |
| Ensemble........................... | 141<sup>f</sup>,00 |
| 5 0/0 ............................ | 7<sup>f</sup>,05 |
|  | 148<sup>f</sup>,05 |
| 10 0/0 ............................ | 14<sup>f</sup>,81 |
| Les 100 kilogrammes.................. | 162<sup>f</sup>,86 |

Pose de tampons de plus de 0<sup>m</sup>,25 de superficie à ciel ouvert.

2 à 13<sup>f</sup>,00 l'un.................................. 26<sup>f</sup>,00

n° 306, Égouts.

*Nous ne faisons pas le décompte des tuyaux en fonte dans la partie inférieure, ces travaux ont été traités précédemment dans le tome IV.*

A l'extrémité de la canalisation tamponnage en plâtre en attente à ciel ouvert.

N° 334, Série Égouts.................................. 1<sup>f</sup>,70

Ensemble .................................. 1627<sup>f</sup>,25

## Sols *(fig. 73)*.

Fouille en déblai ou repiquage de terre ordinaire à l'emplacement des différents sols, avec chargement et enlèvement des terres aux décharges publiques.

*Le boxe* sera en brique neuve de Bourgogne de champ posée en fougère avec mortier n° 3 F, sur béton de gravier de 0<sup>m</sup>,08 d'épaisseur et sur forme de sable de rivière tamisé de 0ᵐ,02 d'épaisseur après tassement. Les joints garnis en ciment Portland pur, lavés, nettoyés, séchés à la sciure de bois, frottés et lissés jusqu'à siccité, avec pentes, contrepentes pour écoulement des eaux. Les joints seront tirés au fer.

*L'écurie principale* sera en pavés neufs de 0ᵐ,17 à 0ᵐ,19 de côté sur 0ᵐ,18 à 0ᵐ,19 de hauteur (24 pavés au mètre), avec forme en sable de rivière de 0ᵐ,10 d'épaisseur réduit à 0ᵐ,08 après tassement; hourdis des pavés en mortier bâtard L et jointoiement en ciment Portland, les joints tirés au fer.

*A gauche attenant au boxe pavés de deux remaniés* avec forme en sable, hourdis et joints semblables à l'écurie principale.

*A droite* une partie *en pavés vieux bâtards* fournis avec hourdis, jointoiement et forme en sable.

*A l'extérieur*, pavage en *pavés méplats en losange* avec forme, hourdis et jointoiement à la Française en mortier de ciment l à l'extrémité du bâtiment, *à gauche* une partie *en pavés de bois neufs* de 0ᵐ,10 de hauteur sur béton de 0ᵐ,10 d'épaisseur.

*A droite* sol *en asphalte* de 0ᵐ,02 sur béton de gravillon et ciment de 0ᵐ,10 de hauteur.

Au-devant de l'écurie *Macadam* composé de cailloux et matière d'agrégation avec sablage sur le dessus en sable de rivière, compris régalage, arrosage, pilonnage à bras d'hommes, à rouleau ou à cylindre avec chevaux.

## Métré

A l'emplacement du boxe, repiquage de terre de 0ᵐ,22 avec chargement des terres en tombereau et enlèvement aux décharges publiques.

Une partie suivant figure n° 73 de 3ᵐ,00 × 3ᵐ,23.   9ᵐ,69

Une autre de $\dfrac{3^m,00 + 2^m,65}{2} \times 1^m,77$ ............  5ᵐ,00

    Ensemble ............................  14ᵐ,69

à 7ᶠ,68 le mètre ...................................     112ᶠ,82

*Sous-détail :*

*Terrasse :*

N° 57 jusqu'à 0ᵐ,05 d'épaisseur le mètre superficiel ........................................  0ʰ,120

Chaque épaisseur de 0ᵐ,05 en plus n° 58 = 0ʰ,04

et pour 0ʰ,22 — 0ᵐ,05 = 0ᵐ,17

produisent 3 fois 0ʰ,04 ...................  0ʰ,12

0ᵐ,02 produisent 2 fois 0ʰ,008 ............  0ʰ,016

    Ensemble .....................  0ʰ,136   0ʰ,136

     Ensemble .....................   0ʰ,256

à 4ᶠ,60 l'heure n° 3 ......................  1ᶠ,18

Chargement des terres en tombereau.

Terrasse, n° 28, le mètre cube ....  0ʰ,67

et pour 0ᵐ,22 produisent ............  0ʰ,15

à 4ᶠ,60 l'heure ......................  0ᶠ,69

Enlèvement aux décharges publiques n° 61, le mètre cube ........  26ᶠ,40

et pour 0ᵐ,220 produisent.

26ᶠ,40 × 0ᵐ,220 .....................  5ᶠ,81

   Le mètre superficiel .............  7ᶠ,68

Le boxe en brique neuve de Bourgogne de champ, posée en fougère avec mortier n° 3 F, béton de gravier, forme en sable et joints tirés au fer.

    *A reporter* ................................................  112ᶠ,82

|  |  |  |
|---|---|---|
| *Report*........................................... |  | 112$^f$,82 |
| Surface ci-dessus..................... | 14$^m$,69 |  |
| à 118$^f$,15 le mètre superficiel........................ |  | 1.735$^f$,62 |
| Maçonnerie, n° 482, colonne 4, le mètre superficiel. | 116$^f$,00 |  |
| —      n° 487, joints tirés au fer     — | 2$^f$,15 |  |
| Le mètre superficiel..................... | 118$^f$,15 |  |

Suivant les numéros 484 et 485.

Ces prix comprennent :

Les plus-values d'entourage, tuyaux, parement de brique.

*Il est entendu que les scellements de poteaux*, siphons, etc.,
ne seront pas déduits des surfaces (Observation n° 484).

*Dans le cas où le hourdis serait en Ciment Portland* au lieu
de *Ciment prévu en Vassy* dans les numéros 482 et 483, ce
travail *serait compté en supplément* (Observation 486).

### Écurie principale.

*Terrasse.* La fouille en déblai avec jet sur berge,
chargement en tombereau et enlèvement aux décharges
publiques.

|  |  |  |
|---|---|---|
| Longueur 8 fois 1$^m$,715 = 13$^m$,72 |  |  |
| × 5$^m$,00 de largeur..................... | 68$^m$,60 |  |
| Excédent sur boxe. |  |  |
| 5.00 — 3,23 = 1$^m$,77 |  |  |
| × $\frac{0,35}{2}$ ............................. | 0$^m$,31 |  |
| Ensemble..................... | 68$^m$,91 |  |
| Déduire pavés remaniés. |  |  |
| 1.715 × 3$^m$,00..................... | 5$^m$,15 |  |
| Reste..................... | 62$^m$,76 |  |
| × 0$^m$,27 de hauteur..................... | 17$^{m3}$,215 |  |
| à 35$^f$,85 le mètre cube..................... |  | 617$^f$,16 |

*Sous-détail :*

|  |  |  |
|---|---|---|
| Terrasse, n° 19, fouille en déblai........ | 0$^h$,80 |  |
| —    n° 30, jet sur berge.......... | 0$^h$,585 |  |
| —    n° 28, chargement.......... | 0$^h$,67 |  |
| Ensemble..................... | 2$^h$,055 |  |
| à 4$^f$,60 l'heure............................. | 9$^f$,45 |  |
| Transport aux décharges publiques n° 61........ | 26$^f$,40 |  |
| Le mètre cube..................... | 35$^f$,85 |  |

|  |  |  |
|---|---|---|
| Forme en sable de rivière de 0$^m$,10 d'épaisseur. |  |  |
| Surface..................... | 63$^m$,76 |  |
| Excédent sous le pavage remanié. |  |  |
| Surface..................... | 5$^m$,15 |  |
| Ensemble..................... | 68$^m$,91 |  |
| à 4$^f$,95 le mètre n° 63. Pavage..................... |  | 341$^f$,10 |

Le pavage en pavés neufs bâtards de 0$^m$,17 à 0$^m$,19 de côté
sur 0$^m$,18 à 0$^m$,19 de hauteur.

|  |  |  |
|---|---|---|
| Surface..................... | 68$^m$,91 |  |
| Déduire le pavage en pavés remaniés. |  |  |
| Surface..................... | 5$^m$,15 |  |
| Le pavage en pavés bâtards vieux. |  |  |
| 1$^m$,715 × 3$^m$,00..................... | 5$^m$,15 |  |
| Ensemble..................... | 10$^m$,30 | 10$^m$,30 |
| Reste..................... |  | 58$^m$,61 |
| *A reporter*..................... | 58$^m$,61 | 2.806$^f$,70 |

*Reports* ................................... 58ᵐ,61    2.806ᶠ,70

à 62ᶠ,00 le mètre.................................... 3.633ᶠ,82

N° 35, colonne 1 (pavage).

Plus-value pour hourdis en mortier bâtard L.

Surface......................... 58ᵐ,61

à 5ᶠ,95 le mètre superficiel.............................. 321ᶠ,73

(Pavage, n° 35, colonne 4).

Jointoiement en ciment de Portland les joints tirés au fer.

Surface ........................... 58ᵐ,61

à 10ᶠ,36 le mètre.................................... 607ᶠ,20

N° 55, colonne 1, le mètre superficiel............. 9ᶠ,40

N° 56, colonne 1   —  — ............. 0ᶠ,96

Ensemble............................ 10ᶠ,36

*Plus-value pour double transport de pavés bâtards neufs pour des travaux n'ayant pas employé 3.000 pavés.*

Surface ........................... 58ᵐ,61

à 6ᶠ,30 le mètre n° 49 colonne 1........................ 369ᶠ,24

*Nous avons dit qu'il y avait 24 pavés au mètre superficiel.*

*Soit* 58ᵐ,61 × 24 = 1.407 *pavés.*

*Coupes biaises en pavage neuf.*

Une partie sur le boxe.

Linéaire ............................ 1ᵐ,65

Circulaires au pourtour des siphons.

2 fois 0ᵐ,47.................... 0ᵐ,94

Plus-value 1/3.............. 0ᵐ,31

Ensemble............... 1ᵐ,25    1ᵐ,25

Ensemble.................. 2ᵐ,90

à 2ᶠ,85 le mètre.................................... 8ᶠ,27

(N° 51, Série Pavage).

A droite contre la façade latérale le *pavage en pavés vieux bâtards* avec plus-value de hourdis et jointoiement semblable au travail précédent.

Surface de déduction.................. 5ᵐ,15

à 51ᶠ,29 le mètre.................................... 264ᶠ,14

*Sous-détail :*

Pavage en pavés bâtards vieux.

Le mètre superficiel......................... 34ᶠ,98

*Sous-détail :*

Pavés bâtards neufs de 0ᵐ,17 à 0ᵐ,19 de côté sur 0ᵐ,18 à 0ᵐ,19 de hauteur, le mille 1.720ᶠ,00

n° 6; pavage pavés vieux, n° 18, 1/2 en moins, le mille............................ 860ᶠ,00

Soit 24 pavés à 860ᶠ,000 le mille.

Le mètre superficiel .................. 20ᶠ,640

19 0/0, frais généraux, page 125, pavage. 3ᶠ,921

Ensemble................... 24ᶠ,561

10 0/0 de bénéfice................. 2ᶠ,456

Le mètre superficiel............ 27ᶠ,020

La fourniture *en pavés neufs bâtards* s'établit de la même manière.

Pavés bâtards de 0ᵐ,17 à 0ᵐ,19 sur 0ᵐ,18 à 0ᵐ,19 de hauteur, le mille 1.720ᶠ,00.

Soit 24 pavés à 1.720ᶠ,00 le mille........ 41ᶠ,28

*A reporter*.................... 41ᶠ,28    34ᶠ,98    8.011ᶠ,10

|  |  |  |  |
|---|---|---|---|
| *Reports*............ .............. | 41ᶠ,28 | 34ᶠ,98 | 8.011ᶠ,10 |
| 19 0/0, frais généraux................. | 7ᶠ,84 | | |
| Ensemble ..................... | 49ᶠ,12 | | |
| Bénéfice 10 0/0...................... | 4ᶠ,912 | | |
| Le mètre superficiel............. | 54ᶠ,03 | | |

Pour éviter tous ces calculs, il suffisait de doubler le prix du pavage en pavés vieux.

2 fois 27ᶠ,02................... 54ᶠ,04

Il suffit donc de déduire la somme de 27ᶠ,02 du n° 35, colonne 1.

Soit 62ᶠ,00 — 27ᶠ,02.............. 34ᶠ,98

*La forme en sable comptée précédemment.*

Plus-value pour hourdis en mortier bâtard L. Le mètre superficiel.................... 5ᶠ,95

N° 35, colonne 4.

Jointoiement en ciment de Portland, les joints tirés au fer.

Le mètre superficiel n° 55 et n° 56.............. 10ᶠ,36

Le mètre superficiel.................. 51ᶠ,29

Plus-value pour double transport de pavés vieux bâtards pour des travaux n'ayant pas employé 3.000 pavés.

Surface 5ᵐ,15 à 6ᶠ,30 le mètre........................ 32ᶠ,45

Pavage, n° 49, colonne 1.

*A gauche attenant au boxe pavés de deux remaniés.*

*La forme en sable comptée précédemment.*

*Le pavage en pavés de deux remaniés de 0ᵐ,18 à 0ᵐ,20 de côté, de 0ᵐ,10 à 0ᵐ,12 d'épaisseur (24 pavés au mètre).*

Surface précédente.................... 5ᵐ,15

à 7ᶠ,85 le mètre superficiel............................. 40ᶠ,43

N° 40, colonne 2.

Plus-value pour hourdis en mortier bâtard L.

Surface 5ᵐ,15 à 5ᶠ,95 le mètre.................. 30ᶠ,64

Pavage n° 40, colonne 4.

Jointoiement en ciment de Portland les joints tirés au fer.

Surface.............................. 5ᵐ,15

à 10ᶠ,36 le mètre superficiel............................. 53ᶠ,35

Pavage n° 55 + n° 56.

Retaille de pavés de deux 40 pavés à 33ᶠ,50 le cent....... 13ᶠ,40

*Nous n'avons pas de double transport de pavés ; ils ont été fournis par le propriétaire.*

*Le pavage remanié comprend le repiquage du sol pour recevoir la nouvelle forme.*

Pavage, page 125.

Nous compterons le dépavage à cet emplacement avec transport et rangement.

*Dépavage de pavés posés sur mortier de ciment.*

Surface 5ᵐ,15.

à 3ᶠ,70 le mètre........................................ 19ᶠ,06

*La pente n'ayant pas été modifiée, nous n'avons pas de déblai de terre à compter.*

### Pavage à l'extérieur.

*Repiquage de terre de 0ᵐ,22 de hauteur avec chargement des terres en tombereaux et enlèvement aux décharges publiques.*

*A reporter*................................................. 8.200ᶠ,43

Report .......................................... 8.200<sup>f</sup>,43

Faces latérales 2 fois 5<sup>m</sup>,25 × 1<sup>m</sup>,65............ 17<sup>m</sup>,33
2 1/4 de cercles de 1<sup>m</sup>,65 de rayon............ 4<sup>m</sup>,27
Sur façade principale.
Longueur 17<sup>m</sup>,22 × 1<sup>m</sup>,65.............. 28<sup>m</sup>,41
Déduire regards :
0<sup>m</sup>,82 × 0<sup>m</sup>,82.............. 0<sup>m</sup>,67
0<sup>m</sup>,72 × 0<sup>m</sup>,72.............. 0<sup>m</sup>,52

    Ensemble............... 1<sup>m</sup>,19   1<sup>m</sup>,19

    Reste................ 27<sup>m</sup>,22   27<sup>m</sup>,22
                      48<sup>m</sup>,82

à 7<sup>f</sup>,68 le mètre (prix précédent)...................... 374<sup>f</sup>,94
*Forme en sable de rivière de 0<sup>m</sup>,10 d'épaisseur.*
Surface..................................... 48<sup>m</sup>,82
à 4<sup>f</sup>,95 le mètre n° 63, Pavage......................... 241<sup>f</sup>,66
*Le pavage en pavés méplats de 0<sup>m</sup>,19 au panneau de 0<sup>m</sup>,10
d'épaisseur (26 pavés au mètre carré?)*
Surface.................................... 48<sup>m</sup>,82 } 50<sup>m2</sup>,10
Excédent pour seuils 5<sup>m</sup>,10 × 0<sup>m</sup>,25.... 1<sup>m</sup>,28 }
à 45<sup>f</sup>,80 le mètre superficiel............................ 2.294<sup>f</sup>,58
(N° 43, colonne 1, Pavage).
*Plus-value pour hourdis en Mortier bâtard L :*
Surface 50<sup>m</sup>,10 à 7<sup>f</sup>,85 le mètre superficiel.............. 393<sup>f</sup>,29
N° 43, colonne 4, Pavage.
*Plus-value de pavés méplats posés en losange.*
Surface 50<sup>m</sup>,10 à 2<sup>f</sup>,15 le mètre...................... 107<sup>f</sup>,72
N° 50, colonne 1, Pavage.
*Jointoiement à la française, sur pavés méplats* les joints
coulés en mortier de ciment n° 3 sur 0<sup>m</sup>,03 de profondeur ;
puis remplis en ciment pur *idem*, les joints parfaitement ré-
guliers et lissés avec ou sans tracé au fer.
Surface 50<sup>m</sup>,10 à 10<sup>f</sup>,80 le mètre...................... 541<sup>f</sup>,08
N° 57, colonne 1, Pavage.
Taille de pavés circulaires.
2 1/4 de circonférence de 1<sup>m</sup>,35 de rayon ou une 1/2 circon-
férence de 1<sup>m</sup>,35 de rayon.
Développement...................... 4<sup>m</sup>,24
Plus-value 1/3........................ 1<sup>m</sup>,08

    Ensemble...................... 5<sup>m</sup>,32
à 2<sup>f</sup>,85 le mètre.................................... 15<sup>f</sup>,16
(N° 51, Pavage).
Plus-value pour double transport de pavés méplats de 0<sup>m</sup>,19
de côté pour des travaux n'ayant pas employé 3.000 pavés.
Surface.......................... 50<sup>m</sup>,10
à 5<sup>f</sup>,10 le mètre superficiel....................... 257<sup>f</sup>,51
N° 49, colonne 7, pavage.
*à l'extrémité du bâtiment à gauche. Pavage en bois sur forme en
béton de cailloux et ciment de Portland,* chape en mortier de
ciment *idem* de 0<sup>m</sup>,02 d'épaisseur, la fourniture et pose des
pavés, le garnissage des joints en mortier de ciment *idem*
(sable et ciment en parties égales), etc. (de 0<sup>m</sup>,10 hauteur et
0<sup>m</sup>,10 de béton).
Longueur 5<sup>m</sup>,25 × 1<sup>m</sup>,45................ 7<sup>m</sup>,61
à 87<sup>f</sup>,00 le mètre superficiel..................... 662<sup>f</sup>,07
Pavage, n° 65.
Plus-value pour petite surface ........ 7<sup>m</sup>,61

    A reporter .................... 7<sup>m</sup>,61   13.088<sup>f</sup>,44

Reports........................ $7^m,61$      13.088$^f$,44

à 0$^f$,60 le mètre n° 68 pavage.............................. 4$^f$,57

*A droite de l'écurie.*

*Sol en asphalte* de 0$^m$,02 d'épaisseur sur béton de gravillon et ciment de 0$^m$,10 de hauteur.

5$^m$,25 $\times$ 1$^m$,45.................... $7^m,61$

à 30$^f$,75 le mètre............................... 234$^f$,00

N° 22, colonne 1 + 5 fois n° 22 colonne 2, asphalte

Dans le reste de la propriété asphalte remanié 1$^{re}$ qualité, de 0$^m$,02 d'épaisseur compris dépose, nettoyage et transport des matières à la chaudière, avec addition des matières nécessaires.

Ensemble...................... 5$^m$,00

à 21$^f$,35 le mètre ............................... 106$^f$,75

N° 23, colonne n° 1 + 5 fois colonne n° 2.

Plus-value de travaux de moins de 20 mètres superficiels.

1/5 *n° 40, Asphalte.*

Soit 234$^f$,00 + 106,75 = 340$^f$,75.

ou 340$^f$,75 $\times \dfrac{1}{5} =$ ............................... 68$^f$,15

Transport de chaudière et de tous ses accessoires (compris aller et retour).

La pièce................................ 34$^f$,60

(N° 47, Asphalte).

Au-devant de l'écurie.

*Macadam :*

Composé de cailloux, etc. de 0$^m$,20 d'épaisseur.

Longueur 23$^m$,42 $\times$ 4$^m$,65.................... 108$^m$,90

Déduire 17$^m$,22 $\times$ 1$^m$,65............. 28$^m$,41

2 1/4 de cercles de 1$^m$,65 de rayon...... 4$^m$,27

Ensemble ...................... 32$^m$,68

     32$^m$,68

Reste ............................ 76$^m$,22

à 21$^f$,00 le mètre n° 85, Série Pavage.................... 1.600$^f$,62

Forme préparatoire en moellon vieux fourni pour massif.

Surface = 76$^m$,22.

$\times$ 0$^m$,15. Hauteur réduite.................... 11$^{m3}$,433

à 70$^f$,60 le mètre ............................... 807$^f$,17

*Sous-détail :*

Maçonnerie, n° 1.000, le mètre cube............ 114$^f$,20

Moins-value pour emploi de moellon vieux fourni par l'entrepreneur.

Le mètre cube.................... 26$^f$,40

(N° 1015, Série Maçonnerie).

Reste .......................... 87$^f$,80

à déduire la valeur du mortier.

0$^{m3}$,200 à 86$^f$,00 le mètre.................... 17$^f$,20

(N° 1043, Maçonnerie).

Reste........................ 70$^f$,60

Repiquage préalable sous le pavage en bois de 0$^m$,22 de hauteur avec chargement des terres en tombereau et enlèvement aux décharges publiques.

Surface 5$^m$,25 $\times$ 1$^m$,45 .. ........... $7^m,61$

à 7$^f$,68 le mètre ................................... 58$^f$,44

suivant sous-détail précédent.

Sous l'asphalte, repiquage de 0$^m$,12 avec chargement des

*A reporter*........................... 16.002$^f$,74

*Report*...........................................  16.002ᶠ,74

terres en tombereau et enlèvement aux décharges publiques.
    Surface 5ᵐ,25 $\times$ 1ᵐ,45.................  7ᵐ,61
à 4ᶠ,72 le mètre superficiel............................  35ᶠ,92
    *Sous-détail :*
    *Terrasse :*
    Nº 57 jusqu'à 0ᵐ,05 d'épaisseur le mètre superficiel  0ʰ,12  —
    Chaque épaisseur de 0ᵐ,05 en plus nº 58 = 0ᵐ,04.
et pour 0ᵐ,12 — 0ᵐ,05 = 0ᵐ,07.
produisent 1 fois.......................  0,04
    0,02 produisent 2 fois 0ʰ,008 ..........  0,016
        Ensemble......................  0ʰ,056
                        0ʰ,056
        Ensemble .........................  0ʰ,176
à 4ᶠ,60 l'heure nº 3................................  1ᶠ,18
    Chargement des terres en tombereau.
    Terrasse, nº 28, le mètre cube..   0ʰ,67
et pour 0ᵐ,12 produisent.................  0ʰ,08
à 4ᶠ,60 l'heure..................................  0ᶠ,37
    Enlèvement avec décharges publiques.
    Nº 61, le mètre cube 26ᶠ,40.
et pour 0ᵐ,120 produisent.........................  3ᶠ,17
        Le mètre superficiel....................  4ᶠ,72

Sous le macadam la fouille en déblai avec jet sur berge, chargement en tombereau et enlèvement aux décharges publiques.
    Surface...... 76ᵐ,22 $\times$ 0ᵐ,35 de hauteur...... 26ᵐ³,677
à 35ᶠ,85 le mètre cube..............................  956ᶠ,37
        Ensemble.............................  16,995ᶠ,03

# PIEUX ET PALPLANCHES EN BÉTON ARMÉ

Dans le tome IV, page 501 de notre Métré de Maçonnerie, nous avons traité les travaux de charpente en bois, pour *pieux, palplanches,* battages, etc.

Il a été donné les définitions relatives à ces travaux, *recépage, frette,* sabot, battage de pieux ou palplanches et enfonçage à *la sonnette* dans le sol ou dans l'eau.

Nous allons parler succinctement de ces travaux.

*Les pieux et palplanches* ont le même dosage de béton *dit normal* que nous avons décrit précédemment avec un excédent de 100 kilogrammes de ciment Portland artificiel.

Gravillon . . . 0ᵐ³,800  
Sable de rivière 0ᵐ³,400.  
Ciment de Portland artificiel . . . 400 kg. ⎱ *Pour 1 m³ mis en œuvre.*

Lorsque le sol n'est pas résistant, *les basses fondations peuvent être faites sur pieux.*

*Ces pieux* sont composés de béton armé, faits dans *des coffrages* ou *moules* en bois ou en métal. Leur calcul est identique à celui que nous avons donné précédemment pour poteaux avec *aciers ronds* et *étriers.*

Les aciers ronds sont renforcés *pour résister à la poussée des terres.*

**Métré.**

*Le béton* pour fourniture de pieux ou palplanches, se paie au mètre cube ...........................................  306ᶠ,00

Nº 84 Ciment armé.

*Le coffrage* se compte comme précédemment *au mètre superficiel*.   15$^f$,15
N° 85 Ciment armé.

Le métré de coffrage se mesure conformément à ce qui a été dit précédemment.

*Pour renforcer les pieux et palplanches*, des armatures longitudinales et étriers transversaux sont comptés suivant la méthode donnée précédemment et payés.

N°ˢ 50 à 58 *de la série Ciment armé* (observation 56).

A l'extrémité des pieux et palplanches, dans la partie inférieure, nous avons les sabots en fer qui se terminent en pointe.

Ils sont payés le kilogramme.................................... 3$^f$,75
*Compris pose.*

N° 87 Ciment armé.

*Les pieux, palplanches sont exécutés* dans un rayon de 30 *mètres du lieu* d'emploi.

Le prix n° 84 de 306$^f$,00 le mètre cube ne comprend que la fourniture du béton.

Nous aurons à compter :

*Préparation de pieux ou palplanches, collinage et manœuvres d'approche* dans *le rayon de* 30$^m$,00, mise en place des chaînes de levage, levage du pieu à la hauteur, réglage de la pointe en place exacte.

Le mètre cube de béton de pieu ou palplanche ............... 70$^f$,00

N° 88 Ciment armé.

*Le béton* pour fourniture, transport et pose dans un rayon de 30$^m$,00 vaudra : n° 84, Ciment armé, *le mètre cube*.............. 306$^f$,00

Préparation, transport, montage :

Le mètre cube (n° 88).................................... 70$^f$,00

     Ensemble......................................... 376$^f$,00

*Les manutentions supplémentaires* pour transport à plus de 30$^m$,00 de distance seront à payer en supplément conformément aux n°ˢ 59 à 62 *ou en régie suivant les difficultés de transport de poteaux de grandes dimensions.*

*En suivant la Série, il nous reste à enfoncer les pieux ou palplanches.*

Ces travaux ont été prévus n°ˢ 89 à 92 au *mètre cube enfoncé.*

*L'appareil se compose d'une sonnette* qui marche à la vapeur.

*Cette force élève le mouton* ou massif en fonte à des hauteurs déterminées pour l'enfonçage des pieux.

*Suivant la série* il est employé des moutons pesant 1.000 kilogrammes, 2.000 kilogrammes ou 3.000 kilogrammes et *pour des hauteurs différentes :* 10$^m$,00 ; 14$^m$,00 et 18$^m$,00.

Nous avons dit que *le battage de* palplanches et de pieux prévu à la Série n° 89 à 92 *à la sonnette à vapeur* comprend la location du matériel, la main-d'œuvre et les fournitures nécessaires au battage, mais non compris le transport du matériel et le montage. Par mètre cube enfoncé :

| | LA SONNETTE ÉTANT | | NUMÉROS |
|---|---|---|---|
| | Sur terre | Sur bateau | |
| 1° En vase et argile molle ......... | 220$^f$,00 | 270$^f$,00 | 89 |
| 2° En terre végétale et remblais ..... | 275$^f$,00 | 325$^f$,00 | 90 |
| 3° En terre argileuse compacte ..... | 330$^f$,00 | 380$^f$,00 | 91 |
| 4° En terre avec sable, décombres, gravier, pierraille............ | 300$^f$,00 | 350$^f$,00 | 92 |

*Plus-value de transport de matériel* allér et retour, y compris chargement, déchargement, montage et démontage, cette plus-value n'étant due
que si le volume total du béton enfoncé est, dans l'ensemble d'une opération, et par sonnette, inférieur à 100 mètrès cubes.

| | MOUTON DE | | | NUMÉROS |
|---|---|---|---|---|
| | 1.000 kg. | 2.000 kg. | 3.000 kg. | |
| 10 mètres de hauteur... | 3.500f,00 | 3.900f,00 | 4.300f,00 | 93 |
| 14 mètres  *idem*  ... | 3.900f,00 | 4.300f,00 | 4.700f,00 | 94 |
| 18 mètres  *idem*  ... | 4.300,f00 | 4.700f,00 | 5.100f,00 | 95 |

D'après *le tableau précédent, nous voyons que chaque mètre de hauteur en
excédent de 10 mètres vaut 100f,00.*

Les prix nᵒˢ 89 à 92 ne s'appliquent qu'aux battages exécutés en espace
libre et dans des conditions normales. Les battages comportant le montage ou la descente de la sonnette ou des pieux, les battages exécutés
dans l'embarras des étais ou, plus généralement, dans des circonstances
présentant des difficultés particulières seront traités de gré à gré ou en
régie (observation nº 96).

### Recépage de pieux ou palplanches.

*a) Hors d'eau.* Ce travail sera compté comme démolition de béton armé
et payé suivant les prix nᵒˢ 72 et 73 et 68 à 71 pour coupement des aciers.
Nous avons expliqué, lors des travaux de consolidation en charpente, ce
qu'on *appelait recépage.*
*Le recépage dans les travaux de béton armé* est nécessaire après le battage des pieux ou palplanches.
Le mouton qui pèse de 1.000 kilogrammes à 3.000 kilogrammes augmente de poids lorsqu'il tombe d'une hauteur plus ou moins grande sur
la tête du pieu.
L'extrémité du poteau se déforme, le béton est désagrégé et les aciers
à niveler ainsi que le béton dans la partie haute.
*b) Sous l'eau.* Ces travaux seront traités de gré à gré ou comptés en
régie (observation 98).

### Plates-formes et chemins de roulement.

Les plates-formes ou chemins de roulement qu'il sera nécessaire
d'établir pour l'installation ou le déplacement de la sonnette seront
comptés suivant le prix de la Série de charpente (observation 99.)

### Travaux en Régie.

Pour les travaux en régie, le matériel de battage, chariot de roulement,
chaudière, mouton, treuil, tuyaux de vapeur et agrès, sera compté en
location à la journée, les journées du double transport aller et retour
étant dues.
*Pour les travaux de régie* il sera compté à la journée en location tout
ce qui est nécessaire à l'exécution des travaux.
*Il sera payé à l'entrepreneur le double transport* aller et retour.
*Aux journées de régie il sera ajouté 2 journées.*
Prix de location d'un matériel complet par journée indivisible jusqu'à
12 heures de travail, non compris les fournitures :

*Avec une sonnette :*

| | MOUTON DE | | | NUMÉROS de SÉRIE |
|---|---|---|---|---|
| | 1.000 kg. | 2.000 kg. | 3.000 kg. | |
| 10 mètres de hauteur ............ | 125$^f$,00 | 150$^f$,00 | 175$^f$,00 | 100 |
| 14 mètres *idem* ............ | 150$^f$,00 | 175$^f$,00 | 200$^f$,00 | 101 |
| 18 mètres *idem* .......... | 175$^f$,00 | 200$^f$,00 | 250$^f$,00 | 102 |

**Arrachage de pieux ou palplanches.**

Sauf conventions spéciales, ces travaux seront comptés en régie. Observation n° 103 Série ciment.

## ÉTANCHEMENT D'UNE CAVE

*Système Coignet (voir fig. n$^{os}$ 74 et 75)*

Nous avons donné, précédemment, les calculs de résistance pour planchers, poutres, etc. ; dans les constructions susceptibles d'immersions, nous calculerons de même la sous-pression de l'eau.

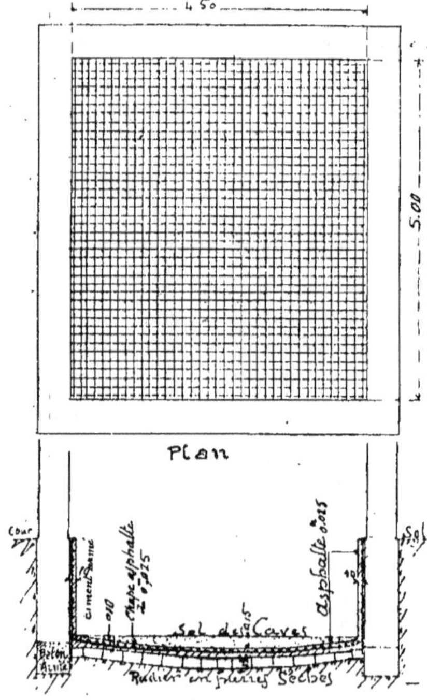


Fig. 74 et 75. — Étanchement d'une cave.

**Description.**

*Le radier comprendra :*
1° *Une voûte renversée* en moellon à sec de 0$^m$,15 de hauteur.

2° *Un béton de ciment armé* de 0ᵐ,10 d'épaisseur au dosage de :

0ᵐ³,800 gravillon................ )
0ᵐ³,400 sable de rivière........... } pour 1 m³.
750 kg de ciment Portland artificiel. )

3° *Une chape en asphalte* pur 1ʳᵉ qualité de 0ᵐ,025 d'épaisseur.

4° *Un béton de gravillon* de 0ᵐ,08 d'épaisseur et mortier n° 2 avec chape en ciment le recouvrant de 0ᵐ,02.

*Revêtements.*

Les revêtements sur murs de 0ᵐ,075 comprendront :

1° *Un béton normal au dosage de :*

0ᵐ³,800 gravillon................ )
0ᵐ³.400 sable de rivière........... } pour 1 m³.
750 kg de ciment Portland artificiel. )

2° *Une chape* en asphalte pur 1ʳᵉ qualité de 0ᵐ,025 d'épaisseur.

*L'armature pour radier et revêtements* en aciers doux ronds de 0ᵐ,008 avec ligatures; les aciers formeront un quadrillage et seront espacés tous les 0ᵐ,125.

Verticalement, il sera fait des *trous et scellements en ciment* pour fixer l'armature.

Pendant les travaux d'étanchement, *épuisement de l'eau* par une pompe aspirante de 0ᵐ,12 de diamètre avec 15ᵐ,00 de tuyaux.

## Métré.

Construction du radier :
*Terrasse.*
La fouille en déblai avec un jet sur berge, chargement en tombereau et enlèvement aux décharges publiques.

5ᵐ,00 × 4ᵐ,50 ........................... 22ᵐ,50
× 0ᵐ,425 réduit de hauteur...................... 0ᵐ,563
à 44ᶠ,02 le mètre cube............................. 420ᶠ,96
*Sous-détail :*
fouille en déblai dans l'argile avec jet sur berge.
N° 21, colonne A (*le mètre cube*)........... 1ʰ,60
Jet sur berge d'argile plastique n° 30, colonne C................................... 1ʰ,02
Jet vertical pour chargement en tombereau d'argile plastique n° 28, colonne C.......... 1ʰ,21
  Ensemble......................... 3ʰ,83
à 4ᶠ,60 l'heure n° 3..................... 17ᶠ,62
Transport de terre aux décharges publiques, n° 61, le mètre cube .................................. 26ᶠ,40
  Ensemble.............................. 44ᶠ,02

*Observation :*

*Les fouilles* comprennent dans les évaluations au mètre cube le *dressement des parois et des fonds, quelles que soient leurs formes* (article 19).

*Pilonnage au pilon :*

Surface...................................... 22ᵐ,50
à 1ᶠ,61 le mètre................................... 36ᶠ,23
N° 51, 0ʰ,35 à 4ᶠ,60................................ 1ᶠ,61
A reporter....................................... 457ᶠ,19

Report................................,.................. 457$^f$,19

*Maçonnerie :*

Le radier en moellon à sec vieux fourni par l'entrepreneur pour massif.

Surface................................ 22$^{m2}$,50

$\times$ 0$^m$,15 de hauteur............................... 3$^{m3}$,375

à 70$^f$,60 le mètre cube............................... 238$^f$,28

*Sous-détail :*

N° 1000, le mètre cube........................ 114$^f$,20

à déduire : 1° la valeur du mortier pour massif.

0$^{m3}$,200 à 86$^f$,00 le mètre cube.............. 17$^f$,20

N° 1043 Maçonnerie.

2° Moins-value pour emploi de moellon vieux fourni par l'entrepreneur, le mètre cube.... 26$^f$,40

　　　Ensemble......................... 43$^f$,60　　43$^f$,60

　　　　Reste le mètre cube................... 70$^f$,60

*La série a prévu* 0$^{m3}$,200 *de mortier pour* 1 *mètre cube de moellon pour massif.*

Cette quantité se vérifie de la manière suivante :

N° 1001 le mètre cube.................... 115$^f$,20

N° 1000　　　—　　.................... 114$^f$,20

Différence par *mètre cube*................. 1$^f$,30　　1$^f$,30

faisons la différence des mortiers.

N° 1044 le mètre cube.................... 92$^f$,50

N° 1043　　　—　　.................... 86$^f$,00

　　　Différence par mètre cube.......... 6$^f$,50

et pour 0$^{m3}$,200 produisent....................... 1$^f$,30

2° *Béton de ciment armé sur forme en maçonnerie* (pour radier).

Surface................................ 22$^m$,50

$\times$ 0$^m$,10 réduit d'épaisseur.................. 2$^{m3}$,250

à 349$^f$,10 le mètre cube.............................. 785$^f$,47

*Sous-détail :*

N° 23, série de ciment armé, le mètre cube........ 278$^f$,00

plus-value pour béton étanche composé de 750 kilogrammes au lieu de 300 kilogr. (observation n° 20).

Soit 450 kilogrammes à 15$^f$,80 les 100 kilogrammes n° 28.................................... 71$^f$,10

　　　Le mètre cube........................ 349$^f$,10

3° Chape en asphalte pur 1$^{re}$ qualité de 0$^m$,025 d'épaisseur.

Surface 4$^m$,35 $\times$ 4$^m$,85.................... 21$^m$,10

à 52$^f$,50 le mètre............................. 1.107$^f$,75

N° 24 série asphalte, le mètre superficiel.......... 21$^f$,00

15 millimètres en plus n° 24.

15 $\times$ 2$^f$,10................................ 31$^f$,50

　　　Le mètre superficiel.................. 52$^f$,50

Plus-value en cave :

Surface 21$^m$,10 à 1$^f$,15 le mètre...................... 24$^f$,27

N° 38, série asphalte.

*Transport de chaudière et de tous ses accessoires, compris aller et retour, la pièce* n° 47.............................. 34$^f$,60

4° Béton de gravillon de 0$^m$,08 d'épaisseur et mortier n° 2.

Surface 4$^m$,30 $\times$ 4$^m$,80.................. 20$^m$,64

　　　A reporter...................... 20$^m$,64　　2.647$^f$,56

*Reports*...................... 20^m,64     2.647^f,56
× 0^m,08........................... 1^m3651
Maçonnerie n° 325.
à 157^f,10 le mètre cube.....................     289^f,09
Le mètre cube, n° 325, maçonnerie............. 170^f,00
Plus-value de descente :
le mètre cube................................ 5^f,10
N° 327.
Cette plus-value ne s'accorde que dans les travaux
d'entretien.

Ensemble...................... 175^f,10

Chape en ciment composée de 1.000 kilogrammes de ciment
pour 1 mètre cube de sable de rivière tamisé.
Surface............................ 20^m,64
à 16^f,37 le mètre.......................     337^f,88
N° 36, série ciment, le mètre superficiel........... 15^f,50
Plus-value de descente, n° 37.................... 0^f,87

Le mètre superficiel..................... 16^f,37

### Revêtements sur murs en béton de ciment.

Dans coffrage vertical :
hors œuvre 2 fois 5^m,00............. 10^m,00
dans œuvre 2 fois 4^m,35............. 8^m,70
Ensemble................. 18^m,70
× 1^m,45 de hauteur...................... 27^m,12
× 0^m,075 épaisseur............................. 2^m,034
à 428^f10 le mètre cube...........................     870^f,76
N° 26, série ciment armé, le mètre cube......... 357^f,00
Plus-value pour béton étanche :
450 kilogrammes à 15^f,80 les 100 kilog., n° 28.... 71^f,10
Le mètre cube:...................... 428^f,10

Asphalte pur 1^re qualité pour revêtements verticaux :
dans œuvre 2 fois 4^m,80..................... 9^m,60
hors œuvre 2 fois 4^m,35..................... 8^m,70
Ensemble..................... 18^m,30
× 1^m,45 de hauteur......................... 26^m,54
à 101^f,15 le mètre......................     2.684^f,52
N° 25, série asphalte, le mètre superficiel........ 44^f,90
15 millimètres en plus 15 × 3^f,75................. 56^f,25
N° 25, colonne 2.

Le mètre superficiel.................... 101^f,15

Solins en asphalte de............. 0^m,10
2 fois 5^m,00............................. 10^m,00
2 fois 4^m,50............................. 9^m,00
Ensemble..................... 19^m,00
à 4^f,80 le mètre......................     91^f,20
N° 43 jusqu'à 0^m,08 le mètre linéaire.............. 3^fr,60
N° 44, 0^m,02 en plus 2 fois 0^f,60 ............... 1^fr,20
Ensemble....................... 4^fr,80

*A reporter*........................... 6.921^f,01

$$Report\ldots\ldots\ldots\ldots\ldots\ldots\ldots\ldots\ldots\ldots\ldots\quad 6.921^{f},01$$

L'armature en aciers ronds doux de $0^m,008$ :

40 fois $8^m,03$ compris recouvrement... $321^m,20$
37 fois $8^m,53$ compris recouvrement... $315^m,61$

Ensemble................... $636^m,81$

pesant $0^{kg},392$ le mètre linéaire............... $249^{kg},630$
à $270^{fr},50$ les 100 kilogrammes........................... $675^{fr},25$
N° 51, les 100 kilogrammes..................... $208^{fr},00$
N° 56..................... $62^{fr},50$

Les 100 kilogrammes.................... $270^{fr},50$

Ligatures $= 249^{kg},630 \times \dfrac{1}{100} = 2^{kg},496.$

à $208^{fr},00$ les 100 kilogrammes............................ $5^{fr},19$
N° 51, série ciment armé.

Plus-value pour ligatures, un poids de $2^{kg},496$ à $127^{fr},00$
les 100 kilogrammes...................................... $3^{fr},17$
N° 58, série ciment armé.

Coffrage vertical pour revêtements :

2 fois $4^m,85$..................... $9^m,70$
2 fois $4^m,35$..................... $8^m,70$

Ensemble................. $18^m,40$

$\times$ $1^m,45$ de hauteur......................... $26^m,68$
$\times$ coefficient $1^m,10$ n° 39 *colonne A*................. $29^m,35$
à $28^{fr},40$ le mètre superficiel.............................. $833^{fr},54$
(N° 37, série de ciment armé).

Pour arrêter les aciers contre les murs 60 trous dans le moellon de $0^m,12$ de profondeur et scellements en ciment de Portland.

Chaque $0^m,18$ légers (n° 951 *maçonnerie*) $10^m,80$.
à $22^f,60$ le mètre n° 737 ............................... $244^{fr},08$
(Les crampons fournis par le serrurier).

Sur le reste des murs enduit en plâtre au sas avec addition de chaux, 1 partie de chaux pour 5 parties de plâtre.

2 fois $5^m,00$..................... $10^m,00$
2 fois $4^m,50$..................... $9^m,00$

Ensemble..................... $19^m,00$

$\times$ $0^m,65$ de hauteur..................... $12^m,35$
à $0^m,25$ de légers.................................. $3^m,09$
à $28^{fr},25$ le mètre................................... $87^{fr},29$
N° 737, le mètre de légers...................... $22^{fr},60$
N° 958, 25 0/0 en plus-value.................... $5^{fr},65$

Le mètre de légers........................ $28^{fr},25$

Hachement préalable des enduits en plâtre.
Linéaire $19^m,00 \times 2^m,10$ de hauteur............... $39^m,90$
à $1^{fr},60$ le mètre n° 117 ciment....................... $63^{fr},84$
Obs. à la maçonnerie. N° 767 $= 0^m,08 \times 22^{fr},60 - 1^{fr},81$.
Dégradation des joints sur vieux murs en moellon.
Surface....................................... $39^m,90$
à $2^{fr},90$ le mètre n° 115............................... $115^{fr},71$
Renformis de $0^m,015$ au droit des parties en plâtre et chaux.
Surface....................................... $39^m,90$
à $0^m,105$ de légers n° 779 *maçonnerie*......... $4^m,15$
à $28^f,25$ le mètre................................... $117^{fr},24$

$$A\ reporter\ldots\ldots\ldots\ldots\ldots\ldots\ldots\ldots\ldots\quad 9.066^{fr},32$$

|  |  |  |
|---|---|---|
| *Report*.............................................................. |  | 9.066$^f$,32 |
| Chargement et enlèvement des gravois provenant des hachements, dégradations, percements de trous. |  |  |
| Cube 2$^m$,000. |  |  |
| à 34$^{fr}$,03 le mètre................................................... |  | 68$^{fr}$,06 |
| N° 687, le mètre cube.......................... | 36$^{fr}$,20 |  |
| Évaluation 693, 6 0/0 en moins.................. | 2$^{fr}$,17 |  |
| Reste ............................................. | 34$^{fr}$,03 |  |
| Montage de gravois et sortie jusqu'à 30 mètres de distance. |  |  |
| Cube 2$^m$,000 à 8$^{fr}$,10 le mètre cube...................... |  | 16$^{fr}$,20 |
| N° 597, série maçonnerie. |  |  |
| Pendant les travaux d'étanchement épuisement de l'eau par une pompe aspirante de 0$^m$,12 de diamètre pendant 25 jours. |  |  |
| Location d'une pompe...................................... |  | 600$^{fr}$.00 |
| N° 53, consolidations souterraines. |  |  |
| Les 5 premiers jours. |  |  |
| 5 fois 28$^{fr}$,00.................................. | 140$^{fr}$,00 |  |
| 20 jours en plus. |  |  |
| 20 fois 23$^{fr}$,00.................................. | 460$^{fr}$,00 |  |
| N° 53, consolidation. |  |  |
| Ensemble................................... | 600$^{fr}$,00 |  |
| Plus-value pour chaque mètre de tuyau en plus de 7$^m$,50. |  |  |
| Linéaire....................................... | 8$^m$,00 |  |
| à 2$^f$,00 le mètre n° 54.................................. |  | 16$^f$,00 |
| Plus-value pour le premier et le dernier jour de location, pour pose, dépose, double transport et toutes sujétions. |  |  |
| Chaque 80$^f$,00 n° 57.................................. |  | 160$^f$,00 |

### Consolidations souterraines.

*Les pompes de* 0$^m$,10 *et* 0$^m$,12 de diamètre ne sont employées qu'*avec moteur*, la location du moteur sera payée en plus. Évaluation n° 56.

*Les locations n*$^{os}$ 50 *à* 67, consolidations souterraines, ne comprennent pas le temps passé à la *manœuvre. Ces travaux seront comptés en régie.*

### Drainage.

Dans les terrains très humides, il est fait aussi des *drainages*, ainsi appelés, car ils sont composés de drains ou tuyaux en poterie. Ces tuyaux placés avec pente en contrebas du sol recueillent les eaux et les transportent dans des puisards. Ces travaux sont faciles à métrer.

Ils comprennent les tranchées, fourniture et pose de tuyaux et remblai;

Construction de puisards en moellon, etc.

Tous ces travaux ont été décrits précédemment.

|  |  |  |
|---|---|---|
| Total.................................................. |  | 9.926$^f$,58 |

# TARIF DE LA CHAMBRE SYNDICALE DES MÉTREURS

## Chambre syndicale patronale des métreurs-vérificateurs spécialistes du département de la Seine.

ARBITRE PRÈS LE TRIBUNAL DE COMMERCE DE LA SEINE

ART. (*Code des devoirs professionnels*)

*Les métrés, devis, vérifications doivent assurer aux ouvrages leur plein rendement*, sans artifices ni exagérations, par des moyens corrects : dimensions métriques et quantités scrupuleusement exactes, tarifications et détails précis; *les vérifications et règlements* doivent s'inspirer, en toute circonstance, de l'équité et de l'impartialité les plus absolues.

**Tarif des Honoraires applicable à partir du 1er janvier 1920.**

Pour métré et expédition de travaux exécutés dans Paris pour le compte des particuliers, établi soit à prix de série, soit en demande suivant l'usage, c'est-à-dire majoré de 1/4 sur les prix de la Série de la Société Centrale des Architectes.

| | | CHARPENTE MAÇONNERIE | | MENUISERIE | | SERRURERIE ÉLECTRICITÉ | | PEINTURE | | FUMISTERIE | | COUVERTURE PLOMBERIE | |
|---|---|---|---|---|---|---|---|---|---|---|---|---|---|
| | | SUR MONTANTS | | SUR MONTANTS | | SUR MONTANTS | | SUR MONTANTS | | SUR MONTANTS | | SUR MONTANTS | |
| | | en demande | à prix de série | en demande | à prix de série | en demande | à prix de série | en demande | à prix de série | en demande | à prix de série | en demande | à prix de série |
| | | Le mille | | Le mille | | Le mille | | Le mille | | Le mille | | Le mille | |
| | *Construction neuve :* | fr. | fr. | fr. | fr. | fr. | fr. | fr. | fr. | fr. | fr. | fr. | fr. |
| 1 | Métré de *bâtiment de rapport*.... | 17 | 21.25 | 20 | 25.00 | 25 | 31.25 | 20 | 25.00 | 25 | 31.25 | 20 | 25.00 |
| 2 | Métré (travaux neufs) d'autre nature que bâtiment de rapport...................... | 20 | 25.00 | 25 | 31.25 | 25 | 31.25 | 25 | 31.25 | 25 | 31.25 | 25 | 31.25 |
| 3 | *Travaux d'entretien* ............ | 25 | 31.25 | 30 | 37.50 | 30 | 37.50 | 25 | 31.25 | 30 | 37.50 | 25 | 31.25 |
| 4 | Plomberie seule d'eau et gaz et métré de dorure............ | » | » | » | » | » | » | 30 | 37.50 | » | » | 30 | 37.50 |
| | *Attachements :* | | | | | | | | | | | | |
| 5 | *Travaux neufs de maçonnerie* avec attachements figurés et écrits, y compris les travaux dits de métrés sur placé........... | 25 | 31.25 | » | » | » | » | » | » | » | » | » | » |

6 Les prix d'établissement de mémoires ci-dessus comprennent : une copie ou expédition, sauf pour les travaux de serrurerie, électricité, fumisterie, chaudronnerie ou marbrerie, couverture et plomberie.

| | CHARPENTE MAÇONNERIE | | MENUISERIE | | SERRURERIE ÉLECTRICITÉ | | PEINTURE | | FUMISTERIE | | COUVERTURE PLOMBERIE | |
|---|---|---|---|---|---|---|---|---|---|---|---|---|
| | SUR MONTANTS | | SUR MONTANTS | | SUR MONTANTS | | SUR MONTANTS | | SUR MONTANTS | | SUR MONTANTS | |
| | en demande | à prix de série | en demande | à prix de série | en demande | à prix de série | en demande | à prix de série | en demande | à prix de série | en demande | à prix de série |
| | Le mille | | Le mille | | Le mille | | Le mille | | Le mille | | Le mille | |
| | fr. | fr. | fr. | fr. | fr. | fr. | fr. | fr. | fr. | fr. | fr. | fr. |
| *Mémoires d'administration* avec une seule expédition (sauf pour les travaux indiqués à l'article 6) et sans mise au net du tableau de classement. | | | | | | | | | | | | |
| 7 *Construction neuve* .............. | » | 27.50 | » | 31.25 | » | 40.00 | » | 31.25 | » | 43.75 | » | 31.25 |
| 8 Travaux neufs d'administration d'autre nature que bâtiment de rapport.................. | » | 31.25 | » | 37.50 | » | 40.00 | » | 37.50 | » | 43.95 | » | 37.50 |
| 9 *Travaux d'entretien* d'administration....................... | » | 37.50 | » | 42.50 | » | 50.00 | » | 37.50 | » | 50.00 | » | 37.50 |

9bis Pour les métrés établis sur les prix de la Série de la Ville de Paris, édition 1882, les honoraires sont comptés sur le montant de la Série en cours de la Société centrale des architectes en raison de la grande différence existant entre les prix d'application des deux Séries.

10 Nota. — Observation particulière pour *métrés de serrurerie, fumisterie et chauffage*. Les prix ci-dessus ne comprennent aucun déplacement ni relevé sur place, lesquels seront payés en *vacations*.

11 *Métrés de travaux supplémentaires ou de déduction* seront payés le même prix que les travaux correspondants, *sauf pour la maçonnerie et la serrurerie*.

12 Pour la maçonnerie et la serrurerie, lesdits métrés seront payés suivant la nature correspondante des travaux, avec augmentation de 5ᶠ,00 du mille sur mémoire en demande et 6ᶠ,25 sur mémoire à prix de Série.

13 Le montant des mémoires relatifs aux travaux exécutés avant le 31 décembre 1916 sera triplé et décompté aux prix ci-dessus.

### Travaux de tâche.

14 *Métré de maçonnerie :* 1° avec fournitures sur le montant des mémoires établis à prix de Série ......................... Le mille — 25ᶠ,00

15 — 2° *sans fourniture*, sur le montant des mémoires établis à prix de Série ..................... Le mille — 35ᶠ,00

16 *Autres corps d'État :* 3° Travaux de tâche des autres corps d'État. Le mille — 38ᶠ,00

17 — 4° Métré de pose sur place (serrurerie).............. Le mille — 25ᶠ,00

18 — 5° Métré de pose sur place (menuiserie).............. — 35ᶠ,00

19 *Attachements figurés et écrits de maçonnerie, canalisation ou autres cas* où le métré ne serait pas exécuté, le mille sur mémoire en demande............ 17ᶠ,00

sur mémoire à prix de Série ........................................ Le mille — 21ᶠ,25

20 *Attachements écrits de maçonnerie et travaux publics* en plus du prix du métré, y compris deux expéditions, sur mémoire en demande......... Le mille — 6ᶠ,00

sur mémoire à prix de Série ........................................ Le mille — 7ᶠ,50

*Attachements pour les autres corps d'état que la maçonnerie.*

21 1° Comprenant déplacements et pour moins de six rôles seront *comptés en vacations.*

22 2° Au-delà de six rôles, première copie ........................ Le rôle    2ᶠ,25

23 3° Les doubles copies .............................................. Le rôle    1ᶠ,25

24 4° Pour la fumisterie, les attachements écrits par rôle de mémoire et sans expédition.......................................................... Le rôle    3ᶠ,50

25                        **Vacations.**

*La présence à la vérification, les démarches de représentation, d'acceptation de règlement, de réclamation* et métrés de petite importance seront payés en vacations.

Le prix de la vacation pour tous les corps d'état est fixé à..................    20ᶠ,00

La location n'est pas divisible ..................................................    »

La journée entière est comptée pour quatre vacations.......................    80ᶠ,00

*Les réclamations de plus de 10.000 francs seront payées* ............. Le mille    20ᶠ,00

*Devis sur plans sur montant à prix de Série.*

26 *Devis établis sur plans de travaux neufs pour bâtiments de rapport :*

| | AFFAIRES | |
|---|---|---|
| | traitées | non traitées |
| Maçonnerie ............................ Le mille | 8ᶠ,00 | 4ᶠ,00 |
| Menuiserie............................ — | 8ᶠ,00 | 4ᶠ,00 |
| Serrurerie ............................ — | 10ᶠ,00 | 5ᶠ,00 |
| Peinture ............................... | 10ᶠ,00 | 5ᶠ,00 |
| Fumisterie.............................. | 20ᶠ,00 | 10ᶠ,00 |
| Couverture ............................ | 14ᶠ,00 | 7ᶠ,00 |

27 Pour tous devis sur plans autres que ceux de bâtiments de rapport (Pavillon-hôtel. Agencements neufs).

| | traitées | non traitées |
|---|---|---|
| Maçonnerie affaires traitées ............... Le mille | 20ᶠ,00 | » |
|     — affaires non traitées ........... — | » | 10ᶠ,00 |
| Menuiserie ............................ | 20ᶠ,00 | 10ᶠ,00 |
| Serrurerie ............................ | 20ᶠ,00 | 10ᶠ,00 |
| Peinture.............................. | 20ᶠ,00 | 10ᶠ,00 |
| Fumisterie............................ | 40ᶠ,00 | 20ᶠ,00 |
| Couverture............................ | 20ᶠ,00 | 10ᶠ,00 |

28 Devis sur plan ou avant-métré sans expédition : même prix que les métrés correspondants.

29 Devis (électricité, serrurerie, lumière) jusqu'à 3.000ᶠ,00, affaires traitées ou non, le mille 16ᶠ,00. Le surplus 6ᶠ,00 affaires non traitées et 12ᶠ,00 affaires traitées.

30 *Observation générale.*

Tout mémoire qui, aux taux ci-dessus, ne produirait pas dans son ensemble une valeur de six francs du rôle, sera payé le rôle.......................    6ᶠ,00

31 Les expéditions pour les corps d'état dont le métré ne comporte pas lesdites, et les expéditions faites en supplément de celles dues, seront payées, le rôle pour mémoire ordinaire........................................................    1ᶠ,25

et pour mémoire d'administration, le rôle...............................    3ᶠ,50

Les coefficients demandés apparents à chaque article et calculés par opération distincte sur la quantité ou le prix, pour la plomberie et couverture

selon les articles : en plus pour mémoires en demande.................  5ʳ,00
et pour mémoires à prix de Série.................................  6ʳ,25

**32**

### Travaux hors Paris.

Les honoraires seront calculés comme ci-dessus, augmentés de tous les frais
de voyage en 2ᵉ classe (aller et retour) et des déplacements, débours pour
voitures, frais d'hôtel, etc., ainsi que le temps de voyage qui sera payé en
vacations.

**33**

### Métré de peinture dans les régions libérées.

*Métrés par métreur spécialiste.*
Travail complet, sur montant à prix nets de Série et sans expéditions, le
mille.......................................................  30ʳ,00
Les expéditions comptées en plus de même que tous les frais pour travaux
hors Paris.
*Métré d'impression seule avec vitrerie.* ................... (*Prix à débattre*).    »
Devis sur plans (sans déplacement, ni expédition) :
affaire non traitée, le mille...........................................  15ʳ,00
affaire traitée, le mille...............................................  22ʳ,50

**34**

### Tarif d'honoraires de vérifications faites par<br>métreurs-vérificateurs spécialistes.

1° *Vérifications et règlements de mémoires provenant directement de propriétaires
ou de particuliers.*
Application intégrale du tarif officiel de la Fédération des Sociétés françaises
d'architectes.
2° Vérifications et règlements de mémoires exécutés pour le compte des
architectes.
Pour mémoires au-dessus de 1.000 francs, le mille........................  14ʳ,00
Pour mémoires au-dessous de 1.000 francs, le mille......................  17ʳ,50
*Pour mémoires administratifs en timbres sur Série Société centrale, en plus le mille.*  5ʳ,00
Minimum par mémoire .................................................  25ʳ,00
Tenant compte dans ces prix de la partie du travail effectuée par le Cabinet de
l'architecte avant vérification, tels que vérifications d'attachements, colla-
tionnement ou annotation spéciale au mémoire, discussion et accords pour
acceptation des règlements, responsabilité, et avance de fonds, s'il y a lieu.
3° Les frais de séjour et de déplacement payés en plus suivant déboursés,
dans tous les cas.

# TABLE DES MATIÈRES

## CHAPITRE III. — TOME V.

RÉPARATIONS DE SOUCHES DE CHEMINÉES. — SURÉLÉVATION. — REPRISE EN SOUS-OEUVRE. ÉCHAFAUDS DE GARANTIE AU-DESSUS DE CONSTRUCTIONS. — CARRELAGES. REVÊTEMENT EN FAÏENCE. — DIVERS. — CIMENT ARMÉ. — DEVIS. — MITOYENNETÉ.



| FIGURES | *Travaux hors-combles.* | PAGES |
|---|---|---|
| | *Réparations de souches de cheminées*.......................... | 1 |
| 1 | 1° En languettes pigeonnées en plâtre.......................... | 2 à 10 inclus |
| 2 | 2° En brique neuve de 0$^m$,11 d'épaisseur et mortier (n° 2 de ciment 1 et sable tamisé).......................... | 11 à 15 inclus |
| 3-4 | 3° En brique neuve ordinaire (briquetage apparent).......................... | 15 à 21 |
| | 4° Ravalement d'une souche en pierre.......................... | 21 à 28 |
| | 5° Souche en pierre et brique.......................... | 28 à 31 |
| | 6° Souche en brique apparente.......................... | 32 à 34 |
| 5 à 8 | 7° Souche en brique apparente avec dosserets en pierre.......... | 35 à 43 |
| 9 et 10 | *Consolidation* d'une partie de façade en pierre.......................... | 44 à 59 |
| 11 et 12 | Installation d'une salle de machines en sous-sol.......................... | 59 à 72 |
| 13 et 14 | Démolition et reconstruction d'un mur séparatif.......................... | 73 à 93 |
| | Compte de mitoyenneté et de surcharge d'un mur séparatif..... | 93 à 97 |
| | *La surcharge n'existe pas dans des travaux de construction entièrement neuve*.......................... | 97 |
| | Convention avant construction d'un mur séparatif.......................... | 97 |
| 15-16 | Surélévation d'un étage.......................... | 98 à 110 |
| 17 | Construction d'un échafaudage dit « Parapluie » de garantie pendant reconstruction.......................... | 110 à 112 |
| | Décompte de mitoyenneté et de surcharge.......................... | 112-113 |
| | Honoraires d'architecte dans un compte de mitoyenneté.......... | 113 |
| | Construction d'une annexe en ciment armé.......................... | 113 à 121 |
| 18-19-20-21 | Construction d'un lavoir en ciment armé.......................... | 121 à 132 |
| | Bordures en granit.......................... | 132 |
| 22 à 24 | Construction d'un mur séparatif dans une rivière.......................... | 132 à 140 |
| 25-26-27 | Construction d'un déversoir.......................... | 140 |
| 28-29-30 | Construction d'un mur de Saut-de-Loup.......................... | 145 à 151 |
| 31-32 | Construction du mur de berge au droit du déversoir.......... | 151 à 155 |
| 33-34 | Construction du mur en aval du vivier.......................... | 156 à 160 |
| 35-36-37-38 | Construction d'une chute d'eau.......................... | 160 à 164 |
| 39 à 42 | **Mémoire en timbres.** | |
| 43 à 46 | Construction d'une annexe sur la grande cour.......................... | 165 à 209 |
| | Carrelages. Faïences.......................... | 209 à 214 |
| 45-46 | Pierres artificielles.......................... | 214 à 215 |
| 44 | Appuis en pierre.......................... | 219 à 221 |
| | Tableau de classement.......................... | 221 à 226 |
| | Résumé.......................... | 227 à 231 |
| | Résumé sur timbre.......................... | 232 |
| | Sous détails des prix de série du résumé.......................... | 000 à 000 |



**Ciment armé.**

*Commission du ciment armé. Instructions et formules. Circulaire ministérielle de 1906. Béton normal. Béton armé. Compression*

| FIGURES | | PAGES |
|---|---|---|
| | et tension. Flambement. Cisaillement | 237-238 |
| | *Tableau du poids des aciers ronds au mètre linéaire*, indiquant la surface ou section des aciers | 239 |
| | *Prix de règlement de ciment armé* | 239-240 |
| | *Dimensions d'un poteau d'au moins 5 décimètres carrés* | 240 |
| | Plus-value de construction sur les bétons en ciment armé | 240-241 |
| | Coffrages | 241 |
| | Article 21 de la commission du ciment armé. Age du béton armé au moment des épreuves | 241 |
| | *Prix de Série de coffrages*, ce qu'ils comprennent | 241 |
| | Comment doit-on compter les surfaces de coffrages? | 241 |
| | Exemples divers | 242 |
| | *Coffrages de 6m,00 à 8m,00 de hauteur* | 242 |
| | *Coffrage incliné* à moins de 30 dégrés sur l'horizon et à plus de 30 degrés sur l'horizon | 242 |
| | Qu'appelle-t-on coffrage incliné à 30 degrés? | 242 |
| | Exemple de coffrage à moins de 4m,00 de hauteur ayant plus de 30 degrés sur l'horizon | 242-243 |
| | Exemple de coffrage de moins de 30 degrés sur l'horizon et à moins de 4m,00 de hauteur | 243 |
| | *Coffrage de surface à simple courbure* | 243 |
| | Exemple | 243 |
| | *Divers exemples de coffrages* | 243-244 |
| | *Bois abandonnés dans les coffrages* | 244 |
| | *Manutentions supplémentaires* | 244-245 |
| | *Pour béton, aciers et coffrages* | |
| | *Que veut dire l'expression : toutes catégories confondues ?* | 245 |
| | *Manutentions supplémentaires* pour transport de bois de charpente à plus de 30 mètres | 245 |
| | *Plus-values de montage de matériaux* par hauteur indivisible de 4m,00 au-dessus des 28 premiers mètres | 245 |
| | Cette plus-value à appliquer au béton, aciers, coffrages, bois de charpente | 245 |
| | *Exemple* | 245 |

*Aciers doux.*

| | | |
|---|---|---|
| | Que comprend à la Série le prix des aciers doux? | 246 |
| | Qu'appelle-t-on profils assimilés? | 246 |
| | Classification des aciers | 246 |
| | *Sous-détail des prix élémentaires* d'aciers ronds d'un diamètre égal ou supérieur à 30 millimètres | 246 |
| | Détermination du coefficient 1.43 | 246 |
| | Arrachage de pieux, palplanches | 246 |

*Barres de répartition.*

| | | |
|---|---|---|
| | Barres de recouvrement | 247 |
| | Barres crossées | 247 |
| | Exemples | 248 |
| | Barres coudées | 248 |
| | Etriers. Ligatures | 248 |
| | Comment compter les étriers ? | 248 |

*Commission du béton armé.*

| | | |
|---|---|---|
| | Coefficient de sécurité | 249 |
| | Avec emploi de barres longitudinales ou transversales. | |
| 47 | Exemple | 250-251 |
| | *Sous-détails sur les tableaux donnés par la commission* | 251-252-253-254 |
| | A la 15e ligne, au lieu de page 3 de notre métré de béton armé, nous lisons page 238 | 254 |
| | A la page 252 partie haute nous lisons : voir page 239 | 252 |
| | *Prisme n° 4 ci-après*, même observation | 252 |
| | Art. 12 de la commission concernant le flambement, *lire page 238* | 254 |

| FIGURES | | PAGES |
|---|---|---|
| | *Définitions sur les planchers.* | 254 |
| | Hourdis pleins et hourdis creux | 254 |
| 48-49 | Construction d'un plancher en béton armé | 254 |
| | Etablir un plancher en ciment armé de 0<sup>m</sup>,08 d'épaisseur avec une surcharge de 500 kilogrammes au mètre carré dans un rectangle de 5<sup>m</sup>,16 de largeur sur 10<sup>m</sup>,24 de longueur | 255-256 |
| | Le dosage normal de la série | 256 |
| | Epaisseur d'une dalle de plancher | 256 |
| | *Calcul des aciers suivant circulaire ministérielle.* | 256 |
| | Armatures de hourdis carrés en deux sens | 256 |
| | Formule pour calcul des aciers et du moment fléchissant | 256 |
| 50 | Coefficient du bras de levier | 256 |
| | Poids d'une dalle au mètre carré de 0<sup>m</sup>,08 d'épaisseur | 256 |
| | Dans une dalle de 0<sup>m</sup>,08 d'épaisseur, quel est le coefficient du bras de levier du couple élastique ? | 258 |
| | Dans les planchers, travail de l'acier à 10 kilogrammes par millimètre carré | 258 |
| | Répartition des aciers de notre plancher, figure 49 | 258 |
| | Exemple de calcul de plancher suivant les ouvrages de MM. Merciot et Espitallier, etc. | 258 |
| | Métré d'aciers du plan figure 49 | 258-259-260-261 |
| | *Comment compter les ligatures ?* | 261 |
| 52-53 | Calcul d'une poutre ; sa hauteur | 261-262 |
| | Formule du moment fléchissant d'une poutre | 262 |
| | Exemple pour calcul des aciers de la poutre | 263 |
| | Limites de travail ou de fatigue des aciers | 263 |
| | Formule de poutre non encastrée | 264 |
| | Calcul de l'effort tranchant au-dessus des appuis | 264 |
| | Détermination du bras de levier de la poutre | 264 |
| | Méthode approximative de MM. J. et A. Pavin | 264 |
| | *Métré des aciers, des poutres, étriers et des ligatures.* | 265-266-267 |
| | *Coffrages.* | |
| | Exemple | 267 |
| | *Poteaux armés.* | |
| 55 | Sous-détail des aciers verticaux, étriers, etc. | 268 |
| | *Semelles.* | |
| 54, 56-57 | Aciers horizontaux, ligatures | 268 |
| | Coffrage de poteaux jusqu'à 4<sup>m</sup>,00 de hauteur | 270 |
| | Observations sur la fouille de trous (Terrasse) | 270 |
| | Qu'appelle-t-on semelle en béton armé ? | 271 |
| | Circulaire ministérielle dans l'exécution des travaux de béton armé ; articles n° 15 et n° 16 | 271 |
| | *Sous-détail donnant la hauteur d'un poteau* | 272 |
| | *Sous-détail du prix du mètre cube de béton pour potelet ayant moins de 5 décimètres carrés* | 272 |
| | Exemple de hourdis de planches et poutres | 272-273 |
| | Ragréage de béton brut | 273 |
| | Calcul des aciers pour poteaux | 274 |
| | Résistance de divers sols par centimètre carré | 274 |
| | Poutres, nervures de planchers | 274 |
| 58 | Exemple d'un plancher avec poutres et nervures | 274-275 |
| | Hauteur des poutres, nervures | 275 |
| | Calcul de semelle sous poteau | 277 |
| 59 | Calcul des aciers | 277 |
| 58, 60-61 | Calcul d'une poutre | 278 |
| 61 | Coefficient du bras de levier de cette poutre | 279 |

| FIGURES | | PAGES |
|---|---|---|
| 59, 62 | Calcul d'une nervure.................................... | 279-280 |
| 63-64 | *Métré du plancher, poutres, nervures, semelles, poteaux.........* | 280 à 295 |
| | *Carreaux d'asphalte* | |
| | Métré............................................ | 295 |
| | *Dallages magnésiens, plinthes.* | |
| | *Métré*.......................................... | 295 |
| | *Construction d'un escalier en béton de ciment armé.* | |
| 65 | Transformation d'ancien plancher........................ | 297 |
| | Tranchées dans le ciment, coupement des aciers.............. | 297 |
| | Démolition de béton armé................................ | 298-299-300 |
| 66-67 | Métré............................................... | 301 |
| | Calcul des aciers pour plafond rampant..................... | 305-306 |
| | Détail des aciers ..................................... | 306-307 |
| | *Palier intermédiaire :* | 307 |
| | Calcul des aciers.................................... | 307, 311 |
| | Métré............................................. | 308 à 319 |
| | *Semelles des poteaux :* | 319 |
| | Poteaux............................................ | 320 |
| | Bétons pour poteaux................................... | 321 |
| | Sous-détail du prix des potelets......................... | 321 |
| | Hourdis de rampants................................... | 321 |
| | *Cisaillement.* | 323. |
| | Calcul de la poutre à l'effort tranchant et des barres pliées..... | 323 |
| Planche. | *Planchers creux insonores au moyen de terre cuite incorporée dans le ciment armé et formant coffrage.* | 324 |
| 68-69 | Exemple de hourdis n° 1 en briques creuses Thory et nervures en béton armé, au-dessus chape en mortier de ciment........... | 326 |
| 70-71 | 2° Hourdis de planchers en briques creuses Thory n° 2 pour planchers supérieurs formant terrasse, avec nervures en béton armé................................................ | 327 |
| | Sous-détails au mètre superficiel......................... | 328 |
| | Calcul des aciers..................................... | 330 |
| | Métré d'un pavillon avec annexes en briques creuses Thory..... | 331 |
| 72 | *Construction d'un trottoir au pourtour d'une construction.* | 340 |
| | Métré avec repiquage, déblai de terre, basses fondations en béton et dallage en ciment au-dessus........................... | 340 |
| 73 | *Construction d'une écurie pour 9 chevaux* | 343 |
| | Métré avec tranchées, pose de tuyaux en ciment, regards, sols, boxe en brique et mortier sur béton de gravier, pavés divers, asphalte, macadam, etc............................... | 343 à 355 |
| | *Pieux et palplanches en béton armé.* | |
| | Métré de pieux et palplanches ........................... | 355 |
| | Sabots en fer....................................... | 356 |
| | Enfonçage de pieux à la sonnette........................ | 356 |
| | Moutons pour battage de pieux.......................... | 357 |
| | Recépage de pieux.................................... | 357 |
| | Plates-formes et chemins de roulement.................... | 357 |
| | Travaux en régie, pour pieux, battage, chariot de roulement.... | 357 |
| | Prix de location..................................... | 358 |
| | Arrachage de pieux, palplanches........................ | 358 |

| FIGURES | | PAGES |
|---|---|---|
| | **Étanchement d'une cave.** | 358 |
| 74-75 | Voûte renversée en moellon à sec | 358 |
| | Béton de ciment pour étanchéité | 359 |
| | Chape en asphalte de 0<sup>m</sup>,025 d'épaisseur | 359 |
| | Béton de gravillon de $0^m$,08 d'épaisseur et mortier n° 2 avec chape en ciment au-dessus de $0^m$,02 d'épaisseur | 359 |
| | *Revêtement en béton armé.* | 359 |
| | Chape en asphalte pour revêtement vertical | 359 |
| | Aciers ronds doux de $0^m$,008 pour armature | 359 |
| | Epuisement d'eau, location d'une pompe aspirante de $0^m$,12 de diamètre avec 15 mètres de tuyaux | 363 |
| | Drainage | 363 |
| | *Tarif de la Chambre syndicale des métreurs.* | 364 |
| | Travaux de tâche, vacations | 365-366 |
| | Métré de peinture dans les régions libérées | 367 |
| | Vérifications faites par métreurs spécialistes | 367 |

# RÉPERTOIRE ALPHABÉTIQUE



| FIGURE | | PAGES |
|---|---|---|
| | **A** | |
| | Aciers doux ronds | 246 |
| | Agrafes en cuivre | 27 |
| | Voir Série 1924, n° 522 et 1440, maçonnerie. | |
| | Aire en plâtre de $0^m,03$ d'épaisseur sur bardeaux neufs | 90 |
| | Angles arrondis en gorge sur un rayon de $0^m,06$ | 27 |
| 14 | **Appuis en pierre** | 218 |
| | **Arcs de décharge** | 170 |
| 15-16 | Arrachements à la pioche dans le moellon | 100 |
| | Assimilés | 246 |
| | Asphalte | **295** |
| | **B** | |
| | Bâches | 20, 58, 75 |
| | Balayage de combles, gouttière | 6, 15 |
| | Bande de trémie | 42-43 |
| | Barres de recouvrement | 247 |
| | Barres de répartition | 246 |
| | Barres d'appui | 197 |
| | Barrière provisoire | 75 |
| | Barres crossées | 247 |
| 51-52 | Barres coudées | 247 |
| | Béton de gravillon pour linteaux | 176 |
| | Béton normal | 238-239-240 |
| 59, 62 | Béton pour semelles et radiers | 239 |
| 58-59 | Béton pour planchers, poutres, poutrelles, nervures jusqu'à $0^m,22$ de hauteur | 239 |
| | Béton dans coffrages verticaux | 240 |
| | Béton dans poteaux de moins de 5 décimètres carrés | 240 |
| | Béton plus riche en ciment que le béton normal | 240 |
| | Bois abandonnés par mesure de sécurité | 244 |
| 15-16 | Bouchements de jours de souffrance | 102 |
| 68-70 | Briques creuses Thory | 326 |
| | **C** | |
| | Calcul des poutres, poteaux, nervures en béton de ciment armé | 262, 273 |
| | Calcul des aciers pour semelles | 274 |
| | Calcul des aciers pour plafond rampant | 305 |
| | Calcul des aciers suivant circulaire ministérielle | 256 |
| | Canalisation en ciment | 343 |
| | Carreaux de faïence | 204 |
| | Carreaux de Saint-Just, ciment comprimé, etc. | 212 |
| | Cercles en fer | 45 |
| | Cercles abandonnés dans les puits | 45 |
| | Chape en asphalte | 359 |
| | Chape en ciment | 361 |
| | Chanfrein et feuillure en ciment de béton armé | 244 |

| FIGURES | | PAGES |
|---|---|---|
| | Champignon (fumisterie) | 31 |
| | Chons en sapin | 45 |
| | Article 10, Série 1924, fouille de Puits et 122 à 138, Série des consolidations souterraines. | |
| | Cisaillement | 238, 323 |
| | Cloisons armées | 246 |
| | Collier forme 1/2 lune (fumisterie) | 32 |
| | Consolidations souterraines | 45 |
| | Coefficient pour les fers | 246 |
| | Coefficient de sécurité | 249 |
| 50 | Coefficient du bras de levier | 256, 258 |
| 58-60 | Coffrages | 241, 270 |
| | Contre-mur pour salle des machines | 68 |
| 13-14 | Construction de mur à 2 parements contre mur mitoyen | 80 |
| 47 | Commission du béton armé | 237 |
| | Compression et tension | 238, 256 |
| | Coupes biaises dans le pavage | 351 |
| | Coupement de fers | 299-300 |

**D**

| FIGURES | | PAGES |
|---|---|---|
| | Dallages en ciment | 68, 340 |
| | Dallages magnésiens | 295 |
| 5 à 8, 15-16 | Découverture | 42 |
| | Définitions du béton armé | 238 |
| | Demande de permission | 58 |
| | Démolition de moellons en rigoles | 161 |
| | Démolitions | 2 |
| 13-14 | Démolition de mur séparatif | 73-79 |
| | Démolition de hourdis | 90 |
| 65 | Démolition de ciment armé | 299-300 |
| | Dépose de pierre moulurée | 25-29 |
| 9-10 | Dépose de pierre refouillée | 48 |
| | Descente de pierre | 25 |
| | Descellement de tuyaux | 2 |
| | Descellement de lambourdes | 90 |
| 15-16 | Descellements | 98-100 |
| | Dimensions d'un poteau de moins de 5 décimètres carrés | 240 |
| | Drainage | 363 |

**E**

| FIGURES | | PAGES |
|---|---|---|
| | Éclairage sur rue | 88 |
| | Écuries | 343 |
| | Effort tranchant | 264 |
| | Enduit en ciment métallique | 58 |
| | Enduit en plâtre sur boisseaux | 201 |
| | Enduit en plâtre avec addition de chaux | 362 |
| | Enduit sur vieux mur | 108 |
| | Enfonçage de pieux à la sonnette | 356 |
| | Enlèvement de déblais mouillés | 134 |
| | Entailles d'agrafes | 27 |
| | Entailles pour pose de linteau en fer | 57 |
| | Épaisseur d'une dalle au béton de ciment armé | 256 |
| | Épuisements d'eau | 167-363 |
| 67 | Escalier en béton de ciment armé | 296 |
| | Étaiement | 73 à 77 |
| | Étanchement d'une cave | 358 |
| 52 | Étriers pour béton armé | 248 |
| 48-49 | Étude de plancher en ciment armé | 255 |
| | Évier en comblanchien avec égouttoir | 207 |
| 47 | Expériences sur poteaux de béton de ciment armé | 250-251 |
| 58-59 | Exemples de métré de béton de ciment armé | 274, 295 |

FIGURES              PAGES

**F**

| | FIGURES | PAGES |
|---|---|---|
| Feuillures dans la pierre | | 22 |
| Feuillures | | 91 |
| Feuillures dans la roche de Souppes | | 155 |
| Fil de cuivre ou zinc pour armatures et ligatures | | Série 1924, n° 524 |
| Fouille de puits en sous-œuvre de construction | | 44 |
| Nota. — La fouille de puits ne *comprend que de la main-d'œuvre* et aussi un treuil, câble et seaux pour montage | | Série terrasse, fouille de puits, n° 1. |
| La location des planches et chons en sapin ainsi que les cercles en fer sont payés suivant les prix numéros 122 et suivant, de la Série consolidations souterraines | | Série 1924, observation 10 |
| La *fourniture du plâtre* pour gobetage à payer | | N° 138, consolidation souterraine. |
| Fouille de puits | | 166 |
| Flambement | | 238 |
| Formule de calcul | | 263 |
| Forme en mâchefer | | 180 |

**G**

| | FIGURES | PAGES |
|---|---|---|
| Galvanisation | | 31 |
| Garde-fous de protection | | 6 |
| Gardien de rue | | 42 |
| Gravois non reconnus pendant la construction | | 48 |
| Grillage mécanique | | 8 |
| Gueule de loup | | 31 |
| Gorges en plâtre en plafond | | 182 |

**H**

| | FIGURES | PAGES |
|---|---|---|
| Hachements d'enduits de souches | | 7 |
| Honoraires d'architecte pour compte de mitoyenneté | | 113 |
| Le minimum des honoraires ne peut être inférieur à 100ᶠ,00. | | |
| Les frais de timbre, expédition, enregistrement, etc. seront remboursés à l'architecte. | | |
| Honoraires de métreurs-vérificateurs | | 360 |
| Hourdis de plancher en fer en béton de gravillon et ciment | | 177 |
| Hauteur approximative d'une poutre en ciment armé | 53 | 261 |
| Hourdis de plancher et poutres en béton armé | 49, 51-52 | 272 |
| Hourdis de planchers mixtes creux et béton armé | | 326 |
| Hourdis de rampants | | 321 |

**I**

| | FIGURES | PAGES |
|---|---|---|
| Indemnité de montage | | 26 |

**J**

| | FIGURES | PAGES |
|---|---|---|
| Joints apparents sur pierre | | 40-41 |
| Joints mâles et femelles | | 48 |
| Jours de souffrance | 13-14 | 88-89 |
| Joints saillants | | 163 |
| Jointoiement | | 7 |

**L**

| | FIGURES | PAGES |
|---|---|---|
| Lardis de clous | | 14 |
| Languette pigeonnée | | 1 |
| Lambourdes | | 214 |
| Lattis armé | | 89 |
| Ligatures | 52-55 | 261 |
| Location d'une pompe | | 157-363 |
| Location de matériel | | 157-167-172-356-363 |
| Limite de travail ou de fatigue du métal | | 263 |
| Lanterne | | 29 |

| FIGURES. | | PAGES |
|---|---|---|

**M**

| | Macadam | 354 |
| | Manutentions supplémentaires | 245 |
| | Mémoire en timbre | 232 |
| | Meulière de choix | 163 |
| | Méthode approximative J. et A. Pavin | 264 |
| | Mesures d'un mitron | 5 |
| | Métré du béton normal | 240 |
| 49 | Métré des aciers ronds doux | 248, 261 |
| 52 | Métré des poutres | 265 |
| 54-55-56-57 | Métré des poteaux | 258 |
| 55 | Métré des semelles | 258 |
| | Mitoyenneté | 99 |
| | Mitré | 8 |
| | Mitron | 2, 4, 14, 17 |
| | Moellon de choix | 135 |
| | Moment fléchissant | 256 |
| | Montant de tuyau en tôle | 2, 4, 8, 10, 106 |
| | Montage de pierre sur un point isolé | 26 |
| | Morceaux de pierre de grandes dimensions | 49 |
| | Moutons pour battage de pieux | 356 |

**N**

| | Nettoyage d'un tuyau de combles | 21 |
| | Nettoyages | 58 |

**O**

| | Observations sur les travaux de terrasse | 270 |
| | Observations sur les semelles en béton armé | 271 |
| | Observations sur la plus-value de pose de pierre, etc. | 51, 55 |
| | Observation sur le ciment armé | 246 |
| | Observation sur l'estimation d'un mur mitoyen | 113 |

Établir le compte de mitoyenneté en estimant le prix du mur suivant les coefficients en cours au moment de l'achat de la mitoyenneté, article 661 du Code civil. *Appliquer un rabais de 10 0/0 suivant l'usage, consenti par les entrepreneurs.* 2° Une réduction s'il y a lieu en raison de la vétusté du mur.

**P**

| | Paillasse | 205 |
| 33-34 | Parement piqué sur meulière | 158 |
| 13-14 | Parement smillé sur moellon neuf.i | 83 |
| 33-34 | Parement en talus | 158 |
| | Parement de brique sur bandeaux | 217 |
| 31-32 | Parement de moellon smillé ou bossage entre ciselures | 154 |
| | Pavage en pavés bâtards neufs, de 0,17 à 0,19 de côté | 349, 350 |
| | Pavage en pavés de deux | 352 |
| | Pavage en pavés méplats | 349, 353 |
| | Plus-value pour petites surfaces | 349, 353 |
| | Pavés en bois | 349, 353 |
| | Pavés en pavés vieux | 349, 350 |
| | Peinture à l'huile sur tuyaux extérieurs en tôle et sur combles | 32 |
| | Percements de trous dans faïence | 205 |
| | Percements de trous dans carrelage | 212 |
| | Percement dans le ciment | 179 |
| | Percement de porte dans meulière | 69 |
| | Pieux et palplanches | 355 |
| 15-16 | Pied-d'aile | 105 |
| | Pierre artificielle | 189, 215 |
| 17 | Plancher de garantie. Échafaudage. Parapluie | 5-6-7, 20, 25, 82, 109 |
| | Plancher en ciment avec armatures | 247 |
| 67 | Plafond rampant en ciment armé | 206 |
| | Plates-formes et chemins de roulement | 357 |
| | Plinthe moulurée cérame | 213 |

| FIGURES. | | PAGES. |
|---|---|---|
| | Plâtre teinté | 30-362 |
| | Plus-value de montage de matériaux | 245-93 |
| | Plus-value de construction de béton dans l'eau | 135 |
| | Plus-value de construction de béton en sous-œuvre | 47 |
| | Plus-value de pose de pierre dans l'embarras des étais en reprise par incrustement de morceux isolés | 51 |
| | Plus-values diverses sur ciment armé | 240-241 |
| | Plus-value de taille de pierre pour sommier portant douelle | 51 |
| 9-10 | Plus-value de taille de pierre pour platebande | 51 |
| | Plus-value de jonctions | 104 |
| | Plus-value de travaux sur combles | 4-5, 8, 35 |
| | Pose de pierre en tiroir par incrustement | 49 |
| | Poids approximatif des aciers ronds doux | 239 |
| | Poids d'une dalle en ciment armé | 256 |
| 63-64 | Poutres, nervures | 274 |
| | Prix de règlement de ciment armé | 239 |
| | Plus-value pour double transport de pavés | 351 |
| | Pose de canalisation en ciment | 343 |
| | Pose de pierre moulurée | 26 |
| | Porte de ramonage (fumisterie) | 31 |
| | Pose de fer à ⊥ | 57 |

R

| | Ramonages de cheminées | 21 |
| | Règlement et arrêtés du préfet de police | 1, 20 |
| | Règlement de la Commission du ciment armé pour les coffrages | 241 |
| | Radier en béton armé | 360 |
| | Ragréement sur vieille pierre | 21-22-27 |
| | Ragréage de béton | 196-273 |
| | Rangement de matériaux, ardoises, tuiles, etc | 42 |
| | Réemploi de matériaux | 100 |
| | Recépage de pieux, palplanches | 355 |
| | Recoupement de pierre | 23 |
| | Recouvrement de boisseaux | 7, 106 |
| | Refouillement | 154 |
| 73 | Regards | 347 |
| | Relancis de moellon | 87 |
| | Relancis de meulière | 96 |
| | Renformis en plâtre derrière tuyaux | 105 |
| | Résumé | 227 |
| | Retaille de pavés | 352 |
| | Revêtement en faïence | 202-212 |
| | Revêtements sur murs en béton de ciment | 361 |
| | Roche de Comblanchien | 206 |

S

| | Sable mortier coloré | 23 |
| | Sabots en fer | 356 |
| 54-55-56-57 | Semelles en ciment armé | 269 |
| | Scellement en ciment | 27 |
| | Scellement à compter suivant matière employée | 41 |
| | Semelles en pierre | 207 |
| | Solins en plâtre | 6 |
| | Solins en asphalte | 361 |
| 1-2-3-4-5-6-7-8 | Souches de cheminées | 1 à 8 |
| | Sous-détail de prix de meulière | 158 |
| | Sous-détail de prix de mortier | 158 |
| | Sous-détail des prix de série | 233 |
| | Siphons | 346 |
| 73 | Nature des sols | 274 |

| FIGURES. | | PAGES. |
|---|---|---|
| | **T** | |
| | Taille de joints........................................... | 48, 55 |
| | Taille de brique........................................... | 187 |
| | Tamponnages provisoires de conduits de fumée............... | 2 |
| | Tableau de résistance...................................... | 258 |
| | Tarif de la Chambre syndicale des métreurs................. | 360 |
| | Terrasse................................................... | 270 |
| 65 | Transformation d'un plancher en ciment armé................ | 297 |
| | Transport de chaudière..................................... | 354-360 |
| | Tranchées biaises.......................................... | 171 |
| 72 | Trottoir au pourtour d'une construction.................... | 340 |
| | Tuyaux en tôle, coudes, fumisterie......................... | 31 |
| | Tuyaux en ciment armé...................................... | 343 |
| | Tableau de classement...................................... | 221 |
| | **V** | |
| | Ventilateur................................................ | 167 |
| | Visite de cheminées........................................ | 21 |
| | Voutains................................................... | 64 |

TOURS

IMPRIMERIE DESLIS PÈRE, R. ET P. DESLIS

6, rue Gambetta, 6.

Achevé d'imprimer le 3 Juillet 1925.

www.ingramcontent.com/pod-product-compliance
Lightning Source LLC
LaVergne TN
LVHW020947050726
842519LV00001B/166